Dieter Ebner

Technische Grundlagen der Informatik

Elektronik, Datenverarbeitung und Prozeßsteuerung für Naturwissenschaftler und Ingenieure

Mit 314 Abbildungen

Springer-Verlag
Berlin Heidelberg NewYork
London Paris Tokyo 1988

Dr. rer. nat. Dieter Ebner
Universität Konstanz, Fakultät für Physik

ISBN-13:978-3-540-18701-1   e-ISBN-13:978-3-642-93371-4
DOI: 10.1007/978-3-642-93371-4

CIP-Kurztitelaufnahme der Deutschen Bibliothek

Ebner, Dieter:
Technische Grundlagen der Informatik :
Elektronik, Datenverarbeitung u. Prozeßsteuerung für Naturwissenschaftler u. Ingenieure / Dieter Ebner. –
Berlin ; Heidelberg ; New York ; London ; Paris ; Tokyo : Springer, 1988
  ISBN-13:978-3-540-18701-1

Die Wiedergabe von Gebrauchsnamen, Handelsnamen, Warenbezeichnungen usw. in diesem Werk berechtigt auch ohne besondere Kennzeichnung nicht zu der Annahme, daß solche Namen im Sinne der Warenzeichen- und Markenschutz-Gesetzgebung als frei zu betrachten wären und daher von jedermann benutzt werden dürften.

Sollte in diesem Werk direkt oder indirekt auf Gesetze, Vorschriften oder Richtlinien (z.B. DIN, VDI, VDE) Bezug genommen oder aus ihnen zitiert worden sein, so kann der Verlag keine Gewähr für Richtigkeit, Vollständigkeit oder Aktualität übernehmen. Es empfiehlt sich, gegebenenfalls für die eigenen Arbeiten die vollständigen Vorschriften oder Richtlinien in der jeweils gültigen Fassung hinzuzuziehen.

2362/3020-543210

Vorwort

Während die amerikanische **Computer-Science** sowohl Fragen der **Software** wie auch der **Hardware** beinhaltet, konzentriert sich die Mehrzahl der hiesigen Informatiklehrgänge auf eine Unterweisung in Software bzw. derer mathematischen Grundlagen.

Diesem Ungleichgewicht soll mit vorliegendem Lehrbuch begegnet werden. Es wendet sich an **Leser**, welche
-- den **inneren Aufbau** von **Computern** verstehen wollen,
-- eine allgemeine **Einführung** in **Informatik** mit Schwergewicht Hardware wünschen,
-- eine erste Einführung in analoger und digitaler **Elektronik** suchen,
-- an bestehenden Computersystemen Anpassungen vornehmen müssen für **Datenerfassung, Steuerung** von **Experimenten, Rechnerkopplung** und **Automatisierung,**
-- die **Hardwareeigenschaften** von Computern **beurteilen** wollen oder mit Hardwarespezialisten kooperieren müssen.

Die **Stoffauswahl** erfolgte nach **modernen** Gesichtspunkten aus der Sicht des **Anwenders.** Der Aufbau von Schaltungen, die man heute für wenig Geld kaufen kann, wird nicht ausführlich besprochen. Stattdessen werden alle grundlegenden Prinzipien an typischen und **einfachen Beispielen** erläutert, sowie ein besonderes Gewicht auf eine Einführung in die **Lektüre** von **Datenblättern** gelegt.

Einige Kapitel gehen mit ausgewählten Beispielen in die **Tiefe,** während andere eine **breite Übersicht** aller vorhandenen Systeme und Anwendungsfälle bringen. Besonderer Wert wurde auf die Vermittlung eines umfangreichen **Vokabulars,** einschließlich der **englisch-sprachigen** Übersetzungen, gelegt.

Abstrakte Formulierungen werden weitgehend vermieden und stattdessen der Grundsatz "**Lehren durch Beispiele**" befolgt. Andererseits wurde nirgends der Aufwand gescheut, mögliche Unklarheiten oder Schwierigkeiten auszuräumen.

Vom Leser wird ein beträchtliches Maß an **Mitarbeit** erwartet. Ohne genaues Studium aller vorgeführten Beispiele wird man dem Stoff nicht folgen können. Diese Warnungen werden im Text an einigen Stellen durch [!] wiederholt. Klammern wie [3.7] weisen auf die Literaturliste, (3.7) auf Gleichungen und {5.7} auf Teilkapitel, welche der Leser konsultieren möge.

Der Stoff ist bezüglich Wichtigkeit typographisch stark strukturiert. Das Symbol ■ deutet auf weitergehende Kapitel, Teilkapitel oder Abschnitte, die bei der ersten Lektüre weggelassen werden können. ■■ erlaubt alle Teile bis zum Ende eines Kapitels oder Teilkapitels wegzulassen. Dadurch liegt ein in sich abgerundeter, **verkürzter Lehrgang** von ca. **120 Seiten** vor, der vom Leser nach Bedarf erweitert werden kann. *Es wird dem Leser empfohlen, zuerst den verkürzten Lehrgang zu absolvieren.*

Bei der riesigen Zahl von außerordentlich interessanten Bausteinen, welche von den einzelnen Firmen angeboten werden, muß jede Stoffauswahl willkürlich und unvollständig bleiben. Wir haben uns dabei hauptsächlich nach **didaktischen** Gesichtspunkten gerichtet, indem wir aus der Sicht des Anwenders einfache Bausteine, welche die wesentlichen Eigenschaften aufweisen, auswählten. Des weiteres bevorzugten wir Bauteile, welche als **Industriestandard** zu bezeichen sind, welche ein gutes Preis/Leistungsverhältnis aufweisen oder welche für den nicht-professionellen Anwender am ehesten in Frage kommen.

Auch falls der Leser nicht alle besprochenen Teile tatsächlich benutzen möchte, gibt ihm das Studium der dargebotenen Beispiele die Voraussetzung, sich rasch an Hand von **Datenbüchern** in anderen Fällen zurecht zu finden.

Die Tatsache, daß Schaltungen oder Bauteile hier erwähnt werden, impliziert nicht, daß diese anderen technologisch überlegen sind, daß diese frei von Patentschutz sind, oder daß deren Namen ungeschütze Warenzeichen darstellen. Für die Richtigkeit der in diesem Buche wiedergegebenen Information kann keine Garantie übernommen werden.

Mein herzlicher Dank gilt zuerst Frau Renate Beck für die sorgfältige und geschickte Ausführung aller Zeichnungen. Den Herren Dr. E. Schreck, Dr. K. Läuger und Dr. K. Froböse danke ich für die angenehme Zusammenarbeit in unserem *Praktikum für Elektronik, Datenverarbeitung und Prozeßsteuerung an der Universität Konstanz.*

Des weiteren danke ich folgenden Personen für fachlichen Rat: Dr. habil W. Lehmann, Dipl.-Phys. O. Stolz, R. Gehl IBM, Elektronik Obser Konstanz, Prof. Dr. H. Dehnen, Dipl.-Ing. A. Hagemeister, Dr. W. Nagl, Dr. W. Graf, Prof. Dr. K. Dransfeld, Dip.-Ing. E. Ströbele, Dipl.-Inf. W. Mehl. Schließlich danke ich dem Springer-Verlag für klare Richtlinien und eine angenehme Zusammenarbeit.

Konstanz, im Januar 1988 Dieter Ebner

Inhaltsverzeichnis

1. Physikalische Grundlagen

1.1 Der elektrische Strom

Eine elektronische Schaltung ist ein System von Leiterbahnen, in denen ein elektrischer Strom fließen kann. In mancher Hinsicht kann der elektrische Strom mit fließendem Wasser verglichen werden. Die elektrische Stromstärke, gemessen in Ampère, entspricht dabei der Zahl der Liter (oder kg) Wasser, die pro Sekunde durch den Leitungsquerschnitt fließt. Beim Wasserstrom handelt es sich um einen Massenstrom: Jedes geflossene Wassermolekül trägt eine bestimmte Masse über den Querschnitt. Beim elektrischen Strom handelt es sich meist um fließende Elektronen: Jedes Elektron besitzt eine wohldefinierte elektrische Ladung , die sogenannte Elementarladung, welche mit ihm über den Querschnitt transportiert wird.

Für die elektrische Ladung, wie auch für die Masse der Elementarteilchen, gibt es bis heute keine befriedigende Erklärung. Beide müssen als Grundeigenschaften der Materie hingenommen werden.

Im Unterschied zur Masse, die stets positiv ist, gibt es Teilchen mit positiver, aber auch solche mit negativer Ladung. Derselbe elektrische Strom kommt zustande, weil Teilchen mit positiver Ladung sich in Richtung des Stromes bewegen, oder aber weil Teilchen mit negativer Ladung sich in die entgegengesetzte Richtung bewegen.

Aus historischen Gründen hat man den Elektronen eine negative Ladung zugeschrieben. In dem häufigsten Fall, daß der elektrische Strom aus fließenden Elektronen besteht, bewegen sich also die Ladungsträger entgegengesetzt zur Stromrichtung, Bild 1.1. Um an diese Willkür in der einmal festgelegten Definition der Stromrichtung zu erinnern, spricht man auch von **technischer Stromrichtung**, im Unterschied zur sog. **physikalischen Stromrichtung**, welche als die Bewegungsrichtung der Ladungsträger definiert ist.

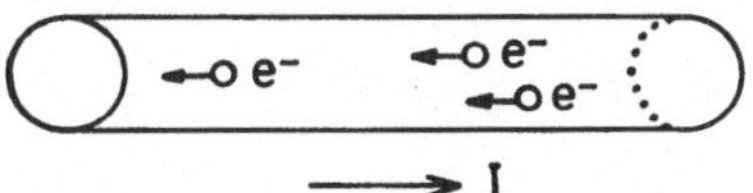

Bild 1.1 Technische Stromrichtung I ist entgegengesetzt zur Bewegung der Elektronen e-

Gleichnamige Ladungen stoßen sich ab, *ungleichnamige* Ladungen ziehen sich an. Deshalb können die Elektronen in der Regel den Metalldraht nicht verlassen: Sie werden von den positiv geladenen Atomrümpfen (**Ionen**) zurückgehalten. Bei einem **Leiter**, d.h. bei den meisten Metallen, können sich jedoch die Elektronen im Inneren des Leiters nahezu frei bewegen. Sie müssen sich dabei bei ihrer Wanderung kurzzeitig von einem Ion entfernen, werden jedoch sogleich vom nächsten Ion wieder angezogen. Bei **Nichtleitern** (**Isolatoren**) sind diese Berge zwischen den Ionen schon zu hoch, so daß die Elektronen an feste Gitterplätze (Ionen) gebunden sind. Die Ionen selbst sind in beiden Fällen unbeweglich und sind fest im Kristallgitter verankert.

Ohne auf den inneren Aufbau im Einzelnen einzugehen, wollen wir feststellen, daß bei einer **Spannungsquelle** (z.B. einer Batterie) am **Minuspol** (**Kathode**) ein Elektronenüberschuß, am **Pluspol** (**Anode**) ein Elektronenmanquo herrscht. Solange die Pole unbeschaltet sind, können die Elektronen die Kathode nicht verlassen, sondern befinden sich infolge ihrer gegenseitigen **elektrostatischen** Abstoßung unter "Druck" in Form einer **Ladungswolke** auf der Metalloberfläche der Kathode. Andererseits herrscht an der Anode ein Unterdruck von Elektronen.

Dieser Druckunterschied ist die **Spannung** U der Batterie. Sie wird in Einheiten von **Volt** (V) gemessen. Wird die Batterie beschaltet, so drängen die Elektronen der Kathode in den Leiter und schieben die dort sich befindlichen **Leitungselektronen** infolge der elektrostatischen Abstoßung wie Kugeln in einem Kanal weiter. Die vordersten Elektronen werden dabei in die Anode geschoben, wo sie infolge des Elektronenmangels von den positiven Ionen noch angezogen werden.

Auf ihrem Weg von A nach B, Bild 1.2, begegnen die Elektronen manchen Hindernisse: Durch Stöße an den Ionen werden sie immer wieder abgebremst. Der Leiter hat also einen von null verschiedenen **elektrischen Widerstand**. Die Ionen erhalten eine erhöhte ungeordnete Schwingungsenergie: Der Leiter erwärmt sich. Es entsteht dabei sofort ein Gleichgewicht zwischen der bremsenden Wirkung der Ionen und der schiebenden Wirkung der Spannungsquelle: Es fließt ein konstanter Gleichstrom I.

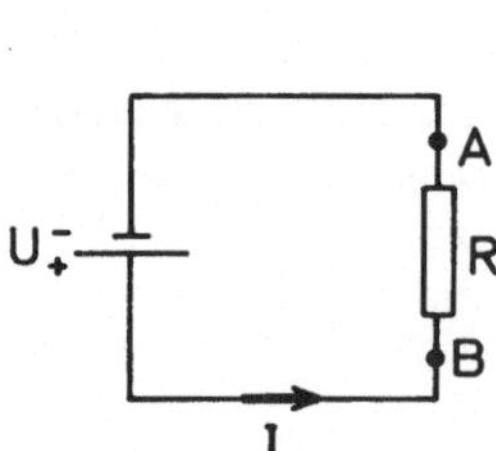

Bild 1.2 Symbol für Spannungsquelle (Batterie)

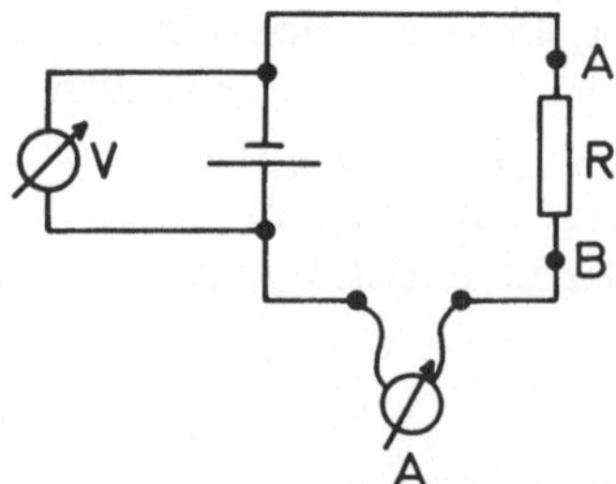

Bild 1.3 Beschaltung mit Voltmeter (V) und Ampèremeter (A)

Wir wollen auf die genauen, in der Physik üblichen Definitionen der Einheiten von Stromstärke (Ampère) und von Spannung (Volt) nicht eingehen.

Dort werden diese Größen auf die mechanischen Grundeinheiten der Kraft und der Energie zurückgeführt. Zur Illustration teilen wir nur mit, daß bei einer Stromstärke von 1 Ampère (1 A) pro Sekunde ca. $6,24 \cdot 10^{18}$ Elektronen durch den Leiterquerschnitt fließen.

Hat eine Batterie eine Spannung von 1 Volt (1 V), treten die Elektronen ohne Anfangsgeschwindigkeit aus der Kathode aus und werden sie ohne Widerstand von der Kathode zur Anode geleitet, so würden sie infolge der schiebenden Wirkung der "Druckdifferenz" des 1 V mit einer Geschwindigkeit von ca. 592,9 km/sec an der Anode angelangen. Im Falle eines realen Leiters wird an Stelle dieser kinetischen Energie vielmehr eine gleich große Wärmeenergie im Leiter von jedem fließenden Elektron freigesetzt.

Die elektrische Stromstärke I, gemessen in Ampère (A), ist ein Maß für die Zahl der Elektronen, welche pro Sekunde über einen Leiterquerschnitt fließen.
Die elektrische Spannung U_{AB} zwischen zwei Punkten A und B, gemessen in Volt (V), ist ein Maß für die Energie, welche ein Elektron, meist als Wärme, freisetzt, wenn es sich von A nach B bewegt.

Eine elektronische Schaltung funktioniert nur, weil Spannungsquellen, z.B. Batterien, zwischen gewissen Punkten bestimmte Spannungen aufrechterhalten

Anstelle einer genauen Definition genügt uns hier der Hinweis, daß es käufliche **Ampèremeter** und **Voltmeter** gibt, welche die Stromstärke und Spannung in den genannten Einheiten anzeigen. Die Beschaltung ist in Bild 1. 3 für die Messung von U und I von Bild 1. 2 angegeben. Eine Messung der Stromstärke erfordert ein Aufbrechen der Leiterbahn. Das **Ampèremeter** mißt die durch es pro Sekunde geflossene Ladung. Das **Voltmeter** tastet die Elektronendruckdifferenz zwischen zwei Punkten ab.

Ein ideales Voltmeter hat einen unendlich hohen Innenwiderstand, während ein *ideales Ampèremeter einen verschwindenden Innenwiderstand* haben sollte. Beide Bedingungen garantieren, daß die Anbringung dieser Meßinstrumente die ursprüngliche Schaltung nicht stört

In Bild 1.3 wurde am Symbol der Spannungsquelle die **Polarität** nicht angegeben: Der längere Strich ist die Anode (*Merkhilfe*: Ein Pluszeichen erfordert eine längere Linie).

Jeder reale Leiter hat einen von null verschiedenen Widerstand. Im Schaltbild, das die Realität ohnehin nur näherungsweise widergeben kann, werden die Leiter als widerstandslos angenommen und als dünne Linien dargestellt. Wo es für das Funktionieren einer Schaltung wesentlich ist, daß ein bestimmtes Leiterstück einen von null verschiedenen Widerstand hat, wird dieser *endliche* Widerstand durch ein Kästchen dargestellt. Mehrere Widerstände werden meist durch die Symbole R_1, R_2, etc. unterschieden. Bei verschwindendem Widerstand R in Bild 1.2 hätten wir einen **Kurzschluß** (`short-circuit`, `short`) : Es würde ein unendlich hoher Strom fließen, und die Batterie wäre sofort erschöpft.

1.2 Das ohmsche Gesetz

Die wichtigste Gleichung der Elektronik ist das **Ohmsche Gesetz**

$$R = U/I. \tag{1.1}$$

Das ist zunächst nur eine Definition des **Widerstandes** R. Die Einheit des Widerstandes Volt/Ampère bezeichnet man auch als **Ohm**:

$$1\ Ohm\ =\ 1\ \Omega\ =\ 1\ Volt/1\ Ampère. \tag{1.2}$$

Das Gesetz macht jedoch die Aussage, daß das so definierte R eine **Exemplar-konstante** ist, d.h. für ein bestimmtes Leiterstück festliegt, und insbesondere nicht von der gerade durchfließenden Stromstärke I abhängig ist.

Das Ohmsche Gesetz ist nur näherungsweise gültig. Der in (1.1) definierte Quotient hängt geringfügig von I ab. Außerdem it R temperaturabhängig. Bei hohen Strömen und mangelnder Kühlung erwärmt sich der Widerstand und sein Wert steigt normalerweise.

In der Form

$$I = U/R \tag{1.1a}$$

besagt das Ohmsche Gesetz, daß eine an einem Widerstand angelegte Spannung U einen um so höheren Strom durchtreiben kann, je höher U und je niedriger R ist. In der Form

$$U = RI \tag{1.1b}$$

besagt das Gesetz, daß der **Spannungsabfall** an einem Widerstand das Produkt aus Stromstärke und Widerstand ist.

Der elektrische Widerstand, gemessen in Ohm (Ω), eines Bauteiles ist ein Maß für die Spannung U, welche erforderlich ist, um einen bestimmten Strom I durch dieses Bauteil zu treiben : R = U/I.

Interpretiert man Bild 1.2 nicht durch das Modell der fließenden Elektronen sondern in der Sprechweise der technischen Stromrichtung, so würde man folgendes sagen: Am Pluspol befindet sich ein Überschuß einer (fikitiven) positiven Ladung bei hohem elektrischen Potential ("Druck"). Durch ihr hohes Potential ist diese Ladung in der Lage auch gegen Widerstände ihren Weg zu dem niedrigen Potential des Minuspoles zu finden:

Der (technische) Strom fließt vom hohen Potential zum niedrigen Potential.

Das **Potential** Φ eines Punktes P ist die Spannung gegenüber einem willkürlichen **Referenzpunkt** E, dem man das Potential 0 zuschreibt ($\Phi(E) = 0$)

$$\Phi(P) = U_{PE}. \qquad\qquad (1.3)$$

Umgekehrt gilt: Die Spannung zwischen zwei Punkten ist die Potentialdifferenz zwischen diesen Punkten:

$$U = U_{AB} = \Phi(A) - \Phi(B). \qquad\qquad (1.4)$$

Den willkürlichen Referenzpunkt nennt man auch **Erde** (GRND = ground).

> **Das elektrische Potential Φ ist die Spannung U gegenüber "Erde", ein willkürlich gewählter Referenzpunkt.**

In Bild 1.2 wollen wir annehmen, daß die Spannung der Batterie $U = 2V$ betrage. Wir können beispielsweise den Minuspol zur Erde erklären. Dann ist die Anode auf dem Potential 2 V. Wir können aber auch etwa den Pluspol zur Erde erklären, dann liegt die Kathode auf dem Potential -2V.

Da die Leiter, dargestellt durch dünne Linien, als widerstandslos angenommen werden, ist z.B. in Bild 1.2 der Minuspol auf gleichem Potential wie der Punkt A.

Der Widerstand eines realen Drahtes ist durch $R = \sigma l/q$ gegeben. l ist die Länge, q der Querschnitt des Drahtes. σ ist der sog. spezifische Widerstand, eine Materialkonstante. Sie ist für Silber besonders niedrig. Kupfer hat diesbezüglich das beste Preis / Leistungsverhältnis, weswegen für Leitungsdrähte meist Kupfer verwendet wird.

1.3 Die Kirchhoffschen Gesetze

In der Physik gilt ein strenger Erhaltungssatz für die elektrische Ladung. Daraus folgt das **1. Kirchhoffsche Gesetz:** *Die Summe der Ströme, die in einen Knoten fließen, ist null.* Abfließende Ströme werden dabei negativ gezählt.

In Bild 1.4 gilt beispielsweise

$$I + I_2 + I_3 = 0. \qquad\qquad (1.5)$$

Aus dem gleichen Grunde sind Ströme durch die Widerstände R_1 und R_2 in Bild 1.5 gleich. Zur Gültigkeit des 1. Kirchhoffschen Gesetzes, welches auch **Knotensatz** heißt, muß vorausgesetzt werden, daß der Knoten und die Leiter keine Ladung speichern können, d.h. daß sie verschwindende Kapazität (siehe unten) haben.

Das **2. Kirchhoffsche Gesetz (Maschensatz)** besagt, *daß die Summe der Spannungen längs einer Masche gleich null ist.* In jeder Masche - z.B. besitzt Bild 1.5 eine einzige Masche - wird willkürlich ein Umlaufsinn, dargestellt durch den Ringpfeil, angenommmen.

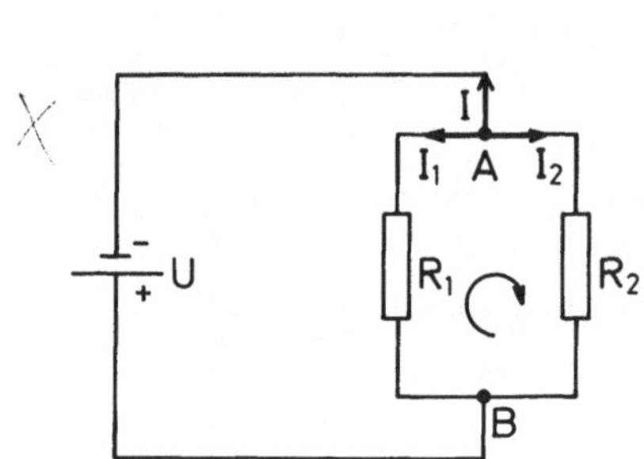

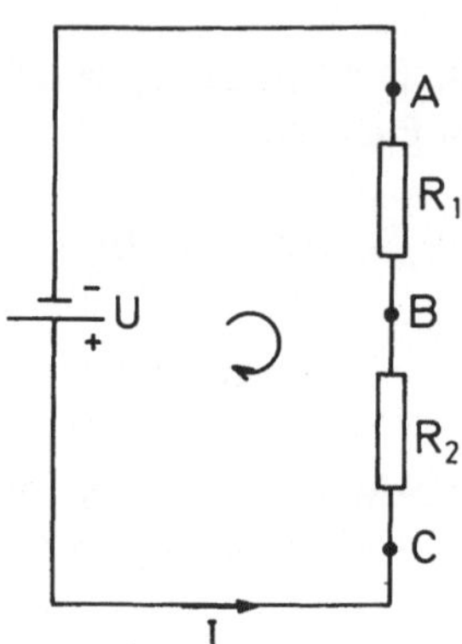

Bild 1.4 Parallelschaltung von Widerständen

Bild 1.5 Serienschaltung von
Widerständen

Für Bild 1.5 haben wir z.B.

$$-U + IR_1 + IR_2 = 0. \tag{1.6}$$

Durch die Batterie von C nach A, also in Richtung des Pfeiles, fällt das Potential um U=2V, d.h. es steigt um -U. Von A nach B steigt das Potential nach dem Ohmschen Gesetz um IR1. Die positive Richtung des Stromes I ist in Bild 1.5 durch den Pfeil an I willkürlich festgelegt worden. Falls I positiv ist, liegt B auf höherem Potential als A, denn ein (technischer) Strom fließt stets vom höheren zum niedrigeren Potential. Dabei spielt es keine Rolle, ob der Strom I tatsächlich positiv ist: Wäre I negativ, so wird der Term IR_1 ja auch negativ.

In Bild 1.5 können wir die beiden in Serie geschalteten Widerstände R_1 und R_2 auch als einen einzigen Widerstand R auffassen. Nach der Definition (1.1) des Widerstandes finden wir

$$R = U/I = R_1 + R_2, \tag{1.7}$$

wobei wir (1.6) benutzt haben. Bei **Serienschaltung** addieren sich also die Widerstände.

Für die Hintereinanderschaltung von Widerständen gilt: $R = R_1 + R_2$.

Bei der in Bild 1.4 mit dem Ringpfeil versehenen Masche folgt aus dem Maschengesetz:
$-I_2R_2 + I_1R_1 = 0$. (Falls I_2 positiv, liegt A auf höherem Potential als B. Auf dem Weg von A nach B über R_1, d.h. in Pfeilrichtung, sinkt also das Potential um I_2R_2, d.h. es steigt um $-I_2R_2$. Falls I_1 positiv, liegt auch A auf höherem Potential als B. Auf dem Weg von B nach A über R_1, d.h. in Pfeilrichtung, steigt das Potential um I_1R_1.) Wir haben also

$$I_1/I_2 = R_2/R_1.$$ (1.8)

Die **Parallelschaltung** in Bild 1.4 wirkt demnach als Stromteiler: Durch den kleineren Widerstand fließt der höhere Strom und umgekehrt.

Wiederum können wir die beiden parallel geschalteten Widerstände R_1 und R_2 als einen einzigen Widerstand R auffassen. Aus der Definition des Widerstandes (1.1) folgt $1/R = I/U$, $1/R_1 = -I_1/U$, $1/R_2 = -I_2/U$. Aus dem Knotensatz (1.5) folgt jetzt:

$$1/R = 1/R_1 + 1/R_2.$$ (1.9)

Bei der Parallelschaltung addieren sich die reziproken Werte der Widerstände.

Die Schaltung von Bild 1.5 stellt den sehr häufig benutzten sog. **Spannungsteiler** dar. Durch Verwendung eines regelbaren Widerstandes (**Potentiometer, Trimmer**) kann von der Gesamtspannung U_0 der Bruchteil U, siehe Bild 1.6, abgegriffen werden.

Die angegebene Formel für U setzt voraus, daß der Spannungsteiler *unbelastet* ist, d.h. daß am Ausgang U (praktisch) kein Strom fließt. In Bild 1.6 ist noch das Symbol für die gewählte Erde (Referenzpunkt) zu sehen.

Beim unbelasteten Spannungsteiler verhalten sich die Teilspannungen wie die Teilwiderstände.

1.4 Die elektrische Leistung

Die Stromstärke gibt die pro Zeiteinheit (Sekunde) geflossene Ladung an. Die Spannung gibt die pro Ladungseinheit freigesetzte Energie an, wenn diese Ladung die Spannungsdifferenz durchläuft. Das Produkt aus Stromstärke mal Spannung stellt also die pro Zeiteinheit freigesetzte Energie, d.h. die **Leistung** (power) P dar:

$$P = UI.$$ (1.10)

Die (elektrische) Einheit der Leistung bezeichnet man auch als **Watt**:

$$1\,Watt = 1\,W = 1\,Ampère \times 1\,Volt.$$ (1.11)

Die elektrische Leistung P, gemessen in Watt (W), welche ein Bauteil freisetzt, ist das Produkt aus angelegter Spannung U mal der geflossenen Stromstärke I.

Im Falle eines Widerstandes handelt es sich um eine **Wärmeleistung** (power dissipation), d.h. die pro Sekunde im Widerstand freigesetzte Wärmemenge.

Bei einer Glühbirne wird ein Teil dieser Wärmemenge sekundär als Lichtenergie ausgestrahlt. Ohne Wärmeabfuhr würde sich der Widerstand unbegrenzt erhitzen. Befindet sich der Widerstand in der Luft, so ist durch Wärmekonvektion eine gewisse Wärmeabfuhr sichergestellt. Diese bezeichnet man als zuläßige Verlustleistung des Widerstandes. Sie hängt von der geometrischen Größe des Widerstandes, seiner Oberflächenbeschaffenheit und von seiner maximal zuläßigen Temperatur ab. Durch Anbringen eines **Kühlkörpers**, der seine Oberfläche vergrößert, oder durch Verwendung eines Gebläses (**Lüfters**), der die **Wärmekonvektion** vergrößert, kann die zuläßige Verlustleistung erhöht werden.

Der Name Verlustleistung für die im Widerstand freigesetzten Wärmeleistung kam dadurch zustande, daß diese Wärmeenergie, außer beim elektrischen Heizofen, nicht dem eigentlichen Zweck der Schaltung entspricht und daher energetisch als einen Verlust zu bezeichnen ist.

In der Elektronik verwendet man meist Widerstände mit einer **zuläßigen Verlustleistung** (maximum power dissipation) von ½ oder ¼ Watt. Die tatsächlich im Widerstand auftretende Verlustleistung (1.10) muß kleiner als die zuläßige Verlustleistung sein. Der Anwender muß also etwa die Ungleichung

$$P = UI = RI^2 = U^2/R \leq \text{¼ Watt} \tag{1.12}$$

sicherstellen. Wird diese Ungleichung verletzt, so erwärmt sich der Widerstand zu stark, sein Widerstandswert steigt und liegt außerhalb der für diesen Widerstand garantierten Genauigkeitsgrenzen (**Toleranzen**).

Bei weiterer Erwärmung schmilzt der Querschnitt des Widerstandes durch, wodurch sich sein Wert auf irreversible Weise erhöht hat. Oft kann man dies dem Bauteil von außen nicht ansehen. Schließlich verbrennt das Bauteil, wodurch sein Widerstand unendlich geworden ist.

1.5 Widerstandsbauelemente

Die Widerstände werden durch einen **Farbcode** bestehend aus 4 Farbringen gekennzeichnet. Der 4. Farbring ist meist *gold*, was eine **Toleranz** von 5 % bezeichnet und woran man ihn als den vierten Farbring erkennt. Die anderen Farbringe bezeichnen eine Ziffer gemäß folgender *Tabelle*:

schwarz	0	gelb	4	lila	7
braun	1	grün	5	grau	8
rot	2	blau	6	weiß	9
orange	3				

Die ersten beiden Farbringe geben eine zweistellige Zahl zwischen 10 und 99. Der dritte Farbring gibt die Anzahl der nachfolgenden Nullen.

Farbcode:
Einer - Zehner - Nullen - Toleranz (gold)

Beispiele:
braun-schwarz-schwarz-gold = 10 Ω
rot-grün-blau-gold = 25 000 000 Ω.

Der dritte Farbring kann auch folgende Farben annehmen:

gold = x 0,1   silber = x 0,01.

Beispiele:
rot-rot-gold-gold = 2,2 Ω
rot-rot-silber-gold = 0,22 Ω

Der vierte Farbring kann auch *silber* sein, was eine Toleranz von 10 % bezeichnet. Bei Präzisionswiderständen werden 5 oder 6 Farbringe verwendet.

Die Widerstände werden in sog. **Normreihen** geliefert. In der Normreihe **E12** kommen beispielsweise in den beiden ersten Farbringen nur die Ziffernkombinationen 10, 12, 15, 18, 22, 27, 33, 39, 47, 56, 68, 82 vor. Diese Werte, die zu einer logarithmischen Skala gehören, sind so gewählt, daß durch Serien- oder Parallelschaltung von zwei Widerständen aus der Normreihe eine möglichst große Vielfalt der kombinierten Werte entsteht. Eine Normreihe besitzt soviele Werte, daß sich die Toleranzintervalle überlappen.

In der Elektronik werden die Abkürzungen für die **Zehnerpotenzen** häufig benutzt, die wir an dieser Stelle zusammenstellen:

Dezi	d	10^{-1}	Deka	da	10
Centi	c	10^{-2}	Hekto	h	10^2
Milli	m	10^{-3}	Kilo	k	10^3
Mikro	μ	10^{-6}	Mega	M	10^6
Nano	n	10^{-9}	Giga	G	10^9
Piko	p	10^{-12}	Tera	T	10^{12}

Beispiele:
1 μV = 0,000 001 V
1 MΩ = 1 000 000 Ω.

1.6 Kapazität

Beim *idealen* (kapazitätslosen) Leiter bewegen sich die Elektronen bei Vorliegen eines Stromes gegenüber den festen positiven Ionen so, daß jedes makroskopische Volumelement elektrisch neutral ist, d.h. im Mittel gleich viele positive Ionen wie Leitungselektronen enthält. Besitzt andererseits ein Volumelement in einem *re-*

alen Leiter z.B. einen Überschuß an Elektronen, so verteilen sich diese infolge ihrer elektrostatischen Abstoßung so, daß sie möglichst große gegenseitige Abstände einnehmen. Das Hinzufügen eines weiteren Elektrons in diesen Überschußbereich erfordert einen immer größeren Arbeitsaufwand, d.h. das Anlegen einer immer größeren Spannung U:

$$Q = CU. \tag{1.13}$$

Wir wollen diese Gleichung, welche die Definition der **Kapazität** C enthält, an Hand von Bild 1.7 erläutern. Die Figur verwendet das Schaltsymbol U_g (g = **Generator**) für eine Spannungsquelle, welche an ihren Anschlüssen eine garantierte Spannung U_g erzeugt. Wir könnten dazu eine Batterie verwenden, doch wollen wir U_g als regelbar annehmen.

Der Pfeil bei U_g gibt die Polarität: Am Pfeilschaft herrscht das höhere Potential. Der Pfeil gibt die Stromrichtung außerhalb der Spannungsquelle an, entsprechend der Tatsache, daß außerhalb der Spannungsquelle der Strom vom höheren zum niedrigeren Potential fließt.

Außerdem enthält die Schaltung eine Kapazität C, was nichts anderes als ein Leiter mit einer großen Oberfläche ist. Wegen der Ladungserhaltung und weil die Elektronen den Leiter nicht verlassen können, bewirkt die Spannungsquelle U_g nur ein Verschieben der Ladung (d.h. der Elektronen): Auf der einen **Kondensatorplatte** befindet sich die Ladung Q, auf der anderen die entgegengesetzt gleich große Ladung $-Q$.

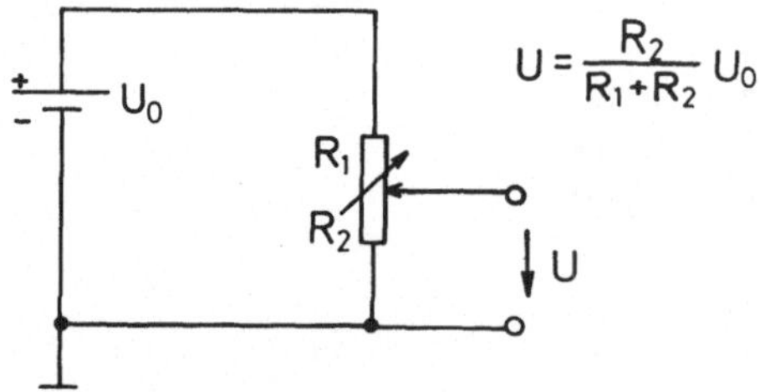

Bild 1.6 Mit Potentiometer regelbarem Spannungsteiler

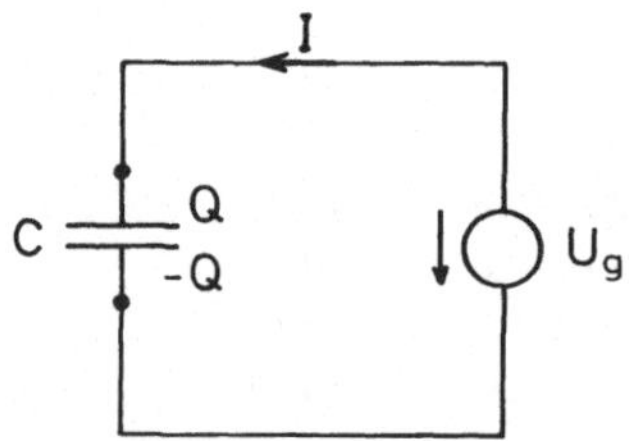

Bild 1.7 Zur Definition der Kapazität C

Die Einheit der elektrischen Ladung Q ist die Ampèresekunde (*As*), d.h. das Produkt aus Ampère und Sekunde.

Auf der Platte befindet sich die elektrische Ladung Q = 1 As, wenn während einer Sekunde (s) ein Strom I von einem Ampère (A) auf die Platte geflossen ist. Umgekehrt ist die elektrische Stromstärke I die pro Sekunde geflossene Ladung.

Nach (1.13) ist die Ladung Q auf jeder Platte um so größer, je höher die angelegte Spannung ist. (1.13) ist die Definition der Kapazität C und impliziert, daß das so definierte C eine Exemplarkonstante ist für den **Kondensator** (condensor), welcher aus den 2 Platten mit den 2 Anschlüssen (**Elektroden**) besteht.

Die Einheit der Kapazität ist As/V, wofür die Abkürzung **Farad** (*F*) verwendet wird:

$$1\,Farad = 1\,F = 1\,As/V.$$

Die Kapazität C, gemessen in Farad (F), ist ein Maß für die Ladung Q bzw. -Q, welche durch Anlegen einer bestimmten Spannung U auf die Kondensatorplatten getrieben wird: C = Q/U.

Je größer Volumen und Oberfläche eines Leiters, desto höher ist seine Kapazität C, weil dann die Überschußelektronen einen hohen gegenseitigen Abstand einnehmen können. Ebenso wird C groß, wenn die beiden Platten möglichst nahe beieinander sind, weil sich dann die entgegengesetzten Ladungen anziehen, wodurch die angenommene Ladungstrennung erleichtert wird, d.h. schon bei niedrigen Spannungen möglich wird.

Die beiden Platten müßten im Prinzip nicht gleich groß sein, oder eine könnte ganz fehlen. Dadurch würde aber C verringert, weil auf der kleineren Platte die Überschußladung sich auf engem Raum zusammendrängen müßte.

Grundsätzlich besitzt jedes Leiterstück eine Kapazität gegen jedes andere Leiterstück. In der Praxis verwendet man jedoch nur Leiterpaare, die als Bauteile (Kondensatoren) mit zwei Anschlüssen (Elektroden) erhältlich sind. Die wechselseitige Kapazität zwischen verschiedenen Kondensatoren, die in einer Schaltung vorkommen, kann dann vernachläßigt werden. Ebenso vernachläßigt man in der Regel die Kapazität der idealen Leiter (dargestellt durch dünne Linien) gegenüber jedem anderen Leiter oder Kondensator.

Bei hohen Frequenzen muß jedoch die Kapazität aller Leiter berücksichtigt werden. Man spricht dann von **Streukapazitäten** (stray capacitance). Im Schaltbild müßten diese als kleine Kondensatoren an geeigneter Stelle, meist gegen Erde, eingetragen werden. Als Faustregel kann man etwa annehmen, daß ein Lötpunkt gegenüber allen übrigen Leitern eine Kapazität von 1 pF hat.

1.7 Wechselstrom

Bisher hatten wir nur **Gleichströme** (DC = direct current), d.h. zeitlich konstante Ströme betrachtet. Jeder nicht-konstante Strom ist ein **Wechselstrom** (AC = alternating current), Bild 1.8. Ein Spezialfall ist der **sinusförmige Wechselstrom**, Bild 1.9. Er ist. mathematisch durch

$$I(t) = I_o\,sin\{2\pi f(t-t_o)\}$$

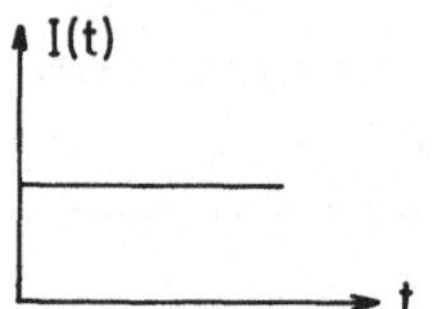 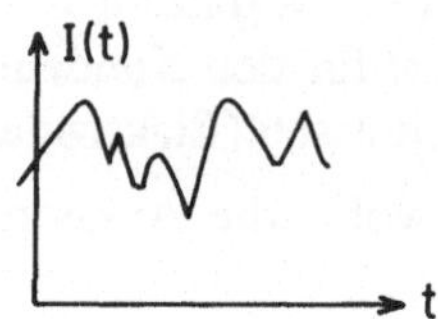

Bild 1.8 Gleichstrom und Wechselstrom

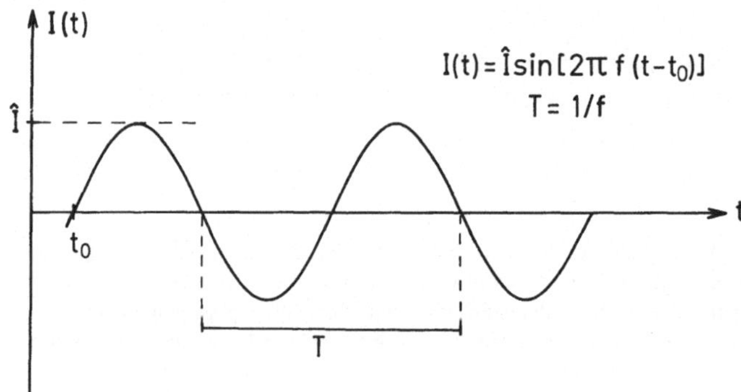

$$I(t) = \hat{I}\sin[2\pi f(t - t_0)]$$
$$T = 1/f$$

Bild 1.9 Sinusförmiger Wechselstrom

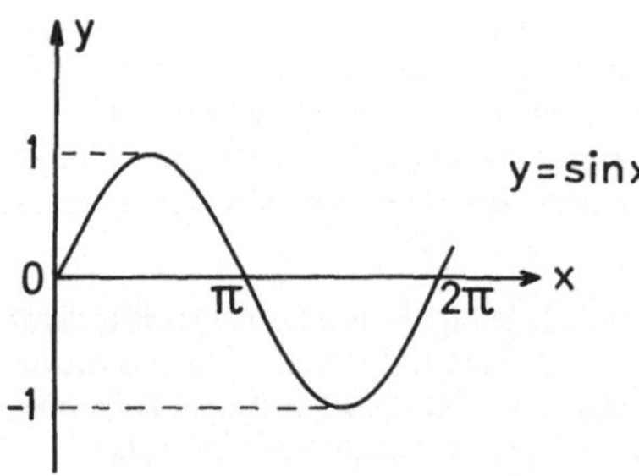

$$y = \sin x$$

Bild 1.10 Die Sinuskurve

gegeben, d.h. er hat eine sinusförmige Abhängigkeit *I(t)* von der Zeit *t*. I_0 ist die **Amplitude**, in unserem Falle der **Spitzenstrom**, denn der Sinus, Bild 1.10, schwankt zwischen -1 und +1. Das Argument des Sinus, in unserem Falle $2\pi f(t - t_0)$, bezeichnet man als die **Phase** ϕ.

Die Phase ϕ ist eine Angabe, ob ein Wechselstrom gerade seinen Nulldurchgang oder aber seinen Maximalwert (Amplitude) annimmt, etc.

Zur Zeit $t = t_0$ ist die Phase *0*, zur Zeit $t = t_0 + T$ mit

$$T = 1/f$$

ist die Phase 2π. Von t_0 bis $t_0 + T$ ist also eine volle **Periode** ("Schwingung") verstrichen. T von (1.16) ist die Periodendauer, kurz die Periode. f ist die reziproke Periode, d.h die Zahl der Schwingungen pro Sekunde, also die **Frequenz** (frequency). Ihre Einheit ist Anzahl pro Sekunde oder **Hertz** (Hz):

$$1\,Hertz = 1\,Hz = 1\,s^{-1}.$$

Die Frequenz f, gemessen in Hertz (Hz), ist die Anzahl der Schwingungen pro Sekunde, d.h. die reziproke Periode T.

Zwei Wechselströme mit derselben Frequenz f, aber verschiedenem t_0 haben eine **feste Phasendifferenz** $2\pi f(t_{01}-t_{02})$, welche für alle Zeiten t dieselbe ist. Zwei Wechselströme verschiedener Frequenz haben jedoch keine feste Phasenbeziehung (keine **Phasenkorrelation**).

Nach dem **Theorem von Fourier** läßt sich jede Funktion, in unserem Beispiel jeder Wechselstrom $I(t)$, als eine Summe (Überlagerung = **Superposition**) von sinusförmigen Wechselströmen mit verschiedenen I_0, f und t_0 darstellen, Bild 1.11. Man spricht von einer **Fourierzerlegung** von $I(t)$. Jeden Summanden in der Fourierzerlegung nennt man eine **Fourierkomponente** von $I(t)$.

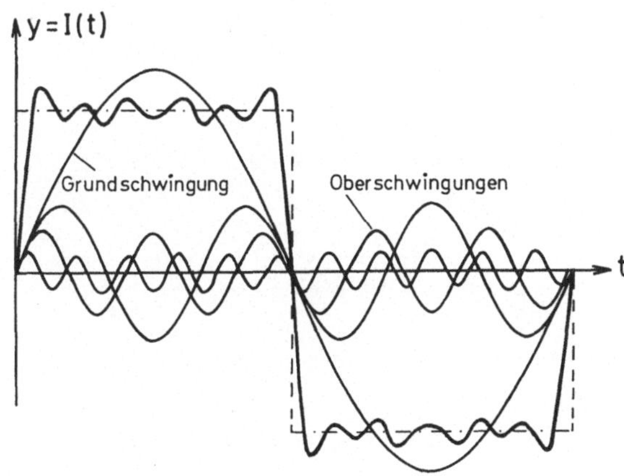

Bild 1.11 Fourierzerlegung einer beliebigen Funktion, hier eines Rechtecksignales (gestrichelte Linie). Die Grundschwingung und die ersten drei Oberschwingungen addieren sich zu einer Approximation (fette Kurve) des Rechtecksignals.

Jeder Wechselstrom ist eine Überlagerung von sinusförmigen Wechselstömen verschiedener Frequenzen f.

Zwischen den Kondensatorplatten von Bild 1.7 kann wegen der Unterbrechung kein Strom fließen. Auch in den Zuführungsdrähten zu den Elektroden des Kondensators kann kein *Gleichstrom* fließen. Jedoch kann in diesen Drähten ein *Wechselstrom* fließen. Beim Wechselstrom bewegen sich die Ladungsträger an einer bestimmten Stelle des Leiters hin und her. Die Kondensatorplatten können diese Ladung aufnehmen und dann wieder abgeben.

Ändert sich die Ladung Q auf einer Platte während des Zeitelementes dt (etwa dt = 1 s) um den Zuwachs dQ, so muß der Strom

$$I = dQ/dt \qquad (1.14)$$

auf dem Zuführungsdraht geflossen sein.

Wir wollen annehmen, die Spannungsquelle von Bild 1.7 erzeuge die Wechselspannung:

$$U = U_g = U_o sin(2\pi ft). \qquad (1.15)$$

Ohne Beschränkung der Allgemeinheit haben wir $t_o = 0$ gesetzt, denn wir können den Nullpunkt der Zeitrechnung immer so wählen, daß dies erfüllt ist.

Nach (1.13) befindet sich dann auf den Kondensatorplatten die Ladung

$$Q = CU = CU_o \cdot sin(2\pi ft). \qquad (1.16)$$

Nach (1.14) fließt also ein Wechselstrom

$$I = 2\pi fCU_o \cdot sin(2\pi ft + \pi/2). \qquad (1.17)$$

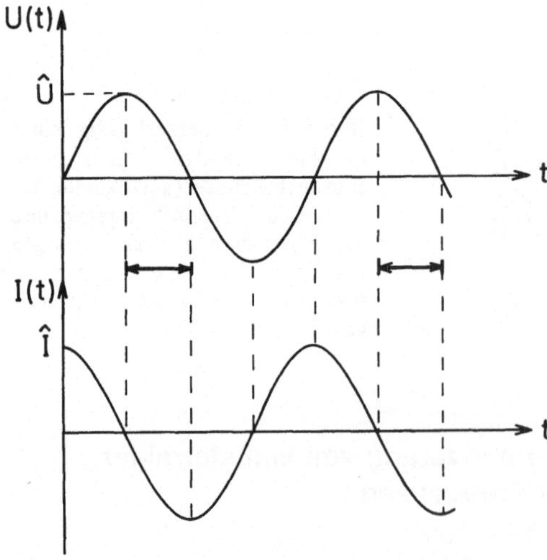

Bild 1.12 Feste Phasenkorrelation mit Phasendifferenz $\pi/2$ zwischen Strom und Spannung beim Kondensator

Wir haben dabei folgende Formel der Differentialrechnung verwendet:

$$d/dx\, sin(x) = cos(x) = sin(x + \pi/2). \qquad (1.18)$$

Strom und Spannung haben also eine Phasendifferenz von $\pi/2$: Verschwindet die Spannung, so ist der Strom extremal und umgekehrt, Bild 1.12.

Der Strom ist - bis auf einen Faktor - die Ableitung d/dt der Spannung. Der Strom ist maximal, wo die U(t)-Kurve die größte Steigung hat, der Strom verschwindet, wo sie ein Extremum hat.

Aus (1.15) und (1.17) erkennen wir, daß für Kondensatoren das Ohmsche Gesetz nicht gilt, denn des Verhältnis U/I ist nicht konstant.

Das Ohmsche Gesetz gilt jedoch für die *Amplituden*:

$$U_o/I_o = 1/(2\pi Cf), \tag{1.19}$$

jedoch auch nur cum grano salis, denn der sog. **Wechselstromwiderstand** (impedance) $1/(2\pi Cf)$ ist keine Exemplarkonstante. Vielmehr hängt er von der Frequenz f der gerade betrachteten Fourierkomponente ab: Für hohe Frequenzen stellt die Kapazität einen geringen, für niedrige Frequenzen einen hohen Widerstand dar. Für Gleichströme insbesondere ist ein Kondensator unüberwindlich. Für alle Frequenzen wird der Widerstand eines Kondensators um so kleiner, je größer seine Kapazität C ist.

> **Eine Kapazität C stellt für die Amplituden eines sinusförmigen Wechselstromes der Frequenz f den Widerstand R = R_c = $1/(2\pi Cf)$ dar.**

> **Bei der Parallelschaltung addieren sich die Kapazitäten: C = $C_1 + C_2$, während sich bei der Serienschaltung ihre reziproken Werte addieren.**

1.8 Kapazitätsbauelemente

Neben der Kapazität C muß bei einem Kondensator die **Nennspannung** angegeben werden, das ist die höchste zuläßige Spannung U, die an ihn angelegt werden darf. Wird diese überschritten, so kann der Strom die sehr kurze Distanz zwischen den Kondensatorplatten überwinden, wodurch der Kondensator zerstört wird.

Ein weiterer Parameter ist der **Leckstrom** (leakage current). Das ist der sehr geringe Strom, der bei Nennspannung bereits zwischen den Kondensatorplatten fließt, jedoch noch nicht zu einer Schädigung des Kondensators führt.

Die übliche Einheit für die Kapazität eines Kondensators ist das μF und wird auf dem Bauteil meist weggelassen.

Beispiele:

.47 = 0,47 μF = 470 nF

n200 = 0,2 nF = 200 pF

2n2 = 2,2 nF

47p = 47 pF

Kondensatoren mit einer Kapazität von mehr als ca. 10 μF können nur als **Elektrolytkondensatoren (Elko's)** hergestellt werden. Diese sind **bipolar**, d.h. müssen richtig gepolt werden.

Die Anode, an der stets das höhere Potential anliegen muß, ist meist durch einen Ring oder eine Einkerbung, Bild 1.13, gekennzeichnet.

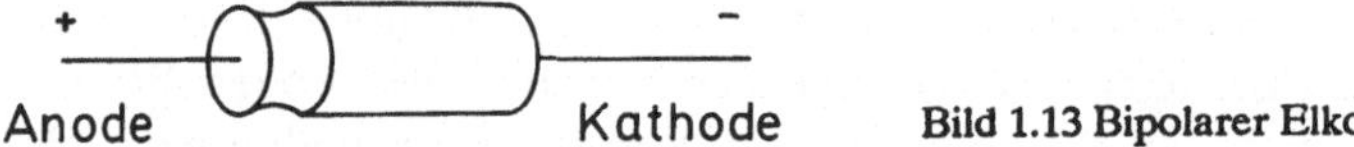

Bild 1.13 Bipolarer Elko

Man kann sagen, daß bei einem Elko die Nennspannung bei falscher Polung null ist. Wird an einem falsch gepolten Elko Spannung angelegt, so steigt der Leckstrom stark an, der Kondensator erhitzt sich und verbrennt nach ca. 1 Minute. Auch richtig gepolte Elko's sind die Hauptursache für Ausfälle bei älteren Geräten.

Ein zerstörter Kondensator ist ein Kurzschluß (ohmscher Widerstand R = 0), wodurch meist noch Folgeschäden entstehen. Außerdem sind Elko's teuer. Aus diesen Gründen vermeidet man in Schaltungen Kondensatoren von mehr als 1 μF.

Regelbare Kondensatoren (**Drehkondensatoren**) können nur für kleine Kapazitäten hergestellt werden und sind teuer.

Tantal-Elektrolytkondensatoren können kurzzeitig sehr hohe Ströme liefern. Sie werden deshalb zur Stabilisierung der Spannungsversorgung und bei schnellen Digitalschaltungen verwendet.

Keramische Kondensatoren sind sehr induktionsarm (s.u.) und werden deshalb in der Hochfrequenztechnik verwendet.

1.9 Das elektromagnetische Feld ■

Neben der elektrischen Ladung sind das **elektrische** und **magnetische Feld** Grundgrößen der Physik, deren Eigenschaften wir zwar (durch die Maxwell-Gleichungen) beschreiben können, für die wir aber keinerlei weitergehende Erklärung haben. Das elektrische und das magnetische Feld werden dargestellt durch zwei **Vektoren** (Pfeile), die **Feldstärken** ,die an jeder Stelle des Raumes (und zu jeder Zeit) definiert sind.

Das elektrische Feld bewirkt eine Kraft auf Ladungen. Wir haben diese elektrische Kraft als elektrostatische Abstoßung zweier Elektronen bereits kennengelernt. Nach der **Feldtheorie** besitzt jede Ladung um sich herum ein zentralsymmetrisches Feld, Bild 1.14. Die Feldstärke an der Stelle der zweiten Ladung e^- bewirkt auf diese eine Kraft.

Da wir die äußere Ladung als negativ angenommen hatten, ist die Kraft entgegengesetzt zur Feldstärke. Auch die zweite Ladung besitzt ein Feld. Das tatsächlich vorliegende Feld ist die Superposition (Summe) der von allen Ladungen erzeugten Felder. Jedoch erfährt eine Ladung in ihrem eigenen Feld keine Kraft: Selbstfeldproblem.

Im elektrischen Feld E erfährt eine Ladung e die Kraft

$$K = eE. \tag{1.20}$$

Bewegt man einen Körper entgegen einer Kraft - man denke etwa eine Masse, die vom Erdboden in eine bestimmte Höhe gehoben wird, oder an ein Elektron, das einem anderen Elektron angenährt wird - so muß man Arbeit leisten ,d.h. man muß z.B. durch unsere Hände eine zusätzliche Kraft anbringen. Die Arbeit ist definiert als Kraft mal Weg l:

$$A = Kl. \tag{1.21}$$

Falls sich die Kraft längs des Weges ändert, so zerlegt man den Weg in kleine Teilintervalle, in denen die Kraft als konstant angenommen werden kann und summiert die einzelnen Arbeitsbeiträge auf (Integral). Außerdem muß nur die Komponente der Kraft in Richtung des Weges genommen werden.

Man sagt, daß der Körper an seiner Endlage eine um A größere potentielle **Energie** besitze. Läßt man den Körper wieder an seine ursprüngliche Lage zurückfallen, so wird diese Energie zurückgewonnen. Sie steht an der Endlage entweder als kinetische Energie des Körpers zur Verfügung, oder sie wurde längs des Rückweges zur Überwindung eines ohmschen oder eines Reibungswiderstandes verbraucht und ist dabei in Wärmeenergie umgewandelt worden.

Die Spannung ist die Differenz der potentiellen Energie pro Ladung:

$$U = A/e. \tag{1.22}$$

Durchläuft also ein geladener Körper die Spannung U, so setzt er die Energie $A = eU$ frei, bzw. er kann diese Arbeit A leisten: *Energie = Fähigkeit Arbeit zu leisten*.

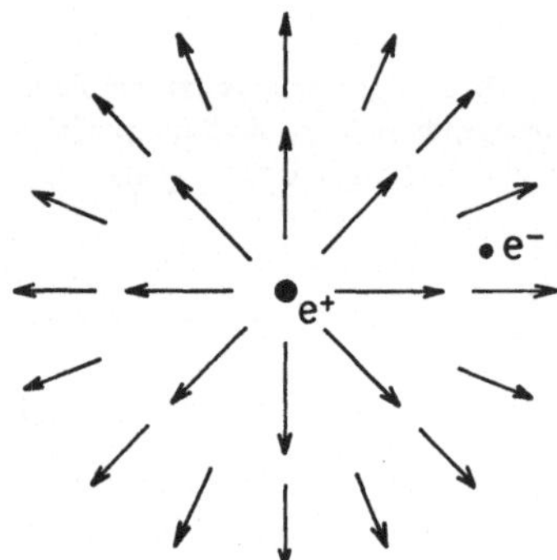

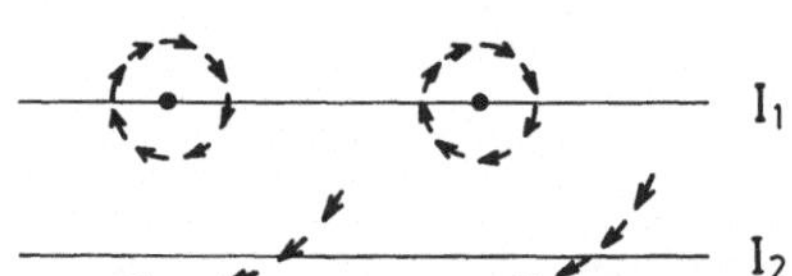

Bild 1.14 Feldtheoretische Be-
schreibung der elektrostatischen
Anziehung zweier ungleichnamiger
Ladungen.

Bild 1.15 Feldtheoretische Beschreibung
der magnetischen Anziehung zweier paralleler Ströme

Aus den bisherigen Gleichungen folgt jetzt:

$$U = El, \tag{1.23}$$

d.h. *Spannung = elektrische Feldstärke mal Weg*, oder: *elektrische Feldstärke =
Zunahme der Spannung pro Längeneinheit*. Die Einheit der elektrischen Feldstärke
ist also *V/m*.

Eine bewegte Ladung, Strom I_1 in Bild 1.15, hat um sich ein **Magnetfeld**. Ein Magnetfeld bewirkt
eine Kraft, die magnetische Kraft, auf eine bewegte Ladung, Strom I_2. Für die Kraft auf ein Leiterele-
ment des Leiters I_2 ist das Magnetfeld maßgebend, das vom Leiter I_1 erzeugt wird und an der Stelle
des Leiters I_2 herrscht.

Auch der Leiter I_2 hat ein Magnetfeld. Das tasächlich vorliegende Magnetfeld ist die Superposition
(Summe) der von allen Strömen erzeugten Magnetfelder.

In Bild 1.15 tritt kein elektrisches Feld auf, weil ein idealer (kapazitätsloser) Leiter elektrisch neutral
ist.

**Durch Aufwicklung des Leiters zu einer Spule (coil) mit n Windungen (turn)
kann das Magnetfeld ver-*n*-facht werden, Bild 1.16.**

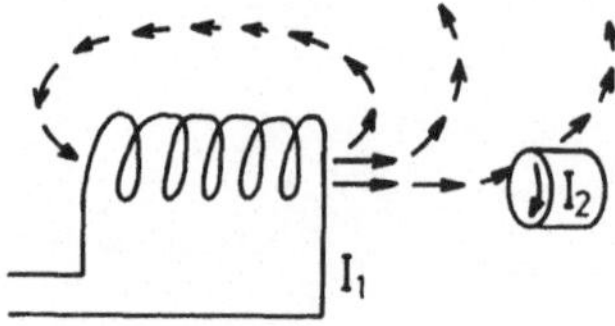

Bild 1.16 Gegenseitige Anziehung eines Elektromagneten
und eines Permanentmagneten

Auch die mikroskopischen Ströme der um den Atomkern kreisenden Elektronen bewirken ein Magnetfeld. Da die Atome meist ungeordnete Richtung haben, mitteln sich diese Magnetfelder weg. Beim **Permanentmagneten** sind die Atome richtungsgeordnet. Er hat damit ein Magnetfeld und erfährt im Magnetfeld eine Kraft, Bild 1.16.

1.10 Das Induktionsgesetz ■

Ein zeitlich veränderliches Magnetfeld hat noch eine weitere sehr wesentliche Eigenschaft: Es **induziert** im ganzen Raum eine elektrische Feldstärke.

Ein elektrisches Feld kommt also in der Natur vor als zentralsymmetrisches Feld einer Ladung, Bild 1.14, aber auch als eine von einem veränderlichen Magnetfeld induzierte elektrische Feldstärke.

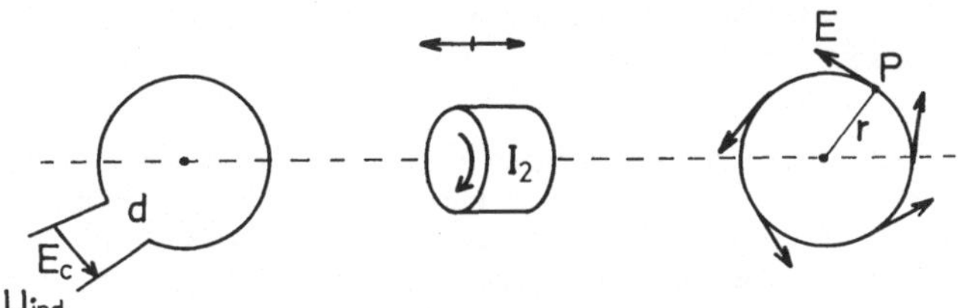

Bild 1.17 Induktion einer Ringspannung durch bewegten Permanentmagneten

In Bild 1.17 wird ein Permanentmagnet hin- und herbewegt. Aus Einfachheitsgründen wollen wir den Magneten als zylinderförmig und seine Bewegung längs der Zylinderachse annehmen. Infolge des wechselnden Abstandes ändert sich das Magnetfeld des Permanentmagneten an jedem festen Orte P des Raumes. Wir konstruieren bei P einen zum Permanentmagneten parallelen Kreis. Aus Symmetriegründen ist dann die induzierte elektrische Feldstärke E tangential zum Kreis und hat an jedem Punkt des Kreises denselben Betrag. Das Produkt aus Kreisumfang $2\pi r$ und dem Betrag der induzierten elektrischen Feldstärke E, nennt man auch die induzierte **Ringspannung** U_{ind}.

Das **Induktionsgesetz** macht die Aussage, daß die induzierte Ringspannung U_{ind} gleich (minus) der Änderung des **magnetischen Flußes** (`magnetic flux`) ist. Letzterer ist das Produkt aus Magnetfeld mal Fläche des Kreises.

Der magnetische Fluß durch die Kreisfläche ändert sich, weil sich das Magnetfeld auf der Kreisfläche zeitlich ändert. In großem Abstand vom Magneten wird die induzierte Feldstärke klein, weil dort das Magnetfeld und damit auch seine Änderung klein ist.

In der Nähe des bewegten Magneten herrscht ein merkliches System von geschlossenen, konzentrischen elektrischen Feldlinien. Auch in dem Drahtring, links in Bild 1.17, herrschen an jeder Stelle die so bestimmten induzierten elektrischen Feldstärken. Diese stellen, wie oben erwähnt, eine (elektrische) Kraft auf die Ladungen dar.

Man sagt, um einen altmodischen Ausdruck zu verwenden, daß im Ring eine **elektromotorische Kraft** (EMF=electromotive force) auftritt. Die unbeweglichen positiven Ionen bleiben davon unberührt. Die Leitungselektronen jedoch kommen in Bewegung, d.h. bilden einen Strom (*Strom = bewegte Ladung*): der **induzierte Strom.**

Falls die Enden des Drahtringes offen sind, wie in Bild 1.17 angenommen, so sammeln sich die Elektronen an einem Ende an und verarmen am anderen Ende, denn jeder reale Draht hat eine von 0 verschiedene Kapazität. Das elektrische Feld, das zu dieser positiven und negativen Ladung an den beiden Enden gehört, kompensiert die im Draht induzierte elektrische Feldstärke gerade wieder zu null. In einem Leiter bewirkt eine elektrische Feldstärke nämlich so lange einen Strom, bis die Feldstärke zusammengebrochen, d.h. gleich null geworden ist. In der Drahtlücke jedoch verstärken die Ladungen am Ende des Drahtes die induzierte Feldstärke. Das Induktionsgesetz muß nach wie vor gelten, d.h. U_{ind} hat denselben Wert wie bisher und ist jetzt gleich $E_c·d$, wobei d die Drahtlücke und E_c die in der Lücke herrschende Feldstärke ist.

Die Drahtenden sind zu den **Elektroden** einer Spannungsquelle geworden. Die elektromotorische Kraft ist in der Drahtlücke lokalisiert. U_{ind}, wie es das Induktionsgesetz voraussagt, läßt sich mit einem Voltmeter an den Enden nachweisen.

Man kann auch einen ohmschen Widerstand R an die Drahtenden hängen. Solange R groß gegen den ohmschen Widerstand des Drahtringes ist, wird U_{ind} dazu verwendet einen Strom $I = U_{ind}/R$ durch den Widerstand zu treiben.

Ist im anderen Extremfall R = 0, d.h. der Drahtring geschlossen, so bricht im Inneren des Drahtes die induzierte Feldstärke nie zusammen. U_{ind} wird dazu verwendet im Drahtring einen sog. **Wirbelstrom** (eddy current) $I = U_{ind}/R_0$ (R_0 = ohmscher Widerstand des Drahtringes) aufrechtzuerhalten. Die elektromotorische Kraft, d.h. die elektrische Feldstärke, bleibt gleichmäßig über den Ring verteilt.

Mit Ausnahme der Solarzellen und der chemischen Batterien wird aller Strom im Prinzip wie in Bild 1.17 erzeugt. Der Magnet wird etwa durch ein Wasserrad oder Dampfturbine bewegt. Der Drahtring besteht aus mehreren Windungen und muß verankert werden, weil er sonst ausweichen würde.

Der im Ring induzierte Strom wirkt, analog wie in Bild 1.16, mit einer Kraft auf den Magneten zurück. Dessen Bewegung wird dadurch gehemmt. Das ist der Inhalt der sog. **Lenzschen Regel.**

Sie ist ein Spezialfall eines ganz allgemeinen Prinzipes der Physik: *Bewirkt eine Ursache* (hier: der bewegte Magnet) *eine Folge* (hier: der induzierte Strom), *so wirkt diese Folge auf die Ursache in einer solchen Weise zurück* (hier: durch magnetische Abstoßung der Ringströme im Draht und im Magnet), *daß die Ursache abgeschwächt wird* (hier: der Magnet bewegt sich schwerer).

Wir benötigen das **Induktionsgesetz** nur in einer *speziellen* Form:

$$U_{1,ind} = -L_{11}·dI_1/dt - L_{12}·dI_2/dt \qquad (1.24)$$
$$U_{2,ind} = -L_{22}·dI_2/dt - L_{12}·dI_1/dt.$$

In den beiden Spulen, Bild 1.18, fließen die Ströme I_1 und I_2.

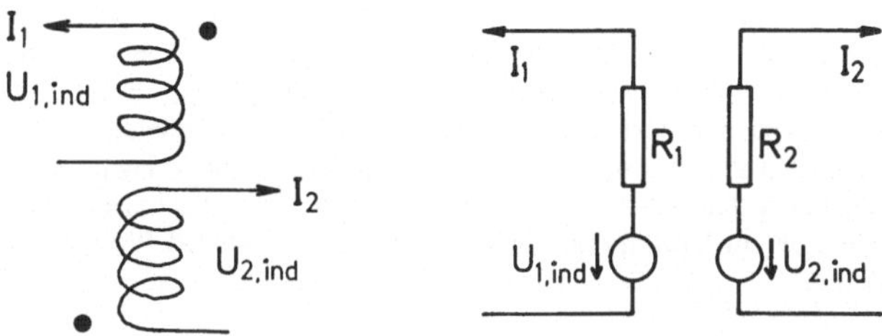

Bild 1.18 Selbstinduktion und gegenseitige Induktion beim Transformator. Rechts ein Ersatzschaltbild

Sie erzeugen je ein Magnetfeld. Das Gesamtmagnetfeld ist die Summe dieser beiden Magnetfelder. Da sich I_1 und I_2 zeitlich ändern können, was durch die Differentialquotienten d/dt in der Gleichung (1.24) eingeht, verändert sich das Gesamtmagnetfeld an den Orten der Leitungsdrähte. Nach dem *allgemeinen* Induktionsgestz werden in diesen elektrische Feldstärken induziert. Diese integrieren sich zu den, nach (1.24) gegebenen, induzierten Ringspannungen $U_{1,\text{ind}}$, bzw. $U_{2,\text{ind}}$.

Diese können mit einem Voltmeter an den Spulenenden nachgewiesen werden oder dazu benützt werden z.B. einen ohmschen Widerstand an den Spulenenden zu treiben.

In der rechten Hälfte von Bild 1.18 ist ein Ersatzschaltbild angegeben: Jede Spule wird ersetzt durch einen ohmschen Widerstand, der mit dem ohmschen Widerstand des Spulendrahtes identisch ist, und einer Spannungsquelle U_{ind}, die durch (1.24) gegeben ist.

Jedes U_{ind} in (1.24) besteht aus zwei Termen, entsprechend der induzierenden Wirkung der beiden Ströme. Der erste Term stellt eine **Selbstinduktion**, der zweite eine **gegenseitige Induktion** (mutual inductance) dar. Die Koeffizienten L_{11}, L_{22}, L_{12} sind Apparatekonstante. Sie heißen Induktionskoeffizienten und zwar sind L_{11}, L_{22} die Koeffizienten der Selbstinduktion, L_{12} ist der Koeffizient der gegenseitigen Induktion.

Sie hängen von der **Geometrie** (Form, Größe, gegenseitige Lage und Orientierung), von den Windungszahlen und davon ab, ob ein **Eisenkern**, besser ein **Ferritkern**, verwendet wird. In diesen können die atomaren Ringströme ausgerichtet werden, was zu einer enormen Vergrößerung des Magnetfeldes führt.

Ferrit hat den Vorteil eines hohen ohmschen Widerstandes, so daß die Wirbelströme klein bleiben. Ihre Leistung ("**Eisenverlust**"), welche als Erwärmung des Magneten in Erscheinung tritt, bleibt damit klein.

Die Minuszeichen in (1.24) sind Ausdruck der Lenzschen Regel. In jeder Spule kann zunächst die positive Stromrichtung, dargestellt durch die Richtung des Pfeiles bei I_1 und I_2, willkürlich gewählt werden. Die positive Richtung von U_{ind} muß dann jeweils in die gleiche Richtung gewählt werden, siehe rechte Hälfte von Bild 1.18. Nach unserer Konvention für die Pfeile bei Spannungsquellen, welche die Stromrichtung außerhalb der Spannungsquellen angeben, würde in der Tat ein positives $U_{1,\text{ind}}$ einen Strom in Richtung von I_1 bewirken. Der Windungssinn von Transformatoren wird im Schaltsymbol meist durch Punkte an den Spulen, Fig. 1.18, angedeutet.

Die Selbstinduktionskoeffizienten L_{11}, L_{22} sind stets positiv. Das Vorzeichen von L_{12} hängt vom relativen Wicklungssinn der beiden Spulen ab. Es ist positiv wenn ein positiver Strom I_1 und ein positiver Strom I_2 den gleichen Umlaufsinn haben.

Als *Beispiel* nehmen wir einmal $I_2 = 0$ an. Wenn sich I_1 vergrößert, so ist $U_{1,\text{ind}}$ negativ, versucht also diesem weiteren Anwachsen des Stromes I_1 entgegenzuwirken.

Wenn sich I_1 verkleinert, so ist $U_{1,\text{ind}}$ positiv, versucht also wiederum dieser Verkleinerung entgegenzuwirken.

Man kann sich dies auch energetisch veranschaulichen: Ein Magnetfeld ist Träger von Energie, die im Raum verteilt ist. Einem größeren Strom entspricht eine größere magnetische Energie. Beim Vergrößern von I_1 muß der Strom das zusätzliche Magnetfeld aufbauen, was sich als ein "Widerstand" gegen den Strom bemerkbar macht, der im Ersatzschaltbild als Überwindung des negativen $U_{1,\text{ind}}$ zum Ausdruck kommt. Versucht man umgekehrt den Strom I_1 abzuschalten, etwa durch Schließen eines Schalters, so steht die magnetische Energie zur Verfügung, um den zusätzlichen (hohen) Widerstand des offenen Schalters zu durchbrechen.

Bei plötzlichem Abschalten würde die induzierte Spannung unendlich. Die Ladung verläßt den Leiter und überspringt den offenen Schalter. Es entsteht ein Blitz (**Abschaltfunke**). Er garantiert, daß der Spulenstrom tatsächlich nicht plötzlich unterbrochen wird.

Die in Bild 1.18 beschriebene Anordnung stellt einen **Transformator** dar. In Bild 1.19 haben wir die erste Spule an eine Wechselspannungsquelle

$$U_{\text{g}} = U_{\omega}\sin(2\pi ft), \tag{1.25}$$

die zweite an einen **Verbraucherwiderstand** R gehängt. Entsprechend der Richtung des Energieflußes ist die erste Spule die **Primärspule**, die zweite die **Sekundärspule**.

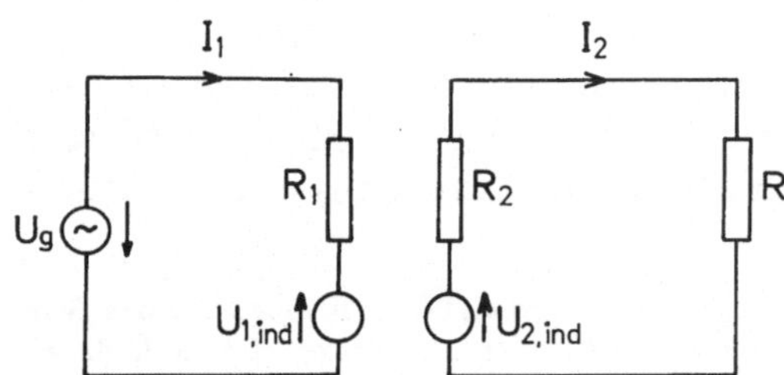

Bild 1.19 Transformator mit Primär— und Sekundärstromkreis

Die Maschengleichungen liefern:

$$U_{\text{g}} - R_1 I_1 + U_{1,\text{ind}} = 0 \tag{1.26}$$
$$U_{2,\text{ind}} - I_2 R_2 - I_2 R = 0. \tag{1.27}$$

Wir lösen diese Gleichungen mit folgenden Näherungsannahmen: $R_1 = R_2 = 0$ (Vernachläßigung des ohmschen Widerstandes des Spulendrahtes), $R = \infty$ (unbelasteter Transformator). Es folgt $I_2 = 0$. Die Lösung der übrigen Gleichungen liefert:

$$U_{2,\text{ind}} = -L_{12}/L_{11} \cdot U_{\text{g}} \tag{1.28}$$
$$I_1(t) = U_{\omega}/(2\pi f L_{11}) \cdot \sin(2\pi ft - \pi/2). \tag{1.29}$$

$U_{2,\text{ind}}$ erscheint an den offenen Enden der Sekundärspule. Nach (1.28) ist also die **Sekundärspannung** ein Vielfaches der **Primärspannung** (daher der Name Transformator).

Die Induktionskoeffizienten L_{ij} hängen oft stark von der Frequenz ab. Dies ist meist durch den Eisenkern bedingt. Transformatoren mit weitgehend frequenzunabhängigen Eigenschaften heißen **Übertrager**. Sie haben meist keinen Kern (**Luftspulen**).

Wir haben das Induktionsgesetz am Falle eines Transformators eingeführt. Wir können aber sofort auf den Fall einer einzigen Spule (**Induktivität**) spezialisieren ($I_2 = 0$). Wir erhalten

$$U_{\text{ind}} = -L\, dI/dt. \tag{1.30}$$

Den **Koeffzienten der Selbstinduktion** L nennt man kurz auch Induktivität.

Die Einheit der Induktivität ist

$$1\,Henry = 1\,Hy = Vs/A. \tag{1.31}$$

Aus (1.29) folgt, daß ähnlich wie bei der Kapazität Strom und Spannung eine Phasendifferenz von $\pi/2$ haben, jedoch mit anderem Vorzeichen.

Für die Amplituden gilt wiederum ein ohmsches Gesetz:

$$U_0/I_0 = 2\pi f L. \tag{1.32}$$

Man bezeichnet diesen Quotienten als **Wechselstromwiderstand der Induktivität**. Für einen Gleichstrom stellt eine Spule einen geringen, für einen hochfrequenten Wechselstrom jedoch einen hohen Widerstand (**Drossel**) dar.

Induktivitäten von mehr als 1 mHy sind wegen des Eisenkernes schwer und werden in der Schaltungstechnik nach Möglichkeit vermieden.

Unter Selbstinduktion versteht man die Tatsache, daß in einer Spule (Induktivität L) eine fiktive Spannungsquelle U_{ind} = -L·dI/dt auftritt, welche dem Versuch, den durch die Spule fließenden Strom I zu ändern, entgegenwirkt.

Bei der Serienschaltung addieren sich die Induktivitäten: $L = L_1 + L_2$, während sich bei der Parallelschaltung ihre reziproken Werte addieren.

1.11 Komplexe Wechselstromwiderstände ∎

Ein sinusförmiger Wechselstrom $I(t)$ der Frequenz f kann auch durch einen Zeiger (Vektor) in einer Ebene, Bild 1.20, dargestellt werden. Der Vektor hat dabei die Länge der Amplitude I_o und rotiert mit der **Winkelgeschwindigkeit (Kreisfrequenz)**

$$w = 2\pi f. \tag{1.33}$$

Die Phase $\phi = w \cdot (t - t_o)$ des durch (1.15) gegebenen Wechselstromes erscheint dabei als Winkel des Zeigers gegen die y-Achse, der Wechselstrom $I(t)$ selbst als Projektion des Zeigers auf die y-Achse.

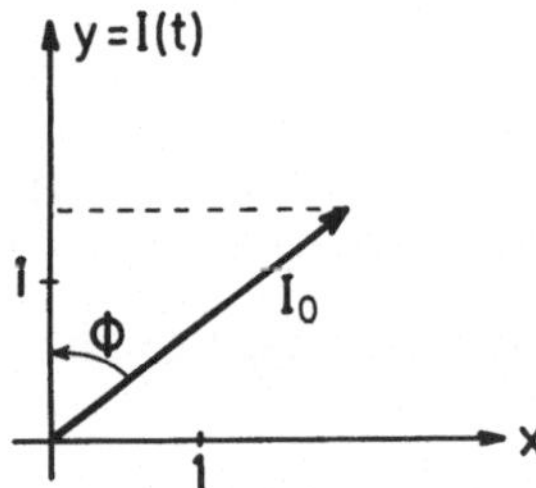

Bild 1.20 Darstellung reeller Signale durch komplexe Amplituden

Der Vorteil dieser Darstellung wird ersichtlich, wenn wir die Ebene als **komplexe Zahlenebene** auffassen. Die x-Achse wird zur **reellen Achse**, die y-Achse zur **imaginären Achse**. Auf der imaginären Achse liegt die **rein imaginäre Zahl** i, *welche*

$$i^2 = -1 \tag{1.34}$$

erfüllt.

Die Spitze des Zeigers (**komplexe Amplitude**) wird somit durch die **komplexe Zahl**

$$\mathbf{I}(t) = I_o \cos\{w \cdot (t - t_o)\} + i \cdot I_o \sin\{w \cdot (t - t_o)\}$$

dargestellt.

Auch die Spannung $U(t)$ kann als komplexe Zahl U(t) im selben Diagramm aufgetragen werden.

Die komplexen Zahlen erfüllen dieselben Rechenregeln wie die reellen Zahlen. Da die Multiplikation mit einer komplexen Zahl als Drehstreckung der Vektoren wirkt, kann das ohmsche Gesetz für die komplexen Momentanwerte U(t) und I(t) durch den **komplexen Wechselstromwiderstand (Impedanz)**

$$Z = U/I \qquad\qquad (1.35)$$

ausgedrückt werden.

Für ohmsche Widerstände R, Kapazitäten C bzw. Induktivitäten L ergibt sich dabei die Impedanz zu

$$Z = Z_R = R \qquad\qquad (1.36a)$$
$$Z = Z_C = 1/(iwC) \qquad\qquad (1.36b)$$
$$Z = Z_L = iwL. \qquad\qquad (1.36c)$$

Bei Serienschaltung addieren sich die Impedanzen

$$Z = Z_1 + Z_2, \qquad\qquad (1.37)$$

während sich bei Parallelschaltung ihre reziproken Werte addieren.

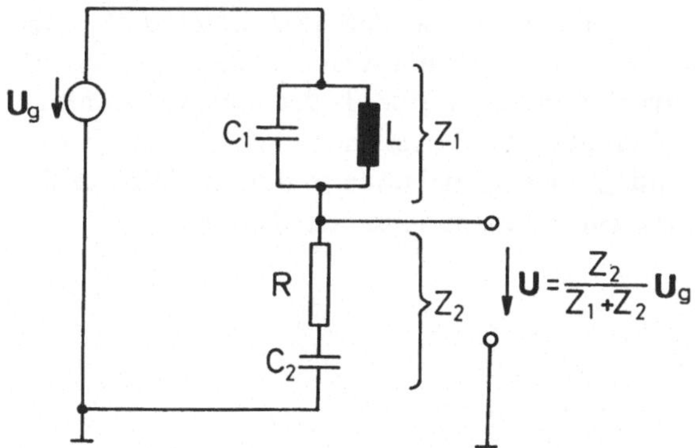

Bild 1.21 Komplexer Spannungsteiler

Als Anwendung betrachten wir den Spannungsteiler, Bild 1.5, bei dem die ohmschen Widerstände durch beliebige Impedanzen Z_1, Z_2 ersetzt werden. In Bild 1.21 haben wir z.B. $1/Z_1 = iwC_1 + 1/(iwL)$, $Z_2 = R + 1/(iwC_2)$. Die (komplexe) Ausgangsspannung U hat gegenüber der Eingangsspannung Ug eine komplizierte Phasenverschiebung, die aus dem Diagramm berechnet werden kann.

Der komplexe Wechselstromwiderstand (Impedanz Z) enthält die Phasenverschiebung zwischen Spannung U und Strom I, sowie das Verhältnis ihrer Amplituden: Z = U/I.

2. Dioden und einfachste Anwendungen

2.1 Dioden

Dioden können den Strom nur in einer Richtung leiten. Eine typische **Kennlinie** ist in Bild 2.1 gezeigt: U ist die Spannung zwischen den beiden Anschlüssen (Pins) der Diode, I ist der Strom durch die Diode. Bei negativen Spannungen U sperrt die Diode, d.h. es ist $I = 0$. Erst bei Überschreiten der maximal zuläßigen **Sperrspannung** (break-down-voltage) fließt auch ein Strom in **Sperrrichtung**, was meist zur Zerstörung des Bauteiles führt. Bei Anlegen einer positiven Spannung setzt der Stromfluß erst allmählich ein, so daß man unter *0,2V* oder auch noch unter 0,5V den Strom als null ansehen kann. Dann steigt er rapide an, so daß bereits bei etwa *0,8V* der **Durchlaßstrom** größer als der maximal zuläßige Durchlaßstrom I_{max} geworden ist. Für alle zuläßigen und merklich von *0* verschiedenen Ströme ist also die Spannung über einer Diode praktisch gleich ca 0,6 bis 0,7 *V*. Diese bezeichnet man als die **Durchlaßspannung** der Diode.

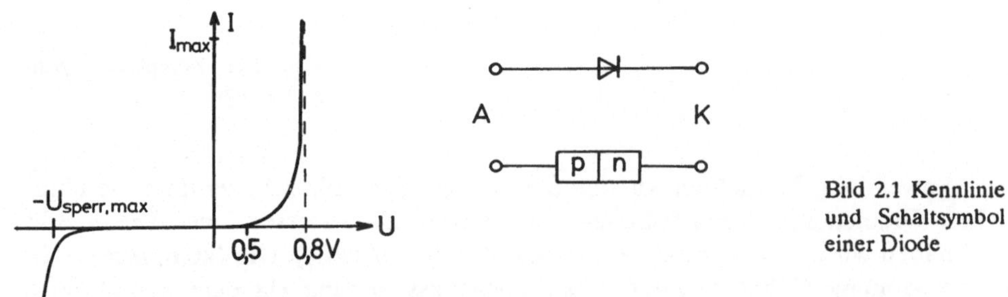

Bild 2.1 Kennlinie und Schaltsymbol einer Diode

In einer Diode fließt ein merklicher Strom nur in Durchlaßrichtung. Es liegt dann eine Spannung von 0,6V-0,7V an.

Für eine Diode gilt offensichtlich das ohmsche Gesetz nicht. Formal kann man die Diode als einen spannungsabhängigen Widerstand bezeichnen, deren Widerstandsverhalten ganz grob wie folgt charakterisiert werden kann: Für negative U ist ihr Widerstand unendlich, für Spannungen ab 0,6V praktisch gleich null. Höhere Spannungen als 0,8V treten bei überlebender Diode nicht auf.

Das Wort Diode bedeutet zunächst nur: *Bauteil mit zwei Anschlüssen*. Das Schaltsymbol ist in Bild 2.1 dargestellt. Der Pfeil gibt die (technische) Stromrichtung bei Durchlaß an. Im zweiten möglichen Symbol beziehen sich die Buchstaben p und n

auf die verwendeten Halbleitermaterialien (p und n-Dotierung). Als Merkregel kann man heranziehen, daß der (technische) Strom vom positiveren Potential zum negativeren Potential fließt. Die zweite Symbolik wird nur selten verwendet. Wir haben sie nur erwähnt, weil die analoge Symbolik bei Transistoren, die aus zwei Dioden bestehen, in der amerikanischen Literatur noch gebraucht wird.

Die Kathode (K) ist am Bauteil meist mit einem Farbring gekennzeichnet, oder die Anode (A) ist länger als die Kathode. Typische Werte für eine billige Diode sind: $U_{Sperr} = 10$ V, $I_{max} = 100$ mA.

Eine Kenntnis der genauen Kennlinie ist meist wertlos, da alle **Halbleiterbauelemente** (`semiconductor devices`) in ihren Daten eine starke **Expemplarstreuung** und Temperaturabhängigkeit (`temperature drift`) zeigen. Dies ist gegenüber der früheren Röhrentechnik eine zusätzliche Schwierigkeit der Halbleiterschaltungstechnik. Es muß versucht werden, das quantitative Verhalten der Schaltung auf die Werte von Widerständen und anderen Bauteilen, die keine so ausgeprägte Streuung zeigen, abzustützen. Exemplarstreuungen können evtl. durch Trimmwiderstände (**Trimmer** = Potentiometer) kompensiert werden, die allerdings bei jeder individuellen Schaltung einzeln justiert werden müssen.

2.2 Diodenschaltungen

Das quantitative Verhalten einer Schaltung kann mit Hilfe der Kirchhoffschen Sätze und der Kennlinien der beteiligten Bauteile im Prinzip berechnet werden. Es existieren auch umfangreiche **Computersimulationsprogramme**. Die Anwendung dieser Methoden ist aber sehr umständlich und zeitraubend und kommt nur in relativ seltenen Fällen in Frage. In jedem Falle ist es notwenig - wenn möglich - sich ein qualitatives Bild von der Schaltung zu machen. Die nötige Intuition zu entwickeln ist das Hauptanliegen des vorliegenden Teiles über Analogtechnik. Rechnungen werden wir nur in den einfachsten Fällen durchführen. Dementsprechend müssen wir uns gelegentlich mit relativ groben Näherungen zufrieden geben. Im folgenden besprechen wir einige einfache Schaltungen, in denen die bisher behandelten Bauelemente vorkommen.

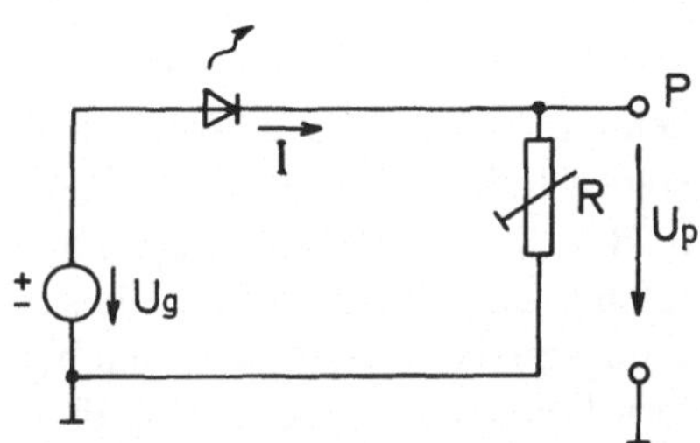

Bild 2.2 Anzeige positiver Spannungen durch eine LED

In Bild 2.2 wird eine Spannungsquelle über einen Widerstand R an eine Diode gehängt. Ist U_g positiv, so kann ein Strom I durch die Diode und den ohmschen

Widerstand R fließen. Ist I merklich von null verschieden, etwa $I > 0.01mA$, so ist die Spannung über der Diode etwa $0,6V$ (zwischen $0,5$ und $0,8V$). Der Punkt P liegt also auf dem Potential $U_P = U_g$-$0,6V$. Durch R, und damit durch den ganzen Stromkreis, fließt also

$$I = (U_g\text{-}0,6V)/R. \hspace{4cm} (2.1)$$

Wenn U_g groß ist, z.B. $20\ V$, so verändert eine Temperaturstreuung der Durchlaß-spannung (etwa von $0,6$ auf $0,7V$) den Strom I nur um ½%. Damit haben wir bereits ein erstes Beispiel, wie in der Schaltungstechnik die Folgen der Exemplar-streuungen, klein gehalten werden: die (kleine) Exemplarstreuung (hier eine Spannung) geht nur als additiver Zusatz zu einer großen Größe (hier: U_g-$0,6V$) in die Gleichungen ein. Der Strom wird im wesentlichen von U_g und R, nicht von der streuenden Durchlaßspannung bestimmt. Eine Exemplarstreuung könnte außerdem dadurch kompensiert werden, daß für R ein Trimmer, wie in Bild 2.2 angenommen, verwendet wird.

Als konkreten Anwendungsfall wollen wir annehmen, daß U_g eine unbekannte Spannung zwischen -$10V$ und + $10V$ abgibt. Dic Diodc wollen wir als **Leuchtdiode** (LED=light emitting diode) annehmen. Die LED leuchtet immer dann, wenn U_g größer als ungefähr $0,6\ V$ ist, nämlich immer dann, wenn in ihr ein merklicher Strom fließt. Die maximale Helligkeit wird durch (2.1) bestimmt. Die Helligkeit bei $U_g \approx 0,5\ V$ hängt stark von den Exemplarstreuungen ab. Dieser Bereich wird also von unserem Anzeigeapparat nicht korrekt wiedergegeben.

Bei negativem U_g sperrt die Diode. Da kein Strom fließt, fällt über R keine Spannung ab, d.h. $U_P = 0$. Über der Diode fällt also die ganze negative Spannung U_g ab. Die maximale Sperrspannung der Diode muß in unserem Beispiel also $> 10\ V$ sein.

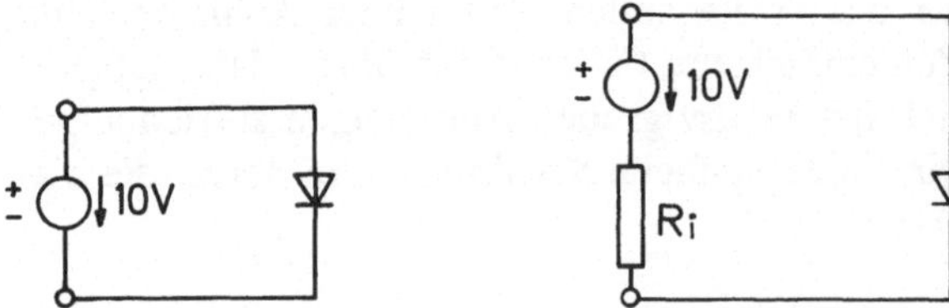

Bild 2.3 Kampf einer Spannungsquelle gegen eine Diode

Eine Diode kann man auch als ein Bauteil bezeichnen, welches dafür sorgt, daß die Spannung über ihm nie mehr als ca. $0,6V$ beträgt - indem es anderenfalls den Strom unendlich werden läßt. Was passiert nun, Bild 2.3, wenn wir eine Spannungsquelle von $10V$ direkt an eine Diode hängen? Zur Beantwortung dieser Frage müssen wir beachten, daß es ideale Spannungsquellen, die einen beliebig hohen Strom bei ihrer **Nennspannung** ($10V$) liefern können, nicht gibt. Bei allen *realen* Spannungsquellen beobachtet man eine Verminderung und schließlich ein Zusammenbrechen der Spannung bei hinreichend hohen abgegebenen Strömen.

Bei **induktiv** erzeugten Strömen {1.10} ist dieser Spannungsverlust die **Selbstinduktion**. Als **Modellvorstellung** verwendet man jedoch das Ersatzschaltbild eines ohmschen **Innenwiderstandes** R_i, rechte Seite von Bild 2.3.

Eine reale Spannungsquelle wird aufgefaßt als eine ideale Spannungsquelle mit einem in Serie geschalteten Innenwiderstand R_i

Liefert die *ideale* Spannungsquelle einen hohen Strom I, so fällt eine beträchtliche Spannung $R_i I$ am Innenwiderstand ab, so daß an den äußeren Klemmen (**Elektroden**) der realen Spannungsquelle eine kleinere Spannung als die **Leerlaufspannung** (= Nennspannung = Spannung im lastfreien Fall) erscheint. *Die reale Spannungsquelle ist fast ideal, wenn ihr Innenwiderstand R_i sehr klein ist.*

Wir haben dieselbe Situation wie in Bild 2.2: Der Strom I durch die Diode ist durch (2.1) gegeben mit $U_q = 10V$, $R = R_i$. Es sind nun zwei Fälle zu unterscheiden: 1) Falls $I > I_{max}$, so zerstört die Spannungsquelle die Diode. 2) Ist jedoch $I < I_{max}$, so hält die Diode die Belastung aus. Die Spannung der Quelle ist jedoch auf *0,6 V* zusammengebrochen.

Eine Diode hat an der Grenzfläche zwischen p-leitendem und n-leitendem Material, Bild 2.1, eine dünne **Grenzschicht (Sperrschicht, junction)**, an der die Gleichrichtung stattfindet. Diese Schicht kann zerstört werden durch zu hohe Temperatur (z.B. auch durch zu langes Löten), oder durch einen zu hohen Strom. Man muß also genauer zwischen zwei verschiedenen I_{max} unterscheiden: dem **Spitzenstrom (maximum peak forward current)**, welcher die Diode augenblicklich zerstört, und dem **maximalen Durchlaßstrom (maximum forward current)**, welcher die Diode erst nach längerem Betrieb infolge thermischer Überlastung zerstört.

Bei fehlender Grenzschicht verhält sich eine Diode wie ein sehr geringer ohmscher Widerstand (Kurzschluß). Bei weiterer Erhitzung kann dieser, wie jeder ohmsche Widerstand, durchbrennen und damit einen sehr hohen Widerstandswert annehmen. Eine zerstörte Diode erkennt man mit einem Ohmmeter an einem symmetrischen (d.h. von der Polung unabhängigen) Widerstandswert.

Moderne Spannungsquellen sind meist **kurzschlußsicher**, d.h. bei Überschreiten eines bestimmten Stromes schalten sie die Nennspannung auf null. Ein einfacher Transformator kann jedoch ohne weiteres bei Kurzschluß, etwa bei dem Experiment von Bild 2.3 mit starker Diode, durchschmelzen.

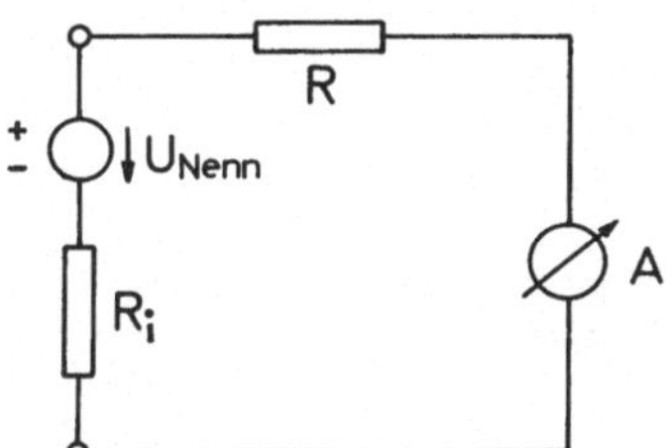

Bild 2.4 Messung des Innenwiderstandes einer Spannungsquelle

Den Innenwiderstand einer Spannungsquelle bestimmt man durch Messung des **Kurzschlußstromes** I, oder falls nicht zuläßig bei hoher Belastung durch kleinen Widerstand R. Aus Bild 2.4 erkennt man:

$$R_i + R = U_{nenn}/I. \qquad\qquad (2.2)$$

2.3 Umladen eines Kondensators

In Bild 2.5 betrachten wir das Laden eines Kondensators über einen Widerstand R. Anfangs (für $t < t_o$) sei $U_E = 0$, $U_A = 0$, $Q = 0$, der Kondensator also ungeladen. Zur Zeit $t = t_o$, durch Umlegen des Schalters, werde die Spannung $U_E = U_o$ angelegt. Da zunächst immer noch $U_E = 0$, fällt die ganze Spannung U_o über R ab, es fließt also der Strom $I = U_o/R$ auf den Kondensator. (Am Ausgang U_E befinde sich etwa ein Voltmeter, in das kein Strom fließt.) Sowie der Kondensator geladen wird, d.h. sein Q steigt, steigt auch seine Spannung $U_E = Q/C$. Es fällt also nur noch die Spannung U_o-U_E an R ab, d.h. es fließt nur noch der geringere Strom $I = (U_o$-$U_E)/R$. Der Ladevorgang verlangsamt sich. Der Kondensator erreicht nur **asymptotisch**, d.h. nach unendlich langer Zeit, die volle Spannung U_o (punktierte Kurve in Bild 2.5).

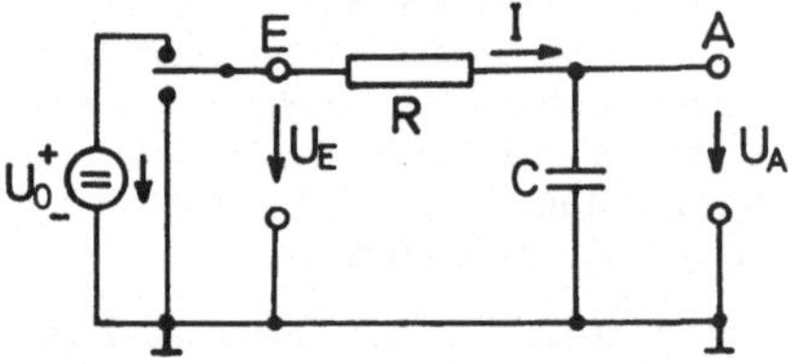

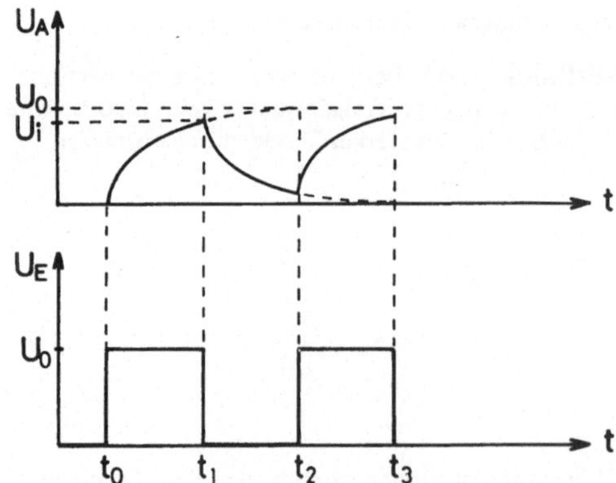

Bild 2.5 Umladen eines Kondensators über einen Widerstand

Wir wollen annehmen, daß zur Zeit $t = t_1$ durch Umlegen des Schalters der Kondensator über R wieder entladen werden soll. Die Entladung erfolgt zuerst schnell, dann immer langsamer. Die genaue Durchrechnung, die dem Leser als Übung empfohlen wird, zeigt, daß der Lade- sowie der Entladevorgang nach einer **Exponentialfunktion** erfolgt: Beim Entladen dauert es jeweils gleich lang bis der Kondensator die Marken U_i, $U_i/2$, $U_i/4$, $U_i/8$ erreicht hat, wobei U_i die anfängliche Spannung (i=initial) bezeichnet. Diese Zeit, welche man **Halbwertszeit** $T_{1/2}$ nennt, ergibt sich zu

$$T_{1/2} = RC \cdot ln\,2 \approx 0{,}693\,RC. \tag{2.3}$$

Sie gibt die Zeit an, bis sich der Kondensator auf jeweils die Hälfte seines Anfangswertes entladen hat. Beim Laden ist sie die Zeit, bis sich der Abstand zum asymptotischen Grenzwert U_o halbiert hat, Bild 2.6.

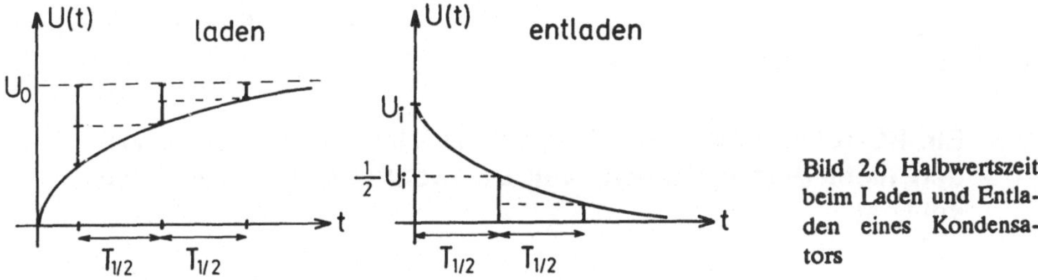

Bild 2.6 Halbwertszeit beim Laden und Entladen eines Kondensators

Um einen Kondensator C über einen Widerstand R zu laden (bzw. zu entladen) ist ungefähr die Zeit RC erforderlich.

Die Größe

$$\tau = RC \tag{2.4}$$

bezeichnet man auch als die **Zeitkonstante**. Sie ist eine charakteristische Zeit für jedes **RC-Glied**. Sie gibt die Zeit an, bis sich die Spannung auf den e-ten Teil des Anfangswertes verringert hat ($e \approx 2{,}718$, $ln\,2 \approx 0{,}693$).

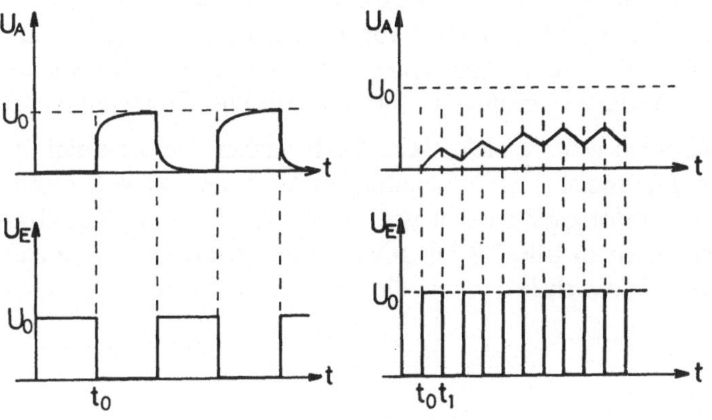

Bild 2.7 Umladung, links bei sehr niedrigen, rechts bei sehr hohen Frequenzen

Erfolgt die Umschaltung zwischen Laden und Entladen schneller, etwa in Zeitabständen $<<$ RC, Bild 2.7 (rechts), so wird der Kondensator kaum noch geladen. Ist umgekehrt die Periode $>>$ RC, Bild 2.7 (links), so fällt, bei dem nun verwendeten gestauchten Zeitmaßstab der Unterschied zu einer Rechteckspannung nicht mehr auf.

Die Schaltung von Bild 2.5, stellt also einen **Tiefpaß** (low pass) dar. Man faßt die Schaltung nämlich als einen **Vierpol** auf, bestehend aus den beiden Eingangspolen E und Erde und den beiden Ausgangspolen A und Erde, welche eine beliebige Eingangswechselspannung U_E in eine Ausgangswechselspannung U_A überträgt. (Im Transformator hatten wir bereits ein Beispiel eines Vierpols kennengelernt.) Der Vierpol von Bild 2.5 überträgt niedrige Frequenzen (genauer: Fourierkomponenten mit niedriger Frequenz) fast unverfälscht, hohe Frequenzen jedoch nur mit erheblicher Abschwächung.

> **Ein RC-Glied stellt einen Tiefpaß dar: Hohe Frequenzen werden nicht durchgelassen, weil der Kondensator diese kurzschließt.**

Anschaulich kann man sich dieses Verhalten anhand von Bild 2.5 folgendermaßen verstehen: Für einen Gleichstrom, oder einen Wechselstrom sehr niedriger Frequenz, stellt der Kondensator einen sehr hohen Widerstand dar. Es fließt also kein Strom in den Kondensator (weil dieser nämlich nur sehr langsam, beim Gleichstrom gar nicht umgeladen werden muß). In den Ausgang A fließt bei Annahme eines unbelasteten Vierpols auch kein Strom. Über R fällt also keine Spannung ab. Die Eingangsspannung U_E wird also identisch an den Ausgang A übertragen. Für einen hochfrequenten Wechselstrom andererseits ist C praktisch ein Kurzschluß, und damit $U_A = 0$. Das setzt allerdings voraus, daß der Widerstand R wirklich da, d.h. ungleich 0 ist, damit die Eingangsspannung daran abfallen kann

2.4 Entstörkondensatoren ∎

In Bild 2.8 betrachten wir den Fall, daß ein Signal U_E auf einem langen Draht in ein Gerät übertragen wird. Wir wollen näherungsweise annehmen, daß es dort lastfrei die Information an eine weitere Stufe abgibt. Dies bedeutet, daß am Ausgang U_A kein Strom fließt. Man stelle sich etwa vor, es hänge dort ein hochohmiges Voltmeter, an dem die Information abgelesen werde. Der nie verschwindende ohmsche Widerstand des Zuführungsdrahtes ist durch R_1 und R_2 dargestellt.

Im Zimmer befinden sich noch weitere elektrische Verbraucher, wie Lampen etc. Diese wirken als **Störer**. Die meist langen Zuleitungen zu diesen wirken zusammen mit dem betrachteten Informationsdraht wie die beiden Platten eines Kondensators C_r. Diesen haben wir in Bild 2.8 mit relativ weit entferntem Plattenabstand eingezeichnet. (Man verwechsle jedoch die eine Kondensatorplatte nicht

mit dem Symbol für Erde, wie es rechts von der 220 Volt Netzspannungsquelle
und links vom Symbol für die Glühbirne verwendet wurde.) Es handelt sich hierbei wieder nur um ein Ersatzschaltbild, das die wichtigsten Effekte wiedergibt.

In Wirklichkeit müßten viele Leitungswiderstände R_1, R_2 mit jeweils vielen Kondensatoren eingezeichnet werden. Auch die Erdleitung, die in den Schaltplänen nie explizit eingezeichnet wird, müßte
so dargestellt werden.

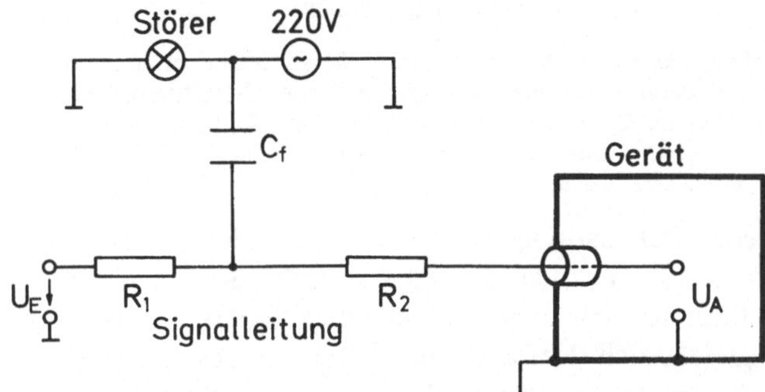

Bild 2.8 Unterdrückung
von Störungen an Gerä-
teeingängen mit Durch-
führungskondensator.

Durch den fiktiven Kondensator C_f fließt nun ein kleiner Wechselstrom über R_1 in
die Signalspannungsquelle U_E. Auch über R_2 fließt Strom ab, denn die Stufe, die
am Ausgang U_A hängt, ist nicht beliebig **hochohmig** und hat eine nicht vernach-
läßigbare **Eingangskapazität**. (Diese denke man sich etwa durch die beiden Pol-
ringe bei U_A dargestellt. Sie wirken wie ein Kondensator, über den ein Wechselstrom nach Erde abfließen kann.) Die beiden (unterschiedlichen) Spannungsabfälle über R_1 und R_2 infolge dieses Störstromes bewirken, daß die Eingangsspannung U_E um diese Spannungsabfälle verfälscht am Ausgang U_A erscheint: Man
beobachtet bei U_A, etwa mit einem Oszillographen, den *50 Hz* **Netzspannungs-
brumm**.

Der Effekt wird um so größer, je länger die Signalleitung ist, die dann wie eine
Antenne wirkt. Durch Berühren der Signalleitung wird der Effekt erheblich verstärkt.

Wir bilden dabei eine große Kondensatorplatte gegenüber dem 220 Volt Netz. Unser Körper hat einen
relativ hohen ohmschen Widerstand. Da das Blut ein guter Leiter ist, ist dieser vor allem in der Haut
lokalisiert. Wegen der großen Grenzfläche zwischen Haut und Blut hat diese Fläche jedoch eine hohe
Kapazität. Für hochfrequente Wechselströme stellen wir daher einen *geringen* Widerstand dar.

**Teile einer elektronischen Schaltung wirken wie Kondensa-
torplatten gegenüber dem Netz und anderen Störern. Dadurch
werden Wechselstromkreise geschlossen, durch welche Störströme fließen können. Sie bewirken in allen Teilen der
Schaltung kleine Spannungsabfälle.**

Für die **kapazitive Störeinstrahlung**, die wir betrachtet haben, verwendet man
auch den Ausdruck **Influenz**.

Man kann sie sich auch wie folgt entstanden denken: Durch die elektrostatische Anziehung bzw. Abstoßung der Ladungen sind die beiden Kondensatorplatten C_r (näherungsweise) entgegengestzt gleich geladen. Entsprechend der Richtung des Energieflußes sagt man, die obere Platte erzeuge auf der unteren Platte eine **influenzierte Ladung**, indem sie Elektronen über R_1 und R_2 weggestoßen bzw. anziehen.

Ohne sich auf eine konkrete Ersatzschaltung festzulegen, kann man sagen, daß in jedem Leiterstück Ladung influenziert wird. Infolge der unterschiedlichen geometrischen Lage ist die Größe der influenzierten Ladung unterschiedlich. Es fließen in den einzelnen Leiterstücken unterschiedliche Ströme. Der Spannungsabfall auf dem Gesamtdraht ist im allgemeinen ungleich null.

Neben der kapazitiven Störeinstrahlung, gibt es auch eine induktive, die vor allem bei höheren Frequenzen eine Rolle spielt. Der ganze Raum ist von **elektromagnetischer Strahlung**, z.B. Radiowellen, erfüllt. Signalleitung, Erdleitung, Spannungsquelle U_B und Gerät U_A bilden einen Kreis, der als eine Windung einer Spule aufgefaßt werden kann. Nach dem Induktionsgesetz ist in diesem Ring eine induzierte Ringspannung vorhanden, welche bei U_A registriert werden kann.

Zur Vermeidung von influenzierter Ladung werden empfindliche Geräte **abgeschirmt**, d.h. in einen Metallkasten (**Faraday-Käfig**) eingeschlossen, der geerdet werden muß, Bild 2.8. Die Ladung wird dann nur auf der Oberfläche des Faraday-Käfigs influenziert und gleicht sich dort aus. Die Innenseite des Käfigs bleibt elektrisch neutral. Auch elektromagnetische Strahlung kann den Käfig praktisch nicht durchdringen.

Der Faraday-Käfig sollte auch die Signalleitung umschließen (**abgeschirmtes Kabel**).

Der Name Käfig kommt daher, weil ein Drahtgeflecht diese Aufgabe auch schon erfüllt, und zwar ohne die Kühlung des Gerätes zu beeinträchtigen. Ein abgeschirmtes Kabel kann durch Umwickeln mit Alu-Folie auch selbst hergestellt werden.

Nur mit Erdung ist der Faraday-Käfig effektiv, weil dann der über C_r auf den Käfig gelangte Störstrom leicht an seinen Ursprungsort zurückkehren kann. Andernfalls müßte dieser für seinen Rückweg weitere C_r's suchen und könnte dabei einen Weg durch das Innere der Schaltung bevorzugen.

Ist die Verwendung eines abgeschirmten Kabels nicht möglich, entweder aus Kostengründen oder weil die Signalleitung nicht im eigenen Besitze steht, so wird an der Stelle, wo die Signalleitung in das Gehäuse eintritt, diese über einen Kondensator (d.h. hochfrequenzmäßig) mit dem Gehäuse verbunden. Dazu stehen spezielle sog. **Durchführungskondensatoren** zur Verfügung, bei denen die Kondensatorplatten als konzentrische Zylinderoberflächen ausgeformt sind. Über den Durchführungskondensator kann ein hochfrequenter Wechselstrom zur Erde abfließen, bevor er das Gerät betritt.

Wir haben genau die Situation von Bild 2.5. Der Widerstand R ist dabei der ohmsche Widerstand der Signalleitung und ist meist ohnehin vorhanden.

Es ist günstig, wenn die Signalleitung überall (pro Längeneinheit) eine hohe Kapazität gegenüber Erde hat. Solche abgeschirmte Kabel nennt man **Koaxialkabel**. Man konstruiert sie, indem der Hohlraum zwischen den Leitern mit einem **Dielektrikum**, welches die Kapazität erhöht, ausgefüllt wird.

Die Kapazität C des Durchführungskondensators wählt man möglichst groß, jedoch nur so groß, daß die eigentliche Signalfrequenz f nicht geerdet wird. Nach

(1.3) muß also noch $1/f$ > > RC gelten. Dann reicht nämlich eine Periode ($1/f$) der Signalspannung gut aus, um den Durchführungskondensator umzuladen (R = ohmscher Widerstand der Signalleitung). Die Frequenz $1/RC$ nennt man deshalb auch **Grenzfrequenz** des Vierpols, denn es ist eine typische Frequenz unterhalb der der Tiefpaß die Information durchläßt, oberhalb jedoch zurückweist (auf Erde ableitet)

2.5 Hochpaß

Der Gegensatz zum Tiefpaß ist der **Hochpaß**, Bild 2.9. Für niedrige Frequenzen (etwa für Gleichstrom) ist der Kondensator ein unüberwindliches Hindernis. Unabhängig von U_E bleibt $U_A = 0$. (Wir betrachten wieder einen unbelasteten Vierpol. Die ganze Spannung U_E fällt über dem konstant geladenen Kondensator C ab.

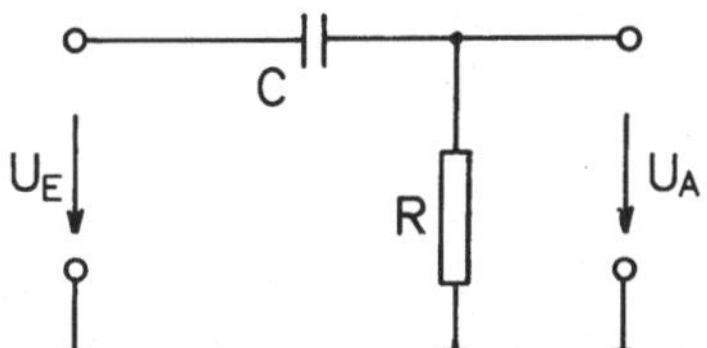

Bild 2.9 Hochpaß

Bei hochfrequentem Wechselstrom stellt C praktisch kein Hindernis dar, d.h. es fällt praktisch keine Spannung über C ab. Es ist ungefähr $U_A = U_E$. Die Signalspannungsquelle wird dabei mit dem Strom $I = U_E/R$ belastet.

Was als hohe bzw. tiefe Frequenz anzusehen ist, wird durch die Grenzfrequenz, welche wiederum 1/RC ist, bestimmt.

Den Kondensator C beim Tiefpaß, Bild 2.5, nennt man auch **Glättungskondensator**, da er hohe Frequenzen wegmittelt. Beim Hochpaß, Bild 2.9, heißt er **Kopplungskondensator**. Bei gleicher Belastung der Signalspannungsquelle, d.h. bei gleichem R, koppelt (überträgt) er auch um so niedrigere Frequenzen je höher seine Kapazität C ist.

Den Hochpaß verwendet man hauptsächlich, um den Mittelwert von Wechselspannungen zu verschieben, d.h. um eine Gleichspannung darauf zu addieren, Bild 2.10. U_E sei eine Wechselspannung etwa mit der Amplitude $U_0 = 0,01V$, die um das *Nullpotential* schwingt. Der Vierpol in Bild 2.10 soll die Eingangsspannung um *0,7V* anheben, d.h. die Wechselspannung soll nun um den *Arbeitspunkt* von *0,7V* schwingen. Der Ausgang des Vierpols sei unbelastet, dh. bei U_A unbeschaltet. Der Signalstrom durch C sei klein gegen den Gleichstrom durch $R_1 + R_2$. R_1, R_2 bildet dann einen unbelasteten Spannungsteiler. Mit $U_{batt} = 5V$ muß also $R_1/R_2 = (5-0,7)/0,7$ gelten.

Ein Hochpaß läßt hohe Frequenzen ohne Abschwächung durch. Er dient zur Arbeitspunkteinstellung.

2.6 Das Superpositionsprinzip ■

Die Kirchhoffschen Sätze sind lineare Gleichungen und R, C, L erfüllen eine lineare Beziehung (ohmsches Gesetz) zwischen Strom und Spannung. Deshalb gilt für Schaltungen, in denen nur **lineare (passive)** Bauteile wie R, C, L vorkommen, das allgemeine mathematische Prinzip der **linearen Superposition**: Die Summe (Superposition) von zwei Lösungen ist wieder eine Lösung.

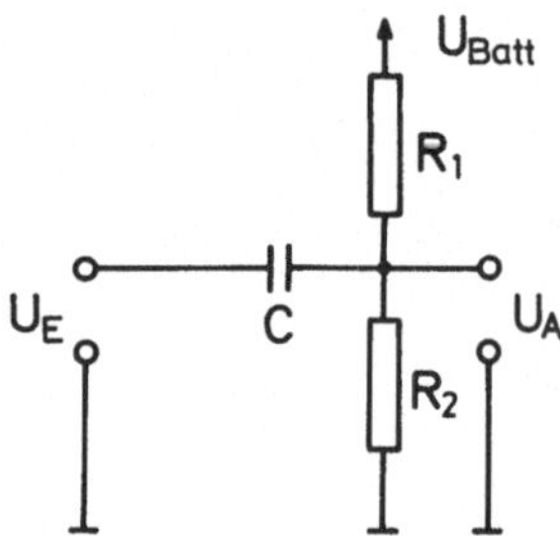

Bild 2.10 Arbeitspunkteinstellung durch Spannungsteiler

Wir wollen dieses Prinzip auf die Analyse von Bild 2.10 anwenden. Die erste Lösung (die **Gleichstromlösung**, DC-Lösung, **DC**=direct current=Gleichstrom) lautet: $U_E = 0$, $U_{batt} = 5V$, $U_A = 0{,}7V$. In der zweiten Lösung (**Kleinsignallösung**, AC-Lösung, **AC**=alternate current= Wechselstrom) setzen wir $U_{batt} = 0$. Wir haben dann genau die Situation von Bild 2.9, außer daß R durch Parallelschaltung von R_1 und R_2 gebildet wird. Wir ziehen die Lösung von Bild 2.9 in der gemachten Näherung eines hochfrequenten Signals, also $U_E = U_A = U_o sin(2\pi ft)$, $U_{batt} = 0$, heran. Die formale Summe dieser beiden Lösungen: $U_E = U_o\ sin(2\pi ft)$, $U_{batt} = 5V$, $U_A = 0{,}7V + U_o sin(2\pi ft)$ erfüllt alle Randbedingungen, nämlich $U_{batt} = 5\ V$ und $U_E = U_o\ sin(2\pi ft)$.

Bei der Kleinsignallösung dürfen alle konstanten Spannungen und Ströme 0 gesetzt werden, da diese schon in der Gleichstromlösung berücksichtigt wurden. Auch die Strombelastung der Signalspannungsquelle ist wie bei Bild 2.9, denn in der Gleichstromlösung fließt kein Strom auf den Kondensator. Also ist $I = U_E/R = U_E/(R_1 + R_2)$.

Beim Entwurf einer Schaltung sollte diese aus Übersichtlichkeitsgründen in **funktionelle Teile** (z.B. Verstärker-Stufen) aufgeteilt werden, die jeweils durch Vierpole, meist Hochpässe, miteinander verknüpft sind.

2.7 Transformatoren

Als nächstes stellen wir einige Eigenschaften von **Transformatoren** zusammen.
Bild 2.11 zeigt einen **Netztransformator**. Auf der Primärseite hängt er am **Netz**,
d.h. an einer 220 Volt Wechselspannungsquelle. Dabei entsteht auf der Sekundärseite die Wechselspannung $U(t) = U_o sin(2\pi ft)$. U_o ist die Amplitude der Sekundärspannung. Bei unserem Netz ist $f = 50\ Hz$. Wird an der Sekundärseite ein **Verbraucherwiderstand** R angehängt, so fließt der Strom $I = I(t) = U(t)/R$.

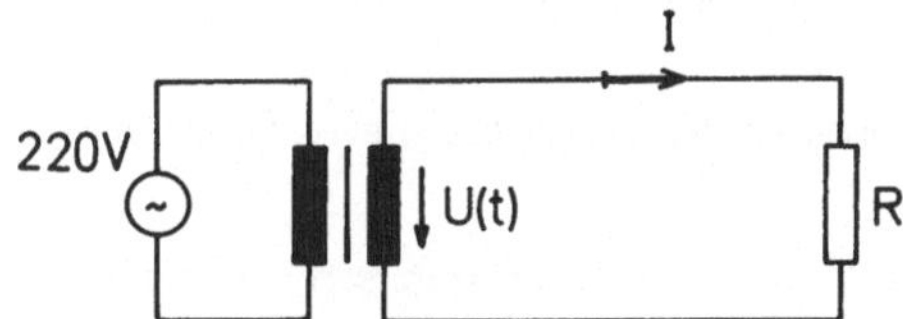

Bild 2.11 Netztransformator

**Ein Transformator erzeugt eine Sekundärspannung, welche
ein Vielfaches der Primärspannung ist. Die Frequenz bleibt
unverändert.**

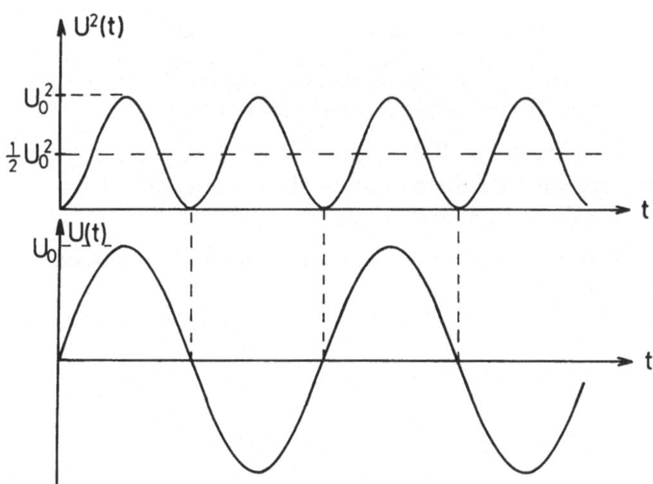

Bild 2.12 Effektivspan-
nung und Spitzenspan-
nung

■■ An R wird eine Leistung (d.h. Energie pro Zeit) von $L = UI = U^2/R = U_o^2/R \cdot$
$sin^2(2\pi ft)$ in Wärme verwandelt. Diese Energie fließt vom Netz über den Eisenkern auf die Sekundärseite. Bei den Nullstellen des Sinus verschwindet die Leistung L. Die Leistung ist am größten, wenn U extremal wird, und zwar unabhängig
vom Vorzeichen von U, Bild 2.12. Die durchschnittliche (mittlere, effektive) Lei-

stung erweist sich gerade als die Hälfte der maximalen Leistung:
$L_{eff} = \frac{1}{2}L_o = \frac{1}{2}U_o^2/R$.

Unter der **Effektivspannung** U_{eff} eines Wechselstromes versteht man diejenige Gleichspannung, welche im Mittel dieselbe Leistung erbringt, wie der Wechselstrom, für die also gilt: $L_{eff} = U_{eff}^2/R$. Die Spitzenspannung (Amplitude) U_o ist also das $\sqrt{2}$-fache der Effektivspannung:

$$U_{eff} = U_o/\sqrt{2}. \tag{2.5}$$

Die Effektivwerte sind um 1,41 kleiner als die Amplitude.

In der englischen Literatur werden Effektivwerte mit rms (random mean square) bezeichnet: $U_{eff} = U_{rms}$.

Wenn nichts anderes gesagt wird, sind bei Wechselspannungen stets die Effektivwerte gemeint. So sind z.B. beim Netz die *220V* ein Effektivwert, d.h. die Amplitude der Netzspannung ist $U_o = \sqrt{2} \cdot 220V = 311V$.

Bei Netztransformatoren wird die Effektivspannung und der maximale Effektivstrom $I_{eff} = I_o/\sqrt{2}$ der Sekundärseite, der sog. **Nennstrom**, angegeben. So bedeutet etwa die Angabe 6V/200mA, daß die unbelastete Sekundärseite (d.h. mit $R = \infty$) die Effektivspannung *6V* abgibt. Der Verbraucherwiderstand R darf so klein gewählt werden, daß ein Effektivstrom von maximal *200mA* fließt, d.h. es muß $R > 6/200\,k\Omega$ sein.

Infolge des ohmschen Widerstandes der Sekundärwicklung und infolge der Selbstinduktion, die wie eine Gegenspannungsquelle im Innern der Spule wirkt, ist jedoch die Sekundärspannung an den Polen des Transformators im belasteten Falle etwas geringer als die Nennspannung von 6V. Übersteigt der Sekundärstrom die 200mA, so ist mit einer Überhitzung des Transformators zu rechnen.

Abgesehen von Verlusten (im ohmschen Widerstand der Wicklungen und durch die ständige Ummagnetisierung im Eisenkern) nimmt die Primärseite gleich viel Leistung aus dem Netz auf, wie die Sekundärseite wieder abgibt.

Im Falle der maximal zuläßigen Belastung des obigen Transformators fließt also ein Primärstrom, der durch $I_{1,eff} \cdot 220V = 200mA \cdot 6V$ gegeben ist.

2.8 Gleichrichter

Wir kehren zur Besprechung von Schaltungen mit Dioden zurück. Ihre Hauptanwendung liegt in der **Gleichrichtung**, bei der eine Wechselspannung (AC) in eine Gleichspannung (DC) gleichgerichtet wird.

Bild 2.13 zeigt die sog. Einweggleichrichterschaltung. Wenn die Sekundärspannung $U(t)$ größer als $0,6V + U_A$, wobei U_A die Spannung am Ladekondensator C_L, so ist die Gleichrichterdiode leitend, d.h. C_L wird noch weiter aufgeladen. Wenn

$U(t) < U_A$, sperrt die Diode, d.h. der Transformator kann C_L nicht wieder entladen. Darauf beruht die Gleichrichtung.

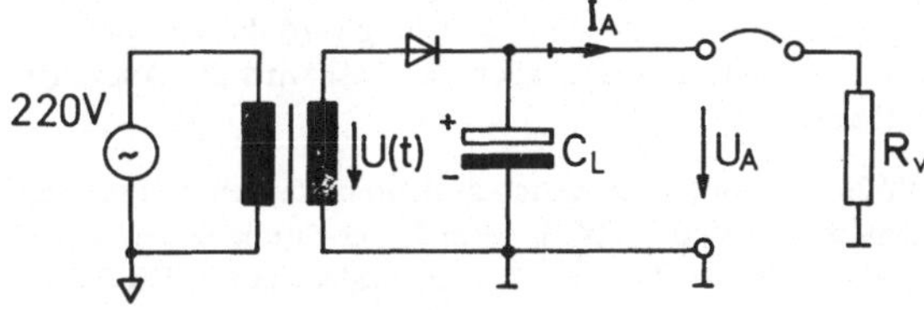

Bild 2.13 Einweggleichrichter

■■ Auch im Bereich $U_A < U(t) < U_A + 0,6V$ findet eine geringfügige Aufladung statt, die bei völlig unbelasteter Sekundärseite den Kondensator schließlich auf $U_{A,max} = \sqrt{2} \cdot U_{2,eff}$ auflädt. Dabei ist $U_{2,eff}$ die Nennspannung des Netztransformators. Die Diode muß die Spannung $2 \cdot \sqrt{2} \cdot U_{2,eff}$ sperren können. Die Polung des Elko ist im Bild durch eine dicke Kathode (Farbring) gekennzeichnet.

Wird die Sekundärseite belastet, indem der Verbraucherwiderstand R_v über die **Drahtbrücke** (jumper) angeschlossen wird, so ist die Ausgangsspannung U_A nicht mehr konstant, sondern wird einen Verlauf wie in Bild 2.14 annehmen: Der Gleichspannung ist eine **Brummspannung** (hum) überlagert.

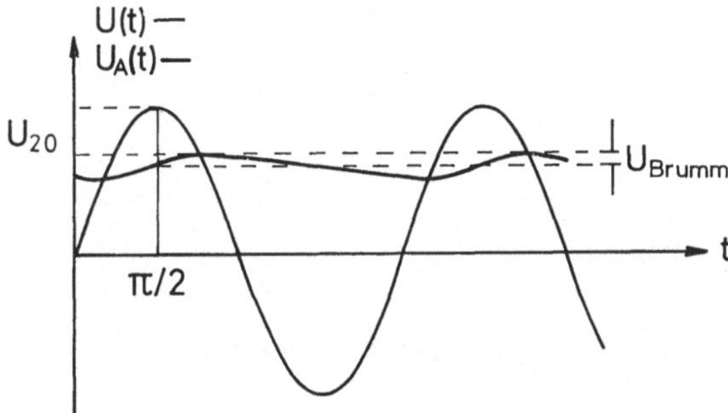

Bild 2.14 Brummspannung beim belasteten Einweggleichrichter [0.12]

Während der negativen Halbwelle von U(t), aber auch in Teilen der positiven Halbwelle, Bild 2.14, wird C_L über R_v entladen. Da der Transformator also nur während ca. einer Viertelperiode Zeit hat, Energie abzugeben, können wir einen Gleichstrom von ca. ¼ des Nennstromes, also ca. 50mA, erwarten.

Für eine ungefähre **Dimensionierung** von C_L wollen wir verlangen, daß sich C_L um höchstens 1V entlädt. In 3/4 Perioden, d.h. in 3/4 · 20ms = 15ms fließt die Ladung $Q = tI = 15ms \cdot 50mA = 0,75mAs$. Wegen $C_L = Q/U$ muß also mindestens $C_L = 0,75mAs/1V = 750\mu F$ gewählt werden. Die 200mA während einer Viertelperiode reichen dann auch, um die Spannung an C_L wieder um 1V zu heben.

Unter der Annahme, daß während einer Viertelperiode geladen wird, wollen wir die ungefähre Gleichspannung U_A berechnen. Im belasteten Fall verringert sich die Sekundärspannung wegen der Selbstinduktion und wegen des Spannungsabfalles am ohmschen Widerstand der Sekundärspule, was beides durch den sog. sekundärseitigen Innenwiderstand $R_{i,2}$ des Transformators beschrieben wird. Ist der Sekundärstrom nicht größer als der Nennstrom von 200mA, so kann man etwa davon ausgehen, daß der Spannungsverlust nicht mehr als 10% beträgt. Die Effektivspannung verringert sich also auf 9/10 6V = 5,4V. Es soll während einer Viertelperiode, also ab der Phase $\pi/4 = 45°$ geladen werden Dort hat der Sinus den Wert $1/\sqrt{2}$. Es steht also vor der Diode gerade die Effektivspannung von 5,4V zur Verfügung. Da die Diode nur dann einen nennenswerten Strom durchlassen kann, wenn über ihr die Durchlaßspannung $U_D = 0,6V$ abfällt, stehen zum Laden von C_L Spannungen von mindestens 5,4V-0,6V = 4,8V zur Verfügung. Bei der angenommenen maximalen Belastung wird der Ausgang des Gleichrichters also etwa zwischen 4,8V...5,8V brummen. Bei Entfernen der Last wird die Ausgangs-spannung wieder auf $\sqrt{2} \cdot U_{2,eff} = 8,48V$ anwachsen.

Die Diode muß einen Durchlaßstrom von $\sqrt{2} \cdot 200mA$ im Dauerbetrieb aushalten können. Bei großem C_L und kleinem $R_{2,i}$ kann beim Stromeinschalten (power up), wenn C_L noch ungeladen ist, ein großer Spitzenstrom von $I_s = \sqrt{2} \cdot U_{2,eff}/R_{2,i}$ auftreten, welcher natürlich ebenfalls von der Diode ver-kraftet werden muß.

Wir haben eine sehr überschlagsmäßige Berechnug durchgeführt. Eine genaue Berechnung oder gar eine **Optimierung** ist sehr umfangreich und wird selten ver-sucht. Für Einzelanwendungen wird man die Bauteile sicherheitshalber einfach überdimensionieren: Ladekondensator, Leistung des Transformators ($L_{eff} = U_{2,eff}$ $I_{2,eff}$), Diode möglichst groß. Auch $U_{2,eff}$ wählt man zu groß, da die Ausgangs-spannung meist durch Spannungsregler noch heruntergeregelt wird. Bei einem Se-rienprodukt wird man die optimalen Werte der Bauteile empirisch auf einem **Steckbrett** (breadboard) durch Kontrolle am Oszillographen herausfinden.

Wir haben die Einweggleichrichterschaltung wegen ihrer Einfachheit besprochen. In der Praxis verwendet man meist die **Brückenschaltung**, Bild 2.15: In jeder Halbperiode schließt ein Diodenpaar einen Stromkreis, der den Ladekondensator C_L lädt.

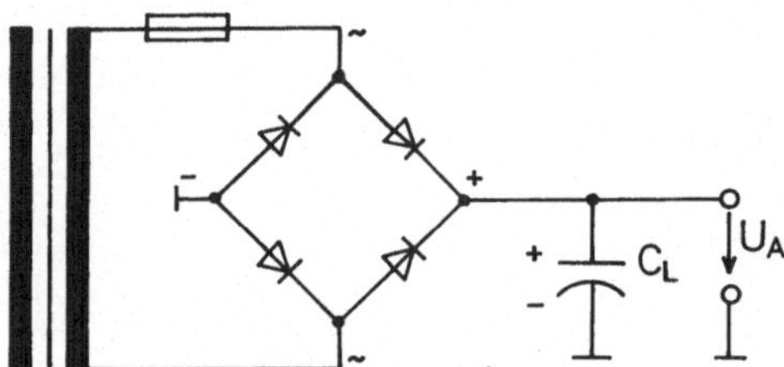

Bild 2.15 Brückenschaltung

Die 4 Dioden sind als integrierter Bauteil mit 4 Anschlüssen (+ - ~ ~) unter dem Namen **Gleichrichter** (rectifier) erhältlich. Bild 2.15 verwendet die amerikanische Darstellung der Polarität der **Elko's** (Kathode gebogen) und zeigt eine **Schmelzsicherung** (fuse) im Primär-stromkreis.

2.9 Schutzdioden

Viele elektronische Bauteile sind sehr empfindlich gegen eine Verpolung. Typi-scherweise möge der Eingang E eines Meßinstrumentes, Bild 2.16, mehrere Volt einer positiven Spannung zulassen, jedoch schon bei *1V* einer negativen Spannung zu dessen Zerstörung führen. Die Diode schützt den Eingang E, sie dient somit als **Schutzdiode** (`protective diode, clamping diode`): Sobald U_E negativer als *-0,6V* ist, beginnt die Schutzdiode zu leiten. Die negative Spannung U_E fällt an R ab. E kann nicht negativer als *-0,8V* werden.

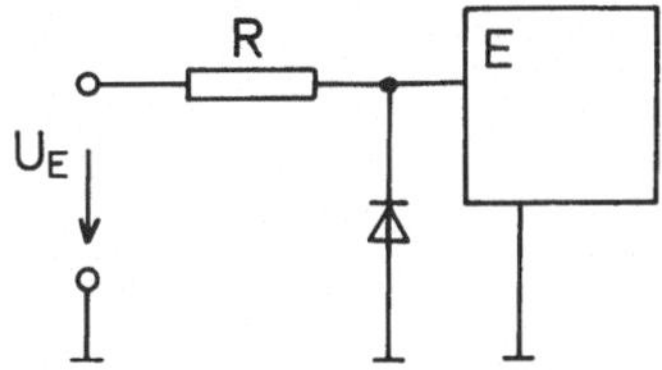

Bild 2.16 Schutzdiode am Eingang E eines Meßinstrumentes

Bei einem Meßinstrument fließt nur ein sehr kleiner Eingangstrom I_E in den Eingang E. Der Strom durch den Schutzwiderstand darf nicht größer als I_{max} werden, weil sonst die Schutzdiode zerstört wird. Die Schaltung schützt also bis zu $U_E = -RI_{max}-0,6V$. Man wird also R möglichst groß machen. Andererseits ist der Eingangsstrom I_E zwar klein, aber endlich. Bei der Messung fällt also RI_E am Schutzwiderstand ab, was sich als Meßfehler auswirkt. Deshalb muß man für R einen Kompromiß eingehen.

Auch in Sperrichtung fließt bei einer Diode ein sehr kleiner, an der Kennlinie Bild 2.1 nicht sichtbarer **Sperrstrom** I_R (`reverse current`) in der Größenordnung von einigen nA.

Auch der Spannungsabfall des Sperrstromes am Schutzwiderstand R liefert einen weiteren Beitrag zum Meßfehler.

Sperrstrom I_R und Eingangsstrom I_E belasten beide die Signalspannungsquelle. Als konkretes Beispiel stelle man sich etwa vor, daß ein elektrisches Potential U_E in einer Nervenzelle gemessen werden soll. Die Signalspannungsquelle U_E ist dann nicht in der Lage, große Ströme abzugeben. Formal kann man ihr einen hohen **Innenwiderstand** R_i zuschreiben. Man sagt, sie sei **hochohmig** (`high impedance`). Schon ein kleines $I_E + I_R$ bewirkt einen großen Spannungsabfall an R_i und damit einen großen Meßfehler.

Ein hochohmiger Ausgang kann nur einen kleinen Strom liefern. In einen hochohmigen Eingang fließt nur ein kleiner Strom.

2.10 Abschalten von Induktivitäten

In elektronischen Prozeßsteuerungen kommt es oft vor, daß Induktivitäten (Transformatoren, Elektromotoren, Relais, etc.) an- und ausgeschaltet werden müssen. Dabei treten induktive Spannungsspitzen auf, die zu schaltungstechni-

schen Problemen führen. Diese können schon in dem Fall erläutert werden, daß
die Induktivität L durch einen Taster, Bild 2.17 abgeschaltet wird. Wir denken uns
die Diode und den Kondensator zunächst weg.

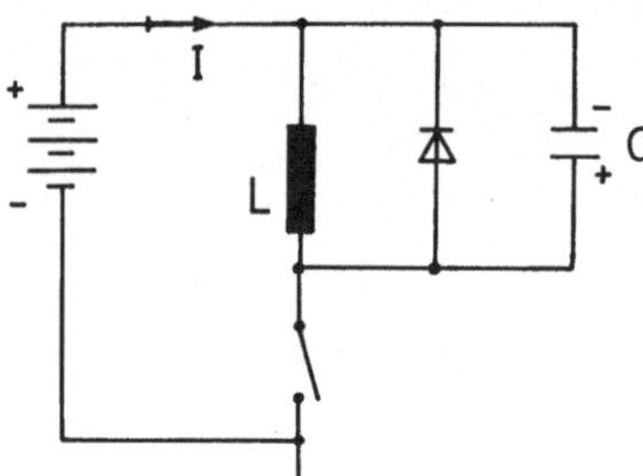

Bild 2.17 Funkenlöschung beim Abschalten einer Induktivität

Beim Einschalten treten keine Probleme auf. Die Selbstinduktion wirkt wie eine
zusätzliche Spannungsquelle im Inneren der Spule, die der Batteriespannung entgegengesetzt ist. Der Spulenstrom wird gemächlich von null auf seinen Gleich-
stromwert ansteigen, der durch die Batteriespannung und den ohmschen Widerstand der Spule gegeben ist; im Gleichstromfall verschwindet dann die induzierte
Spannung wieder. Diesen gemächlichen Anstieg, und damit die Selbstinduktion
{1.10}, kann man dadurch erklären, daß in der Spule zuerst die Energie des Magnetfeldes aufgebaut werden muß.

Ganz anders beim Ausschalten. Hier wird der Spule plötzlich der Strom wegge-
nommen. Damit müßte auch das Magnetfeld und seine Energie plötzlich verschwinden, denn das Magnetfeld ist mit dem Spulenstrom direkt verknüpft. Wir
haben einen Kampf zwischen Spule und Ausschalter, bei der die Spule immer
siegreich bleibt: Die magnetische Energie wird dazu benutzt, an den offenen
Kontakten des Schalters eine beliebig hohe Induktionsspannung entstehen zu lassen. Der Strom durchbricht die Luft, es entsteht ein **Induktionsfunke**. Der Strom
wird also gar nicht plötzlich abgeschaltet. Die magnetische Energie wird schließlich für die Wärme- und Lichtenergie des Funkens verbraucht.

Die Hitze des Funkens bewirkt eine rasche Korrosion der Kontakte, so daß diese
bald nicht mehr richtig schließen. Auch wenn die Kontakte vergoldet oder verpla-
tinisiert sind, haben die Kontake eine Lebensdauer von endlich vielen Schaltvor-
gängen.

Abhilfe schafft hier die Diode und der Kondensator in Bild 2.17.Die Diode ist im
eingeschalteten Zustand des Schalters in Sperrichtung betrieben, d.h. sie hat keinen Effekt. Wenn aber durch Schließen des Schalters der Stromfluß der Spule
unterbrochen wird, kann der Strom durch die Diode (**Freilaufdiode**) weiterfließen. Die magnetische Energie wird schließlich in den ohmschen Widerständen
des kleinen Stromkreises Spule-Diode in Wärme dissipiert.

Eine Freilaufdiode läßt den Spulenstrom nach Abschalten einer Spule noch etwas weiterfließen. Dadurch werden hohe induktive Spannungen (Funken) vermieden.

Eine Diode kann nicht beliebig schnell vom sperrenden in den leitenden Zustand (oder umgekehrt) übergehen. Diese Zeit wird durch die **Schaltzeit** (`switching time`) charakterisert.

Die 1N4151 (viele Dioden haben eine Typenbezeichnung, die mit 1N beginnt) ist z.B. eine schnelle Schaltdiode (SS = `super fast switching diode`) mit einer Schaltzeit von weniger als 2ns.

Um den unterbrochenen Spulenstrom während der Schaltzeit aufzunehmen, dient die Kapazität C. Man verwendet keramische Kondensatoren, da diese in kurzer Zeit hohe Ströme aufnehmen können.

2.11 Zenerdioden

Bei normalen Dioden sollte die (negative) maximale Sperrspannung, Bild 2.1, nicht überschritten werden. Die **Zener-Dioden (Z-Dioden)** haben einen besonders scharfen Anstieg des Sperrstromes bei Überschreitung der maximalen Sperrspannung. Z-Dioden werden, im Unterschied zu normalen Dioden, gerade in diesem Bereich d.h in Sperrichtung verwendet.

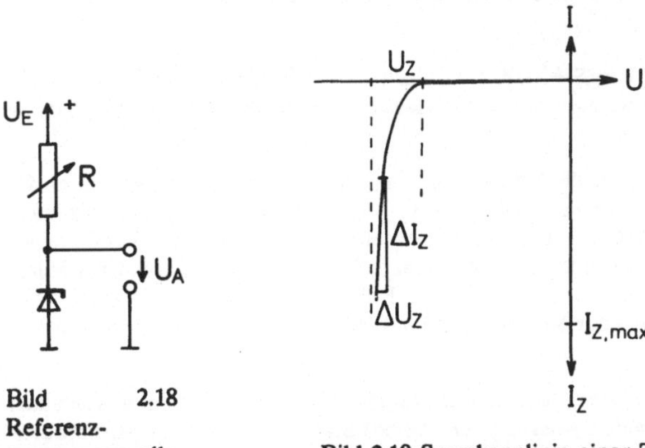

Bild   2.18
Referenz-
spannungsquelle
mit Z-Diode

Bild 2.19 Sperrkennlinie einer Z-Diode

Bild 2.18 enthält das Schaltsymbol einer Z-Diode, welches an den scharfen Anstieg des Sperrstromes erinnert. Der Name Sperrstrom ist in diesem Durchbruchsbereich (Z-Bereich) nicht mehr sinnvoll, und man redet vielmehr vom Z-

Strom. Man rechnet ihn in der Sperrichtung positiv: $I_z = -I = -I_{sperr}$. Bild 2.19 zeigt die Sperrkennlinie von Bild 2.1 nochmals in einem vergrößerten Maßstab.

Im Z-Bereich variiert die Spannung über der Diode $U_z = -U$ in einem ganz engen Intervall. In den Datenblättern wird ein typischer Wert aus diesem Intervall angegeben, den man dann kurz die **Z-Spannung** U_z nennt.

Man kann Z-Dioden herstellen mit Z-Spannungen etwa von $U_z = 0{,}7V$ bis zu $U_z = 600V$.

Der Z-Strom I_z darf einen gewissen maximalen Wert $I_{z,max}$ (`maximum Zener breakdown current`) nicht überschreiten, weil sonst die Diode zerstört wird. Er sollte aber auch einen gewissen minimalen Wert nicht unterschreiten, weil man sich sonst im **Knickbereich** der Sperrkennlinie befindet. Dort weicht U_z zu stark von seinem Nominalwert ab. Auch würden geringe zufällige Stromschwankungen (Rauschen) U_z beträchtlich verändern.

In der typischen Anwendung, Bild 2.18, wird die Z-Diode als Spannungsreferenz verwendet. Die Spannungsquelle ($+$) möge eine ungeregelte Spannung U_E liefern. Am Ausgang herrscht die Spannung $U_A = U_z$. Durch die Z-Diode fließt der Strom $I_z = (U_E - U_z)/R$, wobei wir den Ausgang U_A als offen angenommen haben.

Mit dem Trimmer R kann also I_z beträchtlich variiert und damit die gewünschte Ausgangsspannung U_z noch geringfügig korrigiert werden (Kompensation von Exemplarstreuungen).

Eine Z-Diode in Sperrichtung verhält sich wie eine gewöhnliche Diode in Durchlaßrichtung. Jedoch kann die Durchlaßspannung, die jetzt Z-Spannung Uz heißt, auch von 0,6V verschiedene Werte annehmen.

■■ Die reziproke Steigung der Kennlinie, also $r_z = dU_z/dI_z$, bezeichnet man als **differentiellen** Widerstand (`differential impedance`). Eine Z-Diode mit sehr kleinem r_z kommt einer idealen Z-Diode nahe. Sie eignet sich dann besonders als Spannungsreferenz.

Zur Übung wollen wir den **Stabilisierungsfaktor** $S = dU_E/dU_A$ für Bild 2.18 berechnen. Er gibt an, wie stark sich eine Versorgungsspannungsschwankung dU_E auf die stabilisierte Ausgangsspannung U_A auswirkt.

Mit $I_z = (U_E - U_z)/R$ finden wir $dI_z = dU_E/R$; die Schwankung von U_z haben wir dabei gegenüber der Schwankung von U_E vernachläßigt. Der Schwankung dI_z entspricht die Schwankung $dU_A = dU_z = r_z dI_z = r_z/R \cdot dU_E$. Der Stabilisierungsfaktor wird also $S = R/r_z$. Um eine hohe Stabilisierung zu erreichen, wird man also eine Z-Diode mit niedrigem differentiellen Widerstand r_z wählen. Günstig ist auch ein großes R. Jedoch darf dabei I_z nicht in den Knickbereich absinken. Deshalb ist es günstig, wenn eine Eingangsspannung U_E zur Verfügung steht, die weit über dem gewünschten U_A liegt.

Der Name Referenzspannungsquelle impliziert, daß sie nicht durch einen Strom belastet werden darf (unbelasteter Ausgang). Fließt jedoch in den Ausgang der (kleine) Strom I_A, so ist der Strom durch die Z-Diode nur $I_z = (U_E - U_z)/R - I_A$. Wir können dann I_A als eine zusätzliche (negative) I_z-Schwankung auffassen. Sie entspricht einem zusätzlichen $dU_A = r_z I_A$. Wiederum wird man also eine Z-Diode mit möglichst kleinem r_z wählen.

Wir wollen dieses Ergebnis in dem üblichen Ersatzmodell, Bild 2.3, für eine Spannungsquelle ausdrücken. Danach wird die Abweichung einer realen Spannungsquelle von einer idealen durch einen seriellen Innenwiderstand R_i ausgedrückt.

Unsere Referenzspannungsquelle hat somit einen Innenwiderstand $R_i = r_z$. Sie ist (ausgangsseitig) niederohmig (sie hat einen niedrigen Ausgangswiderstand), wenn ihr Innenwiderstand $R_i = r_z$ klein ist.

Ebenso können wir den Eingangswiderstand berechnen. Er gibt an, wie die ungeregelte Spannungsquelle U_E durch die Schaltung von Bild 2.18 belastet wird. Er beträgt $R_E = R + R_z$, wobei $R_z = U_z/I_z$ an dem verwendeten Arbeitspunkt zu nehmen ist. (Wir haben den Ausgang U_A als unbelastet angenommen.) Der Eingang ist hochohmig, d.h. belastet die Spannungsquelle U_E nur wenig, wenn R_E groß ist.

Wie bei allen Parametern von Halbleiterbauteilen zeigt auch die Z-Spannung eine beträchtliche **Exemplarstreuung** und **Temperaturabhängigkeit.** Der **Temperaturkoeffizient** einer Z-Diode gibt an, wie sich die Z-Spannung U_z bei einer Temperaturänderung um *1°C* ändert. Durch Zusammenbau mehrerer Z-Dioden mit unterschiedlichen (positiven und negativen) Temperaturkoeffizienten kann man **temperaturkompensierte** Z-Dioden herstellen. Man nennt sie **Referenzdioden**. Sie haben aber immer noch Exemplarstreuungen, die mit Trimmern kompensiert werden müssen.

Eine weitere wichtige Anwendung der Z-Diode ist der **Überspannungsschutz.** Ersetzt man die Diode in Bild 2.16 durch eine Z-Diode, so ist der Eingang E gegen Spannungen $U > U_z$ geschützt. Da sich im Durchlaßbereich eine Z-Diode wie eine gewöhnliche Diode verhält, bleibt der Schutz gegen negative U_E weiterhin bestehen.

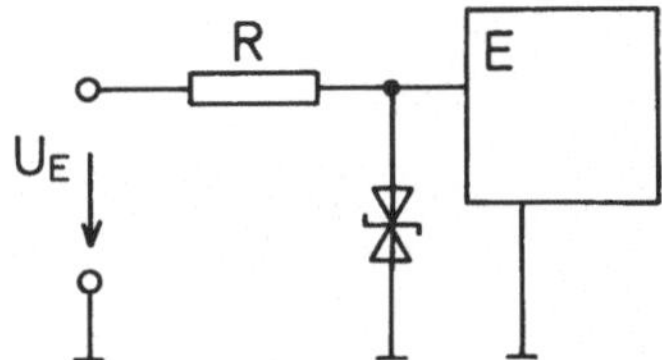

Bild 2.20 Überspannungsschutz mit Varistor

Soll der Eingang E gegen zu hohe Amplituden einer *Wechselspannung* geschützt werden, so kann man wie in Bild 2.20 zwei entgegengerichtete Z-Dioden verwenden. Diese sind auch als ein integrierter Bauteil unter dem Namen symmetrische Z-Diode oder **Varistor** (VDR = voltage dependent resistance) erhältlich. Der ideale Varistor hat den Widerstand $R = \infty$ falls $|U| < U_z$, aber $R = 0$ falls $|U| > U_z$.

Durch Blitzeinschläge in Hochspannungsleitungen kommen kurze Spannungsspitzen im *200V* Netz vor. Transformatoren und Gleichrichter geben diese in abgeschwächter Form an die Geräte weiter. Auch die üblichen Spannungsregler lassen diese Spitzen meist durch. Bei empfindlichen Geräten ist deshalb ein Eingangsschutz nach Bild 2.20 zu empfehlen. Der Widerstand R kann dabei entfallen, weil er als Leitungswiderstand, besonders in Form eines induktiven Widerstandes gegenüber den schnellen Spannungsspitzen, ohnehin vorhanden ist.

Bei Z-Dioden gegen schnelle Spannungsspitzen kommt es vorallem auf ihr dynamisches Verhalten an: wie schnell diese durchbrechen können. Bei den **Transil** geschieht dies im Pikosekundenbereich.

2.12 Schwingkreis

Als letzte Anwendung betrachten wir den **Schwingkreis (Oszillator)**, Bild 2.21. Die Induktivität L nehmen wir idealerweise zunächst ohne ohmschen Widerstand an. Wir werden zeigen, daß ein Wechselstrom

$$I = I_o sin(2\pi ft), \tag{2.6}$$

d.h. eine Schwingung möglich ist, falls

$$f = f_{res} = 1/(2\pi) \cdot 1/\sqrt{(LC)} \quad . \tag{2.7}$$

Die Frequenz f des LC-Oszillators ist der reziproken Wurzel aus LC proportional.

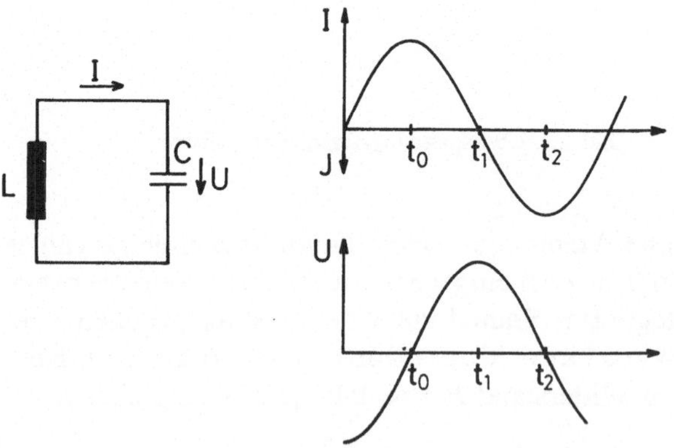

Bild 2.21 LC-Schwingkreis

■■ Wir leiten nun (2.7) her: Die Wechselladung

$$Q = -Q_o cos(2\pi ft) \tag{2.8}$$

auf einer Kondensatorplatte entspricht wegen $I = dQ/dt$ dem Wechselstrom (2.6) mit

$$I_o = 2\pi f Q_o. \tag{2.9}$$

Nach dem Induktionsgesetz muß einerseits

$$U = -L\, dI/dt = -L\cdot 2\pi f Q_o \cdot 2\pi f\, cos(2\pi ft) \tag{2.10}$$

sein. Andererseits muß die Spannung am Kondensator

$$U = Q/C = -Q_o/C \cdot cos(2\pi ft) \tag{2.11}$$

sein. Nach der Maschengleichung müssen die beiden Ausdrücke (2.10) und (2.11) für U übereinstimmen. Der Wechselstrom (2.6) ist also tatsächlich möglich, wenn für seine Frequenz $f=f_{res}$ gilt.

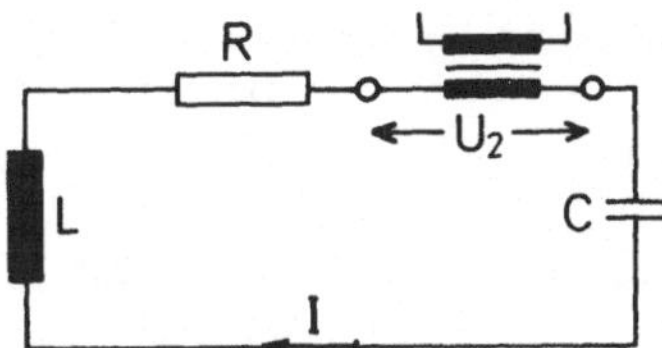

Bild 2.22 Gedämpfter und angeregter Schwingkreis

Ein realer Schwingkreis enthält stets einen nicht verschwindenden ohmschen Widerstand R, Bild 2.22. Darin wird ständig Energie dissipiert. Bei jeder Halbperiode wird die Amplitude der Schwingung geringer. Die Schwingung ist **gedämpft** (damped), d.h. sie verschwindet nach einiger Zeit praktisch wieder. Um die Schwingung aufrechtzuerhalten, muß sie ständig neu angeregt werden. In Bild 2.22 haben wir eine Transformatoreinkopplung angenommen. Jeweils phasengerecht muß diese Anregung U_2 den gerade fließenden Strom I unterstützen.

Man kann den Oszillator mit irgendeiner von der Resonanzfrequenz verschiedenen Frequenz f_A anregen, d.h. in Bild 2.22 ist:

$$U_2 = U_o sin(2\pi f_A t). \tag{2.12}$$

Man spricht dann von einer **erzwungenen Schwingung**. Der Oszillator schwingt stets mit der Frequenz f_A des Anregers:

$$I = I_o sin(2\pi f_A t). \tag{2.13}$$

Wenn aber f_A mit dem f aus (2.7) übereinstimmt, wird die Amplitude I_o der Schwingung maximal, da die Anregung stets phasengerecht erfolgt: Wir haben **Resonanz**. Das f in (2.7) bezeichnet man daher als **Resonanzfrequenz** f_{res}. Ohne Dämpfung R würde die Amplitude ins unendliche anwachsen (**Resonanzkata-**

strophe). Bei sehr kleinem R kann die Amplitude so groß werden, daß Zerstörungen eintreten.

Schwingt der Anreger auf mehreren Fourierkomponenten, so wird auch der Oszillator auf allen diesen Frequenzen schwingen. Die Komponenten, deren Frequenzen der Resonanzfrequenz am nächsten kommen, werden die größte Amplitude haben.

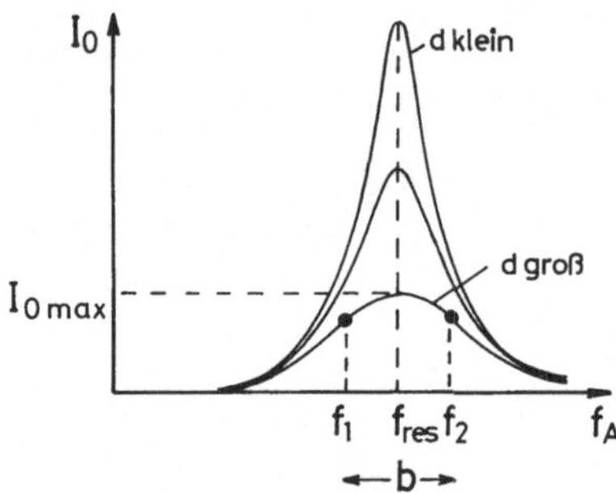

Bild 2.23 Resonanzkurve für verschiedene Dämpfungen d. Zur Definition der Bandbreite b

Genauer ergibt sich eine Resonanzkurve nach Bild 2.23, welche die Amplitude I_o der Schwingung als Funktion der Anregungsfrequenz f_A bei *festgehaltener* Amplitude U_o der Anregung darstellt.

Als dimensionsloses Maß der Dämpfung R verwendet man meist das Verhältnis

$$d = R/(2\pi f_{res}L) = R \cdot 2\pi f_{res}/C \tag{2.14}$$

des dämpfenden Widerstandes R zur Impedanz $\{1.11\}$ von L (bzw. von C) bei Resonanzfrequenz.

Man erkennt aus Bild 2.23, daß die Bandbreite b mit der Dämpfung d kleiner wird, und man kann zeigen, daß

$$b = f_{res}\ d \tag{2.15}$$

gilt. Als quantitatives Maß für die **Bandbreite** (band-width) b verwendet man $b = f_2 - f_1$, wobei f_1 und f_2 die Frequenzen sind mit der Amplitude $I_o = I_{o,max}/\sqrt{2}$.

Qualtiativ ist die Bandbreite das Frequenzintervall, in dem der Oszillator merklich angeregt werden kann. Den Kehrwert zur Dämpfung bezeichnet man auch als die **Güte** Q:

$$Q = 1/d. \tag{2.16}$$

Ein Oszillator hoher Güte kann also nur in einem engen Frequenzintervall angeregt werden und eignet sich somit als **Frequenzreferenz**.

Die Güte hat auch die Bedeutung der **Resonanzüberhöhung**: Das Verhltnis der Amplitude U_0 der anregenden Spannung zur Amplitude der Spannung an C (oder L) bei Resonanz.

Oszillatoren kommen in der Physik in sehr vielen Formen vor und sind auch aus dem täglichen Leben bekannt. So ist auch eine Fensterscheibe ein Oszillator, der durch den Schall eines Flugzeuges angeregt werden kann. Bei Resonanz stimmt die Frequenz des Schalles mit der **Eigenfrequenz** (= Resonanzfrequenz) der Fensterscheibe überein.

Oszillatoren sehr hoher Güte werden als schwingende **Quarzoszillatoren** (**Schwingquarze**) realsiert. Zwei gegenüberliegnde Begrenzungsflächen werden metallisert und dienen als Kondensatorplatten, welchen den Quarz anregen können.

3. Elektrische Geräte und Meßinstrumente

3.1 Gefahren des elektrischen Stromes

Wir beginnen mit einigen Bemerkungen über die Gefahren des elektrischen Stromes. Für dessen Gefährlichkeit ist weniger die am Körper angelegte Spannung, als vielmehr die geflossene Stromstärke maßgebend. Ab *10mA* können Muskelkrämpfe eintreten, da auch die normale Innervation eines Muskels mit elektrischen Strömen erfolgt.

Der Muskelkrampf bewirkt oft, daß die gefährliche Berührung nicht mehr losgelassen werden kann. Fließt der Strom durch die Herzgegend, kann es zum Herzmuskelkrampf kommen. Dies ist besonders dann wahrscheinlich, wenn der Stromkreis durch beide Hände führt.

Wenn bei Reparaturen an Geräten nicht sichergestellt werden kann, ob sie stromlos sind, gilt deshalb der alte Elektrikertrick, nur mit einer Hand zu arbeiten, während die linke Hand in der Hosentasche bleibt.

Glättungskondensatoren der Hochspannungsversorgung von Monitoren oder Fernsehgeräten können noch lange nach Entfernen vom Netz hohe Spannungen tragen.

Da sich der Strom in der Herzgegend über einen größeren Querschnitt verteilt, muß man ab einer Stromstärke von *50mA* durch beide Hände mit einem Herzmuskelkrampf rechnen.

Die Gefährlichkeit des elektrischen Stromes hängt von so vielen physiologischen Faktoren ab, daß verbindliche Angaben nicht gemacht werden können. Bei Personen, die zu Herzrhythmusstörungen neigen, kann schon ein Strom von *50mA* von wenigstens *1/10 s* Dauer ein **Herzkammerflimmern** auslösen. Auch die Frequenz des Stromes ist dabei entscheidend.

Der menschliche Körper bietet einem Gleichstrom praktisch nur an der Haut einen Widerstand, während das Blut mit seinem hohen Gehalt an Ionen fast einen idealen Leiter darstellt. Der Hautwiderstand kann zwischen $1k\Omega$ und $1M\Omega$ schwanken.

Damit können Spannungen ab 50V gefährlich werden.

Nach einer **VDE-Norm** (VDE = Verein deutscher Elektroingenieure) gelten Spannungen unter 42V als ungefährlich.

Der Hautwiderstand hängt von vielen Faktoren, wie Berührungsfläche, Druck, vorallem aber von der **Hautfeuchtigkeit** ab. Besonders bei Angst oder Streß erhöht sich die Feuchtigkeit der Hände.

Diese physiologische Reaktion erhöht die Kletterfähigkeit der Primaten, womit sie sich besser in Sicherheit bringen können, ist jedoch im Umgang mit elektrischem Strom ein Nachteil.

Da sich die entscheidenden physiologischen Faktoren zeitlich verändern, kann man nicht davon ausgehen, daß eine objektive elektrische Situation für einen selbst ungefährlich ist, wenn bisher noch nie was passiert ist.

Auch ohne Beteiligung des Herzen kann der Strom durch die am ohmschen Widerstand dissipierte Wärme zu Verbrennungen führen. Unbehandelt können größere innere Verbrennungen infolge einer Überschwemmung des Körpers mit Zerfallsprodukten auch nach längerer Zeit noch zum Tode führen.

Wenn man einen elektrischen Stromstoß überstanden hat und keine andauernden, intensive und größere Teile des Körpers betreffende Schmerzen weiterbestehen, braucht der Vorfall jedoch nicht behandelt zu werden.

3.2 Erdung als Schutzmaßnahme

Größere Metallteile, wie Wasserleitungen und Heizkörper, können eine beträchtliche gegenseitige Kapazität besitzen und sich durch Reibungselektrizität auf Spannungen von mehreren tausend Volt aufladen. Berührt nun ein Mensch mit je einer Hand solche Metallteile (**Körperschluß**), so würde der Potentialausgleich durch seinen Körper bei hohen Strömen während einer gefährlich langen Zeit erfolgen.

Deshalb müssen alle Metallteile eines Hauses elektrisch miteinander verbunden werden. Diese **Erdleitung**, die auf ihrer ganzen Länge einen Widerstand von höchstens $10\,\Omega$ haben darf, wird auch mit Metallplatten, die im Erdreich eingelassen werden, verbunden und gewährleistet somit einen Potentialausgleich auch mit dem **Grundwasser**.

Durch Telefonleitungen könnte ein solcher gefährlicher Potentialausgleich auch mit weit entfernten Regionen erfolgen. Da das Grundwasser, vorallem bei trockenen Gebieten, diesen großflächigen Potentialausgleich nicht genügend gut besorgt, wird bei Überlandhochspannungsleitungen eine Erdleitung mitgeführt, welche bei jedem Mast durch Kupferplatten mit dem Erdreich verbunden wird.

3.3 Sicherungssystem Nullung

Die **Erdung** (grounding) erfüllt jedoch noch eine weitere Sicherheitsfunktion:
Bei einem schadhaften Gerät könnte die *220V* Netzzuführung mit äußerlich berührbaren Metallteilen des Gerätes in Kontakt treten, welche dann unbemerkterweise gegenüber einem Heizkörper eine Spannung von *220V* aufweisen würden.

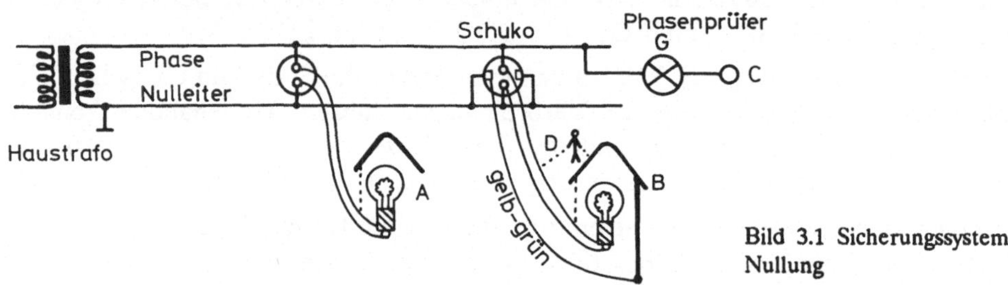

Bild 3.1 Sicherungssystem
Nullung

Sind diese Metallteile jedoch geerdet, so würde schon beim Schadhaftwerden des
Gerätes ein Kurzschluß entstehen. Die **Sicherung** (fuse) würde die Netzversorgung unterbrechen und das schadhafte Gerät könnte erkannt und identifiziert
werden, evtl. lange bevor ein Mensch das Gerät berührt hätte.

Bild 3.1 zeigt das Sicherheitssystem **Nullung**, wie es in alten Häusern noch vorkommt. Links in der Figur erkennt man den Netztransformator, der aus der städtischen Stromversorgung auf die *220V* Hausversorgung heruntertransformiert. Der
eine Pol der Sekundärseite ist geerdet, was den **Nulleiter** festlegt. Der andere Pol
heißt **Phase**.

Welcher Pol die Phase und welcher der Nulleiter ist, kann durch einen Phasenprüfer festgestellt werden. Er besteht einfach aus einem Kugelkondensator, der
gegenüber den vielen großen Metallteilen, die mit dem Nulleiter verbunden sind,
eine Kapazität C bildet. Es kann so ein Wechselstrom durch die Glimmlampe G,
Bild 3.1, fließen.

Bild 3.1 zeigt eine zweipolige Steckdose. Eine solche, oder allgemeiner eine
zweiadrige Gerätezuleitung, darf nur bei Geräten ohne von außen berührbare
Metallteile verwendet werden. Die Lampe A ist beispielsweise unzuläßigerweise
angeschlossen, weil der durch die gepunktete Linie angedeutete Fehlkontakt den
Schirm unbemerkterweise an Phase legen könnte.

Die Lampe B ist korrekterweise an eine **Schukosteckdose** (Schutzkontaktsteckdode) angeschlossen. Derselbe Fehler würde jetzt sofort zu einem **Kurzschluß**
(**Erdschluß**) führen, der auf die Schadhaftigkeit aufmerksam machen würde.

Die dritte Ader der Gerätezuleitung, welche mit der **Gerätemasse** verbunden ist,
heißt **Schutzleiter**. Er ist im fehler*freien* Falle stromlos.

Um Verwechslungen auszuschließen muß für den Schutzleiter - und nur für diesen - ein **gelb-grüner** Draht verwendet werden.

Bei den fest montierten Netzzuführungsdrähten darf nur **massiver** Kupferdraht und keine **Litze**, die aus vielen dünnen Einzeldrähten besteht, verwendet werden.

Bei mechanischer Belastung könnte die Litze nämlich nur *teilweise* durchbrechen. Die dadurch bewirkte Querschnittsverminderung könnte zu lokaler Erhitzung und damit zum **Hausbrand** führen. Ein massiver Draht würde im Unterschied dazu ganz durchbrechen und den Stromfluß unterbrechen. Aus Kompromißgründen ist für mobile Geräte jedoch Litze erlaubt.

Obwohl beim System Nullung der Schutzleiter mit dem Nulleiter verbunden ist, darf diese Verbindung natürlich nicht am Gerät vorgenommen werden, um dadurch evtl. eine Ader einzusparen, weil sonst bei gedrehter Stellung des Steckers und bei schadhaftem Gerät wiederum der Schirm an Phase läge. Am Gerät stehen nämlich Nulleiter und Phase nicht eindeutig fest.

3.4 Schutzleiter mit Fehlstromsicherung

Berührt ein Mensch beim System Nullung an der schadhaften Stelle D, Bild 3.1, die Phase und mit der anderen Hand den Schirm, oder auch etwa eine Wasserleitung, so wäre wieder ein Körperschluß zustande gekommen.

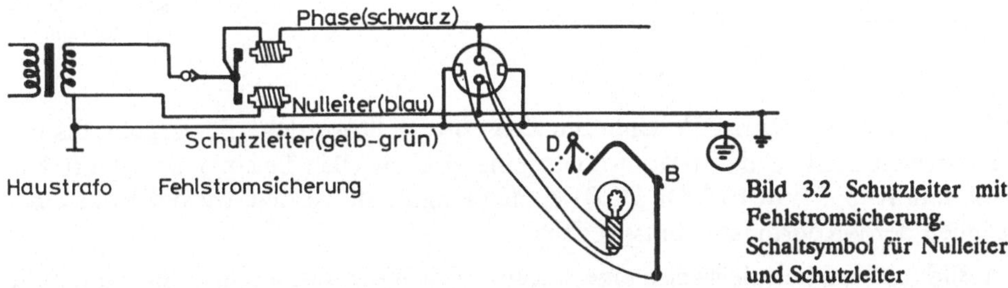

Bild 3.2 Schutzleiter mit Fehlstromsicherung. Schaltsymbol für Nulleiter und Schutzleiter

Beim Sicherungssystem **Schutzleiter**, Bild 3.2, wird der Schutzleiter bis an den Haustransformator getrennt geführt. Bei dem zwischen der Schadstelle D und dem Schirm B möglichen Körperschluß fließt in der Phase mehr Strom als im Nulleiter, weil ein Teil des Stromes durch den Schutzleiter abfließt. Die **Fehlstromsicherung** würde die unterschiedlichen Ströme zwischen Phase und Nulleiter sofort feststellen, indem einer der beiden Spulen stärker anzieht und die Stromzufuhr ausklinkt.

Das System versagt nur noch in den seltenen Fällen, wo ein Mensch Phase und Nulleiter, welcher nun mit keinen berührbaren Metallteilen mehr direkt verbunden ist, gleichzeitig berührt.

Es soll nicht unerwähnt bleiben, daß die Erdung auch ihre Gefahren mit sich bringt. Bei Installationsfehlern oder bei Leitungsbrüchen kann die Erdung zur tödlichen Gefahr werden. Von außen berührbare Metallteile sollten daher nach Möglichkeit vermieden werden.

3.5 Oszillograph: Grundlegendes

Das wichtigste Gerät zur Bestimmung zeitlich veränderlicher elektrischer Vorgänge ist der **Oszillograph** (oscilloscope, scope).

Wie bei einem Fernsehschirm wird ein Elektronenstrahl an eine bestimmte Stelle *(x,y)* des **Bildschirmes** (screen) gelenkt, wo er einen Leuchtpunkt erzeugt. Die horizontale *x*-Achse des Bildschirmes entspricht der Zeit. Die vertikale *y*-Achse entspricht der Spannung. Es wird also ein *U(t)* dargestellt.

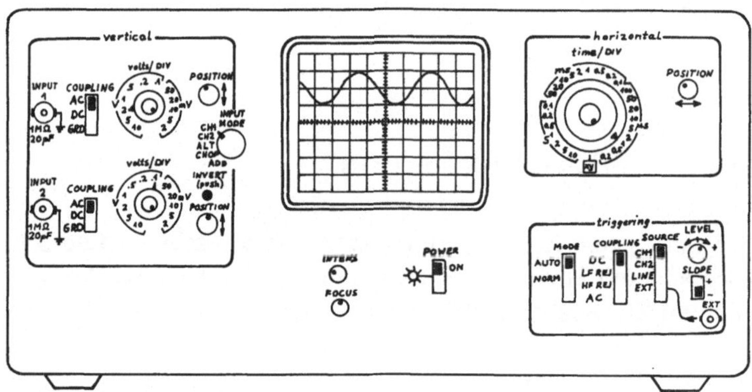

Bild 3.3 Typischer einfacher Oszillograph

Mit dem Knopf TIME/DIV kann die Zeit eingestellt werden, die vergeht, bis der Elektronenstrahl in der *x*-Koordinate eine Einheit (Division) überquert hat. Mit dem Knopf (knob) VOLTS/DIV kann eingestellt werden, wieviel Volts einer Einheit der *y*-Koordinaten entsprechen.

In Bild 3.3 wird beispielsweise eine sinusförmige Wechselspannung der Amplitude *2V* und der Periode 4μs dargestellt, falls die entsprechenden Einstellungen *2V/Div* und *1μs/Div* betragen.

Durch einen Feineinstellknopf (Vernier) können die eingestellten Werte noch zusätzlich kontinuierlich z.B. zwischen *2V/Div* und *1V/Div* variiert werden. Das ist bequem, um z.B. den Kurvenverlauf auf eine bestimmte Größe - etwa zu Vergleichszwecken - zu bringen. Es ist ein häufiger Fehler bei Messungen, sich vorher nicht zu überzeugen, ob der Vernier eingerastet ist, denn nur dann treffen die Angaben bei TIME/DIV und VOLTS/DIV wirklich zu.

Weitere Knöpfe x-POSITION und y-POSITION können die dargestellte Kurve längs der *x*- bzw. *y*-Achse verschieben. Ein Umschaltknopf (switch-key) INPUT COUPLING kann das dargestellte Signal zwischen GND, AC und DC variieren.

-- Bei der Stellung GND wird das Erdpotential dargestellt. Zusammen mit y-POSITION kann somit das Nullpotential auf eine gewünschte Linie des Koordinatengitters (grid) eingestellt werden. *Wenn ein zu erwartendes Signal nicht er-*

scheint, so kann dies daran liegen, daß der INPUT COUPLING *switch noch auf der Stellung* GND *liegt.*

-- Bei der Stellung DC (`direct current` = Gleichstrom) wird das zu messende Signal *unverändert* dargestellt.

-- Bei der Stellung AC (`alternate current` = Wechselstrom) jedoch wird das zu messende Signal mit einem Kondensator angekoppelt, wodurch der Gleichspannungsanteil unterdrückt wird.

Soll etwa bei einer stabilisierten Gleichspannungsquelle von 10V Spannungsschwankungen von 50mV beobachtet werden, so würden diese bei der Stellung DC nicht sichtbar werden. Bei den Stellungen AC und 10mV/DIV würden die 10V Gleichspannung unterdrückt und die reinen Spannungsschwankungen dargestellt.

Die Eingänge des Oszillographen sind gegen Überspannungen geschützt, so daß eine Fehleinstellung zu keinen Beschädigungen führt, wobei allerdings gewisse Grenzen zu beachten sind.

Vorallem Induktionsspitzen, wie sie beim Abschalten von Transformatoren und bei laufenden Motoren auftreten, können solche Grenzwerte überschreiten.

Brauchbare Oszillographen müssen mindestens zwei Signale (**Kanäle**, `channels`) darstellen, damit eine Beziehung zwischen zwei Signalen sichtbar gemacht werden kann. Steht der Schalter INPUT MODE auf CH1, so wird nur das am Kanal 1 anliegende Signal, wenn auf CH2 nur das am Kanal 2 anliegende Signal dargestellt.

Bei der Stellung ALT werden beide Signale dargestellt. Durch unterschiedliche Stellungen der Knöpfe y-POSITION, die für jeden Kanal separat vorhanden sind, können die beiden Kurven nebeneinander oder aber zum Vergleich auch übereinander dargestellt werden.

In der Stellung ALT, werden die beiden Kurven alternativ, d.h. abwechselnd zuerst *ganz* die eine *dann* die andere dargestellt. Wenn bei sehr langsamen Signalen ein Durchgang (`sweep`) längs der x-Achse lange dauert, kann das Auge die Einzeldarstellung der beiden Signale erkennen.

Dann empfiehlt sich statt ALT die Stellung CHOP. Ein **Zerhacker** (`chopper`) sorgt dann dafür, daß für eine *kurze Zeit* ein Stück der einen und darauf für eine kurze Zeit ein Stück der anderen Kurve dargestellt wird.

Der INPUT MODE switch hat noch eine Stellung ADD, bei welcher nur eine Kurve, nämlich die Summe der Signale an Kanal 1 und 2 dargestellt wird.

Ein Druckknopf (`push button`) oder die Angabe `pull=invert` (ziehe am Knopf, dann Umkehrung) erlaubt es, an einem Kanal das (-1) fache der angelegten Spannung darzustellen. Mit ADD können dann Differenzen von Signalen repräsentiert werden.

Der Knopf INTENSITY reguliert die Helligkeit der dargestellten Linie, der Knopf FOCUS ihre Schärfe.

In der Schalterstellung x-y des Knopfes TIME/DIV bestimmt Kanal 1 die x-Ablenkung, Kanal 2 die y-Ablenkung.

3.6 Triggerung

Auf gewöhnlichen Oszillographen können nur periodische Signale dargestellt werden. Wenn die Periodendauer des Signals, oder ein Vielfaches davon, mit der Periodendauer des x-Achsen-Durchlaufs des Oszillographen übereinstimmt, entsteht auf dem Schirm ein stabiles Bild.

Diese Gleichheit kann jedoch mit dem TIME/DIV-Knopf nicht genügend genau eingestellt werden, denn schon geringe Abweichungen würden bewirken, daß sich die Kurve schnell über den ganzen Schirm verschiebt, so daß ein völlig flimmerndes Bild die Folge wäre.

Deshalb befindet sich im Oszillographen eine Vorrichtung, die Auslösung (**Triggerung**), welche die Periode des Signals selbstständig erkennt: Wenn der Elektronenstrahl am rechten Rand des Bildschirmes angelangt ist, wartet er dort, bis das Signal wieder einen bestimmten **Pegel** (level) erreicht hat. Dieser Pegel stellt das **Triggerereignis** dar, welches den Strahl wieder an den linken Rand des Schirmes zurückschlägt.

Mit dem Drehknopf LEVEL kann der Pegel des Triggerereignisses eingestellt werden. Durch die Stellung des Schalters SLOPE auf (+) wird das Triggerereignis bei positiver **Flanke**, d.h. wenn der Pegel von unten überschritten wird, bzw. auf (-) bei negativer Flanke, d.h. wenn der Pegel von oben unterschritten wird, erkannt. In Bild 3.3 steht dieser Schalter auf der Stellung (-).

Der Schalter SOURCE legt die Signalquelle fest, die auf ein Triggerereignis untersucht wird. Das kann Kanal 1 (CH1) oder Kanal 2 (CH2) sein. Es kann aber auch ein externes (EXT), d.h. ein an einem dritten Eingang in den Oszillographen eingespeistes Signal sein. Schließlich kann es die *220V* Netzspannungsquelle (LINE) des Oszillographen sein.

Der Schalter COUPLING legt fest, wie das auf Triggerereignisse untersuchte Signal eingekoppelt wird. Bei der Stellung DC wird es voll eingekoppelt, bei der Stellung AC nur der Wechselstromanteil. Bei der Stellung LF REJ (low frequency reject) werden die tiefen, bei der Stellung HF REJ (high frequency reject) die hohen Frequenzen ignoriert.

Das bisher Gesagte gilt nur, wenn der Schalter MODE auf der Stellung NORM steht. Wenn dabei LEVEL außerhalb der Signalspannung liegt, entsteht kein Bild; der Bildschirm erscheint schwarz. Bei der Schalterstellung AUTO sucht sich die Elektronik automatisch einen geeigneten Pegel. In der Stellung TV werden die bei der Television üblichen Triggersignale {6.14} als Triggerereignisse erkannt.

3.7 Tastkopf ■■

Die Eingangskanäle, die als genormte sog. **BNC-Buchsen** für **Koaxialkabel** realisiert sind, stellen typischerweise für das zu messende Signal die Parallelschaltung eines ohmschen Widerstandes $R = 1M\Omega$ mit einem kapazitiven Widerstand $C = 20pF$ dar, Bild 3.4. Für gewisse Signalquellen ist jedoch ein solcher Eingangswiderstand noch zu klein, d.h. er stellt für die Signalquelle eine zu große Belastung dar mit der Folge, daß das zu messende Signal verfälscht wird.

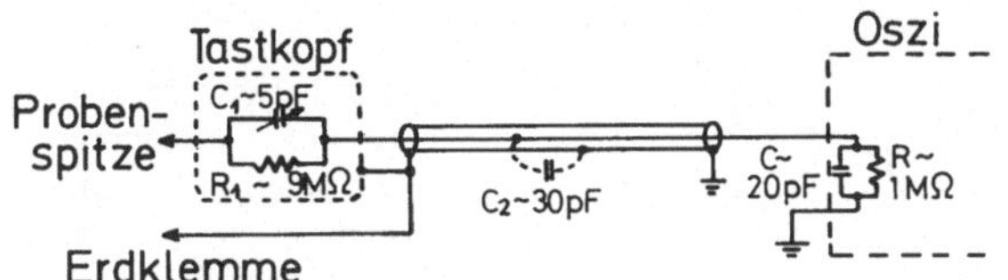

Bild 3.4 Anpassung eines 1:10 Tastkopfes an den Eingangswiderstand 1MΩ ‖ 20pF des Oszillographen

Dann verwendet man einen **Tastkopf** (`probe tip`). Bei einem 1:10 Tastkopf ist der Eingangswiderstand 10 mal so groß, das vom Oszillographen gesehene Signal allerdings um denselben Faktor kleiner. Der Tastkopf, Bild 3.4, stellt einfach einen 1:10 Spannungsteiler dar. Diese Eigenschaft muß er allerdings auch für hohe Frequenzen besitzen, d.h. auch C_1 muß das 9-fache von C sein. Dabei wäre allerdings noch die Kapazität C_2 des Koaxialkabels, welches als Zuleitung benutzt wird, zu berücksichtigen.

Der tatsächliche Wert von C_1 wird deshalb am besten empirisch an einem `capacity correction trimmer` am Tastkopf eingestellt. Man verwendet dazu ein am Oszillographen an der Buchse CAL zur Kalibrierung zur Verfügung stehendes Rechtecksignal und mißt dieses über den Tastkopf. Man korrigiert an dem Trimmer so lange, bis auf dem Schirm ein unverzerrtes Rechtecksignal erscheint.

3.8 Erdung beim Oszillographen

Der Oszillograph mißt die Spannung der Eingangskanäle gegenüber seinem Gehäuse, welches über den Schutzleiter mit der Erde und durch die BNC-Buchsen mit der Abschirmung des Verbindungskoaxialkabels verbunden ist. Das Scope mißt somit Potentiale relativ zur Erde.

Wenn die zu messende Schaltung durch eine **erdfreie** Spannungsquelle, versorgt wird, d.h. wenn in Bild 3.5 die Erdung E fehlen würde, muß die **lokale Erde** oder irgend ein anderer Punkt der Schaltung durch eine **Erdklemme** (`ground clip`) auf das gleiche Potential wie das Gehäuse des Oszillographen gebracht werden. Man sieht dann Spannungen gegenüber diesem willkürlichen Punkt.

Wenn andererseits die Schaltung nicht **potentialfrei** ist, darf die Erdklemme nicht mit irgend einem Punkt der Schaltung verbunden werden, da dies u.U. einen Kurzschluß darstellen würde.

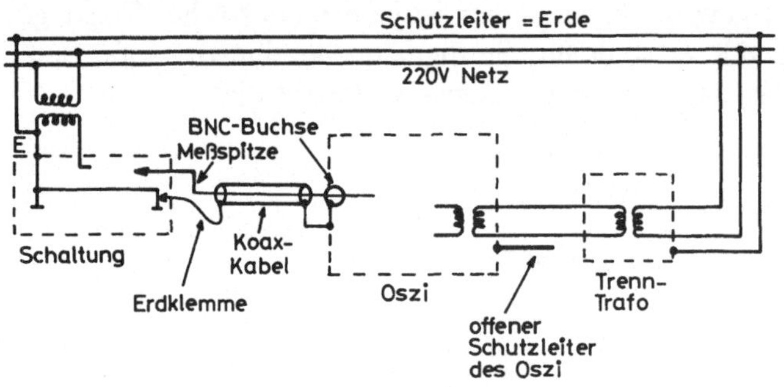

Bild 3.5 Erdfreie Betreibung des Oszillographen über einen Trenntransformator zur Untersuchung irgendwie geerdeter Schaltungen

Es ist eine in diesem Falle gelegentlich durchgeführte Operation, den Oszillographen ohne Schutzleiter zu betreiben, Bild 3.5. Dann kann die Erdklemme mit irgend einem Punkt der Schaltung verbunden werden und es wird das Potential des Kanals gegenüber diesem Punkt angezeigt.

Diese Aktion ist nach den geltenden Sicherheitsvorschriften allerdings nur erlaubt, wenn der Oszillograph mit einem **Trenntransformator** versorgt wird, welcher den Strom begrenzt.

3.9 Spezialoszilloskope

Beim **Speicheroszillographen** (`storage oscilloscope`) kann durch Drücken der Taste SINGLE SWEEP ein einmaliges Signal aufgezeichnet werden. Dabei prasselt der Elektronenstrahl auf eine isolierende Fläche. Die dort gespeicherte Ladung wird sichtbar gemacht. Die Information wird somit als Analogsignal aufbewahrt.

Beim **Digitaloszilloskop** oder **Transientenrekorder** wird die anliegende Spannung ständig durch einen Analog-Digital-Wandler in eine Zahl gewandelt und in einen **Digitalspeicher (Memory)** geschrieben. Die gespeicherte digitale Information kann auf einen Computer zur weiteren Verarbeitung ausgelesen werden oder aber durch einen Digital-Analog-Wandler auf einem Bildschirm dargestellt werden.

Auch viele *einfache* Oszilloskope besitzen einen **Komponententester**: An zwei Buchsen des Oszilloskopes wird eine periodische Spannung ausgegeben, welche direkt an zwei beliebige Punkte einer Schaltung angelegt werden können. Die x-Ablenkung entspricht der angelegten Spannung, die y-Ablenkung der durch die Buchsen fließende Strom. Damit wird die Spannungs-Strom-Charakteristik des zwischen den beiden Punkten liegenden Bauteiles dargestellt. Bei einem Widerstand erhält man z.B. eine Gerade, deren Steigung dem Widerstandswert entspricht. Auch die anderen Bauteile erzeugen charakteristische Kurven.

Soll eine defekte Schaltung untersucht werden und steht eine intakte Vergleichsschaltung zur Verfügung, so kann der defekte Bauteil gefunden werden, indem man mehrere analoge Punktepaare der defekten und der intakten Platine vergleicht.

3.10 Multimeter

Das einfachste und wichtigste Instrument zur Untersuchung elektronischer Schaltungen ist das **Voltmeter**. Ältere Exemplare geben die gemessene Spannung analog durch eine Zeigerstellung an. Ein Vollausschlag bedeutet meist, daß das Instrument überlastet war. Durch Drehen an einem Bereichsumschaltknopf muß ein geeigneter Meßbereich gefunden werden, bei dem ein gültiger Zeigerausschlag zustande kommt. Auch die richtige Polarisierung muß durch einen Umpolungsschalter oder gar durch Umstöpseln der Meßleitungen gefunden werden.

Diese Arbeit wird bei einem **Digitalvoltmeter**, welches eine automatische Bereichswahl besitzt, abgenommen. Meist vereinigt das Instrument die Möglichkeit, mehrere Größen wie auch Stromstärke und Widerstände zu messen. Man spricht deshalb von einem **Multimeter**. Der Meßwert wird z.B. bei einem `4 digit multimeter` als eine 4 zifferige Dezimalzahl mit Vorzeichen und richtiger Stellung des Dezimalpunktes wiedergegeben.

Der Anwender muß lediglich die gewünschte Funktion, Messung von Gleichstrom (DC = `direct current`), Wechselstrom (AC = `alternate current`), Gleichspannung, Wechselspannung oder Widerstandswerten an einem Drehknopf auswählen und die beiden Meßspitzen (`tips`) an die zu untersuchenden Punkte der Schaltung anlegen. Bei Wechselspannung werden die Effektivwerte angegeben.

3.11 Lektüre von Datenblättern: Multimeter

Zur Übung in der Lektüre englischsprachiger Gerätebeschreibungen wollen wir ein bestimmtes Multimeter an Hand von Ausschnitten aus einem Originalmanual besprechen:

This digital multimeter is an accurate, compact, handheld instrument designed for both field and laboratory use [field use = Anwendung beim Kundendienst].

The 3½ digit [d.h. die 4. Ziffer ist nicht mehr voll gültig] liquid crystal display [Flüssigkristallanzeige] features large, easy-to-read numerals with automatic decimal point placement and polarity indication.

A 9-volt alkaline battery [Alkalibatterie] typically provides 800 hours of operation.

Battery condition is continuously monitored [überwacht] and a warning (LO BAT) signal is displayed during the last 20% of battery life.

Measurement functions include AC and DC voltages, AC and DC current, resistance, diode check [Prüfung von Dioden] and audible continuity check [Durchgangsprüfung mit hörbarem Signal bei Widerstand null]. Built-in buzzer [Summer] sounds if conductance is less than 30Ω.

All functions are protected by a fuse [Sicherung] against overload [Überlastung].

The A to D converter [Analog-Digital-Wandler] features fast recovery from over-range [schnelle Erholung von Überlastsituationen].

The multimeter is carefully designed [konzipiert] and will provide [gewährleisten] long, reliable [verläßlich] performance [Leistung].

Sampling time 0.4 seconds [Meßzeit = 0,4 Sekunden].

Input impedance [Eingangswiderstand] 10MΩ.

Overload protection [Überlastschutz] DC700V, AC500V$_{rms}$ [Bei Wechselstrom 500 Volt Effektivspannung, rms = random mean square = Effektivwert].

Accuracy [Genauigkeit] ±0.5% of reading +1 digit [Der Meßfehler kann 0,5% des dargestellten Wertes betragen und die letzte Ziffer kann um eine Einheit abweichen].

Note: All the accuracy mentionned above is guaranteed at temperature 15°C to 28°C and for 1-year calibration cycle [Infolge Alterungserscheinungen der Bauteile kann die Genauigkeit nur für 1 Jahr garantiert werden, falls bis dahin nicht eine Neukalibrierung erfolgte].

Loosen the screw [Schraube] on the back of the case [Gehäuse].

3.12 Lektüre von Datenblättern: Oszilloskop

Wir setzen die im letzten Kapitel begonnene Lektüre an Auschnitten aus einem Manual eines Oszilloskopes fort.

Warranty [Garantie]: If any failure [Versagen] shall occur under normal use within one year from the date of purchase [Kauf].

Rear View [Rückenansicht], Front View [Vorderansicht], Top View [Ansicht von oben].

This instrument should be adjusted [justiert] at an ambient temperature [Umgebungstemperatur] of 20°C for best overall accuracy.

This instrument is shipped [geliefert] with the following standard accessories [Zubehörteile].

Employment [Verwendung] of a large square CRT [=cathode ray tube = Elektronenstrahlröhre = Bildröhre] makes waveforms easier to observe.

Precautions [Vorsichtsmaßnahmen]: do not block the ventilation holes.

The operating ambient humidity is 35-85% [Zuläßige Luftfeuchtigkeit bei Betrieb].

If problems persist [andauern], contact a nearly service station or agent.

When opening the case [Gehäuse], pull out the power supply plug [ziehe den Netzstecker].

Electricity remains in the condensors of the power supply circuit [Elektrizität verbleibt - nach Stromabschalten - in den Kondensatoren der Stromversorgungsschaltung].

Check the line voltage switch before turning power on [Prüfe den Netzspannungsschalter - bei uns *200V, 50Hz* - bevor der Strom eingeschaltet wird].

Do not increase the brightness of the spot [die Helligkeit des Leuchtpunktes] too much. The fluorescent surface of the CRT [fluoreszierende Schicht des Bildschirmes] may be burnt.

Used to allign the trace with the horizontal graticule [benutzt um die Leuchtspur mit dem horizontalen Gitter in Übereinstimmung zu bringen].

GND: At this setting the input to the vertical axis amplifier is grounded [In der Stellung GND wird der Eingang des Verstärkers für die y-Ablenkung geerdet].

This knob [Knopf] is used to adjust the position of the vertical axis.

Fine tuning device [Feinabgleichsgerät, vernier] to vary the vertical deflection continuously.

When the knob is at PULL position [herausgezogene Stellung], the polarity of the input signal applied to CH2 will be inverted.

Insert the plug of the power cord [Netzstecker] on the rear panel [hinterer Deckel] into the wall outlet [Wandaussparung] and set the controls [Kontrollschalter] as follows.

Rotate in the direction of arrow [Pfeilrichtung].

Leave the knob in depressed state. In this case the VOLTS/DIV is calibrated to its indicating value.

The switching NORM is needed when observing low frequency signals of about 25Hz or less.

Since the input signal is attenuated [abgeschwächt] by this probe [Tastkopf] to 1/10 before it is input to the oscilloscope the use of the probe is disadvantage [unvorteilhaft] for low level signals [schwache Signale], and at the same time the measuring range [Meßbereich] is extended by that amount [Betrag] for high level signals.

Do not apply a signal which exceeds 400V.

Long earth lead wire may cause waveform distortions such as ringing and overshoot [Lange Erdleitungskabel bringen Kurvenverzerrungen wie Überschwingen und Überschießen].

3.13 Drehstrom

Für große Energieübertragung auf weiten Strecken wird ausschließlich **Drehstrom** (three-phase current) verwendet, der auf drei Leitern mit den willkürlichen Namen R, S, T fließt.

Die Spannungen U_R, U_S, U_T der drei Leiter (Phasen) R, S, T gegenüber Erde können durch ein **Zeigerdiagramm**, Bild 3.6, dargestellt werden. Der Zeigerstern rotiert dabei mit der üblichen Wechselstromfrequenz, meist *50Hz*, d.h. mit 50 Umdrehungen pro Sekunde. Wie bei allen Zeigerdiagrammen ist die Projektion, etwa auf die x-Achse, die relevante Größe, d.h. stellt die Spannungen U_R, U_S, U_T dar. Damit erhält man die in Bild 3.7 dargestellten Spannungsverläufe.

Beim Drehstrom, wie er als "**Kraftstrom**" in unser Haus kommt, ist die Länge eines Zeigers *220V*. Aus einer einfachen geometrischen Überlegung ist ersichtlich, daß zwischen zwei Phasen, etwa zwischen R und S, eine Wechselspannung von $\sqrt{3}\cdot220V = 380V$ herrscht.

Diese Angaben, 220V bzw. 380V, sind Effektivspannungen (rms = random mean square Werte). Die Amplituden (Spitzenwerte) dieser Wechselströme sind jeweils um √2 größer.

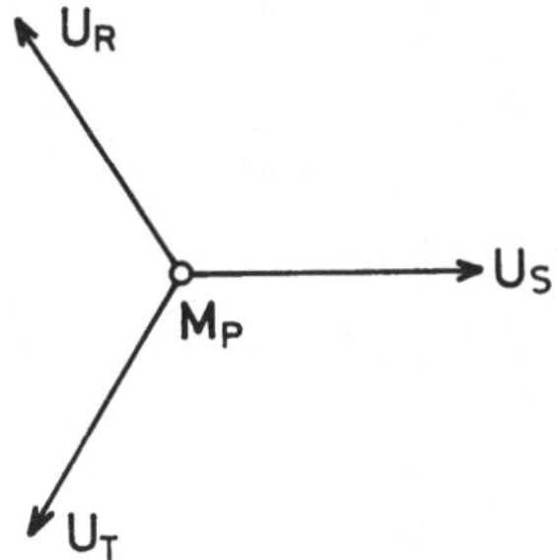

Bild 3.6 Zeigerdiagramm der Spannungen U_R, U_S, U_T gegenüber Erde bei Drehstrom

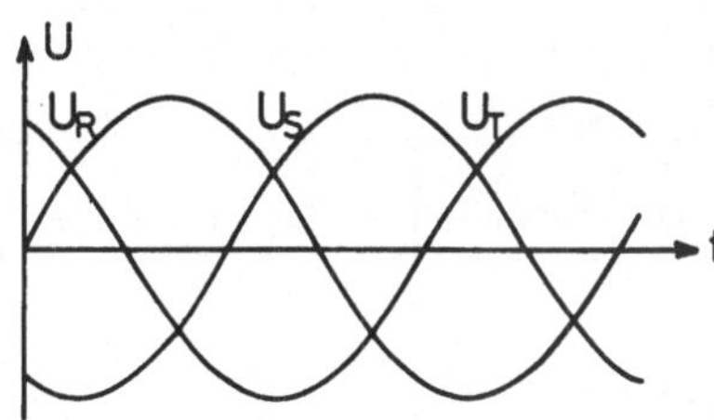

Bild 3.7 Spannungen U_R, U_S, U_T gegenüber Erde als Funktion der Zeit t beim Drehstrom

Damit haben wir einen Vorteil des Drehstromes kennengelernt: Es stehen jeweils zwei Spannungen zur Verfügung: *220V* und *380V* (Kraftstrom). Der entscheidende Vorteil liegt jedoch darin, daß die Energie zeitlich gleichmäßiger übertragen wird. Wie aus Bild 3.7 ersichtlich, gibt es immer eine Phase, die gerade nahezu maximale Energie liefert. Motoren laufen daher gleichmäßiger, aufwendige Glättungskondensatoren nach Gleichrichtern sind überflüssig oder können kleiner ausfallen. Dieser Vorteil zeigt sich auch bei der Erzeugung: Die **Generatoren** (Turbinen) laufen ruhiger, weil die drei Phasen die Energie gleichmäßiger abnehmen und nicht die träge Masse des Schwungrades diesen Ausgleich besorgen muß. Die Lager der Turbinen werden dadurch geschont.

Es gibt zwei typische Verbraucherschaltungen für Drehstrom, Bild 3.8: die **Sternschaltung** (Y-Schaltung, `star-connection`) und die **Dreiecksschaltung** (**Delta- Schaltung**, `delta-connection`). Dabei haben wir angenommen, daß der Verbraucher aus drei Teilverbrauchern besteht, d.h. z.B. ein Drehstrommotor, Drehstromtransformator, Drehstromheizgerät, Drehstromgleichrichter etc. ist. Die 6 Anschlüsse dieser drei Teilverbraucher werden mit *X, Y, Z, U, V, W* bezeichnet.

Es besteht auch die Möglichkeit, einen Motor in Sternschaltung anlaufen zu lassen, wodurch er ein hohes Anzugsdrehmoment erhält, um ihn anschließend in der Sternschaltung auf konstanter Tourenzahl zu halten.

Der Mittelpunkt (M_P) der Sternschaltung wird meist geerdet. Steckdosen für Drehstrom haben daher meist einen vierten Anschluß, den **Nulleiter** (`neutral conductor`) mit der Bezeichnung M_P, welcher geerdet ist. Da im Normalfall die drei Teilverbraucherwiderstände einer Drehstrommaschine gleich groß sind, ist der Nulleiter *stromlos*.

Der Nulleiter M_P ist auch mit dem in {3.2} erwähnten Erdungsleiter identisch, der bei einer Hochspannungsleitung mitgeführt wird und bei jedem Mast geerdet wird.

Eine Steckdose für Drehstrom enthält meist noch einen fünften Anschluß, den in {3.4} erläuterten Schutzleiter.

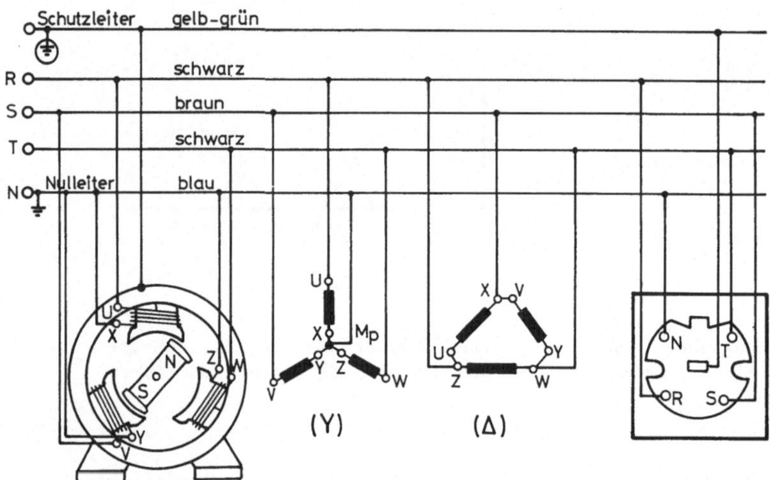

Bild 3.8 Drehstrommotor in Sternschaltung (Y) und in Dreieckschaltung (Δ). Steckdose für Drehstrom

3.14 Relais

Ein **Relais** (`relay`), Bild 3.9, ist ein Elektromagnet, der einen anderen Stromkreis öffnet oder schließt. Mit Relais können alle logischen Funktionen und im Prinzip ganze Computer aufgebaut werden.

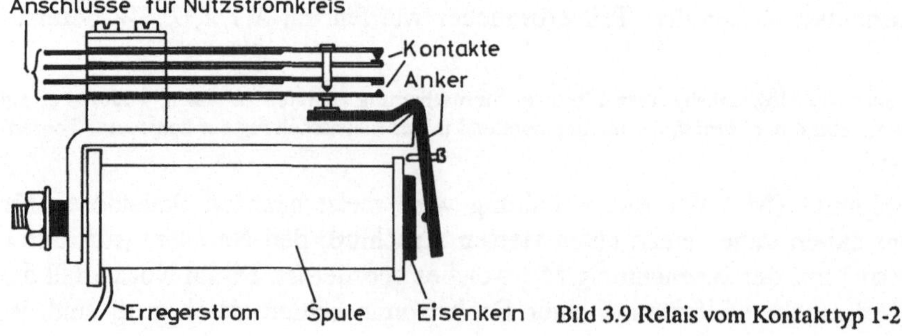

Bild 3.9 Relais vom Kontakttyp 1-2

Vorteile von Relais gegenüber den entsprechenden Halbleiterbauteilen sind Unempfindlichkeit gegen Überspannungen, sehr geringer Widerstand zwischen den geschlossenen und sehr hoher Widerstand zwischen den offenen Kontakten. *Nachteile* sind die geringe Schaltgeschwindigkeit, die endliche Lebensdauer (z.B. 10^8 Schaltspiele bis die Kontakte korrodieren) sowie die Tatsache, daß dabei eine Induktivität geschaltet werden muß.

Name	DIN-Kennzahl	Schaltzeichen	
Schließer (Arbeitskontakt)	1		 „ein"
Öffner (Ruhekontakt)	2		 „aus"
Wechsler (Umschaltkontakt)	21		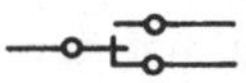 „um"
Zwillingsschließer	11		a / b
Zwillingsöffner	22		a / b
Schließerpaar	1 - 1		
	1 - 21		
	2 - 11		

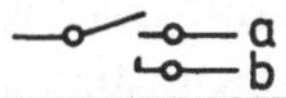

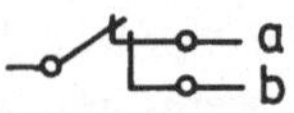

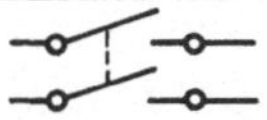

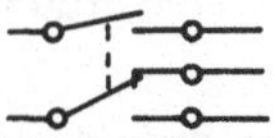

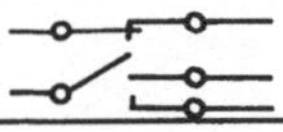

Bild 3.10 Symbolik der Relaiskontakte

Die DIN-Normen der Symbolik für Relaiskontakte findet man in Bild 3.10. Der **Arbeitskontakt** (1) schließt nur, wenn das Relais arbeitet, Bild 3.9. Beim **Ruhekontakt** (2) wird der Kontakt durch das arbeitende Relais geöffnet.

Beim **Zwillingsschließer** (11) bewirkt das arbeitende Relais nicht nur einen Kontakt der Zunge mit dem Anschluß a, Bild 3.10, sondern verbiegt diesen noch so weit, daß auch ein gleichzeitiger Kontakt mit dem Anschluß b erfolgt. Analoges gilt beim **Zwillingsöffner**.

Bei elektrisch isolierten, aber gleichzeitig arbeitenden Kontakten werden die Symbole durch - verbunden.

Bild 3.11 zeigt eine einfache Relais-Schaltung, welche ein **Bit**, d.h. eine 0 oder 1 speichern kann. Den Zustand des arbeitenden Relais können wir z.B. als den Zustand 1 verabreden. Durch kurzen Tastendruck S_1 wird eine 1 in den Speicher geschrieben. Über den Arbeitskontakt kommt nun nämlich ein **Haltestrom** zustande, der den **Erregerstrom** des Relais auch aufrechterhält, wenn keine Taste mehr betätigt wird. Mit der Ruhetaste S_2 kann eine 0 in den Speicher geschrieben werden.

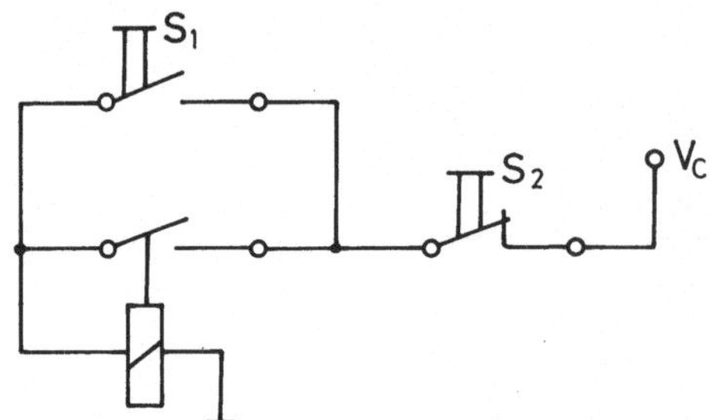

Bild 3.11   1-Bit Relaisspeicher, welcher durch die Taste S_1 gesetzt und durch S_2 gelöscht werden kann

Die in Bild 3.11 verwendete Symbolik hat den Nachteil, daß die Relais-Kontakte direkt bei der Erregerspule angeordnet werden müssen. Das macht die **Stromlaufpläne** unübersichtlich. In Bild 3.12 werden deshalb die Erregerspulen mit Ziffern 1, 2, 3 ... und die zugehörigen Kontakte mit 1a, 3b, etc bezeichnet.

Bild 3.12 zeigt die Möglichkeit, einen Verbraucher, eine Lampe V, von verschiedenen Stellen aus durch Tastendrucke ein- und auszuschalten. Der **Nutzstrom** des Verbrauchers wird durch den Kontakt 3a eingeschaltet. Hier sehen wir eine Hauptanwendung der Relais: Ein großer Nutzstrom wird durch einen kleinen **Erregerstrom (Steuerstrom)** geschaltet. Die Steuerleitungen werden dadurch weniger aufwendig.

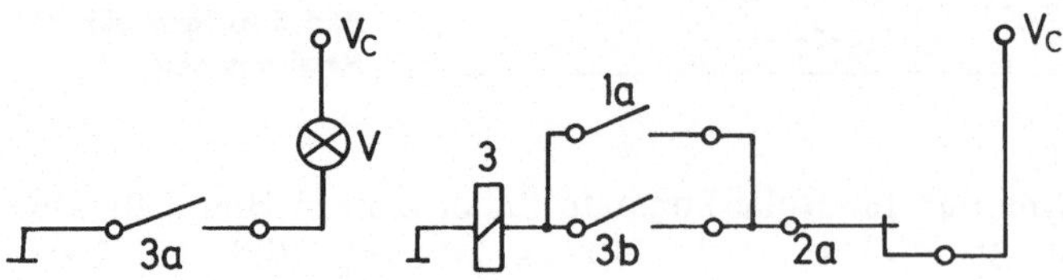

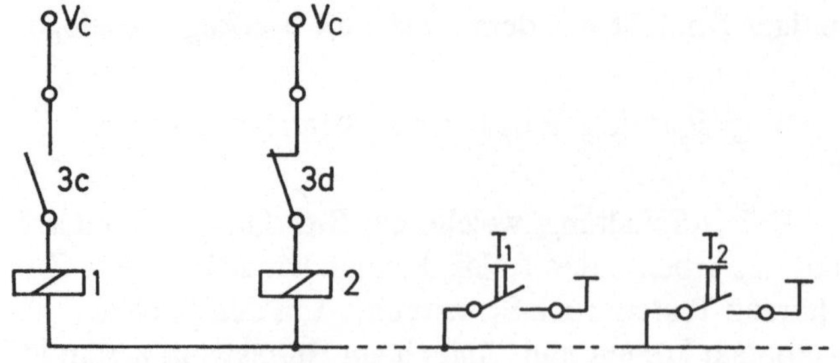

Bild 3.12 Relaisschaltung zum Ein/Ausschalten eines Verbrauchers V von verschiedenen Stellen aus durch Tasten T_1, T_2,...

Das Relais 3 entspricht dem Relais in Bild 3.11. Die Tasten S_1 und S_2 sind durch die Kontakte 1a und 2a ersetzt worden, welche bei Tastendruck durch die Spulen 1 und 2 betätigt werden. Spule 1 wird bei erloschener Lampe, Spule 2 bei brennender Lampe aktiv.

3.15 Telefon

Die Datenkommunikation über das öffentliche Telefonnetz gewinnt immer mehr an Bedeutung. Deshalb soll an Hand von Bild 3.13 das Schaltbild eines **Telefonapparates**, der allerdings in vielen Variationen vorkommt, besprochen werden.

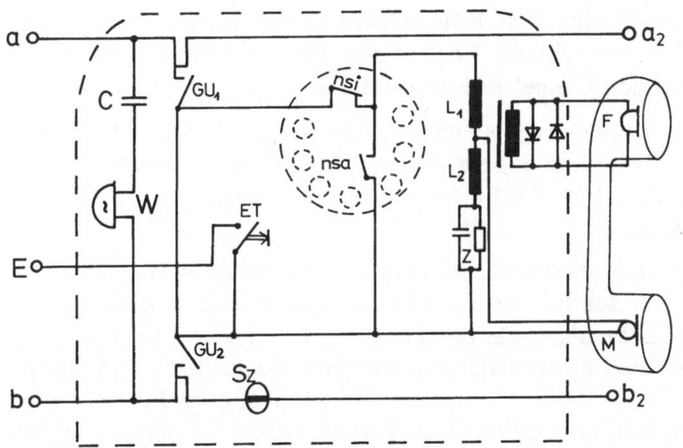

Bild 3.13 Schaltschema eines Telefonapparates.
W = Wecker,
F = Fernhörer,
M = Mikrophon,
ET = Erdtaste,
S_z = Schauzeichen,
GU = Gabelumschalter. Gezeigt ist der Fall des aufgelegten Hörers

Die Verbindung zur **Zentrale (Amt)** erfolgt über zwei Leitungen, die auf der Telefonsteckdose mit a und b bezeichnet sind. Über dieses Leiterpaar fießen folgende Ströme:

-- ein niederfrequenter Wechselstrom zur Betätigung von Klingel (**Wecker**) W,

-- Wechselströme von *300Hz* bis *3400Hz* zur Übermittlung der Sprachinformation vom **Mikrophon M** und zum **Fernhörer F**,

-- ein Gleichstrom, der die Verbindung zum Amt aufrechterhält, der jedoch von den **Wählimpulsen** zur Anwahl eines anderen Teilnehmers unterbrochen wird.

Die Energiequelle dieser Ströme befindet sich im Amt, d.h. es liegt eine sog. **Zentralbatterie** vor.

Der Apparat besitzt eine sog. **Gabel** zum Auflegen des Hörers. Dadurch wird der **Gabelumschalter**, der aus zwei unabhängigen Schaltern GU_1, GU_2 besteht, betätigt. Die Figur zeigt die Schalterstellung bei aufgelegtem Hörer, d.h. bei ruhendem Apparat. Beim "Abheben" gehen diese Schalter in die jeweils andere Stellung über.

Der gezeigte Apparat eignet sich zum Anschluß eines weiteren sog. **Nebenstellenapparates**, an den Anschlüssen a_2 und b_2. Beim Abheben des Hauptapparates wird der Nebenstellenapparat durch GU_1 und GU_2 vom Amt abgeklemmt. Andererseits kann der Hauptapparat am **Schauzeichen** S_z erkennen, ob der Nebenstellenapparat bereits spricht, denn dann fließt der Bereitschaftsgleichstrom vom Amt über a, a_2 nach b_2, b und ins Amt zurück. Der Hauptapparat kann aber jederzeit das Gespräch des Nebenapparates übernehmen. Das Schauzeichen besteht einfach aus einer Spule, welche bei Stromfluß ein Symbol umschaltet.

Solange der Hörer aufliegt, wie in Bild 3.13 angenommen, kann vom Amt kein Gleichstrom von a nach b fließen. Daran erkennt das Amt, daß dieser Teilnehmer ruht. Jedoch kann jederzeit über den Kondensator C ein Klingelwechselstrom fließen. Wenn der Teilnehmer abhebt, beginnt der Bereitschaftsgleichstrom zu fließen und das Amt stellt den Klingelwechselstrom ein.

Wenn unser Teilnehmer spontan abgehoben hat, d.h. wenn das Amt den Bereitschaftsgleichstrom registriert, ohne daß es vorher Klingelsignale gesandt hat, will unser Teilnehmer anwählen. Das Amt stellt einen Wählapparat zur Verfügung und sendet das **Freizeichen**.

Das Freizeichen, sowie andere einlaufende akkustische Information, fließt als Wechselstrom durch die Induktivitäten L_1 und L_2. Durch eine Transformatorkopplung werden in der Sekundärspule des Fernhörerkreises Spannungen induziert. Der Fernhörer F ist ein Lautsprecher, d.h. eine Spule, welche eine Membran zum Schwingen anregt. Zwei Dioden begrenzen die Spannung im Fernhörer, so daß Knackgeräusche vermieden werden. Der Transformator ist notwendig, um auf geeignete Lautsprecherspannungen zu kommen.

Der Bereitschaftsgleichstrom fließt teilweise auch durch das Mikrophon M. Dieses besteht z.B. aus Kohlegries, der elektrisch leitend ist. Über die Mikrophonmembran wird der Gries in Schwingungen versetzt, so daß sich dessen Widerstand im Gleichtakt mit den Schallwellen verändert (**Kohlemikrophon**). Der dadurch entstehende Wechselstrom trägt die akkustische Information zum Amt.

Der vom Mikrophon modulierte Sprechwechselstrom wird ebenfalls in den Fernhörerkreis induziert: es findet ein **Rückhören** statt. Die eigene Stimme kann dabei lauter erscheinen als diejenige des Sprechpartners. Durch das Aufteilen der Primärspule in die Teilinduktivitäten L_1 und L_2 wird jedoch eine **Rückhördämpfung** erzielt. Der Wechselstromwiderstand Z wird ungefähr gleich groß gewählt wie derjenige der Amtsleitung a,b, die einen *ohmschen* Widerstand von ca 400Ω darstellt und auch eine kleine Kapazität durch die parallele Leitungsführung besitzt.

Man kann nun die erzielte Rückhördämpfung wie folgt verstehen: Der Gleichstromlösung {2.6} des Bereitschaftsgleichstromes überlagern wir die vom Mikrophon verursachte zusätzliche Wechselstromlösung. Für die Wechselstromlösung ist die Spannung der Zentralbatterie im Amt als null zu setzen, so daß wir das Amt im Ersatzmodell, Bild 3.14, durch seinen Wechselstromwiderstand Z', ungefähr gleich Z, darstellen können. Zur Wechselspannung u über dem Mikrophon M gehören die entgegengesetzten Ströme I_1 und I_2 durch L_1 bzw. L_2, sowie der Strom $I_1 + I_2$ durch das Mikrophon. Wählt man $L_1 = L_2$, so wird $I_1 = I_2$ und das Rückhören verschwindet völlig, da sich die Wirkungen der beiden Spulen, die gleichsinnig gewickelt sind, aufheben. Ein völlige Rückhördämpfung ist jedoch unerwünscht. Wenn man die eigene Stimme im Hörer gar nicht mehr wahrnimmt, so entsteht beim Teilnehmer der Eindruck, der Apparat sei defekt.

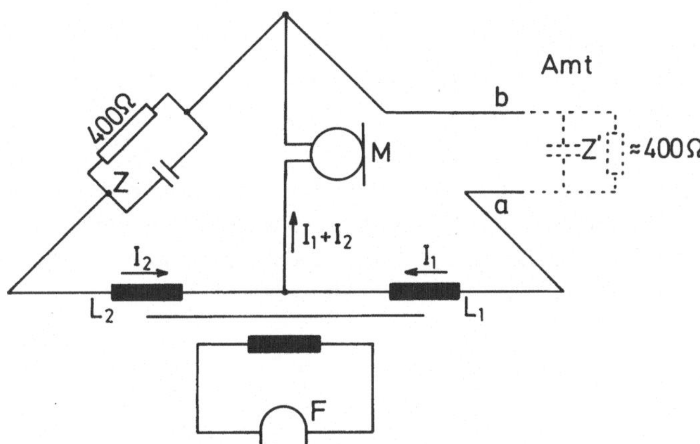

Bild 3.14 Rückhördämpfung beim Telefon. M = Mikrophon, F = Fernhörer, a,b = Amtsleitung mit Ersatzmodell (punktiert) für deren Wechselstromwiderstand

Wir wenden uns nun der Wählscheibe, dem sog. **Nummernschalter** zu. Der Teilnehmer kann mit dem Schalter *nsi* (*N*ummern*s*chalter*i*mpulskontakt) den Bereitschaftsgleichstrom unterbrechen und damit die gewählte Ziffer dem Amt mitteilen. Die Anzahl der Unterbrechungen von jeweils ca. *60msec* entspricht der übermittelten Ziffer. Die Pausen zwischen den Unterbrechungen betragen ca *40ms*. Zwischen zwei Ziffern ist eine Pause von mindestens *200ms* erforderlich. Um Knackgeräusche im Hörer zu vermeiden, wird der *nsa* (*N*ummern*s*chalter*a*rbeitskontakt) beim Wählen geschlossen, so daß der Bereitschaftsgleichstrom durch diesen fließt, der Hörerkreis also kurzgeschlossen ist.

In Bild 3.13 sehen wir noch die **Erdtaste** ("Knöpfchen"), durch die ein Teil des Bereitschaftsgleichstromes über die Erde zum Amt zurückfließt. Dadurch wird dem Amt eine Sondersituation mitgeteilt, etwa daß auf die nachfolgend eingewählte Nummer weitergeschaltet werden soll.

Modernere Apparate besitzen **Tastenfelder**, welche jedoch dieselbe Impulsfolge, wie die Wählscheibe erzeugen. Eine Elektronik kann Nummern speichern. Eine Wiederholungstaste wählt die zuletzt eingetastete Nummer bei erneutem Wählversuch. Kurzwahltasten rufen häufig gebrauchte Nummern automatisch auf.

Nach dem Fernmeldegesetz dürfen Telefonanlagen nur innerhalb des eigenen Geländes selbst installiert werden. An öffentliche Telefonanlagen darf keinerlei Eingriff vorgenommen und insbesondere keine Nebenstellen angeschlossen werden. Durch Impedanzmessungen zwischen den Adern a und b kann das Amt feststellen, wieviele Klingeln angeschlossen sind.

3.16 Schrittmotor

In vielen Datenverarbeitungsanlagen werden **Schrittmotoren** (stepping motors) verwendet. Im Gegensatz zu gewöhnlichen Motoren, deren Tourenzahl nur ungefähr eingestellt werden kann, machen die Schrittmotoren wohldefinierte Winkelschritte, die beispielsweise ein Tausendstel einer vollen Umdrehung betragen.

Zur Ansteuerung von Schrittmotoren ist eine Elektronik erforderlich, die meist zwei logische Eingänge besitzt. Der eine Eingang entscheidet über Vor- oder Rückwärtslauf, während der andere bei positiver Flanke eines Rechtecksignals einen Schritt veranlaßt.

Zum Verständnis des Schrittmotors können wir den Motor in Bild 3.8 heranziehen. Wenn jede der drei Wicklungen einzeln angesteuert wird, macht der Motor jeweils einen wohldefinierten Winkelschritt von 120°. Reale Schrittmotoren bestehen allerdings aus wesentlich mehr individuellen Wicklungen.

4. Der Transistor

4.1 Transistor als Schalter

Durch Vermittlung eines **Transistors** kann *ein Stromkreis* einen *anderen* Stromkreis steuern. Der wesentlichste Parameter eines Transistors ist daher seine **Stromverstärkung** B: Der Strom des zweiten (gesteuerten) Stromkreises ist das B-fache des Stromes des ersten (steuernden) Stromkreises. Typische Werte für B sind 10 bis 1000.

Der Transistor ist ein Bauteil mit drei Anschlüssen: **Kollektor (C)**, **Basis (B)**, **Emitter (E)**. Diese Namen tragen aber im Moment nichts zum Verständnis seiner Funktionsweise bei. Die Verwendung des Buchstaben B für die Stromverstärkung sowie für einen Anschluß B dürfte kaum zu Mißverständnissen führen. Sein Schaltsymbol wird in Bild 4.1 gezeigt. Der Kreis wird auch oft weggelassen.

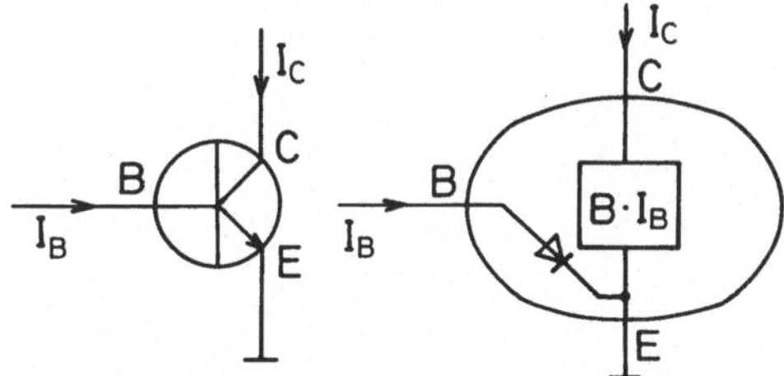

Bild 4.1 npn-Transistor mit Ersatzmodell

Der erste (**steuernde**) Strom fließt von der Basis zum Emitter. Man nennt ihn den **Basistrom** I_B. Der zweite (**gesteuerte**) Strom fließt vom Kollektor zum Emitter. Man nennt ihn den **Kollektorstrom** I_C. Es gilt also

$$I_C = BI_B . \tag{4.1}$$

Der Kollektorstrom ist das B-fache des Basistromes.

Ein mögliches Ersatzmodell ist auf der rechten Hälfte von Bild 4.1 zu sehen. In der typischen Anwendung sind bei dem hier verwendeten npn-Transistor Basis und Kollektor auf positivem Potential gegenüber dem Emitter. Die **Emitterdiode** (zwischen Emitter und Basis) ist also in Durchlaßrichtung betrieben.

Für den ersten (steuernden) Stromkreis verhält sich der Transistor wie eine *Diode*. Für den zweiten (gesteuerten) Stromkreis verhält er sich wie ein *variabler Widerstand*, der so groß oder so klein wird, daß gerade der Strom BI_B durchgelassen wird.

Im Normalfall kann kein Strom zwischen Kollektor und Basis fließen, was im Schaltsymbol, Bild 4.1 links, schlecht zum Ausdruck kommt. Der **Emitterstrom** ist also die Summe aus Kollektorstrom und Basisstrom. Man verwendet bei Transistoren die **Konvention**, den (technischen) Strom *positiv* zu rechnen, *wenn er in den Bauteil hineinfließt*. Mit dieser Konvention haben wir also

$$I_E = -I_C - I_B. \tag{4.2}$$

Näherungsweise können wir auch annehmen, daß der gesteuerte Stromkreis (also Kollektorstrom und die **Kollektor-Emitterspannung** U_{CE}) keine Rückwirkung auf die Eigenschaften der Emitterdiode und damit auf den steuernden Stromkreis hat. Die Beinflussung erfolgt also nur in eine Richtung.

Die am häufigsten verwendete und übersichtlichste Schaltung ist die **Emitterschaltung**, Bild 4.2, bei welcher der *Emitter* auf *konstantem* Potential, also z.B. an Erde oder an der Spannungsversorgung liegt.

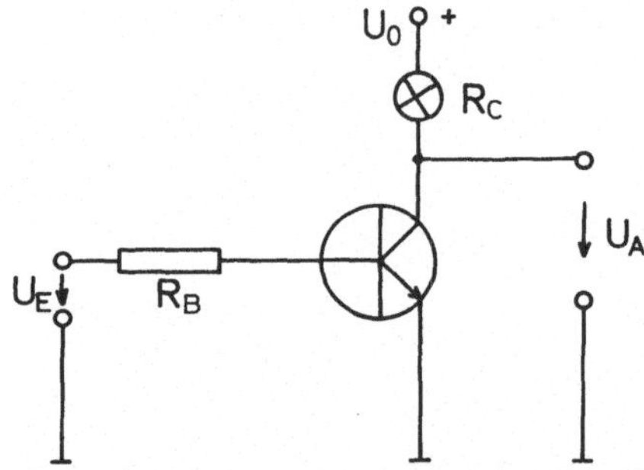

Bild 4.2 Emitterschaltung mit npn-Transistor

In der einfachsten Anwendung dient der Transistor als Schalter, Bild 4.2: Eine schwache (d.h. hochohmige) Signalspannungsquelle U_E steuert einen hohen Strom und schaltet dabei die Glühbirne an und aus. Dazu ist eine weitere Spannungsquelle (+) erforderlich, welche die Glühbirne treiben kann. Wir nehmen etwa an, daß der Eingang zwischen $U_E = 0$ und $U_E = 5V$ umschaltet.

Bei $U_E = 0$ sperrt die Emitterdiode: $I_B = 0$. Also ist auch $I_C = 0$. Man sagt, der Transistor **sperrt**. Die Lampe ist erloschen.

Bei $U_E = 5V$ leitet die Emitterdiode. Es fließt der Basisstrom $I_B = (U_E - 0{,}7V)/R_B$, welcher die Signalspannungsquelle belastet. Es fließt der Kollektorstrom $I_C = BI_B$, die Lampe leuchtet. Man sagt, der Transistor **leitet**. Der Kollektorstrom und damit die Helligkeit der Lampe kann durch die Wahl von R_B eingestellt werden.

Der Transistor selbst hat keine Möglichkeit, den durch (4.1) gegebenen Kollektorstrom zu garantieren. Vielmehr ist er dabei auf die Existenz einer hinreichend starken Spannungsquelle (+) im Kollektorstromkreis angewiesen.

Im gesperrten Zustand macht der Transistor den Kollektor- Emitter-Widerstand sehr groß (idealerweise unendlich groß), indem er die Kollektor-Emitterstrecke von beweglichen Ladungsträgern (z.B. Elektronen) frei macht, so daß praktisch kein Strom auf dieser Strecke fließen kann.

Im leitenden Zustand werden bisher unbewegliche Ladungsträger **mobilisiert (aktiviert)**, so daß der Kollektor-Emitter-Widerstand auf kleine Werte absinkt. Die Zahl der aktivierten Ladungsträger ist um so größer, je größer der Basisstrom ist, so daß die Beziehung (4.1) zustande kommt.

Diese maximale (**gesättigte**), der Beziehung (4.1) entsprechende Zahl von Ladungsträgern kann aber nur aufgebracht werden, wenn als *weitere Voraussetzung* die **Kollektor-Emitter-Spannung** U_{CE} mindestens *0,2V* beträgt. Man sagt dann, der Transistor sei **gesättigt** (s t a t u r a t e d). Die Spannung von *0,2V*, welche einer gewissen Exemplarstreuung unterworfen ist, bezeichnet man als die **Sättigungsspannung** $U_{CE,sat}$.

Wir müssen also eine *wichtige Einschränkung* machen: Die Beziehung (4.1) gilt nur im **Sättigungsbereich**, d.h. wenn

$$U_{CE} > U_{CE,sat} . \qquad\qquad (4.3)$$

Am **Kollektorwiderstand** R_C (in unserem Falle die Glühbirne) fällt bereits die Spannung $R_C I_C$ ab. Für Sättigung muß also gelten:

$$U_o\text{-}R_C I_C > 0,2V,$$

wobei wir eine Spannungsquelle U_o angenommen haben.

Damit erhält man im Sättigungsbereich den für diese Schaltung höchstmöglichen Kollektorstrom

$$I_C = (U_o\text{-}0,2V)/R_C . \qquad\qquad (4.4)$$

Tatsächlich ist dies der höchste Kollektorstrom, *da im ungesättigten Falle keine höheren Kollektorströme zu erzielen sind*. Man könnte also in (4.1) ein $\le$ Zeichen verwenden.

Im Prinzip (d.h. ohne Berücksichtigung der unten zu besprechenden Grenzwerte) kann bei gegebener Glühbirne R_C durch genügend hohes U_o der Strom durch die Glühbirne jedoch beliebig hoch gemacht werden.

Es ist vielleicht leerreich, sich zu überlegen, daß man auch ohne Kenntnis von Transistoreigenschaften für den Kollektorstrom die Ungleichung

$$I_C < U_o/R_C$$

herleiten kann. Solange nämlich ein positiver Kollektorstrom I_C fließt, muß $U_{CE} > 0$ sein, denn der Kollektor-Emitter-Widerstand, wie jeder Widerstand, kann nicht negativ sein; in Transistoren sind keine Spannungsquellen enthalten.

Halbleiterbauteile, wie Dioden und Transistoren, heißen auch **aktive Bauelemente** (`active elements`), weil die in ihnen enthaltenen Sperrschichten erst leiten, wenn durch Anlegen von Spannungen Ladungsträger aktiviert (mobilisiert) werden. Diese Bezeichnung steht im Gegensatz zu den **passiven Bauelementen**, R, C und L, bei denen die Ladungsträger von Anfang an vorhanden sind und ihre Zahl nicht vom Betriebszustand abhängig ist. Ein Halbleiterbauteil ist aber durchaus ein "passives" Element in dem Sinne, daß in seinem Innern keine Ströme fließen und keine von null verschiedenen Spannungen vorkommen, solange nicht Spannungsquellen von außen angelegt werden.

4.2 Grenzwerte

Die wichtigsten **Grenzwerte** (`absolute maximum ratings`) für Transistoren sind die **maximale Sperrspannung** $U_{CE,max}$, der **maximale Kollektorstrom** $I_{C,max}$ und die **maximale Verlustleistung** $P_{v,max}$.

Bei einem zerstörten Transistor, z.B. bei zerstörter Kollektor-Emitter-Strecke verhält sich diese wie ein (konstanter) ohmscher Widerstand.

Dieser Widerstand ist klein, was der häufigere Fall sein dürfte, wenn die entsprechende Sperrschicht zerstört ist. Der Widerstandswert kann groß werden, wenn durch enorme thermische Überlastung die inneren Querschnitte zusammengeschmolzen sind.

Im sperrenden Zustand der Emitterschaltung, Bild 4.2, fällt über der Glühbirne keine Spannung ab. Die gesamte Versorgungsspannung U_o liegt am Kollektor, d.h. fällt auf der Kollektor-Emitter-Strecke, d.h. an dem (*variablen*) **Kollektor-Emitter-Widerstand**, ab. Bei unserer Schaltung muß also

$$U_o < U_{CE,max} \tag{4.5}$$

beachtet werden.

Da der Kollektor-Emitter-Widerstand dabei nicht unendlich ist, fließt im sperrenden Zustand ein kleiner **Sperrstrom**. Im sperrenden Zustand verhält sich die Kollektor-Emitter-Strecke überhaupt wie eine in Sperrichtung betriebene Diode, die sog. **Kollektordiode**. Der kleine Sperrstrom wird jedoch die Glühbirne nicht zum glimmen bringen.

(4.4) war der bei der Schaltung, Bild 4.2, maximal zu erreichende Kollektorstrom. Es muß sichergestellt sein, daß dieser oder wenigstens der tatsächlich im Anwendungsfall auftretende Kollektorstrom I_C den Grenzwert für den Transistor nicht überschreitet:

$$I_C < I_{C,max}. \tag{4.6}$$

In jedem Betriebszustand verhält sich der Transistor, oder genauer gesagt: die Kollektor-Emitter-Strecke und die Basis-Emitter-Strecke wie zwei ohmsche Widerstände mit dem einzigen *Unterschied*, daß der Zahlenwert dieser Widerstände vom Betriebszustand, d.h. von den angelegten Spannungen abhängig ist.

Insbesondere tritt wie bei jedem Widerstand eine **Verlustleistung** $P = UI$ auf, die als Erwärmung des Transistors in Erscheinung tritt. Diese darf die maximal zuläßige Verlustleistung für diesen Transistor nicht überschreiten. Es muß also

$$I_B U_{BE} + I_C U_{CE} < P_{v,max}. \tag{4.7}$$

erfüllt sein.

Das für den Transistor angegebene $P_{v,max}$ bezieht sich auf eine Umgebungstemperatur von 25°C. Bei niedriger Lufttemperatur, bei Verwendung eines Lüfters oder eines auf den Transistor montierten Kühlkörpers ist die Wärmeabfuhr besser, so daß $P_{v,max}$ entsprechend überschritten werden kann.

Transistoren mit geringer Verlustleistung (gemeint: mit geringem $P_{v,max}$) befinden sich meist in einem Plastikgehäuse. Transistoren mit großer Verlustleistung haben ein Metallgehäuse, welches eine gute Wärmeleitung von den Sperrschichten im Innern, an denen die Verlustleistung auftritt, nach außen bewerkstelligt.

Da die größte Verlustleistung meist am Kollektor auftritt (2. Term von (4.7)), ist das Metallgehäuse meist mit dem Kollektor intern elektrisch verbunden.

Einen besonders guten Kühlkörper und eine gute Belüftung erreicht man dadurch, daß der Transistor außen am Metallgehäuse des Apparates montiert wird. Da dieses meist geerdet ist, muß der Transistor mit einer **Glimmerscheibe** vom Apparategehäuse isoliert werden. Der Glimmer hat nämlich die Eigenschaft, daß er elektrisch isoliert, thermisch aber gut leitet.

4.3 Dimensionierung einer Emitterschaltung

Wir wollen die Dimensionierung der Emitterschaltung, Bild 4.2, an einem konkreten Zahlenbeispiel durchführen. Es stehe der npn-Transistor BD135-10 zur Verfügung. Aus einer Transistor-Vergleichstabelle entnimmt man die Kurzdaten: *45V, 1,5A, 12,5W.* das bedeutet: $U_{CE,max} = 45V$, $I_{C,max} = 1,5A$, $P_{v,max} = 12,5Watt$. Die Glühbirne sei eine Fahrradbirne *5V, 5Watt.* Es muß durch sie also der Strom *1A* fließen. $I_{C,max}$ reicht somit aus. Die Spannungsquelle sei $U_o = 10V$. $U_{CE,max}$ reicht somit aus.

Im brennenden Zustand liegt der Kollektor auf dem Potential *10V-5V = 5V.* Das ist mehr als $U_{CE,sat} = 0,2V$. Der Transistor ist also gesättigt und Gleichung (4.1) somit gültig.

Den BD135 gibt es in den Versionen BD135-6, BD135-10, BD135-16, welche unterschiedliche Stromverstärkungen B haben. Die Stromverstärkung hängt von der **Umgebungstemperatur** (ambient temperature) T_u und vom Kollektorstrom I_C ab. Aus einem Datenblatt, Bild 4.3, entnimmt man für $T_u = 25°$ und $I_C = 1A$ einen Wert für B zwischen 30 und 40. Das entspricht einem Basisstrom I_B zwischen $25mA$ und $33mA$. Wenn U_E zwischen 0 und $5V$ umschaltet, müssen an R_B $5V-0,7V = 4,3V$ abfallen. Damit finden wir für $R_B = 4,3V/I_B$ einen Wert zwischen 130Ω und 172Ω. Man wählt also für R_B einen Trimmer von 500Ω und justiert diesen bei 500Ω beginnend so lange bis durch die Glühbirne der gewünschte Strom fließt. Damit werden die Exemplarstreuungen von B eliminiert.

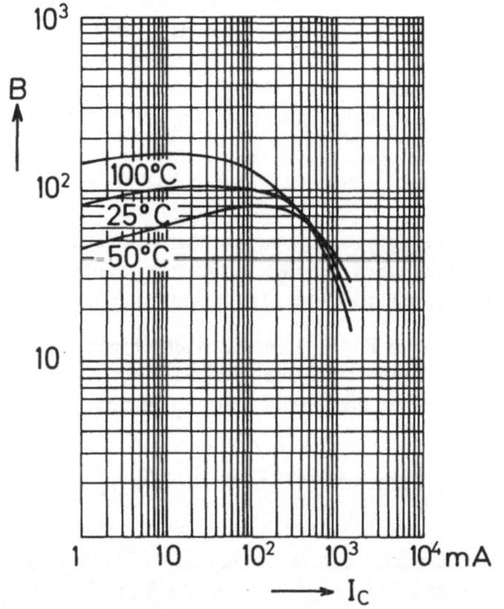

Bild 4.3 Abhängigkeit der Stromverstärkung B vom Kollektorstrom I_C und der Umgebungstemperatur T_u am Beispiel des BD135-10. Nach [D.S3]

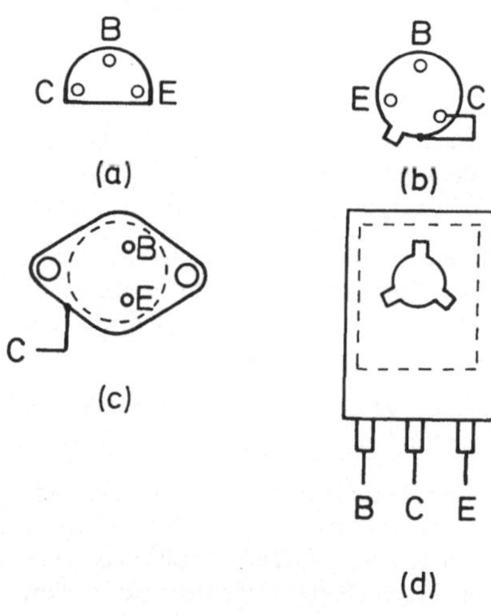

Bild 4.4 Transistor Connection Diagrams, Bottom View [D.S3]

Die Verlustleistung (4.7) am Transistor beträgt: $0,7V·33mA + 1A·5V = 0,023W + 5W = 5,023W$. Wie üblich ist die Verlustleistung am Kollektor viel größer als an der Basis. Das $P_{v,max}$ ist also ausreichend.

Wir schieben einige Bemerkungen über Typenbezeichnungen und Gehäusetypen ein. Der erste Buchstabe B z.B. bei BD135 besagt, daß es sich um einen **Silizium-Halbleiter** (silicium semiconductor) handelt im Gegensatz zu den heute kaum noch verwendeten **Germanium-Halbleitern**, deren Typenbezeichnung mit A beginnt.

Ist der zweite Buchstabe A oder B, so handelt es sich um eine Diode: BA und BB sind also Silicium-Dioden.

Die Typenbezeichnung aus zwei Buchstaben besagt, daß es sich um einen **Standardtyp** (commercial type) handelt. Das sind die billigeren Typen der Unterhaltungselektronik im Gegensatz zu den **Industrietypen** (military types), welche eine höhere Qualität (höherem

Temperaturbereich, bessere Qualitätskontrolle vor der Auslieferung, etc) haben und deren Typenbezeichnung aus 3 Buchstaben besteht.

Verschiedene Firmen liefern denselben Transistor unter einer anderen Nummer. Man spricht dann von einem **Äquivalenttyp**.

Amerikanische Firmen verwenden meist eine Typenbezeichnung, die mit 2N beginnt, z.B. 2N6510, für Transistoren, bzw. mit 1N für Dioden.

Äquivalenttypen haben nicht unbedingt dieselbe Pin-Belegung. Der Äquivalenttyp ist dann *nicht* pin-kompatibel. Eine Firma, die einen Äquivalenttyp herstellt, nennt man auch eine **Second-Source** für diesen Typ. Besonders bei Serienprodukten ist es wichtig, daß alle Bauteile eine Second-Source haben, um nicht von einer einzigen Lieferfirma abhängig zu sein.

Die Anschlußbelegung (C,B,E) ist leider nicht standardisiert und muß aus einem Pin-Belegungsdiagramm entnommen werden. *Bei Transistoren verwendet man dabei die Ansicht von unten* (**bottom view**), d.h. die Ansicht von der Pin-Seite. Einige Beispiele sind in Bild 4.4 gegeben.

In zwei Fällen (b,c) ist der Kollektor mit dem Gehäuse elektrisch verbunden. Im Falle b) hat das Gehäuse zur besseren Markierung eine **Nase**. Im Falle d) handelt es sich um eine Ansicht von der Seite. Das punktierte Rechteck stellt den eigentlichen Transistorkörper dar, der von einer sichtbaren Kühlplatte verdeckt wird

4.4 Die Darlington-Schaltung ■■

In dem Zahlenbeispiel zu Bild 4.2, wird die Signalspannungsquelle U_E mit *25mA* belastet. Wenn dies zu viel ist, muß ein 2-stufiger **Verstärker** (amplifier) verwendet werden. Die einfachste Möglichkeit ist die **Darlington-Schaltung**, Bild 4.5.

Die beiden direkt zusammengeschalteten Transistoren sind auch integriert als ein Bauteil (**Darlington**) erhältlich.

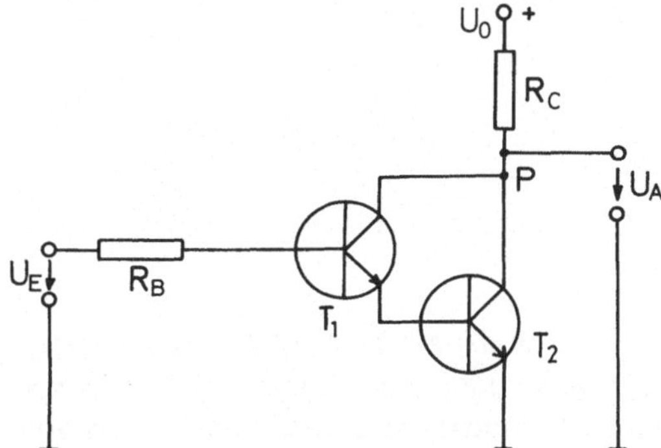

Bild 4.5 Darlington-Schaltung

Bezüglich des steuernden Stromkreises verhält sich die Schaltung wie zwei serielle, in Durchlaßrichtung betriebene Dioden. Wenn $U_E < 2 \times 0{,}7V$ sperren diese Dioden und damit die beiden Transistoren: durch R_C fließt kein Strom. Wenn $U_E > 2 \times 0{,}7V$ leiten beide Eingangsdioden

Wir führen das obige Zahlenbeispiel weiter: Im leitenden Fall, bei der durch die Glühbirne $1A$ fließen soll, sind beide Transistoren gesättigt, so daß jeweils (4.1) gilt.

Der Kollektorstrom von T_1 ist der Basisstrom von T_2 und dieser ist viel kleiner als der Kollektorstrom von T_2. Wir können also wieder näherungsweise $I_{C,2} = 1A$, $I_{B,2} = 25mA$ setzen, wobei wir $B_2 = 40$ angenommen haben.

Da $I_{B,1} << I_{C,1}$, ist $I_{C,1} = 25mA$, $U_{CE,1} = 5V$. Für diesen **Arbeitspunkt** (operating point) von T_1 finden wir aus Bild 4.3 den Wert $B_1 = 100$ und damit $I_{B,1} = 0{,}25mA$. Daraus finden wir $R_B = (5V\text{-}2{\cdot}0{,}7V)/0{,}25mA = 14{,}4k\Omega$.

Die gesamte Stromverstärkung der Darlington- Schaltung ist $B = B_1{\cdot}B_2$, in unserem Falle also 4000.

4.5 npn- und pnp-Transistoren

Bei den bisherigen Schaltungen war der Verbraucher nicht geerdet. Manchmal ist dies jedoch wünschenswert. Man stelle sich etwa vor, daß der Verbraucher fest in einem Apparat montiert und an einer Seite geerdet ist. Im nachhinein soll er nun elektronisch gesteuert werden. Dazu kann ein pnp-Transistor, Bild 4.6, verwendet werden.

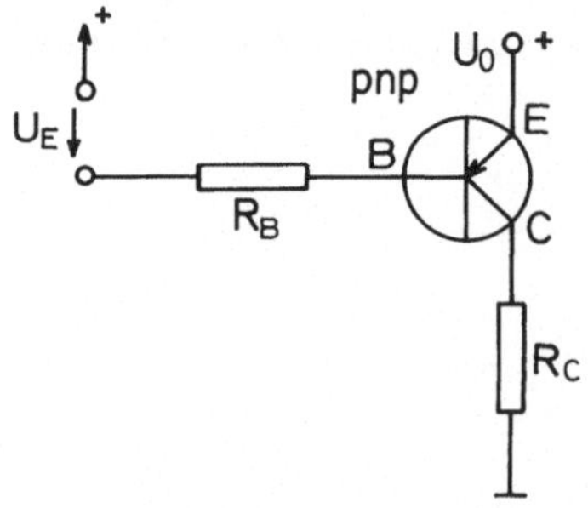

Bild 4.6 Emitterschaltung mit pnp-Transistor

Der npn-Transistor und der pnp-Transistor sind das "Spiegelbild" voneinander: Aus einer elektronischen Schaltung erhält man eine neue (ladungskonjugierte = "spiegelbildliche"), indem man pnp-Transistoren und npn-Transistoren miteinander vertauscht und alle Spannungsquellen, Dioden und ELKO's umpolt.

Die neue Schaltung funktionniert genauso wie die alte, wobei nur alle Ströme und Spannungen gegenüber der alten Schaltung ein anderes Vorzeichen haben. In diesem Sinne sind Bild 4.2 und Bild 4.6 zueinander ladungskonjugiert (**komplementär**). Das setzt natürlich voraus, daß die vertauschten Transistoren dieselben Parameter wie Stromverstärkung etc. haben. Solche Transistoren nennt man komplementär zueinander.

Der zum BD135 komplementäre pnp-Transistor ist der BD136. Infolge der Exemplarstreuungen brauchen ein Exemplar eines BD135 und ein Exemplar eines BD136 noch nicht genau komplementär zu sein. Durch Auswahl kann man jedoch möglichst exakt komplementäre Paare (matched pairs) zusammenstellen

Beim pnp-Transistor ist die Emitterdiode, Bild 4.6, anders gepolt. Im übrigen verhält er sich sinngemäß genau gleich. I_B und I_C fließen aus dem Bauteil heraus, sind also nach unserer Vorzeichenkonvention negativ. Auch U_{CB} und U_{BE} sind jetzt negativ.

Die Gleichungen (4.5) bis (4.7) für die Grenzwerte gelten sinngemäß, wenn die Beträge der vorkommenden Größen verstanden werden.

Mit obigem Zahlenbeispiel ($U_o = 10V$) würde die Dimensionierung von Bild 4.6 wie folgt aussehen. Falls das Potential des Einganges zwischen 9,8V und 10V liegt, sperrt die Emitterdiode, es ist $I_B = 0$. Nach (4.1) ist also auch $I_C = 0$, der Transistor sperrt. Durch den Verbraucher R_C fließt kein Strom, der Kollektor liegt auf 0V.

Falls $U_E < 9,4V$ ist, leitet die Emitterdiode. Nehmen wir etwa $U_E = 5V$ an, so fließt der Basisstrom $I_B = -(5V-0,7V)/R_B$. Nach (4.1) fließt dann der Kollektorstrom ($= $Verbraucherstrom) $I_C = B \cdot I_C$, vorausgesetzt daß der Transistor noch in Sättigung bleibt, d.h. daß am Verbraucherwiderstand nicht mehr als 9,8V abfallen.

Bei Bild 4.6 wird vorausgesetzt, daß die Schaltung mit oberen Spannungen (z.B. $U_E = 9V \cdots 10V$) angesteuert wird. Soll der Verbraucher mit der ursprünglichen Signalspannungsquelle von Bild 4.5 (d.h. mit $U_E = 0V...5V$) gesteuert werden, so können beide Schaltungen zusammengesetzt werden.

Wir wollen noch die zusätzliche Komplizierung annehmen, daß im Unterschied zur ursprünglichen Schaltung die Entsprechungen "*Lampe brennt*" $\approx U_E = 0V$ und "*Lampe dunkel*" $\approx U_E = 5V$ verlangt seien. Dazu muß noch eine weitere Verstärkerstufe davorgeschaltet werden.

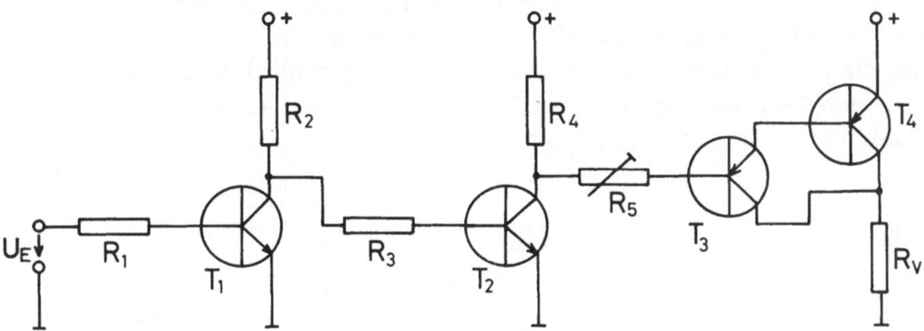

Bild 4.7 Zwei Vorverstärker zur Spannungsinversion und Spannungstranslation. Endstufe mit Darlington Ausgang

Die so entstandene Gesamtschaltung, Bild 4.7, funktionniert wie folgt: Ist $U_E = $ unten, d.h. $= 0V$ (bzw. oben d.h. $= 5V$), so sperrt (leitet) T_1, d.h. das Kollektorpotential $U_{C,1}$ ist infolge des Spannungsabfalls an R_2 oben (unten). T_2 leitet (sperrt), d.h. $U_{C,2}$ ist unten (oben), d.h. T_3 und T_4 leiten (sperren).

Die *Dimensionierung* ergibt sich wie folgt. Wie oben erhalten wir den Basisstrom von T_3 zu $I_{B,3} = 0{,}25\text{mA}$ Wenn T_2 sperrt, so sperren auch T_3 und T_4. Zur Dimensionierung von R_4 und R_5 muß man den leitenden Zustand von T_2 betrachten. Die Überlegungen werden am einfachsten, wenn man den Kollektorstrom $I_{C,2}$ etwa 10 mal so groß wie $I_{B,3}$ wählt: $I_{C,2} = 2{,}5\text{mA}$. Dann nämlich ist das Kollektorpotential von T_2 fast unabhängig davon, ob R_5 dran hängt oder nicht. Das erleichtert auch den späteren Zusammenbau der Schaltung.

Das Kollektorpotential von T_2 muß mindestens 0,2V sein, damit T_2 in Sättigung kommt, und darf höchstens 9,3V sein, damit die Emitterdiode von T_3 leitend wird. Man ist bei der Dimensionierung weitgehend frei. Man wähle etwa $U_{C,2} = 5\text{V}$. Das liefert nun R_4 und R_5. Falls der Strom des Verbrauchers genau definiert sein soll, muß R_5 zur späteren Justierung als Trimmer realisert werden. Die Stromverstärkung von T_2 ist für diesen Arbeitspunkt ca. 90, d.h. $I_{B,2} = 2{,}5\text{mA}/90 = 28\mu\text{A}$

Das Kollektorpotential von T_1 soll zwischen $U_{C,1} = 10\text{V}$ und $U_{C,1} = 0{,}2\text{V}$ variieren. Das liefert $R_3 = (10\text{V}-0{,}7\text{V})/28\text{mA}$. R_3 braucht nicht genau gewählt zu werden, da die genaue Justierung des Verbraucherstromes mit R_5 erfolgt.

Da T_1 und T_2 keine Verstärkerfunktionen haben, ist die hohe Stromverstärkung eher ein Nachteil. (Aus Einfachheitsgründen wollen wir jedoch keine anderen Transistortypen verwenden.) Die Basisströme im leitenden Falle dürfen nämlich nicht in den Bereich der Basissperrströme und der Rauschströme gelangen, weil dann kein eindeutiger Unterschied zwischen Sperren und Leiten mehr besteht. Deshalb wählen wir $I_{C,1}$ nicht kleiner als 2,5mA (nicht kleiner als das kleinste I_C in Bild 4.3). Das liefert R_1 und R_2.

Die Buchstaben *n* und *p* beziehen sich auf die Materialen, aus denen Kollektor, Basis und Emitter hergestellt sind {4.14}. Beim npn-Transistor sind CBE aus den Materialien npn, beim pnp-Transistor aus den Materialen pnp (n = n-leitendes Material = Material mit Elektronenleitung, d.h. mit negativen Ladungsträgern; p = p-leitendes Material = Material mit Löcherleitung, d.h. mit positiven Ladungsträgern)

Die positiven Ladungsträger sind dabei nicht etwa die unbeweglichen Ionen sondern sind **Löcher** (holes) oder Lücken in einer Kolonne von wandernden Elektronen, die sich wie fiktive positive Ladungsträger verhalten.)

Den npn- und den pnp-Transistor kann man mit folgender *Merkregel* unterscheiden: Der Strom fließt stets von positivem (p) zu negativem (n) Potential. Angewandt auf die Emitterdiode, bei der die Stromrichtung explizit gekennzeichnet ist, liefert dies den Transistortyp. Dies verifiziere man an Bild 4.8, bei der auch eine ältere Symbolik für Transistoren gezeigt wird.

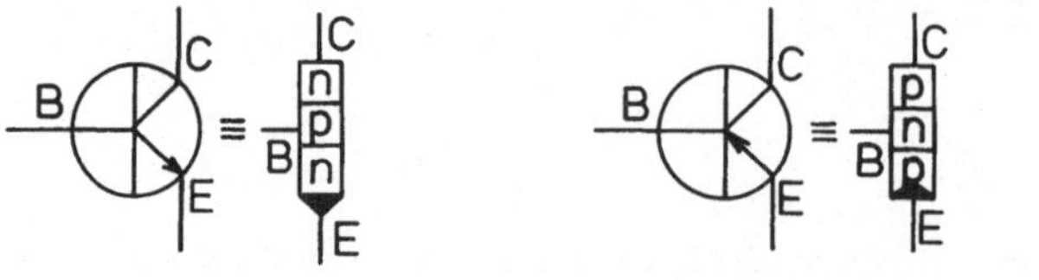

Bild 4.8 Neues und älteres Schaltsymbol von npn- und pnp-Transistoren

4.6 Transistoren im ungesättigten Bereich

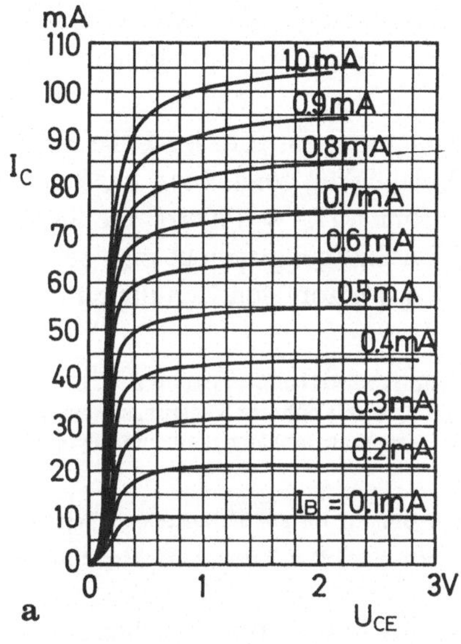

a

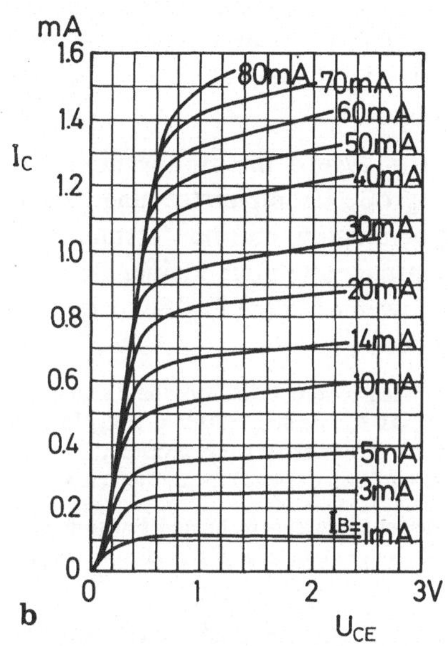

b

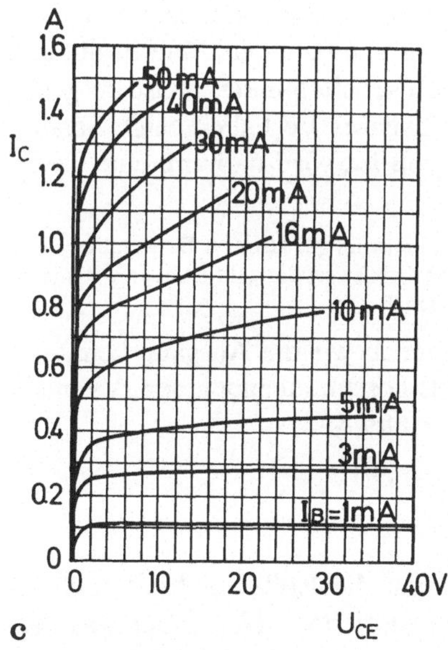

c

Bild 4.9 Ausgangskennlinien des BD135-10.
Nach [D.S3]

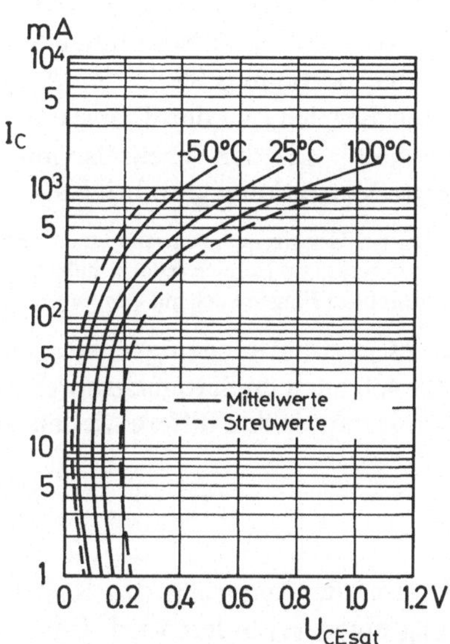

Bild 4.10 Zunahme der Sättigungsspannung bei hohen Kollektorströmen [D.S3]

Der ungesättigte Bereich wird durch die **Ausgangskennlinien**, Bild 4.9, beschrieben. Man verifiziere zuerst das bereits bekannte Verhalten im Sättigungsbereich,

das den ungefähr horizontalen Ausgangskennlinien entspricht: Der Kollektorstrom ist tatsächlich ungefähr das 100-fache (B = 100) des Basisstromes und unabhängig von U_{CE}. (Der Basisstrom I_B ist als **Parameter** an den Ausgangskennlinien
angegeben.) Wir erkennen auch, daß die Sättigungsspannung $U_{CE,sat}$ (Kollektor-
Emitter-Spannung, ab der die Ausgangskennlinie horizontal wird), ungefähr *0,2V*
beträgt.

Ab $I_C = 100mA$ nimmt allerdings die Sättigungsspannung zu, Bild 4.10, die auch
eine große Exemplarstreuung und Temperaturabhängigkeit zeigt. Man kann also
nur behaupten, daß bei "vernünftigen" Kollektorströmen (I_C < *100mA*) die Sättigungsspannung noch kleiner als etwa *0,2V* ist. (Von Sättigung spricht man schon
dann, wenn I_C eine Größenordnung besitzt, die den horizontalen Kennlinien entsprechen.)

Wesentlich höhere Kollektorströme sind nur bei sog. **Leistungstransistoren** (power transistors), wie dem BD135 zuläßig. In diesem Anwendungsfall ist mit höherer Sättigungsspannung,
niederer Stromverstärkung, größerer Exemplarstreuung und Temperaturabhängigkeit und allgemeiner mit größeren Nicht-Linearitäten zu rechnen.

Bei der oben durchgerechneten Endstufe kann die Sättigungsspannung bis auf 1V ansteigen. Wir haben dafür gesorgt, daß der Endstufentransistor auch in diesem ungünstigen Fall noch in Sättigung
bleibt.

Nachdem wir uns ausführlich mit der Anwendung des Transistors als Schalter beschäftigt haben, kommen wir nun zur Anwendung als **Kleinsignalverstärker**
(small signal amplifier). Hier kommt es vorallem auf eine möglichst
treue d.h. *lineare* Verstärkung einer kleinen Wechselspannung an. Man begibt sich
an eine bestimmte Stelle der Ausgangskennlinie (**Arbeitspunkt**), meist im gesättigten Bereich, wo der Transistor ein möglichst lineares Verhalten zeigt. Solange
die Amplitude der Wechselspannung nicht zu groß ist, wird dadurch eine unver-
zerrte Verstärkung gewährleistet.

Außer bei Hochfrequenzanwendungen werden Transistoren meist im *gesättigten* Bereich betrieben.
Da der gesättigte Bereich jedoch mehr einen asymptotischen Grenzwert darstellt, müssen wir uns bei
quantitativen Fragen auch mit dem ungesättigten Bereich beschäftigen.

Da es jetzt auf Genauigkeitsfragen ankommt, können wir die Ausgangskennlinie,
Bild 4.9, auch im Sättigungsbereich nicht mehr als horizontal annehmen. Vielmehr
definieren wir den **differentiellen Ausgangswiderstand** r_{CE}:

$$1/r_{CE} = dI_C/dU_{CE} \qquad (U_{BE} = const.). \qquad (4.8)$$

Er gibt die Änderung des Kollektorstromes, wenn die Kollektor-Emitter-Spannung etwas verändert wird. Bei diesem Versuch soll jedoch U_{BE} (oder was dasselbe ist I_B) konstant gehalten werden. Bei Sättigung ist $1/r_{CE}$ sehr klein.

Analog definieren wir die sog. **Steilheit**

$$S = dI_C/dU_{BE} \quad (U_{CE} = const.). \qquad (4.9)$$

Die Steilheit gibt die kombinierte Wirkung der Emitterdiode und der Stromverstärkung B wieder, denn eine Änderung von U_{BE} ändert zunächst gemäß der Diodenkennlinie den Basisstrom und dieser bedingt durch die Stromverstärkung B den Kollektrostrom I_C.

Für die totale Änderung des Kollektorstromes haben wir dann das vollständige Differential:

$$dI_C = S \cdot dU_{BE} + 1/r_{CB} \cdot dU_{CB}. \qquad (4.10)$$

Die normale Emitterschaltung, Bild 4.2, kann bereits zur Kleinsignalverstärkung verwendet werden. Den Wechselspannungsanteil einer Größe bezeichnen wir meist mit dem entsprechenden kleinen Buchstaben, dem Gleichstromanteil geben wir den zusätzlichen Index o. Wir nehmen also an, daß am Eingang das Signal $U_B = U_{Bo} + u_B$ anliegt. Differentiale werden durch die entsprechenden kleinen Buchstaben ersetzt,z.B. $dI_C = i_C$ etc. (4.10) lautet damit:

$$i_C = S u_{BE} + 1/r_{CB} u_{CB}. \qquad (4.11)$$

Die Änderung des Kollektorstromes (i_C) ist Steilheit mal Änderung der Eingangsspannung (u_{BE}). Dazu kommt ein kleiner Term proportional zur Ausgangsspannungsänderung (u_{CB}).

Da wir uns auf kleine Amplituden beschränken, können wir das im letzten Kapitel erläuterte Superpositionsprinzip voraussetzen: Die Gleichstromlösung, welche zur Anfangsbedingung U_{Bo} gehört, und die Wechselstromlösung, welche zur Anfangsbedingung u_B gehört, dürfen einfach superponiert (addiert) werden. Insbesondere gilt am Ausgang: $U_A = U_{Ao} + u_A$, wobei U_{Ao} so berechnet wurde, als sei nur die Gleichstromlösung vorhanden, und u_A so, als sei nur die Wechselstromlösung vorhanden. Die letztere wird dabei für diejenigen Werte von S, r_{CB}, etc berechnet, die am Arbeitspunkt (Gleichstromlösung) gültig sind.

Die Gleichstromlösung haben wir bereits ausführlich diskutiert: U_{Bo} bestimmt durch die **Eingangskennlinie** (Kennlinie der Emitterdiode) den Basisstrom I_{Bo} des Arbeitspunktes. Durch die Stromverstärkung B_o am Arbeitspunkt ist der Kollektorstrom I_{Co} und durch den Spannungsabfall an R_C die Ausgangsspannung U_{Ao} für diesen Arbeitspunkt festgelegt.

Bei der Wechselstromlösung müssen die bereits berücksichtigten Gleichstromanteile weggelassen werden. So ist beispielsweise für die Wechselstromlösung die Versorgungsspannung auf Nullpotential.

Wir wählen den Fall $R_B = 0$. Es gilt dann $u_B = u_{BE}$, $u_{CB} = u_A$.

S und r_{CB} sind für den gewählten Arbeitspunkt näherungsweise Konstanten, d.h. sie sind unabhängig von u_B, und müssen aus einem Datenblatt entnommen werden.

Der Spannungsabfall an R_C liefert $I_C = (U_0-U_A)/R_C$, d.h.

$$i_C = -u_A/R_C.$$

Aus (4.11) ergibt sich daraus der Kleinsignalverstärkungsfaktor v zu

$$v = u_A/u_B = -S/(1/R_C + 1/r_{CE}) = -S(R_C | | r_{CE}), \qquad (4.12)$$

wobei wir noch die Formel für die Parallelschaltung von Widerständen benutzt haben.

Das Minuszeichen besagt, daß eine Erhöhung der Eingangsspannung U_B eine Erniedrigung der Ausgangsspannung U_A nach sich zieht. Man kann auch sagen, daß die Ausgangsspannung u_A und die Eingangsspannung u_B gegeneinander eine Phasenverschiebung von 180° haben.

Wenn $r_{CE} << R_C$ vereinfacht sich die Kleinsignalspannungsverstärkung der Emitterschaltung zu

$$v = -SR_C. \qquad (4.12')$$

4.7 Gegenkopplung

Wie alle Halbleiterparameter zeigt auch S eine große Exemplarstreuung und Temperaturabhängigkeit. Falls eine solche Abhängigkeit bei der Kleinsignalspannungsverstärkung v (4.12) in einem Anwendungsfall nicht erwünscht ist, kann man das Prinzip der **Gegenkopplung** verwenden, Bild 4.11.

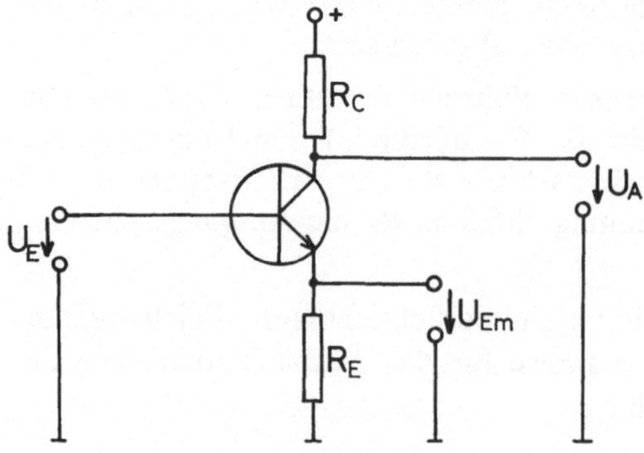

Bild 4.11 Emitterschaltung mit Stromgegenkopplung

Aus Einfachheitsgründen und um die wesentlichen Zusammenhänge nicht zu verschleiern, wollen wir im folgenden immer $r_{CE} = \infty$ voraussetzen, d.h. *die Ausgangs-*

kennlinien im Sättigungsbereich als horizontal annehmen. Es sei dem Leser als Übung empfohlen, den allgemeineren Fall selbst durchzurechnen.

Die Eingangsgleichspannung U_{Eo} legt einen Arbeitspunkt $(I_{Co}, U_{Ao}, U_{Emo})$ fest. U_{Emo} ist das Emitterpotential. Auf dessen Berechnung wollen wir nicht eingehen, bzw. wir nehmen an, daß er empirisch festgelegt wurde.

Da wir den Buchstaben E schon für Eingang verbraucht haben, schreiben wir U_{Em} für das Emitterpotential.

Eine Erhöhung der Eingangsspannung um u_E hätte in der Emitterschaltung $(R_E=0)$ eine Kollektorstromerhöhung $i_C = Su_E$ zur Folge. Ist nun R_E vorhanden, so fällt dort die Spannung $i_C R_E$ ab. Es ist also nicht $u_{BE} = u_E$ sondern nur $u_{BE} = u_E - i_C R_E$. Der Kollektorstrom (genauer: dessen Spannungsabfall am Emitterwiderstand R_E) wirkt also der ursprünglichen Eingangsspannungsänderung *entgegen*; daher der Name **Gegenkopplung**. (Würde er im gleichen Sinn wirken, so hätte man eine **Mitkopplung**, die meist zu einer Instabilität führt.)

Eine quantitative Berechnung benützt die Beziehungen.

$$u_{BE} = u_E - u_{Em}$$
$$u_C = -R_C i_C$$
$$u_{Em} \approx R_E i_C,$$

wobei wir i_B vernachläßigt haben. (4.11) mit $r_{CE} = \infty$ liefert dann die Ergebnisse

$$u_{Em} = SR_E/(1 + SR_E)\, u_E \qquad (4.13a)$$
$$u_C = -SR_C/(1 + SR_E)\,.u_E. \qquad (4.13b)$$

Bei der stromgegengekoppelten Emitterschaltung, Bild 4.11, ist $u_A = u_C$. Die Kleinsignalspannungsverstärkung v wird also:

$$v = u_A/u_E = -R_C/(R_E + 1/S). \qquad (4.14)$$

Bei Transistoren ist die Steilheit S groß und meist wählt man den Emitterwiderstand R_E hinreichend groß, so daß

$$SR_E >> 1 \qquad (4.15)$$

erfüllt ist.

In diesem typischen Fall vereinfacht sich (4.14) zu

$$v = -R_C/R_E. \qquad (4.14')$$

Die Verstärkung v ist also unabhängig von Transistorparametern und hängt nur von einem Widerstandsverhältnis ab, das weitgehend temperaturunabhängig ist.

Als Preis, den wir dafür bezahlen mußten, ist die Verstärkung (4.14') mit Gegenkopplung wesentlich geringer als die nach (4.12') ohne Gegenkopplung.

Die Näherung (4.15) ist so häufig, daß es sich lohnt, ihre Ergebnisse zu merken. Aus (4.13) folgt nämlich:

$$u_{BE} = 0. \tag{4.16}$$

Wir wissen schon, daß im leitenden Zustand der Emitterdiode U_{BE} den ungefähr konstanten Wert von ca. 0,6V hat. Wird das Basispotential etwa um $u_B = 0,1V$ erhöht, so steigt infolge des erhöhten Emitterstromes das Emitterpotential so weit an, daß nur ein geringer Bruchteil der 0,1V zu einer Erhöhung von U_{BE} führt (Stromgegenkopplung). Dies ist die Aussage von (4.16).

Das Emitterpotential U_{Em} folgt also genau dem Basispotential U_B mit konstantem Abstand:

$$u_{Em} = u_B . \tag{4.16'}$$

Um die wesentlichsten Eigenschaften einer Schaltung möglichst deutlich hervortreten zu lassen, wollen wir im folgenden stets (4.15)(4.16)(4.16') voraussetzten.

Wir demonstrieren die dadurch erzielte Vereinfachung, indem wir erneut (4.14') herleiten, die nun einfach eine Folge des ohmschen Gesetzes ist:

$$i_C = -u_A/R_C = u_{Em}/R_E = u_E/R_E .$$

4.8 Einstellung des Arbeitspunktes

In der Praxis wird die zu verstärkende Wechselspannung U_E nicht gerade um einen für den Transistor günstigen Arbeitspunkt U_{Eo} schwingen, wie wir das bisher in Bild 4.11 vorausgesetzt haben. Schwingt die Wechselspannung um ein beliebiges Potential, so kann man eine **kapazitive Ankopplung** (`capacitive coupling`), Bild 4.12, verwenden.

Die Gleichstromlösung bestimmt den Arbeitspunkt. Für diese sind die Kondensatoren absolute Hindernisse. Wir haben gerade die soeben besprochene Emitterschaltung mit Stromgegenkopplung, Bild 4.11, vor uns, wobei die Eingangsspannung durch den Spannungsteiler R_1/R_2 festgelegt wird.

Ohne die Gleichstromgegenkopplung, $R_E = 0$, hätte die Schaltung folgende Nachteile: Die Arbeitspunkteinstellung mit R_1/R_2 wäre sehr kritisch. Kleine Exemplarstreuungen von R_1/R_2 würden zu kleinen Basispotentialänderungen führen und diese zu großen Basisstromänderungen, welche sich als B-fache Kollektorstromänderungen auswirken würden. Der Arbeitspunkt würde sich dadurch erheblich variieren. R_1/R_2 mußte in jeden Fall als Trimmer realisiert werden. Dies wäre teurer vorallem in Hinblick auf den hohen Justierungsaufwand bei Serienprodukten.

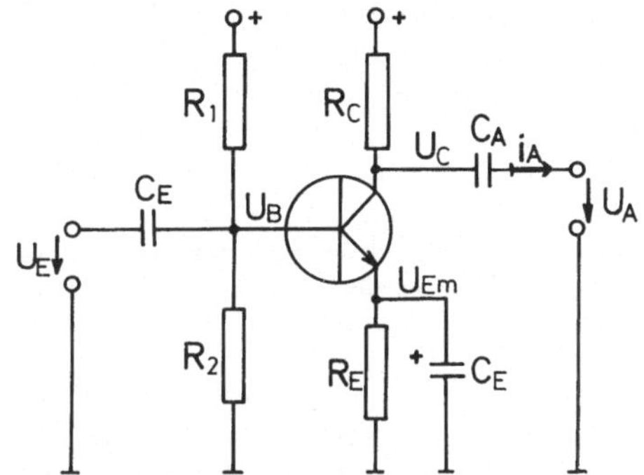

Bild 4.12 Kleinsignalverstärker mit kapazitiver Ankopplung und Arbeitspunkteinstellung durch Gleichstromgegenkopplung [0.1]

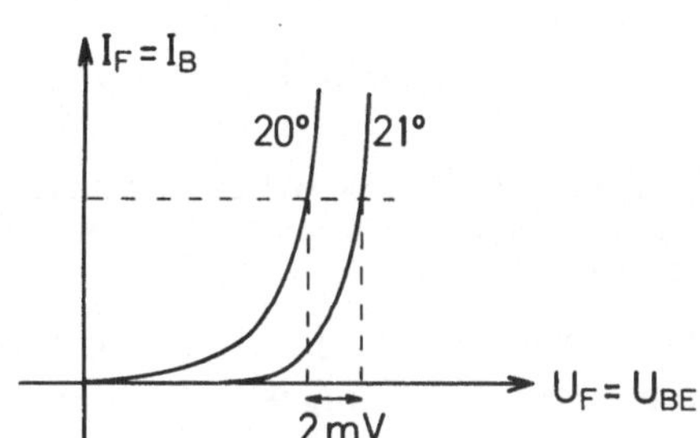

Bild 4.13 Temperaturdrift der Diodenkennlinie

Aber auch mit einem R_1/R_2 Trimmer hätte der Arbeitspunkt noch eine hohe **Temperaturdrift** (= Abhängigkeit von der Temperatur). Diese ist eine Folge der Temperaturabhängigkeit der **Eingangskennlinie** (= Kennlinie der Emitterdiode), Bild 4.13. Zu einem bestimmten Wert des Durchlaßstromes I_B einer Diode gehört nämlich eine Durchlaßspannung $U_{BE} \approx 0,7V$, welche pro $1°C$ um $2mV$ zunimmt. Eine Temperaturerhöhung um $1°C$ wirkt also auf den Basisstrom wie eine Erniedrigung von U_{BE} um $2mV$ bei gleichbleibender Temperatur, was wie eine Dejustierung des R_1/R_2 Trimmers um $2mV$ bedeutete.

Man wird also die Verstärkung v gemäß (4.14') möglichst klein wählen, damit die Temperaturdrift von $2mV/°C$ nur mit geringer Verstärkung an I_C und damit am Kollektorpotential in Erscheinung tritt. Nach (4.14') muß also R_C und R_E etwa gleiche Größe haben.

Nun wenden wir uns der Wechselstromlösung von Bild 4.12 zu. Die soeben gewählte geringe Verstärkung v, die ohne C_E auch für die Signalwechselspannung gelten würde, wäre dem Zweck der Schaltung, nämlich gerade eine große Wechselstromverstärkung zu liefern, zuwider. Deshalb erdet man wechselstrommäßig den Emitter mit einem möglichst großen Emitterkondensator C_E. Wechselstrommäßig liegt also eine reine Emitterschaltung, Bild 4.2, mit der hohen Verstärkung (4.12') vor.

C_E, $R_1 + R_2$ ist nämlich ein Hochpaß, Bild 2.9. Seine Grenzfrequenz muß viel größer als die Signalfrequenz u_E sein, was durch hinreichend großes C_E immer erreicht werden kann. Dann geht das Signal unabgeschwächt durch: $u_B = u_E$. Der Spannungsteiler R_1/R_2 ist also wechselstrommäßig nicht vorhanden.

Am Ausgang wird die verstärkte Wechselspannung mit C_A vom Kollektorpotential des Arbeitspunktes abgekoppelt. Das C_A kann bereits das C_E einer nachfolgenden weiteren Verstärkerstufe sein.

Nun kommmern wir zu einer Abschätzung für C_E des Hochpasses. Sein R ist aus den 3 parallel geschalteten Widerständen R_1, R_2 und r_{BE} aufgebaut:

$$1/R = 1/R_1 + 1/R_2 + 1/r_{BE}$$

r_{BE} ist der differentielle Widerstand der Diode. Der Widerstand der Basis-Kollektorstrecke kann als unendlich angenommen werden. Der Emitter ist wechselstrommäßig geerdet. Oben an R_1 liegt wechselstrommäßig Erde.

Wenn der Verstärker für eine bestimmte Frequenz f noch funktionnieren soll, so muß $f >> f_g$ sein. f_g ist dabei die Grenzfrequenz des Hochpasses, d.h. diejenige Frequenz, die noch einigermaßen unverzerrt durch den Hochpaß übertragen wird. Nach {2.4} gilt näherungsweise

$$f_g = 1/(RC). \hspace{4cm} (4.17)$$

Das liefert einen Minimalwert für $C = C_E$.

4.9 Kollektorschaltung

Nachdem wir die Emitterschaltung ausführlich besprochen haben, wenden wir uns nun der **Kollektorschaltung** zu, Bild 4.14, bei welcher der Kollektor auf konstantem Potential liegt.

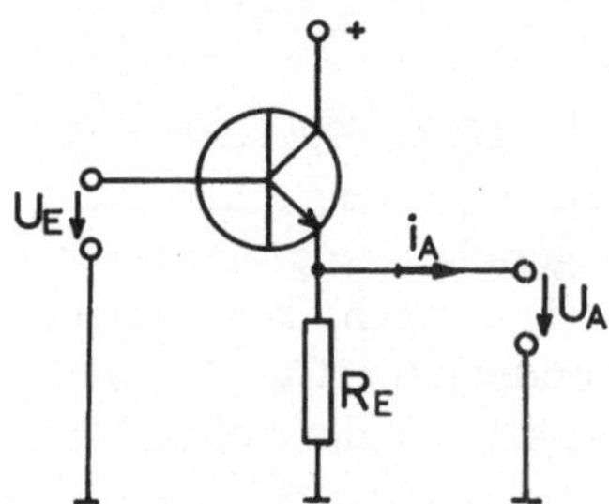

Bild 4.14 Spannungsfolger [0.1]

Die Schaltung ist der Spezialfall $R_C = 0$ der Emitterschaltung mit Stromgegenkopplung, Bild 4.11, aber mit dem wesentlichen Unterschied, daß jetzt der Emitter als Ausgang betrachtet wird: $u_A = u_{Em}$. Aus (4.13) folgt also sofort die Verstärkung der Kollektorschaltung:

$$v = u_A/u_B = 1/(1 + 1/(SR_B)), \qquad\qquad (4.18)$$

welches in der Näherung (4.15) zu

$$v = u_A/u_B = 1 \qquad\qquad (4.18')$$

wird.

Dieses Ergebnis folgt auch direkt aus (4.16'): $u_A = u_{Bm} = u_B = u_E$.)

Der Emitter folgt der Spannung der Basis mit einem Abstand von ca $0{,}7V$. Man nennt daher die Kollektorschaltung auch **Emitterfolger** oder **Spannungsfolger** (`voltage follower`).

Die Schaltung wird deshalb nicht zur Verstärkung sondern zur **Impedanzwandlung** benutzt: sie hat einen hohen Eingangswiderstand, aber einen niedrigen Ausgangswiderstand, während sie die Kleinsignalspannung unverändert läßt.

Um den Eingangswiderstand r_B zu berechnen, brauchen wir noch die Definition der differentiellen Stromverstärkung, welche ebenfalls für einen bestimmten Arbeitspunkt einem Datenblatt entnommen werden kann:

$$\beta = i_C/i_B. \qquad\qquad (4.19)$$

Wenn die Stromverstärkung B konstant wäre, so folgte aus $I_C = BI_B$ sofort $i_C = Bi_B$, d.h.

$$\beta = B. \qquad\qquad (4.19')$$

Es sei dem Leser als Übung empfohlen, die Beziehung

$$\beta = Sr_{BE} \qquad\qquad (4.20)$$

herzuleiten, wobei r_{BE} der differentielle Eingangswiderstand der Emitterdiode ist.

Aus (4.16)(4.19) $u_E = u_B = u_{Bm} = i_C R_B$ folgt nun für den differentiellen Eingangswiderstand

$$r_B = u_B/i_B = u_E/i_B = \beta R_B. \qquad\qquad (4.21)$$

Dieser Wert ist also ein Vielfaches des Emitterwiderstandes.

Die Bedeutung des differentiellen Eingangswiderstandes r_B erkennt man an der Schaltung in Bild 4.15. Auf den Gleichstromeingangswiderstand beim Spannungsfolgers kommt es bei dieser Schaltung nicht an; er beeinflußt lediglich die Kollektor- und Emitterwiderstände, welche die gewünschten Arbeitspunkte der beiden Transistoren festlegen. Der in Bild 4.12 berechnete Kleinsignalverstärker darf jedoch wechselstrommäßig am Ausgang (Kollektor) nicht zu stark belastet werden. Die Berechnung setzte nämlich voraus, daß der Strom durch R_C durch den Kollektorwiderstand fließt, der Ausgangsstrom i_A also null ist (unbelasteter Kleinsignalverstärker).

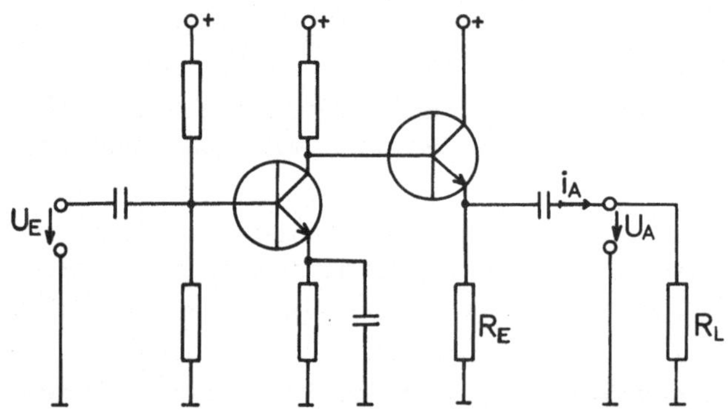

Bild 4.15 Direkte Ankopplung eines Spannungsfolgers [0.1]

Nun kommen wie zur Berechnung des differentiellen Ausgangswiderstandes

$$r_A = u_A/i_A \qquad (4.22)$$

des Spannungsfolgers. Der Ausgangswiderstand wäre der Innenwiderstand, wenn der Spannungsfolger als eine Signalquelle aufgefaßt wird, welche eine Ausgangslast (R_L in Bild 4.16) treiben muß. Ist r_A klein, so bedeutet dies, daß auch eine hohe Last (kleines R_L, durch die ein hohes i_A fließt) nur eine kleine Änderung u_A der für den unbelasteten Fall berechneten Ausgangsspannung nach sich zieht.

Zur Berechnung von r_A nach (4.22) suchen wir eine Kleinsignallösung u_A, welche zu den Randbedingungen i_A *ungleich 0* und $i_E = 0$ gehört.

Diese kann zu den bisherigen Kleinsignallösungen, welche die Randbedingungen $i_A = 0$, i_E *ungleich 0* erfüllten, superponiert werden.

Diese zusätzliche Kleinsignallösung gibt an, wie die Ausgangsspannung abfällt, u_A, wenn der Ausgang mit dem Strom i_A belastet wird, wobei der Eingang einen vorgegebenen Wert U_E hat. Da dieser Wert schon bei den bisherigen Lösungen berücksichtigt wurde, muß die zusätzliche Lösung $u_E = 0$ erfüllen.

Das setzt allerdings voraus, daß die Signalspannungsquelle einen festen Wert U_E liefert unabhängig davon, was am Ausgang geschieht, d.h. unabhängig davon, welchen Strom I_E sie liefern muß. Reale Spannungsquellen werden als ideale Spannungsquellen U_E' mit einem in Serie geschalteten Innenwiderstand R_g, Bild 4.16., beschrieben.

Man stelle sich etwa vor, $(U_E{}',R_g)$ sei ein Ersatzmodell für einen Quarzoszillator. Dann muß die zusätzliche Kleinsignallösung vielmehr die Randbedingung $u_E{}' = 0$ erfüllen. Da ein Emitterfolger gerade dann nachgeschaltet wird, wenn R_g groß ist, wollen wir diesen Effekt mitberücksichtigen.

Nach diesen Erläuterungen können wir die relevanten Gleichungen leicht aufstellen:

$$i_C = -i_B \qquad \text{(kleiner Basistrom)}$$
$$-i_B = i_A + u_A/R_B \qquad \text{(Knotengleichung an der Kollektorelektrode)}$$
$$i_C = \beta i_B \qquad \text{(Stromverstärkung)}$$
$$u_A = u_B = u_E \qquad \text{(Näherung bei Emitterstromgegenkopplung)}$$
$$u_E{}' - u_B = -u_E = R_g\, i_B \qquad \text{(Spannungsabfall an } R_g).$$

Nach Auflösung erhält man den Ausgangswiderstand des Emitterfolgers:

$$r_A = u_A/i_A = -R_B \,||\, (R_g/\beta). \tag{4.23}$$

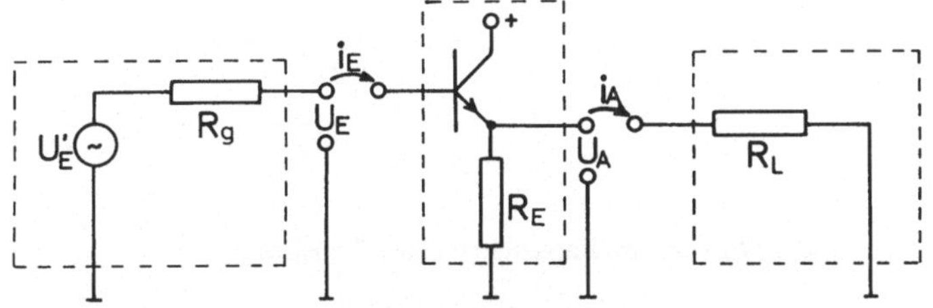

Bild 4.16 Spannungsfolger als Impedanzwandler

Wir wollen die berechneten Größen an Hand von Bild 4.16 nochmals überblicksmäßig durchsprechen. Der Informationsfluß geht von links nach rechts. Wir beschreiben die **funktionellen Teile (Module)** als black boxes, d.h. wir beschreiben nicht den inneren Aufbau der Module, sondern geben nur die für den Benutzer einzig relevante Beschreibung der Eingänge und Ausgänge. Dies geschieht meist durch Angabe der **Eingangswiderstände** und der **Ausgangswiderstände** (= **Innenwiderstände**).

Der Eingangswiderstand R_B einer Box (für die letzte Box ist er gleich R_L) gibt an, wie der links davon stehende Ausgang belastet wird, nämlich mit dem Strom $I_B = U_B/R_B$. Der Ausgangswiderstand R_A (= Innenwiderstand) einer Box (für die erste Box ist er gleich R_g) gibt an, wie die Ausgangsspannung gegenüber dem unbelasteten Fall abfallen, nämlich um $u_A = R_A I_A$, wenn dieser Ausgang mit dem Strom I_A belastet wird.

Wenn die Eingangs- oder Ausgangswiderstände keine ohmschen Widerstände sind, d.h. spannungsabhängig sind, wie bei der mittleren Box, so gibt man meist die differentiellen Werte für einen bestimmten Arbeitspunkt an.

Wenn man eine Spannungsquelle, z.B. die linke Box, kurzschließt, so liefert sie den sog. **Kurzschlußstrom** $I_s = U_B'/R_s$. Belastet man sie mit einer Last von der Größenordnung R_s, so fließt der *halbe* Kurzschlußstrom, meist eine unzuläßige Belastung der Spannungsquelle. Der Lastwiderstand muß vielmehr groß gegen den Innenwiderstand sein.

4.10 Basisschaltung

Vollständigkeitshalber erwähnen wir noch die **Basisschaltung**, Bild 4.17, bei der die Basis auf konstantem Potential liegt. Im Niederfrequenzbereich hat die Basisschaltung nur Nachteile und wird kaum benützt.

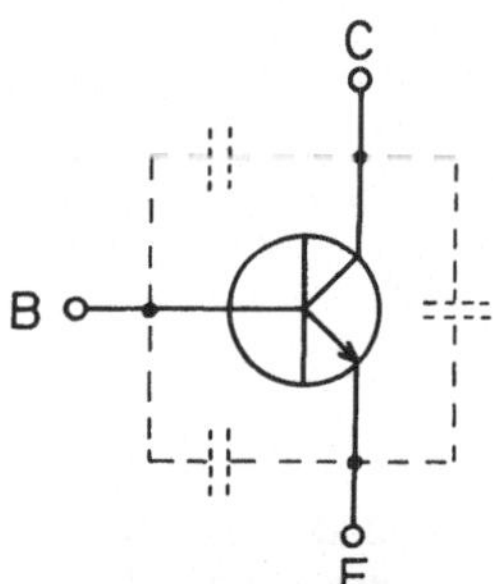

Bild 4.17 Parasitäre Kapazitäten eines Transistors

Bei Hochfrequenzanwendungen von Transistoren müssen dessen **parasitären Kapazitäten**, die in Bild 4.17 eingezeichnet sind, berücksichtigt werden. Man kann zeigen, daß sich diese bei der Basisschaltung teilweise kompensieren.

Hochfrequenzanwendungen von Transistoren sind schwierig und gehen über den Rahmen dieser Einführung hinaus. Wir werden deshalb die Basisschaltung nicht weiter besprechen.

4.11 Inversbetrieb

Transistoren sind aus zwei entgegengesetzt gepolten Dioden, Bild 4.18, aufgebaut. Dieser Aufbau wurde schon in Bild 4.8 angegeben. Die Emitterdiode ist also in Durchlaßrichtung, die Kollektordiode in Sperrichtung betrieben. Die beiden Dioden sind aber so nahe beieinander, daß die in der Emitterdiode fließenden Ladungsträger in die zunächst sperrende Kollektordiode gelangen (carrier in-

`jection`) und diese zum leiten bringen, so daß schließlich das in Bild 4.1 angegebene Ersatzschaltbild zustande kommt.

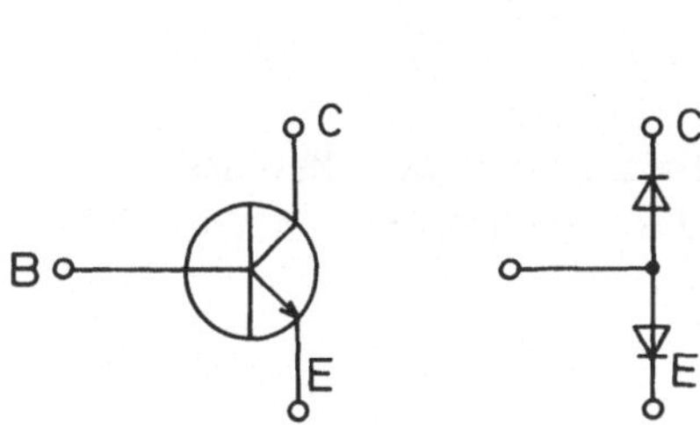

Bild 4.18 Diodenersatzmodell für npn-Transistoren

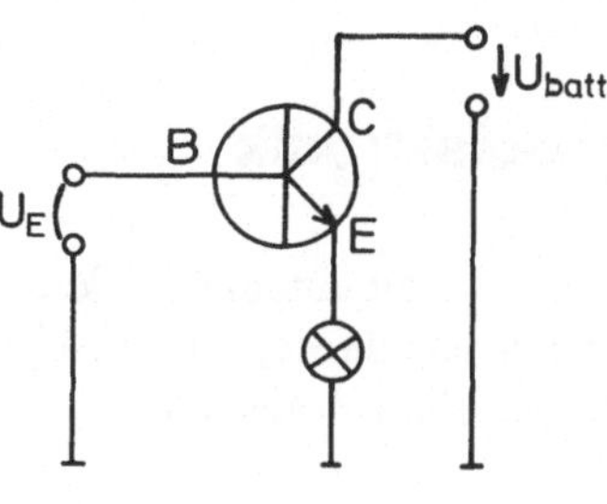

Bild 4.19 Geringe Sperrfähigkeit eines Transistors bei falsch gepolter Kollektor-Emitterstrecke

Wir können hier nicht auf die physikalischen Einzelheiten dieser Prozeße eingehen, jedoch feststellen, daß ein Transistor *grundsätzlich* symmetrisch gegenüber einer Vertauschung von Kollektor und Emitter ist. Zwar sind die beiden Dioden materialmäßig etwas anders aufgebaut, d.h. haben andere Parameter, so. daß z.B. die Stromverstärkung im **Inversbetrieb**, die sog. **inverse Stromverstärkung** B_{inv} wesentlich geringer ist.

Auch andere Parameter des Transistors sind auf den Normalbetrieb optimiert. So ist z.B. die Kollektordiode, an der im Normalbetrieb der größte Teil der Verlustleistung anfällt, mit dem Transistorgehäuse in besserem thermischen Kontakt.

Es lohnt sich also im allgemeinen nicht, einen Transistor invers zu betreiben. In einer gegebenen Schaltung kann es jedoch vorkommen, daß unter bestimmten Umständen ein Transistor in den Inversbetrieb gelangt.

Bild 4.19 beispielsweise zeigt eine Kollektorschaltung, bei der die Basis auf Nullpotential liegt. Der Transistor sperrt ständig, solange $U_{CE,max}$ nicht überschritten wird..

Wenn aber die Batteriespannung auf *-0,6V* absinkt, z.B. weil diese verkehrt gepolt (`reversed biased`) ist, wird die Kollektordiode leitend, so daß ein Basistrom I_B fließt.

Durch die Lampe fließt dann der Strom $B_{inv} I_B$, sofern der Spannungsabfall an der Lampe die Sättigung nicht zunichte macht.

Sinkt U_{batt} weiter ins Negative ab, so haben wir den in Bild 2.3 beschriebenen Kampf einer Spannungsquelle gegen eine Diode, der möglicherweise zur Zerstörung der Kollektordiode führt.

Man kann auch sagen, daß der Transistor für negative Spannungen eine sehr geringe Sperrfähigkeit besitzt, nämlich nur -0,7V. Transistoren eignen sich also nicht zum Sperren von Wechselspannungen großer Amplitude. Dazu muß man **Thyristoren** {6.3} verwenden.

Transistoren können negative Spannungen nicht sperren.

4.12 Optoelektronik

Nun kommen wir zu einem Bauelement der Optoelektronik, dem **Phototransistor**.
Bild 4.20 zeigt das ältere, aber intuitivere, und das standardisierte, neuere Schaltsymbol für den Phototransistor.

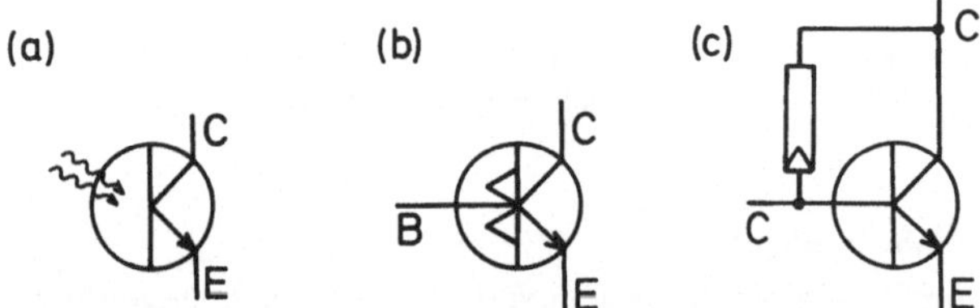

Bild 4.20 Älteres (a) und stan-
dardisiertes (b) Schaltsymbol
des Phototransistors sowie Ersatzschaltbild (c) mit Photodiode.

Wird das Fenster eines Phototransistors beleuchtet, so fließt ein Kollektorstrom,
der proportional zur einfallenden Helligkeit ist. Die **Helligkeit** (Beleuchtungs-
stärke, ausgedrückt in **Lux**) spielt also die Rolle des Basisstromes, der ein *Vielfaches* an Kollektorstrom nach sich zieht.

Wird z.B. in Bild 4.19 ein Phototransistor verwendet, und die Basis offen gelassen,
so brennt die Lampe, wenn das Fenster beleuchtet wird, und ist andernfalls dunkel.

Bild 4.20c zeigt ein Ersatzschaltbild unter Verwendung einer **Photodiode**.

Eine Photodiode verhält sich in Durchlaßrichtung wie eine normale Diode. In
Sperrichtung steigt jedoch der Sperrstrom bei Beleuchtung stark an, z.B. bei
100Lux auf *100μA*. Die Durchlaßrichtung der Photodiode ist im Schaltsymbol,
Bild 4.20c, am Dreieckspfeil erkennbar.

Ist $U_{CB} > 0{,}6V$, so fließt dieser Sperrstrom als Basisstrom in den Transistor des
Ersatzschaltbildes. Dieser führt zu einem B mal so großen Kollektorstrom.

Die Basis ist nicht bei allen Phototransistoren herausgeführt.

4.13 Feldeffekttransistoren

Der **Feldeffekttransistor** (`field-effect transistor`, **FET**) hat ein qualitativ ähnliches Verhalten wie der **gewöhnliche Transistor**, den wir bisher besprochen haben. Allerdings verwendet man für seine Anschlüsse andere Namen:

Gate (Tor)	Basis
Source (Quelle)	Emitter
Drain (Abfluß)	Kollektor.

Einige Schaltsymbole von FETs sowie ein Vergleich mit bipolaren Transistoren findet sich in Bild 4.21. Der Leser konzentriere sich zunächst auf den JFET (a).

(a) 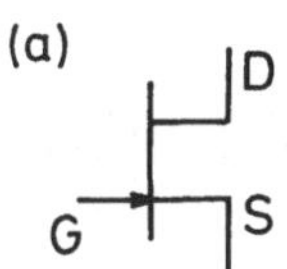 (b) 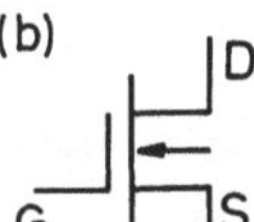 (c) 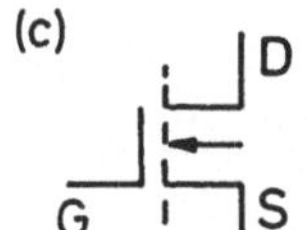 (d) 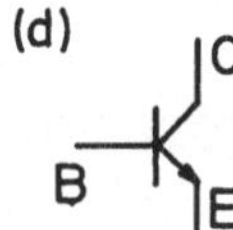

Bild 4.21a Einige n-FETs (a-c) sowie entsprechender npn-Transistor (d). (a):JFET, (b,c):MOSFET, (a,b): selbstleitend, (c):selbstsperrend

(a) 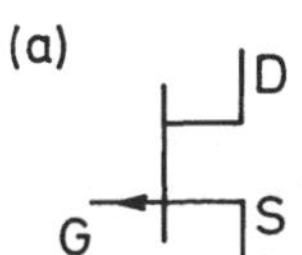 (b) 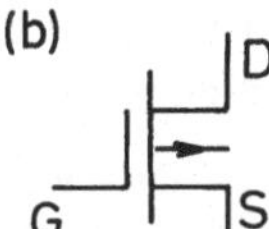 (c) 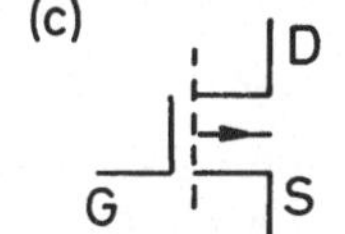 (d) 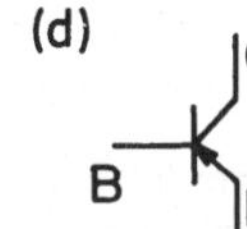

Bild 4.21b Einige p-FETs (a-c) sowie entsprechender pnp-Transistor (d). (a):JFET, (b,c):MOSFET, (a,b): selbstleitend, (c):selbstsperrend

Der Hauptunterschied besteht darin, daß beim Feldeffekttransistor praktisch kein **Gatestrom** [Basisstrom] fließt. Vielmehr wirkt am **Gate** nur ein elektrisches Feld, welches leistungslos den Strom in der **Source-Drain-Strecke** [Emitter-Kollektorstrecke], dem sog. **Kanal**, steuert. Von daher rührt der Name Feldeffekttransistor.

Der Gatestrom ist null. Sourcestrom = Drainstrom.

Beim gewöhnlichen Transistor benutzten wir die Vorstellung, daß eine Basis-Emitter-Spannung einen Basisstrom erzeugt, welcher ein Vielfaches an Kollektorstrom nachsichzieht. Bei fehlendem Basisstrom [Gatestrom] bevorzugen wir nun die Vorstellung, daß die Basis-Emitter-Spannung [Gate-Source-Spanung] direkt einen Kollektorstrom [Drainstrom = Sourcestrom] nach sich zieht.

Die **Eingangskennlinie**, Bild 4.22, gibt den Drainstrom I_D (= Sourcestrom) als Funktion der **Gatespannung** (genauer: Gate-Source-Spannung) U_{GS}

Unterhalb einer bestimmten Spannung $U_{GS} = U_P$ (U_P = `pinch-off-voltage` = Abschnürspannung = **Schwellspannung** = `threshold voltage`) wird $I_D = 0$: *Der FET sperrt.* Der zweite *hauptsächliche Unterschied* zu den gewöhnlichen Transistoren, bei denen $U_P \approx 0{,}5V$ wäre, besteht darin, daß bei den verschiedenen FETs, Bild 4.21, U_P zwischen positiven und *negativen* Werten variieren kann.

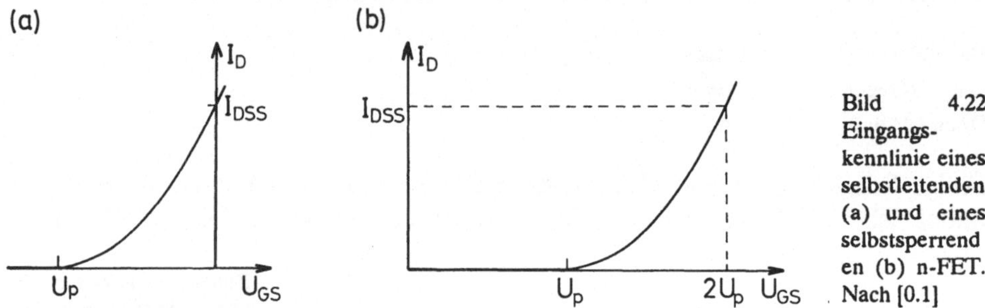

Bild 4.22 Eingangskennlinie eines selbstleitenden (a) und eines selbstsperrenden (b) n-FET. Nach [0.1]

Bei den **selbstleitenden FETs**, Bild 4.22a, fließt bei $U_{GS}=0$ der maximale Drainstrom . Im Schaltsymbol, Bild 4.21, ist dann der Kanal (Drain-Source-Strecke) *durchgängig* gezeichnet.

Man spricht von einem selbstleitenden Typ, weil schon bei $U_{GS}=0$ Ladungsträger vorhanden sind, welche bei Anlegen eines negativen U_{GS} sich vermindern (selbstleitender Typ = **Verarmungstyp** = depletion type).

Bei den **selbstsperrenden FETs**, Bild 4.22.b, fließt bei $U_{GS}=0$ kein Drainstrom. Im Schaltsymbol, Bild 4.21, ist der Kanal *gestrichelt* gezeichnet.

Man spricht von einem selbstsperrenden Typ, da bei $U_{GS}=0$ noch keine Ladungsträger vorhanden sind, diese sich aber bei positiver werdendem U_{GS} bilden (selbstsperrender Typ = **Anreicherungstyp** = enhancmenet type).

Die Eingangskennlinie, Bild 4.22, kann näherungsweise durch eine Parabel wiedergegeben werden:

$$I_D = I_{DSS}(1-U_{GS}/U_P)^2. \tag{4.24}$$

Neben U_P ist also I_{DSS} ein wichtiger Parameter des FET. Den Drainstrom bezeichnet man manchmal auch als Drain-Source-Strom: $I_D = I_{DS}$. Der Parameter I_{DSS} ist der I_{DS}, wenn G und S kurzgeschlossen ($S=$ short) werden ($U_{GS}=0$).

Links von U_P d.h. für $U_{GS}<U_P$ ist $I_D=0$, der Drainstrom also null.

Dies sowie (4.24) gelten in der Nähe von U_P ($U_{GS} \approx U_P$) schlecht: I_D geht vielmehr langsam und asymptotisch für sehr negative U_{GS} auf null.

Auf der rechten Seite ($U_{GS}>0$ für Bild 4.22a, bzw. $U_{GS}>2U_P$ für Bild 4.22b) stellt keinen erlaubten Zustand für den FET dar. Die Kennlinie bricht also dort ab: I_{DSS} stellt den maximalen erlaubten Drainstrom dar.

Dann werden nämlich die im Schaltsymbol, Bild 4.21, dargestellten Dioden leitend, was keine vernünftige Operation des FET ergibt bzw. zu dessen Zerstörung führt.

Die Kennlinien für p-FETs ergeben sich aus denjenigen der n-FETs durch Vorzeichenumkehr aller Ströme und Spannungen. Die n-FETs werden bevorzugt verwendet und angeboten.

Das bisher Gesagte bezieht sich nur auf den **Sättigungbereich**, d.h. nur solange die Drain-Source-Spannung [U_{CB}] innerhalb vernünftiger Grenzen bleibt, nämlich zwischen der **Sättigungsspannung** $U_{DS,sat}$ und der **Durchbruchspannung** $U_{DS,max}$. Dieser Bereich ($U_{DS,sat} > U_{DS} > U_{DS,max}$) entspricht dem beinahe horizontalen Teil der **Ausgangskennlinien**, Bild 4.23, denn dort ist in der Tat der Drainstrom von U_{DS} unabhängig.

Die Sättigungsspannung ist näherungsweise durch

$$U_{DS,sat} = -U_p + U_{GS} \tag{4.25}$$

gegeben.

Den Sättigungsbereich nennt man auch **Abschnürbereich** (pinch-off-range), die Sättigungsspannung auch **Abschnürgrenze, Kniespannung** oder auch Abschnürspannung. Das Wort Abschnürspannung wird jedoch für U_p wie auch für $U_{DS,sat}$ verwendet und sollte daher vermieden werden.

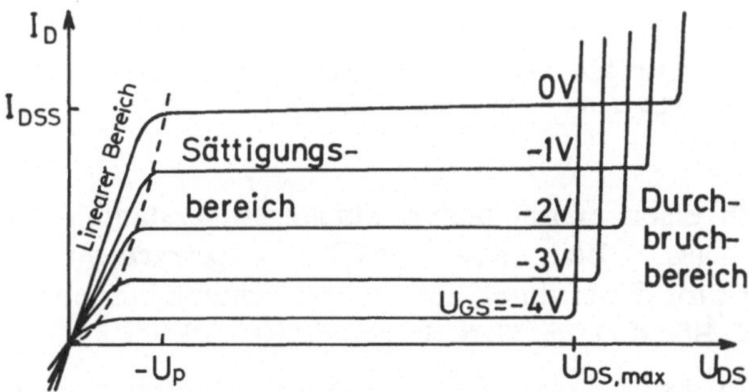

Bild 4.23 Ausgangskennlinie eines n-FET. Gestrichelt der Verlauf der Sättigungsspannung [0.1]

Auf der rechten Seite des Sättigungsbereiches, Bild 4.23, erkennt man den Durchbruchbereich [$U_{CB,max}$], bei welchem der FET zerstört wird. $U_{DS,max}$ ist der wichtigste Grenzwert des FET.

Auf der linken Seite geht der Sättigungsbereich in den **linearen Bereich** über. Dort ist der FET ein **steuerbarer (ohmscher) Widerstand**. In der Tat ist dort die *U-I*-Kennlinie der Drain-Source-Strecke eine Gerade durch den Nullpunkt, deren Steigung (Widerstandswert) durch U_{GS} verändert werden kann.

Die **gewöhnlichen** Transistoren, die gemäß Bild 4.18, aus zwei *entgegengesetzt* gepolten Dioden bestehen, nennt man auch **bipolare Transistoren**. Im Unterschied dazu bestehen die **Feldeffekttransistoren** aus *gleichgepolten* Diodenstrecken, weshalb man sie auch als **unipolare Transistoren** bezeichnet:

bipolar = gewöhnlich (npn oder pnp)
unipolar = FET (n-FET oder p-FET).

Die Unterschiede der verschiedenen FET-Typen beeinflussen hauptsächlich die Arbeitspunkteinstellung. Bild 4.24 zeigt die Source-Schaltung mit Strom-Gegenkopplung in Analogie zur Bild 4.11. Da kein Gate-Strom fließt, ist das Gate gleichspannungsmäßig durch R_1 auf Nullpotential gelegt. Der fließende Source-Strom bewirkt an R_2 einen Spannungsabfall, so daß die Source auf positivem Potential liegt. Durch geeignete Wahl von R_2 kann die geforderte *negative* Gate-Source-Spannung U_{GS}, d.h. der gewünschte Arbeitspunkt, eingestellt werden.

Wechselspannungsmäßig liegt am Gate die Eingangsspannung u_E, vermittelt durch den Hochpaß (C_1 , R_1). Die Source liegt (wechselstrommäßig) auf Nullpotential, so daß eine **Source-Schaltung** vorliegt. Die Ausgangsspannung wird durch Spannungsabfall am Drainwiderstand R_D erzeugt, welche durch C_3 vom speziellen Arbeitspunkt wieder abgekoppelt wird.

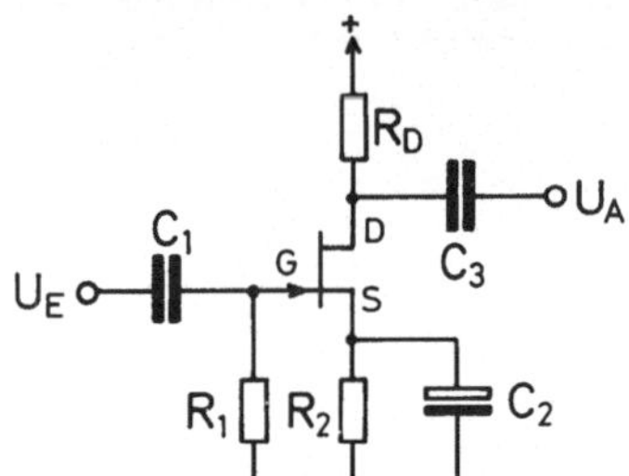

Bild 4.24 Vorspannungserzeugung beim selbstleitenden FET durch Stromgegenkopplung [0.1]

Die Fets zeichnen sich durch einen enorm hohen **Eingangswiderstand** (verschwindender Gatestrom) aus. Bei den **JFETs** (**Sperrschichtfets**, J = junction = Sperrschicht) wird dieser durch eine in Sperrichtung betriebene Diode, welche im Schaltsymbol, Bild 4.21, am Gate dargestellt ist, realisiert.

Bei den **MOSFETs** (MOS = Metall-Oxid-Semiconductor) erreicht man mit einer dünnen, hochisolierenden SiO_2-Schicht, welche im Schaltsymbol, Bild 4.21, als Unterbrechung am Gate angedeutet ist, Werte für den Eingangswiderstand bis zu $10^{15}\,\Omega$.

Dieser hohe Eingangswiderstand, der Gateströmen von einigen fA (= Femtoampère = 10^{-15}A) entspricht, hat in der Meßtechnik hochohmiger (d.h. "schwacher") Spannungsquellen große Bedeutung. Er erlaubt auch hochintegrierte Bauteile (Chips) bestehend aus mehreren hunderttausend von Transistoren bei geringster Stromaufnahme herzustellen.

Der hohe Eingangswiderstand hat aber auch Nachteile: Elektrostatische Aufladungen, welche nicht abfließen können, erzeugen Gatespannungen U_{GS} und U_{GD}, welche die maximal zuläßigen Werte von 20 bis 100V überschreiten und zur Zerstörung des FETs führen. Der Bauteil ist also ein **ESD** (electrostatic discharge sensitive device).

Bei der Handhabung von MOS-Transistoren und MOS-Chips sind deshalb besondere Vorsichtsmaßnahmen notwendig.

Die Chips werden beim Transport mit ihren Pins in graphitisierten (d.h. leitenden) Schaumgummi gesteckt. Vor Berühren der Pins sollte man sich erden, z.B. durch eine kurze Berührung von Metallteilen der Zentralheizung. Dadurch kann elektrostatische Ladung des Körpers, die durch Schritte (Reibung von Gummischuhen an PVC-Bodenbelägen) entstehen, abfließen. Beim Einbau sollte Lötkolben, Arbeitsfläche und Platine geerdet sein. Der Bauteil kann auch beschädigt werden, wenn er sich auf einer Platine befindet und ein empfindlicher Pin an eine berührbare Stelle führt. Lederschuhe und Baumwollkleidung sind Gummischuhen und Syntetics vorzuziehen.

Zum Schutz der MOS-Eingänge werden meist Eingangs-Schutz-Z-Dioden in den Chip integriert. Dadurch verschlechtern sich allerdings die Eingangswiderstände auf die Werte von JFETs. Für solch geschützte Eingänge sind die oben aufgezählten Vorsichtsmaßnahmen i.A. nicht erforderlich.

Bei Mosfets gibt es noch einen vierten Anschluß, das **Substrat** (bulk, body). Wenn es herausgeführt ist, wird es meist mit S verbunden.

Wir erwähnen noch weitere Unterschiede zwischen bipolaren Transistoren und den Fets. Die Eingangskennlinie, Bild 4.22, ist bei den Bipolaren eine Exponentialfunktion, bei den Fets eine Parabel. Die Steilheit und damit die Verstärkung pro Stufe ist bei Fets wesentlich geringer.

Die Stromverstärkung hängt bei FETs stärker vom Arbeitspunkt ab, so daß ihre Verwendung in Analog-Schaltungen beschränkt ist. Auch die Exemplarsteuungen und die Temperaturdrifts sind bei den FETs wesentlich größer als bei den Bipolaren.

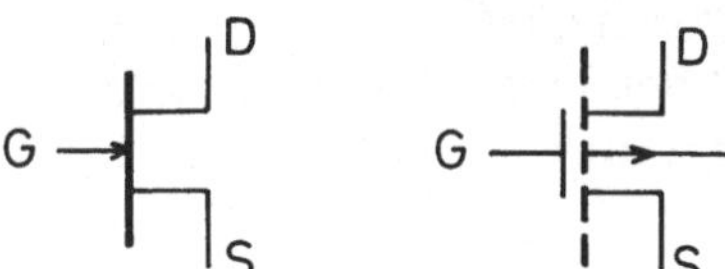

Bild 4.25 Symmetrisches Schaltsymbol für JFET und MOSFET

Die FETs sind weitgehend symmetrisch gegenüber einer Vertauschung von Source und Drain. Dies wird manchmal im Schaltsymbol, Bild 4.25, explizit zum Ausdruck gebracht. Bei n-FETs ist einfach diejenige Elektrode die *Source*, welche auf negativerem Potential als die andere ist.

4.14 Halbleiterphysik

Den inneren physikalischen Aufbau von Transistoren darzustellen, geht über den Rahmen dieses Lehrbuches hinaus. Dennoch wollen wir wenigstens qualitativ die wichtigsten Zusammenhänge und Begriffe erläutern, da in Datenblättern häufig darauf bezug genommen wird.

Die **Atome** bestehen aus einem positiv geladenen **Atomkern**, um den die negativ geladenen **Elektronen** kreisen. Nach der **Quantenmechanik (Heisenbergsche Unschärferelation)** bewegen sich diese weniger wie die Planeten um die Sonne, sondern vielmehr in Form von Ladungswolken, welche nur die Aufenthaltswahrscheinlichkeit der Elektronen angeben.

Wenn das Atom nicht durch äußere Einflüsse, z.B. Stöße der Wärmebewegung, angeregt wird, befindet es sich im Zustand niedrigster Energie (**Grundzustand**, `ground state`). Auch die gegenseitigen Abstände der Elektronen sind dabei so, daß die elektrostatische Energie infolge ihrer Abstoßung niedrig ist. Das ist meist ein **Zustand hoher Symmetrie**.

So sind die kernnahen Elektronen in sogenannten **abgeschlossenen Schalen** (`closed shells`) in einem Zustand hoher Symmetrie, der von außen kaum mehr verändert werden kann.

Nur die äußersten Elektronen, welche einer unvollständigen Schale angehören, versuchen sich mit entsprechenden Elektronen der Nachbaratome so zu arrangieren, daß dabei energetisch möglichst günstige Konfigurationen entsstehen. Das ist die Ursache der **chemischen Bindung** von Atomen zu Molekülen, aber auch für die Anordnung in Form symmetrischer Kristalle.

Diese äußeren Elektronen nennt man **Valenzelektronen**, da sie die **chemische Wertigkeit** (`Valenz`) des Atomes verursachen.

Zur Bildung des symmetrischen kristallinen Zustandes werden meist nicht alle Valenzelektronen benötigt (**abgesättigt**), so daß pro Atom ein oder mehrere Elektronen übrig bleiben. Diese sind mit dem Atom so lose gekoppelt, daß sie nicht mehr einem bestimmten Atom zugehören und sich quasi frei im Kristall, der dann ein **Metall** ist, bewegen können. Man spricht von einem **freien Elektronengas**. Die Elektronen heißen **Leitungselektronen** (`conduction electrons`), da sie die elektrische Leitung des Metalles bewirken.

Im Gegensatz dazu steht der **Isolator**, bei dem durch die kristalline Bindung alle Valenzelektronen abgesättigt werden. Diese Elektronen können dann nur durch Einwirkung extrem hoher Kräfte (Durchschlagspannungen) in Bewegung versetzt werden.

Ein Spezialfall des Isolators ist der **Halbleiter** (`semiconductor`). Bei diesem sind die Bindungen, welche die Valenzelektronen eingegangen sind, so schwach, daß diese schon bei Zimmertemperatur durch die Wärmebewegung aufgebrochen werden können. Die dabei entstandenen **beweglichen Ladungsträger** (`carrier`) bewirken die elektrische Leitfähigkeit des Halbleiters. Diese ist stark temperaturabhängig und verschwindet am absoluten Nullpunkt. Sie liegt dem Zahlenwert nach etwa in der Mitte zwischen den Leitfähigkeiten von Metallen und eigentlichen Isolatoren, wovon der Name "Halbleiter" herrührt.

Der wichtigste Halbleiter ist **Silizium** (`Si`). Das Siliziumatom besitzt 4 Valenzelektronen. Weitere Halbleiter sind **Germanium** (`Ge`), **Selen** (`Se`) und **Galliumarsenid**.

Auch **Verunreinigungen** (`impurities`) im Si-Kristall bedeuten Störstellen, welche die Kristallbindungen aufbrechen und damit Ladungsträger erzeugen.

Technisch werden die Verunreinigungen in *gezielter* Weise dem Silizium zugeführt. Man spricht dann von **Dotierung**. Unerwünschte Verunreinigungen dürfen dann nur noch im Verhältnis 1 zu 10^{10} Siliziumatome vorkommen. Diese außerordent-

lich hohe Reinheit war eines der Hauptschwierigkeiten bei der Entwicklung der
Halbleiterbauteile.

Zur Dotierung verwendet man **Phosphoratome**, welche 5 Valenzelektronen haben. Jedes Phosphoratom, das anstelle eines Siliziumatomes im Kristallverband
sitzt, liefert ein überflüssiges und damit leicht bewegliches Elektron.

Diese Ladungsträger nennt man **extrinsic**, im Gegensatz zu den oben besprochenen **intrinsischen**, welche schon bei reinem Silizium infolge der Wärmebewegung und der Störstellen im Kristall vorhanden waren.

Bei Halbleiterbauteilen ist die intrinsische Leitfähigkeit *unerwünscht*. Sie ist Ursache der **Sperrströme**, welche mit wachsender Temperatur stark ansteigen. Auch
unerwünschte Verunreinigungen und nicht perfekte Einkristallstruktur erhöhen
die intrinsische Leitfähigkeit und damit die Sperrströme.

Eine andere Möglichkeit der Dotierung verwendet **Aluminium**, welches 3 Valenzelektronen besitzt. Bei jedem Aluminiumatom fehlt dann ein Valenzelektron, das
zur perfekten Kristallbindung erforderlich wäre. Es befindet sich dort ein sog.
Loch (hole), nämlich ein fehlendes Elektron. Die Lage des Loches liegt nicht
eindeutig fest. Vielmehr kann auch eines der vier Valenzelektronen eines Siliziumatomes in das Loch springen und dabei ein Loch bei dem Siliziumatom zu-
rücklassen.

Anstatt zu sagen, ein Elektron mit negativer Ladung sei nach rechts gewandert,
kann man auch die formale Auffassung vertreten, es sei ein positiv geladenes Loch
nach links gewandert.

Diese zweite Auffassung ist vorallem dann sinnvoll, wenn man die Leitfähigkeit
solcher mit Aluminium dotierter Halbleiter betrachtet. Diese ist nämlich nicht der
Zahl der Valenzelektronen, derer es genügend gibt, sondern der Zahl der Löcher
und damit der Zahl der Aluminiumatome proportional. Ohne Löcher gibt es in
solchen Materialien keine Leitfähigkeit, von der intrinsischen Leitfähigkeit einmal
abgesehen. Man spricht deshalb von **Löcher-Leitfähigkeit** oder **p-Leitfähigkeit** (p
von positiv, weil den Löchern eine positive Ladung zugesprochen werden muß).

Bei der Dotierung mit Phosphor hingegen spricht man von **n-Dotierung, n-Leitfä-
higkeit** bzw. **n-Material.**

4.15 Innerer Aufbau von Dioden

Bild 4.26 zeigt eine in Durchlaßrichtung gepolte Diode, welche durch den Kontakt
von p-Material mit n-Material entsteht. Die an der Kathode sich drängenden
Elektronen schieben die freibeweglichen Elektronen des n-Halbleiters zur
Grenzfläche (junction) und springen dort von Loch zu Loch durch den p-
Halbleiter und gelangen schließlich zur Anode.

Verwendet man eine formale Sprechweise, die zwar entbehrlich ist, aber sehr häufig verwendet wird, so behauptet man, ein Loch fließe von der Anode durch das p-Material bis zur Grenzfläche und vereinige (**annihiliere**) sich dort mit den ankommenden Elektronen.

Bild 4.27 zeigt eine **sperrende Diode**. Wir betrachten zunächst den Fall, daß die angelegte Spannung null ist. Die für die Kristallbindung überflüssigen, und damit frei beweglichen Elektronen des n-Materials in der Nähe der Grenzschicht fallen dabei in die Löcher des benachbarten p-Materials. Dabei entsteht eine positiv geladene Schicht auf der n-Seite, eine negativ geladene Schicht auf der p-Seite.

Als die positiven Ladungen kann man sich die gegenüber Silizium um eine Elementarladung positiveren Phosphoratomkerne vorstellen, während die negativen Ladungen die übergetretenen Elektronen sind.

Allzuweit können sich die positiven und negativen Ladungen nicht voneinander entfernen und die Grenzschicht kann nicht all zu breit werden, weil sich die entgegengesetzten Ladungen anziehen: Eine sehr breite Doppelladungsschicht würde eine große elektrostatische Energie bedeuten, die nicht aufgebracht werden kann.

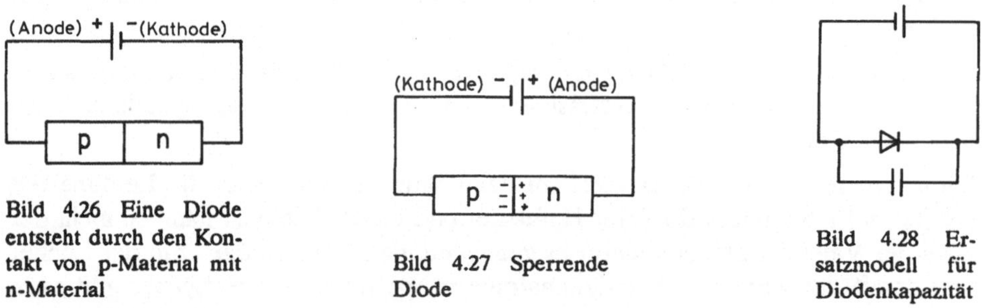

Bild 4.26 Eine Diode entsteht durch den Kontakt von p-Material mit n-Material

Bild 4.27 Sperrende Diode

Bild 4.28 Ersatzmodell für Diodenkapazität

Die Schicht ist gerade so breit, daß der Energiegewinn infolge der nun perfekten und völlig symmetrischen Kristallstruktur noch größer ist als die in der Doppelladungssicht enthaltene elektrostatische Energie.

Die Doppelladungsschicht enthält keine frei beweglichen Ladungsträger: die n-Schicht keine Elektronen und die p-Schicht keine (unbesetzten) Löcher. Wir haben eine **Sperrschicht** (`junction`) vor uns. Die Sperrschicht ist zu breit, als daß die Elektronen diese überspringen könnten. Erst bei Überschreitung der maximalen Sperrspannung wäre dies der Fall.

Bei Anlegen einer Sperrspannung, Bild 4.27, verbreitert sich die Sperrschicht sogar noch: Die an der Kathode sich drängenden Elektronen fließen bis zur Sperrschicht und verbreitern diese.

Die Sperrschicht wirkt wie die beiden Platten eines Kondensators. Das ist die Erklärung für die **Diodenkapazität**, für welche in Bild 4.28 ein Ersatzschaltbild angegeben wurde.

Polt man die Batterie um, so wird diese Ladung wieder abgeräumt. Das erfordert Zeit (die **Schaltzeit**), die um so größer ist, je größer die Diodenkapazität und je kleiner der von der Batterie aufbringbare Strom.

Man erkennt damit zwei Regeln, die vorallem bei schnellen, integrierten, logischen Schaltkreisen relevant sind: Eine Logikfamilie ist um so schneller, je mehr Strom sie aufnimmt (power/speed ratio), sie wird aber auch schneller durch Miniaturisierung, weil dann die internen Kapazitäten kleiner werden.

Der Energiegewinn infolge der perfekten Kristallstruktur an der Grenzschicht entspricht einer Spannung von *0,7V*. Wird diese von der Batterie in Durchlaßrichtung aufgebracht, so ist die Doppelladungsschicht völlig abgeräumt. Die Diode verhält sich wie ein sehr geringer ohmscher Widerstand bestehend aus einem p-dotierten und einem n-dotierten Halbleiter. Die Diodenkennlinie ist dort eine fast senkrechte Gerade.

Bringt die Batterie wenigstens *0,2V* in Durchlaßrichtung auf, so ist die Sperrschicht schon so weit abgeräumt, daß sie beginnt, durchläßig zu werden. Infolge der thermischen Bewegung gelingt es den schnellsten Elektronen die nun sehr dünne Sperrschicht zu überwinden. Um so heißer die Diode wird, um so mehr Elektronen wird dies gelingen. Das erklärt die in Bild 4.13 angegebene Temperaturabhängigkeit der Durchlaßkennlinie.

4.16 Innerer Aufbau von Transistoren

Unter den Transistoren wollen wir nur den am leichtesten verständlichen JFET besprechen. Beim n-JFET, Bild 4.21a, der dem npn-Bipolar entspricht, ist der **Kanal** (channel), d.h. die Drain-Source-Strecke, durch einen n-dotierten Halbleiter realisiert. Dieser Kanal ist nichts anderes als ein ohmscher Widerstand, der Drain-Source- Widerstand.

In Bild 4.29 fällt daran eine Drain-Source- Spannung von *1V* ab. Links und rechts vom Kanal ist der Si-Kristall p-dotiert, so daß der n-Kanal nur relativ schmal ist. Die beiden Anschlüsse der p-leitenden Schicht sind verbunden und bilden das Gate des Transistors.

Die n-p-Grenzschicht bildet eine Diode, welche im Schaltsymbol Bild 4.21a(a) dargestellt ist. Bei richtiger Anwendung des JFET muß diese *sperren*, indem am Gate z.B. das Potential *0V* anliegt, Bild 4.30. Da abgesehen von den geringen Sperrströmen aus dem Gate kein Strom fließt, befindet sich die ganze p-Schicht auf demselben Potential.

Die Sperrschicht einer Diode wird um so breiter, je größer die Sperrspannung über der Diode ist. Die Sperrschicht ist also in der Nähe des Drain am breitesten, Bild 4.30, und schnürt dort den Kanal beinahe ab.

Gezeigt ist der **lineare Bereich**, Bild 4.23. Die Breite des Kanals kann auf seiner ganzen Länge mit U_{GS} verändert werden. Die Drain-Source-Strecke stellt also einen veränderlichen Widerstand dar. Dieser Widerstand wird von geringen U_{DS}-Änderungen kaum beinflußt.

Macht man $U_{GS} < U_P$, so ist der Kanal auf seiner ganzen Länge abgeschnürt; es fließt kein Drainstrom mehr.

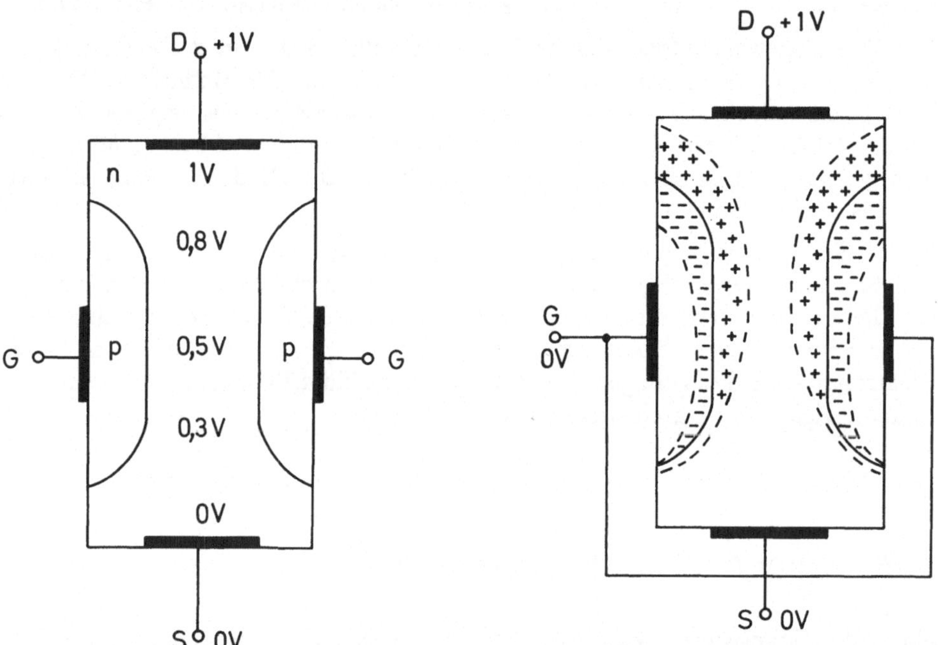

Bild 4.29 Innerer Aufbau eines n-Kanal JFET

Bild 4.30 Sperrschichten beim n-Kanal JFET im linearen Bereich

Läßt man $U_{GS} = 0$, erhöht aber U_{DS}, so werden sich die beiden Sperrschichten bei $U_{GS} = U_{GS,sat}$ gerade an einem Punkt berühren (**Abschnürung**, pinch-off). Der Widerstand der Drain-Source-Strecke wird im wesentlichen von der Abschnürstelle bestimmt. Eine weitere Erhöhung von U_{DS} würde zwar bei gegebenem Drain-Source-Widerstand den Drainstrom erhöhen. Gleichzeitig wird aber auch der abgeschnürte Bereich länger, dieser Widerstand also größer. Man hat nun die **Geometrie** gerade so eingerichtet, daß sich diese Effekte kompensieren und der nahezu horizontale Verlauf der Ausgangskennlinie, Bild 4. 20a im Sättigungsbereich zustande kommt.

Eine wirkliche Erklärung kann durch diese qualitativen Betrachtungen nicht erreicht werden. Eine Analogie mag jedoch hilfreich sein: Marschiert eine Menschenmenge durch ein breites Tor, so ist die Zahl der pro Sekunde durchtretenden Menschen [Drainstrom] proportional zur Breite des Tores und zur Geschwindigkeit der Menschenkolonne. Verringert man jedoch die Breite des Tores unter einen kritischen Wert, so hängt der Durchfluß nicht mehr von der ursprünglichen Geschwindigkeit der Menschen ab, da diese durch Ellbogenkämpfe am engen Tor in "Wärmebewegung" verwandelt wird.

4.17 Fabrikationsprozesse

Bei dem in {4.16} besprochenen Transistor wechseln n-dotierte und p-dotierte **Schichten** ab. Man spricht von **Planartechnik**. In dem Beispiel stellt man zunächst ein n-dotiertes Siliziumplättchen (**wafer** = Waffel) her. Dieses bildet das sog. **Substrat**, auf dem die p-dotierten Schichten aufgebracht werden.

Dies geschieht mit der Technik der **Epitaxie**. Dabei werden die zur p-Dotierung verwendeten Atome als ein Gas unter einem bestimmten Druck mit dem Substrat in Berührung gebracht. Der Wafer wird dabei in einem Ofen beinahe auf Schmelztemperatur gebracht, so daß die Gasatome in das Substrat **eindiffundieren** und dort eine p-dotierte Schicht bilden.

Zuvor wird auf das Substrat ein Schutzlack aufgebracht, welcher die Diffusion verhindern kann. Durch Belichtung kann der Schutzlack selektiv zerstört werden. Ein photographischer Film, die sog. **Maske**, wird bei der Belichtung auf den Wafer gelegt. Der Schutzlack wird dann nur dort zerstört, wo eine p-dotierte Schicht gewünscht wird.

Transistoren können am leichtesten hergestellt werden, während Widerstände mehr Platz beanspruchen. Auch kann der Widerstandswert schlecht garantiert werden. Dies muß schon bei der Konzeption der Schaltung berücksichtigt werden. Spulen können nur mit niedrigen Induktivitäten realisiert werden.

Da die Diffusionsprozesse noch einige Zeit andauern, zeigen die Bauteile das Phänomen der **Alterung**. Um die besonders große Anfangsalterung vorwegzunehmen kann der Bauteil in einem Ofen ausgehärtet werden (burn in). Ebenso kann die Wirkung von radioaktiver Strahlung vorweggenommen werden (radiation hardening).

Nach Möglichkeit wird die Schaltung aus einem einzigen Block Silizium (wafer), d.h. **monolithisch**, hergestellt.

Da die verschiedenen Herstellungsverfahren unterschiedliche Vor- und Nachteile haben, muß ein Bauteil manchmal aus verschiedenen Teilen gefertigt und anschließend zu einem Bauteil verkapselt werden. Man spricht dann von einem **Hybrid**.

In beiden Fällen spricht man von einer **integrierten Schaltung** (IC = integrated circuit), weil sie viele Einzelbauteile in sich vereinigt.

Die Schaltung wird noch verpackt (encapsulated), meist mit Plastik (plastic package), mit Keramik (ceramic package) oder mit Glas (glas package). Die elektrischen Anschlüsse müssen nach außen geführt und an einen mechanisch stabilen Pfahl (**Pin**) am Gehäuse befestigt werden.

Die Pins können in Zweierkolonne angeordnet sein (dual inline package, **DIL**, **DIP**). Der ganze Bauteil (**Chip**) kann in eine **Lochplatine** eingesteckt und dort verlötet werden.

Für größere Stückzahlen verwendet man **gedruckte Schaltungen** (PC = `printed circuit, printed board, printed card`, **Karte**), welche die Verdrahtung auf einer kupferkaschierten Epoxyharzplatte (**Platine, Karte**) realiseren.

Das Epoxyharz ist ein Isolator. Die aufgebrachten Kupferbahnen stellen die Verbindungsleitungen dar.

Manchmal werden einige Verbindungen offen gelassen. Der Kunde kann sie durch **Drahtbrücken** (`jumper`) selbst verbinden und dabei eine gewisse Auswahl der Funktionsweise treffen.

Mehrere Platinen werden in einen Ständer (`rack, cage, chassis, cabinet`) eingeschoben. Eine einzelne Platine nennt man dann auch einen **Einschub** (**Karte, Steckkarte, Modul**). Die Verbindung der Einschübe geschieht meist durch eine querliegende Platine (`back plane`). Die Einschübe sind über einen mehrpoligen Stecker (`edge connnector`) mit der `backplane` verbunden.

In einem fertigen Gerät ist noch eine **Frontplatte** (`front panel`) mit **Anzeigen** (`displays`), Knöpfen (`knobs`), Schalter (`switches`), Tasten (`keys`) sowie ein Rückdeckel (`rear panel`) mit weiteren Steckern (`plugs`) vorhanden.

Eine Platine mag standarmäßig im Gerät vorhanden sein (`mother board`), während andere für spezielle Erweiterungen vom Kunden nachbestellt werden können.

Eine Karte kann als **Bausatz** (`kid`) bestellt werden, den der Kunde selbst zusammenbaut, oder er kauft die fertige Platine (`completely assembled and tested`). Module und Geräte werden aus Reklamegründen gewissen Kunden zum Ausprobieren zugesandt. Man spricht dann von einem `evaluation kid`.

Immer mehr setzen sich die **SMD** (`surface mounted devices`) durch, da sie sich für **Bestückungsautomaten** besonders eignen. Die SMD besitzen auf der Unterseite viele Füße, welche die Rolle der Anschlüsse spielen. Der Chip ist flach (`flatpack`). Er wird von einem Roboter richtig auf die Leiterplatine gelegt und dort provisorisch angeleimt. In einem anderen Arbeitsgang, etwa durch ein heißes Gas, wird eine bereits vorgefertigte Lötverbindung geschlossen.

Bei der **Entwicklung** (`prototyping`) werden die Chips auf einer vorläufigen Lochplatine (**Steckbrett**, `breadboard`) aufgebracht und verdrahtet (**freie Verdrahtung**). Die Verbindungen können verlötet werden.

Zuverläßiger ist jedoch die **Wrap-Technik**. Die Bauteile werden dabei auf spezielle Sockel (`sockets`) gesteckt. Mit einer speziellen **Wrapzange** können die Drähte um den Pin gewickelt werden.

Dadurch ist eine gegenüber der Löttechnik höhere Zuverläßigkeit garantiert. Eine Lötstelle kann nämlich eine **kalte Lötstelle** sein, bei der die zu verbindenden Hälften nur lose aneinanderliegen und einen Wackelkontakt darstellen.

Für den Entwurf einer Schaltung, z.B. für die Auslegung der Leiterbahnen (`layout`) wird immer mehr Computerunterstüzung verwendet (**CAM / CAD** = `computer aided manufactering, computer aided design`).

Es werden auch Bauteile nach Kundenwunsch (`custom design`) angefertigt. Dadurch können viele Standardbauteile durch einen einzigen ersetzt und damit Platz auf der Platine (`board space`) gespart werden.

5. Der Operationsverstärker

5.1 Allgemeines

Der Anwender von Transistoren hat gegen verschiedene Schwierigkeiten wie **Nichtlinearitäten, Exemplarstreuungen, Temperaturabhängigkeiten** etc. zu kämpfen. Wir haben im letzten Kapitel einige der Kunstgriffe dargestellt, wie man diese Probleme meistern kann. Mit dem Operationsverstärker, der aus mehreren Transistoren aufgebaut ist, werden dem Anwender diese Schwierigkeiten weitgehend abgenommen.

Ein **OP** (**Operationsverstärker**, `operational amplifier`) ist ein Verstärker, der innerhalb gewisser Bereiche und Genauigkeitsschranken ein ideales Verhalten zeigt. Man kann den Operationsverstärker verstehen und anwenden, auch ohne seinen Aufbau aus Einzeltransistoren zu kennen und ohne mit der Funktionsweise von Transistoren vertraut zu sein.

Bei einer Neuentwicklung wird man zunächst Operationsverstärker einsetzen, bevor man sich auf die Schwierigkeiten einer Transistorschaltung einläßt. Operationsverstärker haben jedoch im allgemeinen eine längere Umschaltzeit (niedrigere Grenzfrequenz), geringere Ausgangsleistung, höhere Stromaufnahme und einen höheren Preis.

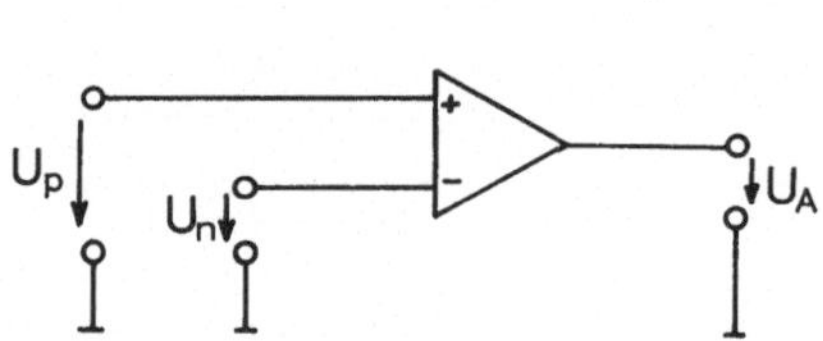

Bild 5.1 Operationsverstärker

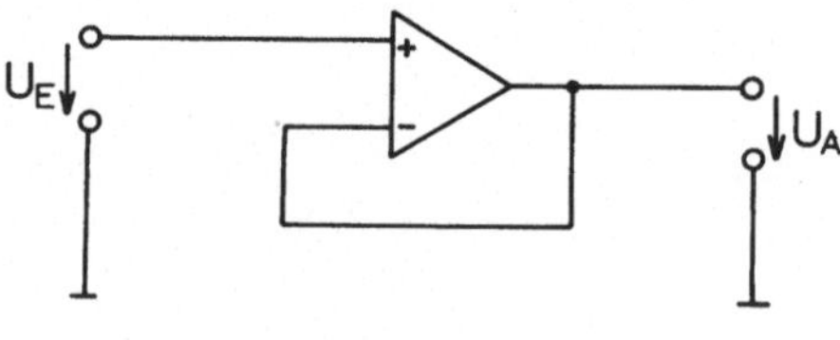

Bild 5.2 Operationsverstärker als Spannungsfolger (Impedanzwandler)

Ein Operationsverstärker, Bild 5.1, ist ein **Differenzverstärker**, d.h. die *Spannungsdifferenz* zwischen seinen beiden Eingängen (+ und -) wird verstärkt und als **Ausgangsspannnung**

$$U_A = k(U_P - U_n) \qquad (5.1)$$

an seinem Ausgang wiedergegeben. Seine beiden Eingänge werden als **positiver** und **negativer Eingang** unterschieden. Idealerweise fließt in den Eingang kein Strom (unendlich hoher Eingangswiderstand), und sein Ausgang kann einen beliebig hohen Strom liefern, d.h. die Ausgangsspannung U_A ist unabhängig von der Belastung des Ausgangs durch (5.1) gegeben (verschwindender Ausgangswiderstand).

Anstatt negativer (positiver) Eingang sagt man auch **invertierender** (nicht-invertierender) Eingang.

Die Verstärkung k ist sehr hoch, typischerweise 10^3 bis 10^6. Meist wird nur ein Minimalwert für k garantiert. Der tatsächliche Wert von k zeigt meist Exemplarstreuungen und Temperaturabhängigkeiten. Man verwendet denn meist auch nicht den unbeschalteten (open loop) Operationsverstärker, Bild 5.1, sondern beschaltet ihn mit einem **Rückkopplungsnetzwerk** (closed loop), Bild 5.2 und Bild 5.8, so daß die tatsächlich erreichte Verstärkung (closed loop gain) durch ein Widerstandsverhältnis bestimmt wird. k nennt man dann die **Leerlaufverstärkung** (open loop gain). *Idealerweise* wird k als unendlich angenommen.

In der einfachsten und vielleicht wichtigsten Anwendung dient der OP als **Impedanzwandler**, Bild 5.2. Ist $U_A = U_n < U_E = U_P$ so steigt U_A nach (5.1) bei großem k auf hohe Werte an. Infolge der **Rückkopplungsleitung** zwischen dem Ausgang und dem negativen Eingang steigt jedoch mit U_A auch das U_n. Die *Wirkung* (steigendes U_A) wirkt also der *Ursache* (positives U_P-U_n) *entgegen*. Die **Rückkopplung** (feed back) ist also eine **Gegenkopplung** (negative feed back). U_A kann also nur solange steigen bis $U_A = U_E$ geworden ist.

Ist andererseits anfänglich $U_A = U_n > U_E = U_P$, so sinkt U_A nach (5.1) auf negative Werte. Infolge der Gegenkopplung kann aber U_A nur solange sinken, bis $U_A = U_E$ erreicht ist.

Man kann dieses Ergebnis, das wir uns soeben qualitativ überlegt haben, auch rechnerisch herleiten: (5.1) lautet $U_A = k(U_E-U_A)$, woraus

$$U_A = k/(1+k) \cdot U_E \tag{5.2}$$

folgt. Für große k bedeutet dies tatsächlich $U_A = U_E$.

Die Schaltung realisiert also einen **Spannungsfolger** (voltage follower). Sie dient nicht der **Spannungsverstärkung** (closed loop gain=1), sondern der **Impedanzwandlung**: Ohne den OP hätte man nur die Signalspannungsquelle U_E mit ihrem meist hohen Innenwiderstand. Der OP belastet diese Spannungsquelle mit einem verschwindend kleinen Strom und stellt diese Spannung unverändert, jedoch mit verschwindend kleinem Ausgangswiderstand als U_A zur Verfügung. Zusammen mit dem nachgeschalteten Spannungsfolger kann die Signalspannungsquelle nun auch hohe Ströme liefern.

Der Impedanzwandler ist so wichtig, daß man auch ein vereinfachtes Schaltsymbol, Bild 5.3, verwendet.

Man kann die Funktionsweise der Schaltung auch so verstehen: Der Operationsverstärker sorgt dafür, daß die Spannungsdifferenz zwischen seinen Eingängen
verschwindet. Es gilt also $U_A = U_E$.

Das setzt allerdings voraus, daß der OP *gegengekoppelt* ist, daß also eine Erhöhung der Ausgangsspannung infolge einer nicht verschwindenden Eingangsspannungsdifferenz diese Differenz vermindert. Der geschlossene Rückkopplungskreis
(closed loop) besteht aus dem OP und der Rückkopplungsleitung in Bild 5.2.

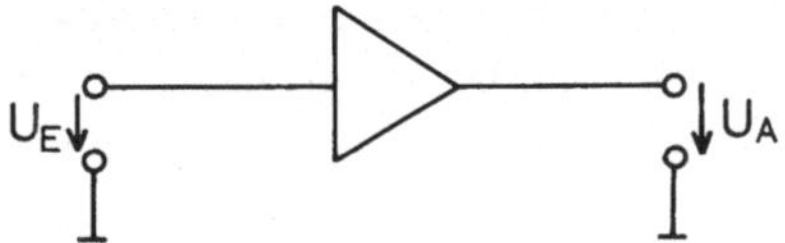

Bild 5.3 Vereinfachtes Schaltsymbol für den Spannungsfolger

Verletzt man diese Bedingung, etwa durch Vertauschen des positiven mit dem negativen Eingang, so ist die Rückkopplung eine **Mitkopplung** (positive feed
back). Zwar ist $U_A = U_E$ immer noch ein möglicher Zustand. Dieser ist jedoch
instabil: Durch irgend welche Störungen möge mal $U_A = U_p > U_E$ werden. Die
dadurch entstandene positive Spannungsdifferenz $U_p - U_n = U_A - U_E$ bewirkt noch
eine weitere Erhöhung von U_A. Im Falle eines *idealen* Operationsverstärkers
würde U_A sofort auf unendlich hohe Werte ansteigen.

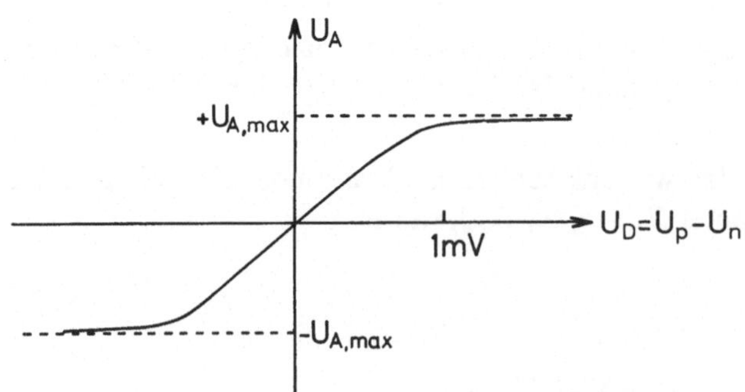

Bild 5.4 Ausgangsaussteuerbarkeit eines Operationsverstärkers

Realerweise kann die Ausgangsspannung betragsmäßig nur bis zur
Aussteuerungsgrenze (output voltage swing, maximum obtainable
output voltage) $U_{A,max}$ ansteigen. Die Gleichung (5.1) gilt also nur für $|U_A|$
$< U_{A,max}$. Das *reale* Verhalten wird also etwa durch Bild 5.4 wiedergegeben.

Ist die Ausgangsspannung außerhalb des durch (5.1) gegebenen **linearen Bereiches**, so nennt man den Verstärker **übersteuert**.

Goldene Regeln:
- Die Spannung zwischen den Eingängen eines OP ist null.
- In die Eingänge eines OP fließen keine Ströme.

Wir haben bisher die Anschlüsse des OP für die **Versorgungsspannungen (Speisespannungen)** $+U_s$, $-U_s$ nicht gekennzeichnet. Bei älteren OPs ist auch ein **Masseanschluß** erforderlich. Das hat dann den Nachteil, daß eine symmetrische Spannungsversorgung, die meist aufwendig ist, zur Verfügung stehen muß.

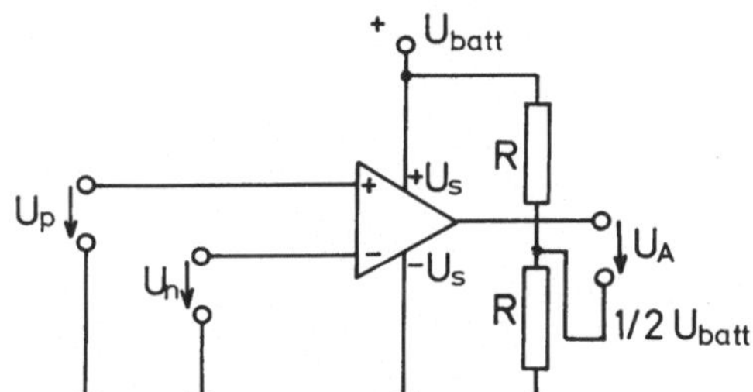

Bild 5.5 Operationsverstärker mit einer Versorgungsspannung

Modernere Typen benötigen nur *eine* Versorgungsspannung. Das U_A in (5.1) wird dann vom **Mittelwert** zwischen den an den Versorgungsanschlüssen ($+U_s$, U_s) liegenden Potentialen aus gemessen, Bild 5. 5. Bei modernen OPs darf U_{batt} zwischen weiten Grenzen, z.B. zwischen *3V* und *30V* variieren. Man spricht dann von einem großen **Versorgungsspannungsbereich** (`large power supply range`). Bei modernen Typen kann der Ausgang bis auf wenige Zentelvolt an die Versorgungsspannungspotentiale ausgesteuert werden.

Beim LM324 in der Anwendung von Bild 5.5 kann die Ausgangsspannung, gemessen relativ zur Erde, z.B. zwischen 0V und U_{batt}-1,5V liegen. Man spricht dann von einer großen **Aussteuerbarkeit** (`large output swing`).

5.2 Komparator

Eine Anwendung, die von der **Aussteuerungsgrenze** bewußt Gebrauch macht, ist der **Komparator**, Bild 5.6. Eine Vergleichsspannung wird an dem Spannungsteiler eingestellt. Die Schaltung *vergleicht*, ob die Eingangsspannung U_E größer oder kleiner als die Vergleichsspannung ist.

Am Ausgang hängt typischerweise eine logische Schaltung, welche Spannungen kleiner als 0,2V als logisch falsch (0) und Spannungen größer als 2,4V als logisch wahr (1), interpretiert.

Der positive und negative Eingang kann bei dieser Schaltung auch vertauscht werden, wodurch die Zuordnungen größer ～ wahr und kleiner ～ falsch verkehrt werden.

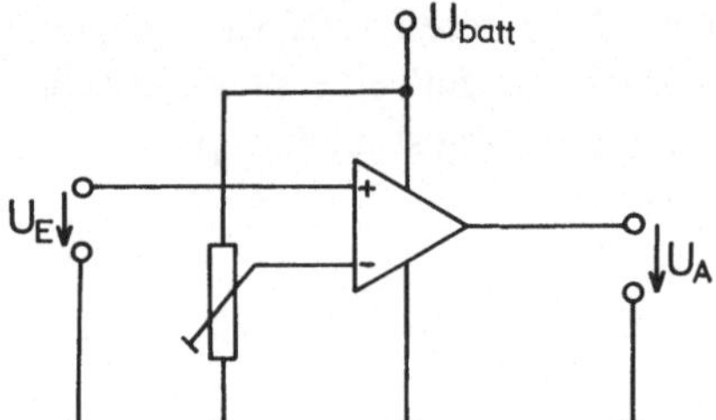

Bild 5.6 Komparator

5.3 Grundschaltungen

Nun kommen wir zu den beiden Grundschaltungen mit Operationsverstärkern, dem **Elektrometerverstärker**, Bild 5.7 und dem **Umkehrverstärker**, Bild 5.8. Sofern Gegenkopplung vorliegt, sorgt der Operationsverstärker dafür, daß an seinen Eingängen keine Spannungsdifferenz besteht (falls $k = \infty$).

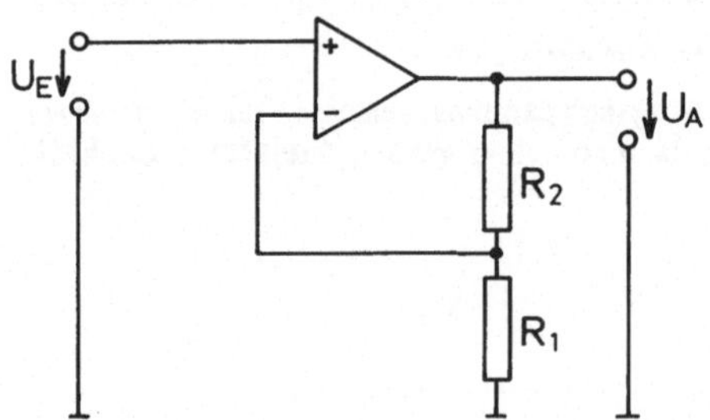

Bild 5.7 Elektrometerverstärker

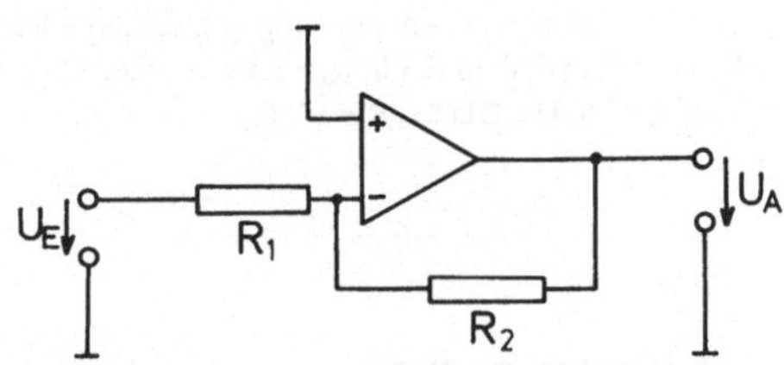

Bild 5.8 Umkehrverstärker

Im Falle des Umkehrverstärkers ist der negative Eingang des OP eine sog. **virtuelle Erde**. Eine virtuelle Erde ist stets auf Erdpotential aber dennoch - im Unterschied zu einer wirklichen Erdung an dieser Stelle - fließt kein Strom in diese Erde.

Da die Eingänge eines OP (*idealerweise*) keinen Strom ziehen, ist der Spannungsteiler R_1, R_2 unbelastet. Die Formel für den unbelasteten Spannungsteiler (gleicher Strom durch R_1 und R_2) lautet also

$$U_A/(R_1 + R_2) = U_E/R_1 \qquad \text{für Elektrometerverstärker} \qquad (5.3)$$

$$U_A/R_2 = -U_E/R_1 \qquad \text{für Umkehrverstärker} \qquad (5.4)$$

Die Verstärkung der beiden Schaltungen wird also durch ein *Widerstandsverhältnis* bestimmt. Beim Elektrometerverstärker ist die Verstärkung stets größer als eins. Beim Umkehrverstärker ist sie negativ.

Beim Elektrometerverstärker ist der Eingangswiderstand unendlich. Die Schaltung eignet sich deshalb als Eingangstufe eines Spannungsmeßgerätes, eines **Elektrometers**. Beim Umkehrverstärker ist der Eingangswiderstand mindestens $R_1 + R_2$. Offensichtlich ist der Spannungsfolger, Bild 5.2, ein Spezialfall des Elektrometerverstärkers, Bild 5.7.

Nun wollen wir uns überlegen, daß tatsächlich **Gegenkopplung** (und nicht *Mitkopplung*) vorliegt. Das kommt im wesentlichen dadurch zustande, daß ein Teil der Ausgangsspannung U_A an den *negativen* Eingang zurückgeführt (zurückgekoppelt) wird. Diese Rückkopplung erfolgt über den Mittelabgriff des Spannungsteilers R_1, R_2.

Nehmen wir etwa an, der negative Eingang sei noch auf einem höheren Potential als der positive Eingang. Dadurch beginnt U_A wegen (5.1) auf negative Werte abzusinken. Konstantes U_E vorausgesetzt, wird der Bruchteil $R_2/(R_1 + R_2)$ dieser Ausgangsspannungsänderung auf den negativen Eingang zurückgeführt. Das Potential des negativen Einganges wird also solange sinken, bis es gleich dem Potential des positiven Einganges geworden ist. Man mache sich klar, daß diese Eigenschaft verloren geht, wenn man in den Schaltungen *positiver* und *negativer* Eingang vertauscht.

Wir werden es im folgenden dem Leser selbst überlassen nachzuprüfen, ob die Bedingung der Gegenkopplung in den besprochenen Schaltungen erfüllt ist.

Beim Austesten einer Schaltung im Labor sollte man darauf achten, ob die Spannungsdifferenzen zwischen den Eingängen tatsächlich verschwinden.

Schaltungen mit OPs funktionieren nur bei Gegenkopplung: Eine Störung an einem Eingang muß so auf die Eingänge zurückwirken, daß die Eingangsspannungsdifferenz betragsmäßig wieder verringert wird.

Wir wollen uns im Falle des Umkehrverstärkers den Einfluß einer *endlichen* Leerlaufverstärkung k klar machen. Dann ist nämlich der negative Eingang nicht mehr auf Nullpotential sondern nach (5.1) auf dem Potential $U_n = U_A/k$. Anstelle von (5.4) gilt jetzt $(U_A - U_n)/R_2 = (U_n - U_E)/R_1$, d.h.

$$(U_A + U_A/k) / R_2 = (U_A/kU_E) / R_1 \quad . \qquad (5.4')$$

Für $k = \infty$ geht dies in (5.4) über.

5.4 Analoge Arithmetik ▪▪

Wir besprechen im folgenden weitere Schaltungen, welche **analoge Rechenoperationen**, d.h. Rechenoperationen an Spannungen (oder Strömen) durchführen. Mit
dem Elektrometerverstärker und dem Umkehrverstärker sind wir bereits in der
Lage, Spannungen mit positiven und negativen Konstanten zu multiplizieren.

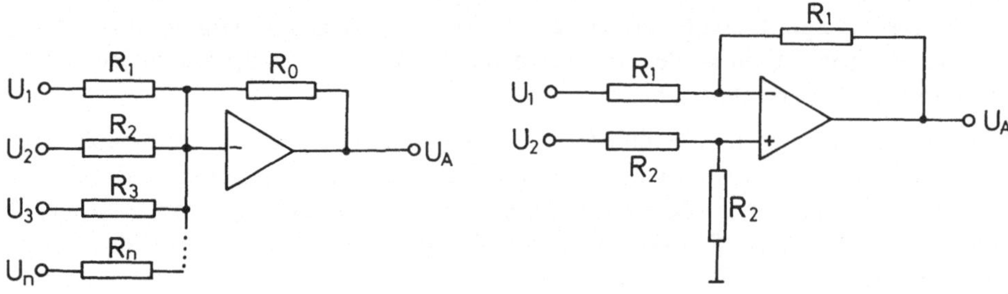

Bild 5.9 Umkehraddierer   Bild 5.10 Subtrahierer

Der Umkehrverstärker, kann zum **Umkehraddierer** verallgemeinert werden. Bild
5.9 zeigt das Schaltsymbol eines OP, bei dem der positive Eingang (intern oder
extern) auf Masse gelegt ist. Der negative Eingang ist also eine virtuelle Erde. Da
er keinen Strom zieht, fließt durch R_o die *Summe* aller Ströme, die durch $R_1, ... R_n$
fließen:

$$U_A/R_o = U_1/R_1 + U_2/R_2 + \cdots \qquad (5.5)$$

Wir wollen es dem Leser als Übung überlassen, nachzuprüfen, daß Bild 5.10 einen
Subtrahierer

$$U_A = U_2 - U_1 \qquad (5.6)$$

darstellt. Die Schaltung kann auch zu einem Mehrfachsubtrahierer verallgemeinert werden. Einen Subtrahierer könnte man auch durch Hintereinander-
schalten eines Umkehrverstärkers mit einem Addierer gewinnen.

Die schaltungstechnische Realisation eines **analogen Multiplizierers**, vorallem
wenn es sich um vorzeichengerechte Multiplikation, d.h. um einen sog. **Vierqua-
drantenmultiplizierer** handelt, ist aufwendig und soll hier nicht besprochen werden.

Bild 5. 11 zeigt das Schaltsymbol eines Multiplizierers und wie daraus ein
Dividierer aufgebaut werden kann. Der Multiplizierer multiplizert seine Eingangsspannungen U_1 und U_A und gibt deren Produkt als die Spannung $U_1 U_A/E$

aus. (Die Spannung E ist eine **Apparatekonstante** des Multiplizierers und ist schon aus Dimensionsgründen unvermeidlich.) Der OP sorgt für

$$U_2 = U_1 U_A/E, \tag{5.7}$$

die Ausgangsspannung ist also tatsächlich dem Quotienten U_2/U_1 proportional.

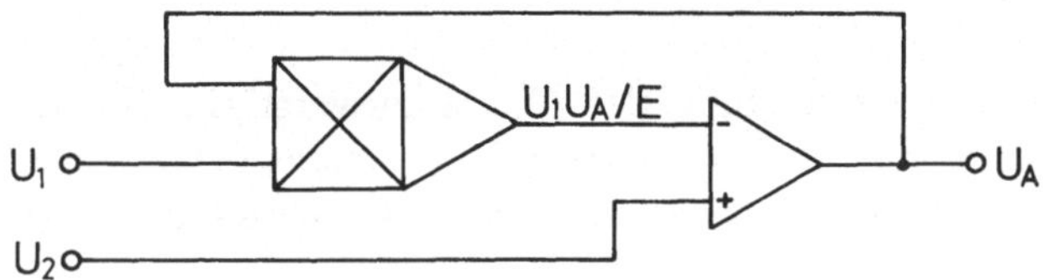

Bild 5.11 Aufbau eines Dividierers aus einem Multiplizierer

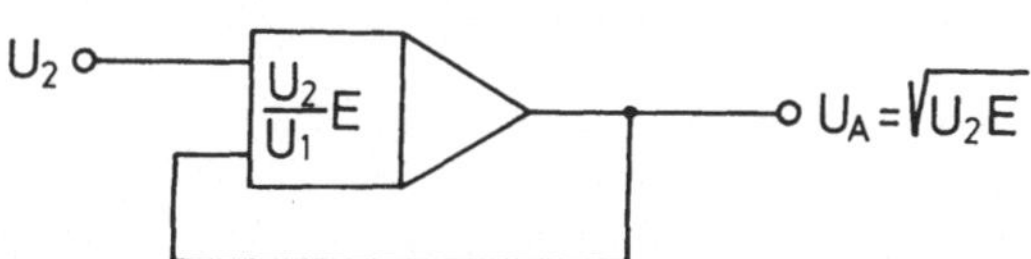

Bild 5.12 Aufbau eines Radizierers aus einem Dividierer

Bild 5.12 zeigt das Schaltsymbol eines Dividierers. Jeder Dividierer wird zum **Radizierer**, indem man den Divisoreingang mit dem Quotientenausgang verbindet.

Die Rechengenauigkeit von **Analogrechnern** läßt sich nicht beliebig steigern und hängt meist noch empfindlich vom Wert der Operanden ab. Ihre Anwendbarkeit ist, besonders auch durch die Existenz von Digitalrechnern, sehr beschränkt.

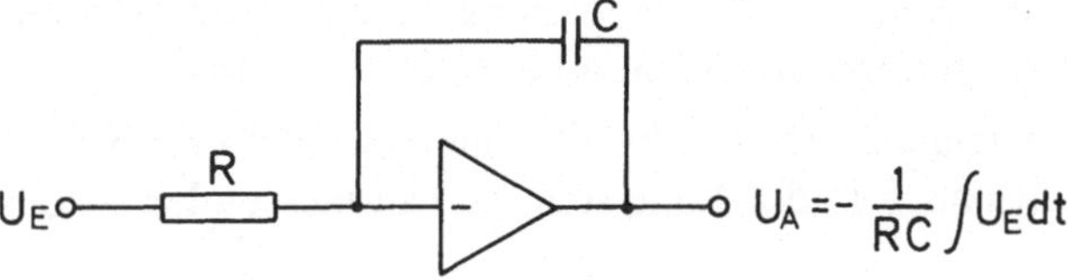

Bild 5.13 Umkehrintegrator

Eine häufige Verwendung findet jedoch der analoge **Integrator**, Bild 5.13. Der negative Eingang des OP ist eine virtuelle Masse (virtuelle Erde). Da der Strom durch R auf die linke Platte von C fließt, gilt: $U_E/R = dQ/dt$, wobei Q die Ladung auf der linken Platte ist. Die Ladung auf der rechten Platte ist dann $-Q$, und die Definition der Kapazität $U_A = Q/C$ liefert die in Bild 5.13 angegebene Formel.

Die Schaltung muß noch ergänzt werden durch einen (elektronischen) Schalter, der den Kondensator zu einer bestimmten Zeit entladen, d.h. $U_A = 0$ setzen kann.

Es gibt auch analoge **Differenzierer**. Ihre Performance (Verhalten, Leistungsfähigkeit) ist jedoch unbefriedigend.

Durch geschicktes Ausnüzten der Diodenkennlinie, die eine Exponentialfunktion darstellt, ist es möglich **Logarithmierer** und **Potenzierer** aufzubauen.

5.5 Instrumentenverstärker

Als nächstes besprechen wir die Anwendung der Operationsverstärker in der **Meßtechnik**. Wir hatten bereits den Elektrometerverstärker kennengelernt, der, einem **Voltmeter** vorgeschaltet, dieses sehr hochohmig macht. Gleichzeitig können kleine Spannungen verstärkt werden.

Die umgekehrte Aufgabe, eine sehr hohe Spannung zu messen, kann durch einen einfachen Spannungsteiler erledigt werden.

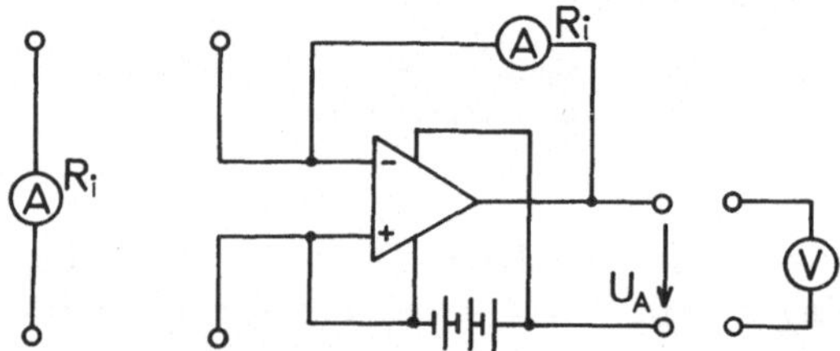
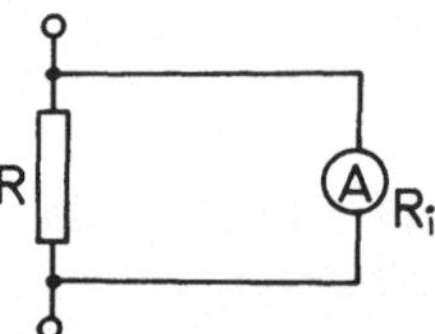

Bild 5.14 Ampèremeter mit sehr niedrigem Innenwiderstand [0.1]

Bild 5.15 Messung großer Ströme mit einem Shunt

Bild 5.14, links, zeigt ein **Ampèremeter** A mit einem möglicherweise zu großen Innenwiderstand R_i. Durch die Schaltung auf der rechten Seite der Figur kann ein Ampèremeter mit einem sehr kleinen Innenwiderstand aufgebaut werden.

Da das Meßinstrument erdfrei sein soll, werde der OP mit einer Batterie betrieben. Die Batterie muß allerdings auch in der Lage sein, den zu messenden Strom aufzubringen.

Über R_i an den negativen Eingang ist eine Gegenkopplung gewährleistet. Der OP sorgt also für verschwindende Spannung zwischen den Elektroden unseres neuen Meßinstrumentes. Dies ist gleichbedeutend mit einem verschwindenden Innenwiderstand.

Der zu messende Strom fließt von der oberen Elektrode über das Ampèremeter in den Ausgang des OP hinein. Von dort gelangt er über die untere Versorgungsleitung auf die untere Elektrode. Der Innenwiderstand R_i des internen Ampèremeters spielt keine Rolle mehr: Der Ausgang des OP stellt sich gerade auf ein solches Potential ein, daß durch R_i derjenige Strom getrieben wird, der zwischen den Elektroden fließen würde, wenn diese kurzgeschlossen wären. Da der negative Eingang des OP keinen Strom zieht, mißt das interne Ampèremeter den richtigen Strom.

Falls der zu messende Strom so klein ist, z.B. einige Picoampère, daß das interne Ampèremeter dazu nicht in der Lage ist, so ersetze man dieses durch einen geeigneten Widerstand R_i und messe die Ausgangsspannung des OP durch ein Voltmeter V. Es gilt nämlich $U_A = R_i I$, wobei I der zu bestimmende Strom ist.

Bei endlicher Leerlaufverstärkung k verschwindet die Spannung zwischen den Eingängen des OP nicht, sondern hat nach (5.1) betragsmäßig den Wert U_A/k. Der Innenwiderstand unseres Meßinstrumentes hat also den Wert $(U_A/k)/I = R_i/k$, anstatt ∞ wie im idealen Falle.

Die umgekehrte Aufgabe, einen sehr hohen Strom zu messen, kann durch einen einfachen **Shunt** (Abzweigung), Bild 5.15, erledigt werden. An den meist sehr kleinen Shuntwiderstand R werden jedoch besondere Anforderungen gestellt, da er hohe Ströme und eine hohe Verlustleistung verkraften muß und bei Erhitzung seinen Widerstandswert möglichst nicht erhöhen sollte. Der vom Ampèremeter mit Innenwiderstand R_i gemessene Strom läßt einen Rückschluß über den durch den Shunt geflossenen Strom zu.

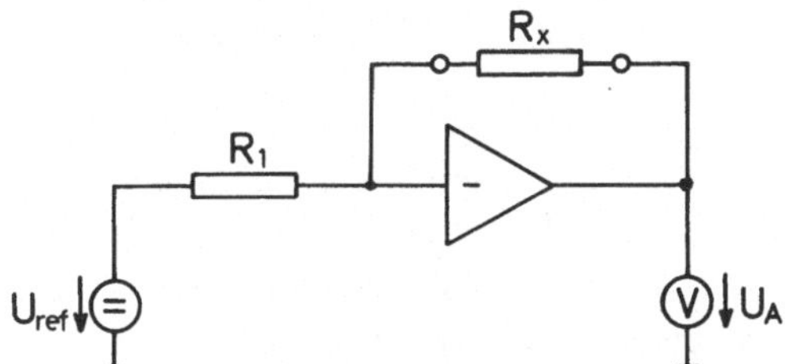

Bild 5.16 Ohmmeter [0.1]

Bild 5.16 zeigt ein **Ohmmeter**. Die Analyse seiner Funktionsweise werde dem Leser als Übung überlassen. Unter Verwendung einer Batterie kann es auch erdfrei betrieben werden.

In vielen Fällen möchte man eine **Spannungsdifferenz** messen. Man denke etwa an die Potentialdifferenz zwischen zwei Punkten einer Nervenzelle. Der in Bild 5.7 erläuterte Elektrometer erlaubt nur die Messung eines Potentials gegenüber der Erde. Die Verwendung zweier Elektrometer für die beiden Meßpunkte mit anschließender Differenzbildung kommt nicht in Frage, weil sonst die kleine zu messende Differenz innerhalb der Meßfehler des Minuenden und des Subtrahenden untergeht.

Zwar könnte man die Elektrometerschaltung mit Hilfe einer Batterie erdfrei betreiben. Das hätte aber immer noch den Nachteil, daß der eine Meßpunkt mit dem Erdsystem der Elektrometerschaltung (inklusive des OP) verbunden wäre. Da diese eine beträchtliche Kapazität gegenüber der Erde hat, könnte Störeinstrahlung das Potential des zu messenden Punktes erheblich verfälschen.

Man benötigt also echte **Differenzverstärker**, welche die *Differenz* zweier Eingangsspannungen als Spannung gegenüber Erde ausgeben. Nun sind aber OPs gerade solche Differenzverstärker. Sie haben aber den Nachteil, daß ihr Verstärkungsfaktor *k* nicht festgelegt ist, sondern nur als *sehr groß* garantiert wird.

Differenzverstärker, welche wie die OPs einen hohen Eingangswiderstand und gleichzeitig einen *wohldefinierten* Verstärkungsfaktor (z.B. *k = 1*) aufweisen,

heißen **Instrumentenverstärker** (`instrumentation amplifier`). Sie spielen
in der Meßtechnik eine große Rolle.

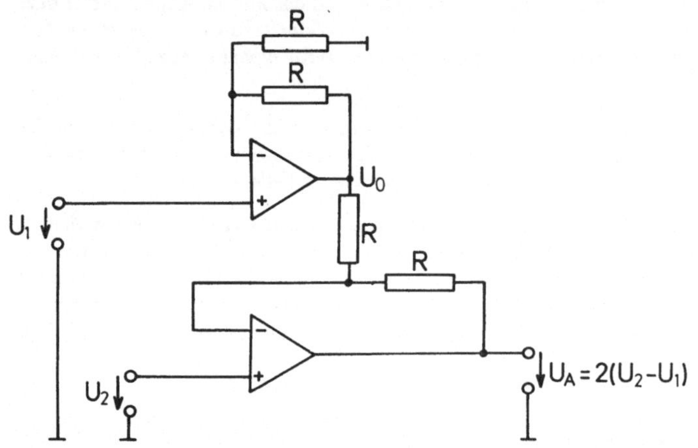

Bild 5.17 Instrumen-
tenverstärker aus
zwei Operationsver-
stärkern

Man kann sie aus zwei OPs aufbauen, Bild 5.17. Der unbelastete Spannungsteiler
aus den beiden oberen R liefert $U_o = 2U_1$. Der unbelastete Spannungsteiler aus
den beiden unteren R liefert $U_A\text{-}U_2 = U_2\text{-}U_o$. Beide Gleichungen zusammen ergeben dann $U_A = 2(U_2\text{-}U_1)$. Wir haben also einen Instrumentenverstärker mit der
Verstärkung $k = 2$ erhalten.

Durch andere Wahl der Widerstandswerte, können andere Verstärkungen gewählt werden. Es erweist
sich jedoch als sehr wesentlich, daß je zwei der vier Widerstände *exakt* gleich sind. Bei einem diskreten Aufbau des Verstärkers, können Trimmer verwendet werden. Es gibt jedoch auch integrierte Instrumentenverstärker. Bei der Herstellung von integrierten Schaltungen ist es leichter Transistoren
und Dioden als Widerstände zu erzeugen. Die Nominalwerte (Sollwerte) der Widerstände können nur
sehr ungefähr eingehalten werden. Vor der Verkapselung des Chips wird die Schaltung in Betrieb genommen. Einige kritische Widerstände können durch Laserlicht bestrahlt und so auf einen genauen
Sollwert eingestellt (**lasergetrimmt**) werden.

5.6 NIC-Schaltungen

Mit Operationsverstärkern können interessante **Zweipole** und **Vierpole** konstruiert
werden. Als Beispiele besprechen wir **negative Widerstände** und **verlustfreie Induktivitäten** von z.B. *100kHenry*, die mit Spulen nicht realisiert werden könnten.

Der Grundbaustein dazu ist ein **NIC** (`negative impedance converter`),
Bild 5.18. Er garantiert zwischen Eingang und Ausgang die Beziehungen:

$$U_A = U_E \tag{5.8a}$$
$$I_A = \alpha I_E \quad (\alpha > 0). \tag{5.8b}$$

Diese folgen aus der Tatsache, daß I_E durch R_p , I_A durch R_n fließt, und aus der Gleichheit der Potentiale an den Eingängen des OP. Es ergibt sich dabei $\alpha = R_p/R_n$. Wir haben dabei die übliche Konvention befolgt, Ströme positiv zu rechnen, wenn sie in den Bauteil hineinfließen.

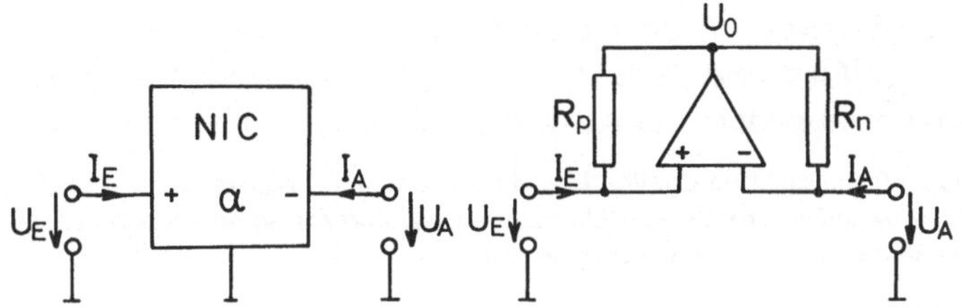

Bild 5.18 Schaltsymbol und Realisierung eines NIC ($U_A = U_E$, $I_A = \alpha I_E$) Nach [0.4]

Das Besondere am NIC ist aber gerade, daß der Strom, der am Eingang in den Bauteil *hineinfließt*, nicht gleich dem Strom ist, der am Ausgang *hinausfließt*, sondern sogar ein anderes Vorzeichen besitzt. Die Stromdifferenz wird vom Ausgang des OP, d.h. letztlich von den Versorgungsleitungen aufgebracht.

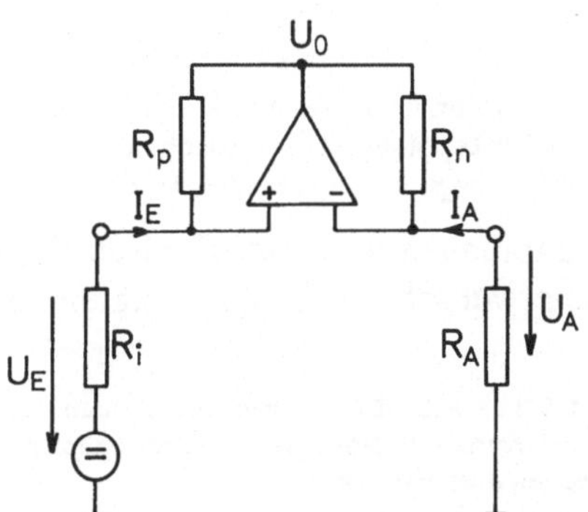

Bild 5.19 NIC als negativer Widerstand [0.4]

Die Ströme I_E und I_A *müssen* also z.B. an die Erde *zurückfließen können*, Bild 5.19, wo sie von den positiven und negativen Versorgungsspannungsquellen des OP an diesen zurückgeführt werden.

Wir fassen den NIC als einen **Vierpol** auf, bei dem zwei Pole auf Erde sind.

Der OP erfüllt seine Aufgabe, indem er seine Ausgangsspannung U_0 soweit absenkt, daß der durch (5.8b) geforderte Strom I_A durch $R_n + R_A$ getrieben wird. Die Signalspannung U_E muß dann auch so weit absinken, daß der vorausgesetzte Eingangsstrom I_E tatsächlich fließt. Das geht so weit, daß der am Ausgang mit R_A belastete NIC, Bild 5.19, am Eingang wie ein negativer Widerstand

$$R = -\alpha R_A \tag{5.9}$$

erscheint. Es gilt nämlich $U_\mathrm{B} = U_\mathrm{A} = -R_\mathrm{A}I_\mathrm{A} = -\alpha R_\mathrm{A}I_\mathrm{B}$. Der negative Widerstand kommt dadurch zustande, daß der OP den Strom gegen den "Willen" der Signalspannungsquelle durch diese zurücktreibt.

Unser negative Widerstand hat allerdings den Nachteil, daß seine eine Elektrode die Erde sein muß.

R_A kann auch durch eine Kapazität C oder Induktivität L ersetzt werden. Damit erhält man **negative Kapazitäten** bzw. **Induktivitäten**. Ganz allgemein dreht also der NIC das Vorzeichen der Impedanz am Ausgang, woher sein Name herrührt.

Der OP kann natürlich seine Aufgabe nicht unter allen Umständen erfüllen. In einem konkreten Anwendungsfall, z.B. Bild 5.19, ist darauf zu achten, daß U_o nicht auswandert (an seine Aussteuerungsgrenze $U_\mathrm{o,max}$ gelangt) und daß der OP noch gegengekoppelt ist.

Bei einer Erhöhung von U_o um u_o wird nämlich über R_n der Anteil $R_\mathrm{A}/(R_\mathrm{n}+R_\mathrm{A}) \cdot u_\mathrm{o}$ an den negativen Eingang *gegen*gekoppelt. Jedoch wird über R_P der Anteil $R_\mathrm{i}/(R_\mathrm{P}+R_\mathrm{i}) \cdot u_\mathrm{o}$ *mit*gekoppelt. Der OP ist insgesamt noch *gegen*gekoppelt, wenn ein positives u_o eine Verringerung von U_P-U_n nachsichzieht. Es bleibt dem Leser überlassen nachzuprüfen, daß dies zu den Einschränkungen

$$R_\mathrm{i} < \alpha R_\mathrm{A} \qquad\qquad\qquad (5.10a)$$
$$|U_\mathrm{B}| < U_\mathrm{o,max} R_\mathrm{A}/(R_\mathrm{A}+R_\mathrm{n}) \qquad\qquad (5.10b)$$

führt.

Das Übertragungsverhalten (5.8) des Vierpoles NIC ist völlig symmetrisch bezüglich einer Vertauschung seiner beiden Eingänge. Die Bedingung (5.10a) der Gegenkopplung ist dies jedoch nicht. Deshalb muß im Schaltsymbol, Bild 5.18, sein negativer und positiver Eingang unterschieden werden.

Negative R oder C werden z.B. benutzt, um Dämpfungen in Schwingkreisen (bedingt durch den R-Anteil in der Spule) oder unerwünschte Schaltkapazitäten zu kompensieren.

Ein NIC kann man auch als einen **Stromspiegel** (`current mirror`) bezeichnen, denn der herauskommende Strom (I_A) ist ein Spiegelbild des hereingelassenen Stromes (I_B). Die Stromspiegl, wie sie in Transistorschaltungen häufig vorkommen, entsprechen dem Fall $\alpha = -1$.

Ein weiterer Vierpol ist der **Gyrator**, Bild 5.20. Er hat das Übertragungsverhalten:

$$I_\mathrm{A} = U_\mathrm{B}/R_\mathrm{M} \qquad\qquad\qquad (5.11a)$$
$$I_\mathrm{B} = U_\mathrm{A}/R_\mathrm{M} \quad . \qquad\qquad\qquad (5.11b)$$

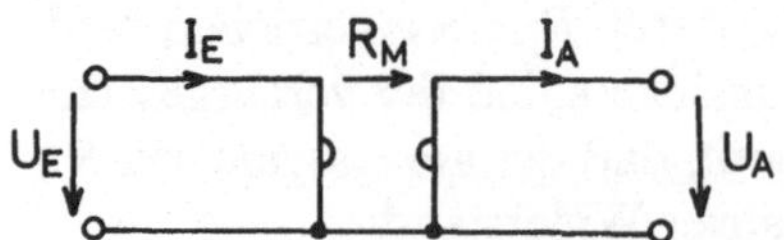

Bild 5.20 Schaltsymbol des Gyrators

Der Strom auf der einen Seite ist also der Spannung der anderen Seite proportional. Dies ist gegenüber dem Fall zweier isolierter Widerstände, wo der Strom der Spannung auf der gleichen Seite proportional wäre, *verdreht* (gyrate = kreisen).

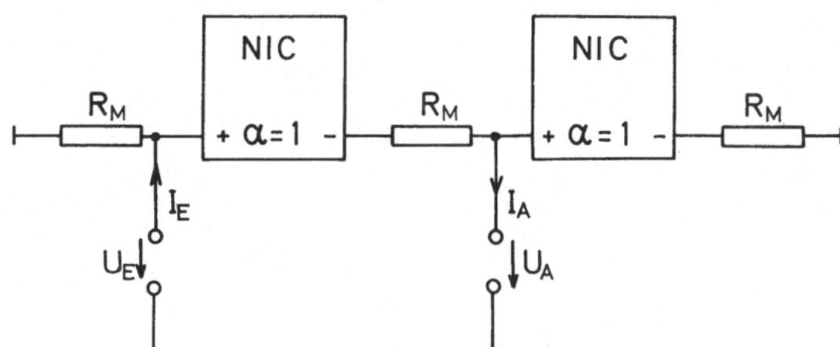

Bild 5.21 Gyrator aufgebaut aus zwei NIC

Der Leser möge nachrechnen, daß die Schaltung in Bild 5.21 einen Gyrator realisiert.

Hängt man am Ausgang des Gyrators eine Kapazität, d.h. gilt dort $I_A = CdU_A/dt$, so folgt aus (5.11) für den Eingang $U_E = LdI_E/dt$. Der so beschaltete Gyrator verhält sich also wie eine Induktivität

$$L = CR^2_M. \tag{5.12}$$

Solche Induktivitäten kann man in RC-Schwingkreisen einsetzen, um damit Perioden von mehreren Minuten zu erhalten.

5.7 Schwellwertdetektoren

Mit dem Komparator, Bild 5.6, haben wir bereits den wichtigsten Vertreter eines Schwellwertdetektors kennengelernt. Besonders lehrreich dürfte noch das Studium des **Schmitt-Triggers**, Bild 5.22 sein.

Auf einer Signalleitung komme das Eingangssignal U_E an, welches eigentlich nur die Werte $\pm U_o$ annehmen dürfte und in einer logischen Schaltung als ein/aus (wahr/falsch oder 1/0) interpretiert werden soll.

Infolge von Störungen sei dieses Signal aber **verrauscht**. Bild 5.24 zeigt eine Umschaltung von $+U_o$ nach $-U_o$, wie sie tatsächlich am Ende der Leitung als $U_E(t)$ ankommt. Die einfachste Lösung, die mit einem Komparator erledigt werden könnte, bestünde darin $U_E > 0$ als U_o und $U_E < 0$ als U_o zu interpretieren.

Bild 5.24 zeigt aber, daß die Rauschamplitude größer als U_o (jedoch kleiner als $U_o + U_S$) ist. Der Schmitt-Trigger hat ein Gedächtnis (memory), wodurch er weiß, ob er sich gerade im Zustand ein ($U_\circ$) oder aus ($-U_\circ$) befindet. Im Zustand ein interpretiert er erst $U_B < U_s$ als aus, während er im Zustand aus erst $U_B > U_s$ als ein interpretiert. *Allgemeiner* ist ein Schmitt-Trigger ein Komparator, der in seinen beiden Zuständen zwischen verschiedenen Pegeln (z.B. U_s und $-U_s$) diskriminiert.

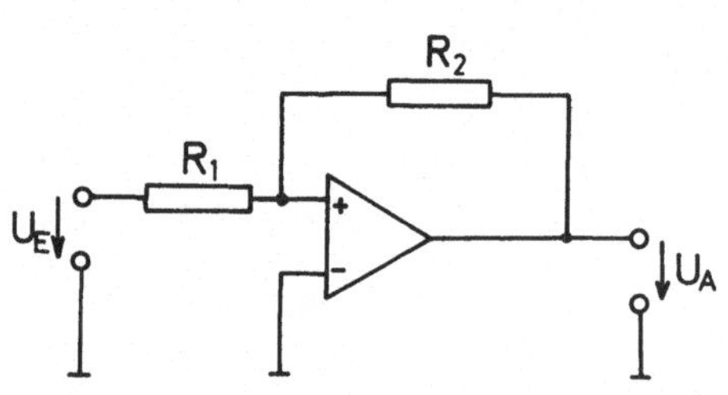

Bild 5.22 Mitgekoppelter OP als Schmitt-Trigger

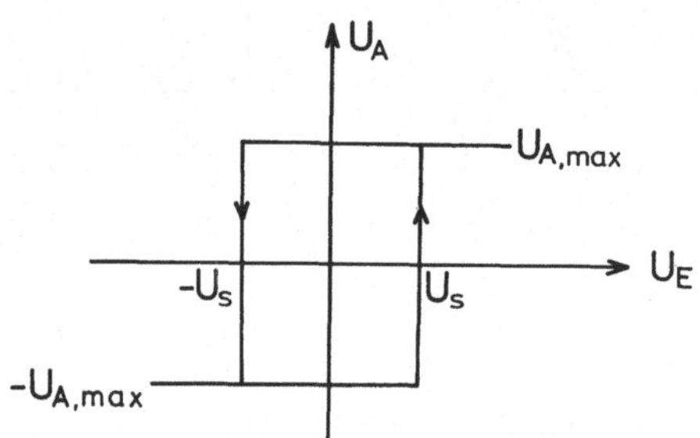

Bild 5.23 Hysterese des Schmitt-Triggers

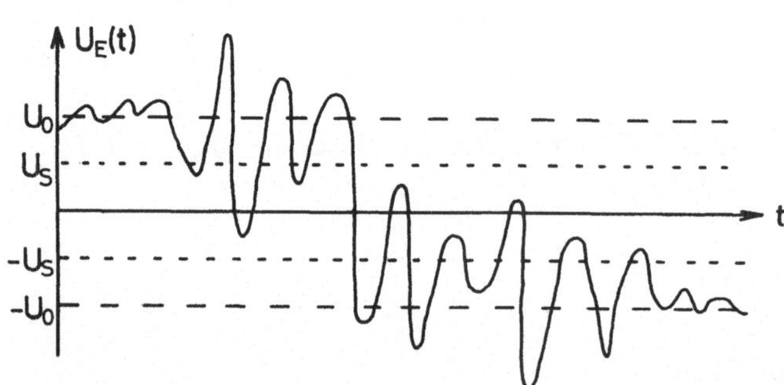

Bild 5.24 Verrauschtes logisches Eingangssignal

In Bild 5.22 wird ein *mit*gekoppelter OP verwendet. Der Zustand $U_P = U_n$ ist jetzt nicht stabil. Der OP wird vielmehr in eine der beiden Aussteuerungsgrenzen $+U_{A,max}$ oder $-U_{A,max}$ gehen. Diese sind die beiden stabilen Zustände des Schmitt-Triggers.

Befindet sich der Schmitt-Trigger im Zustand $U_A = +U_{A,max}$, so muß $U_P < 0$ also $U_B < -(R_1/R_2)U_{A,max}$ werden, bis der Schmitt-Trigger umkippt. Befindet er sich andererseits im Zustand $U_A = U_{A,max}$, so muß $U_P > 0$ also $U_B > (R_1/R_2)U_{A,max}$ werden, bis er zurückkippt. In dieser Realisierung, Bild 5.22, ist die Schwellspannung in den beiden Zuständen also

$$\pm U_s = \pm (R_1/R_2)U_{A,max} \quad . \tag{5.13}$$

In Bild 5.23 ist es unwesentlich, daß der negative Eingang auf Nullpotential liegt. Wählt man dafür ein anderes Potential, so verschieben sich die Schwellspannungen um diesen Betrag.

Die Übertragungscharakteristik des *Vierpol* Schmitt-Trigger hat die Form einer **Hysterese**, Bild 5.23: Die Ausgangsspannung U_A ist keine *eindeutige* Funktion der Eingangsspannung U_E mehr, sondern hängt noch von der *Vorgeschichte* ab. Der Vierpol hat ein Gedächtnis: Im oberen Zustand $U_A = + U_{A,max}$ kann sich U_A nur längs der Pfeilrichtung nach unten bewegen. Im unteren Zustand $U_A = -U_{A,max}$ ebenso nur in Pfeilrichtung nach oben.

5.8 Funktionsgeneratoren

Funktionsgeneratoren erzeugen, eventuell in Abhängigkeit von Eingangssignalen, gewisse zeitliche Spannungsverläufe wie **Sägezähne** und Sinusschwingungen. Obwohl dazu in der Praxis meist spezielle integrierte Bauteile eingesetzt werden, mag es lehrreich sein, an zwei Beispielen ihre Verwirklichung mit Operationsverstärkern zu besprechen.

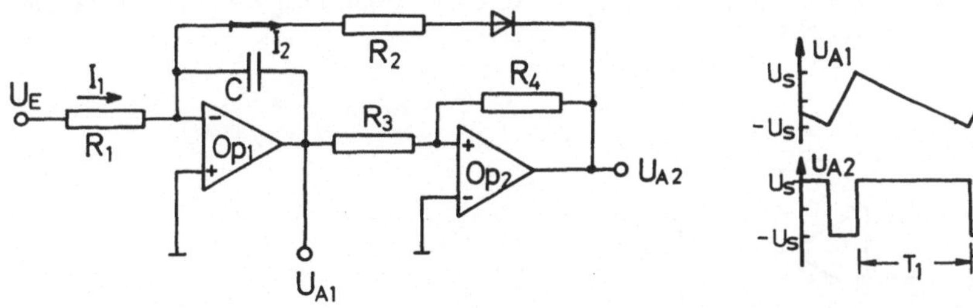

Bild 5.25 Sägezahngenerator [0.4]

Bild 5.25 zeigt einen **Rampengenerator** (**Sägezahngenerator**, `sawtoothgenerator`). OP1 ist ein Umkehrintegrator, OP2 ist ein Schmitt-Trigger, Bild 5.22.

Wir setzen $U_E > 0$ als konstant voraus. Wir beginnen im Zeitintervall T_1, zu dem sich der Schmitt-Trigger in seinem oberen Zustand $U_{A2} = U_{A,max}$ befindet. Die Diode ist also gesperrt: $I_2 = 0$. Die linke Kondensatorplatte befindet sich auf Nullpotential. Es fließt auf diese Platte der konstante Strom $I_1 = U_E/R_1$. Da aus Influenzgründen die rechte Platte die entgegengesetzt gleiche Ladung trägt, sinkt deren Ladung linear mit der Zeit. U_{A1} wird also linear mit der Zeit abnehmen. Wird $U_{A1} < -U_S$ (U_S = Schwellspannung des Schmitt-Triggers), so kippt dieser auf $U_{A2} = -U_{A,max}$.

Wir befinden uns jetzt im Zeitintervall T_2. Die Diode wird leitend. Es fließt der konstante Strom $I_2 = (U_{A,max}-0{,}6V)/R_2$. Die linke Kondensatorplatte wird also mit dem konstanten Strom I_2-I_1 entladen, was wiederum zur Folge hat, daß nun U_{A1} linear mit der Zeit ansteigt - solange bis $U_{A1} > U_S$ wird, der Schmitt-Trigger also wieder zurückkippt.

Das Beispiel lehrt, daß es durchaus sinnvoll sein kann, OPs mit Dioden (aber auch mit Transistoren) zu kombinieren.

Die Steigung der fallenden Rampe und damit T_1 sind zu U_B proportional: Falls R_2 klein, d.h. I_2 groß, ist T_2 klein. Die Periode von U_{A2} ist dann näherungsweise zu U_B proportional: Wir haben einen **spannungsgesteuerten Oszillator** (Spannungs-Frequenz-Umsetzer `voltage-frequency-converter, voltage controlled oscillator, VCO`).

Eine der wichtigsten Aufgaben eines Funktionsgenerators ist die Erzeugung einer **Sinusschwingung**. Bild 5.26 zeigt einen RC-Oszillator, bei dem die Frequenz durch die Kombination RC bestimmt wird.

Seine Funktionsweise wird am besten unter Verwendung komplexer Widerstände analysiert, deren Werte sich auf das Vorliegen einer bestimmten Kreisfrequenz Ω beziehen. Die Schaltung, Bild 5.26, zeigt einfach zwei unbelastete Spannungsteiler, deren Anschlüsse jeweils auf gleichem Potential liegen. Es gilt also

$$R_1/R_2 = Z_1/Z_2 \quad , \tag{5.14}$$

wobei nach den Formeln für Parallel- und Serienschaltung $1/Z_1 = 1/R + i\Omega C$, $Z_2 = R + 1/(i\Omega C)$ gilt. Diese Gleichungen können nur erfüllt werden, falls

$$\Omega = 1/\sqrt{(RC)} \tag{5.15}$$
$$R_2/R_1 = 2. \tag{5.16}$$

Spannungsteiler bezeichnet man auch als **Brücke**, die RC-Oszillatorschaltung nach Bild 5.26 nach ihrem Erfinder als **Wien-Brücke** (Wien bridge).

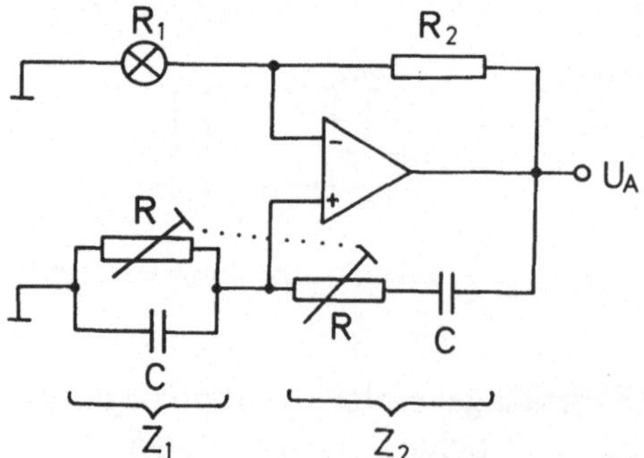

Bild 5.26 RC-Oszillator (Wien-Brücke)

Die Schaltung ist über den Spannungsteiler R_1/R_2 gegengekoppelt, jedoch über Z_1/Z_2 mitgekoppelt. In der positiven Halbwelle des Stromes überwiegt die Mitkopplung, in der negativen die Gegenkopplung, wodurch die Schwingung zustande kommt.

Wären Z_1 und Z_2 ohmsche Widerstände, so wäre (5.14) gerade die Bedingung, daß Rückkopplung und Gegenkopplung gleich groß wären. Im Komplexen (d.h. bei Vorliegen einer harmonischen Schwingung der Frequenz Ω) garantiert diese Bedingung, daß die Schwingung eine konstante Amplitude hat.

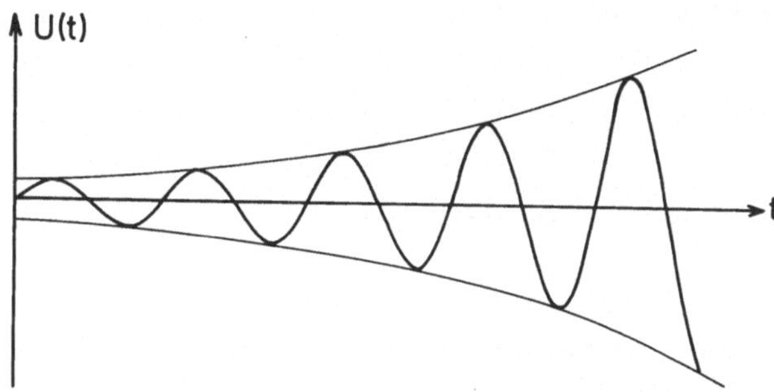

Bild 5.27 Schwingung mit exponentiell anwachsender Amplitude

Überwiegt die Mitkopplung (z.B. durch Verkleinern von R_1), so würde eine Schwingung mit exponentiell anwachsender Amplitude, Bild 5.27 entstehen. Bei Vergrößern von R_1 wäre die Schwingung exponentiell gedämpft.

R_1 und R_2 können nie so genau eingestellt werden, daß (5.16) exakt erfüllt ist. Damit hängt auch das **Problem des Anschwingens** zusammen: Bei Stromanschalten (power on) soll die Mitkopplung zunächst überwiegen, so daß die Amplitude hochgefahren wird.

Allgemeiner benötigt man eine automatische **Amplitudenregelung** (AGC = automatic gain control), welche die Amplitude auf einen eingestellten **Sollwert** regelt. In der Schaltung von Bild 5.26, verwendet man dazu für R_1 einen **Kaltleiter** z.B. eine Glühbirne.

Jeder gewöhnliche Widerstand ist ein Kaltleiter: Er leitet bei tiefer Temperatur besser, d.h. sein Widerstand steigt mit steigender Temperatur. Das Schutzgas in der Birne verhindert ein Verbrennen des Glühfadens (Wendel). Dieser Widerstand kann also so dimensioniert werden, daß er sehr heiß wird, wodurch seine Eigenschaften als Kaltleiter deutlich in Erscheinung treten.

Der Widerstand R_2 in Bild 5.26 steht in thermischem Kontakt mit der Umgebung. Seine Temperatur wird also näherungsweise Umgebungstemperatur behalten. Das Schutzgas sowie das schwache Leuchten der Glühbirne andererseits erlaubt nur einen sehr geringen Wärmeabtransport bei R_1. Die Temperatur der Wendel wird also der mittleren Amplitude der letzten paar Schwingungen entsprechen.

Der Nachteil der Schaltung, Bild 5.26, besteht darin, daß die Komponenten R und C zwei mal mit gleichem Wert vorliegen müssen. Eine Regelung der Frequenz ist also nur mit einem gekoppelten Drehpotentiometer oder Drehkondensator möglich.

Die Schaltung eignet sich nur für niedrigere Frequenzen, denn bei höheren Frequenzen wird nach (5.15) R bzw. C so klein, daß diese vergleichbar mit den parasitären Widerständen bzw. Kapazitäten der Schaltung werden.

Für höhere Frequenzen verwendet man LC-Oszillatoren. Der schwingungsbestimmende Schaltteil ist der in Bild 2.2 dargestellte LC-Schwingkreis, dessen Frequenz durch (2.7) gegeben ist. Die Spannung an L wird abgegriffen, mit dem Faktor k verstärkt und dem Schwingkreis wieder zugeführt.

Im stationären Zustand muß die Verstärkung $k = 1$ sein (**Schwingbedingung**). Beim Anschwingen muß $k > 1$ sein. Eine Amplitudenregelung muß auch hier dafür sorgen, daß oberhalb einer gewünschten Amplitude k wieder kleiner als 1 wird. Natürlich ist auch eine eventuelle Phasenverschiebung durch den Verstärker zu beachten

Da billige OPs nur für niedrige Frequenzen geeignet sind, wird man Transistorschaltungen einsetzen. Wir erwähnen dem Namen nach den **Meißner-Oszillator**, die **Hartley-Schaltung** und die **Colpitts-Schaltung**. Zur Amplitudenregelung wird meist die Tatsache ausgenützt, daß die Stromverstärkung B eines Transistors stark vom Kollektorstrom abhängt.

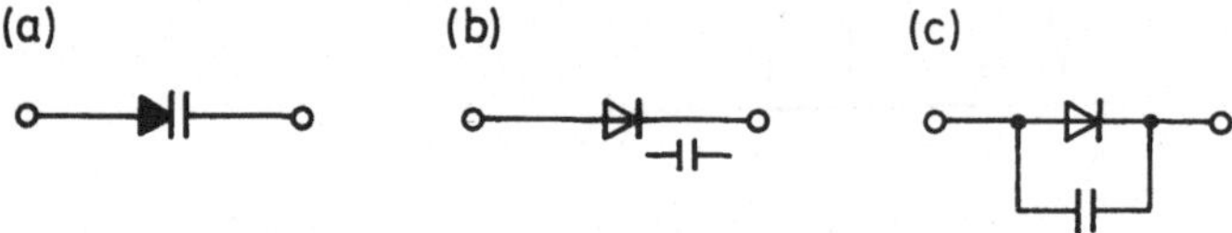

Bild 5.28 Älteres (a) und neueres (b) Schaltsymbol für Kapazitätsdiode (Varaktor) und Ersatzschaltbild (c). Das ältere Schaltsymbol (a) ist irreführend, weil die Diodenkapazität nicht in Serie, sondern parallel zur Diode liegt.

Soll die Frequenz des Oszillators durch eine Spannung reguliert werden, so verwendet man anstelle von C eine **Kapazitätsdiode** (Varaktor, `Variacp` = `variable capacity`), Bild 5.28. Jede Diode besitzt auch eine Kapazität, Bild 5.28(c). Diese hängt von der angelegten Sperrspannung ab. Dieser Effekt ist bei Kapazitätsdioden besonders ausgeprägt.

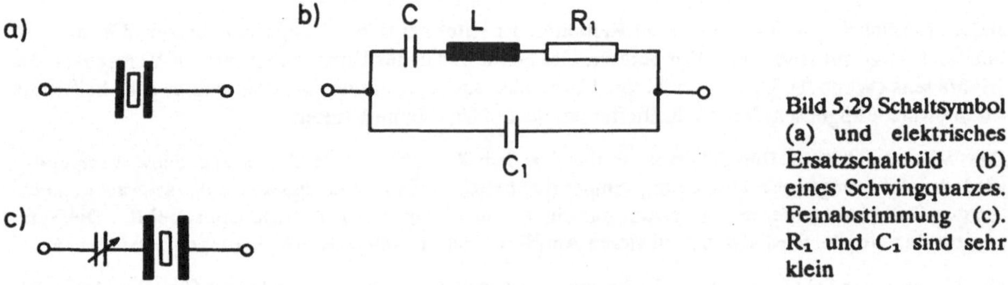

Bild 5.29 Schaltsymbol (a) und elektrisches Ersatzschaltbild (b) eines Schwingquarzes. Feinabstimmung (c). R_1 und C_1 sind sehr klein

Bei LC-Oszillatoren hoher **Güte** (enges und stabiles Frequenzintervall) verwendet man anstelle von LC einen Schwingquarz, Bild 5.29. R_1 und C_1 sind dabei sehr klein, die Güte nach (2.14) sehr hoch.

5.9 Nicht-Idealitäten

Bei den oben besprochenen Anwendungen sind wir von den *idealen* Eigenschaften eines OP ausgegangen. Neben der bereits erwähnten *endlichen* Leerlaufverstärkung k, der *endlichen* maximalen Ausgangsspannung $U_{A,max}$ und der *endlichen* Eingangs- und Ausgangswiderstände erwähnen wir hier weitere **Nicht-Idealitäten**.

Die **Offsetspannung** (input offset voltage) V_{os} ist die Differenzeingangsspannung, welche die Ausgangsspannung zu null macht:

$$V_{os} = U_p\text{-}U_n \ \textit{für} \ U_A = 0, \tag{5.17}$$

so daß die ideale Gleichung (5.1) jetzt durch (5.18) zu ersetzen ist (zunächst mit $k_g = 0$). Der ideale Wert ist $V_{os} = 0$.

Während wir bei obigen Anwendungen immer davon ausgingen, daß der positive und negative Eingang auf gleichem Potential liegen, muß man genauer sagen, daß der positive Eingang um V_{os} höher liegt als der negative. Beim Spannungsfolger, Bild 5.2, wird also die Ausgangsspannung den Fehler V_{os} aufweisen. Da in den folgenden Verstärkerstufen dieser Fehler mitverstärkt wird, stellt V_{os} der Eingangsstufe die maximal zu erreichende Spannungsgenauigkeit einer Meßschaltung dar.

Meist besitzen die OPs weitere Pins, an denen ein Trimmer angeschlossen wird. Mit dessen Hilfe kann die Offsetspannung auf null einjustiert werden (input offset nulling). Übrig bleibt dann nur noch die Temperaturabhängigkeit der Offsetsspannung (input offset voltage drift = temperature coefficient of input offset voltage).

In die Eingänge fließen *realerweise* die endlichen Eingangsströme I_p und I_n. Der Mittelwert dieser Ströme $I_B = \frac{1}{2}(I_p + I_n)$ heißt input bias current, während ihre Differenz $I_o = I_p\text{-}I_n$ als input offset current bezeichnet wird.

In der Eingangsstufe einer Meßschaltung belasten diese Ströme die Signalsspannungsquelle und bewirken dasselbst einen Spannungsabfall, der als Meßfehler eingeht. OPs mit geringen Eingangsströmen sind solche mit FET-inputs.

Die Gleichung (5.1) lautet realerweise

$$U_A = k(U_p\text{-}U_n\text{-}V_{os}) + k_g\cdot\frac{1}{2}(U_p + U_n), \tag{5.18}$$

d.h. nicht nur die Spannungsdifferenz, sondern auch die mittlere Eingangsspannung wird verstärkt.

$U_p = U_n$ nennt man den **Gleichtaktmodus** (common mode). Deshalb heißt k die **Differenzverstärkung**, k_g die **Gleichtaktverstärkung**. Es ist $k > > k_g$. Meist gibt man das Verhältnis k/k_g, die **Gleichtaktunterdrückung** (CMRR=common mode rejection ratio) an.

Oft gibt man diese reinen Zahlen wie k, CMRR oder andere Spannungsverhält-
nisse in einem **logarithmischen Maß** an:

10	= 20 db
100	= 40 db
1000	= 60 db
10000000	= 140 db
1	= 0 db
0,1	= -20 db
0,01	= -40 db
2	= 6 db
√2	= 3 db
0,5	= -6 db
1/√2	= -3 db

Tab.5.1 Reine Zahlen ausgedrückt durch Dezibel (db)

**Die Anzahl der Dezibel (db) ist 20 mal der dekadische Log-
arithmus einer reinen Zahl.**

Einige Beispiele sind in Tab. 5.1 gegeben.

Für das Umschalten des Ausganges (nach einem Rechteckimpuls am Eingang zur
Zeit $t = 0$) braucht der OP seine Zeit, sodaß ein output response gemäß Bild
5.30 zustande kommt.

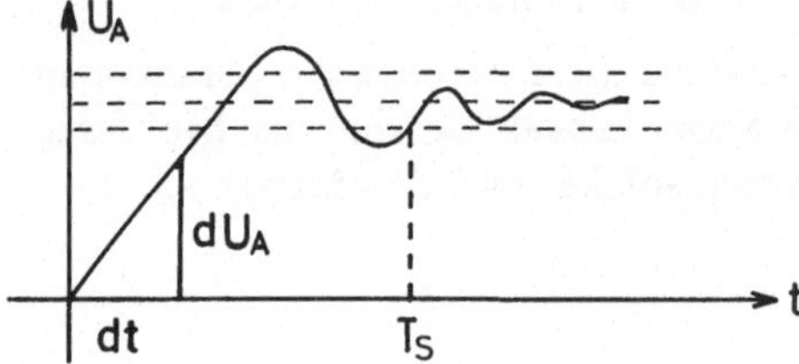

Bild 5.30 Output response of an OP (slewing
rate dU_A/dt and settling time T_s)

Unter der 0,1% settling time, versteht man die Zeit T_s bis der Ausgang
U_A nur noch um 0,1% von seinem endgültig erreichten Zustand abweicht.

Die slewing rate, z.B. $SR = 30V/\mu s$, gibt die maximal erreichbare Änderungs-
geschwindigkeit $SR = dU_A/dt$ des Ausganges an (slew = umschwenken). Bei
Belastung des Ausganges (z.B. durch eine kleine ohmsche Last R_L) wird die
slewing rate herab gesetzt.

Das Erreichen der Aussteuerungsgrenze $U_{A,max}$ stellt eigentlich einen unerlaub-
ten Zustand des OP dar. Bei älteren Typen bleibt der OP dort eingerastet (`lat-
ched`). Falls dies nicht der Fall ist, spricht man von einer `latch free opera-
tion`. Dennoch brauchen auch moderne Typen ihre Zeit, um sich von diesem Zu-
stand zu erholen, beschrieben durch die `overload recovery time`.

Entsprechend dieser endlichen **Durchlaufszeiten** von Eingang zu Ausgang, besitzt
das Ausgangssignal U_A gegenüber den Eingangssignalen U_p und U_n eine Phasenverschiebung, die formal als komplexe k und k_g in (5.18) ausgedrückt werden
können. Diese Phasenverschiebungen, wie auch die Werte von k und k_g, sind stark
frequenzabhängig.

Dies führt zu der unangenehmen Neigung vieler OPs zu Oszillationen: Der Ausgang U_A schwingt mit einer hohen Frequenz zwischen den Aussteuerungsgrenzen
$\pm U_{A,max}$. Für gewisse Frequenzen, abhängig von der äußeren Beschaltung, kann
die Phasenverschiebung nämlich gerade 180° werden. Die *Gegenkopplung* ist damit für diese Frequenzen zu einer *Mitkopplung* geworden.

Dies kann auch zu Einbrüchen auf der Versorgungsleitung führen, was den Effekt verstärkt und auch
benachbarte Bauteile stört. Als erste Maßnahme sind deshalb **Entkopplungskondensatoren**
(Abblockkondensatoren), z.B. keramische Kondensatoren von 100nF, zwischen den Versorgungsleitungen des OP und Masse anzubringen. Dabei ist es wichtig, daß diese Kondensatoren, welche
die Versorgungsspannung stabilisieren, möglichst nahe an den Pins des OP angebracht werden.

Falls dies nicht störend ist, können an den Eingängen Kondensatoren von einigen pF angebracht werden, welche die störenden Frequenzen nach Maße abführen.

Die Schwingneigung eines OP ist um so stärker, je größer seine slew rate. Deshalb sollte man OPs mit
hoher slew rate nur einsetzten, wenn dies auch wirklich erforderlich ist. Diesbezüglich empfehlen wir
den LM741.

Viele OPs besitzen weitere Pins, an denen eine Kapazität angeschlossen werden kann. Diese dient der
Frequenzkompensation = Phasenkompensation: Für gewisse Frequenzen kann die Phasenverschiebung zwischen Eingang und Ausgang zu null gebracht werden. Auch störende Oszillationen
können dadurch evtl. verschwinden.

Bei einer Frequenzverdoppelung sinkt in der Regel die Leerlaufverstärkung k auf
ihren halben Wert. Man spricht deshalb vom `frequency gain pro-
duct=unity gain bandwidth`. Das ist diejenige Frequenz, bei der die Ver-
stärkung (`gain`) k auf 1 abgesunken ist.

5.10 Lektüre von Datenblättern: OP

Wir setzen hier das in Kap. 3 begonnene Training in der Lektüre englischsprachiger Datenblätter fort.

`"Absolute maximum ratings (AMR)"` [absolute Grenzwerte] `are those`
`values beyond which the safety of the device` [Gerät, Bauteil] `are`
`cannot be guaranteed. They are not meant to imply`
[implizieren] `that the device should be operated at these li-`

mits. The table "Electrical Characteristics" provides [liefert] conditions for actual device operation.

Die folgenden Passagen stammen aus dem Datenblatt des TL084 von Texas Instruments.

AMR: Differential input voltage $\pm30V$ [$|U_p\text{-}U_n| < 30V$]

AMR: Duration of output short circuit: unlimited. [Der Bauteil ist kurzschlußfest, **short protected**].

AMR: Operating free-air temperature range: 55 to 125 degree C. [Betrieb bei freier Luftzufuhr erlaubt bei einer Lufttemperatur zwischen 50° und 125°C. Bei mangelnder Luftzufuhr werden die Grenzwerte niedriger sein.]

AMR: Continuous total dissipation at or below 25°C free-air temperature: $680mW$. [Bei Dauerbetrieb darf die im Innern des Chip in Wärme umgewandelte Leistung nicht mehr als $0,68\,Watt$ sein.]

AMR: Storage temperature range: 65 to 150°C. [Lagerung des Bauteiles bei Temperaturen ...]

AMR: Lead [Lötzinn] temperature 1/16 inch (1,6mm) from case [Gehäuse] for 10 seconds, N or P package [Gehäuse]: 260°C. [Die Chips können mit verschiedenen Materialien verkapselt sein. N oder P als letzter Buchstabe bei der Typenbezeichnung, z.B. LM741CP, bedeutet ein [billiges] Plastikgehäuse. Bei einer Lötzeit von 10 Sekunden, wobei das Zinn am Pin 1,6mm Abstand vom Gehäuse behält, darf das Lot 260°C haben.]

AMR: The magnitude of the input voltage must never exceed the magnitude of the supply voltage. [Der Betrag der Eingangsspannung darf nie größer sein als der Betrag der Speisespannung.]

All voltage values are with respect to the midpoint between V_{cc+} and V_{cc-}. [Bei OPs ohne Erdanschluß entspricht die Erde dem Mittelwert der beiden Speisespannungen.]

Device types with an "M" suffix are characterized for operation over the full military temperature range of 55°C to 125°C, those with a "C" suffix are characterized for operation from 0°C to 70°C. [Die gewöhnliche Version z.B. LM741CP, C=commercial, hat einen eingeschränkten Temperaturbereich.]

Features [Eigenschaften]: Low power consumption [geringe Stromaufnahme], wide common-mode and differential voltage ranges [$|U_p|$, $|U_n|$, $|U_p\text{-}U_n|$ dürfen groß sein], low input bias and offset currents, output short-circuit protection [kurzschlußsicher].

Each of these JFET-input op amps incorporates well-matched, highvoltage JFET and bipolar transistors in a monolithic integrated circuit. [JFET-Transistoren am Eingang, beide Eingänge sind gut aufeinander angepaßt, z.B. gleicher Temperaturgang. Die integrierte Schaltung auf einem Si-Plättchen (monolithisch)].

Electrical characteristics, $V_{CC+} = +15V$. [Die folgenden elektrischen Spezifikationen beziehen sich auf eine Speisespannung von $+15$Volt.]

Test conditions: $T_A = 25°C$, $R_L > 2k\Omega$. [Der angegebene Parameter wurde gemessen bei einer Lufttemperatur (A = air) von $25°C$ und als am Ausgang ein Widerstand (L = load = Last) von mindestens $2k\Omega$ gegen Erde angebracht war.]

	MIN	TYP	MAX	UNIT
V_{IO}		3	6	mV

[Die **input offset voltage** V_{os} ist mit V_{IO} bezeichnet. Sie ist garantiert kleiner als $6mV$. Bei einem zufällig herausgegriffenen Exemplar ist sie im Durchschnitt, d.h. typischerweise, $3mV$. Da es um so besser ist, wenn dieser Parameter (betragsmäßig) möglichst klein ist, braucht kein minimaler Wert angegeben zu werden.]

Die folgenden Passagen stammen aus dem Datenblatt des LM324 von **National Semiconductor (NS)**.

Eliminates need for dual supplies. [Es ist keine Notwendigkeit für zwei Speisespannungen; eine Speisespannung ist Erde.]

In the linear mode [d.h. nicht an der Aussteuerungsgrenze] **the input common mode voltage range includes ground** [obwohl eine Speisespannung Erde ist, arbeitet der OP noch im linearen Modus sogar für $U_p = U_n = $ Erde] **and the output voltage can also swing to ground, even though operated from only a single supply voltage.**

Four internally compensated op amps in a single package. [4 OPs auf einem Chip. Bei jedem ist die Offsetspannung für eine Temperatur auf $0V$ kompensiert worden.]

Large dc voltage gain: 100 db. [Die Leerlaufverstärkung k für niedrige Frequenzen [dc = **direct current** = Gleichstrom) ist $k = 100'000$.

Output current source: 20mA, output current sink: 15mA. [Der Ausgang kann unterschiedliche Ströme liefern, wenn diese aus dem Ausgang herausfließen (**source**) oder hineinfließen (**sink**).]

Precautions (Vorsichtsmaßnahmen] **should be taken to insure that the power supply for the integrated circuit never becomes reverse biased** (falsch gepolt].

6. Analoge Spezialbauteile und Spezialanwendungen ∎

Während es in den bisherigen Kapiteln darum ging, für einige ausgewählte Bauteile ein möglichst tiefes Verständnis zu erarbeiten, soll hier ein breiter Überblick über die Fülle der vorhandenen Bauteile und Anwendungsfälle gewonnen werden. Wir werden allerdings eine Auswahl entsprechend der Thematik dieses Buches vornehmen. Da es heute fast für jeden Anwendungsfall dazugehörige Chips gibt, werden wir manchmal mehr den Chip, manchmal mehr den Anwendungsfall besprechen.

6.1 Widerstände

Die gewöhnlichen Widerstände sind **Kaltleiter**: Sie haben bei höherer Temperatur einen höheren Widerstand. Die **Heißleiter** haben einen negativen Temperaturkoeffizient: Sie leiten bei Hitze besser. Kaltleiter heißen auch **PTC** (`positive temperature coefficient`), Heißleiter auch **NTC** (`negative temperature coefficient`). Wir erwähnen ferner den **VDR** (`voltage dependent resistor` = `varistor` {2.11}), den **SDR** (`strain dependent resistor`, **Dehnungsmeßstreifen**), den **LDR** (`light dependent resistor`, **Photowiderstand**) und die **Feldplatte**, die einen magnetfeldabhängigen Widerstand aufweist.

6.2 Dioden

In den Kapiteln 2, 4 und 5 hatten wir bereits die **Z-Dioden**, die **Kapazitätsdioden** (**Varactor-Dioden**), die **LED** (`light emitting diode` = **Luminiszenzdiode**) und die **Photodioden** erwähnt.

Bild 6.1 Schaltsymbol einer Schottky-Diode

Schottky-Dioden, Bild 6.1, haben eine sehr *kurze* Schaltzeit zwischen dem leitenden und sperrenden Zustand und werden deshalb in *schnellen Logikschaltungen* verwendet. Ihre Durchlaßspannnung beträgt nur *0,3V*.

Neben einer *p*-leitenden und einer *n*-leitenden Schicht wie bei jeder Diode, Bild 2.1, befindet sich bei der **PIN-Diode**, Bild 6.2, dazwischen eine undotierte *Si*-Schicht, in der nur intrinsische Leitung (I) stattfindet. Für niedrige Frequenzen verhält sie sich wie eine normale Diode, für hohe Frequenzen wie ein ohmscher Widerstand, dessen Wert in Abhängigkeit eines niederfrequenten Durchlaßstromes zwischen wenigen Ohm und mehreren kOhm variiert werden kann. Sie eignet sich zur Amplitudenmodulation {6.9} im Gigahertzbereich (Mikrowellenbereich).

Bild 6.2 Schaltsymbol einer PIN-Diode

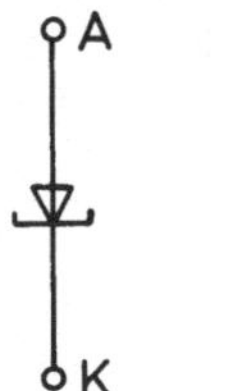
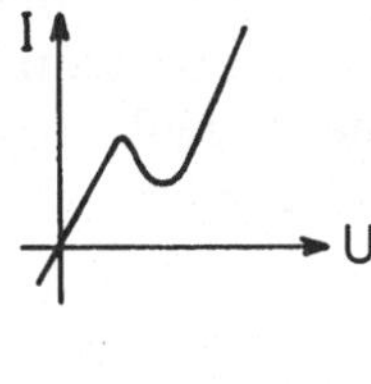

Bild 6.3 Schaltsymbol und Kennlinie einer Tunneldiode

Bild 6.3 zeigt die **Tunneldiode**. Sie hat einen Bereich mit *negativem* differentiellem Widerstand. Eine Sperreigenschaft besitzt sie nicht. Da das *I* dem *U* gemäß der Kennlinie mit Schaltzeiten von höchstens *100ps* folgt, wird sie in schnellen Logikschaltungen verwendet.

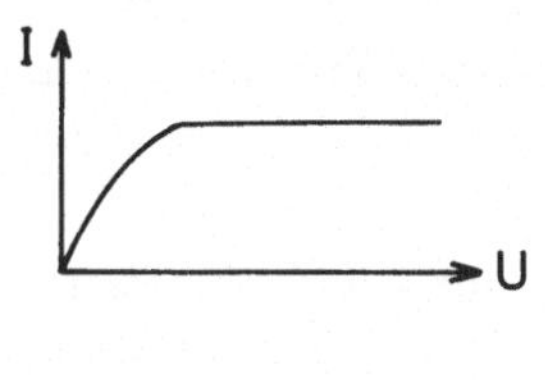

Bild 6.4 Schaltsymbol und Kennlinie eines Curristors

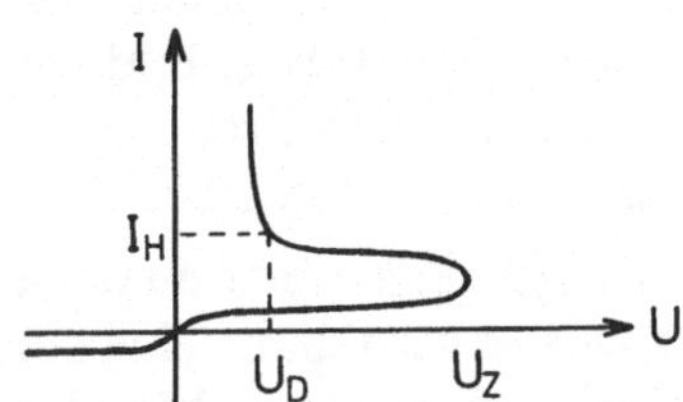

Bild 6.5 Schaltsymbol und Kennlinie einer Triggerdiode
(Diac)

Gemäß seiner Kennlinie, Bild 6.4, eignet sich der **Curristor** als Konstantstrom-quelle

Die **Triggerdiode (Diac)**, Bild 6.5, gleicht einer offenen Tür, welche aber klemmt: Steigt die Spannung U von 0 an, so bleibt der Strom I in der Größenordnung der Sperrströme. Erst nachdem U die Zündspannung U_z einmal überschritten hat, zeigt die Diode einen kleinen Widerstand. Ein hoher Strom kann dann bei Durchlaßspannung U_D fließen. Sinkt der Strom unter den **Haltestrom** ab, so fällt die Diode wieder auf den unteren Ast ihrer Kennlinie.

Bild 6.6 Schaltsymbol eines symmetrischen Diac

Es gibt auch *symmetrische* Triggerdioden, Bild 6.6.

Hier ein Zitat aus einem Datenblatt:

```
The TAZ-suppressor diodes (TAZ=transient absorption Zener)
are Z-diodes capable of absorbing pulse power up to a
number of kilowatts within a few picoseconds, and thus
serve to protect circuits [Schaltungen] and devices [Geräte]
from overvoltages and surges [Spannungsspitzen].
```

6.3 Thyristoren

Ein **Thyristor** (`SCR = silicon controlled rectifier`), Bild 6.7, ist eine Triggerdiode, Bild 6.5, welche zusätzlich über eine dritte Elektrode, das **Gate**, ge-zündet werden kann. Fließt während einer gewissen Zeit der **Zündstrom** I_z in das Gate, so macht die Diode bei beliebigen positiven Spannungen U einen Übergang auf den oberen Ast der Kennlinie.

Entsprechend den symmetrischen Diacs, Bild 6.6, gibt es auch *symmetrische* Thy-ristoren, die **Triacs**, Bild 6.8. Im Gegensatz zu den Transistoren kann man mit Thyristoren und Triacs auch *negative* Spannungen (Wechselspannungen) sperren. Sie werden hauptsächlich in der Leistungselektronik verwendet.

Bild 6.9 zeigt einen direkten **Phasenanschnitt** der *220V* Wechselspannung. Der Thyristor wird durch eine Steuerelektronik beim richtigen Phasenwinkel gezündet. Der Verbraucher erhält dann nur eine gewünschte geringere Spannung. Beim Nulldurchgang löscht der Thyristor wieder.

Die Phasenanschnittsteuerung ersetzt Gleichrichter und den teuren Transformator. Außerdem wird der erhebliche Leistungsverlust (Eisenverlust) von Transformatoren vermieden. Dennoch können Thyristoren die Transformatoren mit ihrer erheblich höheren Sicherheit nicht ersetzen. Wie alle Halbleiterbauteile können auch Thyristoren durch thermische oder elektrische Überlastung zerstört werden. Dann verliert der Thyristor seine Sperrfähigkeit und die volle Spannung liegt am Verbraucher.

Mit einem Thyristor ist es möglich, einen Wechselstromverbraucher beim Nulldurchgang der Phase einzuschalten. Er findet auch bei der **Drehzahlregelung** von Motoren seine Anwendung.

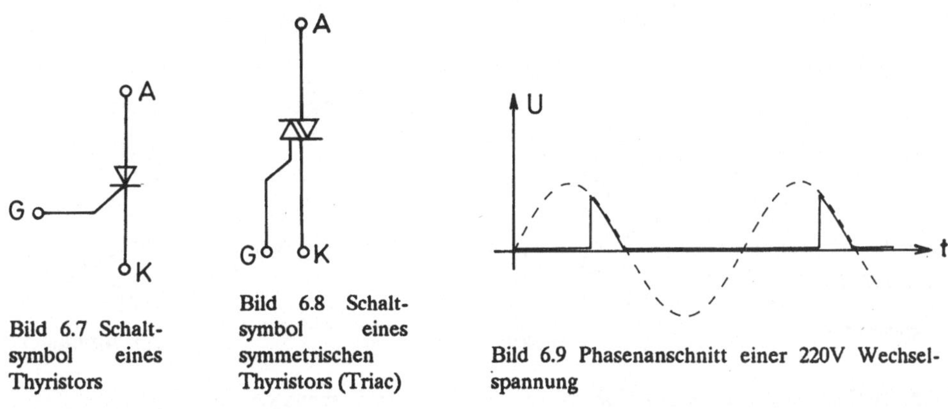

Bild 6.7 Schaltsymbol eines Thyristors

Bild 6.8 Schaltsymbol eines symmetrischen Thyristors (Triac)

Bild 6.9 Phasenanschnitt einer 220V Wechselspannung

Bei der gewöhnlichen Drehzahlregelung durch Verringern der Spannung mit Potentiometern wird gleichzeitig auch das Drehmoment des Motors verringert. Gerade in der Anlaufphase des Motors, wo ein hohes Haftdrehmoment überwunden werden muß, ist dies von Nachteil. Mit Thyristoren können kurze Pulse bei voller Spannung an den Motor abgegeben werden. Alle genannten Anwendungen sind auch als fertige integrierte Schaltungen erhältlich.

6.4 Spannungsregler

Die **Spannungsversorgung** (power supply) für elektronische Schaltungen stellt einen Aufwand dar, der gern unterschätzt wird. Die nötigen Netztransformatoren sind schwer und teuer und in der gewünschten Ausführung oft nicht erhältlich. Die meisten Störungen, denen eine Schaltung ausgesetzt ist, gelangen über die Spannungsversorgung in das System. Es ist ein beträchtlicher Vorteil, wenn ein System mit einer einzigen Spannung, typischerweise $5V$, auskommt. Im experimentellen Stadium stellt es sich meist heraus, daß das System noch erweitert werden muß. Es empfiehlt sich daher, die Spannungsversorgung zunächst zu überdimensionieren.

Der Transformator und der Gleichrichter liefern nur eine ungeregelte Gleichspannung, welche durch einen **Spannungsregler** lastunabhängig auf einem bestimmten Wert gehalten werden muß. Durch die integrierten Spannungsregler wurde es möglich, auf jedem Modul einer Schaltung einen eigenen Regler zu verwenden. Dadurch werden Spannungsabfälle auf langen Versorgungsleitungen sowie die gegenseitige Störung der einzelnen Module über diese Leitungen vermieden. Die Spannungsregler sind **kurzschlußfest**, d.h. sie haben eine Strombegrenzung: Übersteigt der Ausgangsstrom einen bestimmten Wert, so schaltet der Regler die Ausgangsspannung auf null.

Es genügt dann nicht, den Kurzschluß zu beseitigen. Vielmehr muß die Speisespannung des Reglers erneut eingeschaltet werden.

Die Regler sind auch gegen thermische Überlastung geschützt.

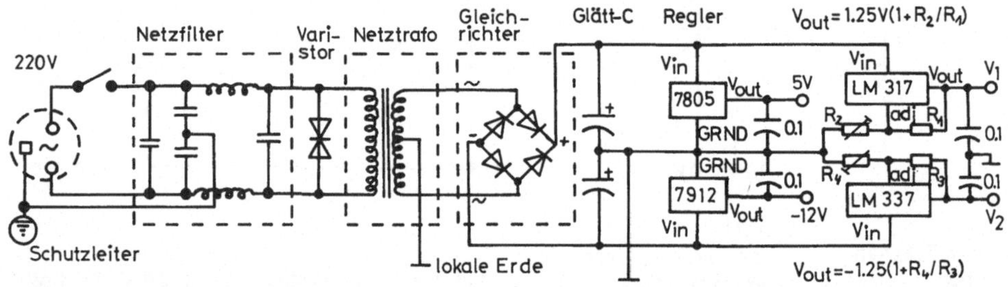

Bild 6.10 Komplettes Schaltnetzteil für 2 positive und 2 negative Spannungen

Bild 6.10 zeigt ein komplettes Schaltnetzteil. An der Steckdose mit Schutzleiter ist zunächst ein **Netzfilter** angeschlossen. Hochfrequente Störungen von außen werden über die *220V*-Wechselspannungskondensatoren kurzgeschlossen oder auf den Schutzleiter abgeführt. Nur niederfrequente Nutzströme können den Weg über die beiden Drosseln des Filters ungehindert passieren. Auch Störungen, die evtl. im Gerät selbst entstehen, werden abgeführt und am Verlassen des Gerätes gehindert.

Vielerorts treten im Netz kurze Störimpulse von *1kV* und mehr auf. Ein Varistor, den wir als zwei entgegengesetzte Z-Dioden auffassen können und der in unserem Falle eine Durchbruchspannung von ca *350V* haben sollte, begrenzt diese Störspannungen und dient somit auch als **Blitzschutz**. Gleichzeitig fungiert er als Freilaufdiode {2.10}, wenn der Transformator abgeschaltet wird.

Wenn positive und negative Spannungen erforderlich sind, empfiehlt sich ein Netztransformator mit **Mittelabgriff** auf der Sekundärseite. Die Leistung des Trafos ergibt sich als Stromstärke mal Spannung.

Meist ist es empfehlenswert, die Sekundärseite **potentialfrei** zu halten, d.h. die **lokale Erde (Masse)** der Sekundärseite nicht mit dem Schutzleiter zu verbinden.

Hinter dem Gleichrichter steht gegenüber der lokalen Erde eine positive und negative, ungeregelte Spannung zur Verfügung. Diese zeigt noch die *50Hz* Welligkeit. Die beiden Glättungskondensatoren, deren Polarität wir in der amerikanischen Symbolik angegeben haben, müssen also während jeweils maximal einer Halbwelle den ganzen Ausgangsstrom liefern können.

Am populärsten sind die **Festspannungsregler** (fixed regulators), welche für die Spannungen *5, 6, 8, 12, 15, 18* und *24 V* zur Verfügung stehen. Die 78xx Typen sind für positive, die 79xx Typen für negative Spannungen geeignet. Die letzten beiden Ziffern der Typennummer geben die Spannung an. So ist beispielsweise der 7805 ein Regler für *+5V*, der 7912 ein Regler für *-12V*. Der eine Pin COMMON (=GRND) des Reglers wird an die lokale Erde angeschlossen. An den Pin V_{in} kommt die ungeregelte Eingangsspannung. Bei V_{out} steht die geregelte Ausgangsspannung zur Verfügung. Direkt am Ausgang muß ein Kondensator von mindestens *0,1μF* angelegt werden.

Der Regler hat in Form eines Ausgangstransistors gewissermaßen einen Hahn zwischen V_{in} und V_{out}, der gerade soviel Strom durchläßt, wie die Last verbraucht, so daß die nominale Ausgangsspannung sichergestellt wird. Die Regler haben jedoch keinen solchen Hahn zwischen V_{out} und GRND. Wenn also auf der Verbraucherseite eine Spannung entsteht, welche größer als die Nominalspannung ist, kann der Regler zwar den Hahn zwischen V_{in} und V_{out} ganz schließen, jedoch diese Überspannung nicht nach GRND kurzschließen, was den die Überspannung erzeugenden Mechanismus abschwächen würde. Solche Überspannungen können jedoch mit zusätzlichen Z-Dioden begrenzt werden. Aus diesem Grunde ist es auch nicht möglich, zur Regelung negativer Spannungen einen umgekehrt gepolten positiven Regler zu verwenden.

Zur **Dimensionierung** betrachten wir folgendes Zahlenbeispiel: V_{out} = 5V. Nach Herstellerangaben muß V_{in} mindestens 2V über V_{out} liegen, also V_{in} = 7V. Es steht ein Transformator mit einer Nennspannung von 15V zur Verfügung. Bei dem maximal von der Schaltung aufgenommenen Strom habe man empirisch festgestellt, daß die Sekundärspannung auf 14V absinkt. Das sind Mittelwerte. Der Spitzenwert beträgt also √2·14V = 19,8V. Durch die Gleichrichterdiode geht die Durchlaßspannung von 0,6V verloren. Der Glättungskondensator wird also auf einen Spitzenwert von 19,2V aufgeladen. Überschlagsmäßig wollen wir annehmen, daß der Glättungskondensator während einer Viertelperiode geladen wird und während einer Viertelperiode (5ms) Strom abgeben muß. Wir wollen fordern, daß ein Strom von 1A geliefert werden kann und dabei die Spannung am Glättungskondensator höchstens um 1V absinken soll. Damit finden wir seine minimale Kapazität zu $C = Q/U = 5ms·1A/1V = 5000μF$.

Der Transformator wird in einer Viertelperiode nicht in der Lage sein, diese hohe Kapazität auf seinen Spitzenwert von 19,2V aufzuladen. Das könnte er nur dann, wenn sein ohmscher Widerstand und die Selbstinduktionskoeffizienten verschwinden würden. Eine genaue Berechnung ist kompliziert. In Anbetracht der Viertelperiode ist es etwa sinnvoll anzunehmen, daß der Glättungskondensator auf den zum Spitzenwert von 19,2V gehörenden Effektivwert von 19,2V/√2 = 13,6V aufgeladen wird. Die Spannung am Glättungskondensator wird also zwischen 13,6V und 12,6V brummen. Dieser Wert liegt über den geforderten V_{in} = 7V, liegt aber auch tiefer als 40V, welches typischerweise die maximale Sperrspannung für die Regler darstellt.

Am Regler wird eine Leistung von (13,6V-5V)·1A = 8,6Watt in Wärme verwandelt. Dementsprechend ist sein Kühlkörper zu wählen.

Für die Dimensionierung des Gleichrichters ist nicht nur der mittlere Strom von 1A zu berücksichtigen, sondern der Spitzenstrom beim Einschalten, wenn der Glättungskondensator noch völlig ungeladen ist: I = U/R, wobei U die Sekundärspannung des Transformators und R der ohmsche Widerstand seiner Sekundärwicklung ist.

Bild 6.10 zeigt des weiteren zwei einstellbare Regler mit 3 Anschlüssen (3 terminal adjustable voltage regulators, adjustables), den LM317 für positive und den LM337 für negative Spannungen. Anstelle des GRND-Anschlußes besitzt er den Pin adj.

Der Regler sorgt dafür, daß zwischen den Pins V_{out} und adj nominal eine Spannung von *1.25V* liegt. Da in den Pin adj kein Strom fließt, folgen die in Bild 6.10

angegebenen Formeln für V_{out}. Die gewünschte Ausgangsspannung kann also durch den Trimmer R_2 sehr genau eingestellt werden.

Die 1.25V sind **Nominalangaben,** was soviel heißt, daß mit merklichen Exemplarstreuungen zu rechnen ist. Diese können aber durch den genannten Trimmer kompensiert werden, so daß eine Genauigkeit erreicht wird, welche die der Festspannungsregler übertrifft.

Da die einstellbaren Regler GRND nicht "sehen", können auch höhere Spannungen geregelt werden, vorausgesetzt die Bedingung $3V < V_{in}\text{-}V_{out} < 40V$ bleibt erfüllt.

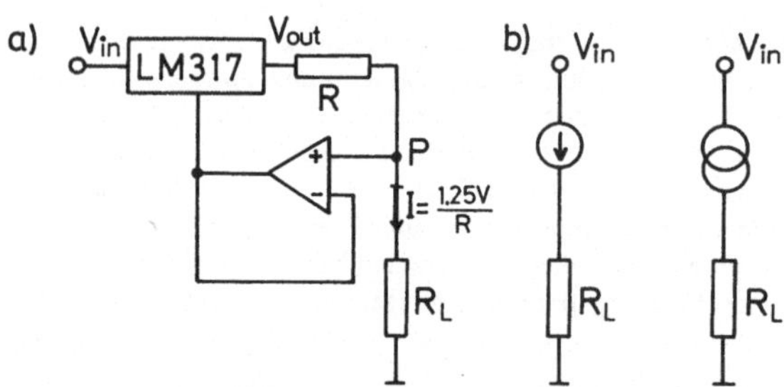
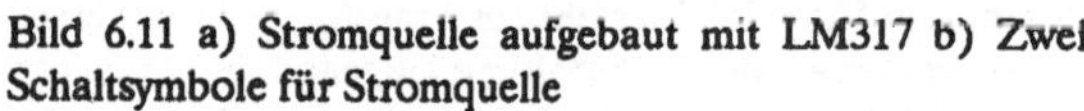
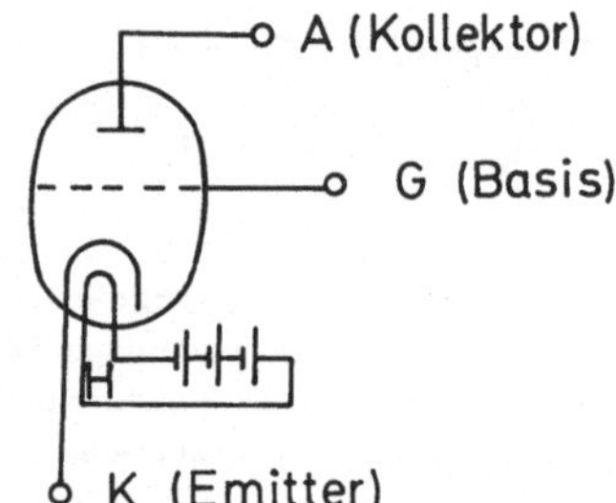

Bild 6.11 a) Stromquelle aufgebaut mit LM317 b) Zwei Schaltsymbole für Stromquelle

Bild 6.12 Triode mit indirekter Heizung (H), Anode (A), Gitter (G) und Kathode (K). Bei Weglassen des Gitters (G) entsteht eine Diode

Bild 6.11 zeigt den Aufbau einer **Stromquelle** (`current source`). Wir lassen zunächst den OP weg, indem wir den Punkt P direkt mit `adj` verbinden, woraus die angegebene Formel für den Strom durch den Verbraucher R_L folgt. Dieser ist unabhängig vom Lastwiderstand R_L, d.h. ist auf einen konstanten Wert geregelt, was einem verschwindenden Innenwiderstand der Stromquelle entspricht.

Die angegebene Formel setzte voraus, daß in den Pin `adj` kein Strom fließt. Falls der tatsächlich auftretende **Fehlerstrom** von ca. *50μA* für die geforderte Genauigkeit zu hoch ist, so kann der eingezeichnete OP verwendet werden.

6.5 Spezielle Spannungsregler

Zunächst erwähnen wir die einstellbaren Spannungsregler (`adjustable`) *L200* der Firma `SGS-Ates`.

Sie sind in einem **Pentawattgehäuse,** d.h. einem Leistungsgehäuse mit fünf Anschlüssen, welches eine hohe Wärmeabfuhr sicherstellt, untergebracht.

Die Beschaltung der zwei zusätzlichen Anschlüsse dient der Einstellung der **Strombegrenzung.** In einigen Anwendungen werden symmmetrische Spannungen gefordert, welche die beiden Spannungen $\pm U$ liefern, wobei aber der Wert von U durch einen *einzigen* Trimmer eingestellt werden können soll. In diesem Falle spricht man von einem **Plus/Minusregler** (dual-tracking regulator).

Die universelle Verwendung einer einzigen Spannung von $5V$ setzt sich in den meisten informationsverarbeitenden Systemen immer mehr durch. Gelegentlich müssen ältere Chips verwendet werden, welche noch andere Spannungen benötigen, oder es müssen Schnittstellen realisiert werden, welche solche Spannungen voraussetzten. Falls die Ströme für diese exotischen Spannungen klein sind, ist die Verwendung einer eigenen Stromversorgung zu aufwendig. Dann setzt man **Gleichstromumrichter** (direct current converter, dc-dc-converter) ein, welche auch als integrierte Schaltungen erhältlich sind.

Zunächst wird mit einem Oszillator ein hochfrequenter Wechselstrom erzeugt. Dieser wird mit einem Hochfrequenz- transformator, welcher nur aus wenigen Windungen bestehen muß, in die gewünschte Spannung, eventuell auch eine solche mit anderem Vorzeichen, transformiert und anschließend gleichgerichtet und geregelt.

Wir haben in dem obigen Zahlenbeispiel gesehen, daß die Spannungsregler eine beträchtliche Wärme dissipieren müssen. Bei größeren Systemen wird dadurch die Wärmeabfuhr zu einem Problem. Hier verwendet man die **switching regulators**, bei welchen der von V_{in} kommende Strom so oft ein- bzw. ausgeschaltet wird, daß ein nachfolgender Glättungskondensator auf dem gewünschten V_{out} geregelt bleibt. Da der Leistungstransistor also entweder sperrt oder leitet, ist seine Verlustleistung null. In den Pin V_{in} fließt also ein Rechteckstrom, dessen **Tastgrad** (duty cycle) so geregelt wird, daß die gewünschte Ausgangsspannung gehalten wird.

Unter einem 30% duty cycle z.B. versteht man in der **Impulstechnik** ein Rechtecksignal, das zu 30% der Periodendauer im Zustand on ist (30% on time).

Die switching regulators haben den Nachteil einer durch das ständige Ein- und Ausschalten bedingten beträchtlichen Störstrahlung, welche sorgfältig abgeschirmt und gefiltert werden muß.

Dasselbe Prinzip kann direkt in Form der **Phasenanschnittsteuerung** zur direkten Spannungsregelung aus dem Netzwechselstrom ohne Verwendung eines Netztransformators angewandt werden. Bei Ausfall des Thyristors liegt jedoch die volle Netzspannung an. Solche Geräte dürfen nur repariert werden, wenn sie über einen **Tranntransformator**, welcher nur einen ungefährlichen maximalen Strom abgeben kann, angeschlossen werden.

Bauteile, welche mehrere Spannungen benötigen, können zerstört werden, wenn eine Spannung fehlt. Größere Computersysteme haben meist einen eigenen Prozessor, welcher beim Einschalten eine power-up-sequence und beim Ausschalten eine power-down-sequence ausführt. Dabei werden die einzelnen Spannungen in der richtigen Reihenfolge zu- bzw. weggeschaltet.

6.6 Elektronenröhren

Die **Röhren** (`vacuum tubes`) wurden *vor* den Transistoren erfunden. Die Transistoren haben gegenüber den Röhren entscheidende *Vorteile*, so daß die Transistoren die Röhren fast völlig verdrängt haben: Transistoren sind billiger herzustellen, können bis ins Unermeßliche miniaturisiert werden und sind wesentlich zuverlässiger.

So war es z.B. im Prinzip möglich, einfachste Computer mittels Röhren aufzubauen. Jedoch waren diese kaum funktionsfähig, weil ständig eine defekte Röhre zu ersetzen war.

Die Transistoren haben auch *Nachteile*, so etwa die starke Temperaturabhängigkeit ihrer Kennlinien oder der endliche Steuerstrom (Basisstrom). Fortschritte in der Schaltungstechnik haben diese Nachteile jedoch wieder wettgemacht und den Vormarsch der Transistoren nicht aufgehalten.

Dennoch sind Röhren in Spezialanwendungen auch heute noch unverzichtbar. So haben Spezialröhren höhere Sperrspannungen (für Hochspannungsnetzgeräte), geringeres Rauschen (für Röhrenvoltmeter), höhere Leistung (Radiosenderöhren), höhere Grenzfrequenzen (für Höchstfrequenzanwendungen). Außerdem sind sie unempfindlicher gegen hohe Temperaturen oder Temperaturwechsel (bei Gasturbinen) sowie gegenüber radioaktiver Strahlung (in Kernkraftwerken).

Auch die Miniaturisierung der Röhren hat große Fortschritte gemacht, so daß hunderte von Funktionen in einer Röhre untergebracht werden können. Man spricht dabei von einem **thermionisch integrierten Schaltkreis**.

Auch zur Bildwiedergabe in Fernsehern, Oszillographen und Computerterminals erfreuen sich die Röhren noch einer großen Verbreitung.

Wenn wir uns in Bild 6.12 das **Gitter** G wegdenken, haben wir die einfachste Elektronenröhre, die **Diode**. Die Röhre ist evakuiert, so daß die Elektronen ungehindert zwischen den metallischen Elektroden A und K bewegen können. Die sich im Metall befindlichen Elektronen können dieses jedoch nicht verlassen, da die angelegten Spannungen nicht ausreichen, um die Austrittsarbeit aus dem Metall aufzubringen.

Durch eine Heizung (H), an welcher eine bestimmte **Heizspannung** anliegt, wird die eine Elektrode, die dadurch zur **Kathode** K wird, erhitzt. Damit reicht die kinetische Energie der Elektronen aus, um die Kathode zu verlassen. Auf der **Anode** A prasseln die Elektronen auf und dringen ohne Schwierigkeit ein.

Wir haben die meist übliche **indirekte Heizung** angenommen. Da die Röhre evakuiert ist, kann die Wärme nicht durch Konvektion sondern nur als Wärmestrahlung an die Kathode gelangen. Nach Stromeinschalten vergeht eine gewisse Zeit, die **Anheizzeit**, bis die Röhre betriebsbereit ist, was als weiterer Nachteil der Röhre zu erwähnen wäre.

Die Diode hat Gleichrichtereigenschaften: Ist die Anode positiver als die Kathode, so werden die an der Kathode austretenden Elektronen zügig an die Anode befördert.

Fehlt diese Spannung, so drängen sich die Elektronen im Raum, es entsteht eine sog. **Raumladung**, da die Elektronen nicht zügig abtransportiert werden. Die

Raumladung behindert durch die elektrostatsiche Abstoßung den weiteren Elektronenaustritt an der Kathode. Dies gilt umsomehr, wenn die **Anodenspannung**, d.h. die Spannung zwischen Anode und Kathode, negativ ist: Die Röhre sperrt.

Mit dem Gitter *G* in Bild 3.12 haben wir die **Triode**, welche dem Transistor entspricht. Das **Gitter** selbst stellt für den Elektronenfluß kein Hindernis dar. Ist jedoch die **Gitterspannung** (Spannung zwischen Gitter und *Kathode*) negativ, so werden die Elektronen zurückgehalten, auch wenn die Anodenspannung (Spannung zwischen Anode und *Kathode*) noch positiv ist: Der Anodenstrom kommt zum Erliegen.

Solange die Gitterspannung negativ ist, ist der **Gitterstrom** null, der Anodenstrom also gleich dem **Kathodenstrom**. Ein hoher, durch die Anodenspannung bestimmter Anodenstrom kann somit *leistungslos* durch die Gitterspannung gesteuert werden. Das Gitter entspricht der Basis, Anode dem Kollektor und Kathode dem Emitter.

Es gibt kompliziertere Röhren mit mehreren Gittern. Entsprechend der Zahl der Elektroden, wobei die Heizung nicht mitgezählt wird, spricht man von **Tetroden** (4), **Pentoden** (5), **Hexoden** (6), **Heptoden** (7), **Oktoden** (8), **Enneoden** (9).

6.7 Bildschirmröhren

Die **Elektronenstrahlröhre**, wie sie als Bildschirm in jedem Fernsehapparat vorkommt, ist eine Diode {6.6}, Bild 6.13, mit einer **Lochanode**. Durch das Loch fliegt ein Teil der Elektronen als **Elektronenstrahl** (= **Kathodenstrahl** = **Betastrahl**) über die Anode hinaus. Dieser wird durch zwei rechtwinklig zueinander angeordnete Plattenpaare mit geeigneten **Ablenkspannungen** an eine gewünschte Stelle des Bildschirmes gelenkt.

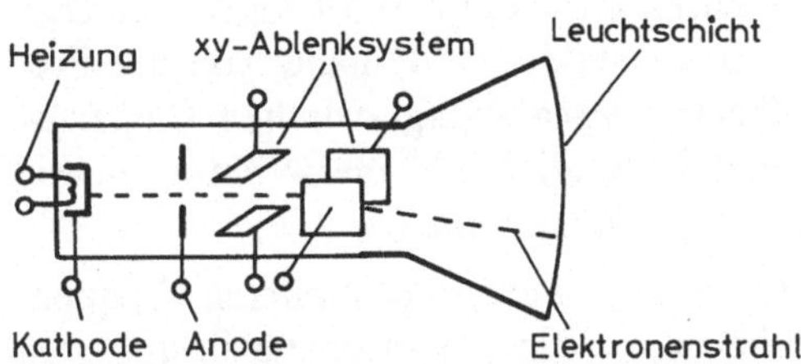

Bild 6.13 Elektronenstrahlröhre [0.3]

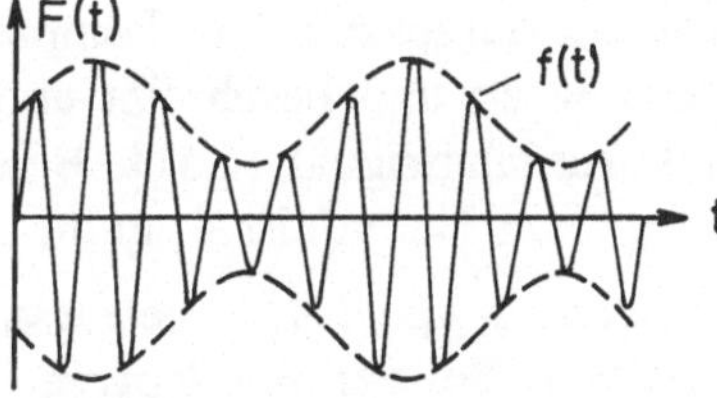

Bild 6.14 Amplitudenmodulation (AM). Die Hüllkurve des modulierten Trägers F(t) ist das Signal f(t). Nach [0.11]

Bei **Farbbildröhren** befinden sich über dem ganzen Bildschirm verteilt viele Farbtripel, bestehend aus drei **fluoreszierenden** Leuchtstoffpunkten, die bei Auftreffen des Elektronenstrahles in den drei **Grundfarben** *rot, blau* oder *grün* aufleuchten. Die Intensität des Elektronenstrahls bestimmt die Helligkeit einer Grundfarbe. Indem man den Elektronenstrahl gezielt auf die Leuchtstoffpunkte des Bildschirmes lenkt, kann man ein gewünschtes Farbmuster darstellen.

Die Betastrahlen werden außerhalb der Röhre in der Luft in wenigen Millimetern abgebremst. In der Regel verlassen sie das umhüllende Glas schon gar nicht. Sie stellen also kaum eine Gefahr für die Gesundheit dar.

Beim plötzlichen Abbremsen der Elektronen entstehen jedoch auch **Röntgenstrahlen**, d.h. Licht (**Gammastrahlen**) einer bestimmten Frequenz. Die Gammastrahlen haben eine größere Reichweite. Bei Sichtgeräten und Fernsehern dürfen gewisse Grenzwerte der Röntgenstrahlung nicht überschritten werden. Eine direkte Folge der Röntgenstrahlung sind Ionisationen der Luft, welche als elektrostatische Ladung auf dem Bildschirm (Knistern, Papierfetzen bleiben hängen) in Erscheinung tritt.

Die Anodenspannung bei Bildschirmröhren beträgt mehrere tausend Volt. Ein geöffneter Fernseher oder Monitor stellt also eine Gefahr dar, auch wenn der Strom bereits abgeschaltet ist, da Kondensatoren die Spannung noch einige Zeit halten.

6.8 Aktive Filter

Wir hatten die **passiven Filter,** welche nur mit den passiven Bauelementen R, C und L auskommen, in Form des **Hochpaß** und des **Tiefpaß**, Kap. 2, bereits kennengelernt. Allgemein versteht man unter einem **Filter,** einen Vierpol, welcher die Eingangsspannung $U_\mathrm{E}(t)$ für gewisse Frequenzbereiche (**Durchlaßbereich**, pass band) mit *geringer* Dämpfung, für andere Bereiche (**Sperrbereich**, stop band) mit *großer* Dämpfung als Ausgangssignal $U_\mathrm{A}(t)$ weiterleitet. Der wichtigste Spezialfall ist das **lineare Filter,** bei welchem jede Fourierkomponente einer bestimmten Kreisfrequenz w mit einem Vielfachen auf den Ausgangs übertragen wird:

$$U_\mathrm{A} = A(w)U_\mathrm{E}.$$

Dabei haben wir die Fourierkomponenten durch ihre komplexen Amplituden U_A, bzw. U_E dargestellt. Der komplexe Übertragungsfaktor $A(w)$ hängt von der Frequenz w ab und beschreibt auch eine **Phasenverschiebung** zwischen Eingangs- und Ausgangssignal {1.11}. Beim Hochpaß ist $A(w)$ für kleine w betragsmäßig klein, beim Tiefpaß ist $A(w)$ für große w betragsmäßig klein.

Beim **Bandpaß** ist $A(w)$ betragsmäßig klein, außer in einem bestimmten Frequenzintervall. Bei der **Bandsperre** ist $A(w)$ betragsmäßig nur in einem bestimmten Frequenzintervall klein.

Beim **Allpaß** ist $A(w)$ überall betragsmäßig gleich *1*, so daß die Fourierkomponenten aller Frequenzen unabgeschwächt durchgehen, jedoch irgendwelche Phasenverschiebungen erleiden.

Unter Verwendung von Transistoren, meist in Form von Operationsverstärkern, werden die Entwurfsmöglichkeiten von Filtern wesentlich erweitert. Man spricht dann von **aktiven Filtern**. Dadurch können auch verstärkende Filtern, bei denen der Betrag von $A(w)$ größer als 1 sein kann, möglich.

Durch den Einsatz von Gyratoren {5.6} können große Induktivitäten und Kapazitäten vermieden werden.

Immer mehr Bedeutung gewinnen die **digitalen Filter**. Hierbei wird das Eingangssignal $U_E(t)$ in kurzen Zeitintervallen abgetastet, d.h. mittels eines Analog/Digital-Wandlers (AD-converter) in eine Zahlenfolge verwandelt. Natürlich muß die **Abtastfrequenz** (sampling rate) größer als die höchste zu berücksichtigende Signalfrequenz sein. Die Zahlenfolge, welche die ganze relevante Information des Eingangssignals besitzt, kann nun mit einem **Signalprozessor**, einem speziellen, besonders schnellen Mikroprozessor, verarbeitet werden, wobei auch **nicht-lineare Filter** realisiert werden können. Das Ausgangssignal, welches nun wiederum als eine Zahlenfolge vorliegt, kann nun mit einem Digital/Analog- Wandler (DA-converter) in das Ausgangssignal verwandelt werden. Da dieses nun die Form von Treppenstufen hat, muß noch ein analoges Tiefpaßfilter nachgeschaltet werden. Dadurch wird eine **digitale Synthese** des Ausgangssignals möglich.

Nach dem **Abtasttheorem** ist es ausreichend, wenn die Abtastfrequenz wenigstens doppelt so groß ist, wie die höchste zu berücksichtigende Frequenz f_{max}. Dabei ist vorausgesetzt, daß im Eingangssignal tatsächlich keine höheren Frequenzen als f_{max} vorliegen, was durch ein analoges Tiefpaßfilter am Eingang sichergestellt werden kann.

6.9 Modulation und Demodulation

Die hörbaren Schallwellen erstrecken sich über einen spektralen Bereich von ca *16Hz* bis *20kHz*.

Mit steigendem Alter schränkt sich dieser Bereich von unten und oben ein. Bei geringer Anforderung an die Qualität der Übertragung, etwa bei einem Telefongespräch, ist eine **Bandbreite** (bandwidth) von 10kHz ausreichend. Beim Fernsehen {6.14}, muß hingegen eine Bandbreite von mindestens 4,5MHz an Information übermittelt werden.

Diese **Signalfrequenzen** werden jedoch nicht direkt auf einem **Kanal**, sei es eine Leitung oder sei es der leere Raum als Träger der elektromagnetischen Wellen, übermittelt. Sonst wäre nämlich in jedem Kanal nur für einen Informationsfluß, wie klein auch dessen Bandbreite wäre, Platz. Vielmehr verwendet man eine **Trägerfrequenz** (carrier frequency) die nach Maßgabe der Signalfrequenzen **moduliert** wird. Im ganzen Kanal ist dann für viele modulierte Trägerfrequenzen Platz. Mehrere Informationsflüsse werden also auf einem Kanal frequenzmäßig gemultiplext.

Ein weiterer Vorteil des Umweges über Trägerfrequenzen besteht darin, daß diese so gewählt werden können wie es aus technischen Gründen für den Sender und Empfänger oder für den Wellenausbreitungsvorgang vorteilhaft ist.

So eignen sich z.B. die Frequenzen zwischen 5MHz - 30MHz infolge mehrfacher Reflexionen an der **Ionosphäre** für eine Ausbreitung auf der ganzen Erde. Andererseits eignet sich der **Mikrowel-**

lenbereich (ab 1GHz) für Richtfunk, denn mit kleinen Antennen können gerichtete Strahlen erzeugt werden. Er eignet sich für Informationsübertragung, die auf den Sichtkontakt beschränkt bleiben soll.

Es gibt zwei grundsätzliche Arten der Modulation, die **Amplitudenmodulation** (**AM**, amplitude modulation) und die **Winkelmodulation** (angle modulation), welche letztere noch in die **Frequenzmodulation** (**FM**, frequency modulation) und die seltener verwendete **Phasenmodulation** (**PM**, phase modulation) eingeteilt wird.

Die analytischen Ausdrücke für das modulierte Signal F(t) sind in den verschiedenen Fällen:

$$\text{AM: } F(t) = A_o \, [1 + mf(t)] \, sin[\Omega_c \, t] \tag{6.1}$$

$$\text{FM: } F(t) = A_o \, sin[(\Omega_c + \Omega_D \, f(t)) \cdot t] \tag{6.2}$$

$$\text{PM: } F(t) = A_o \, sin[\Omega_c \, t + \Omega_D \, f(t)] \tag{6.3}$$

Ω_c ist die Trägerfrequenz und A_o ist die Amplitude des Trägers, die mit dem Abstand zum Sender abnimmt. Alle drei Modulationsarten stellen eine Welle der Form

$$F(t) = A \, sin[\Omega t + \phi] \tag{6.4}$$

dar, wobei, wie der Name sagt, bei der Amplitudenmodulation die Amplitude A, bei der Frequenzmodulation die Frequenz Ω und bei der Phasenmodulation die Phasenverschiebung ϕ moduliert wird.

In obigen Formeln stellt $f(t)$ das zu übertragende Informationssignal dar, welches in geeigneter Weise normiert ist. Typischerweise stelle man sich vor, daß $f(t)$ aus einigen Signalfrequenzen besteht, deren lauteste - es sei diejenige mit Kreisfrequenz w_o - auf die Amplitude 1 normiert ist:

$$f(t) = 1 \cdot sin \, (w_o t) + a_1 sin(w_1 t + \phi_1) + \cdots \tag{6.5a}$$

mit $a_1 \leq 1$, $a_2 \leq 1, \cdots$. Mit dieser Normierung bezeichnet man m als den **Modulationsgrad** (degree of modulation) des amplitudenmodulierten Signals (6.1). Ebenso ist die Frequenz Ω_D, welche als **Frequenzhub** (frequency deviation) bezeichnet wird, frei wählbar.

Die anschauliche Bedeutung der Modulationsarten ist aus den Bild 6.14 und Bild 6.15 ersichtlich. Bei der Amplitudenmodulation ist die Signalinformation als Hüllkurve des modulierten Trägers sichtbar. Bei der Frequenzmodulation bewirkt ein lautes Informationssignal eine große Frequenzverschiebung des Trägers, eine hohe Frequenz des Informationssignals jedoch eine schnelle Frequenzänderung des Trägers.

Vom Standpunkt der Fourieranalyse besteht zwischen den Modulationsarten kein grundsätzlicher Unterschied: Der modulierte Träger enthält außer der Trägerfrequenz auch noch davon abweichende Fourierkomponenten, die sog. **Seitenbänder** (sidebands). Für

$$f(t) = \sin w_o t \qquad (6.5b)$$

lautet z. B. (6.1):

$$F(t) = A_o \{\sin \Omega_c t + \tfrac{1}{2}m \, [\cos (\Omega_c - w_o)t - \cos (\Omega_c + w_o)t]\}. \qquad (6.6)$$

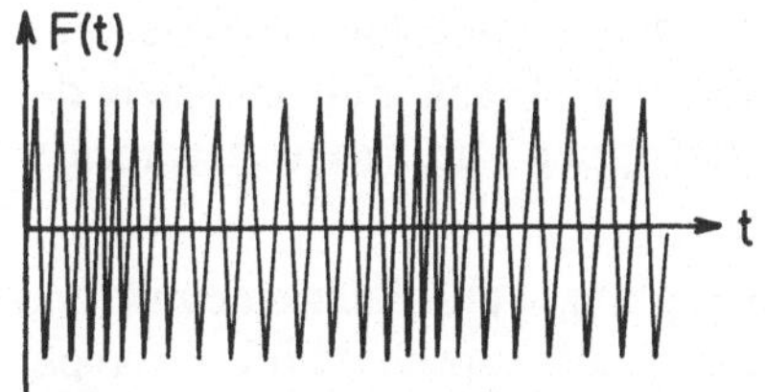

Bild 6.15 Frequenzmodulation (FM). Nach [0.11]

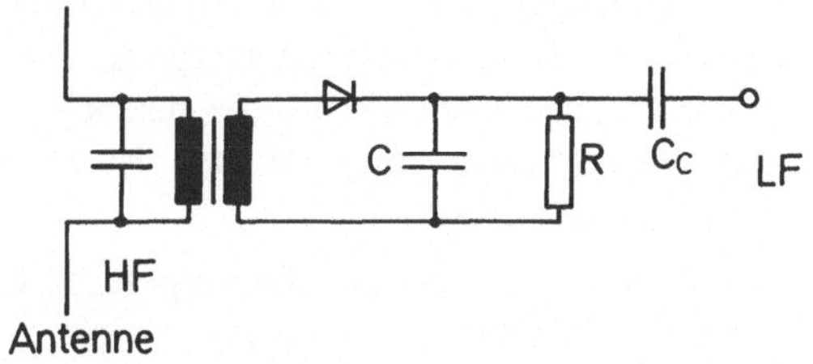

Bild 6.16 Prinzipschaltbild einer Amplitudendemodulationsschaltung

Bei der Amplitudenmodulation ist die Bandbreite $B = (\Omega_c + w_o) - (\Omega_c - w_o)$ des modulierten Trägers doppelt so groß wie die Bandbreite $b \, [= w_o]$ des Informationssignals:

$$B = 2b \quad : \qquad (6.7)$$

Es gibt ein oberes und unteres Seitenband, welches dieselbe Information trägt.

Um Bandbreite zu sparen, kann das eine Seitenband und der Träger, der keinerlei Information enthält, eliminiert und an der Aussendung gehindert werden.

Die einfache Analyse, wie wir sie in (6.6) für die Amplitudenmodulation durchgeführt hatten, ist bei der Frequenzmodulation wesentlich komplizierter. Wir teilen nur das Ergebnis

$$B = 2(b + \Omega_D) \qquad (6.8)$$

mit.

Die Frequenzmodulation wird vorallem für Übertragungen hoher Treue (**Hi-Fi**, high fidelity) verwendet. Die Immunität gegen athmosphärische und artifizielle Störungen wird durch **Re-**

dundanz erreicht. Diese erkennt man schon an Bild 6.15: Die konstante Amplitude trägt keinerlei Information. Eine Störung wird auch die Amplitude verändern und kann dadurch erkannt oder durch Amplitudenbegrenzung verringert werden.

Der Frequenzhub Ω_D in (6.2) ist ein freier Parameter der Winkelmodulation und kann im Prinzip beliebig klein gemacht werden. Wegen des in jedem realen Signal anwesenden **Rauschens** (noise), würde schließlich die eigentliche Information darin untergehen.

Aus der Theorie ergibt sich aus einer Verdoppelung des Frequenzhubes eine Verdoppelung des **SNR** (signal to noise ratio). Da die FM gerade für Hi-Fi-Übertragungen verwendet wird, wählt man einen großen Frequenzhub, in der **UKW**-Technik üblicherweise $\Omega_D = 75\text{kHz}$. Das ist 5 mal mehr als die Bandbreite b = 15kHz. Der sog. **Modulationsindex**

$$m = \Omega_D/b \qquad\qquad (6.9)$$

wird also zu m = 5 gewählt. Nach (6.9) wird damit die Bandbreite des modulierten Trägers zu B = 180 kHz. Eine solch hohe Bandbreite ist nur in dem Radioband zwischen 88 und 108MHz tolerierbar, während in dem Band zwischen 0,54 und 1,6 MHz nur die Amplitudenmodulation in Frage kommt.

Mit relativ geringer Bandbreite kommt man bei digitaler Information aus, bei welcher nur Einsen und Nullen übertragen werden. Die FM besteht in diesem Spezialfall darin, daß für die Übertragung der Nullen und Einsen einfach zwei Frequenzen konstanter Amplitude gesendet werden. Für diesen Fall hat sich der Name **FSK** (frequency-shift keying = Eintippen von Frequenzverschiebungen) eingebürgert.

Wir können hier nicht auf die ausgefeilte Radioempfangs- und Sendetechnik eingehen, sondern wollen nur ein Prinzipschaltbild einer **Amplitudendemodulationsschaltung**, Bild 6.16, angeben: Die in der Antenne influenzierte oder induzierte Spannung regt einen LC-Hochfrequenzschwingkreis **HF** an, der auf die gewählte Trägerfrequenz **abgestimmt** (tuned) ist. Die **Güte** dieses Oszillators, d.h. seine Fähigkeit auf benachbarte Frequenzen nicht mehr anzusprechen, muß gerade so gewählt werden, daß die Bandbreite B des modulierten Trägers zwar noch voll durchkommt, benachbarte Sender jedoch zurückweist. Dadurch wird die **Trennschärfe** (adjacent-channel selectivity) des **Empfängers** (receivers) bestimmt.

Ein Teil dieser Leistung wird über eine Transformatorkopplung abgegriffen und mit einer Diode gleichgerichtet. Der Kondensator C, der hohe Frequenzen nach Erde kurzschließt, und der Entladekondensator R, der den Gleichspannungsanteil und ganz niedere Frequenzen abführt, bewirken, daß an C die Spannung der Hüllkurve des modulierten Trägers, Bild 6.14, anliegt.

Durch den Auskopplungskondensator C_e wird dieses Informationssignal dem Niederfrequenzteil **LF** (low frequency) des Empfängers weitergereicht, d.h. an seinen Arbeitspunkt angepaßt.

6.10 Transducer

Unter einem **Transducer** (Meßfühler, Aufnehmer, Meßwandler) versteht man eine Vorrichtung, welche eine beliebige physikalische Größe in eine elektrisch auswertbare Größe, z.B. eine Spannung, verwandelt. Als Transducer eignet sich jeder Bauteil, dessen elektrische Eigenschaften von der betreffenden physikalischen Größe abhängig ist. So ist z.B. ein Widerstand infolge seiner Temperaturabhängigkeit ein Temperaturfühler, ein Photohalbleiter ein optischer Transducer etc.

Aus der großen Vielzahl von Transducern können wir nur einige Beispiele auswählen: **Piezoquarze** eignen sich als Drucktransducer, denn an gegenüberliegenden Flächen eines Piezokristalles erscheint eine Spannung, die dem angelegten Druck proportional ist.

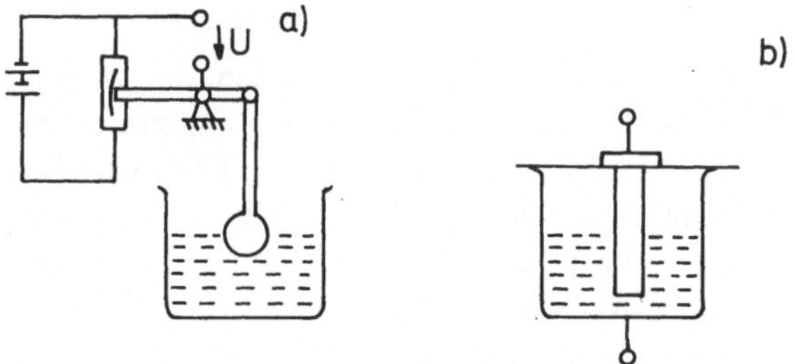

Bild 6.17 Flüssigkeitsstandmesser realisiert durch (a) ohmschen, (b) kapazitiven Transducer

Bild 6.17 zeigt zwei Flüssigkeitsstandmesser. Beim ohmschen Meßfühler wird der Mittelabgriff eines variablen Widerstandes verschoben. Beim kapazitiven Meßfühler verändert die Flüssigkeit, die wie das Dielektrikum in einem Kondensator wirkt, die Kapazität zwischen Gefäßwand und einem Innenrohr.

Die genannten Wandlungsprinzipien findet man auch beim Aufbau von Mikrophonen. Beim **Kohlemikrophon** bringen die Schallwellen eine Membran und dahinter befindliche Kohlekörnchen (Kohlegrieß) in Vibration. Der sich dadurch verändernde Anpreßdruck zwischen den Körnern verändert ihren Gesamtwiderstand nach Maßgabe der Schallwelle.

Bild 6.18 Schaltsymbol eines Kondensatormikrophones (a), eines Kristallmikrophones (b) und eines dynamischen Mikrophones (c).

Beim **Kondensatormikrophon**, Bild 6.18a verändert die eine als schwingende Membran ausgeführte Kondensatorplatte die Kapazität. Beim **Kristallmikrophon**, Bild 6.18b, wird der piezoelektrische Effekt ausgenützt, indem die von der Schallwelle bewirkten Druckänderungen am Piezokristall eine Spannung verursachen.

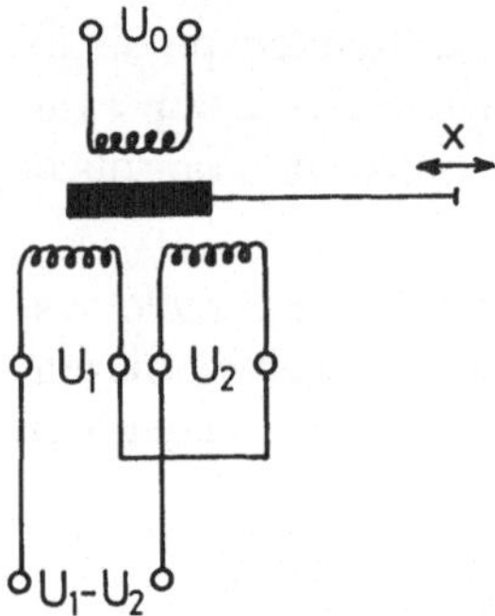

Bild 6.19 Präzise Verschiebungstransducer durch Differenzmessung

Hohe Genauigkeiten erzielt man, wenn *Differenzen* gemessen werden, die an einer Stelle des interessierenden Meßintervalles verschwinden. Zur Längenmessung verwendet man etwa einen **LVDT** (`linear variable differential transformer`), Bild 6.19. In der Primärspule legt man eine Wechselspannung U_0 an. Je nach Lage des Eisenkernes ist die Übertragung auf die Sekundärseite, an der die Spannungen U_1 und U_2 gemessen werden verschieden. Für die Stelle $x=0$ sei $U_1 - U_2 = 0$.

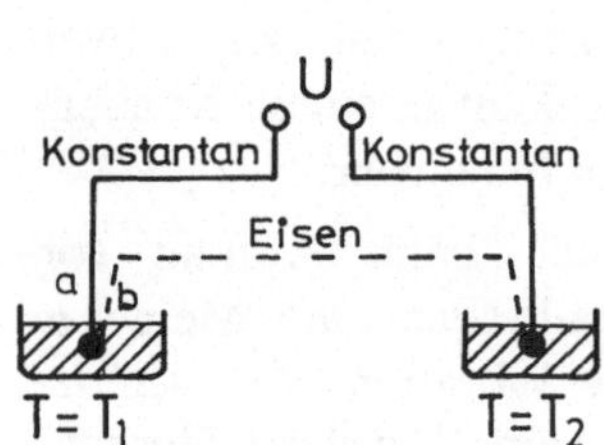

Bild 6.20 Thermoelement

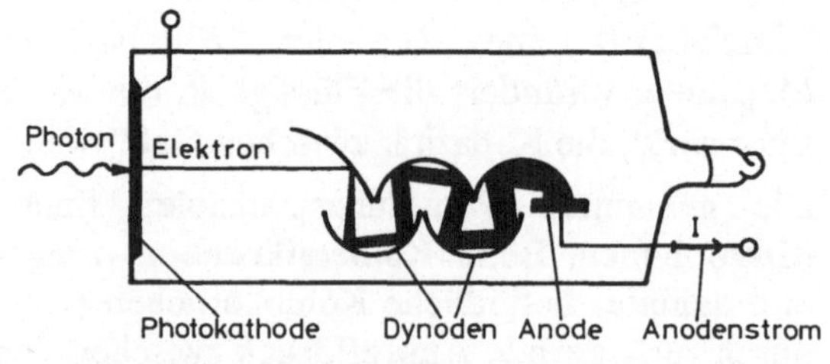

Bild 6.21 Photomultiplier [0.3]

Das gleiche Prinzip verwendet man beim **Thermoelement** (`thermocouple`), Bild 6.20. Auf Grund des **Thermoeffektes** entsteht an der Kontaktstelle zweier *verschiedener* Metalle, etwa zwischen *a* und *b*, eine kleine Spannung, die sog. **Thermospannung**, welche temperaturabhängig ist. Für $T_1 = T_2$ wäre $U = 0$, da sich beide Thermospannungen aufheben. An U kann die Temperaturdifferenz $T_1 - T_2$ bestimmt werden. Die eine Kontaktstelle wird z.B. durch ein **Eis/Wassergemisch** in stabiler Weise auf *0°C* gehalten. Als Metallpaar haben wir Eisen und Konstantan angenommen. **Konstantan**, welches zu *55%* aus Kupfer und zu *45%* aus Nickel besteht, wird wegen seines weitgehend temperaturunabhängigen elektrischen Widerstandes auch in anderen Anwendungsfällen eingesetzt.

Ein **Pyrometer** mißt die Temperatur eines entfernten Gegenstandes aufgrund des Spektrums der von ihm ausgesandten **Wärmestrahlung**, meist eine **Infrarotstrahlung**.

Schwingquarze verwendet man normalerweise in der Elektronik zur Erzeugung sehr konstanter Frequenzen. Dennoch hängt diese Schwingfrequenz geringfügig von der Temperatur, vom Druck und anderen Parametern ab.

Die Frequenz ist diejenige physikalische Größe, die man mit der höchsten Genauigkeit messen kann. Dazu braucht man nämlich nur während einer möglichst langen Zeit zu zählen, vorausgesetzt die Frequenz kann als konstant angenommen werden oder es soll deren Mittelwert bestimmt werden.

Die Frequenzänderung von Quarzen eignet sich daher als Transducer verschiedener physikalischer Größen. Darauf beruht z.B. das **Quarzthermometer**.

Mit dem **Elektronenvervielfacher** (photomultiplier), Bild 6.21, können die kleinsten Einheiten des Lichtes, die **Photonen**, registriert werden: Ein Photon fällt auf eine **Photokathode**, welche aus einem Alkalimetall besteht, und löst dort ein Elektron aus. Durch die Beschleunigungsspannung zwischen der Photokathode und den **Dynoden** prasseln die Elektronen mit hoher Energie auf die jeweils nächste Dynode und lösen daselbst ein *Vielfaches* der aufgefallenen Elektronen aus. Das eingefallene Photon kann dann durch einen makroskopischen Anodenstrom I festgestellt werden.

Infolge des thermischen Rauschens werden auch ohne einfallende Photonen einige Elektronen aus den Dynoden herausgelöst. Dies ist die Ursache eines **Dunkelstromes** (dark current).

Hochenergetische Teilchen, einschließlich der Photonen, können auch in einer **Ionisationskammer (Blasenkammer,** bubble chamber) nachgewiesen werden. Die Teilchen ionisieren darin viele Atome, d.h. schlagen aus ihnen Elektronen heraus. Diese Elektronen wandern zu einer Anode, wo das Ereignis als Anodenstrom gemessen werden kann. Das ist das Prinzip des **Geigerzählers**.

In gewissen Bereichen ist der Anodenstrom proportional zur Energie des eingefallenen Teilchens (**Proportionalzähler**).

Magnetfelder werden durch eine **Hallsonde** oder durch die sehr präzise, aber hochaufwendige Methode der **Kernspinresonanz (NMR =** nuclear magnetic resonance), die wir nur dem Namen nach erwähnen wollen, gemessen.

Die einfachste Ausführung einer **Bildaufnahmeröhre** (Fernsehkamera, **TV** camera) ist das **Vidikon**, Bild 6.22. Als lichtempfindliche Speicherschicht dient eine dünne Halbleiterschicht aus Antimontrisulfid. Ein darauf fallender Lichtpunkt erzeugt daselbst Ladungen, die infolge der Isolierfähigkeit an Ort und Stelle verharren. Das optische Bild wird so als Ladungsbild gespeichert.

Auf der anderen Seite wird von einer Kathode mit **Lochanode (Elektronenkanone,** electron gun) ein Abtaststrahl auf die verschiedenen Stellen der Halbleiterschicht gelenkt. Dieser Elektronenstrahl wird von einem Ladungspunkt abgebremst oder fällt bei fehlendem Ladungspunkt auf eine dünne

Zinkschicht, welche in Bild 6.22 als Gitter dargestellt wurde. Der von diesem Gitter abgeleitete Strom ist ein Maß für das Vorhandensein eines Ladungspunktes.

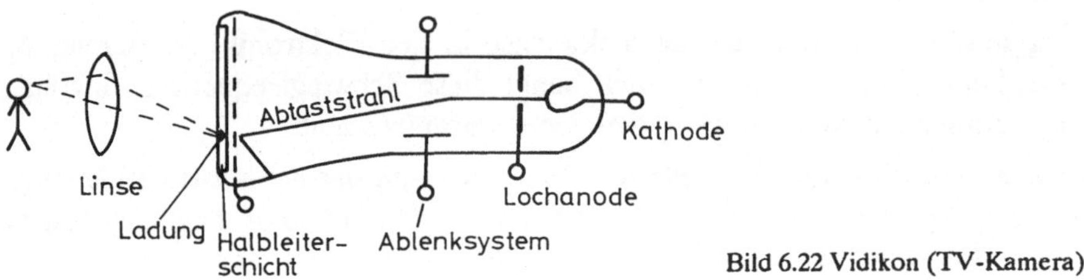

Bild 6.22 Vidikon (TV-Kamera)

Bild 6.23 CCD (charge coupled device)

Eine revolutionierende Neuigkeit war das **CCD** (`charge coupled device`). Auch hier erzeugen die Lichtstrahlen Ladungspunkte. Das CCD ist ein hochintegrierter MOS-Baustein, in dem eine Vielzahl von digital ansteuerbaren Elektroden untergebracht sind. Spannungen an den Elektroden verschieben die Ladungspunkte zeilenweise, so daß diese am Rand schließlich ausgelesen werden können. Vorteile des CCD sind hohe Bildauflösung, hohe Empfindlichkeit und geringe Dicke des Gerätes.

Vor ein CCD oder ein Vidikon kann eine **Mikrokanalplatte (SIT** = `silicon intensifier target`) gebracht werden. Jedes der mikroskopisch kleinen Röhrchen ist mit einer Schicht umgeben, die wie die Dynoden eines Photomultipliers mit sehr geringem Dunkelstrom wirken. Mit solchen Geräten kann man bei absoluter Dunkelheit sehen, da die Infrarotwärmestrahlung der Gegenstände für diese Geräte ausreicht.

6.11 Aktuatoren

Nach dem Prinzip der Umkehrbarkeit aller physikalischer Vorgänge, können die bei den Transducern benutzten physikalischen Prinzipien auch bei den **Aktuato-**

ren (**Aktoren**, **Stellgliedern**), welche eine elektrische Größe in irgend eine physikalische Größe verwandeln, benutzt werden. Zu den Aktuatoren gehören Lampen, Motoren, Zugmagnete, Lautsprecher, Heizelemente etc.

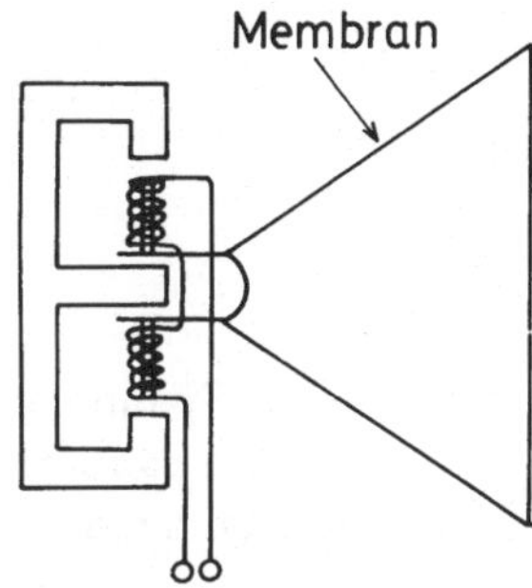

Bild 6.24 Lautsprecher mit Schwingspule (voice coil)

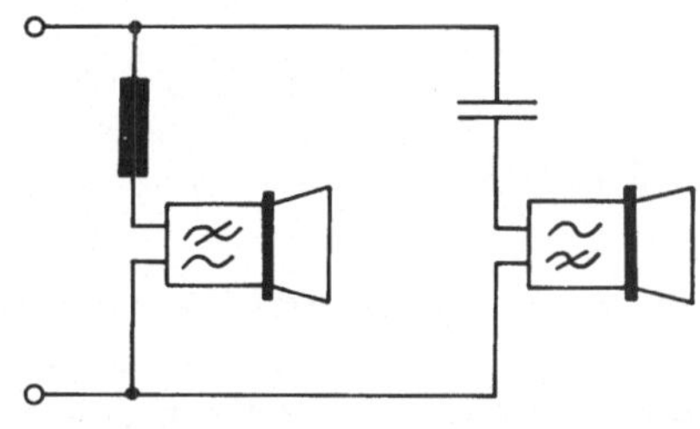

Bild 6.25 Schaltsymbol für Tiefton- und Hochtonlautsprecher mit entsprechenden Filtern

Als Beispiel betrachten wir einen **Lautsprecher**. Die Kraft zwischen einem Permanentmagneten, Bild 6.24 und einer Schwingspule bewegt die Lautsprechermembran, welche die Schallwellen erzeugt.

Das Prinzip einer solchen **Lautsprecherspule** (`voice coil`) wird auch für die Bewegung von Schreib/Leseköpfen in vielen Datenverarbeitungsanlagen benutzt.

Bild 6.25 zeigen die Schaltsymbole für Hochton- und Tieftonlautsprecher zusammen mit einem Hochpaß- und Tiefpaßfilter.

Spricht man in einen Lautsprecher, so werden durch die Bewegungen in der Lautsprecherspule Spannungen induziert. Das ist das Prinzip des **dynamischen Mikrophons**, Bild 6.18c.

Unter den **Längenaktuatoren** erwähnen wir außerdem die **Piezokristalle**. In Umkehrung des piezoelektrischen Effektes erzeugen Piezokristalle bei Anlegen einer Spannung eine Längenänderung. Das Prinzip wird bei **Kristallautsprechern** und Summern verwendet.

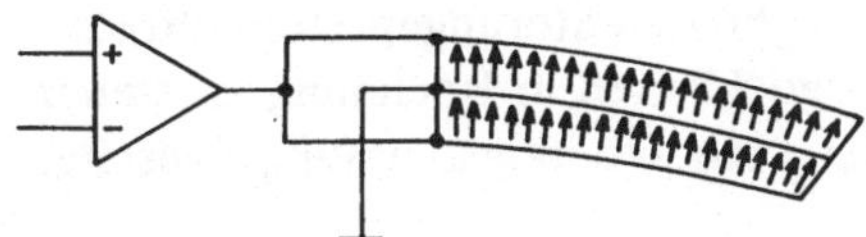

Bild 6.26 Ansteuerung eines Bimorph

Um die sehr geringe Längenänderung der Piezo zu erhöhen, verwendet man einen **Bimorph**, nämlich zwei aneinander geleimte Piezokristalle, Bild 6.26. Jeder Kristall hat eine durch die Pfeile angedeutete innere **Polarisationsrichtung**. Legt man die Spannung in Pfeilrichtung an, so zieht sich der Kristall in dieser Richtung zu-

sammen. Bei der gezeigten Schaltung dehnt sich also der eine aus, der andere
zieht sich zusammen. Wegen einer annähernden Volumerhaltung zieht sich dann -
in der Längsdimension betrachtet - der andere aus, der eine zusammen. Das ist
nur verträglich, wenn sich der ganze Bimorph biegt. Es sind dadurch Auslenkun-
gen bis zu einigen Millimetern möglich.

6.12 Reglertheorie

In {6.11} hatten wir die **Aktuatoren (Stellglieder)**, welche gemäß einer Spannung
U_A irgend eine physikalische Größe einstellen, und in {6.11} die **Transducer**
(Wandler), welche eine solche Größe in eine Spannung U_B verwandeln, kennengelernt.

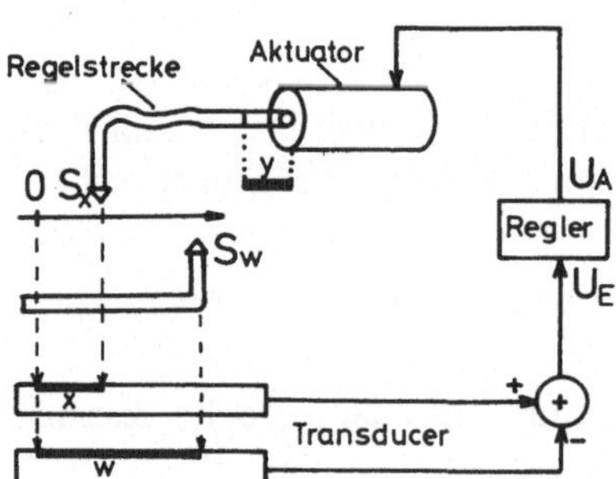

Bild 6.27 Regelkreis: Eine geregelte Spitze S_x soll
möglichst schnell einer willkürlich bewegten Spitze
S_w nachfolgen. x = Istwert, w = Sollwert, y =
Stellwert. Auf der Regelstrecke können elastische
Verformungen auftreten, welche vom Regler aus-
geregelt werden müssen.

In Bild 6.27 soll beispielsweise eine Spitze S_x möglichst rasch und genau einer
willkürlich bewegten Spitze S_w nachgeführt werden. Der Transducer mißt den
Istwert (`actual value`) x und vergleicht ihn mit dem **Sollwert** (`set value`)
w.

Der Aktuator, hier etwa ein Elektromagnet, erzeugt zunächst nur den **Stellwert**
(`actuating value`) y, der beispielsweise durch eine elastische Stange oder
durch ein Gummiband den Istwert beeinflußt. Es ist zugelassen, daß auf dieser
sog. **Regelstrecke** beliebige Verzögerungen, Trägheiten, Störungen etc. auftreten.
Der **Regler** hat gerade die Aufgabe, diese Möglichkeiten in Rechnung zu stellen
(vorherzusehen) und jederzeit eine möglichst gute Übereinstimmung zwischen
Sollwert und Istwert zu gewährleisten.

Dabei kann es im einen Anwendungsfall darauf ankommen, langfristig eine möglichst genaue Übereinstimmung zu erzielen, wobei kurzzeitige, große Abweichungen zugelassen sind (langsamer, genauer Regler). Im anderen Extremfall sollen
auch kurzzeitige größere Abweichungen vermieden werden (schneller Regler).

Der Regler wird seine Aufgabe dadurch erfüllen, daß er im Falle einer Abweichung zunächst eine über das Ziel hinausschießende Spannung U_A ausgibt, um diese kurz vor Erreichen des Zieles zurückzunehmen oder gar umzudrehen, um eine rechtzeitige Abbremsung zu ermöglichen.

Die **Regelungstheorie** (control theory) ist zu einer wichtigen technischen Wissenschaft geworden.

In Bild 6.27 haben wir angenommen, daß im Aktuator und im Transducer keinerlei Störungen oder Verzögerungen auftreten. Anderenfalls müßten diese Geräte mit zur Regelstrecke gezählt werden und deren Verzögerungen müßten vom Regler mitberücksichtigt werden.

In einem solchen Modell würde man z.B. die im Aktuator erzeugte magnetische Feldstärke als die Stellgröße y auffassen und deren Umwandlung in eine Position des Stabes zur Regelstrecke zählen.

Ein Regler, als black-box aufgefaßt, ist dadurch charakterisiert, daß man seine Reaktion $U_A(t)$ auf eine beliebige Eingangsspannungsfunktion $U_B(t)$ der Zeit t angibt.

Schaltungstechnisch einfach, d.h. mit Operationsverstärkern, lassen sich die sog. **PID-Regler** (PID-controller) realisieren:

$$U_A(t) = k\,[U_B(t) + 1/T_n\,\textstyle\int U_B(t)\,dt + T_v\,dU_B(t)/dt]. \tag{6.10}$$

Der erste Term stellt den sog. **Proportionalteil** (P) dar, weil bei diesem die Ausgangsspannung einfach ein Vielfaches k der Eingangsspannung ist: Die Stellgröße wird proportional einer Abweichung zwischen Sollwert und Istwert verändert.

Falls der Istwert nur dadurch auf der richtigen Position gehalten werden kann, daß eine geeignete von null verschiedene Spannung U_A ausgegeben wird, kann dies ein reiner **P-Regler** nur dadurch bewerkstelligen, indem der Regler zunächst Abweichungen aufkommen läßt, um diese schließlich in richtiger Richtung zu korrigieren. Es liegt also ständig ein kleiner Regelfehler und eine beträchtliche Unruhe vor. *Faustregel*: Ein P-Regler ist schnell aber ungenau.

Hier kommt der zweite Term in (6.10), der **Integralanteil** (I), zu Hilfe: Auch eine exakte Regelung ($U_B = 0$) ist mit einer von null verschiedenen, konstanten Ausgangsspannung U_A verträglich, wenn in der Vorgeschichte das Integral auf den richtigen Wert zu liegen kam (der Kondensator des Integrators richtig geladen wurde).

Eine während der Zeit T konstante Regelabweichung U_B vergrößert das Integral um $U_B T$. Der I-Term wird also erst größer als der Beitrag des P-Termes, wenn T > T_n wird, die sog. **Nachstellzeit** (reset time) T_n, ein Parameter des Reglers. *Faustregel*: Ein reiner I-Regler ist genau aber langsam.

Bei einer plötzlichen Regelabweichung müssen zuerst die Trägheiten in der Regelstrecke überwunden werden. Es ist daher sinnvoll, wenn zunächst ein sehr kurzer, dafür aber desto hoher U_A-Stoß erfolgt, um die Regelstrecke zunächst einmal in Gang zu setzen. Dazu dient der dritte Term in (6.10), der sog. **Differentialterm** (D), der bei einem plötzlichen Einschalten formal unendlich wird. Der Regler enthält hier als weiteren Parameter die **Vorhaltezeit** (derivative time) T_v, welche etwa die Zeit darstellt, bis ein reiner P-Regler der Regelstrecke dieselbe Beschleunigung erteilt hat wie der D-Term allein.

Die D-Terme bringen eine große Unruhe in den Regelkreis, vor allem wenn hochfrequente Störungen vorliegen. Durch Filterschaltungen wird man daher verhindern, daß der D-Term auf zu hohe Frequenzanteile anspricht.

In der Praxis hat sich der D-Term als wenig sinnvoll erwiesen und wird meist weggelassen. Man spricht dann von einem **PI-Regler**.

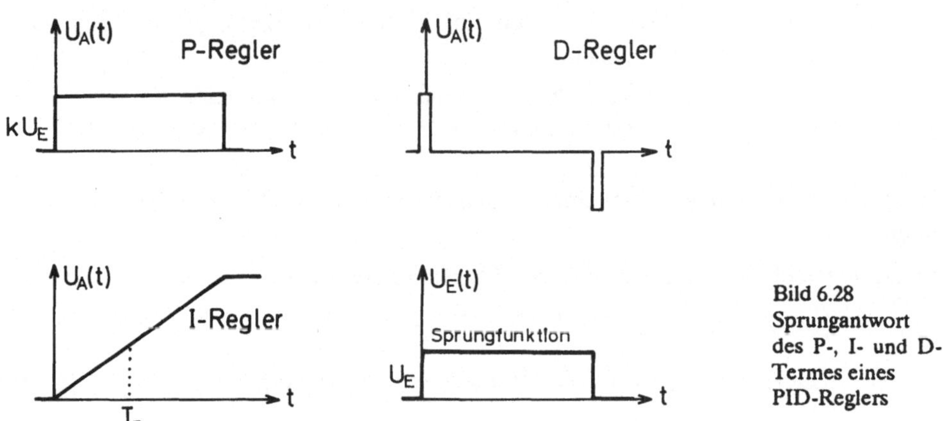

Bild 6.28
Sprungantwort
des P-, I- und D-
Termes eines
PID-Reglers

Als Ersatz für die mathematische Beschreibung (6.10) kann man das Verhalten des Reglers auch durch seine **Sprungantwort** (step response) charakterisieren, Bild 6.28: Der reine P-Regler antwortet auf eine **Sprungfunktion** am Eingang U_E mit einer k-fachen Sprungfunktion am Ausgang. Der reine I-Regler summiert die Regelabweichungen U_E auf, erteilt also eine **Rampenantwort**. Zur Zeit T_n hat die Rampe die Höhe kU_E. Der reine D-Regler, welcher für sich allein unsinnig wäre, antwortet mit einem Nadelimpuls der Fläche T_v.

Ein PID-Regler ist vorallem dann geeignet, wenn die Regelstrecke einen **linearen Zusammenhang**

$$x = Ay \qquad\qquad (6.11)$$

zwischen Stellgröße y und Istwert x realisiert, wobei A wie beim komplexen Wechselstromwiderstand {1.11} auch eine Phasenverschiebung zum Ausdruck bringen kann. An einem bestimmten Arbeitspunkt kann dieser Zusammenhang immer als linear angenommen werden. Die Parameter des Reglers müssen dann für diesen Arbeitspunkt angepaßt werden. Bei **nicht-linearen Regelstrecken** und wenn beträchtliche Abweichungen von einem Arbeitspunkt zugelassen werden sollen, kann etwa ein **Logarithmierverstärker** an geeigneter Stelle in die Regelstrecke eingebaut werden und diese dadurch linearisiert werden.

Die Dimensionierung eines Reglers kann durch spezielle Computerprogramme vorgenommen werden, wenn das Verhalten der Regelstrecke bekannt ist und simuliert werden kann.

Das Verhalten einer linearen Regelstrecke (6.11) kann auch graphisch dargestellt werden. Das i.A. frequenzabhängige und komplexe $A = A(w)$ wird als Kurve (**Ortskurve**) auf der komplexen Zahlenebene mit der Kreisfrequenz w als Paramter aufgetragen.

In einer anderen Darstellungsweise (**Bode-Diagramm**, `Bode plot`) werden Phase von $A(w)$ (**Phasendiagramm**) und der Logarithmus des Betrages von $A(w)$ als Funktion der Kreisfrequenz w aufgetragen. Bei der Hintereinanderschaltung zweier Regelstrecken multiplizieren sich die beiden $A(w)$, d.h. die Bodeplots addieren sich.

Das größte Problem bei der Dimensionierung eines Reglers ist die Vermeidung der **Instabilitäten**. Mit dem **Nyquist-Kriterium** [0.3] lassen sich die Instabilitäten bereits am Bode-Diagramm ablesen.

Wir erwähnen noch die schaltungstechnisch sehr einfachen **Zweipunktsregler** (`on-off-controller`), bei denen die Ausgangsspannung nur zwei Zustände annehmen kann. Sie sind z.B. bei der zeitlich sehr trägen Temperaturregelung ausreichend.

Am anderen Extrem der Komplexität stehen die **digitalen Regler**, welche bei beliebiger nicht-linearer Regelstrecke geeignet sind. Gesteuert von einem programmierten **Microcontroller**, einem sehr einfachen dafür sehr schnellen Mikroprozessor, werden die Eingangsspannungen U_E zu bestimmten Zeiten abgefragt, während der Controller ein programmiertes Ausgangssignal $U_A(t)$ abgibt.

Nach diesem Prinzip arbeitet vermutlich auch der komplizierteste Regler, den die Natur hervorgebracht hat, das menschliche **Kleinhirn** (`cerebellum`), das unsere Feinmotorik steuert.

6.13 Nachlaufsynchronisation (PLL-Technik)

Ein **Phase-Locked-Loop (PLL)** ist ein Regelkreis (`loop`), Bild 6.29, bei welchem eine Ausgangsfrequenz f_x (Istwert) in Übereinstimmung mit einer beliebig variierenden Eingangsfrequenz f_w (Sollwert) gebracht wird, so daß also deren Phasendifferenz **eingerastet** (`phase locked`) bleiben. Die Frequenzen können dabei als (analoge) sinusförmige Wechselspannung, als (digitale) Rechteckspannung oder sonstwie, z.B. als Sägezahn, realisiert sein.

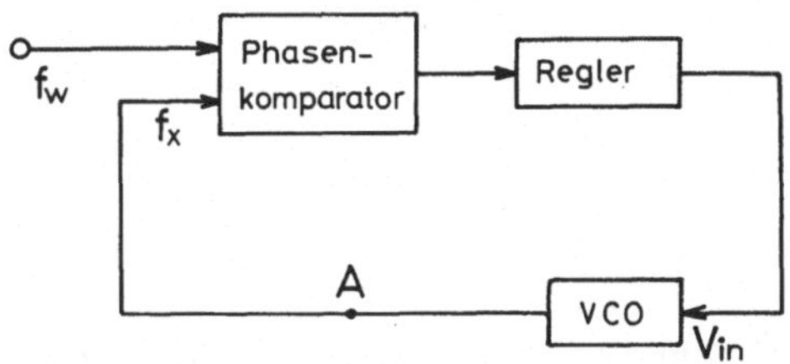

Bild 6.29 Phase Locked Loop: VCO = voltage controlled oscillator, f_w = Sollfrequenz, f_x = Istfrequenz. Beim Frequenzvervielfacher wird bei A ein Zähler dazwischen geschaltet.

Die Rolle des Aktuators in diesem Regelkreis wird von dem **spannungsgesteuerten Oszillator** (`voltage controlled oscillator, VCO`) gespielt. Er liefert eine Frequenz, welche von einer Steuerspannung V_{in} abhängig ist, wobei für $V_{in} = 0$ eine bestimmte mittlere Frequenz erzeugt wird.

Der **Phasenkomparator** (Phasendifferenzdetektor) spielt die Rolle des Transducers. Er untersucht seine Eingänge auf einen Spannungsnulldurchgang (Phase null). Die Zeitdifferenz zwischen den beiden Nulldurchgängen, welche der Phasendifferenz zwischen den beiden Eingangssignalen entspricht, wird als eine Spannung ausgegeben.

Oft besteht der Regler nur aus einem Tiefpaßfilter (Integrator, I-Term).

In einer einfachsten Anwendung wird aus einem digitalen Frequenzsignal f_w vom VCO ein sinusförmiges Frequenzisignal f_x erzeugt, welches mit dem möglicherweise veränderlichen Eingangssignal f_w völlig **phasensynchron** ist.

Des weiteren kann die Schaltung zur Frequenzdemodulation von FSK-Signalen, {6.9}, verwendet werden, denn der Eingang des VCO ist ein Maß für die Frequenz des Eingangssignales f_w.

Falls der Regler geeignete Filtereigenschaften z.B. eine geeignete Frequenzabhängigkeit seines Verstärkungsfaktors besitzt, kann die Schaltung auch zur Regenerierung digitaler Taktsignale verwendet werden.

Das Taktsignal, welches zur Synchronisation der Vorgänge in ausgedehnten Computersystemen dient, sollte z.B. die Frequenz $f_w = 4\text{MHz}$ haben. Auf der langen Übertragungsleitung sind zum Taktsignal einige Störimpulse dazugekommen. Diese werden vom VCO nicht mitgemacht, wenn der Regler nicht so schnell reagiert.

Eine typische Anwendung des PLL ist der **Frequenzvervielfacher** (frequency synthesizer). Dabei muß in Bild 6.29 an der Stelle A ein Zähler (divide by n counter) dazwischen geschaltet sein. Dieser gibt nach n Taktimpulsen genau einen Taktimpuls weiter. Am Ausgang des VCO liegt also die Frequenz nf_w an, welche mit dem Eingangssignal der Frequenz f_w synchron ist.

Dies benötigt man etwa, wenn ein sehr schnelles digitales Gerät getaktet werden muß und dabei mit dem langsameren Takt des Gesamtsystem synchron bleiben muß. Auch Computersichtgeräte werden für ihre internen Operationen mit einem synchronen Vielfachen der Netzfrequenz getaktet, damit die nicht ganz zu unterdrückenden Störungen mit einer Frequenz von 50Hz nicht zu einem Tanzen des Bildes führen.

Durch einen weiteren Zähler kann die Frequenz nochmals geteilt werden, so daß eine Frequenzvervielfachung mit einem rationalen Faktor möglich ist.

6.14 Videosignale

Bei Videobildern wird die Bildinformation punktweise abgetastet. Bei der Fernsehnorm CCIR (Comite/ Consultativ International des Radiocommunications), mit der das deutschsprachige Fernsehen arbeitet, wird mit 625 Zeilen pro Bild gearbeitet. Vom Kinofilm wurde ein Seitenverhältnis 4:3 übernommen, was $4/3 \cdot 625 = 833$ quadratische Bildpunkte pro Zeile ergibt.

Um mit den vom Netz eingestrahlten Störungen synchron zu bleiben, wodurch bei konstanter Bildinformation denn auch ein ruhendes Bild erscheint, werden pro Sekunde 50 Halbbilder, und zwar jeweils abwechselnd ein Halbbild bestehend aus allen geraden Zeilen gefolgt von einem Halbbild bestehend aus allen ungeraden Zeilen (**Zeilensprungverfahren**), übertragen.

Zur Darstellung dieser Information müssen Fourierkomponenten enthalten sein mit einer Periodendauer T so klein wie die Zeit für die Übertragung eines Bildpunktes. Das ergibt eine Frequenz von $833 \cdot 625 \cdot 25 s^{-1} = 13 MHz$. Für natürliche Bilder, bei denen ein gewisses Verschwimmen der Bildpunkte sogar erwünscht ist, genügt schon eine geringere Bandbreite, welche auf 5,5MHz festgelegt wurde.

Neben der eigentlichen Bildinformation müssen im **Videosignal** noch die **Synchronisationsimpulse (Syncs)** zur Angabe, wann eine neue Zeile und wann ein neues Bild beginnt, enthalten sein.

Da der Zeilenrücklauf und der Bildrücklauf für den Elektronenstrahl eine gewisse Zeit beansprucht, entsteht eine gewisse Pause, das **Austastsignal** (blanking signal).

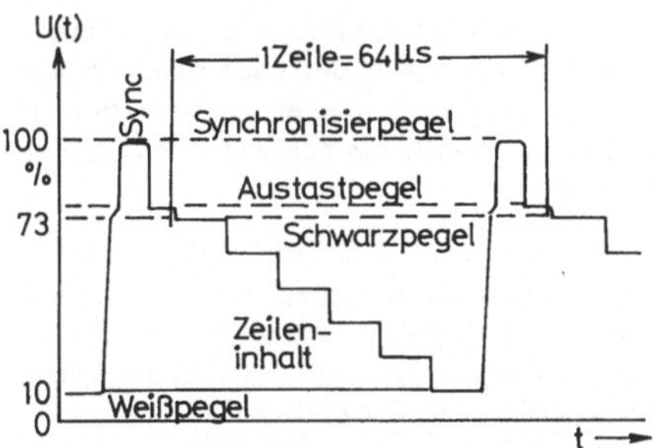

Bild 6.30 Video-Signal (BAS-Signal) für eine Zeile. Der erste Sechstel der Zeile ist tief schwarz, gefolgt von 4 "Grautönen". Der letzte Sechstel ist ganz weiß. [0.11]

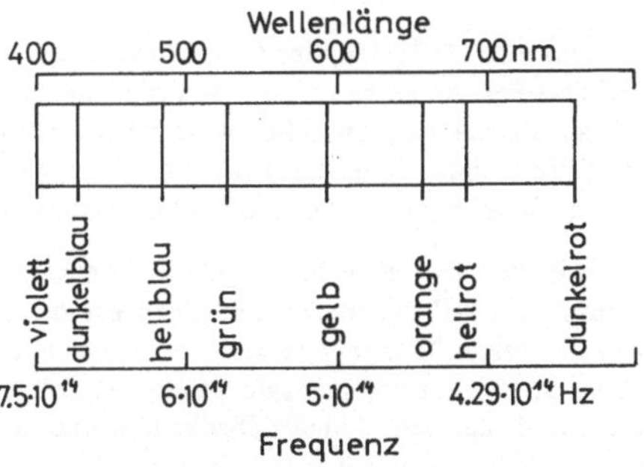

Bild 6.31 Sichtbares Spektrum des Lichtes [0.11]

Man bezeichnet deshalb das Videosignal auch als **BAS-Signal** (Bild-, Austast- und Synchronisiersignal). Bild 6.30 zeigt den Spannungsverlauf eines BAS-Signals während der Übertragungsdauer von 64µs für eine Zeile. Kurze maximale Spannungspegel werden als syncs interpretiert, führen also zu einem Zeilenrücklauf. Die Spannungen zwischen 73% und 10% des Maximalwertes dienen zur Darstellung der Grautöne des eigentlichen Zeileninhaltes.

Die 10% werden nicht unterschritten, weil das Signal bei der Übertragung amplitudenmoduliert wird. Dies würde sonst auf zu kleine Amplituden führen, was sich in Störungen der Toninformation bemerkbar machen würde, die auf einer benachbarten Trägerfrequenz übertragen wird.

Zur Bildsynchronisation (Bildrücklauf) wird eine bestimmte rasche Folge von Syncs verwendet.

Bauteile von amerikanischen Firmen setzen Videosignale mit negativen Syncs voraus.

Beim Fernsehsender werden die Videosignale (BAS- Signale) zur Amplitudenmodulation einer im **UKW, VHF** oder **UHF** liegenden Trägerfrequenz benutzt. Die Toninformation wird zur Frequenzmodulation eines um 5,5MHz daneben liegenden Tonträgers verwendet.

6.15 Farbinformation

Vom *physikalischen* Standpunkt ist die Farbe durch die Intensitäten der einzelnen im Licht enthaltenen Fourierkomponenten (**Spektralfarben**, Wellenlänge, Frequenzen, Bild 6.31) bestimmt.

Der *subjektive* Farbeindruck, entsprechend dem Bau des menschlichen Auges, enthält jedoch wesentlich weniger Information. In der **Netzhaut** (`retina`) liegen ca 125 Millionen **Stäbchen**, welche nur eine Hell/Dunkel-Information vermitteln, und ca. 7 Millionen **Zäpfchen**, welche in drei Arten vorkommen und jeweils auf eine der drei Farben *grün G, rot R* und *blau B* ansprechen (Theorie des **trichromatischen** Sehens).

Der **Nervus opticus**, der die Information vom Auge an das Gehirn weiterleitet, besteht nur aus ca. 1 Million Fasern. Daraus folgt, daß die Informationsverarbeitung bereits auf den neuronalen Strukturen der Retina beginnt. Hier wird die Lichtpunktinformation auf das Vorliegen gewisser Formen, meist Winkelbalken, und auf das Vorliegen gewisser Bewegungszustände hin analysiert. Bewegungen auf das Gesichtsfeld zu werden mit besonderem Gewicht gemeldet.

Die Stäbchen sind etwa 10 000 mal lichtempfindlicher als die Zäpfchen. Der größte Teil der Zäpfchen ist empfindlich für grüne Farben, der Rest je zur Hälfte für rote bzw. blaue Farben. Die Stäbchen sind über die ganze Netzhaut verteilt, die Zäpfchen vorallem in der **Sehgrube** (`fovea centralis`), in welcher das zentrale Sehen bei hoher Auflösung stattfindet. Die Stäbchen sind also unentbehrlich für das Sehen in der Dunkelheit und für das Sehen in nicht-zentralen Gesichtsfeldern.

Die **Winkelauflösung** für Farben ist wesentlich geringer als für Hell/Dunkel-Information. Entsprechend ihrer Verteilungshäufigkeit der Zapfen ist die Winkelauflösung für blau höher als für grün und diese höher als für rot.

Der subjektive Farbeindruck an einer Stelle der Retina (Netzhaut) ist durch die Erregung der drei daselbst befindlichen Zäpfchensorten G, R und B gegeben, welche physiologisch durch eine Impulsfolge von den abführenden Nerven dem Gehirn übermittelt wird. Die Farben *grün, rot, blau* nennt man deshalb **Grundfarben**. Der subjektive Farbeindruck, der entsteht wenn die drei Zäpfchensorten mit den Stärken G, R und B erregt werden, ist in Tab. 6.1 gegeben.

Da die Zäpfchen für ein bestimmtes überlappendes Frequenzintervall ansprechbar sind, Bild 6.32 ist nach Tab. 6.1 klar, daß eine Spektralfarbe von z.B. *600nm* den Farbeindruck *gelb* ergibt. Ebenso wird verständlich, daß *purpur* (blau-rot) unter den Spektralfarben nicht vertreten sein kann.

Zwei Farben (B_1, G_1, R_1) und (B_2, G_2, R_2), welche zusammen *weiß* ergeben, also $B_1 + B_2 = G_1 + G_2 = R_1 + R_2$ erfüllen, nennt man **Komplementärfarben**.

Nach Tab.6.1 ist die Komplementärfarbe zu blau das gelb, die Komplementärfarbe zu grün das purpur, etc.

Im allgemeinen werden die drei Erregungen $B\ G\ R$ in beliebigen Stärken (≥ 0) vorkommen. Eine Multiplikation mit einem gemeinsamen Faktor ändert nicht die Farbe sondern nur die **Helligkeit** desselben Farbeindruckes. Für die Diskussion der verschiedenen Farben wollen wir daher die **Normierung** $B+G+R=1$ annehmen. Nun können wir einen **Weißanteil** herausziehen, der durch die kleinste der drei Erregungen, etwa G, bestimmt wird:

$$(B,\ G,\ R) = (G,\ G,\ G) + (B\text{-}G,\ 0,\ R\text{-}G).$$

Auge B G R	Psyche Farbeindruck	Videokamera Spannungen
0 0 0	schwarz	$U_B = U_G = U_R = 0V$
1 0 0	blau	$U_G = U_R = 0V$
0 1 0	grün	$U_B = U_R = 0V$
0 0 1	rot	$U_B = U_G = 0V$
1 1 0	cyan	$U_B = U_G$
0 1 1	gelb	$U_G = U_R$
1 0 1	purpur	$U_B = U_R$
1 1 1	weiß	$U_B = U_G = U_R$

Tab. 6.1: Korrelation zwischen Erregungen des Auges, Farbeindruck und Videokamerasignalen

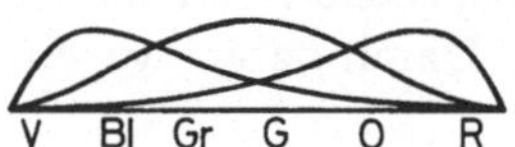

Bild 6.32 Relative Empfindlichkeit der drei Zäpfchensorten im menschlichen Auge für verschiedene Spektralfarben [6.3]

Farben ohne Weißanteil, bei welchen also eine Zäpfchensorte unangeregt bleibt, hier $G=0$, empfindet man als **gesättigt** (satt, bunt, kräftig). Da solche Farben in der Natur kaum vorkommen, wirken sie unnatürlich. Die natürlichen Farben, welche am besten durch Pastellfarben wiedergegeben werden, haben vielmehr einen beträchtlichen Weißanteil. Sie wirken **blass** oder hell. *Rot* wird dadurch zu *rosa*, *cyan* zu *himmelblau. gelb* zu *hellgelb*, *grün* zu *hellgrün*, etc.

Wir haben damit den Begriff der **Farbsättigung** kennengelernt: *Eine Farbe ist gesättigt, wenn ihr Weißanteil verschwindet.*

Wir brauchen uns also nur noch mit den *gesättigten* Farben (dem **Farbton**) auseinanderzusetzen, bei denen etwa $G=0$, also $B+R=1$ gilt.

Die gesättigten Farben können also durch eine Variable dargestellt werden. Wir werden sehen, Bild 6.33, daß dies ein Winkel, der **Farbwinkel** α, ist, der zwischen

0 und 2π variieren kann. Damit haben wir die Darstellung der gesättigten Farben (d.h. des Farbtones) auf dem **Farbkreis** erhalten.

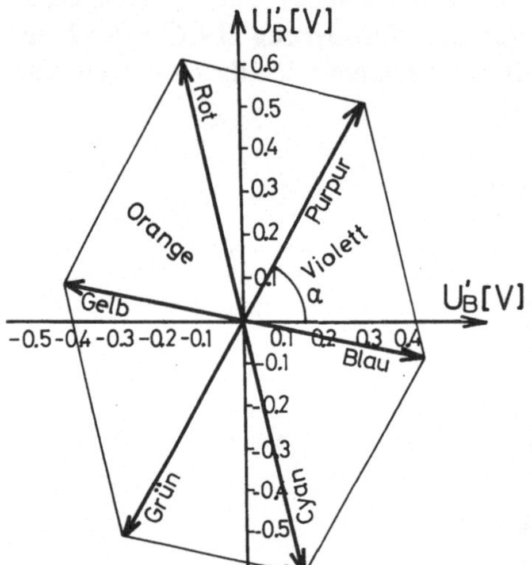

Bild 6.33 Farbkreis zur Darstellung der gesättigten Farbtöne, wie er bei Farbvideosignalen verwendet wird. Der Farbwinkel α entspricht dem Farbton. Der Abstand vom Nullpunkt des Diagrammes ergibt die Intensität des gesättigten Anteiles und bestimmt daher mit dem Luminanzsignal den Sättigungsgrad. U_R' und U_B' sind die reduzierten Farbdifferenzsignale. Maximale Intensitäten ($U_B = 1V$, $U_G = 1V$ oder $U_R = 1V$) liegen auf dem Polygonzug. [6.2]

Seine Entstehung können wir uns an Hand von Bild 6.33 wie folgt veranschaulichen: Die drei Grundfarben blau, grün, rot entsprechen der maximalen Erregung einer Zäpfchensorte. Den Erregungen zweier Sorten in einem bestimmten Verhältnis entsprechen die Winkelstellungen dazwischen. Beim Umlauf um den Farbkreis erhalten wir einen kontinuierlichen Übergang des Farbtones.

Die bisherigen Betrachtungen waren qualitativ, weil wir nicht angegeben hatten, in welchen Einheiten die Erregungen B, G, R gemessen werden sollen. Wir wollen jetzt eine bestimmte Farbvideokamera voraussetzen. Diese besteht aus drei Einzelkameras, welche den drei Zäpfchensorten des Auges entsprechen und für jeden Bildpunkt die drei Spannungen U_B, U_G, U_R ausgeben. Damit haben wir ein qualitatives Maß für B, G, R.

Die Videokamera wird so normiert, daß eine bestimmte weiße Fläche, etwa ein glühender Körper der Temperatur 6800°K, in einer bestimmten Entfernung die Werte $U_B = U_G = U_R = 1V$ zur Folge hat. Wir wollen annehmen, daß 1V den Maximalwerten entspricht, welche übertragen werden sollen: $0 \leq U_B \leq 1V$, $0 \leq U_G \leq 1V$, $0 \leq U_R \leq 1V$.

Die Farbfernsehtechnik muß mit der Schwarz-Weiß-Technik **kompatibel** sein, d.h. Farbsendungen müssen auch mit einem Schwarz-Weiß-Gerät empfangen werden können und Schwarz-Weiß-Sendungen müssen auch mit einem Farbgerät richtig empfangen werden können. Deshalb wird zunächst ein Helligkeitssignal, das **Luminanzignal**

$$U_Y = 0{,}11\,U_B + 0{,}59\,U_G + 0{,}3\,U_R \quad , \tag{6.12}$$

gebildet und so wie bei der Schwarz-Weiß-Technik übertragen.

Die restliche Information liegt nun im **Chrominanzsignal**, welches aus den beiden sog. relativen **Farbdifferenzsignalen**

$$U_R' = 0{,}87\,(U_R\text{-}U_Y) \qquad\qquad (6.13a)$$
$$U_B' = 0{,}49\,(U_B\text{-}U_Y) \qquad\qquad (6.13b)$$

besteht, Bild 6.33.

Die Vorfaktoren in (6.12) spiegeln die relativen Empfindlichkeiten der drei Zäpfchensorten im menschlichen Auge wieder: Zwei Lichtsorten, welche dasselbe U_Y liefern, werden vom Auge als gleich hell empfunden. Eine Schwarz-Weiß-Kamera muß aus Kompatibilitätsgründen dasselbe U_Y abgeben.

Die Vorfaktoren in (6.13) wurden so gewählt, daß die Vektoren im Bild 6.33, die nachher zur Modulation des Farbhilfsträgers verwendet werden, nicht zu lang werden und ihre Maximalwerte bei rot und cyan gleich sind.

Man beachte, daß sich ein Weißzusatz in den Farbdifferenzsignalen nicht bemerkbar macht: $U_B = U_G = U_R = 1V$ liefert $U_B' = U_R' = 0V$.

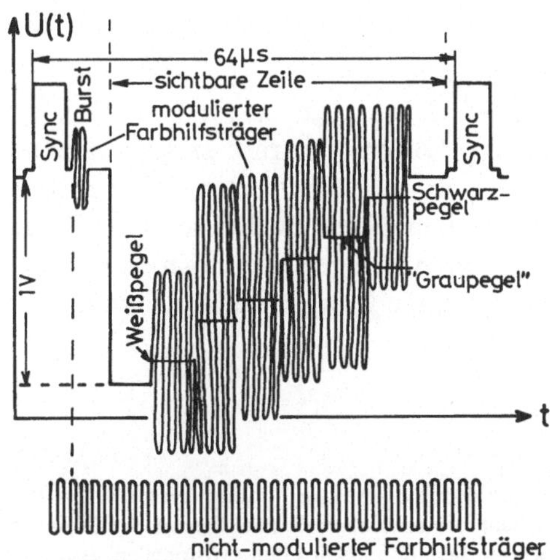

Bild 6.34 Farbvideosignal (FBAS). Die Helligkeitsinformation ("Graupegel", Luminanzsignal) wird wie beim BAS-Signal, Bild 6.30, codiert Zwischen Schwarzwert und Weißwert haben wir eine Spannung von 1V angenommen. Überlagert ist der modulierte Farbhilfsträger. Seine Frequenz ist ca. 7 mal höher als hier dargestellt. Als Burst dient er zur Synchronisation des Hilfsoszillators im Empfänger, der eine Kopie des nicht-modulierten Farbhilfsträgers realisert. Auf der sichtbaren Zeile ist die Amplitude des modulierten Farbhilfsträgers durch die Länge der Farbvektoren in Bild 6. 33, seine Phasenverschiebung gegenüber dem nicht-modulierten Farbhilfsträger durch den Farbwinkel α, Bild 6. 33, gegeben. Die Helligkeitsinformation ("Graupegel") ist als Mittelwert des modulierten Farbhilfsträgers, dargestellt durch horizontale Linien, verfügbar.

Mit der Chrominanzinformation wird das BAS-Signal zu einem **FBAS-Signal** (F = Farbe), Bild 6.34. Die Helligkeitsinformation (Luminanzsignal) wird wie beim BAS-Signal codiert: Das BAS-Videosignal $U(t)$ liegt um U_Y unter dem Schwarzpegel.

Überlagert ist der modulierte Farbhilfsträger, der eine Frequenz von *4,43MHz* besitzt. Dieser tritt zunächst in der Austastzeit, als sog. **Burst**, in Form von 12-14 Schwingungen auf. Der Burst dient zur Synchronisation eines Hilfsoszillators, der eine Kopie im Empfänger des nicht-modulierten Farbhilfsträgers im Sender realisert.

Der modulierte Farbhilfsträger tritt dann vor allem während der sichtbaren Zeile auf. Seine Amplitude ist gleich der Länge der Pfeile in Bild 6.33, codiert also die Intensität des gesättigten Anteiles.

Seine Phasendifferenz zum nicht-modulierten Farbhilfsträger codiert den Farbwinkel α von Bilf 6.33.

Falls die Frequenz des Hilfsoszillators im Empfänger nicht genau mit der Frequenz des Farbhilfsträgers im Sender übereinstimmt oder durch sonstige Unzulänglichkeiten bei der Bestimmung des Farbwinkels aus dem FBAS-Signal im Empfänger, kann es zu sehr störenden Farbfehlern kommen. Deshalb werden abwechselnd in den ungeraden Zeilen die Farbwinkel gemäß Bild 6.33 codiert, in den geraden Zeilen jedoch so wie es dem an der U_B'-Achse gespiegelten Bild entsprechen würde. Bei diesem sog. **PAL-Verfahren** (PAL = `phase alternation line` = zeilenfrequenter Phasenwechsel), welches in fast allen westeuropäischen Fernsehsystemen realisiert ist, wird zunächst die Chrominanzinformation einer Zeile in einer Verzögerungsleitung gespeichert und mit der nächsten Zeile, für die wir denselben Phasenfehler annehmen dürfen, verglichen. Dadurch mittelt sich der Phasenfehler (Farbfehler) heraus und wirkt sich nur noch als Fehler im Farbsättigungsgrad aus.

Im FBAS-Signal wird das Chrominanzsignal mit einer wesentlich geringeren Bandbreite übertragen als das Luninanzsignal. Für bewegte Fernsehbilder ist das voll ausreichend. Für stehende Computerbilder ist dies jedoch unbrauchbar. Deshalb wird für gute Farbmonitore meist nur das BAS-Signal für das Luminanzsignal verwendet. Für die Farbinformation stehen dann drei eigene Eingänge für die Grunbdfarben zur Verfügung.

Wir kehren nochmals zu den subjektiven Farbeindrücken zurück, indem wir noch kurz auf die **Kontrasterscheinungen** eingehen. Durch Kontrast entstehen neue Farbeindrücke, zu denen z.B. *grau* und *braun* gehören. *Grau* hat nichts mit dem Helligkeitswert zu tun: Das Schwarz der Buchstaben dieses Buches sendet z.B. am Mittag 3mal mehr Licht aus als das *Weiß* am frühen Morgen. Dennoch erscheinen die Flächen zwischen den Buchstaben auch am frühen Morgen nicht als grau.

Bild 6.35 Grau entsteht durch Schwarzverhüllung von weiß. Die Erscheinung verschwindet bei zentralem Sehen. Wegen der höheren Winkelauflösung wären dazu engere Straßen erforderlich. Auf den Straßen ist die Grauerscheinung unvollkommen, weil die Schwarzverhüllung unvollständig ist. Direkt am Straßenrand erscheint das Weiß sehr hell, weil durch kleine Augenbewegungen dunkel adaptierte Rezeptoren immer wieder aufs Helle sehen. [6.3]

Die bekannteste Kontrasterscheinung ist in Bild 6.35 wiedergegeben. Grau entsteht durch **Schwarzverhüllung** (Schwarzumrandung) von weiß. Ebenso ist *braun* keine eigene Farbe, sondern entsteht durch Schwarzverhüllung von *gelb*. Ähnliches gilt für *olivgrün*.

Mit allen Kontrasterscheinungen und allen Sättigungsgraden soll das menschliche Auge bis zu 600 000 verschiedene Farbeindrücke unterscheiden können.

7. Elektromagnetische Kompatibilität (EMC) ∎

7.1 Allgemeines

Während der Entwurf einer elektronischen Schaltung im Prinzip einfach ist, erfordert die Fehlersuche und die Entstörung einer Schaltung viel Zeit und große Erfahrung. Durch falsche Leitungsführung etc. kann nämlich die Elektromagnetische Kompatibilität (EMC) der einzelnen Teile der Schaltung oder der Schaltung mit der Außenwelt verletzt sein. Das Tückische ist dabei, daß die Störung meist nur bei ungünstigen Konstellationen, d.h. selten, auftritt und deshalb auf dem Oszillographen nicht gesehen werden kann.

Die EMC ist zu einer selbstständigen technischen Wissenschaft geworden, welche für die **Zuverläßigkeit** (`reliability`) von elektronischen Geräten entscheidend ist.

Der heutige Anwender ist weniger damit beschäftigt, einzelne kleinere Schaltungen aufzubauen, als vielmehr damit, gekaufte Geräte zu größeren Systemen zusammenzubauen. Das Verständnis der Grundprinzipien der EMC hat daher im Vergleich zu anderen Gebieten der Elektronik an Bedeutung gewonnen.

Dennoch wird dieses Kapitel in anderen Teilen des Buches kaum vorausgesetzt und kann bei der ersten Lektüre überschlagen werden.

Wir haben in allen Teilen dieses Buches ein Schwergewicht auf die Gesichtspunkte der elektromagnetischen Kompatibilität gelegt. Dieses Wissen soll hier vertieft und systematisiert werden.

Störungen (`noise`) sind unerwünschte Spannungs- oder Stromspitzen, die an einer Stelle der Schaltung auftreten. Solche Störungen können wie folgt **entstehen:**
-- Spannungsspitzen durch Abschalten von Induktivitäten.
-- Spannungsspitzen auf der Versorgungsleitung durch Blitzeinschläge ins Hochspannungsnetz.
-- Spannungseinbrüche auf der Versorgungsleitung, weil ein Verbraucher (z.B. ein schneller logischer Baustein) kuzfristig einen hohen Strom zieht.
-- Spannungsabfälle auf einem Teil des Erdleitersystems (Nullpotentials), weil in einem Zweig ein zu großer Strom fließt.
-- Spannungsüberhöhung durch Reflexion elektromagnetischer Wellen am Leitungsende.
-- Elektrostatische Aufladung durch Reibungselektrizität (relevant an MOSFET-Eingängen).

-- Rauschen infolge der Wärmebewegung der Elektronen (relevant bei Präzisionsmeßschaltungen).

-- Stromimpulse durch den Einschlag geladener Partikel aus der kosmischen Strahlung (Höhenstrahlung) oder entstanden aus radioaktiven Zerfällen im Verpackungsmaterial der Bauteile.

Die Störungen können sich von einer Stelle der Schaltung oder von der Außenwelt auf andere Stellen der Schaltung auswirken und daselbst weitere Störungen verursachen. Als **Übertragungsmechanismen** kommen folgende in Frage:

-- Übertragung auf den Verbindungsleitungen zwischen den Teilsystemen.

-- Kapazitive oder induktive Ankopplung verschiedener Teile der Schaltung.

-- Aussendung und Empfang frei propagierender elektromagnetischer Wellen (Radiowellen) durch Teile der Schaltung, die wie Antennen wirken.

Die **Schutzmaßnahmen** gegen solche Probleme, können in drei Gruppen eingeteilt und durch die folgenden Stichworte angedeutet werden:

-- Ausschaltung des Störers (Freilaufdioden, Schutzdioden, Glättungs-, Stütz- und Abblockkondensatoren, dicke Erdleitungen).

-- Entkopplung der einzelnen Teile des Systems (Abschirmung, kurze Leitungen, Vermeidung paralleler Leitungen, sternförmige Erdung, Filterung, Verdrosselung, Durchführungskondensatoren, Erdleiterplatten, Leitungsabschluß, Leitungsanpassung, abgeschirmte Kabel, Modularer Aufbau, Räumliche Trennung der Leistungselektronik von der informationsverarbeitenden Elektronik, Differenzverstärker, Optokoppler).

-- Erhöhung der Störunempfindlichkeit der Bauteile (Verwendung schneller oder hochohmiger Bauteile nur falls erforderlich, Schmitt-Trigger-Eingänge, Glättungskondensatoren, Redundanz).

Nach dieser Systematik haben wir nun die Freiheit, die einzelnen Themen nach didaktischen Gesichtspunkten anzuordnen.

7.2 Erdung (Grounding)

Die wohl wichtigste Maßnahme zur Erfüllung der EMC ist die richtige Erdung.

Wir hatten bisher stets stillschweigend angenommen, daß alle Punkte des Erdsystems auf gleichem Potential liegen. Bei hoher Genauigkeit der Betrachtung, bei hohen Frequenzen oder im Störungsfalle ist diese Annahme jedoch keinesfalls erfüllt. Es ist dann auch sinnvoll, verschiedene Namen, wie **Bezugsleiter**, **Erde** (im engeren Sinne), **Nulleiter**, **Schutzleiter**, **analoge Erde**, **digitale Erde** etc. zur Verfügung zu haben.

Bild 7.1 ist ein Beispiel einer falschen Erdung. Die Schaltung zeigt einen Elektrometerverstärker, der die Spannung U_E - man denke etwa an die Spannung an einer Nervenzelle - genau messen soll. Das verstärkte Signal wird einer digitalen

Schaltung zur weiteren Informationsverarbeitung zugeführt. Die Versorgungsleitungen des Digitalbausteines und des OP sind auch eingezeichnet.

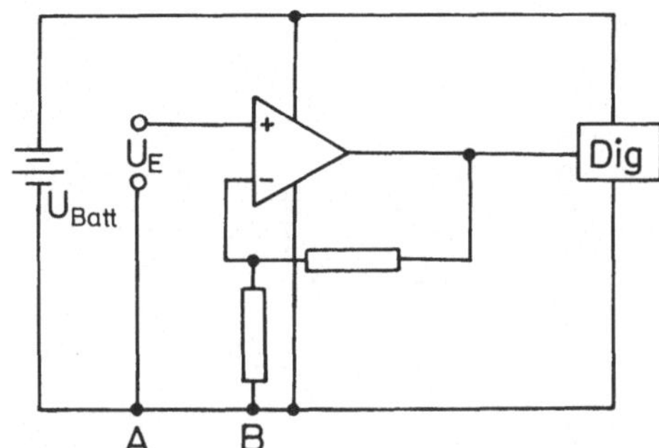

Bild 7.1 Beispiel einer falschen Erdung

Da digitale Bauteile meist hohe Dauerströme (bis zu *100mA*) ziehen, oder, was noch schlimmer ist, im Moment der inneren logischen Umschaltungen kurzfristig sehr hohe Ströme ziehen, fließt im Leiterstück AB ein hoher Strom mit einem entsprechend hohen Spannungsabfall.

Nehmen wir für einen Draht eine typische Induktivität von 5nH/cm an, eine Eingangskapazität von 10pF, eine Umschaltspannung von 3V und eine Schaltzeit von 2ns, so ergibt dies einem Spannungsabfall von 0,24V auf einer Strecke von 10cm.

Dieser Spannungsabfall addiert sich zum Signal U_E, was die geforderte Genauigkeit u.U. verletzt.

Man verwendet deshalb zwei getrennte Erdleitungssysteme, eine **digitale Erde** und eine **analoge Erde**, Bild 7.2. Beide Leitersysteme sollen nur an einem Punkt verbunden sein. Damit ist sichergestellt, daß die hohen Ströme, die in den Zweigen der digitalen Erde fließen, nicht teilweise in den Zweigen der analogen Erde fließen und dort Spannungsabfälle verursachen können.

Der Bauteil Dig wird am Eingang einen AD-Wandler (Analog-Digital-Wandler) besitzen. Solche Bauteile haben intern auch eine Trennung zwischen analoger und digitaler Erde durchgeführt und besitzen zwei getrennte Pins für beide Systeme. Der AD-Wandler wandelt die Spannungsdifferenz zwischen Analogeingang und Analog-Erde-Pin in eine Zahl, die auf den digitalen Ausgängen des AD-Wandlers zur Verfügung steht.

Auch der Masse-Pin des OP, auf den sich seine Ausgangsspannung U_A bezieht, muß mit der analogen Erde verbunden sein (C in Bild 7.2).

An welchem Punkt der beiden Erden soll die Verbindung hergestellt werden ? Würde man AA' verbinden, so wäre auf der Strecke AB bereits wieder mit Spannungsabfällen zu rechnen infolge des Stromes durch den Spannungsteiler, der an den Minuspol der Batterie zurück muß. Auch aus dem Masse-Pin des OP ist mit Strömen zu rechnen, die vom Pluspol der Batterie herkommen und folglich an den Minuspol zurück müssen. Würde man die Strecke BC zu groß wählen, wäre daselbst mit Spannungsabfällen zu rechnen, welche dem AD-Wandler Dig an seinem Analog-Erde-Pin ein verfälschtes Potential anbieten würden.

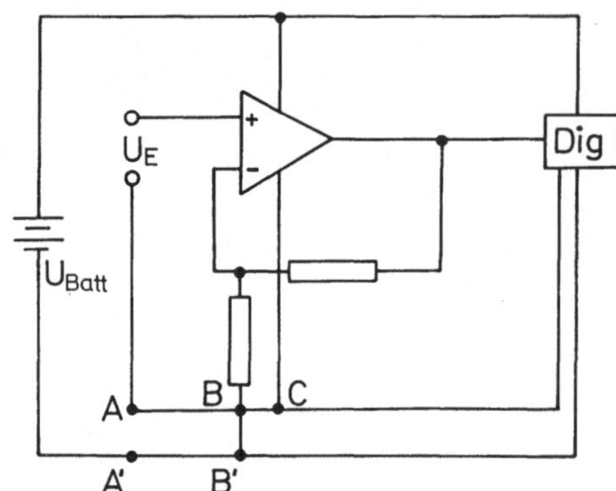

Bild 7.2 Trennung von analoger und digitaler Erde

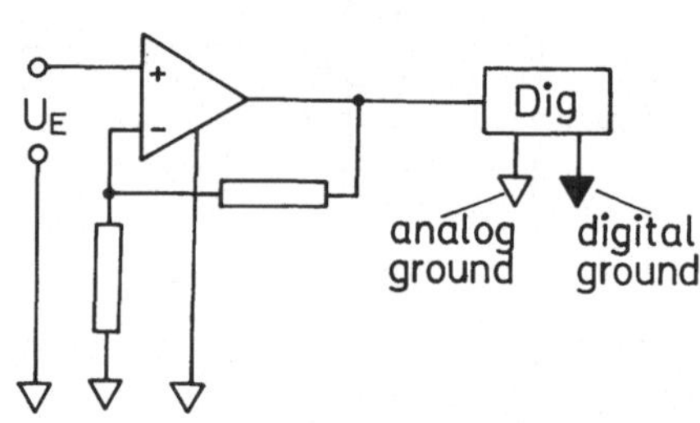

Bild 7.3 Nochmals Bild 7.2 unter Verwendung der Schaltsymbole für digitale und analoge Erde

Die Methode, das richtige Erdungssystem zu finden, besteht darin, sich Klarheit über alle fließenden Stromkreise zu verschaffen. Jeder Teilstrom soll auf möglichst kurzem Weg an seinen Bestimmungsort gelangen können und soll dabei keine Gelegenheit haben, in andere Teilsysteme einzudringen.

Es kann dabei manchmal notwenig sein, z.B. den Aufbau der Endstufe des OP aus Transistoren anhand des Datenblattes zu berücksichtigen.

Bild 7.3 zeigt die vereinfachte Darstellung der Schaltung bei Verwendung der Symbole für analoge und digitale Erde. Diese Vereinfachung gibt dann allerdings die soeben besprochenen Finessen der Leitungsführung innerhalb eines Erdsystems nicht mehr wieder.

Schwankungen in den Versorgungsspannungen haben in der Regel keinen großen Einfluß auf des exakte Verhalten der Analog-Bauteile. Anderenfalls muß auch hier eine Trennung der beiden Systeme unter Verwendung zweier Spannungsregler vorgenommen werden. Das ist z.B. bei OPs ohne Masseanschluß (single supply devices) notwenig, denn dort bezieht sich die Ausgangsspannung U_A auf den Wert $\frac{1}{2}(V_+ + V_-)$ mit $V_- = 0$ (Punkt C in Bild 7.2).

Das Prinzip, analoge und digitale Erde nur an einem Punkt zu verbinden, muß auch dann befolgt werden, wenn sich beide Erden über mehrere Steckkarten (Module) eines größeren elektronischen Systems erstrecken: Die Verbindung wird nur auf einer Karte realisiert. Damit sich zwischen beiden Erden keine größeren Spannungsdifferenzen ausbilden können, wenn diese Karte fehlt, werden auf den anderen Karten Schutzdioden gemäß Bild 7.4 angebracht.

Die Trennung in analoge und digitale Erde ist der Spezialfall der Trennung in beliebig viele Erdsysteme, die jeweils nur an einem Punkt verbunden sind. Jeder Kreis in Bild 7.5 stellt ein Erdsystem dar. (Die rechte Hälfte der Figur entspricht dem bisherigen Spezialfall.) Es wird das sog. **Prinzip der sternförmigen Erdung** veranschaulicht. Die einzelnen Strahlen des "Sternes" laufen teilweise gemeinsam.

Die Strahlen kommen dadurch zustande, weil die Teilsysteme auch räumlich getrennt sein können. Im Zentrum (Z) des Sternes befindet sich die gemeinsame Stromversorgung bestehend aus Transformator, Gleichrichter und Glättungskondensator. Die Versorgungsgleichspanung U_0 wird nach demselben Muster an die Teilsysteme (Kreise) geleitet. Idealerweise besitzt jeder Kreis einen eigenen Spannungsregler oder an einem Knoten sitzt ein gemeinsamer Regler. Das verwendete Erdungssystem stellt sicher, daß die auf den Erdleitungen nach Z zurückfließenden Ströme nicht in die Leiterbahnen anderer Erdsysteme (Kreise) eindringen können.

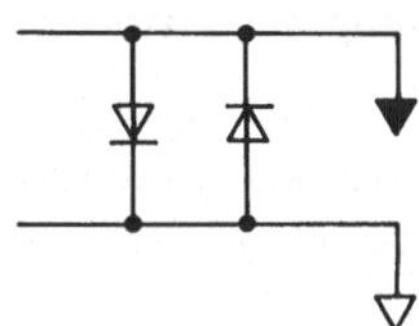

Bild 7.4 Schutzdioden
zwischen analoger und
digitaler Erde

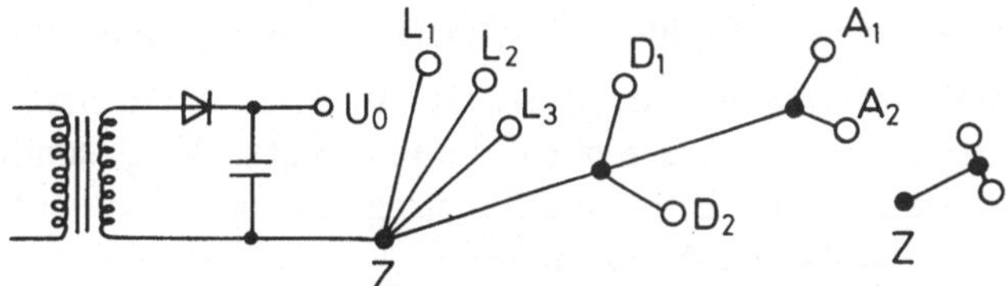

Bild 7.5 Prinzip der sternförmigen Erdung

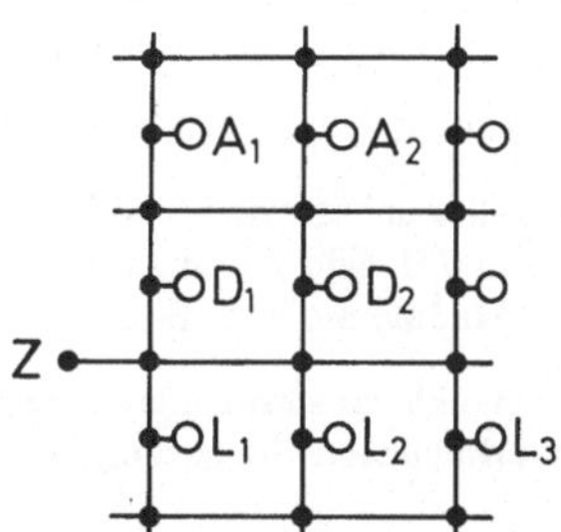

Bild 7.6 Prinzip der netzförmigen Erdung

Ein anderes häufig verwendetes Erdungsprinzip ist die **vernetzte Erdung**, Bild 7.6. Auch hier ist gewährleistet, daß die Rückströme aus einem Erdungssystem nach Z nicht in die inneren Leiterbahnen eines anderen Erdungssystem eindringen können.

Jedes Erdungssystem (Kreis) kann infolge der Spannungsabfälle an den Zuleitungen geringfügig auf verschiedenem Potential liegen. Die Kommunikation zwischen den Kreisen kann also im Prinzip nur über Instrumentenverstärker (Differenzverstärker) erfolgen, welche die Potentialdifferenz zwischen Signal und der einen Erde in eine Spannung relativ zur anderen Erde verwandeln. (Am Eingang des AD-Wandlers Dig in Bild 7.2 haben wir z.B. einen solchen Differenzverstärker vorausgesetzt.)

In der Regel erfolgt jedoch die Kommunikation zwischen den Kreisen mit solchen Pegeln (z.B. digitale Signale oder verstärkte Analog-Signale), daß die kleinen Potentialdifferenzen zwischen den Erdsystemen vernachläßigt werden können, während dies innerhalb eines Kreises nicht der Fall zu sein braucht.

Wenn alle Systeme (Kreise) etwa gleichartig sind und jedes mit jedem kommuniziert, ist das **vernetzte (vermaschte) Erdungsprinzip**, Bild 7.6, vorzuziehen.

Oftmals ist jedoch das sternförmige Erdungsprinzip, Bild 7.5, überlegen. Seien etwa L_1 , L_2 , L_3 Leistungssysteme, in denen Induktivitäten abgeschaltet werden und D_1, D_2 digitale Systeme, so werden die Spitzenströme dieser Systeme bei der *sternförmigen* Erdung höchstens das Potential des gemeinsamen Knotens der Analogsysteme A_1, A_2 verändern. Zwischen den Erdungssystemen von A_1 und A_2 wird jedoch dadurch keine Potentialdifferenz erzeugt, und diese Systeme können ungestört empfindliche Analogsignale bezüglich ihrer Erdverbindung austauschen.

Beim *vernetzten* Erdungsprinzip, Bild 7.6, andererseits, würde der Rückleitungsstrom von L_3 nicht nur auf dem kürzesten Weg, sondern auch über alle anderen Maschen nach Z fließen. Dadurch kämen Potentialdifferenzen zwischen den Erden von A_1 und A_2 zustande.

Das vermaschte Erdungsprinzip wird insbesondere bei Digitalschaltungen verwendet. Die einzelnen Kreise bedeuten dann die Digitalbausteine der Schaltung.

Die bisherigen Maßnahmen der geschickten Leitungsführung des Erdsystems dienten dazu, Potentialdifferenzen auf dem Erdsystem zu vermeiden. Wenn solche Kunstgriffe nicht anwendbar sind, etwa weil jeder mit jedem kommuniziert, so bleibt nur übrig, die Leiterquerschnitte des Erdsystems zu vergrößern.

Dies ist jedoch weniger effizient und sollte daher erst in zweiter Linie versucht werden. Erhöht man etwa den Leiterquerschnitt zwischen A und B, Bild 7.1, um das 10 fache, so würde der Spannungsabfall zwar auf den 10. Teil reduziert. Bei der Maßnahme nach Bild 7.2 verschwindet er jedoch vollständig.

Bei mangelnder Einsicht in die Zusammenhänge würde man außerdem den Querschnitt des gesamten Leitersystems erhöhen, was zu einer erheblichen Steigerung der Kosten und des Gewichtes führen würde.

Da es sich meist um hochfrequente Störungen (Potentialdifferenzen) handelt, kommt es weniger auf den *ohmschen*, sondern auf den *induktiven* Widerstand der Erdleitung an. Die Induktivität pro Längeneinheit ist etwa dem Kehrwert der Länge der kürzesten umgebenden magnetischen Feldlinie proportional. Daher ist die *breite, dünne Folie* die günstigste Leiterform.

Die tatsächlichen Querschnitte hängen von den zuläßigen Potentialdifferenzen und von den höchsten Frequenzen, auf welche die Bauteile noch ansprechen, ab. Als vernünftig kann man etwa folgende Querschnitte ansehen:

Leitungslänge	Querschnitt
< 10cm	$1mm^2$
< 1m	$2,5mm^2$
> 1m	$10mm^2$.

Da diese Querschnitte erheblich sind, spricht man zuweilen von **Potentialschienen**. Sinnvollerweise verwendet man dazu auch die Träger der Schränke, in denen das System untergebracht ist.

Auf einer Karte einer gedruckten Schaltung wird man die Erdleitungsbahnen möglichst breit machen, wobei es aus genanntem Grunde auf die Dicke weniger ankommt. Jeden freien Platz auf der Karte wird man mit einer Erdfläche ausfüllen. Bei nur einseitig bedruckten Karten kann man die ganze Rückseite zu einer **Erdplatte** (ground plane) ausnutzen. Diese leitende Fläche soll an möglichst vielen Stellen mit dem Erdsystem der Vorderseite verbunden sein. Die Erdplatte sorgt dann für eine sehr geringe Induktivität zwischen allen Teilen des Erdsystems auf der Vorderseite.

Bei zweiseitig bedruckten Schaltungen kann man eine zusätzliche Erdplatte in die Nähe der Rückseite montieren und an mehreren Stellen mit dem Erdsystem der Karte verbinden.

7.3 Stützkondensatoren

Wie bereits erwähnt, ziehen schnelle logische Schaltkreise im Moment des Umschaltens riesige Ströme aus den Versorgungsleitungen (z.B. *1A* während *2ns*). Das gilt auch für Typen mit geringer Stromaufnahme, denn diese letztere Eigenschaft bezieht sich nur auf den **Ruhestrom** (quiescent current). Dadurch entstehen lokale Spannungseinbrüche auf der Versorgungsleitung, denn infolge ihres ohmschen und induktiven Widerstandes ist diese nicht in der Lage, solche Ströme bei gleichbleibender Spannung zu liefern.

Abhilfe schaffen die **Stützkondensatoren** (**Abblockkondensatoren**, decoupling condensators). Als solche verwendet man keramische Kondensatoren von *100nF* und/oder Tantalelektrolytkondensatoren von *100nF*.

Beide haben, infolge ihrer geringen Induktivität, die Fähigkeit, in kurzer Zeit sehr hohe Ströme zu liefern. Es ist wichtig, daß diese ohne lange Leitungen (hohe Induktivitäten) direkt zwischen Erd-Pin und Stromversorgungspin (V_{CC}) des Chips angebracht werden.

Ideal wäre es, für jeden Chip einen eigenen Stützkondensator zu verwenden. Es gibt auch Sockel, welche einen Stützkondensator eingebaut haben. Auf jeden Fall sollten Zähler und alle anderen Bauteile, welche *simultan* viele innere Umschaltungen vornehmen können, ihren eigenen Stützkondensator haben.

Für einfachere Bauteile genügt ein Kondensator pro 2-4 Chips.

Wegen der nicht-verschwindenden Induktivität dieser Kondensatoren und ihrer Zuleitungsdrähte werden die Spannungseinbrüche zwar gemildert, jedoch nicht ganz vermieden. Schnelle logische Bauteile werden daher im Betrieb immer eine beträchtliche "Verseuchung" der Versorgungsleitungen bewirken, d.h. auf den Teilstücken der Versorgungsleitung aber auch auf der Erdleitung ist mit Spannungsdifferenzen zu rechnen.

Falls für die analogen Teile der Schaltung solche Einbrüche nicht zu tolerieren sind, muß neben einer eigenen, analogen Erde auch ein eigenes analoges Versorgungsnetz bereitgestellt werden.

Die Versorgungspins von OPs sollten gegeneinander oder gegen ihren Masseanschluß direkt mit Stützkondensatoren verbunden werden.

In den Datenblättern wird das Anbringen der Abblockkondensatoren meist als "line bypassing" bezeichnet, denn durch diese Maßnahme wird die Versorgungslinie mit der Erdlinie hochfrequenzmäßig kurzgeschlossen.

Es zeigt sich hier ein zweiter Vorteil einer Erdungsplatte: Jedes Stück der Versorgungsleitung hat eine nicht-verschwindende Kapazität mit der Erdplatte und wirkt daher wie ein kleiner Stützkondensator

7.4 Leitungsreflexionen

Die einfache Vorstellung einer Leitung als eines kleinen ohmschen Widerstandes mit einer Spannung gegenüber der Erdleitung, welche in Stromrichtung geringfügig abnimmt, ist nur für Gleichströme zutreffend. Für hochfrequente Wechselströme hat jedes Leiterstück eine kleine Induktivität und gegenüber der Erdleitung eine kleine Kapazität, Bild 7.7. Man sagt, daß man die Leitung als eine **Transmissionsleitung** (`transmission line`) behandeln muß. Wir haben die Induktivität der Erdleitung gegenüber derjenigen der Signalleitung vernachläßigt, wie dies etwa beim Koaxialkabel oder bei breiten Erdleitungsbahnen zuläßig ist. Ebenso haben wir sämtliche ohmschen Widerstände vernachläßigt.

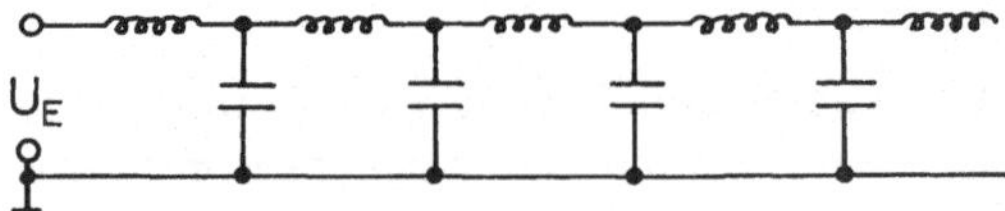

Bild 7.7 Hochfrequenzersatzmodell einer Leitung

Die Erdleitung besteht also aus einem System von vielen kleinen Schwingkreisen. Schaltet man den Eingang an eine Wechselspannung U_E, so wird zunächst der erste Schwingkreis angeregt und jeder regt den jeweils nächsten an: Es entsteht eine propagierende Welle. Die Ausbreitungsgeschwindigkeit v ist durch die Formel:

$$v = 1/\sqrt{(L'C')} \qquad\qquad (7.1)$$

gegeben, dabei ist L' die Induktivität pro Längeneinheit, C' die Kapazität pro Längeneinheit, z.B. $L'=1{,}5$ $\mu H/m$ und $C'= 100pF/m$. $C'{\cdot}1m$ und $L'{\cdot}1m$ ist die Summe all der kleinen Kapazitäten bzw. Induktivitäten, die sich in Bild 7.7 in einem Meter befinden. Der Strich an C und L erinnert daran, daß es sich um die entsprechenden Größen pro Längeneinheit handelt.

Zur Herleitung von (7.1) wählen wir in Bild 7.7 die Zellenlänge gleich der kleinen Größe dx. Jede Kapazität in Bild 7.7 hat also den Wert C'dx, jede Induktivität den Wert L'dx. Bild 7.8 zeigt eine Momentaufnahme zur Zeit t. δ/δt bedeuten partielle Ableitungen. Auf den Punkt A wenden wir die Knotengleichung:

$$I(x,t) = I(x+dx,t) + C'dx{\cdot}\delta U/\delta t(x,t),$$

auf die durch einen Umlaufssinn gekennzeichnete Masche die Maschengleichung

$$U(x,t)-L'dx.\delta I/\delta t(x+dx,t) - U(x+dx,t) = 0$$

an und erhalten für dx gegen 0:

$$\delta I/\delta x = -C' \, \delta U/\delta t \qquad\qquad (7.2a)$$
$$\delta U/\delta x = -L' \, \delta I/\delta t. \qquad\qquad (7.2b)$$

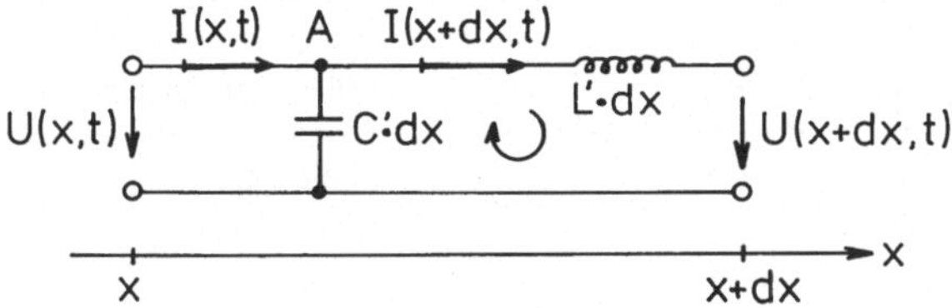

Bild 7.8　Zur Herleitung der Telegraphengleichung

Differenziert man die erste Gleichung partiell nach t, die zweite partiell nach x, so erhält man die **Telegraphengleichung**:

$$\delta^2 U/\delta x^2 = L'C' \, \delta^2 U/\delta t^2. \qquad\qquad (7.3)$$

Dies ist eine Wellengleichung mit der durch (7.1) gegebenen Ausbreitungsgeschwindigkeit.

Im Falle des Koaxialkabels (zwei konzentrische Zylinder) kann man L' und C' berechnen.

Die Werte hängen von den Radien der Zylinder ab. Diese geometrischen Faktoren fallen jedoch im Produkt L'C' heraus.

Die Ausbreitungsgeschwindigkeit ergibt sich zu:

$$v = (1/\sqrt{\epsilon})\cdot c. \qquad\qquad (7.1')$$

Dabei ist $c = 3\cdot10^{10}\,\mathrm{cm\ s^{-1}}$ die Lichtgeschwindigkeit im Vakuum. ϵ ist die (relative) Dieelektrizitätskonstante des Isoliermaterials zwischen den Leitern. Typischerweise ist v um 10 bis 40% kleiner als die Lichtgeschwindigkeit c.

Am Leitungsende, Bild 7.7, ist kein weiterer Oszillator mehr vorhanden, an den die Energie weitergegeben werden könnte: Die Welle wird dort reflektiert, propagiert an den Anfang zurück, wo sie wieder reflektiert wird, um erneut in Vorwärtsrichtung zu propagieren.

Ein kurzgeschlossenes Ende ergibt dabei eine vollständige Reflexion mit einem **Phasensprung** (Vorzeichenumkehr), ein offenes Kabel (Leerlauf) eine vollständige Reflexion ohne Phasenumkehr.

Gibt man auf den Anfang eines Koaxialkabels einen kurzen Puls $U_\mathrm{E}(t)$, Bild 7.9, so kommt dieser nach der Durchlaufzeit τ am Ende $U_\mathrm{A}(t)$ an. Seine Reflexionen kommen zu den Zeiten 3τ, 5τ etc. an. Wir haben ein offenes Ende, aber einen kurzgeschlossenen Anfang ($R_i = 0$ für die Signalspannungsquelle U_E) angenommen. Durch die nie vollständigen Reflexionen und durch ohmsche Dämpfung werden die aufeinanderfolgenden Amplituden etwas schwächer.Sitzt am Ende des Kabels ein Digitalbaustein, so würde dieser mehrere Pulse zählen, obwohl nur einer abgegeben wurde.

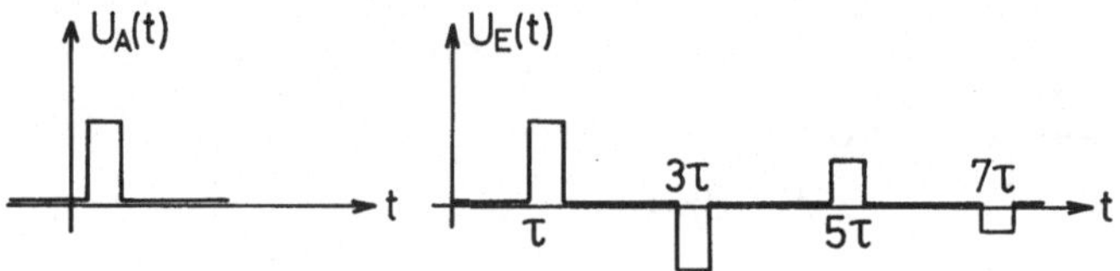

Bild 7.9 Mehrfachreflexionen in langen Leitungen

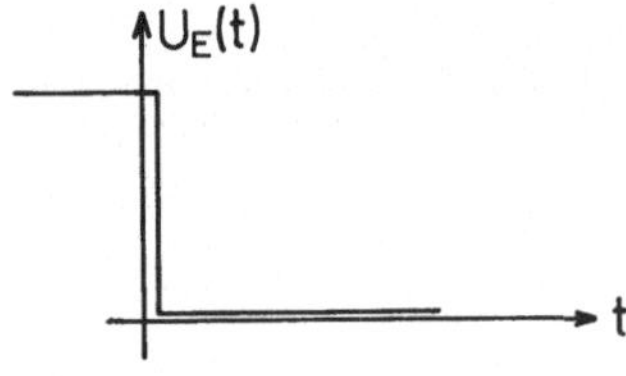

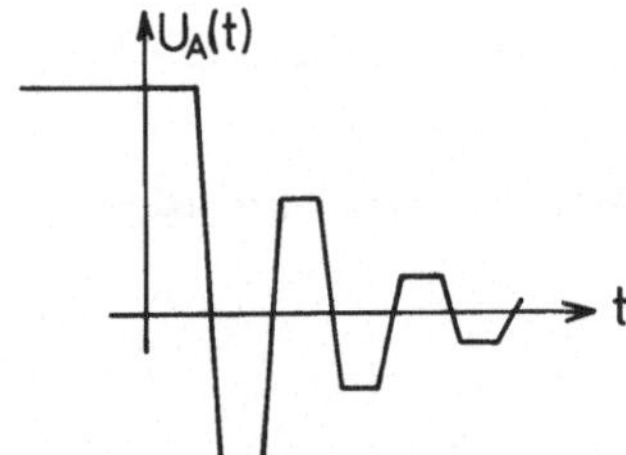

Bild 7.10 Überschwingen (ringing) infolge von Leitungsreflexionen

Ist die Anstiegszeit der Flanke größer als die zweimalige Durchlaufzeit durch das Kabel, so verschmelzen die mehrfach reflektierten Pulse zu einem einzigen, etwas verzerrten Puls, Bild 7.10.

Es ergibt sich daraus die *Regel, die Signalleitungen möglichst kurz zu gestalten*. Andererseits sollte man schnelle logische Bauteile mit ihrer hohen Flankensteilheit nur verwenden, wenn dies notwendig ist.

Das Licht legt in *1ns* ungefähr *30cm* Weg zurück. Bei der populären 74LS-Logikserie mit einer Anstiegszeit von *2,5ns* sind demnach Leitungen von *25cm* noch als kurz zu bezeichnen.

Nach Bild 7.9 können am Ende auch negative Spannungen ankommen, die für Transistoren gefährlich sind. Deshalb haben die meisten logischen Bauteile am

Eingang **Kappdioden** (`clamping-diodes`), welche negative Spannungen abschneiden.

7.5 Leitungsabschluß

Ein unendlich langes Kabel (an dem also keine Reflexionen {7.4} stattfinden) verhält sich am Eingang wie ein *ohmscher* Widerstand

$$Z_{in} = U_E/I_E = Z_w = \sqrt{(L'/C')}. \qquad (7.4)$$

Man nennt ihn den **Wellenwiderstand** (`characteristic impedance`) Z_w des Leiters.

Z_w ist unabhängig von der Frequenz, allerdings mit zwei Einschränkungen: Die Formel (7.4) gilt bei Vernachläßigung der ohmschen Widerstände im Ersatzmodel, Bild 7.7. Für sehr hohe Frequenzen tritt der sog. **Skineffekt** ein, wonach die Elektronen nur in einer dünnen Haut an der Oberfläche des Leiters fließen können. Damit ist ein rapider Anstieg des ohmschen Widerstandes verbunden.

Die zweite Einschränkung ergibt sich daraus, daß im Kabel keine Reflexionen stattfinden dürfen. Es genügt, wenn das Kabel so lang ist, daß während der Meßzeit die reflektierten Wellen noch nicht wieder an den Eingang zurückgelangt sind. Die doppelte Durchlaufzeit durch das Kabel muß also wenigstens größer als eine Schwingungsperiode der verwendeten Wechselspannung sein.

Mit Gleichspannungen wird man die Beziehung (7.4) nicht bestätigen können, weil man dazu ein unendlich langes Kabel benötigen würde.

Unter der Voraussetzung, daß (noch) keine Reflexionen stattgefunden haben, ist der Wellenwiderstand Z_w auch unabhängig von der Länge des Kabels. Im Quotienten L/C fällt die Länge des Kabels heraus. Man kann dafür auch L'/C' schreiben.

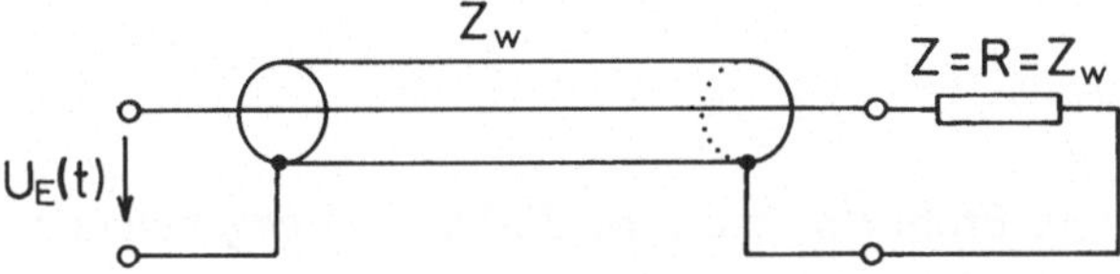

Bild 7.11 Reflexionsfreier Abschluß eines Koaxialkabels durch einen ohmschen Widerstand $R = Z_w$

Man kann die Reflexionen vermeiden, indem man das Ende des Kabels mit einem ohmschen Widerstand, dessen Wert mit dem Wellenwiderstand des Kabels übereinstimmt, abschließt, Bild 7.11. Der letzte Oszillator im Ersatzmodell, Bild 7.7, kann seine Energie dann an R weiterreichen, wo diese in Wärme dissipiert wird. Dadurch werden die Reflexionen vermieden.

Mit dem Leitungsabschluß $Z = Z_w$, Bild 7.11, kann (7.4) für beliebige Kabellängen (bei Vernachläßigung des ohmschen Anteiles) und für beliebige Frequenzen (bei Vernachläßigung des Skineffektes), trivialerweise auch für Gleichströme, nachgeprüft werden.

Die Formel (7.4) für den reflexionsfreien Leitungsabschluß ergibt sich aus der Lösung

$$U(x,t) = U_o sin[\Omega(t\text{-}x/v)] \qquad\qquad (7.5a)$$
$$I(x,t) = I_o sin[\Omega(t\text{-}x/v)] \qquad\qquad (7.5b)$$

der Telegraphengleichung (7.2), aus welcher mit (7.1)

$$U_o/I_o = \sqrt{(L'/C')} \qquad\qquad (7.6)$$

folgt. Diese Lösung kann an einer beliebigen Stelle x durch die Randbedingung $U/I = Z_W$ abgebrochen werden, welche wie in Bild 7.11 entweder durch einen ohmschen Widerstand oder durch eine Signalsspannungsquelle realisiert werden kann. Der Wellenwiderstand Z_W ist ohmsch, weil in (7.5) zwischen U(x,t) und I(x,t) keine Phasenverschiebung besteht.

Können in einer schnellen logischen Schaltung lange Leitungen nicht vermieden werden, so müssen diese an beiden Enden durch einen passenden Widerstand **abgeschlossen** werden. Das Signal wird dann dort vom Abschlußwiderstand verschluckt, d.h. nicht reflektiert.

Da der Signalstrom anstatt zur Erde teilweise eher zur Versorgungsspannung zurück muß, empfiehlt sich auch ein Abschluß gegen die Versorgungsspannung.

Die optimalen Werte müssen empirisch bestimmt werden. 180Ω nach +5V und 390Ω nach Erde dürften typische Werte sein.

7.6 Leitungsanpassung

In einer nicht-reflexionsfrei abgeschlossenen Leitung *Z ungleich Z_W* in Bild 7.11 treten zunächst Reflexionen auf, welche schließlich zu einer stehenden Welle mit der Wellenlänge

$$l_{am} = v/f \qquad\qquad (7.7)$$

führen. Dabei ist *f* die betrachtete Frequenz und *v* ist durch (7.1) gegeben. Der Eingangswiderstand einer solchen Leitung hängt nun von ihrer Länge und der betrachteten Frequenz ab und braucht nicht mehr rein ohmsch zu sein.

Aus typographischen Gründen bezeichnen wir den griechischen Buchstaben lambda mit l_{am}.

Eine besondere Bedeutung hat ein Leitungsstück der Länge *l_{am}/4*, für welches der Eingangswiderstand

$$Z_{in} = Z_W{}^2/Z \qquad\qquad (7.8)$$

gilt, falls es mit dem Widerstand Z abgeschlossen wird. (Für $Z = Z_w$ erhalten wir den Spezialfall (7.4).)

Zur Herleitung von (7.8) superponiert man zur Welle (7.5) eine rückwärts laufende Welle mit Amplituden $U_1/I_1 = -\sqrt{(L'/C')}$ und $v = -1/\sqrt{(L'C')}$. Man wählt I_1 so, daß die Gesamtlösung die Randbedingungen $U(0,t)/I(0,t) = Z_{in}$, $U(l_{am}/4,t)/I(l_{am}/4,t) = Z$ erfüllt und benützt $\Omega = 2\pi f$ nach (1.33).

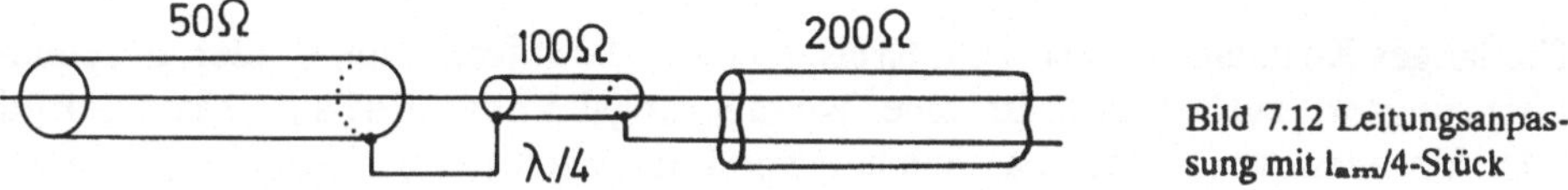

Bild 7.12 Leitungsanpassung mit $l_{am}/4$-Stück

Ein $l_{am}/4$-Stück kann deshalb zur **Leitungsanpassung** (matching) verwendet werden. Bild 7.12 zeigt ein typisches Koaxialkabel mit $Z_w = 50\Omega$, das an ein Antennenkabel in Form eines **Zwillingskabels** (twin lead) angepaßt wird. Dazwischen befindet sich ein Leitungsstück der Länge $l_{am}/4$ mit dem Wellenwiderstand $Z_w = 100\Omega$. Nach (7.8) sind dann die beiden langen Kabel für beide Signalrichtungen reflexionsfrei abgeschlossen. Diese Anpassung gilt wegen (7.7) nur für eine Frequenz f.

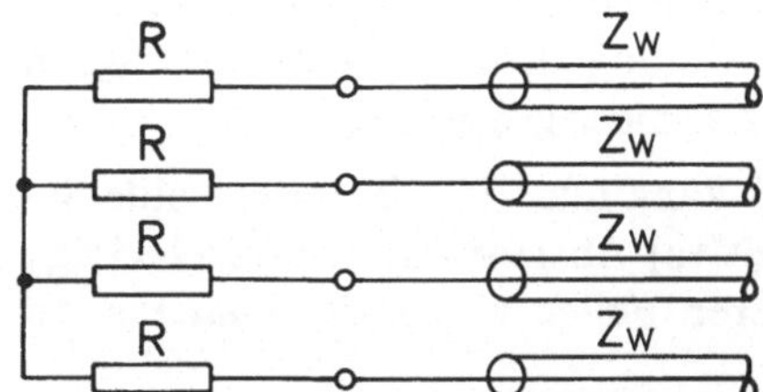

Bild 7.13 Angepaßter Impulsverteiler

Bild 7.13 zeigt die Möglichkeit, die Information auf einem Kabel reflexionsfrei in die übrigen einfließen zu lassen. (*Ein* Kabel hat den Widerstand Z_w, jeder Zweig also den Widerstand $R + Z_w$. Das obere Kabel z.B. ist mit $R + 1/3\ (R + Z_w) = Z_w$, d.h. reflexionsfrei abgeschlossen, falls $R = \tfrac{1}{2}Z_w$ gewählt wird.)

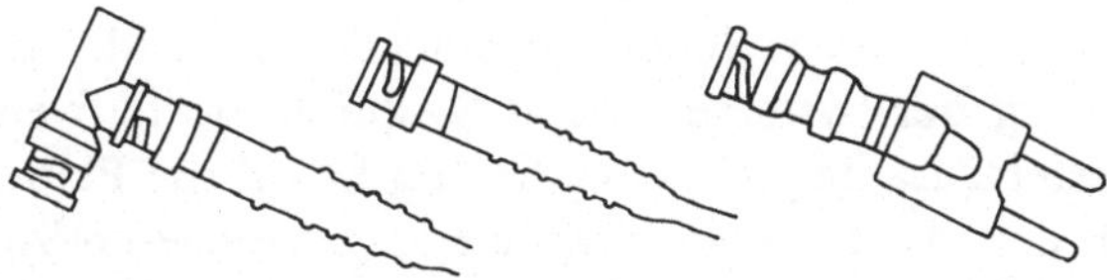

Bild 7.14 BNC-Buchsen

Das 50Ω Koaxialkabel ist zu einem Standard geworden. Es gibt dafür fertige Paßformen mit der Typenbezeichnung **BNC** (BNC-fittings), Bild 7.14. Viele Geräte der Hochfrequenztechnik, die als Module zusammengestellt werden können, haben an ihren Buchsen 50Ω Eingangs- bzw. Ausgangswiderstände und können deshalb direkt mit einem 50Ω Koaxialkabel verbunden werden.

Bild 7.15 Schaltsymbol für Verzögerungsleitung

Ein langes Koaxialkabel, das zum Kreis gebogen die Information wieder an seinen Ursprungsort zurückführt, ist eine **Verzögerungsleitung** (delay line), Bild 7.15. Vorallem verwendet man solche Typen, die nach (7.1') eine geringe Signalgeschwindigkeit haben.

7.7 Elektrische Abschirmung

Benachbarte Leitersysteme haben stets eine gewisse Kapazität und Induktivität gegeneinander, d.h. es ist mit einer kapazitiven und induktiven Störbeeinflussung zu rechnen.

Nach Möglichkeit sorgt man für einen großen räumlichen Abstand zwischen diesen Systemen. Ebenso wird die gegenseitige Störung drastisch reduziert, wenn man alle Leitungen kurz hält. Parallele Leitungen sind zu vermeiden.

Falls diese Maßnahmen nicht ausreichend sind, kann man das eine oder beide Systeme abschirmen. Für die **elektrische (kapazitive) Abschirmung** (shielding) genügt meist Aluminium-Folie. In hartnäckigeren Fällen verwendet man Platten (Gehäuse) aus Aluminium oder Weißblech.

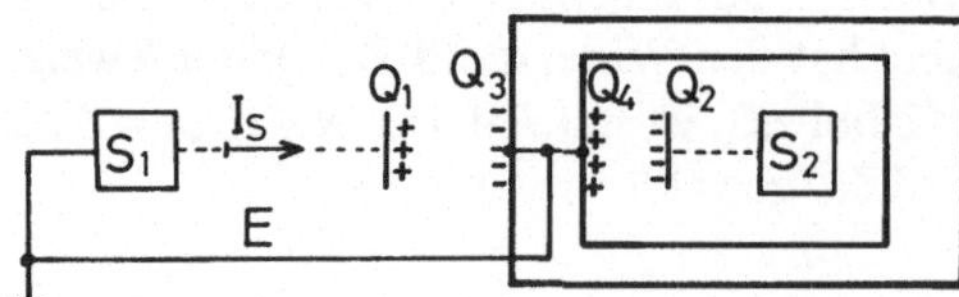

Bild 7.16 Geerdete Abschirmung

Die Abschirmung muß jedoch geerdet werden. Sonst ist sie nutzlos. In Bild 7.16 wird die kapazitive Störbeeinflussung der Systeme S_1 und S_2 durch die fiktiven Kondensatorplatten Q_1, Q_2 dargestellt: Ladung, die vom System S_1 auf die Platte Q_1 getrieben wird, influenziert auf der Platte Q_2 eine Gegenladung, welche im System S_2 Ströme und Spannungsabfälle verursacht, oder anders ausgedrückt: Durch den Kondensator Q_1-Q_2 fließt ein Störwechselstrom I_s vom System S_1 ins System S_2.

Ist das Gehäuse zunächst nicht geerdet, so wird im Gehäuse eine Ladungstrennung induziert: etwa eine negative Ladung auf der Gehäuseaußenseite Q_3 und eine positive Ladung Q_4 auf der Gehäuseinnenseite. Die ganze Anordnung wirkt lediglich wie die Serienschaltung der Kondensatoren Q_1-Q_3 und Q_4-Q_2. Die gegenseitige Kapazität der beiden Systeme wäre durch das Gehäuse nicht wesentlich herabgesetzt.

Bringt man jedoch die Erdleitung E an, so kann die Ladung Q_3 in das System S_1 zurückfließen, denn für den erwähnten Störwechselstrom ist der Weg E meist ein wesentlich geringerer Widerstand als durch Q_4-Q_2 und durch das System S_2. Die Platten Q_4-Q_2 bleiben dann ungeladen.

Das Gehäuse sollte jedoch nicht an irgend einem Punkt des internen Erdsystems von S_2 verbunden werden, denn sonst könnte der Störwechselstrom an den Zweigen dieses Erdsystems wieder Spannungsabfälle verursachen. Dem Störwechselstrom soll vielmehr Gelegenheit gegeben werden, möglichst schnell an seinen Ursprungsort S_1 zurückzukehren.

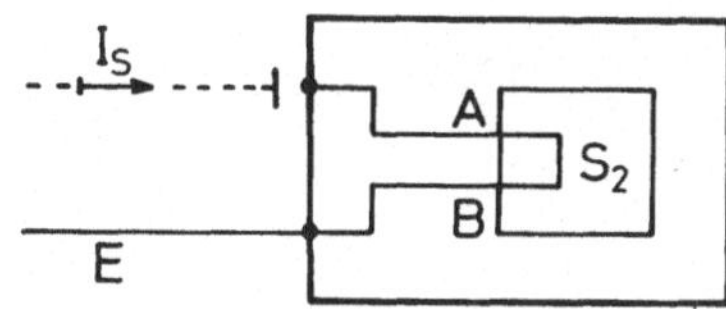

Bild 7.17 Gehäuse darf nur an einem Punkt geerdet werden

Ebenso sollte das interne Erdsystem von S_2 *nur an einer Stelle* mit dem Gehäuse verbunden werden. Anderenfalls, Bild 7.17, würde der Störstrom nicht nur auf direktem Weg auf der Gehäuseoberfläche nach E abfließen. Ein gewisser Bruchteil würde den Umweg über A und durch Zweige des internen Erdsystems von S_2 nach B wählen.

Auch ein unvollkommenes Gehäuse, etwa in Form von geerdeten Platten zwischen je zwei gedruckten Leiterkarten in einem größeren System aus mehreren **Einschüben** in einem **Chassis**, kann ausreichend sein.

In **Bussystemen**, bestehend aus mehreren parallelen Leitungen in einem **Flachbandkabel**, wird meist nur jede zweite Leitung als Signalleitung benutzt, während die übrigen Leitungen geerdet werden und somit als Abschirmung dienen. Auf Leiterplatten kann links und rechts eine begleitende Erdleiterbahn mitgezogen werden (`three leads`).

In anspruchsvolleren Fällen muß jede Signalleitung in einem abgeschirmten Kabel oder Koaxialkabel verlaufen.

7.8 Aktive Abschirmung

Bei einer Störung kommt es nicht nur auf die Störspannung und die Dauer der Störung sondern auch auf den "Innenwiderstand" der Störquelle an. Zum Glück haben die meisten Störquellen einen sehr hohen Innenwiderstand, d.h. sie sind nicht in der Lage, einen hohen Störstrom zu liefern.

Besonders gefährdet sind deshalb nur Eingänge einer Schaltung, welche selbst sehr hochohmig sind, d.h. nur einen sehr geringen Strom benötigen. Das sind vorallem Eingänge von Operationsverstärkern. Besonders in der Eingangsstufe einer Meßschaltung, wo ein noch unverstärktes exakt zu bestimmendes Signal vorliegt, kann es notwendig sein, eine **aktive Abschirmung** (guard) zu verwenden.

Bei einer einfachen, geerdeten Abschirmung fließt infolge der geringen Kapazität C_s zwischen Signalleiter und Schirm nämlich ein kleiner Strom in die Erde. Bei Signalspannungsquellen U_E mit einem sehr hohen Innenwiderstand R_i kann dies bereits zu einer merklichen Verfälschung des zu messenden Signals führen. In der Tat bilden dann R_i und C_s einen Tiefpaß, der nur noch niedrige Frequenzen von vielleicht einigen Hertz unverfälscht durchläßt.

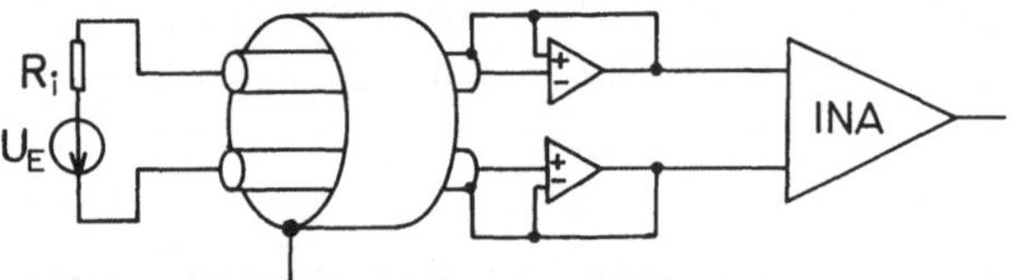

Bild 7.18 Aktive Abschirmung

Bei der aktiven Abschirmung, Bild 7.18, wird der Schirm auf demselben Potential wie der Signalleiter gehalten. Durch die Kapazität C_s zwischen Signalleiter und Schirm fließt nun kein Strom mehr. Die beiden aktiven Schirme können noch zusätzlich durch einen geerdeten Schirm ihrerseits abgeschirmt werden. Außerdem sollte die Signalleitung bis zum Instrumentenverstärker INA so kurz wie möglich gehalten werden.

7.9 Magnetische Abschirmung

Leitende Materialien wie Aluminium schirmen leider magnetische Felder nicht hinreichend ab. In den meisten Fällen sind jedoch magnetische Felder unbedeutender, so daß man auf eine magnetische Abschirmung verzichten kann. In der Nähe großer Magnete oder Motoren ist jedoch gelegentlich eine magnetische Abschirmung notwendig.

Dazu verwendet man biegsame Folien aus Materialien mit hoher magnetischer Permeabilität μ, sogenannte mu-Materialien. Falls es auf die Biegsamkeit nicht ankommt, verwendet man Platten und Gehäuse aus Eisen (Weißblech), welches nicht nur eine gute Leitfähigkeit sondern auch ein hohes μ besitzt. Für die magnetische Abschirmung ist es unwesentlich, ob der Schirm geerdet ist.

Auf der Empfängerseite, d.h. im gestörten System, verringert man die magnetische **Störaufnahme** (`magnetic noise pickup`), indem man große geschlossene Leiterbahnen vermeidet. Die sternförmige Erdung, Bild 7.5, ist diesbezüglich der maschenförmigen Erdung, Bild 7.6, vorzuziehen.

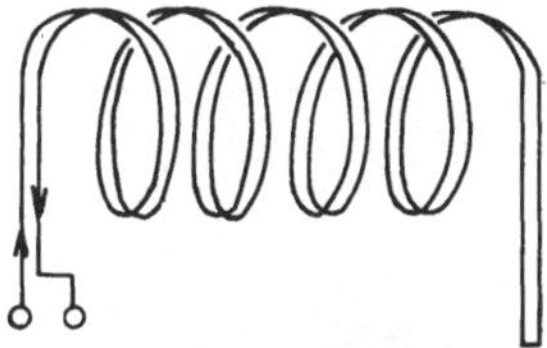

Bild 7.19 Bifilare Wicklung

Bild 7.20 Verdrillte Leitung vermeidet magnetische Wechselwirkung

Eine bereits klassische Methode, die umschlossene Fläche bei Leiterbahnen gering zu halten, ist die **bifilare Wicklung**, Bild 7.19, zur Herstellung von induktionsarmen Präzisionsdrahtwiderständen.

Verdrillte Leitungen (`twisted pair`), Bild 7.20, haben gegenüber parallelen Leitungen den Vorteil, daß die Flächen der einzelnen Leiterstücke, die nach dem Induktionsgesetz für die induzierte Ringspannung verantwortlich sind, jeweils anders orientiert sind, ihre Wirkungen sich also wegmitteln. Man verwendet etwa 20-60 Verdrillungen pro Meter.

Aber auch die magnetische Abstrahlung ist bei einer verdrillten Leitung geringer. Wenn in einem Gerät Verbraucher mit hohen Strömen versorgt werden müssen, realisert man ihre Stromzufuhr durch verdrillte Leitungen.

Man denke etwa an einen Drucker, wo Leistungsmagnete für Wagenrücklauf, Zeilenvorschub, Drucknadelausstoßung etc. mit hohen, veränderlichen Strömen versorgt werden müssen, Bild 7.21.

Es wäre ein mehrfacher Fehler, in einem solchen System nur die Zuleitungen zu den Verbrauchern vorzusehen und die Rückleitungen dem Gehäuse zu überlassen. Erstens würde dies dem Prinzip der sternförmigen Erdung widersprechen: Auf dem Gehäuse würden unübersichtliche Spannungsabfälle auftreten, welche das exakte Funktionieren *aller* Verbraucher beeinträchtigen könnte. Auf der individuellen Erdrückleitung hingegen tritt nur der Spannungsabfall des *einen* Verbrauchers auf, welcher von der Steuerelektronik berücksichtigt werden kann.

Zweitens würden die Ströme auf dem Gehäuse zu elektromagnetischer Störung der Umgebung führen.

Drittens würde ein einfacher Zuführungsdraht um sich herum ein großes, ringförmiges Magnetfeld haben, welches die übrige Elektronik in diesem Gerät stören könnte. Die Verdrillung mit der Erdrückleitung hingegen kompensiert dieses Magnetfeld teilweise.

Viertens würde beim Abschalten der Induktivitäten die durch Selbstinduktion enstehende Ringspannung teilweise zwischen verschiedenen Punkten des Gehäuses anliegen, was den Sicherheitsvorschriften widersprechen könnte.

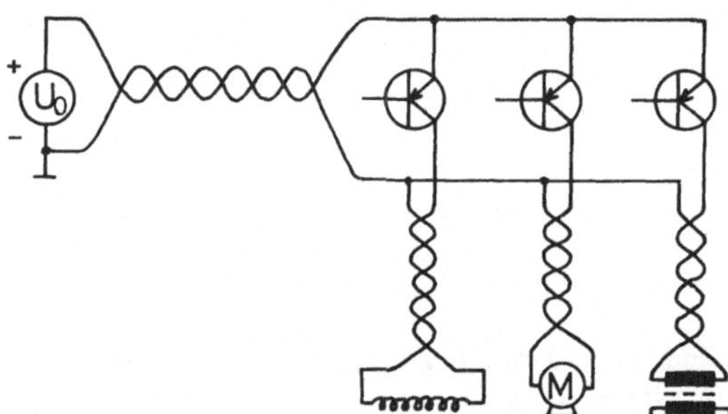

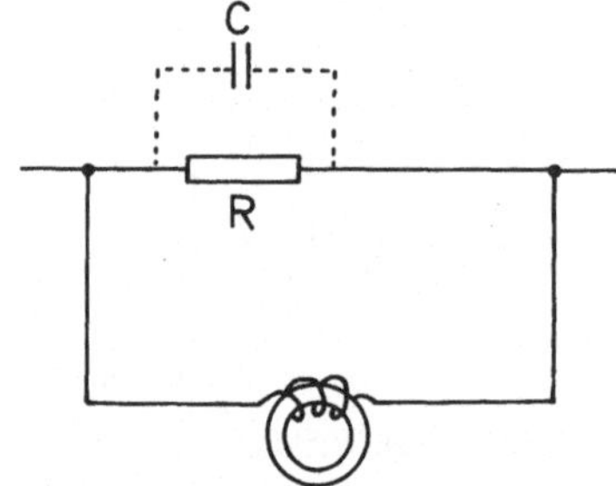

Bild 7.21 Leistungselektronik mit sternförmiger Erdung auf verdrillten Leitungen

Bild 7.22 Verdrosselung von Leiterschleifen

Bei der korrekten Realisierung, Bild 7.21, wird die Erde der **Steuerelektronik** an einem Punkt, etwa am Minuspol der Spannungsversorgung U_o angeschlossen.

7.10 Verdrosselung

Sind große Leiterschleifen nicht zu vermeiden, so kann ein Zweig verdrosselt werden, Bild 7.22. Der Ferritkern erhöht die Selbstinduktion der wenigen Windungen so stark, daß dieser Zweig hochfrequenzmäßig gesperrt ist.

Die induzierte Ringspannung U_{ind} gemäß {1.10} wächst mit der umschlossenen Fläche. Da die Feldstärke gleich Spannung pro Weg ist, wachsen jedoch die induzierten Feldstärken, welche diese Ringspannung realisieren, nicht. Der Spannungsabfall an R beispielsweise würde bei größerer Fläche der Leiterschleife *zunächst* nicht größer ausfallen.

Wir denken uns in Bild 7.22 die **Drossel** (Induktivität) zunächst weg und betrachten die Leiterschleife, außer bei R, als ideale Leiter. Darin *bricht* die induzierte Feldstärke sofort *zusammen*, indem ein Strom erzeugt wird, der an den Enden des Widerstandes R eine Ansammlung von entgegengesetzten Ladungen Q bewirkt. Die Leiterstücke am Ende des Widerstandes wirken wie die Platten einer kleinen Kapazität C. Die Spannung am Widerstand berechnet sich nun nach den Formeln:

$U = RI = Q/C = U_{ind}$. Der Spannungsabfall an R wächst also mit der Schleifenfläche und kann beträchtlich werden und kann ein an seinen Enden angeschlossenes Bauteil stören.

Schließlich bricht auch die Feldstärke U zusammen, indem der Strom I die Ladungstrennung Q wieder ausgleicht. Die Störenergie ist an R in Wärme dissipiert worden.

Durch die Drossel kann die Ladungstrennung Q an den Enden von R nicht zustande kommen, weil die Drossel diesen Strompuls (hochfrequenter Strom) nicht zuläßt. Vielmehr wird die Ladungstrennung Q nun an den Enden der Drossel auftreten. Da der (Wechselstrom-) Widerstand der Drossel groß gegen R ist, wird nun die ganze induzierte Ringspannung U_{ind} an der Drossel abfallen, wo sie unschädlich ist. Die Störenergie wird schließlich durch Ummagnetiserungen im Ferritkern in Wärme dissipiert.

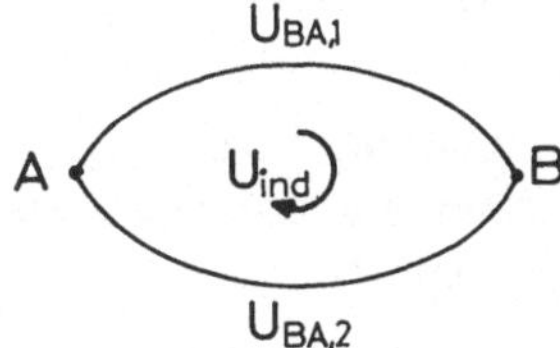

Bild 7.23 Wegabhängigkeit der elektrischen Spannung bei zeitlich veränderlichen Magnetfeldern

Bild 7.24 Verdrosselung ändert $U_1 = U_2$ nicht

Wir weisen an dieser Stelle darauf hin, daß bei zeitlich veränderlichen Magnetfeldern der Begriff des elektrischen Potentials seine *alleinige* Bedeutung verliert und durch das sog. (magnetische) **Vektorpotential** ergänzt werden muß. Auch der Begriff der elektrischen Spannung als Differenz zweier elektrischer Potentiale macht nur noch längs eines festgelegten Weges einen Sinn. Bei Vorliegen einer induzierten Ringsspannung U_{ind}, Bild 7.23, kann man nicht mehr von der Spannung U_{BA} zwischen den beiden Punkten A und B sprechen, sondern muß zwischen $U_{BA,1}$, $U_{BA,2}$ etc. je nach dem gewählten Weg unterscheiden, wobei $U_{BA,1} = U_{BA,2} + U_{ind}$ gilt.

Eindeutig sind jedoch die *lokalen* Begriffe der elektrischen und magnetischen Feldstärken. Es ist zweckmäßig, das elektrische Feld in einen wirbelfreien und einen divergenzfreien (quellfreien) Anteil zu zerlegen.

Zum wirbelfreien Anteil gehört ein *eindeutiges*, d.h. wegunabhängiges elektrisches Potential und Spannung. Alle Ringspannungen sind für diesen Anteil null.

Der divergenzfreie Anteil andererseits hat keine Quellen in Form von Ladungen, d.h. die elektrischen Feldlinien des divergenzfreien Anteils beginnen nicht an der positiven Ladung und enden an der negativen, sondern sind ringförmig in sich geschlossen. Der divergenzfreie Anteil wird durch eine Ringspannung, die sich auf einen festgelegten geschlossenen Weg bezieht, charakterisiert. Wir haben den divergenzfreien Anteil des elektrischen Feldes bisher mit dem Terminus "induzierte Feldstärke" bezeichnet.

In jedem Fall ist die Spannung, längs eines Weges, das Produkt (allgemeiner: das Integral) von elektrischer Feldstärke mal Weg.

Wir sind nun in der Lage, die Verdrosselung nochmals von einem anderen Gesichtspunkt aus zu erläutern, Bild 7.24: Wir nehmen zunächst an, daß die Drossel im unteren Leiter fehlt und daß keine induzierten (divergenzfreien) Feldstärken vorhanden sind. Am Teilsystem S_1 möge an R_1 die Spannung U_1 anliegen, welche von den beiden Leitern an das Teilsystem S_2 fehlerfrei übertragen werden soll, indem nun an R_2 (etwa der Basis-Emitter-Strecke eines Transistors) die Spannung $U_2 = U_1$ auftritt.

Nun möge eine (Stör-) Spannung induziert werden. Dieser divergenzfreie Anteil des elektrischen *Feldes* wird nach dem oben erläuterten Zusammenbruch nur in der Drossel lokalisiert sein. Die ursprünglichen Spannungen $U_1 = U_2$, als Integrale über die dortigen lokalen Feldstärken, bleiben also unverändert.

Die Lage der Drossel, ob in der oberen oder der unteren Leitung, ist belanglos. Der Transistor R_2 merkt nichts von der Existenz der Ringspannung, da dieser nur die Feldstärken an R_2, welche die Spannung $U_2 = U_1$ ergeben, spürt.

7.11 Elektromagnetische Abschirmung

In der mathematischen Theorie der elektromagnetischen Felder unterscheidet man die sich im *Nahbereich* der erzeugenden Quellen (Ladungen, Ströme) befindlichen Felder, die wir bisher betrachtet haben, von den Feldern, die sich beliebig *weit* von den Quellen entfernen können (**Fernbereich**). Die letzteren stellen die sog. **elektromagnetischen Wellen** dar, welche frei im Raum propagieren können.

Das **Vakuum** hat ähnliche Eigenschaften, wie das in Bild 7.7, dargestellte Ersatzmodell für eine **Transmissionsleitung**, wobei allerdings die Vernetzung in allen drei Raumdimensionen weitergeht (*Vakuum als ein System von Oszillatoren*). Im Vakuum kommen zwar keine realen Ströme vor, jedoch gehen die zeitlichen Änderungen des elektrischen Feldes ($\delta E/\delta t$), der sog. **Verschiebungsstrom** (`displacement current`) gleich wie ein *realer*, sog. **Leitungsstrom** (`conduction current`) in die **Maxwellgleichungen** ein.

Für hohe Frequenzen (**Mikrowellen**) hat ein **Hohlleiter** (`waveguide`) ähnliche Eigenschaften wie ein Koaxialkabel. Die Information fließt im Vakuum. Die metallische Begrenzung (z.B. als Stahlrohr) dient lediglich dazu, daß die Welle durch andauernde Reflexionen einen vorgeschriebenen Raum nicht verlassen kann und in die gewünschte Richtung gelenkt wird.

Die Eigenschaften der Wellen und die damit verbundenen technischen Probleme
hängen stark mit der Frequenz f bzw. der durch

$$c = l_{am} f \qquad\qquad (7.9)$$

(c = Lichtgeschwindigkeit) bestimmten Wellenlänge l_{am} ab. Man hat daher für die
verschiedenen Frequenzbereiche eigene Namen gemäß Tab 7.1 geschaffen:

l_{am}	f	Name, Anwendung
> 30km	< 10kHz	Niederfrequenz (NF), very low frequency (VLF)), Tonfrequenz
3km	100kHz	Low frequency (LF), Ultraschallfrequenz, Kilomterwellen, Langwelle (LW)
300m	1MHz	Medium frequency (MF), Mittelwelle (MW)
30m	10MHz	High frequency (HF), short wave (SW), Kurzwelle (KW)
3m	100MHz	VHF = very high frequency, UKW und Fernsehbereich
30cm	1GHz	UHF = ultra high frequency
0,1mm-10cm		Mikrowellen
....		
0,4μm-0,78μm		sichtbares Licht
10nm-0,4μm		ultraviolettes Licht
10pm-10nm		Röntgenstrahlen
100fm-10pm		Gammastrahlen
< 100fm		Kosmische Strahlen (Höhenstrahlen)

Tab.7.1 Frequenzbereiche elektromagnetischer Wellen. Typische Frequenz f und Wellenlängenbereich
oder typische Wellenlänge l_{am}.

Die Bereiche LW, MW, SW, VHF, UHF faßt man auch zu den **Radiofrequenzen**
(RF) zusammen. Relevante Störungen werden hauptsächlich in diesem Bereich
auftreten.

Radiowellen im LW-, MW- und SW-Bereich werden durch den Erboden und
durch die **Ionosphäre** (Schicht geladener, nämlich ionisierter Teilchen in großer
Höhe) reflektiert. Sie breiten sich daher auf der ganzen Erdoberfläche aus. Für
den UHF (UKW und Fernsehbereich) gilt diese Aussage nicht mehr: Ein Empfang ist nur bei direkter Verbindung ohne Hindernisse möglich.

Weil also Radiowellen von allen Seiten einstrahlen, ist eine Abschirmung nur
durch ein *allseitig* geschlossenes Gehäuse möglich im Gegensatz zu der bisher be-

sprochenen kapazitiven und induktiven Störbeeinflussung, die nur von einer Richtung kommt. Da die Welle notwendigerweise aus einem elektrischen und magnetischen Anteil besteht, kann als Schirmmaterial alles genommen werden, was gegen kapazitive (guter Leiter, Alu) *und/oder* gegen induktive (μ-Material, Eisen) Störungen eingesetzt wurde. Eine Erdung des Schirmes ist nicht erforderlich.

Falls aus optischen oder lüftungstechnischen Gründen eine allseitige Abschirmung nicht in Frage kommt, verwendet man ein **Drahtgeflecht (Faraday-Käfig)**. Es schirmt allerdings nur gegen Wellen mit einer Wellenlänge, die groß gegen die Maschenweite ist.

Elektromagnetische Wellen haben im Vergleich zu induktiver oder kapazitiver Störbeeinflussung meist geringe Amplituden. Eine nennenswerte Störung kommt nur durch **Resonanz** zustande, wenn nämlich der störende Einfluß über viele Perioden sich in richtiger zeitlicher Abfolge aufsummiert. Während die kapazitive Störung bei langen Leitungen, die induktive Störung bei Leiterschleifen großer Fläche besonders zu Tage tritt, ist jetzt das Vorliegen von **Schwingkreisen** kritisch.

7.12 Externe Störquellen

Da man nie sicher sein kann, ob irgend eine Fremdperson eine Störquelle in die Nähe der zur Diskussion stehenden Schaltung stellt, ist die *Abschirmung* des betreffenden Apparates die wichtigste Maßnahme. Es kann jedoch manchmal einfacher oder ausreichend sein, die *Störer zu eliminieren*, abzuschirmen oder zu **entstören**.

Wenn in einem Speziallabor die *inneren* Störungen eines Gerätes untersucht werden sollen, ist es sehr lästig, wenn man auf dem Oszillographen hauptsächlich die Störungen durch Tischlampen etc beobachtet. Es ist dann sinnvoll, einen von externen Störungen weitgehend freien Raum aufzubauen.

Man hat dazu die Wände mit einer geerdeten Alu-Tapete oder besser mit 1mm dickem Eisenblech auszukleiden. Die Netzzuleitungen zu allen Lampen und den übrigen Verbrauchern sind mit geerdeter Alu-Folie oder besser mit Stahlrohr abzuschirmen. Die Lampen sind mit Drahtgeflecht zu umgeben.

Die externe Netzzuleitung ist mit kräftigen Netzfiltern auszustatten. In Extremfällen (z.B. auf Schiffen) wird für die Elektronik ein eigener Netzgenerator **(Edelnetz)** eingesetzt, der über ein Schwungrad vom verseuchten Netz angetrieben wird.

Weitere Störquellen wird man im Einzelfall aufspüren müssen. Dazu, wie auch zur Beurteilung des Erfolges einer Abschirmung, dient ein Oszillograph, an dessen Eingängen eine elektrische **Dipolantenne** (für elektrische Störfelder) oder eine **Rahmenantenne** (für magnetische Störer) angebracht wird, Bild 7.25. Zur Beurteilung der Verseuchung durch Radiowellen dient ein Rundfunkempfänger. Da bei elektromagnetischen Wellen magnetische und elektrische Komponente stets im selben Verhältnis vorliegen, kann man sich dabei auf eine der beiden Antennen beschränken.

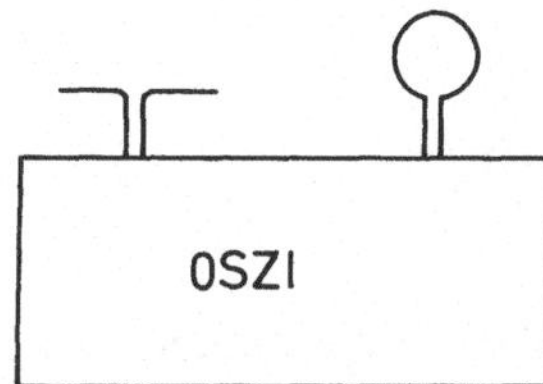

Bild 7.25 Fahndung nach Störern mit elektrischer und magnetischer Dipolantenne

Schließlich sollen die häufigsten externen Störer, nach denen man fahnden sollte, aufgezählt werden: Radio- und Fernsehsender, Hochspannungsleitungen, Straßenbahnen, Aufzüge, Motoren, Transformatoren, Relais, Schweißgeräte, Bogenlampen, Fernsehapparate, Licht-Dimmer, Thyristoren, Blitze.

7.13 Abschalten von Induktivitäten

Wie die soeben gegebene Aufzählung zeigt, ist eine der wichtigsten Störursachen das Abschalten von Induktivitäten. Nach dem Induktionsgesetz würden beim plötzlichen Abschalten eine unendlich hohe Ringsspannung enstehen, die sich schließlich als Spannung über der unterbrochenen Strecke konzentriert.

Ist diese Strecke die sperrende Kollektor-Emitterstrecke, so könnte die maximal zuläßige Sperrspannung (Kollektorspannung) des Transistors überschritten werden, was zur Zerstörung des Transistors führen würde.

Wird der Stromkreis der Spule durch einen mechanischen Kontakt unterbrochen, so wird sich zwischen den Kontakten eine Spannung von $2kV$ einstellen. Bei dieser Spannung kann der Strom die Luftstrecke zwischen den Kontakten in Form eines **Lichtbogens** durchbrechen.

Da der Strom durch die Spule nun wieder fließen kann, entfällt die induzierte Spannung, der Lichtbogen erlischt schließlich wieder. So entsteht eine rasche Aufeinanderfolge (**Burst**) von $2kV$ Spannungsspitzen und **Lichtbogenentladungen** (arc discharge), bis schließlich die Energie im Magnetfeld der induzierenden Spule aufgebraucht ist.

In Extremfällen kann diese Energie sofort verbraucht sein. Der Lichtbogen ist dann von so kurzer Dauer, daß er nicht wahrgenommen wird.

Der Lichtbogen ist eine intensive Quelle elektromagnetischer Strahlung auf allen Frequenzen. Der $2kV$ Burst überträgt sich aber auch über Leitungen auf entferntere Teile der Schaltung.

Der Lichtbogen erhöht die **Korrosion** der Kontake, auch wenn diese verplatiniert sind, so daß deren Lebensdauer begrenzt wird. Man verwendet daher auch

Reed-Relais, Bild 7.26, bei welchem sich die Kontakte in einem Stickstoffgas befinden. Die **oxidierende** (korrodierende) Wirkung der Luft entfällt dadurch.

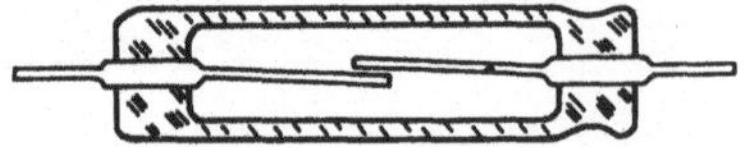

Bild 7.26 Reed-Relais [0.11]

Dem Problem des Abschaltens von Induktivitäten sowie den Folgen einer induzierten Ringspannung haben wir uns bereits an mehreren Stellen dieses Buches gewidmet, so in den Erläuterungen zu den Bildern 2.17 und 7.23. Hier soll dieses Wissen ergänzt werden.

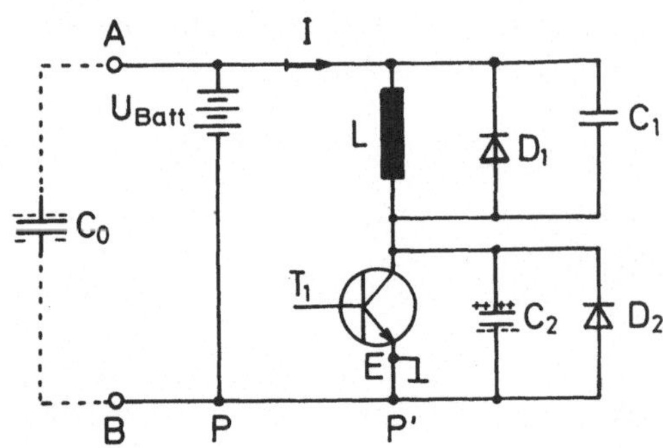

Bild 7.27 Abschaltung von Induktivitäten mit Transistoren

Bild 7.27 zeigt eine mögliche Transistorschaltung zur Abschaltung der Induktivität L. Die Z-Diode D_2 schützt den Transistor, indem sie leitend wird, bevor die zuläßige Kolektorspannung des Transistors überschritten wird. Die Abschaltung der Induktivität erfolgt also so langsam, daß die induzierte Ringspannung höchstens gleich der Z-Spannung von D_2 ist ($U_z >> U_{batt}$, z.B. $U_z = 120V$). Für die kurze Zeit bis die Z-Diode anspricht, kann der Kondensator C_2 den Spulenstrom aufnehmen. Sinnvollerweise verwendet man für D_2 möglichst schnell ansprechende Typen (**Transils**).

Für die dargestellte Schaltung allein sind die Bauteile D_1, C_1 eigentlich überflüssig. Die induzierte Ringspannung tritt zunächst als in der Spule L induzierte Feldstärken auf. Diese treibt durch die Batterie und die Spule einen Strom und damit eine Ladung auf die Platten von C_2, bis dort die Spannung *120V* anliegt.

Die Elektronen in den Leiterstücken, wo keine induzierte Feldstärke vorhanden ist, werden dabei durch elektrostatische Kräfte wie die Perlen in einem Kanal vorwärtsgeschoben bzw. angesaugt.

Falls die Schaltung links von den Punkten A und B noch weitergeht, kann nicht vermieden werden, daß auch von den Platten des Kondensators C_0 Ladung abgesaugt wird. Durch ungünstige Geometrie kann der Effekt auf C_0 sogar schneller und stärker zustande kommen als bei C_2. Ebenso können die beiden Platten von C_0 *unterschiedlich* negativ geladen werden.

Bisher hatten wir immer näherungsweise angenommen, daß die Platten eines Kondensators entgegengesetzt gleich geladen sind.

Für die Schaltung links von A-B sieht es also so aus, als ob die Batterie plötzlich hohe positive oder (je nach Geometrie) negative Spannungen liefern würde. Dieser Teil der Schaltung würde erheblich gestört oder gar zerstört.

Es ergibt sich daraus die *Regel*, für Induktivitäten eine *eigene Stromversorgung* zu verwenden. Auch eine räumliche Trennung und gegenseitige Abschirmung ist natürlich zu empfehlen. Die übrige Elektronik hat dann mit der dargestellten Leistungselektronik nur eine Verbindung durch den Basisanschluß des Transistors T_1 sowie einen einzigen gemeinsamen Punkt der beiden Erdsysteme.

In Bild 7.27 ist dazu der Punkt B gewählt worden. Das ist jedoch ungünstig, weil dann Spannungsabfälle durch den induktiven Spitzenstrom zwischen B und dem Emitter E die Steuerung des Transistors T_1 durch Verfälschung von U_{BE} illusorisch machen würde. Vielmehr sollte das linke Erdsystem beim Emitter E mit dem rechten Erdsystem verbunden werden. Spannungsabfälle auf der Strecke P-P' werden dadurch vermieden. Wenn anstelle der Batterie ein Spannungsregler verwendet wird, sollte auch der Masseanschluß des Reglers direkt bei E liegen.

Falls eine eigene Stromversorgung zu aufwendig sein sollte, kann die bereits in Bild 2.17 erläuterte **Freilaufdiode** D_1 (und bis zu deren Ansprechen der Kondensator C_1) verwendet werden. Durch deren geometrische Nähe zu den induzierten Feldstärken in der Spule wird der geschobene (gesogene) Spitzenstrom hauptsächlich durch D_1 und C_1 fließen. Der induzierte Spitzenstrom wird sozusagen *dort* kurzgeschlossen, *wo er entsteht*, bevor er Gelegenheit hat, in andere Teile der Schaltung einzudringen.

7.14 Verbindung zur Erde

Erde bedeutete bis jetzt stets **lokale Erde**. Im Prinzip kann jedes Leiterstück zur Erde erklärt werden. In der Regel richtet man es jedoch so ein, daß alle Ströme, inklusive der hochfrequenten Ströme, über den Erdleiter an den Minuspol zur Batterie zurückfließen. Man wird den Erdleiter daher meist besonders dick (niedriger ohmscher Widerstand) und möglichst großflächig (niedriger induktiver Widerstand) auslegen.

Ferner sollen Störströme Gelegenheit haben, möglichst schnell an ihren Ursprungsort zurückzukehren, bevor sie durch die Innereien empfindlicher Systeme ihren Weg nehmen. Da der Erdleiter meist eine induktionsarme Verbindung aller Systeme darstellt, wird man daher meist versuchen, die Störströme, wo immer sie auftreten, an Ort und Stelle auf den Erdleiter abzuleiten. Es sollen also alle störempfindlichen Punkte der Schaltung eine große parasitäre Kapazität zum Erdleiter haben, über welche die Störströme abfließen können. Der Erdleiter wird daher meist großflächig und in Form von Erdplatten ausgelegt und mit dem Gehäuse verbunden.

Die **Erde**, im engeren Sinne des Wortes, erfüllt alle diese Bedingungen, jedenfalls wenn es um räumlich sehr ausgedehnte elektrische Systeme handelt. Außerdem ist die Erde ein natürlicher Bezugsleiter, der sich überall anbietet. Durch die Feuchtigkeit der Erde, durch Flüsse und durch das Grundwasser, verstärkt durch die darin enthaltenen Mineralien (Ionen), sind alle Punkte der Erde leitend miteinander verbunden. Dieser nicht sehr ideale Leitungsmechanismus wird durch Wasser- und Gasleitungen verbessert. Auch Hochspannungsleitungen, welche das Land überziehen, führen einen Erdleiter (Nulleiter), welcher bei jedem Mast mit dem Erdreich verbunden ist.

Ein **Blitzableiter** ist eine Vorrichtung, um einem Störstrom Gelegenheit zu geben, schnell zum Erdleiter zu gelangen, bevor er in das Innere empfindlicher Systeme dringt. Der Erdleiter leitet den Störstrom an diejenige Stelle zurück, wo durch Winde Reibungselektrizität erzeugt und wegtransportiert wurde.

Zwischen zwei leitenden Systemen eines Hauses, z.B. der Zentralheizung und den Metallteilen der Gebäudekonstruktion, könnte es durch Reibungselektrizität zu Spannungsdifferenzen von hunderten von Volt kommen, wenn diese Systeme nicht leitend verbunden, z.B. geerdet wären. Wegen ihrer großen Kapazität würde im Falle der gleichzeitigen Berührung während einer beträchtlichen Zeit ein lebensgefährlicher Strom fließen.

An einer oder mehreren Stellen eines Gebäudes werden große Kupferplatten ins Erdreich versenkt, die mit allen Metallteilen des Gebäudes verbunden sind. Dies ist die *Erdung im engeren Sinne des Wortes*.

An jeder Steckdose steht in Form des Schutzleiters eine Verbindung zur Erde zur Verfügung.

Für hochpräzise Meßsysteme reicht der Schutzleiter als Erde, so wie er im Gebäude bereits vorliegt, nicht aus: Ladungsbewegungen im Erdreich influenzieren auf den Gehäusen der Geräte Ladungen, vgl. Bild 7.16, welche über den oft verzweigten Schutzleiter nicht genügend gut abfließen können. Es erweist sich dann als notwendig, eine sog. **Meßerde**, bestehend aus dicken Kupferbändern aufzubauen, welche eine Verbindung des Systems mit dem Erdreich und mit den Metallteilen der Gebäudekonstruktion gewährleisten.

An der Berührungsstelle zweier verschiedener Metalle, besonders wenn diese in der sog. **elektrochemischen Spannungsreihe** weit auseinander liegen, entsteht leicht **Korrosion**. Für eine gute Erdleitung ist es daher wesentlich, daß alle Teilstücke aus *demselben* Material bestehen.

7.15 Erdung mehrerer Systeme

In nicht anspruchsvollen Systemen verwendet man meist den **erdfreien** ("**potential-freien**") Betrieb der einzelnen Geräte, Bild 7.28. Bei den einzelnen Systemen S_1, S_2 und S_3 denke man etwa an einen Homecomputer, eine Floppy und einen Drucker. Jedes Gerät besitzt einen eigenen Netztransformator. Der Nulleiter und der Schutzleiter, welche mit der Erde verbunden sind, werden nicht direkt an die Systeme herangeführt. Die **Potentialtrennung** zwischen der Erde und den Systemen erfolgt bei den Netztransformatoren: Der **Bezugsleiter** (die **lokale Erde**) der einzelnen Systeme **flottieren** (float) gegenüber der Erde.

Das tatsächliche Potential der lokalen Bezugsleiter gegenüber der Erde hängt in komplizierter Weise von Ladungsverteilungen der Umgebung ab.

Werden die Systeme verbunden, wie in Bild 7.28, so nehmen alle lokalen Bezugs-leiter dasselbe Potential an und flottieren nun gemeinsam gegenüber der Erde.

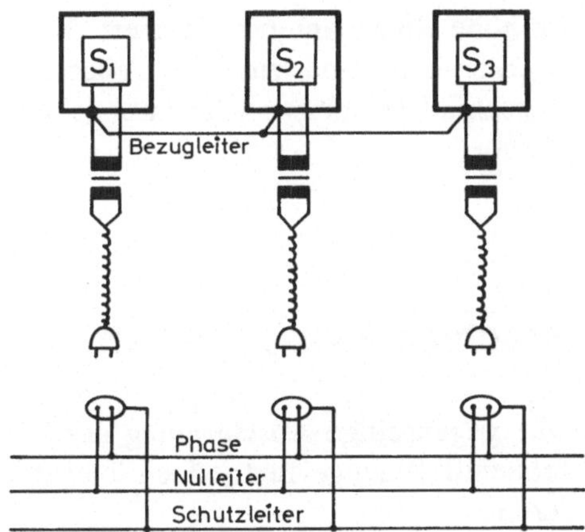

Bild 7.28 Erdfreie Verbindung mehrerer Systeme

Bei dem in Bild 7.28 dargestellten System kann die von der Umgebung, z.B. von der "Phase", auf den Gehäusen influenzierten Ladungen nicht genügend gut an die Umgebung zurückfließen, vgl. Bild 7.16. Vielmehr wird ein Teil dieses Störstro-mes durch die Systeme durch und von dort über parasitäre Kapazitäten wieder an andere Stellen der Umgebung zurückfließen.

Ein weiteres Bedenken gegen die häufige Konfiguration nach Bild 7.28 sind die geltenden Sicherheitsvorschriften. Durch Isolationsbrüche etc. könnte die "Phase" in einem der Systeme mit dem Gehäuse in Berührung kommen.

Wäre das Gehäuse mit dem Schutzleiter verbunden, so würde dieser **Erdschluß** sofort zu einem Kurzschluß führen und würde damit bemerkt. Anders in Bild 7.28, wo nun lediglich der Bezugsleiter auf Phasenpotential zu liegen käme, was zu keiner Funktionsstörung führen würde. Eine Person jedoch könnte den Bezugs-leiter (Gehäuse des schadhaften Gerätes) und gleichzeitig die Erde (z.B. einen

Heizkörper) berühren. Der damit hergestellte **Körperschluß** könnte zu einem tödlichen Unfall führen.

Nach den VDE-Vorschriften ist daher die Konfiguration nach Bild 7.28 nur zulässig, wenn die Geräte keine berührbaren Metallteile besitzen, d.h. nach außen völlig isoliert sind.

Die erdfreie Konfiguration nach Bild 7.28 kann dadurch verbessert werden, daß der Bezugsleiter an *einem* Punkte mit der Erde, also z.B. mit dem Schutzleiter verbunden wird.

Würde man eine solche Verbindung an *mehreren* Stellen, etwa bei S_1 und S_2, vornehmen, so hätte man eine **Erdschleife** produziert: Hohe Störströme, die möglicherweise auf dem Schutzleiter zwischen den Steckdosen von S_1 und S_2 fließen (etwa infolge weiterer angeschlossener Verbraucher) würden dann teilweise auf dem Bezugsleiter fließen und dort Spannungsabfälle hervorrufen. Da die in Bild 7.28 nicht eingezeichneten Signalleitungen zwischen den Systemen nicht genau dieselben Spannungsabfälle aufweisen, wäre die Signalübertragung beeinträchtigt.

Außerdem wird in der Erdschleife eine evtl. hohe Ringspannung induziert. Nach dem Zusammenbruch der induzierten Feldstärken in den gut leitenden Teilen der Schleife konzentriert sich diese als Spannungsabfall auf einem schlechter leitenden Anteil, der u.U. der Bezugsleiter sein könnte.

7.16 Signalleitungen zwischen verschiedenen Systemen

In vorangehenden Teilkapiteln hatten wir die gegenseitige Abschirmung der Systeme besprochen. Der größte Teil der Störbeeinflußung gelangt jedoch über die **Signalleitungen** von einem System zum anderen.

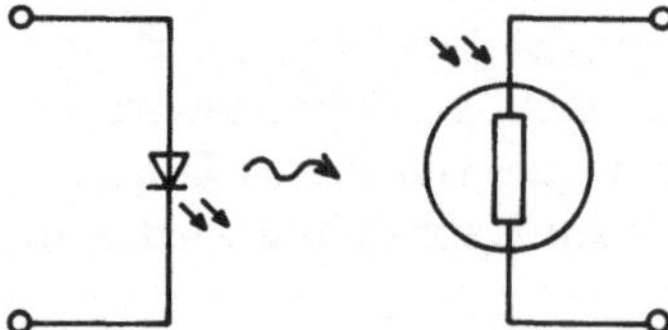

Bild 7.29 Optokoppler aus LED und Photowiderstand

Ideal sind die **Optokoppler**, Bild 7.29, welche eine völlige **galvanische Trennung** (d.h. keine Verbindung über R, C, L) der beiden Systeme gewährleisten. Insbesondere brauchen die lokalen Bezugsleiter (Erden) nicht miteinander verbunden zu werden. Das zur Signalübertragung benutzte Licht kann durch **Glasfaserkabel** an entfernte Stellen transportiert werden.

Die aus Kostengründen bis jetzt noch selten eingesetzten Optokoppler dürften in Zukunft zum wichtigsten Bindeglied zwischen den verschiedenen Systemen werden. Auf jeden Fall sollte man sie einsetzen, wenn störempfindliche Systeme mit stark störenden Systemen verbunden werden.

Durch Zerstörungen in einem Teilsystem können auf den Signalleitungen plötzlich Speisespannungen anliegen, welche benachbarte Systeme zerstören. Die Zerstörung greift dadurch lawinenartig um sich. Optokoppler mit **Isolationsspannungen** von mehreren kV verhindern eine solche Ausbreitung.

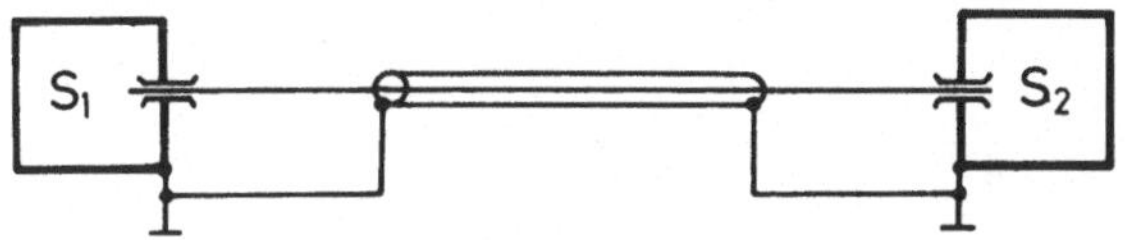

Bild 7.30 Signalverbindung mit abgeschirmten Kabeln und Durchführungskondensatoren

Bild 7.30 zeigt die zur Zeit noch üblichste Signalleiterverbindung zweier Systeme: ein **abgeschirmtes Kabel** leitet die kapazitive Störbeeinflussung über den Schirm ab und hält sie vom eigentlichen Signalleiter fern. Wenn die Störbeeinflussung hauptsächlich von der Nachbarleitung herrührt, genügt an Stelle des Schirmes die Methode in einem Flachbandkabel jeden zweiten Leiter zu erden, Bild 7.31.

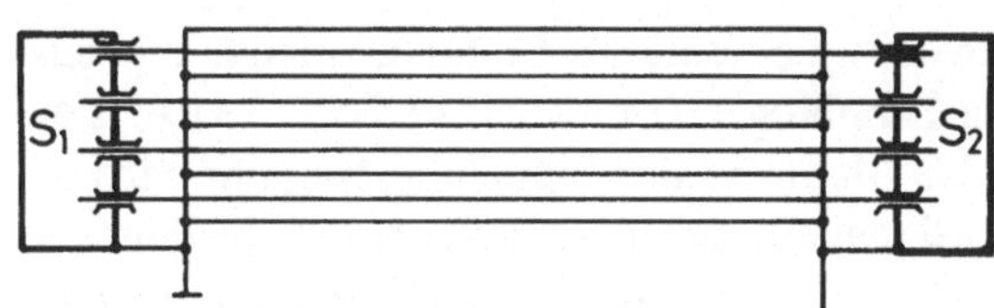

Bild 7.31 In Flachbandkabeln sollte jede zweite Leitung geerdet sein

Befindet sich die Störung bereits auf dem Signalleiter, etwa in Form einer hochfrequenten Störspannung zwischen Signalleiter und Erde, so erweist sich die hohe Kapazität zwischen Signalleiter und Abschirmung als günstig: der Störstrom fließt "lieber" vom Signalleiter auf die Abschirmung und darin zur Störquelle, d.h. zu einem der beiden Systeme zurück. Die Störung gelangt dann nicht mehr, oder nur zu einem geringen Teil, in das andere System.

Denselben Zweck erfüllen die in Bild 7.30 und Bild 7.31 eingezeichneten **Durchführungskondensatoren**: Der Störstrom auf dem Signalleiter fließt auf das Gehäuse ab und gelangt schließlich an die Störquelle zurück, bevor er in die Innereien eines störempfindlichen Systemes eindringen kann. Der Durchführungskondensator hat deshalb an der Stelle der Durchführung eine hohe Kapazität. Man wählt die Kapazität des Durchführungskondensators so groß wie möglich, jedoch nicht so groß, daß auch die eigentlichen Signalfrequenzen abgeleitet werden.

Kommt es auf eine *besonders* hohe Kapazität zwischen Signalleiter und Abschirmung an, so verwendet man an Stelle der abgeschirmten Kabel ein **Koaxialkabel**.

Seine hohe Kapazität wird durch die Zwischenisolationsschicht aus einem Dielektrikum mit hoher Dielektrizitätskonstante erreicht. An Stelle des Durchführungskondensators verwendet man dann eine BNC-Buchse, Bild 7.14, welche Signalleiter und Abschirmung mit dem Gerät verbindet.

Die Abschirmung dient vorallem dazu, den Störstrom möglichst schnell an die Störquelle zurückzuleiten. Es ist also vor allem wichtig, den Schirm beim störenden System zu erden. Falls dies nur eines der beiden Systeme ist, kann es günstiger sein, den Schirm beim anderen System *nicht* zu erden, weil dann Erdschleifen vermieden werden. Wenn allerdings alle Signalleitungen nebeneinander verlaufen, Bild 7.31, so ist die von den Erdschleifen eingeschlossene Fläche klein, die Erdschleife also nicht gravierend.

Bild 7.32 Balanced Transmission Line Drivers/Receivers

Auf sehr langen Leitungen kann es notwendig werden, das Signal als Differenzsignal zu übertragen und mit **Differenzverstärkern** zu empfangen, Bild 7.32. Der **Leitungstreiber** (`transmission line driver`) gibt **komplementäre** Signale aus, z.B $\pm 5V$ bei logisch 0, jedoch $-(\pm 5V)$ bei logisch 1. Es ist demnach die doppelte Zahl von Signalleitungen erforderlich.

Eine äußere Störung wird die beiden komplementären Leiter in gleicher Weise beeinflussen, so daß die Störung vom **Empfänger** (`transmission line receiver`) wieder eliminiert wird. Diese Methode der Signalübertragung wird als `balanced`, diejenige mit nur einer Signalleitung als `unbalanced` bezeichnet. Die bisherigen Maßnahmen wie Verdrillung und Abschirmung können zusätzlich angewandt werden.

Bei langen Leitungen kann der ohmsche Spannungsabfall beträchtlich werden. Als Übergabeprotokoll wird daher nicht eine bestimmte Spannung, etwa *0V* und *5V*, sondern eine bestimmte Stromstärke, meist *20mA* und *-20mA* zur Unterscheidung der logischen Werte verwendet. Diese Maßnahme schützt jedoch nicht gegen kapazitive Störungen, Bild 7.33.

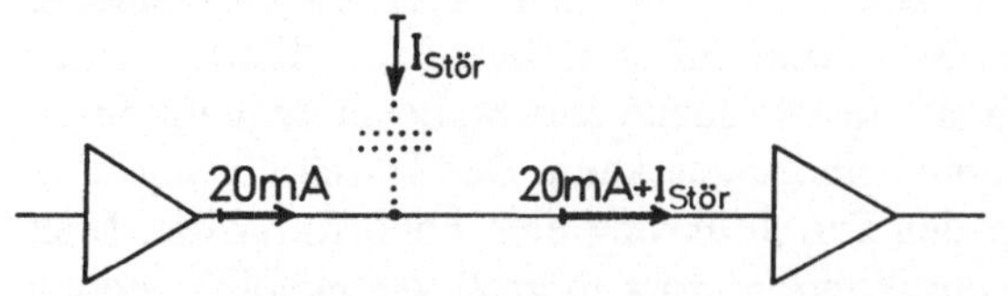

Bild 7.33 Kapazitive Störströme beim current loop

Beim Empfänger findet man meist die üblichen Maßnahmen zur Erhöhung der Störsicherheit, etwa **Schmitt-Trigger** d.h. Eingänge mit **Hysterese**, Bild 5.23, sowie **Glättungskondensatoren**, Bild 7.34, welche gegen kurze Störepisoden resistent sind.

Gegen das **Übersprechen** (crosstalk) mehrerer Signalleitungen sind einzeln abgeschirmte Kabel die beste Maßnahme. Falls dies zu aufwendig ist, kann man Bustreiber mit einer slewing rate control verwenden. Es werden nämlich hauptsächlich die hohen Frequenzen übersprochen, die in steilen Flanken enthalten sind. Falls dies die **Baudrate** (Anzahl der pro Sekunde übertragenen Bits) zuläßt, sendet dabei der Transmitter nur mäßig steile, trapezoidförmige Flanken, Bild 7.35. Entsprechend reagiert der Receiver nur auf Flanken dieser Ansteigegeschwindigkeit (slewing rate) und weist andere, die von Störungen herrühren, zurück.

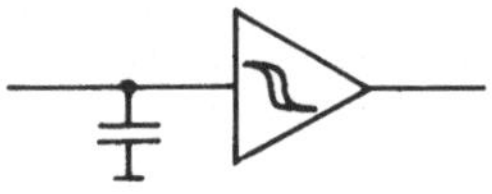

Bild 7.34 Erhöhung der Störsicherheit durch Hysterese und Glättungskondensatoren

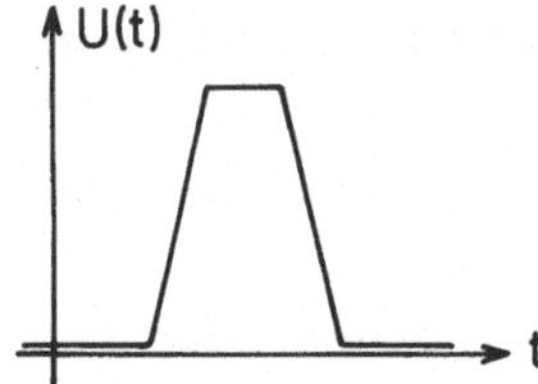

Bild 7.35 Flankenform beim Trapezoid Bus Receiver/Transmitter

Wir haben in diesem Teilkapitel stillschweigend angenommen, daß jeweils nur logische Pegel, bei denen es auf einen exakten Wert nicht ankommt, übertragen werden. In der Tat ist es unmöglich, analoge Signale mit einiger Präzision über lange Leitungen zu übertragen. Dazu muß vorher vielmehr das analoge Signal durch einen AD-Wandler in ein digitales Signal verwandelt werden. Die analoge Information wird dann entweder bit-parallel auf mehreren logischen Leitungen, oder bit-seriell als eine zeitliche Folge von Pulsen auf einer Leitung übertragen.

Der letzteren Methode bedient sich auch das **Nervensystem**, bei dem ein analoges Signal, etwa die Intensität eines Schmerzes, als eine Frequenz von Nervenpulsen übermittelt wird.

7.17 Rauschen

Während die bisher besprochenen Störungen in anderen Teilsystemen entstehen und durch Schirmung abgehalten werden können, gibt es im Inneren jedes Bauteiles selbst ein **Rauschen** (noise).

Infolge der ungeordneten, thermischen Bewegung der Elektronen entstehen nämlich in jedem Widerstand (**Widerstandsrauschen**) zufällige Ströme (**Rauschstrom**) und an seinen Enden eine zufällige Spannung (**Rauschspannung**).

Dieses Rauschen ist in jedem Frequenzintervall ungefähr gleich stark (**weißes Rauschen**, `white noise`).

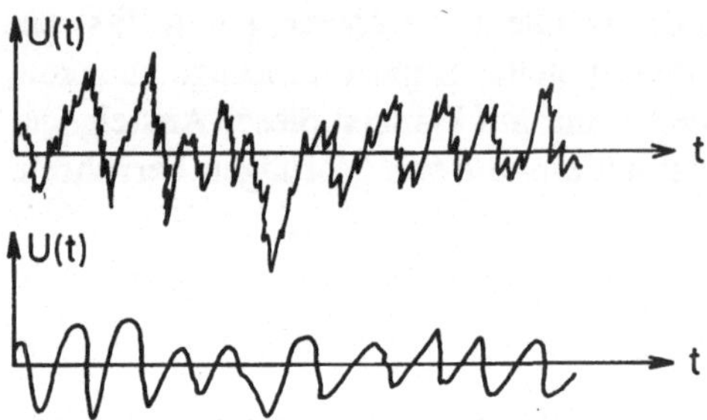

Bild 7.36 Weißes Rauschen bei verschiedenen Bandbreiten betrachtet

Die tatsächlich an den Enden eines Widerstandes R auftretende Rauschspannung $U_R(t)$ hängt also von der Genauigkeit der Betrachtung (Frequenzempfindlichkeit der verwendeten Meßinstrumente) ab, Bild 7.36. Hochfrequente Rauschsignale werden von schlechten Meßinstrumenten unterdrückt, hohe feine Spitzen abgeschnitten.

Der individuelle zeitliche Verlauf der Rauschspannung ist nicht voraussagbar. Er ist ein **statistisches (zufälliges, stochastisches)** Ereignis.

Die Rauschspannung ist ein Wechselstrom, dessen Mittelwert null ist. Man kann also nur die **Effektivwerte** $U_{R,eff}$, (2.5), der Rauschgrößen angeben.

Anstatt eff verwendet man auch den Subskript rms, z.B. $U_{R,rms}$ von rms = random mean square = Mittelwert der Quadrate einer Zufallsvariablen.

Wir lassen jedoch im folgenden diesen Subskript `eff` einfachheitshalber weg: $U_R = U_{R,eff}$ und $I_R = I_{R,eff}$.

Aus der **statistischen Physik** ergibt sich folgende Formel für das Widerstandsrauschen:

$$U_R{}^2 = 4k_B TBR \tag{7.10}$$

Dabei ist T die absolute Temperatur in °K (Kelvin, 0°C = 272°K), k_B die **Boltzmannkonstante**. Für Zimmertemperatur ergibt sich

$$4k_B T = 1{,}6 \cdot 10^{-20}\, Watt{\cdot}sec \tag{7.11}$$

Da bei höherer Temperatur die thermischen Bewegungen der Elektronen zunehmen, ist es plausibel, daß die Rauschspannung mit der Temperatur zunimmt.

Die dem weißen Rauschen entsprechende Abhängigkeit von der Bandbreite B ist in (7.10) zu erkennen. Wenn das Meßinstrument Frequenzen bis zu *1MHz* registriert, so ist z.B. $B = 1MHz$ zu setzen.

Für die volle Bandbreite würde die Rauschspannung unendlich. Inwiefern dies tatsächlich zutrifft hängt mit dem Problem der Ultraviolettdivergenz der Quantenelektrodynamik zusammen.

Auch jeder Körper besitzt gegenüber der Umgebung eine kleine Kapazität C, welche die hochfrequenten Rauschanteile wegmittelt. C und R bilden einen Tiefpaß. Bei Berührung der Rauschquelle R wird also nur der Rauschanteil wahrgenommen, der dem Durchlaßbereich des Tiefpasses entspricht.

Hängt man zwei gleiche Widerstände aneinander, so wird nach (7.10) die effektive Rauschspannung nicht doppelt so groß sondern nur das √2-fache. Dies ist anschaulich klar, weil zufällige Ereignisse sich auch wegheben können, so daß nur ihre Quadrate sich addieren.

Das Rauschen (7.10) ist das **thermische Rauschen** (Johnson noise). Daneben gibt es noch das **Schrotrauschen** (shot noise), **Funkelrauschen** (flicker noise) und das **Popkornrauschen**, die wir nur dem Namen nach erwähnen wollen und die anderen Gesetzen gehorchen.

Nicht nur Widerstände sondern alle Körper, also auch Transistoren, rauschen (**Transistorrauschen**). Da dabei alle Arten des Rauschens eingehen, genügt es nicht, den Transistor in seinem Rauschverhalten nur als Widerstand aufzufassen. Vielmehr wird er durch die sog. **Rauschkenngrössen** beschrieben.

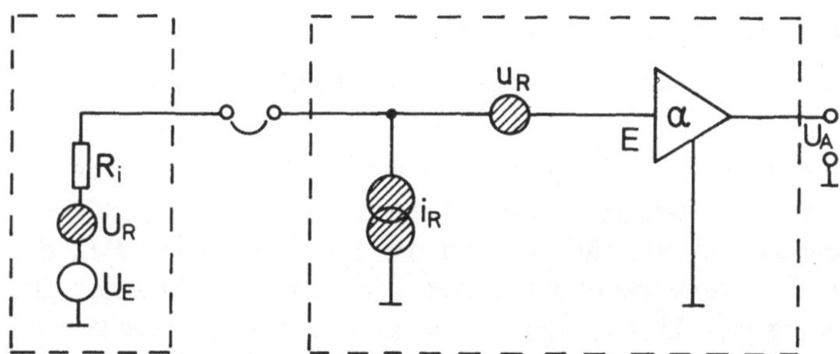

Bild 7.37 Ersatzmodell einer rauschenden Signalquelle und eines rauschenden Verstärkers [0.4]

Auch ganze Verstärker werden durch solche Rauschkenngrössen charakterisiert. Man faßt dabei in einem Ersatzmodell, Bild 7.37, den rauschenden Verstärker als einen *idealen*, d.h. nicht rauschenden Verstärker mit zwei externen Rauschquellen u_R und i_R auf. u_R ist dabei eine **Rauschspannungsquelle** (input noise voltage), i_R eine **Rauschstromquelle** (input noise current).

Auch die rauschende Signalquelle wird in einem Ersatzmodell als eine *ideale* Spannungsquelle U_E mit einem Innenwiderstand R_i sowie einer Rauschspannungsquelle U_R gedacht.

Falls U_R nur das Rauschens ihres Innenwiderstandes R_i ist, gilt (7.10). Bei kurzgeschlossener Signalspannungsquelle und mit $U_E = 0$ kann man an diesem Ersatzmodell

$$I_R = U_R/R_i \tag{7.12}$$

herleiten, wobei I_R der Rauschstrom ist, der direkt an einem angeschlossenen Ampèremeter gemessen werden kann.

Rauschende Signale werden durch das **Signal-zu-Rausch-Verhältnis SNR** (`signal to noise ratio`)

$$SNR = (U_s/U_R)^2 \tag{7.13}$$

charakterisiert, welches das Quadrat des Quotienten aus effektiver Signalsspannung und Rauschspannung ist. Für die Berechnung der Signalgrößen hat man alle Rauschgrößen null zu setzen: $U_R = u_R = i_R = 0$. In den Eingang E des OP fließt kein Strom: $U_s = U_E$.

Der Verstärker verstärkt das Signal samt seinem Rauschanteil und fügt noch eigenes Rauschen hinzu. Am Ausgang des Verstärkers erscheint daher ein Signal mit einem anderen, nämlich ausgangsseitigen SNR_A. Der Verstärker, in einer konkreten Beschaltung, kann dann durch die **Rauschzahl** (`noise figure`)

$$NF = SNR/SNR_A \tag{7.14}$$

beschrieben werden.

Aus dem Ersatzmodell, Bild 7.37, ergibt sich der ausgangsseitige Wert: $U_{s,A} = \alpha U_E$, wobei α die Spannungsverstärkung des rauschfreien Verstärkers darstellt.

Am Eingang E des selbst rauschfreien Verstärkers liegt eine Rauschspannung, die aus drei Anteilen besteht: die **intrinsische Rauschspannung** U_R des Signals, die Eingangsrauschspannung u_R des Verstärkers, und der Spannungsabfall $R_i i_R$ des Eingangsrauschstromes des Verstärkers am Innenwiderstand der Signalquelle. Entsprechend ihrer statistischen Unabhängigkeit müssen diese drei Anteile quadratisch addiert werden. Auch die Rauschspannung wird mit dem Faktor α verstärkt.

Das führt schließlich zu einer Rauschzahl

$$NF = 1 + (u_R^2 + i_R^2 R_i^2)/U_R^2 \tag{7.15}$$

für das angegebene Ersatzmodell.

Die NF ist größer als 1, denn das SNR wird durch den Verstärker verschlechtert, da er eigenes Rauschen dazufügt. Jedoch sollte NF möglichst nahe bei 1 sein. Das B in (7.15) (7.10) ist die Bandbreite des Verstärkers.

Da NF über R_i und U_R auch von der Signalspannungsquelle abhängt, ist sie zur Charakterisierung des Verstärkers weniger geeignet als i_R und u_R.

SNR und NF werden als reine Zahlen oft in Dezibel (db) angegeben.

Wenn mehrere Verstärker hintereinander geschaltet werden, kann für die folgenden Stufen $NF = 1$ gesetzt werden, weil durch die bereits erfolgte Verstärkung des

Rauschens das U_R in (7.15) nun bereits groß gegen u_R ist und R_i als Ausgangswiderstand eines Verstärkers sehr klein ist. Es ist also nur für die *Eingangsstufe* wichtig, einen **rauscharmen Verstärker** mit niedrigen Rauschkenngrößen u_R und i_R zu verwenden.

Aus demselben Grunde brauchte man im Ersatzmodell, Bild 7.37, nur am Eingang des OP Rauschgeneratoren einzuführen.

JFETs zeichnen sich durch sehr geringes Rauschen aus. Diese Transistoren sind also an den Eingangsstufen nicht nur wegen ihres hohen Eingangswiderstandes sondern auch wegen ihrer Rauscharmut sehr günstig.

Da nach (7.10) die effektive thermische Rauschspannung mit der Bandbreite zunimmt, ist die einfachste Maßnahme zur Reduktion des Rauschens eine Beschränkung der Bandbreite. Falls dies der Verstärker nicht schon selbst besorgt, kann ein Tiefpaß, d.h. einfach ein Kondensator gegen Erde, davorgeschaltet werden. Die Reduktion der Bandbreite darf natürlich nicht so weit gehen, daß dabei die Bandbreite des eigentlichen Signals nicht mehr voll verstärkt wird.

Das Funkelrauschen und das Popkornrauschen wird vorallem in niedrigen Frequenzbereichen groß. Eine Reduktion der Bandbreite muß demnach nicht nur hohe Frequenzen sondern auch niedrige Frequenzen ausschließen, falls dies das Signal zuläßt, bzw. falls es frequenzmäßig verschoben werden kann. Eingangsrauschstrom und -spannung i_R und u_R werden daher auf den Datenblättern z.B. für den Bandbereich *0,1Hz ... 10Hz* angegeben.

Die wohl drastischste Herabsetzung des Rauschens gelingt durch **Kühlung** in die Nähe des **absoluten Nullpunktes** $(T = 0°K)$.

Vibrationen erzeugen durch den piezoelektrischen Effekt in den Bauteilen Rauschspannungen. Es kann notwendig sein, die Apparatur auf einem schweren Steintisch erschütterungsfrei zu lagern. Die Unterbringung in einem evakuierten Gefäß verhindert die Ankopplung an Schallwellen.

Wie wir gesehen haben, kann durch *Verstärkung* das SNR nicht erhöht, d.h. ein im Rauschen verstecktes Signal nicht herausgeholt werden. Dies gelingt nur bei sich wiederholenden Signalen: Während sich das Signal *aufsummiert* (kummuliert), *mittelt* sich das Rauschen *heraus*. Solche Verstärker werden wir in den nächsten Abschnitten besprechen.

7.18 Extraktion verrauschter Signale

Das eigentlich zu messende Signal kann so schwach sein, daß es in dem allgegenwärtigen Rauschen untergeht. Da jedoch das Rauschen wesentlich von der **Bandbreite** abhängt, besteht die Möglichkeit, das vom Meßapparat durchgelassene Frequenzintervall so zu begrenzen, daß das interessierende Signal gerade noch durchkommt. In diesem engen Frequenzintervall kann dann das Rauschen kleiner als das Signal sein.

In den einfachsten Fällen reicht es somit aus, vor die Meßapparatur ein **Tiefpaßfilter** zu hängen, welches die hochfrequenten Rauschsignale zurückweist. Meist besorgen die trägen Meßapparate diese Aufgabe von alleine.

Die Bandbreite kann nur soweit begrenzt werden, daß die Signalfrequenzen noch voll durchkommen. Dauert das Experiment während der Zeit T, so ist diese Bandbreite mindestens 1/T. Eine solche Abhängigkeit von der Experimentsdauer T erkennt man im Gleichspannungsfall schon daran, daß der Glättungskondensator, der die Bandbreite begrenzt, nicht so groß gemacht werden darf, daß er während der Einschaltdauer des Experimentes nicht mehr umgeladen werden kann.

Die *andere* wirkungsvolle Maßnahme zur Verbesserung des **Signal-Rausch-Verhältnisses** besteht in einer Verlängerung der Experimentierdauer *T* oder in einer vielfachen **Wiederholung** des Experimentes: *Bei Wiederholung addiert sich nämlich das relevante Signal, während sich das zufällige Rauschen herausmittelt.*

Dies ist die klassische Methode, eine Messung mehrfach zu wiederholen. Der **Mittelwert** ergibt die beste Schätzung für den zu bestimmenden Wert. Die Standardabweichung ergibt die Fehlerbalken - unter der Voraussetzung, daß keine **systematischen Fehler**, sondern nur statistische (zufällige) Fehler (Rauschen) vorliegen.

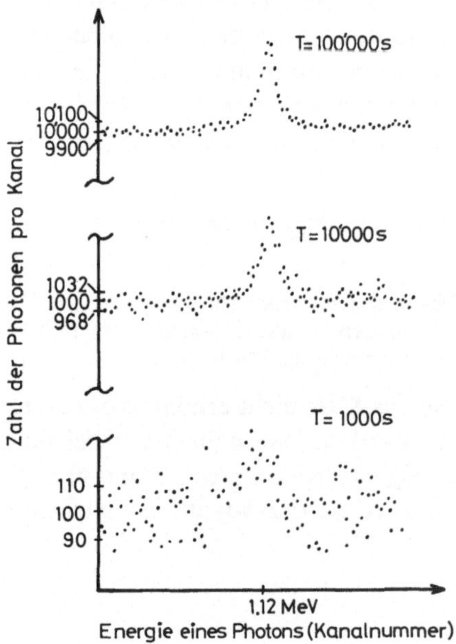

Bild 7.38 Gammastrahlspektrum eines radioaktiven Präparates bei drei verschiedenen Meßzeiten T. Bei hinreichend langer Meßzeit erhebt sich das Signal aus dem Rauschen.

Wir wollen die Methode der wiederholten Messung an einem komplizierteren Beispiel vorführen. Bild 7.38 zeigt das Gammastrahlzerfallsspektrum eines radioaktiven Elementes, wie es von einem **Vielkanalanalysator** (MCS = `multichannel scaler`) aufgenommen wurde.

Das radioaktive Atom zerfällt in diesem Beispiel, indem es ein **Photon** (Lichtquant) der Energie *1,12MeV* aussendet (*1MeV = 1,6·10⁻⁷Ws*). An diesem Energiewert des Photons kann man das zerfallende Atom identifizieren.

Es werden aber nicht nur die Photonen registriert, die von den Zerfällen einer bestimmten Menge radioaktiver Atome herrühren, sondern gleichzeitig noch viele andere aus dem **Hintergrund**, die für dieses Experiment das Rauschen darstellen.

Der Vielkanalanalysator zerlegt die Energieachse willkürlich in Intervalle (**Kanäle, channels, Fenster, windows**), etwa der Breite $0.002 MeV$, und zählt während einer Meßzeit T alle Photonen, die zu den einzelnen Kanälen (Energieintervallen) gehören. Das Ergebnis wird als **Histogramm**, Bild 7.38, dargestellt, d.h. zu jedem Intervall wird die zugehörige Anzahl auf der Ordinate abgetragen.

Bei geringer Meßzeit gehen die interessierenden Ereignisse völlig im Rauschen unter. Bei einer Meßzeit $T = 1000s$ werden z.B. pro Kanal 100 Photonen aus dem Rauschen registriert, jedoch nur 3 infolge der zu beobachtenden radioaktiven Zerfälle.

Die **Schwankung (Fluktuation)** der Anzahl von im Mittel n statistisch unabhängigen Ereignissen beträgt √n. Wenn also im Mittel 100 Photonen aus dem Hintergrund kommen, so beträgt die Schwankung der genauen Anzahl √(100) = 10: Es werden bald 110 bald nur 90 Photonen sein, Bild 7.38.

Die (mittlere) Schwankung ist so definiert, daß es gleich wahrscheinlich ist, einen Meßwert außerhalb wie innerhalb des Schwankungsintervalles zu finden.

Die 3 signifikanten Ereignisse gehen dann in der Tat in dieser Fluktuation (10) unter.

Bei einer Meßzeit von $T = 100'000s$ haben wir pro Kanal 10'000 Ereignisse (Photonen) aus dem Rauschen mit einer mittleren Fluktuation von √(10'000) = 100, jedoch bereits 300 Ereignisse auf Grund radioaktiver Zerfälle, die in Bild 7.38 als **Spitzen** (peaks) über dem Hintergrund sichtbar werden.

Die 100-fache Meßzeit hat die signifikanten Ereignisse und die Ereignisse aus dem Rauschen verhundertfacht. Die Schwankungen des Rauschens, welche hier allein störend sind, haben sich jedoch nur verzehnfacht.

Die Peaks in Bild 7.38 sind nicht völlig schlank, weil auch die Energie der Photonen durch störende Einflüsse statistisch verändert wird, bevor diese registriert werden.

7.19 Die Lock-In-Technik

Wir haben gesehen, daß die beiden Methoden, ein Signal aus dem Rauschen zu extrahieren, darin bestehen, die Meßung zu wiederholen (Kummulation des Signals) und darin, die Bandbreite zu begrenzen (Verringerung des Rauschens).

Zunächst erscheint es als vorteilhaft, wenn die Signalfrequenz um $f = 0$ zentriert ist, etwa wenn eine Gleichspannung gemessen werden soll. Dann braucht man zur Begrenzung der Bandbreite nur ein **Tiefpaßfilter** vor die Meßeinrichtung zu hängen.

Das Rauschen ist jedoch um $f = 0$ herum singulär (besonders groß: Popcornrauschen, Flickerrauschen, Temperaturdrift, Alterung), so daß sich dieser Fall als besonders ungünstig erweist. Man versucht vielmehr das Signal in ein Wechselspannungssignal f_o zu verpacken, indem noch irgend ein Parameter des Experimentes mit dieser Frequenz variiert wird.

Typischerweise wählt man $f_o \approx 100$Hz, weil in diesem Bereich das Rauschen besonders gering ist. Eine andere Wahl, z.B. $f_o \approx 50$Hz, wäre wegen der Netzstörungen sehr ungünstig.

Dies ist die Methode der **Lock-In-Technik.**

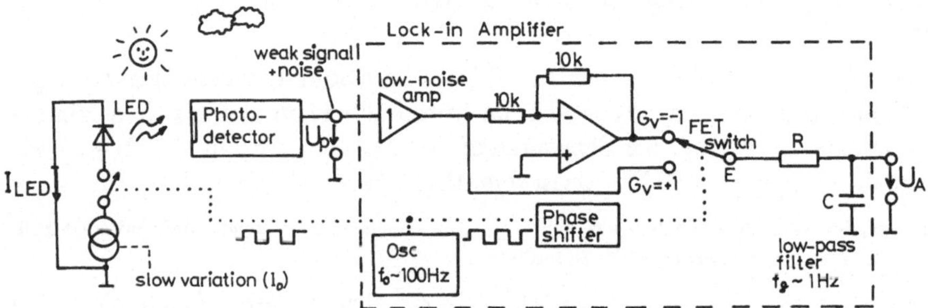

Bild 7.39 Prinzipschaltbild der Lock-In-Technik und eines Lock-In-Verstärkers

Als Beispiel wollen wir etwa annehmen, daß die Helligkeit einer LED inmitten eines hell erleuchteten Raumes gemssen werden soll, Bild 7.39. Von Auge kann man kaum erkennen, daß die LED leuchtet, weil das Signal völlig im Rauschen untergeht.

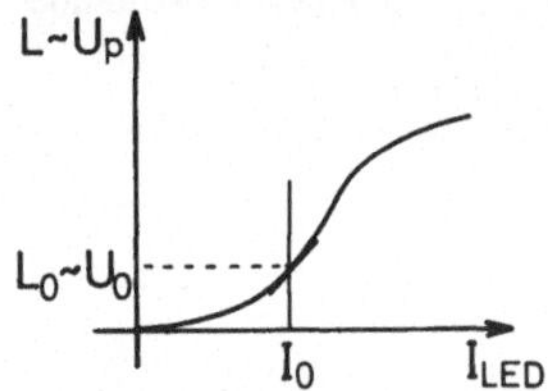

Bild 7.40 Strom-Helligkeitsbeziehung einer LED, welche mit der Lock-In-Technik aufgenommen werden soll

Bei dem Experiment soll die Strom-Helligkeitsbeziehung, Bild 7.40 der LED trotz des störenden Sonnenlichtes bestimmt werden. Die Ausgangsspannung U_P des Photodetektors sei einfachheitshalber direkt ein Maß für die zu messende Helligkeit L.

An dem Knopf slow variation der Stromquelle kann der Strom $I_{LED} = I_o$ eingestellt werden. Das zugehörige $L_o \approx U_o$ soll bestimmt werden.

Bei der Lock-In-Technik wird der Strom I_0 mit einer bestimmten Frequenz des Oszillators, typischerweise $f_0 \approx 100Hz$, ein- und ausgeschaltet. Mit derselben Frequenz, d.h. bei **eingerasteter Phasenbeziehung** (phase locked in), wird auch der elektronische Schalter (FET switch) im **Lock-In-Verstärker** (lock-in amplifier) betätigt.

Die beiden Operationsverstärker bewirken eine Spannungsverstärkung $G_V = -1$, bzw. $G_V = +1$ (G_V = voltage gain): Je nach Stellung des FET-switch wird U_P bei E invertiert oder es bleibt unverändert. Man richtet es nun so ein, daß bei geschlossenem I_{LED}-Schalter der FET-switch gerade auf $G_V = +1$ steht.

Ohne Sonnenlicht liegt also am Eingang E des RC-Tiefpaßfilters während einer Halbperiode die Spannung 0 und während der anderen Halbperiode die Spannung $U_P = U_0$ an. Die Grenzfrequenz f_g des Tiefpasses sei klein gegen die Oszillatorfrequenz f_0, typischerweise $f_g \approx 1Hz$. Der Kondensator wird sich also auf den Mittelwert der Spannung bei E aufladen, d.h. $U_A = \tfrac{1}{2}U_0$.

Das *konstante* Sonnenlicht ändert an diesem Ergebnis nichts: Das dadurch bedingte zusätzliche Rechtecksignal der Frequenz $f_0 \approx 100Hz$ mit Mittelwert 0 am Punkte E wird vom Tiefpaßfilter $f_g \approx 1Hz$ zurückgewiesen.

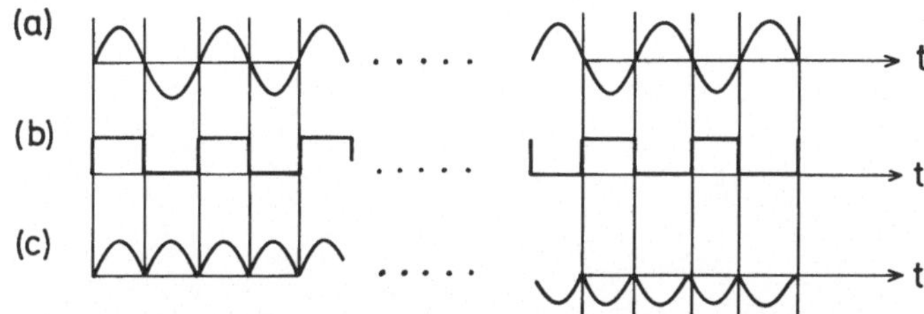

Bild 7.41 Eine Störung (a) wird mit dem Takt (b) des Oszillators nicht synchron sein, d.h. der Kondensator C des Lock-In-Verstärkers wird sich zunächst aufladen (links), dann aber wieder entladen (rechts). Die Kurve (c) gibt die Störung am Punkte E.

Aber auch Störungen vom Sonnenlicht mit anderen Frequenzen f mitteln sich heraus, Bild 7.41. Nur Störungen im Frequenzband $99Hz < f < 101Hz$ (größenordnungsmässig) werden vom Tiefpaßfilter durchgelassen.

Die Lock-In-Technik beruht also auch auf einer Begrenzung der Bandbreite der Störung. In diesem engen Frequenzband mag das Signal größer als das Rauschen sein.

Dem zu messenden Signal wurde die Frequenz $f_0 \approx 100Hz$ aufgeprägt. Der Lock-In-Amplifier verstärkt nur Signale, die dazu **synchron** sind. Störungen sind dazu **asynchron** (haben andere Frequenzen) und werden somit abgewiesen.

Die Lock-In-Technik ist gegenüber der Verwendung eines Tiefpaßfilters allein vorteilhaft, weil das Rauschen im Intervall $99Hz...101Hz$ geringer ist als im Intervall $0...2Hz$.

Auch wenn Wolken die Sonne verdunkeln, wird dies die Lock-In-Technik nicht beeinträchtigen, falls dies nicht gerade mit einer Frequenz $f \approx 100Hz$ geschieht.

Auf dem Weg über LED, Photodetektor, OPs etc. finden Zeitverzögerungen (Phasenverschiebungen) statt. Durch den `Phaseshifter` im `Lock-In-Amplifier` können diese kompensiert werden.

Der Low noise amp dient lediglich dazu, den Eingang U_P des Lock-In-Verstärkers hochohmig zu machen, d.h. um den Photodetektor nicht zu belasten. Ebenso wird am Ausgang U_A noch ein Verstärker angebracht sein, um den Ausgang des Verstärkers niederohmig anzubieten.

Die beschriebene Methode des *völligen* Ein- und Ausschaltens des Stromes I_{LED} (`large square wave modulation`) bringt zusätzliche Störungen mit sich. Meist wird lediglich dem I_{LED} ein Wechselstrom der Frequenz $f_o \approx 100Hz$ überlagert. Die Theorie dazu ist jedoch komplizierter [0.2]. Man kann zeigen, daß man eine Information über die *Steigung* der Kurve in Bild 7.40 bei I_o erhält.

8. Die Programmiersprache BASIC

8.1 Allgemeines

Mit Kap.1-7 haben wir die Analog-Elektronik abgeschlossen. Bevor wir uns der Digitalelektronik in Kap.10-15 zuwenden, sollen hier zwei Kapitel über **Computersprachen** eingeschoben werden, denn moderne Digitalelektronik läßt sich ohne Kenntnis aus dem Software-Bereich nicht erklären.

Die Einteilung in **Software** und **Hardware** ist bei heutiger Konzeption außerdem oft unklar oder willkürlich. So müßte man bei einem "programmierbaren" logischen Bauteil, an dessen Programmiereingängen fest verdrahtete logische Pegel anliegen, von einer Hardware-Lösung sprechen. Würden jedoch dieselben Pegel aus einem Memory abgefragt, so würde man von einer Software-Lösung sprechen.

Dieser Zwischenbereich hat zu dem Begriff **Firmware** geführt, der meist dann in obiger Situation für die im Memory befindliche Software verwendet wird, wenn dieses Memory vom Typ `read-only` (ROM) ist, und somit vom Endbenutzer nicht verändert werden kann.

Wir werden eine **höhere** (Kap.8) und eine **niedrige** (Kap.9) d.h. Hardware-nahe **Programmiersprache** besprechen. Wir haben dazu BASIC und den Z80-Assembler gewählt.

BASIC (`Beginners All-purpose Symbolic Instruction Code`) wurde zunächst wegen ihrer *didaktischen Einfachheit* konzipiert, hat sich jedoch als höhere Programmierspache für Prozeßsteuerung und Engineering weitgehend durchgesetzt. Da die Sprache erheblich erweitert wurde, wird der Benutzer an einem modernen Basic nur sehr wenig vermissen.

Ein großer Nachteil von BASIC, wie auch von so vielen anderen Softwareprodukten, ist die mangelnde **Standardisierung**. Die hier angegebenen Beispiele müßten demnach für spezielle Maschinen auf den jeweils vorhandenen **Dialekt** angepaßt werden.

8.2 Bit, Byte, Computerwort

Ein **Computer** besteht in seinem wesentlichsten Kern aus einem **Memory** (Gedächtnis) und einem **Prozessor** (CPU = `central processing unit`). Der Prozessor kann die Daten im Memory auslesen und verarbeiten, z.B. multiplizieren, und an einer anderen Stelle des Memory wieder abspeichern.

Das Memory ist ein System von **Bits**. Jedes Bit ist gewissermassen eine Schachtel (`Box, Memoryzelle`), welches die Zahl 0 oder 1 speichern kann. Anstatt 0 / 1 können die beiden Zustände des Bit auch als `ja` / `nein` oder als `wahr(T=true)` / `falsch` (`F=false`) interpretiert werden.

Bit ist eine Verkürzung von binary digit (Ziffer einer Dualzahl).

Jedes Bit (Box) hat einen Namen (Nummer, **Adresse**), unter dem es angesprochen werden kann. Bei den meisten Computersystemen können jedoch die einzelnen Bits nicht direkt angesprochen (adressiert) werden. Vielmehr werden mehrere Bits, z.B. 16, zu einem sog. **Computerwort** zusammengefaßt. Man sagt dann, dieser Computer habe eine **Wortlänge** von 16 Bits. Der Prozessor kann jeweils nur ein ganzes Wort aus dem Memory lesen, verarbeiten und wieder zurückschreiben. Alle 16 Bits eines Wortes werden also gleichzeitig (**parallel**) verarbeitet, z.B. multipliziert.

Nur jedes Wort hat eine eigene Adresse. Das spart Adressen: Bei gegebener Speichergröße sind die Adressen nicht so große Zahlen. Sollen die einzelnen Bits angesprochen werden, so müssen diese durch ihre Position innerhalb einer Wortes charakterisiert werden.

Homecomputer, Spielcomputer und einfachste **Laborcomputer** haben meist eine Wortlänge von 8 Bits. Wegen der großen Verbreitung dieser Wortlänge hat ein System von 8 Bits noch einen eigenen Namen: **Byte** bekommen. Andere Wortlängen sind meist ein Vielfaches von 8 Bits und werden meist in Bytes angegeben.

Adresse   Memory

```
   0      0 0 0 0 0 0 0 1
   1      0 0 0 0 0 0 1 1
   2
   .
   .
   .
   .
   .
   .
   .
   .
65534     1 0 0 1 1 0 0 1
65535     0 0 0 0 0 0 0 0
```

Bild 8.1 64k Memory mit Wortlänge 1 Byte

Bild 8.1 zeigt ein Memory mit einer Wortlänge von 1 Byte, bestehend aus 2^{16} = 65536 Worten. Die einzelnen Worte haben die Adressen 0 bis 65535.

2^{10} = 1024 ist ungefähr tausend und wird in der Computerwissenschaft mit k abgekürzt:

1024 = k.

Unser Memory hat also 64k (2^6 = 64), wobei wie üblich die Zahl der Bytes gemeint ist.

8.3 Peek und Poke, erste Beispiele

Jedes Byte kann eine 8 stellige Dualzahl speichern. Das Byte mit Adresse 0 in Bild 8.1 enthält z.B. die Dualzahl 1. Diese Zahl könnte an diese Stelle des Memory geschrieben werden mit dem Basic-Befehl

POKE 0, 1 (8.1)

Das erste Argument von POKE gibt dabei die Adresse 0 des Bytes, in das gepoked (poke = stoßen) wird. Das zweite Argument gibt den Wert, die Zahl 1, die hineingeschrieben wird.

(8.1) ist ein **Statement (Befehl, Satz)** der Computersprache BASIC. Um BASIC zu erklären verwenden wir Beispiele, die wir mit der natürlichen Sprache erläutern. Es hat sich jedoch auch eine *halbformale* **Meta-Sprache**, d.h. eine Sprache *über etwas*, eingebürgert, welche zumindestens dem Kenner die Struktur (Form, **Syntax**) und die ungefähre Bedeutung (**Semantik**) der Befehle erläutert oder in Erinnerung ruft. Eine mögliche metasprachliche Beschreibung des POKE-Befehls wäre z.B.

POKE < Adresse >, < ganzzahliger Ausdruck >. (8.2)

Die Anwendung des Computers ist nur sinnvoll, wenn viele gleichartige Befehle wiederholt vorkommen. Dazu dient z.B. der **FOR-loop** (die FOR-Schleife) mit der Syntax

FOR < einfache Variable > = < Start > TO < Ende > [STEP < Schrittweite >]
(8.3)

Als einfachste Anwendung wollen wir ein Programm schreiben, welches den ganzen Speicher (Memory) auf null setzt:

```
FOR i = 0 TO 65535
POKE i, 0
NEXT i
```
(8.4)

Der eigentliche **Kern** (Body des Loops), d.h. der oder die mehrfach wiederholten Befehle werden durch die Statements FOR und NEXT eingeschlossen. Die

Loop-Variable (Lauf-Variable), in unserem Falle i, hat bei jedem Durchlauf des Loop einen anderen Wert zwischen $i = 0$ und $i = 65535$.

In der metasprachlichen Beschreibung (8.3) erkennen wir die **Optionalklammern** [ ]. Solchermaßen gekennzeichnete Teile des Statements sind **optional** (fakultativ), d.h. sie können auch ganz weggelassen werden. Dann wird eine **Voreinstellung** (`default value`), in unserem Falle STEP 1, implizit eingesetzt.

Wollen wir in obigem Beispiel nur jedes zweite Wort auf null setzten, so muß das erste Statement von (8.4)

FOR $i = 0$ TO 65535 STEP 2   (8.5)

lauten. Die Optionalklammern sind also nur Bestandteile der *Metasprache*, sie treten in der *Computersprache*, d.h. in (8.5) nicht auf.

Auch die spitzen Klammern < > etwa in (8.3) sind *metasprachliche Hilfsmittel*, zur Kennzeichnung einer sog. **Metavariablen**. Sie müssen, um ein Statement zu erhalten, stets durch etwas Konkretes, in der Computersprache syntaktisch Erlaubtem, ersetzt werden.

Das Programm (8.4) wird vermutlich nicht bis zum Ende kommen. Denn in dem Speicher, den man mit (8.4) löschen will, wird auch das Programm selbst gespeichert sein. Das Programm wird sich also an irgend einer Stelle selbst zerstören. Die Verwendung von POKE kann also nur dem erfahrenen Programmierer, der genau weiß, was an welcher Stelle des Speichers steht, empfohlen werden.

Die Umkehrung zu POKE ist das völlig ungefährliche

PEEK(< Adresse >)   (8.6)

Mit diesem Befehl (`peek` = gucken) wird die Speicherstelle nur abgefragt (gelesen). Syntaktisch ist PEEK eine **Funktion**, die einen bestimmten Wert, hier der Inhalt der Speicherstelle, annimmt. Funktionen erkennt man syntaktisch daran, daß ihre **Argumente (Parameter)** durch Klammern ( ) abgegrenzt sind.

Mit dem Programm

FOR $i = 0$ TO 99
PRINT PEEK(i)
NEXT i   (8.7)

wird der Inhalt der ersten 100 Speicherzellen ausgedruckt.

Die Klammern sind notwendig, weil Funktionen beliebig verschachtelt werden dürfen.

In obigem Beispiel wäre es übersichtlicher, wenn neben dem Inhalt der Speicherstelle auch noch deren Adresse ausgedruckt würde:

```
FOR i = 0 TO 99
PRINT i,PEEK(i)
NEXT i
```
(8.8)

PRINT erlaubt nämlich eine (im Prinzip) beliebig lange Liste von zu druckenden Werten. In (8.7) war das ein Wert, in (8.8) sind es zwei Werte. Der zu druckende Wert kann auch ein **String** (Zeichenkette) sein, die zwischen " " eingeschlossen direkt angegeben wird, z.B.

```
PRINT "Zelle ",i," enthält: ",PEEK(i)
```

Hier hat PRINT vier zu druckende Werte. Obiges Programm würde nach Bild 8.1 den Ausdruck

```
Zelle    0 enthält:   1
Zelle    1 enthält:   3
.....       .........
```

produzieren.

Vielleicht möchte man nur diejenigen Speicherstellen ausdrucken, deren Inhalt von null verschieden sind. Dazu verwendet man eine logische Entscheidung mit IF:

```
IF <logischer Ausdruck> THEN <Statement1> [ELSE <Statement2>]
```

z.B.

```
IF PEEK(i) < > 0 THEN PRINT i,PEEK(i)
```

Der <logische Ausdruck> ist hier

```
PEEK(i) < > 0
```

Dabei wird verglichen, ob der arithmetische Ausdruck PEEK(i) *ungleich* 0 ist. Wenn dies der Fall ist, der logische Ausdruck also den Wert wahr annimmt, so wird <Statement1> ausgeführt, sonst <Statement2>.

<Statement2> kann, wie in obigem Beispiel, auch fehlen. Dann wird mit dem nächsten Statement im Programm fortgefahren.

Aus typographischen Gründen wird in der Computersprache ungleich mit < > bezeichnet.

8.4 Dualzahlen und Hexadezimalzahlen

Im Computer werden die Zahlen physikalisch als **Dualzahlen**, d.h. als Folge von Bits dargestellt. Dualzahlen sind jedoch sehr lang und damit unübersichtlich. Deshalb verwendet man lieber **Oktalzahlen** oder **Hexadezimalzahlen**.

Im täglichen Leben sind die **Dezimalzahlen** geläufiger. Es ist deshalb sehr bequem, wenn man Zahlen auch in der Form einer Dezimalzahl angeben kann. Der Computer muß also **Wandelroutinen** besitzen, welche die **externe** Form einer Zahl, z.B. als Dezimalzahl, in die **interne (physikalische)** Darstellung als Dualzahl verwandelt.

Diese verschiedenen Zahlendarstellungen hängen gemäß Tab. 8.1 zusammen.

Dual	Oct	Hex	Dez
0	0	0	0
1	1	1	1
10	2	2	2
11	3	3	3
100	4	4	4
101	5	5	5
110	6	6	6
111	7	7	7
1000	10	8	8
1001	11	9	9
1010	12	A	10
1011	13	B	11
1100	14	C	12
1101	15	D	13
1110	16	E	14
1111	17	F	15
10000	20	10	16
10001	21	11	17
10010	22	12	18
10011	23	13	19
10100	24	14	20
10101	25	15	21

....

Tab.8.1 Zahlen zwischen 0 und 21 in dualer, oktaler, hexadezimaler und dezimaler Darstellung

In der Metasprache gibt man die **Basis** der Zahldarstellung (`Dual=2`, `Oct=8`, `Dez=10`, `Hex=16`) durch einen rechten unteren Index an. Man hat also z.B. die **Gleichheit**

$$14 = 14_{10} = 1110_2 = 16_8 = E_{16}$$

Bei der Computereingabe machen die Indexstellungen Schwierigkeiten. Deshalb verwendet man bei Dualzahlen ein vorgestelltes &X oder ein nachgestellten B, bei Hex-Zahlen ein vorgestelltes & oder ein nachgestelltes H. Obige Gleichheit lautet dann

$$14 = \&X1110 = 1110B = \&E = 0EH$$

Bei der letzten Darstellung als Hex-Zahl muß eine führende Null gewählt werden, damit der Ausdruck als Zahl und nicht als Variable erkannt wird.

In jedem Falle geben die Ziffern der Zahl die Koeffizienten der Potenzen der Basis an, in obigem Beispiel etwa

$$14 = 1 \cdot 10^1 + 4 \cdot 10^0 = 1 \cdot 2^3 + 1 \cdot 2^2 + 1 \cdot 2^1 + 0 \cdot 2^0 = 0 \cdot 16^1 + E \cdot 16^0$$

wobei $E = 14$ und $16^0 = 1$.

8.5 Zahlenkonstanten und Zahlenvariablen

Ein Computerwort besitzt eine eigene Adresse, die einzelnen Bits werden jedoch durch ihre Stellung innerhalb des Wortes charakterisiert.

MSB   LSB

| 0 | 0 | 0 | 0 | 1 | 1 | 1 | 0 |

$W_7\ W_6\ W_5\ W_4\ W_3\ W_2\ W_1\ W_0$ Bild 8.2   Bezeichnung der Bits in einem Byte

Bild 8.2 stellt ein Wort der Länge 1 Byte dar, in dem die Zahl 14 gespeichert ist. Das Wort möge der Variablen W entsprechen, $W = 14$, d.h. das Wort speichert den Wert der Variablen W. Die einzelnen Bits werden dann mit $W_7...W_0$ bezeichnet: $W_7 = W_6 = W_5 = W_4 = W_0 = 0$, $W_3 = W_2 = W_1 = 1$.

W_0 ist das geringstwertige Bit (**LSB** = least significant bit), W_7 ist das höchstwertige Bit (**MSB** = most significant bit).

In Tab. 8.2 findet man die Potenzen von 2, die für die Umwandlung von Dezimalzahlen in Dualzahlen unentbehrlich sind.

In dem Byte kann eine der **natürlichen Zahlen** (integers) zwischen 0 und $2^8 - 1 = 255 = \&FF = \&X11111111$ gespeichert werden.

Oft möchte man auch **negative ganze Zahlen** = (signed integers) darstellen. Man könnte z.B. verabreden, das Bit W_7 als Vorzeichenbit zu interpretieren. Die Bitkombination 0000 1110 würde dann als +14, jedoch 1000 1110 als -14 interpretiert. Das hätte den Nachteil, daß die Zahl 0 zweimal dargestellt würde: +0 = (0000 0000) = -0 = (1000 0000)

Man verabredet vielmehr daß eine Zahl i > 127 als die negative Zahl i-256 interpretiert wird. Dies verifiziere man an den Beispielen der Tab. 8.3.

2^0	=	1	2^9	=	512
2^1	=	2	2^{10}	=	1024
2^2	=	4	2^{11}	=	2048
2^3	=	8	2^{12}	=	4096
2^4	=	16	2^{13}	=	8192
2^5	=	32	2^{14}	=	16'384
2^6	=	64	2^{15}	=	32'768
2^7	=	128	2^{16}	=	65'536
2^8	=	256	2^{17}	=	131'072

Tabelle 8.2: Potenzen von 2

Bitkombination	Interpretation als integer	Interpretation als signed integer
00000000	0	0
00000001	1	+1
00000010	2	+2
01111111	127	+127
10000000	128	-128
10000001	129	-127
11111110	254	-2
11111111	255	-1

Tabelle 8.3: Signed and Unsigned Integers

Die signed integer hat also den Wertevorrat -128 ... +127.

Die Bitkombination einer negativen Zahl nennt man auch das **Zweierkomplement** (Two's complement) der Bitkombination der entsprechenden positiven Zahl, weil die Addition der beiden Bitkombinationen als Dualzahl an jeder Stelle eine 2 mit einem folgenden Übertrag ergibt, z.B.

(0000 0001) = 1
(1111 1111) = -1
(1 0000 0000).

Bei einer Wortlänge von allgemeiner n Bits wird eine Zahl $i > 2^{(n-1)}-1$ als die negative Zahl $i-2^n$ interpretiert. Der Wertebereich läuft zwischen $-2^{(n-1)} \dots +2^{(n-1)}-1$.

Falls bei gegebener Wortlänge der Wertebereich der Integervariablen zu klein ist, können softwaremäßig mehrere Worte zur Darstellung einer Integer verwendet werden. Man spricht z.B. von einer **INTEGER*2**, wenn für ihre Darstellung 2 Bytes verwendet werden.

In vielen Anwendungen werden **reelle Zahlen** benötigt. Diese können natürlich vom Computer nur als rationale Zahlen approximiert werden. Für ihre Darstellung verwendet man z.B. 5 Bytes (REAL*5), wobei z.B. 4 Bytes für die **Mantisse**, ein Byte für den **Exponenten** verwendet werden. Ihre Genauigkeit entspricht dann ungefähr einer 9 stelligen Dezimalzahl und liegt ungefähr zwischen $-1{,}7 \cdot 10^{38}$ und $+1{,}7 \cdot 10^{38}$. Wird bei einer Rechenoperation dieser Wertebereich überschritten, so entsteht die **Fehlermeldung Overflow (Gleitkommaüberlauf)**.

Auf die Einzelheiten der Darstellung von REAL-Zahlen wollen wir nicht eingehen. Es gilt ohnehin als schlechter **Programmierstil**, wenn man die Einzelheiten der internen Darstellung ausnützt. Diese können nämlich von Hersteller zu Hersteller variieren. Programme, die auf solchen Einzelheiten beruhen, lassen sich dann nur sehr schwer von einem Computertyp auf einen anderen übertragen.

Wir haben den Tatbestand auch nur besprochen, um klar zu machen, daß der Computer eine weitere Information braucht, um eine gegebene Bitkombination zu interpretieren und damit weiterzuverarbeiten. Diese Information nennt man den **Typ** der Variablen: Jede Variable, physikalisch realisiert durch ein oder mehrere Bytes, besitzt einen Typ. Wir haben bereits die Typen INTEGER*2 und REAL*5 kennengelernt.

Weitere Typen sind die logischen Variablen, die String-Variablen und Maschinencode (Binärcode).

Im einfachsten BASIC gibt es nur den Typ REAL (z.B. nur REAL*5). Auch Integers werden dann als **Gleitkommazahlen** (`reals`) dargestellt. Das ist jedoch eine Verschwendung von Speicher und Verarbeitungszeit. Deshalb bieten einige **BASIC-Dialekte** auch den Typ INTEGER*2 an.

Variablennamen müssen stets mit einem Buchstaben beginnen. Im Folgenden sind dann auch Ziffern und manchmal auch gewisse Sonderzeichen, z.B. ein Punkt, erlaubt. Variablennamen haben eine festgelegte Maximallänge. Variablennamen dürfen nicht mit einem reservierten Wort der Sprache BASIC (`key-word`, **Schlüsselwort**), wie PEEK, POKE, PRINT, FOR, NEXT, IF, ELSE etc. übereinstimmen.

Beispiele von Variablennamen sind:
a, aa, a2, Schrauben.klein, A2, aBBB, FOR1, kleine_Schrauben

Beispiele von *ungültigen* Variablennamen sind
2a, for, a*b.

Ohne gegenteilige Verabredung wird eine Variable stets als REAL interpretiert. Das **Kommando (Statement)**

DEFINT a,b,c $\hspace{4cm}$ (8.9)

erklärt alle Variablen, deren Namen mit a, b oder c beginnen als vom Typ INTE-
GER*2.

DEFINT e-h   (8.10)

macht dasselbe für die Anfangsbuchstaben e, f, g und h.

Variablen, an deren Namen noch % angehängt wird, sind auch als vom Typ IN-
TEGER deklariert. Dies würde man eine **explizite Typzuweisung** nennen, während (8.9) (8.10) als **implizite Typzuweisung** bezeichnet wird. Anstatt Typzuweisung sagt man auch **Deklaration**.

Der Typ INTEGER entspricht dem, was oben als `signed integer` in Zweierkomplementdarstellung erläutert wurde. Ein eigener Typ für die *natürlichen Zahlen* wird in den wenigsten Computersprachen angeboten.

Im Programm kommen meist auch **Zahlenkonstanten**, wie -2, 3.4, 3.5E-5, etc. vor.
Mit einem Dezimalpunkt wird sie wie eine REAL-Variable gespeichert, sonst wie
eine INTEGER-Variable.

Auch die Darstellung der Konstanten hat einer bestimmten **Syntax** zu genügen.
3.5E-5 bedeutet z.B. $3{,}5*10^{-5} = 0{,}000035$.

8.6 Arithmetische Operationen

Arithmetische Ausdrücke (`arithmetic expressions`) bauen sich aus Zahlenkonstanten und den oben besprochenen **Zahlenvariablen** (`arithmetischen
Variablen`) mit Hilfe von **arithmetischen Operationen** auf.

Die einfachsten **arithmetischen** und **logischen Operationen** findet man in Tab 8.4
mit Angabe ihrer **Priorität** (Hierarchie). Man erkennt, daß die explizite Angabe
von Klammern gegenüber den in der Tabelle angebenen impliziten Prioritätsan-
gaben **Vorrang** hat. * und / haben dieselbe Priorität. Ohne *Klammerangaben gilt
eine abnehmende Priorität von links nach rechts*.

So bedeutet z.B. a*b/c = (a*b)/c und nicht a*(b/c).

Ein Vorzeichen links von dem nichts oder ein Operator steht ist zulässig und hat
eine höhere Priorität als das Potenzieren. Es bedeutet also z.B. a*-b = a*(-b), a^-
b = a^(-b), -a^b = (-a)^b. Dieses Minus faßt man gewissermaßen als Vorzeichen der Zahl oder der Variablen auf. Es wirkt nur auf *einen* Operanden. Man
spricht deshalb von einem **unären Minus** (`unary minus`).

Priorität	Operator	Erklärung
1	( )	Klammerung
2	^	Potenzieren
3	*	Multiplikation
3	/	Division
4	+	Addition
4	-	Subtraktion
5	<	LT = less than (Kleinerrelation)
5	>	GT = greater than (Größerrelation)
5	=	EQ = equal (Gleichheitsrelation)
5	< >	NE = not equal (Ungleichheitsrelation)
5	< =	LE = less or equal (Kleinergleichrel.)
5	> =	GE = greater or equal (Größergleichr.)
6	NOT	logische Negation
7	AND	logisches UND
8	OR	logisches ODER
9	XOR	ausschließendes logisches ODER

Tab. 8.4: Arithmetische und logische Operationen in absteigender Priorität

Neben diesen elementaren arithmetischen Operationen gibt es noch weitere in BASIC fest eingebaute **Funktionen**, z.B.

ABS(x)	absoluter Betrag, z.B. ABS(-5) = 5
SGN(x)	Vorzeichen (Signum), z.B. SGN(-5) = -1
SQR(x)	Quadratwurzel (square root), z.B. SQR(4) = 2
EXP(x)	Exponentialfunktion $EXP(x) = e^x$
LOG(x)	natürlicher Logarithmus
LOG10(x)	dekadischer Logarithmus, z.B. LOG10(100) = 2
PI	$\pi = 3{,}14159265...$
SIN(x)	Sinus mit Argument im Bogenmaß, z.B. $SIN(\pi) = 0$
COS(x)	Cosinus
ATN(x)	Arcustangens

Beispiele arithmetischer Ausdrücke sind 1.5, a, a + 1.5, a*(b-c*COS(x*5)), etc.

Die wichtigste Operation in jeder Computersprache ist die **Zuweisung** (assign-ment), z.B. die Zuweisung des Wertes eines arithmetischen Ausdruckes zu einer arithmetischen Variablen, etwa

$$a1\% = a + 15. \tag{8.11}$$

Es spielt sich dabei folgendes ab: Falls die Variablen a1% und a zum ersten Mal auftauchen, wird für sie Speicherplatz reserviert, und der Wert der Variablen wird auf 0 initialisiert.

Sind andererseits die Variablen a1% und a schon belegt, wird der aktuelle Wert der Variablen a aus dem Memory geholt, 15 dazu addiert und das Ergebnis in der Variablen a1% ins Memory zurückgespeichert.

Es ist wichtig sich klar zu machen, daß das Gleichheitszeichen = in (8.11) nicht im Sinne der Mathematik, d.h. nicht als **Gleichheitsprädikat (Gleichheitsrelation)**, verstanden wird. Es handelt sich vielmehr um einen **Datentransport**. So ist etwa auch die Zuordung a = a + 1 möglich, welche ein **Inkrementieren** der Variablen a bewirkt.

Um diesen Unterschied deutlich zu machen, schreiben einige Computersprachen die Zuweisung (8.11) so:

a1% =: a + 15.

Im älteren BASIC mußte sie als

LET a1% = a + 15

geschrieben werden.

Aber auch in der Schreibweise (8.11) ist der BASIC-Interpreter oder der BASIC-Compiler in der Lage zu unterscheiden, ob mit = eine Zuweisung oder eine Gleichheitsrelation gemeint ist.

■ Bei der Zuweisung (8.11) finden **implizite Typumwandlungen** (`implicit type conversions`) statt. 15 und a1% sind nämlich als INTEGER-Variable, a jedoch als REAL-Variable realisiert. Bei der Durchführung der Addition erkennt der Interpreter, daß die Argumente (Operanden) der Addition verschiedenen Typ haben (**mixed mode**). 15 wird zuerst in einem internen Zwischenbereich in eine REAL-Variable verwandelt. Das Zwischenergebnis a + 15 wird ebenfalls als REAL-Variable gespeichert. Nun erkennt der Interpreter, daß er dieses Ergebnis in der INTEGER-Variablen a1% abspeichern muß und folglich wieder auf diese Form verwandeln (runden) muß.

Man erkennt, daß der Interpreter bei der Durchführung des Statement wie bei einem Baum an den obersten Ästen mit höchster Priorität beginnt und sich schließlich zum Stamm, dem äußersten Kommando, durcharbeitet. Dies mache man sich nochmals an dem Beispiel

PRINT "Ergebnis = ", a*(b + COS(2.5-x))/2.

klar.

8.7 Stringoperationen ■

Im Falle eines Druckers muß ein bestimmtes Byte nicht als Zahl sondern als ein zu druckendes Zeichen interpretiert werden. Diese Zuordnung geschieht durch den **ASCII-Code** (American Standard Code for Information Interchange). Tab. 8.5 gibt das Byte als Dezimal- und als Hex-Zahl sowie das zugehörige ASCII-Zeichen.

So entspricht z.B. der Bitkombination (0100 0001) = 65 = &41 das große A. Wird dieses Byte einem Drucker gesendet, so druckt er das Zeichen A. Gewisse Bytes veranlassen ihn, spezielle Aktionen zu unternehmen: ein Leerzeichen zu drucken (**SP** = space = blank), das Papier eine Zeile vorzuschieben (**LF** = line feed), einen Wagenrücklauf auszuführen (**CR** = carriage return), ein Klingelzeichen ertönen zu lassen (**BEL**), das zuletzt gesendete Zeichen wieder zu löschen (**DEL**), etc. Diese Sonderfunktionen sind in der Tabelle nicht alle angegeben.

NUL ist ein Füllselzeichen ohne Bedeutung. Es wird z.B. verwendet, um einen Datenstrom künstlich auf eine vereinbarte Länge aufzufüllen.

ESC entspricht dem Drücken der Taste **ESC** (escape). Diese dient z.B. dazu, Programme vorzeitig abzubrechen. Außerdem dient die Taste dazu mitzuteilen, daß die folgenden Zeichen anders als üblich interpretiert werden sollen. Dadurch kann der Tastenvorrat erweitert werden, indem z.B. auf einen weiteren Zeichensatz umgeschaltet wird.

Der ASCII-Code war ursprünglich ein 7-Bit Code. Immer mehr werden jedoch alle 256 Möglichkeiten eines Bytes ausgenützt. Dadurch können z.B. griechische Buchstaben oder nationale Zeichen (**nationals**) wie ä, ö, ü dargestellt werden. Die Zuordnung ist jedoch nicht mehr standardisiert.

Eine Variable (Byte, Bitkombination), die als ASCII-Zeichen interpretiert werden soll, heißt vom Typ **CHARACTER**. Ein **String** ist eine Folge von Characters. BASIC bietet nur den Typ STRING an. Das ist eine Variable mit veränderlicher Zahl von Bytes. In der Interndarstellung werden meist die beiden ersten Bytes der Variablen zur Angabe der Länge verwendet.

Eine Variable wird explizit als Stringvariable erklärt durch Anhängen des Zeichens $ an ihren Namen, oder implizit durch das Statement

DEFSTR < Buchstabe > {, < Buchstabe > }   (8.12)

Mit DEFSTR s,t sind z.B. s1 und p$ Stringvariablen.

In (8.12) wurden die metasprachlichen **Widerholungsklammern** { } verwendet, welche ein optionales mehrmaliges (inkl. nullmaliges) Wiederholen des angegebenen Teiles zum Ausdruck bringen.

Dez	Hex	ASCII	Dez	Hex	ASCII	Dez	Hex	ASCII
0	0	NUL	59	3B	;	92	5C	\
7	7	BEL	60	3C	<	93	5D	]
10	A	LF	61	3D	=	94	5E	^
13	D	CR	62	3E	>	95	5F	_
16	10	DEL	63	3F	?	96	60	`
27	1B	ESC	64	40	@	97	61	a
32	20	SP	65	41	A	98	62	b
33	21	!	66	42	B	99	63	c
34	22	"	67	43	C	100	64	d
35	23	#	68	44	D	101	65	e
36	24	$	69	45	E	102	66	f
37	25	%	70	46	F	103	67	g
38	26	&	71	47	G	104	68	h
39	27	'	72	48	H	105	69	i
40	28	(	73	49	I	106	6A	j
41	29	)	74	4A	J	107	6B	k
42	2A	*	75	4B	K	108	6C	l
43	2B	+	76	4C	L	109	6D	m
44	2C	,	77	4D	M	110	6E	n
45	2D	-	78	4E	N	111	6F	o
46	2E	.	79	4F	O	112	70	p
47	2F	/	80	50	P	113	71	q
48	30	0	81	51	Q	114	72	r
49	31	1	82	52	R	115	73	s
50	32	2	83	53	S	116	74	t
51	33	3	84	54	T	117	75	u
52	34	4	85	55	U	118	76	v
53	35	5	86	56	V	119	77	w
54	36	6	87	57	W	120	78	x
55	37	7	88	58	X	121	79	y
56	38	8	89	59	Y	122	7A	z
57	39	9	90	5A	Z	123	7B	{
58	3A	:	91	5B	[	124	7C	¦

Tab. 8.6: ASCII-Code-Tabelle

Stringkonstanten werden in **Anführungszeichen** (quotation marks) eingeschlossen. Auch der leere String ist zugelassen.

Zuläßige Strings sind z.B. "Abc", "A bc ??? ", "" etc.

Kommt im String selbst ein Anführungszeichen vor, so muß es durch "" dargestellt werden:

"AB""C""D" bedeutet AB"C"D,
"""" bedeutet ",
" " bedeutet ein Leerzeichen (blank) und
"" bedeutet den leeren String

Durch a$ = "Hallo!" wird der Stringvariablen a$ der String "Hallo!" zugewiesen. Die Kommandos PRINT a$ und Print "Hallo!" haben dann denselben Effekt: Es wird Hallo! gedruckt.

Stringvariablen werden auf den leeren String initialisiert (initiate to null string).

BASIC kennt eine Reihe von Operatoren (Funktionen), mit denen Strings verarbeitet werden können.

+ ist die **Verkettung** (`concatenation`) von Strings.

Mit obigem Beispiel ist a$ + " Anna" der String "Hallo! Anna"

Die weiteren Funktionen erläutern wir an Hand von *Beispielen*:

LEN("Hallo!") = 6	(Länge des String)
LEFT$("Hallo!",2) = "Ha"	(Die linken 2 Characters)
RIGHT$("Hallo!",3) = "lo!"	(Die rechten 3 Characters)
MID$("Hallo!",3,2) = "ll"	(Segment beginnend mit dem 3. Character und Länge 2 Characters)
INSTR("Hallo!","lo") = 4	(Gibt die Characterposition, wo der Teilstring "lo" gefunden wurde)
VAL("2.5E-2") = 2.5E-2	(Eine als String ankommende Zahl kann einer Zahlenvariablen zugeordnet werden)
STR$(2.5E-2) = "2.5E-2"	(Umkehrung von VAL)
ASC("A") = 65	(Gibt ASCII-Code eines Characters)
CHR$(65) = "A"	(Umkehrung von ASC)

Bei den schon im älteren Basic vorhandenen Funktionen wie VAL, ASC wurden nur gewöhnliche Zeichen verwendet. Bei den später dazu gekommenen Funktionen wie CHR$ wurde das Sonderzeichen $ verwendet, um Namenskonflikte bei bestehenden Programmen zu vermeiden.

Bei der Datenübertragung zwischen verschiedenen Computertypen müssen die Zahlen als eine Folge von ASCII-Zeichen übermittelt werden. Die **Interndarstellung** der Zahlen ist ja bei jedem Computertyp verschieden, d.h. nicht standardisiert. Beim Sender ist dazu STR$, beim Empfänger VAL$ nützlich.

Auch einem Drucker werden die zu druckenden Zeichen als ASCII-Code übermittelt. Die Funktion PRINT tut dies automatisch. Im selben Datenfluß möchte man aber z.B. den Drucker auch anweisen, auf einen anderen Schriftsatz, z.B. auf **Kursivschrift** (`italics`) umzuschalten. Dazu müssen bei einem bestimmten Drucker z.B. 2 Bytes, das ESC-Zeichen und die Nummer des Schriftsatzes, etwa 2, übermittelt werden, also die beiden Bytes mit INTEGER-Wert 27 und 2. Man kann dies nicht mit PRINT 272 bewerkstelligen, denn dies würde den ASCII-Code von 2, 7 und 2 übertragen. Der ASCII-Code 27 und 2 entspricht keinen druckbaren Zeichen. Deshalb kann man die Aufgabe nicht in der Form PRINT "..." erledigen.

Dies gelingt vielmehr nur in der Form PRINT CHR$(27) + CHR$(2). Dies wird klarer, wenn man sich überlegt, daß PRINT "A" und PRINT CHR$(65) äquivalent sind, da beide das Byte 41 an den Drucker senden.

8.8 Logische Operationen ■

Die Bedeutung der logischen Operationen, Tab. 8.4, setzen wir als bekannt voraus und sollen hier nicht erläutert werden. Sie werden jedoch bei der nun folgenden Besprechung einiger Finessen von BASIC eingeübt.

Eine logische Variable benötigt nur ein Bit. In BASIC werden jedoch meist keine solchen Variablen vom Typ LOGICAL angeboten. Vielmehr verwendet man dazu die Zahlvariablen vom Typ INTEGER. Die Zahl hat dabei den logischen Wert `falsch` (F=false), wenn sie null ist, jedoch den logischen Wert `wahr` (T=true), wenn sie ungleich null ist.

IF 0 THEN PRINT "A" ELSE PRINT "B"

druckt B. Zwischen IF und THEN wird in diesem Statement ein logischer Ausdruck erwartet. In diesem Fall ist es die arithmetische Konstante 0, welche als die **logische Konstante** `falsch` (F) interpretiert wird. Es wird also der ELSE-Teil des Kommandos ausgeführt.

Die logischen Operationen, Tab. 8.4, werden auf jedes Bit der Zahlvariablen einzeln angewandt. Wir wollen annehmen, daß die INTEGER-Variablen intern als 8 Bit (=1 Byte) gespeichert werden. Man hat dann z.B.

NOT 0 = NOT (0000 0000) = (1111 1111) = -1

was tatsächlich als wahr interpretiert wird. Jedoch ist

NOT 1 = NOT (0000 0001) = (1111 1110) = -2

was auch als wahr interpretiert wird. Man hat also das fehlerhafte Resultat NOT T = T.

Ein weiteres Beispiel ist

1 AND 2 = (0000 0001) AND (0000 0010) = (0000 0000) = 0

was fehlerhafterweise als T AND T = F interpretiert wird.

Ebenso kann man sich ein Beispiel überlegen, bei dem T OR T = F herauskommt, was natürlich auch falsch ist.

Solche Fehler vermeidet man, indem man die logische Konstante wahr durch

$$T = (1111\ 1111) = -1$$

darstellt, weil dann in der Interndarstellung alle Bits auf 1 (wahr) gesetzt sind. Dies wird vom BASIC- Interpreter auch so gehandhabt.

So druckt z.B. PRINT a=a die Zahl -1. Der zu druckende Wert ist hier der Wert des Ausdruckes a=a. Dieser **logische Ausdruck (logisches Prädikat, Relation)** ist wahr, was durch -1 dargestellt wird.

PRINT 1=2 druckt hingegen 0.

Als ein komplizierteres Beispiel eines logischen Ausdruckes betrachten wir:

IF a>b OR c=d AND NOT e< >f THEN PRINT "A"

der infolge der Prioritätsregeln, Tab. 8.4, als

IF (((a>b) OR ((c=d) AND NOT((e< >f))))) THEN (PRINT "A")

interpretiert wird.

Wir können an diesem Beispiel die Rolle der **Schlüsselwörter** (key-words) erkennen: Der BASIC- Interpreter arbeitet das Statement von links nach rechts ab. Beim Erkennen von IF erwartet er einen logischen Ausdruck, was in BASIC mit einem arithmetischen Ausdruck identisch ist. Das Ende dieses Ausdruckes wird durch das Schlüsselwort THEN erkannt. Das Ende des konditionalen Statements, hier: PRINT "A", wird durch das Schlüsselwort ELSE bzw. durch das Zeilenende erkannt.

Logische Funktionen können auch durch eine **Wahrheitstabelle** (truth table) angegeben werden. Im Falle von XOR, welches eine Funktion zweier Variablen ist, sieht diese wie Tab. 8.7 aus.

a	b	y		a	b	y
F	F	F		F	F	F
F	T	T		F	T	T
T	F	T		T	F	T
T	T	F		T	T	T

Tab.8.6 Wahrheitstabelle von y = a XOR b

Tab 8.7 Wahrheitstabelle von y = a OR b

XOR (ausschließendes ODER = excluded OR) entspricht also eher dem "oder" wie es in der Alltagssprache verwendet wird: "Ein Wirbeltier atmet entweder mit Lungen oder mit Kiemen", impliziert nach dem Verständnis der Alltagssprache, daß nicht beides gleichzeitig der Fall sein könne. Dies wäre jedoch, wenn "oder" gemäß der logischen Funktion ODER, Tab. 8.7, interpretiert würde, durchaus zugelassen.

▮▮ Für die logischen Operatoren gelten die folgenden **Rechengesetze**, welche zur Vereinfachung logischer Ausdrücke herangezogen werden können:

Kommutative Gesetze:

$$a \text{ AND } b = b \text{ AND } a$$
$$a \text{ OR } b = b \text{ OR } a \tag{8.13}$$

Assoziative Gesetze:

$$a \text{ AND } (b \text{ AND } c) = (a \text{ AND } b) \text{ AND } c$$
$$a \text{ OR } (b \text{ OR } c) = (a \text{ OR } b) \text{ OR } c \tag{8.14}$$

Distributive Gesetze:

$$a \text{ AND } (b \text{ OR } c) = (a \text{ AND } b) \text{ OR } (a \text{ AND } c)$$
$$a \text{ OR } (b \text{ AND } c) = (a \text{ OR } b) \text{ AND } (a \text{ OR } c) \tag{8.15}$$

Tautologien:

$$a \text{ AND } a = a$$
$$a \text{ OR } a = a \tag{8.16}$$

Doppelte Negation:

$$\text{NOT (NOT } a) = a \tag{8.17}$$

Gesetze von de Morgan:

$$\text{NOT } (a \text{ AND } b) = (\text{NOT } a) \text{ OR } (\text{NOT } b)$$
$$\text{NOT } (a \text{ OR } b) = (\text{NOT } a) \text{ AND } (\text{NOT } b) \tag{8.18}$$

Operationen mit F and T:

$$a \text{ AND } T = a \tag{8.19}$$
$$a \text{ OR } F = a \tag{8.20}$$

$$a \text{ AND } F = F$$
$$a \text{ OR } T = T$$
$$\text{NOT } T = F \tag{8.21}$$
$$\text{NOT } F = T$$

Aus diesen Gesetzen lassen sich alle anderen logisch wahren Aussagen (**logische Identitäten**) ableiten. Daraus folgt das Prinzip der **Dualität** in der **formalen Logik**: Zu jeder logisch wahren Aussage, erhält man wieder eine logisch wahre Aussage, wenn man folgende Spiegelung (Ersetzung) ausführt:

AND	< ----- >	OR
T	< ----- >	F

In der obigen Zusammenstellung sind zueinander duale Identitäten untereinander dargestellt worden.

In der formalen Logik verwendet man meist andere Bezeichnungsweisen für die logischen Operatoren und Konstanten, Tab. 8.8.

AND	·	(Konjunktion)
OR	+	(Disjunktion)
NOT	_	(Negation)
T	1	(wahr)
F	0	(falsch)

Tab. 8.8 Die in der formalen Logik üblichen Bezeichnungsweisen für die logischen Symbole

Das eine Gesetz von de Morgan (8.18) schreibt sich dann z.B. so:

$$\underline{a.b} = \underline{a} + \underline{b}.$$

Aus typographischen Gründen haben wir für die logische Negation die Unterstreichung gewählt, obwohl eine Überstreichung üblicher ist.

8.9 Programmablaufsteuerung

Die Statements werden in der Regel in der Reihenfolge abgearbeitet, wie sie im Programm niedergeschrieben wurden. In vielen Fällen benötigt man jedoch **Sprungbefehle**, etwa wenn nach unterschiedlichen Vorarbeiten die Fälle nun gemeinsam weiterbehandelt werden, oder wenn die Verarbeitung nicht erfolgreich war und nochmals wiederholt werden muß, bis eine bestimmte Bedingung erfüllt ist.

Das einfachste Kommando zur **Programmablaufsteuerung** (`program con-trol`) ist der **unbedingte Sprung** (`unconditional jump`):

GOTO <label> (8.22)

<label> ist dabei ein beliebiger Name (`label` = Etikett), der vor ein Statement gesetzt werden kann. Das Statement erhält gewissermaßen den Namen <label>. Das Programm geht dann mit diesem Statement weiter.

In *konfortableren*, jedoch noch selten anzutreffenden, BASIC-Systemen kann der Label eine beliebige Zeichenfolge sein. Aus syntaktischen Gründen, d.h. damit das BASIC-System die Zeichenfolge als Label erkennt, muß diese durch ein **Kolon** (:) abgeschlossen werden.

Als Beispiel betrachten wir ein Programm, welches alle Quadratzahlen kleiner als 1000 herausdruckt:

```
         i=0
anf:     i2=i*i
         IF i2 > = 1000 THEN STOP
         PRINT i;" * ";i;" = ";i2
         i=i+1
         GOTO anf
```

Das Programm produziert die Zahlen in der Form:

```
0 * 0 = 0
1 * 1 = 1
2 * 2 = 4  ........
```

(Mit den [;] anstatt [,] im PRINT-Befehl wird für die Zahl nicht mehr Platz verwendet als sie tatsächlich braucht.)

In *einfacheren* BASIC-Systemen muß jede Zeile eine **Zeilennummer** (`line_number`) haben. Der Sprungbefehl hat dann die Syntax

GOTO <line_number> (8.22')

und obiges Programmbeispiel könnte z.B. so aussehen:

```
5          i=0
10         i2=i*i
12         IF i2 > = 1000 THEN STOP
150        PRINT i;" * ";i;" = ";i2
165        i=i+1
180        GOTO 10
```

Da in diesem System die Labels automatisch geordnet sind, fällt es beim Durch-
studieren leicht, auch bei komplizierteren Programmen sofort das Sprungziel im
Programmabdruck (`Program listing`) zu finden.

Ein Nachteil zeigt sich jedoch, wenn bei einer nachträglichen Änderung noch
mehrere Zeilen eingefügt werden müssen: dann fehlen u.U. Zeilennummern. Das
Programm muß dann umnummeriert werden (`renumbering`) und damit auch
die Sprungziele.

Der Hauptnachteil dieses System liegt jedoch darin, daß die Sprunglabels
(Sprungziele) keine mnemotechnische Bedeutung haben: "GOTO 10" suggeriert
weniger als "GOTO anf".

Programme, auch für scheinbar einfache Probleme, neigen dazu, sehr umfangreich zu werden; Programme auf mehreren hundert Seiten sind keine Seltenheit.
Oft arbeiten viele oder wechselnde **Programmierer** (`programers`) gemeinsam
daran. Die **Lesbarkeit** (`readability`) und die **Durchschaubarkeit** (`trans-
parency`) der Programme wird zu einer *vorrangigen* Forderung, die man an eine
Computersprache stellt.

Mit

IF i < 1000 THEN GOTO anf ELSE GOTO end

haben wir ein Beispiel eines **bedingten Sprunges** (`conditional branch,
conditional jump`).

Oft möchte man eine Verzweigung in mehrere **Alternativen** vornehmen. Dies geschieht mit dem ON...GOTO-Statement, z.B.

ON i GOTO a1, bx, anf, lab0   (8.23)

Für $i = 1$ wird auf den Label a1, für $i = 2$ auf den Label bx etc. verzweigt. Anstatt i
kann auch ein beliebiger arithmetischer Ausdruck stehen. Ist er reell, so wird er
auf eine ganze Zahl gerundet. Ist der i. te Label nicht aufgeführt, z.B. für $i = 0$
oder für $i = 5$, so findet kein Sprung statt, d.h. es geht mit dem im Listing folgenden Statement weiter.

Mit den GOTO-Statements kann im Programm kreuz und quer herumgesprungen
werden. Man spricht dann manchmal von einem "Spaghetti-Code" um anzudeuten,
daß solche Programme sehr unübersichtlich werden können. In dem obigen kurzen Programmbeispiel der Quadratzahlen kann man z.B. sicher sein, daß die Variable i nicht negativ werden kann. Falls dieses Programm aber nur Teil eines viel
größeren Programmes wäre, ist dies keineswegs gewiß. Z.B. könnte an irgend einer anderen Stelle etwa infolge eines Tippfehlers (anf anstatt alf) stehen

```
i = -1
GOTO anf
```

und schon würde das Quadratzahlprogramm mit negativem i durchlaufen, was in anderen Beispielen katastrophal sein könnte. Aber auch im Nicht-Fehlerfall besteht bei jedem Label die Möglichkeit des Einsprunges von irgendwoher, womit eine unübersehbare Vielfalt von Situation eingebracht wird.

Ein *Programmteil* kann nicht mehr verstanden werden ohne ein Verständnis des *ganzen Programmes*. Deshalb sind die Sprünge, eigentlich sind es die Labels, in Verruf geraten, und sie sollten möglichst sparsam verwendet werden.

Moderne Computersprachen sehen immer mehr Möglichkeiten vor, bedingte Sprünge ohne die Verwendung von Labels zu realisieren. Zwei Beispiele hatten wir bereits im IF...THEN...ELSE und im FOR...NEXT Statement kennen gelernt. Gewissermaßen eine Kombination der beiden ist die

```
WHILE < logical_expression >
< statements >
WEND
```
$$(8.24)$$

Konstruktion: Solange die Bedingung < logical_expression > erfüllt ist, werden die < statements > immer wieder durchgeführt. Damit läßt sich z.B. obiges Quadratzahlprogramm wie folgt ohne Labels schreiben:

```
i = 0
WHILE i*i < 1000
PRINT i;" * ";i;" = ";i*i
i = i + 1
WEND
STOP
```

Ein Nachteil dieser Programmierung besteht darin, daß die Multiplikation i*i zweimal durchgeführt werden muß. Bei **optimierenden Compilern** wird diese Situation jedoch erkannt und der gemeinsame Ausdruck i*i in einer internen Variablen gespeichert. Die durch die Vermeidung von Labels erzeugte **Lokalität** ist vielmehr geradzu die Voraussetzung, daß eine Optimierung möglich ist: Hätte das obige PRINT-Kommando einen Label, so wäre nicht sichergestellt, daß sein i*i-Ausdruck derselbe wäre wie der i*i-Ausdruck in der WHILE-**Klausel**.

Die IF...THEN...ELSE, WHILE...WEND und die FOR...NEXT Konstruktionen können **verschachtelt** (nested) werden. Das THEN, ELSE, WEND, NEXT spielt dabei die Rolle einer geschlossenen Klammer. Die Verschachtelung muß dabei dahingehend in Ordnung sein, daß eine äußere Schachtel mit ihrer Klammer erst geschlossen werden darf, wenn alle inneren Schachteln schon geschlossen sind.

Bei großer Verschachtelungstiefe können dann in einem Programm viele WEND auftreten und man muß u.U. durch mühseliges Abzählen beim Studium des Programmes herausfinden, zu welchem WHILE es gehört. Dann kann manchmal die

GOTO <label> Konstruktion übersichtlicher sein. Man kann sich aber auch durch ein Schönschreiben (`pretty print`) mit Zeileneinrückungen ein übersichtliches Programm erzeugen, z.B.

```
WHILE i < 10
  FOR j = 1 TO 10
    PRINT i*j
  NEXT
  i = i + 1
WEND
```

8.10 Unterprogramme

Die Forderung, ein Programm in mehrere kleine voneinander unabhängige Teile zu zerlegen (**Modularität, strukturiertes Programmieren**) wird am besten durch die ausgiebige Verwendung von **Unterprogrammen** (`subroutines, procedures, functions`) erzielt.

In den meisten BASIC Systemen ist die Unterprogrammtechnik nur in sehr rudimentärer Form realisiert. Da **lokale Variablen** meist fehlen, ist ein strukturiertes Programmieren kaum möglich. Dies ist ein Hauptargument, das gegen die Verwendung von BASIC ins Feld geführt wird. Fairerweise sollte man jedoch sagen, daß dies weniger ein Argument **gegen die Sprache** als vielmehr **gegen ihre mangelhafte Implementation** auf diesem oder jenem Computer ist.

Wir beginnen mit den primitivsten aber häufigsten Systemen, bei denen die **Unterprogrammtechnik** nur durch die beiden Statements

```
GOSUB <line_number>                                       (8.25)
RETURN                                                     (8.26)
```

realisiert wird.

In einer **Testphase** soll etwa an mehreren Stellen des Programmes der Wert einiger Variablen herausgeschrieben werden. Es ist sinnvoll, diese immer wiederkehrende Aufgabe von einem Unterprogramm erledigen zu lassen, z.B.

```
10000 PRINT "Testausdruck: i1 = ";i1;" i2 = ";i2
10010 RETURN
```

Im **Hauptprogramm** (`main program`), oder allgemeiner: im rufenden Programm, können dann überall die **Unterprogrammaufrufe** (`subroutine invokations`)

GOSUB 10000

eingeschoben werden. Da Subroutinen natürlich aus mehreren Statements bestehen können, ist das wesentlich ökonomischer als die Routine selbst an mehreren
Stellen einzufügen.

Die Verwendung von Subroutinen ist auch die servicefreundlichere Lösung: Eine
Änderung, etwa weil noch eine weitere Variable, oder vielleicht gar keine mehr,
ausgedruckt werden soll, braucht nur an einer Stelle durchgeführt zu werden.

Man mache sich zunächst den Unterschied zu GOTO 10000 klar. Bei solchen
Sprüngen gibt es kein zurück mehr. Zwar könnte bei Zeile 10010 auch ein GOTO
... stehen, jedoch wüßte man nicht, von welcher Stelle aus die Subroutine angesprungen wurde, wohin man also zurückspringen müßte.

Das Statement GOSUB ... merkt sich vielmehr die **Rücksprungsadresse** (`return
address`), d.h. die Adresse des auf das GOSUB ... folgenden Statements, bevor
es den Sprung nach 10000 ausführt.

Die Rücksprungsadresse wird auf einen **Stapel** (`stack`) gelegt. Ein Stack gleicht
einem überfüllten Schreibtisch, bei dem die neu eingehenden unerledigten Aufgaben einfach oben drauf gelegt werden (`push unto stack`). Kommt man dazu,
den Stack abzuarbeiten (`pop off of the stack`), etwa wenn ein RETURN
durchgeführt wird, so wird die zuletzt eingegangene Arbeit zuerst ausgeführt. Das
RETURN holt sich also die letzte Rücksprungsadresse und führt einen Sprung
dahin zurück aus.

Subroutinen können natürlich ihrerseits andere Subroutinen oder sich selbst aufrufen. Bei der beschriebenen Stacktechnik ist sichergestellt, daß der Rücksprung
zu der zuletzt rufenden Routine zurückfindet.

Mit GOTO 10000 passiert im Unterprogramm zunächst dasselbe. Bei RETURN versucht dann der
BASIC-Interpreter eine nicht vorhandene Adresse vom Stack zu holen (Fehlermeldung: unexpected
RETURN) oder er holt eine frühere und damit falsche Rücksprungsadresse.

Der Stack ist nicht beliebig lang. Es können also nur eine bestimmte Zahl von Rücksprungsadressen
gespeichert werden. Die **Verschachtelungstiefe** (recursion depth) der Subroutinenaufrufe darf
also nicht beliebig groß sein. Wird sie überschritten, kommt die Fehlermeldung "Stack overflow".

Der BASIC-Interpreter hält sich eine **Systemvariable**, der **Stackpointer**, in der die Adresse der
letzten Rücksprungsadreese steht. In zwei anderen Systemvariablen ist der Anfang und das Ende des
Stackbereiches notiert. Bei einem GOSUB passiert also intern folgendes: Der Wert des Stackpointers
wird um 1 erhöht; es wird geprüft, ob dieser Wert noch innerhalb des Stackbereiches weist; die Rück-
sprungadresse wird in den Stack (an die Adresse, wohin der Stackpointer weist), geschrieben; ein
Sprung ins Unterprogramm wird durchgeführt. Bei RETURN passieren die umgekehrten Vorgänge.
Der BASIC-Programmierer hat sich jedoch um diese Einzelheiten nicht zu kümmern, da sie ihm vom
System abgenommen werden.

Die Variablen in den Unterprogrammen, oben i1 und i2, sind allen Unterprogrammen und dem Hauptprogramm gemeinsam. Es sind also **globale Variablen**.
Sie liegen an einer Stelle im Memory. Wird ihr Wert von einer Subroutine geändert, so ist dieser geänderte Wert auch für alle Programmteile gültig. Im obigen
Beispiel war dies gerade, was wir wollten: Es soll ja der aktuelle Wert der Variablen im Hauptprogramm gedruckt werden.

Viele Variablen in Unterprogrammen haben jedoch außerhalb des Unterprogrammes keine Bedeutung, weil sie nur gewisse Zwischenergebnisse speichern (`scratch variables`). Es wäre wünschenswert, wenn solche Variablen vom Zugriff anderer Programmteile geschützt wären. Dann spricht man von **lokalen Variablen**. Wenn i2 eine lokale Variable ist, so hat sie nichts zu tun mit einer anderen Variable i2 in einem anderen Programmteil. Die meisten einfachen BASIC-Systeme haben keine Möglichkeit, Variablen als lokal zu erklären.

Die BASIC-Subroutinen-Technik ist auch deshalb besonders häßlich, weil man am Programm nicht erkennen kann, wo die Subroutine beginnt und wo sie endet. In Zeile 10000 bei obigem Beispiel ist durch nichts zu erkennen, daß dort eine Subroutine beginnt. Auch ihr Ende ist bei komplizierten Beispielen nicht auszumachen: Eine Subroutine kann durchaus mehrere RETURNs haben, durch welche nach einer Verzweigung zurückgesprungen wird. Eine Subroutine muß im Listing nicht mit RETURN enden.

Neben den Subroutinen gibt es in den meisten BASIC-Dialekten die Möglichkeit, **eigene Funktionen** zu definieren. Wir hatten bereits die Funktionen, wie COS, SIN etc. kennengelernt, welche im System schon fest zur Verfügung stehen. Jetzt handelt es sich gewissermaßen um eine **Spracherweiterung**, indem nun neue Funktionen dazu definiert werden können.

In einem Programm für einen Zeitungsverlag muß häufig der Preis für eine rechteckige Annonce berechnet werden. Es ist dann sinnvoll sich z.B. durch

DEF preis(laenge,breite) = laenge*breite*relpr   (8.27)

eine neue Funktion `preis` zu definieren. `laenge` und `breite` sind Länge und Breite der Annonce in mm. Die Variable `relpr` enthält den Preis pro mm².

Selbstdefinierte Funktionen können genauso verwendet werden wie die eingebauten Funktionen, z.B.

PRINT preis(12,18)*kurs; " $ "

`laenge` und `breite` in (8.27) sind die sog. **Formalparameter** (`dummy variables`) der **Funktionsdefinition** (8.27). Sie werden bei einem Aufruf durch ihre **aktuellen Werte (Aktualparameter)**, 12 und 18, ersetzt. Die Formalparameter sind lokale Variablen. Alle anderen Variablen in der Funktionsdefinition, so `relpr`, sind globale Variablen.

Der Übersichtlichkeit halber haben wir in diesem Kapitel alle vom **Anwender** (`user`) gewählten **Namen** (`identifiers`), so die Variablennamen, die Funktionsnamen, die Labels, aus kleinen Buchstaben zusammengesetzt. Der Benutzer kann jedoch auch Identifiers aus großen Buchstaben, z.B. PREIS oder PrEiS, wählen. Die Unterscheidung zu den `Key-Words` erfolgt lediglich aufgrund des Namens.

Die obigen Funktionsdefinitionen dürfen nur aus einem einzigen Statement bestehen. Dadurch ist ihre Anwendbarkeit erheblich eingeschränkt. In komfortableren
BASIC-Dialekten werden auch Funktionen aus mehreren Statements angeboten,
z.B.

```
DEF preis(laenge,breite)
  GLOBAL relpr
  i1 = laenge*breite*relpr
  REM  10% Rabatt, wenn Preis über 100 DM
  IF i1 > 100 THEN i1 = i1*0.9
  preis = i1
  RETURN
FEND
```

Gegen diese Unterprogrammtechnik können die obigen Vorwürfe nicht mehr er-
hoben werden: Anfang und Ende der Unterprogrammdefinition können im Listing eindeutig erkannt werden (FEND = Function END); alle Variablen sind lokal, außer wenn sie in einer GLOBAL-Anweisung erscheinen.

Der Unterschied zur einzeiligen Funktionsdefinition wird am fehlenden Gleichheitszeichen in der
DEF-Zeile erkannt. Das Unterprogramm muß an wenigstens einer Stelle den Funktionswert (preis =)
zuweisen. Der Rücksprung erfolgt bei einem oder mehreren RETURN-Statements.

Im Beispiel erkennen wir auch einen **Kommentar** (comment, REM = remark).
Die häufige Verwendung von aussagekräftigen und prägnanten Kommentaren gehört unbedingt zu einem guten Programmierstil.

Bei einer Funktion geht der **Informationsfluß** von den Aktualparametern, die aus
dem rufenden Programm gelesen werden, über den Funktionswert an das rufenden Programm zurück. In vielen Fällen ist die Möglichkeit, nur einen einzigen
Wert an das rufende Programm zurückzugeben, zu eng. Allerdings wäre dies über
die globalen Variablen, die in der Funktion verändert werden können, möglich.

8.11 Dimensionierte Variablen

Zusammengehörige Variablen können im Programm nur gemeinsam verarbeitet
werden, wenn sie denselben **Namenskern** besitzen und sich durch einen **Index**
unterscheiden. Deshalb sind **dimensionierte Variablen** (arrays) in den meisten
Anwendungen unverzichtbar.

In einem Programm für eine Personalabteilung möge urlaub(n) die Zahl der
Urlaubstage bedeuten, die der n.te Mitarbeiter in diesem Jahr bereits genommen
hat. Die Gesamtzahl i1 aller bereits gewährten Urlaubstage kann die Firma dann
mit dem Programmteil

```
i1 = 0
FOR n = 1 TO narbeiter
REM narbeiter = Zahl der Mitarbeiter
i1 = i1 + urlaub(n)
NEXT n
PRINT "Gesamturlaubstage = ";i1
```

herausfinden.

In vielen BASIC-Dialekten sind auch Variablen mit mehreren Indices möglich.

Für eine effiziente Verarbeitung ist es notwenig, daß alle **Elemente** einer dimensionierten Variablen im Memory hintereinander gespeichert werden. Der Zugriff auf `urlaub(n)` geschieht z.B. dadurch, daß zur Anfangsadresse des Array $2*n$ addiert wird, falls jedes Element 2 Worte in Anspruch nimmt (**Adreßsrechnung**). Der BASIC-Interpreter muß also vor dem ersten Auftreten einer indizierten (dimensionierten) Variablen wissen, welches die maximale Anzahl der Elemente ist, damit er den entsprechenden zusammenhängenden Platz im Speicher reservieren kann.

Dies geschieht durch das **Dimensionsstatement**, z.B.

```
DIM urlaub(234), krank(234,7)
```

Die Untergrenze wird dabei als null angenommen. Die im DIM-Statement angegebene Zahl gibt den Maximalwert des Index an.

8.12 Fehlersuche ■

In der Praxis erfordert das Niederschreiben eines Programmes weniger Zeit als das **Austesten** und Ausmerzen von Fehlern (**Debugging** = Entwanzung). Für die Qualität einer Computersprache ist es ein entscheidender Gesichtspunkt, wie sie diese Phase der Arbeit unterstützt.

Man kann behaupten, daß diesbezüglich interpretiertes BASIC im Vergleich zu anderen Computersprachen recht günstig zu bewerten ist. Obwohl dies weniger an der Sprache als an der konkreten Implementation liegt, mag dies einer der Gründe für die große Beliebtheit von BASIC sein.

Wenn ein BASIC-Programm zu Ende geht, sei es durch ein STOP-Statement oder durch eine Fehlermeldung, so kann BASIC im sog. **Direktmodus** fortgesetzt werden: Bei diesem werden eingegebene BASIC-Statements sofort ausgeführt. Alle Variablen stehen noch mit ihren aktuellen Werten zur Verfügung, und man kann sie z.B. mit PRINT i1,i2 abfragen.

Die Variablen können im Direktmodus in ihren Werten auch verändert werden. Weitere Statements können eingefügt oder abgeändert werden. Erfolgte das Programmende infolge eines Fehlers, z.B. `"Index out of range"`, so kann das so korrigierte Programm, mit dem Direktbefehl

CONT

an der unterbrochenen Stelle sofort wieder fortgesetzt werden. Dies wiederholt man solange fort, bis das Programm zufriedenstellend funktionniert.

Diese Vorgehensweise birgt jedoch auch große Gefahren, indem sie die sog. **Computerhackerei** fördert: Anstatt durch ruhiges Nachdenken die eigentlichen Fehler aufzuspüren, wird oftmals nur an den Symptomen herumkuriert. Es entstehen dadurch Programme niedriger Qualität, die zwar im Standardfall richtig funktionnieren, meist jedoch noch tiefliegende Fehler enthalten oder durch die vielen hastigen Korrekturen einen verworrenen Programmierstil aufweisen.

Ein vorzeitiger Programmabbruch, etwa wenn der laufende Ausdruck auf dem Bildschirm suspekt erscheint, kann durch die Taste ESC erzwungen werden. Wie oben beschrieben, können dann die Variablen inspiziert und eventuell verändert und das Programm mit CONT schließlich wieder fortgesetzt werden.

In vielen BASIC-Dialekten werden auch **Trace-Routinen** zur **Programmüberwachung** angeboten. Mit TRON wird der Trace eingeschaltet, mit TROFF ausgeschaltet. Bei eingeschaltetem Trace werden z.B. alle Zeilennummern, deren Statements gerade abgearbeitet werden, ausgedruckt. Dadurch kann man den **Programmfluß** (`program flow`) verfolgen und evtl. verstehen, wie eine Fehlersituation zustande kam.

8.13 Fehlerbehandlung ∎

Mit einigen Fehlern muß man leben, meist weil die Computersprache zu wenig effiziente Mittel in die Hand gibt, den Fehler zu vermeiden.

Der Fehler `Overflow` kommt z.B. dadurch zustande, daß bei einer arithmetischen Operation ein zu großes Ergebnis entstanden ist, welches nicht mehr in die für eine REAL-Zahl gewählte Darstellung paßt. Nach dieser Fehlermeldung bleibt der Computer einfach stehen und wartet auf eine weitere Aktion des Benutzers. Das ist nicht unbedingt sinnvoll. Wenn diese Werte, die zum Overflow führten z.B. aus einer laufenden Meßserie stammen, ist es vielleicht vernünftiger, diese Werte zu ignorieren und mit den nächsten Meßwerten fortzufahren.

Mit

ON ERROR GOTO < label >

wird die Fehlermeldung und der Fehlerabbruch vermieden und stattdessen zum Label < label > verzweigt (gesprungen).

Die INTEGER-Variable ERRL enthält dann die Zeilennummer des Statements, welches den Fehler verursachte, und die STRING-Variable ERR enthält den Text der Fehlermeldung. Die angesprungene **Fehlerbehandlungsroutine**, welche vom Benutzer geschrieben werden muß, kann dann analysieren, um welchen Fehler es sich handelt, die notwenigen Aktionen unternehmen, und gegebenenfalls mit RE-SUME das Programm an der unterbrochenen Stelle fortsetzen.

Analog bewirkt die Durchführung des Befehls

ON BREAK GOTO < label >

daß die ESC-Taste, die normalerweise einen Programmabbruch bewirkt, nun eine Verzweigung zum Label < label > bewirkt. Damit kann durch Drücken von ESC zu irgend einer Zeit ein **Vorrangkommando** ausgeführt werden.

8.14 Interpreter und Compiler

Ein Computer kann die BASIC-Befehle nicht direkt ausführen. Sein Prozessor kann vielmehr nur die viel primitivere **Maschinensprache** (machine language, binary code), die im nächsten Kapitel besprochen wird, ausführen.

Im Falle eines interpretierenden BASIC-Systems (**interpretiertes BASIC**) wird das BASIC-Programm als Text ähnlich wie ein String im Memory gehalten. Dieser Bereich des Speichers heißt auch **BASIC-Bereich** (BASIC-area). Es muß dann noch anderswo im Speicher der **BASIC-Interpreter**, nämlich ein in Maschinensprache vorliegendes Programm, geben, welches tatsächlich abläuft. Dieses analysiert den BASIC-Bereich, interpretiert ihn als BASIC-Befehle und führt diese aus.

Der Interpreter besitzt eine **Systemvariable**, welche die Adresse des gerade verarbeiteten BASIC-Befehles enthält. Dies ist der **Befehlszähler** (program counter) des BASIC-Interpreters. Zeigt der Befehlszähler z.B. auf den String "GOTO 120", so wird im BASIC-Bereich nach der Zeilennummer 120 gesucht. Der Befehlszähler wird dann mit der Adresse geladen, an der diese Zeile beginnt.

Die *Interpretation* des Strings als Befehl erfordert ein Vielfaches an Zeit, verglichen mit der eigentlichen *Befehlsausführung*. Deshalb sind Interpreter sehr langsam.

Ein **Compiler** übersetzt die BASIC-Befehle in ein äquivalentes Maschinenprogramm. Damit wird ein Geschwindigkeitsgewinn um den Faktor 10-1000 erreicht, je nach Qualität der verglichenen Systeme. Das compilierte Programm, d.h. das äquivalente Maschinenprogramm, benötigt in der Regel auch weniger Speicherplatz.

Allerdings geht die interaktive Fehlerbehandlung verloren: Das Programm kann nur verändert werden, wenn seine **Quelle** (`source code`), d.h. die BASIC-Befehle, verändert werden. Die geänderte Quelle muß erneut übersetzt (**compiliert**) und das entstandene äquivalente Maschinenprogramm gestartet werden. Nach Programmende oder Programmabbruch, stehen die Variablen nicht mehr unter dem **symbolischen Namen** zur Verfügung, mit der sie im BASIC-Programm bezeichnet wurden.

Man wird das Programm also zunächst **interpretativ austesten**. Das fehlerfreie Programm wird schließlich aus Effizienzgründen compiliert.

Allerdings ist das compilierfähige BASIC meist geringfügig anders oder eingeschränkt gegenüber dem interpretierten BASIC.

■■ Den Compiler kann man mit verschiedenen **Optionen** aufrufen (starten). Z.B. kann er den Quelltext (das BASIC- Programm) auf dem Drucker auflisten. Oder die vom Benutzer angegebenen BASIC-Befehle werden so abgeändert, daß die Rechenzeit optimiert wird. Einige dieser Optionen sollen sich nur auf Teile der Quelle beziehen. Es ist deshalb sinnvoll, sie an Ort und Stelle zwischen die BASIC-Befehle einzustreuen:

%INCLUDE < Name >

fügt in die Quelle weitere unter < Name > abgespeicherte Programmteile ein.

%DEBUG

fügt - für den Benutzer unsichtbar - Befehle ein, welche die Quellzeilennummern für ein Tracing ausdrucken.

%NOLIST

unterdrückt ab sofort das Listing der Quelle.

Solche Anweisungen an den Compiler (**Compiler Directives**) werden zur **Compilierungszeit** (`Compile Time`), d.h. **statisch** durchgeführt. Dies steht im Unterschied zu den BASIC-Befehlen, von denen die meisten zur Durchführungszeit (**Run Time = Object Time**) ausgeführt werden. Da die letzteren auch vom Ergebnis einer Rechnung abhängen können, man denke etwa an einen bedingten Sprung, nennt man sie auch **dynamisch**.

8.15 Betriebssystem

Neben dem Prozessor und dem Memory besteht ein Computer meist aus einer
Vielzahl von angeschlossenen **Peripheriegeräten** wie Drucker, Tastatur, Magnet-
plattenspeicher (`Floppy-Discs`- oder Disketten-Laufwerke), Magnetbandge-
räte, etc.

Magnetische Speichermedien haben den Vorteil, daß ihr Inhalt erhalten bleibt, während Halbleiterspeicher, die für das Memory eines Computers verwendet werden, zwar einen schnellen Zugriff erlauben, ihre Information bei Stromausschalten jedoch verlieren.

Die **Verwaltung** dieser Geräte erfordert umfangreiche Programme, das
Betriebssystem (OS = `operating system`, DOS = `disc operating sy-
stem`).

Auf einer Diskette können sich z.B. mehrere **Dateien** (`files`) befinden. Wenn
der Benutzer mit einer Datei arbeitet, möchte er davon ausgehen, daß alle anderen Dateien, die er gerade nicht bearbeitet, geschützt bleiben, was auch immer er
für Fehler begeht. Deshalb kann der Benutzer auf der Diskette in der Regel nicht
selbst **absolut** addressieren. Er übermittelt vielmehr seine Zugriffswünsche dem
Betriebssystem. Dieses prüft, ob dieser Bereich zu dieser Datei oder zu diesem
Benutzer gehört. Anderenfalls wird ein gewünschter Schreib- oder Lesebefehl mit
einer Fehlermeldung abgelehnt.

Zum Betriebssystem zählt man auch die Compiler für die verschiedenen Computersprachen. Ferner gehören dazu die **Text-Editoren** zur Erstellung und Korrektur von Text-Dateien, welche z.B. BASIC- Quellprogramme enthalten. Es müssen ganze **Bibliotheken** (`libraries`) von compilierten Programmen und Unterprogrammen verwaltet werden. Schließlich wären die sog. **Dienstprogramme**
(`utilities`) zu nennen, welche gewisse nützliche Aufgaben, wie das Kopieren
von Magnetbändern etc. übernehmen.

Es gibt sehr viele verschiedene Betriebssysteme und dazugehörende Sprachen, um
seine Leistungen in Anspruch zu nehmen.

Es ist ein großer Vorteil von BASIC, daß die wichtigsten Funktionen des Betriebssystems von BASIC-Befehlen aus angefordert werden können. Eine detail-
lierte Kenntnis der meist schwierigen Betriebssysteme ist daher nicht erforderlich.
Diese Gruppe von BASIC-Befehlen wollen wir im folgenden besprechen.

8.16 Editor

Nach Stromeinschalten eines BASIC-Computers befindet man sich im **BASIC-Di-
rektmodus**: Die eingetippten BASIC-Befehle werden sofort ausgeführt. Wird dem
BASIC-Befehl eine Zeilennummer vorangestellt, so werden diese Befehle in den
BASIC-Bereich geschrieben: Ein Programm entsteht. Die Statements können da-

bei in irgend einer Reihenfolge eingegeben werden. Im Programm stehen sie in der Reihenfolge der angegebenen Zeilennummern.

Durch LIST können die Zeilen auf dem Bildschirm zur Kontrolle aufgelistet werden.

Mit EDIT < line_number > wird eine Zeile auf den Bildschirm geholt. Unter Verwendung der **Cursortasten**, welche einen blinkenden Leuchtpunkt (**Cursor**) verschieben, kann diese Zeile an der Stelle des Cursors korrigiert und mit der ENTER-Taste in korrigierter Form wieder in den BASIC-Bereich eingefügt werden.

DELETE 10-1000 löscht alle Zeilen zwischen 10 und 1000.

RENUM kann die gewählten Zeilen umnumerieren und z.B. auf eine bereinigte Form bringen.

8.17 Disketten-Operationen

CAT bringt auf dem Bildschirm ein Verzeichnis der Namen aller Dateien, welche sich auf der im Laufwerk gerade eingelegten Diskette befinden.

Die **Dateinamen** sind meist zweiteilig, z.B. SPIEL.BAS. Der erste Teil (SPIEL) ist der eigentliche Name. Der zweite Teil (BAS) ist die **File-Extension**. Das ist ein zusätzliches Anhängsel zum Namen, welches den Typ der Datei angibt. BAS bedeutet z.B., daß es sich um ein **BASIC-Quellprogramm** handelt. Die File-Extension BIN bedeutet meist, daß es sich um **Binärcode (Maschinenprogramm)** handelt. Der BASIC-Compiler speichert das aus SPIEL.BAS compilierte Maschinenprogramm z.B. unter dem Namen SPIEL.BIN auf der Diskette ab. Werden Dateien verändert und in dieser korrigierten Version erneut unter demselben Namen abgespeichert, so behält sich das System die alte Version unter dem Namen, z.B. SPIEL.BAK auf (**BAK** = back up). Es ist sehr nützlich, wenn man bei einem Fehler nochmals auf die alte Version zurückgreifen kann.

SAVE "spiel" speichert das sich im BASIC-Bereich befindliche Quellprogramm unter dem Namen SPIEL.BAS auf die Diskette. Für Dateinamen sind meist nur Großbuchstaben zugelassen, bzw. Kleinbuchstaben werden automatisch in Großbuchstaben verwandelt. Die File-Extension muß meist nicht angegeben werden, weil dazu eine **Voreinstellung** (default value), bei einer BASIC-Maschine BAS, genommen wird. Nur bei expliziter File-Extension wird die Voreinstellung momentan überschrieben (overrides the default value).

LOAD "spiel" lädt das Programm SPIEL.BAS von der Diskette wieder in den BASIC-Bereich des Memory. Es kann dort z.B. in seinem Quelltext korrigiert werden.

RUN "spiel" lädt SPIEL.BAS und startet es. Das gestartete Programm kann auch z.B. ein PASCAL-Compiler oder Interpreter sein. Die BASIC-Maschine verhält sich ab dann wie eine PASCAL-Maschine.

MERGE "spiel1" ist wie LOAD "spiel1", ein sich bereits vorher im BASIC-Bereich befindliches Programm wird jedoch *nicht* zuerst gelöscht. Wenn ihre Zeilennummern verschieden sind, können dadurch zwei Programme aneinandergefügt oder gemischt werden.

DELETE (oder ERASE) löscht Dateien.

RENAME <Name_new> <Name_old> benennt Dateien um, ohne ihren Inhalt zu ändern.

Auf der Diskette befindet sich ein Verzeichnis (**Directory**) aller Dateien. Darin stehen die physikalischen (=absoluten) Adressen von Beginn und Ende der Datei. Ferner enthält das Directory meist auch Angaben über das Datum und die Uhrzeit des letzten Zugriffs auf die Datei, etc.

CAT (oder DIR), wie schon erwähnt, druckt die im Directory enthaltene Information.

Eine Diskette besteht physikalisch auf jeder Seite (`Side`) aus mehreren **Spuren** (`tracks`). Jede Spur, die eine auf einem Kreis angeordnete Bitfolge darstellt, ist in eine feste Anzahl von **Sektoren** (Winkel) eingeteilt. Eine längere Datei wird nach Möglichkeit hintereinander auf benachbarten Sektoren einer Spur abgelegt. Wird später eine Datei gelöscht, so entsteht eine Lücke, in welche eine später erzeugte Datei nicht unbedingt hineinpaßt. Deshalb müssen Dateien manchmal gestückelt abgespeichert werden. Die Information, wo die einzelnen Teile der Dateien, aber auch die leeren Sektoren liegen, wird im Directory aufbewahrt.

Deshalb enthält schon eine leere Diskette eine gewisse Information, die von dem Betriebsystem, das die Diskette nun verwalten soll, abhängig ist. Diese wird durch FORMAT auf eine fabrikneue Diskette geschrieben.

8.18 Drucker ■■

Auch die Ansteuerung eines **Druckers** (`printer`) und der **Tastatur** (`keyboard`) erfordert Leistungen des Betriebssystems. Wir hatten bereits das einfache PRINT Kommando kennen gelernt. In älteren Systemen war eine Schreibmaschine (Tastatur und Fernschreiber = `Teletype` = TTY) die einzige **Peripherie** des Computers. Man sprach von einer **Bedienungskonsole** (`console`). Später kam ein **Sichtgerät (Monitor)** dazu, mit dem man die Vorgänge im Computer überwachen konnte. Bald wurde das Sichtgerät zum hauptsächlich verwendeten Ausgabemedium, und PRINT war eine Ausgabe auf dem Monitor. Sollte doch gelegentlich auf dem Drucker (`Line Printer`) ausgegeben werden, so mußte stattdessen das Kommando LPRINT verwendet werden.

Wir hatten bereits das *einfache* PRINT Kommando häufig verwendet. Mit PRINT i wird die REAL-Zahl i in einer Standardform, z.B. 0.2345833E+2 ausgedruckt. Falls dies unübersichtlich ist oder falls ein spezielles **Format** gewünscht wird, kann man das PRINT USING Kommando, z.B.

PRINT USING "###.##" ;i

verwenden. Nach dem USING kommt der **Formatstring**. Er ist ein **Muster** (model) für die zu druckende Zahl, welche in diesem Beispiel als 23.45 erscheint.

Paßt die Zahl nicht in das Format, so erscheint ein Fehler zur **Laufzeit** (Run Time Error).

Das **Trennzeichen** (delimiter) [,] in der **Variablenliste** eines PRINT Kommandos bedeutet einen Vorschub zur nächsten **Tabulatorposition** auf dem Bildschirm, während der Delimiter [;] jeglichen Vorschub vermeidet. Ein [;] am Ende des PRINT Kommandos *vermeidet* den sonst implizierten **Zeilenvorschub**.

Das Programm

```
i=1:j=4
PRINT i,j
i=i+1
PRINT i,j
```

erzeugt den Ausdruck

```
1     4
2     4
```

während

```
i=1:j=4
PRINT i;j;
i=i+1
PRINT i;j
```

den Ausdruck

```
1 4 2 4
```

erzeugt.

Wir haben oben von der Möglichkeit Gebrauch gemacht, mehrere Statements in einer Zeile, durch [:] getrennt, anzugeben.

Mit CLS (`clear screen`) wird der Bildschirm gelöscht. Die Ausgabe beginnt dann oben links. Ist der ganze Bildschirm voll geschrieben, so wird der Bildschirminhalt wie bei einer Schriftrolle (`scroll`) nach oben geschoben.

Manchmal möchte man an eine *bestimmte* Stelle des Bildschirmes schreiben. Mit

LOCATE < x-coordinate >, < y-coordinate >

wird die nächste PRINT Position an eine Stelle eines auf dem Bildschirm gedachten xy-Koordinatensystems gelegt.

8.19 Tastatur

Manchmal benötigt ein Programm zur Laufzeit eine Information vom Benutzer. Wenn das Programm z.B. das Datum von Ostern im Jahre n berechnet, muß es den Wert von n vom Benutzer anfordern. Dies geschieht mit dem Kommando

INPUT [< prompt string >;] < variable > {, < variable > }

Wir haben in obiger Syntax die metasprachlichen Optionalklammern [ ] und die optionalen Wiederholungsklammern { } benützt. Das Statement könnte z.B.

INPUT "Jahreszahl ?"; n

lauten. Bei Erreichen dieses Kommandos wird der Text (String)

Jahreszahl ?

geschrieben und das Programm wartet bis der Benutzer auf der Tastatur eine Eingabe gemacht hat, die mit der ENTER Taste abgeschlossen werden muß.

Unter **Prompt** versteht man eine Aufforderung zur Eingabe. Dies ist meist ein blinkendes Zeichen (**Cursor**), welches auf die Stelle, wo die Eingabe gemacht werden muß, hinweist. Das INPUT Kommando kann jedoch einen Prompt-String ausgeben, welches dem Benutzer Hinweise auf die Art der gewünschten Eingabe macht.

Gewisser ASCII-Code bewirkt das Ertönen eines Klingelzeichens. Ein solcher Code, mit + CHR$ in den String gebracht {8.7}, fordert den Benutzer auch akkustisch zur Eingabe auf.

Komfortable Programme möchten dem Benutzter die Mühen, lästige Eingaben machen zu müssen, möglichst abnehmen. Meist handelt es sich um die Auswahl einiger Möglichkeiten. Das Programm druckt diese aus, z.B. eine Liste von 10 hauptsächlich in Frage kommende Jahreszahlen und noch eine elfte Möglichkeit, die Jahreszahl selbst einzugeben. Man hat dann eine Wahlmöglichkeit (**Menue**). Durch Bewegen des Cursors mit den Cursortasten auf eine der Möglichkeiten kann diese mit ENTER selektiert werden.

Falls dies hardewaremäßig realisiert ist, kann die Stelle auch mit einem **Lichtgriffel** (`light pen`) auf dem Bildschirm direkt berührt werden. Der Lichtgriffel sieht den über den Bildschirm laufenden Elektronenstrahl und kann den Zeitpunkt des empfangenen Signals in die Stelle auf dem Bildschirm umrechnen.

Noch beliebter ist jedoch die **Maus** (`mouse`), die man auf Rädern (Kugeln) auf der Tischplatte herumfahren kann. Die registrierte Bewegung der Kugeln wird in eine Bewegung des Cursors übersetzt.

Der Benutzer möchte manchmal seine Eingabe schon machen, bevor er dazu aufgefordert wird, z.B. weil er schon weiß, welche Eingabe von ihm sobald verlangt werden wird. In älteren Systemen wurde die vom Computer noch nicht angeforderte Information ignoriert. Bestenfalls wurde er durch einen Piepston oder durch eine blockierte Tastatur auf sein voreiliges Verhalten aufmerksam gemacht. Im ungünstigsten Falle blieb er der Meinung, die schließlich dann doch verlangte Information bereits gegeben zu haben. Bei schnellen **interaktiven Programmen** (`man machine interaction`) war dies eine ständige Quelle des Mißverständnisses, welche dem Benutzer schließlich den Eindruck gab, ein nicht einwandfrei funktionierendes System vor sich zu haben.

In moderneren Systemen werden deshalb die nicht angeforderten Tastendrucke des Benutzers in den **Tastaturpuffer** (`key board buffer`) gespeichert. Bei einer tatsächlichen Abfrage durch das Programm wird zuerst der Puffer gelesen. Erst wenn dieser leer ist, wird die Tastatur abgefragt.

Im Gegensatz zum **Stack** ist der Tastaturpuffer ein **FIFO**, ein first-in-first-out Speicher.

Die obige Jahreszahl könnte auch als String, etwa mit

INPUT "Jahreszahl ?";a$ (8.28)

eingelesen werden. Mit n = VAL$(a$) könnte dann der String a$ = "1988" in die INTEGER-Zahl n = 1988 verwandelt werden. Man ist damit jedoch wesentlich flexibler. Man kann z.B. den String a$ so weiterverarbeiten, daß auch die Eingabe '88 zuläßig wäre.

Da es in BASIC den Typ CHARACTER nicht gibt, kann mit (8.28) nur ein ganzer String d.h. eine ganze Zeile (Linie) eingegeben werden, deren Ende durch Drücken der ENTER Taste erkannt wird.

Stattdessen wurde das Kommando INKEY$ geschaffen, welches genau eine Taste einliest. Während INPUT solange wartet bis der Benutzer eine Eingabe gemacht hat, welche durch ENTER abgeschlossen werden muß, wartet INKEY$ nicht: Hat der Benutzer keine Taste gedrückt, d.h. ist der Tastaturpuffer leer, so gibt die Funktion INKEY$ den leeren String als Funktionswert.

Manchmal soll ein Programm solange vor sich hin rechnen bis der Benutzer, z.B. durch Drücken der Taste s, zwischendurch eine andere Leistung, etwa den Ausdruck des gerade erreichten Standes, wünscht. Dies kann man dadurch bewirken, daß an einer Stelle im Programm, die immer wieder durchlaufen wird, den Befehl

```
IF INKEY$ = "s" THEN GOSUB < Line_number >
```

einfügt. Natürlich könnte man dies auch in zwei Statements:

```
a$ = INKEY$
IF a$ = "s" THEN GOSUB < Line_number >
```

formulieren.

Die Vorteile des Tastaturpuffers wurden oben geschildert. Manchmal möchte man jedoch wissen, ob der Benutzer ab einem bestimmten Moment erneut eine Eingabe gemacht hat, d.h. man möchte den Tastaturpuffer auch leeren können. Dies gelingt mit

```
WHILE INKEY$ < > ""
WEND
```

Es werden dabei solange Zeichen aus dem Tastaturpuffer gelesen und ignoriert, bis dieser leer ist, d.h. INKEY$ den leeren String "" als Funktionswert liefert. Die WHILE ... WEND-Schleife ist in diesem Beispiel leer.

Wenn in obigem Beispiel schon feststeht, für welche Jahreszahlen, z.B. 1965, 1995 und 1830 das Datum von Ostern berechnet werden soll, so kann man diese Angaben auch im Programm selbst, z.B. in einer dimensionierten Variablen machen:

```
jzahl(1) = 1965
jzahl(2) = 1995
jzahl(3) = 1830
```

Diese Werte können dann im Loop abgearbeitet werden, z.B.

```
FOR i = 1 TO 3: n = jzahl(i)
```

Für viele Daten wird das jedoch umständlich. Deshalb wurde die DATA und die READ Anweisung geschaffen: Am Anfang des Programms steht z.B.

```
DATA 1965,1995,1830
```

Das weitere Programm kann dann diese interne Datenliste durch

```
READ n
```

auslesen. Beim ersten READ n wird n = 1965 gelesen, beim zweiten Durchlaufen des Befehls READ n wird n = 1995 gelesen, etc. DATA erzeugt gewissermaßen eine interne **sequentielle Datei**, (die nur von vorne bis hinten gelesen werden kann). Ein **Zeiger** (`pointer`) zeigt dabei jederzeit auf das nächste zu lesende Datum.

Mit RESTORE wird der Zeiger wieder auf den Beginn der sequentiellen Datei zurückgesetzt.

8.20 Dateien

Um auf die verschiedenen peripheren Geräte wie Drucker, Bildschirm, Plattenlaufwerk (`disc drive`) Daten auszugeben, waren unterschiedliche Befehle notwendig: LPRINT, PRINT, SAVE. Ebenso waren für die Dateneingabe von Tastatur, Plattenlaufwerk und der internen DATA-Datei die unterschiedlichen Befehle INPUT, LOAD, READ zu verwenden.

Die Zahl der angeschlossenen Peripheriegeräte kann auch noch wesentlich größer sein: **Plotter** (für Zeichnungen), **Modem** (für Ein- und Ausgabe auf Telephonleitungen), **Joy Stick** (Steuerknüppel für Spiele), **Typenraddrucker** (`daisy wheel printer`) mit leicht auswechselbarem **Zeichensatz** (`character set`), etc.

Es können auch mehrere gleichartige Geräte angeschlossen sein. Auf dem Bildschirm können mit dem Kommando WINDOW mehrere **Fenster** definiert werden, die wie unabhängige Bildschirme fungieren.

Es ist deshalb sinnvoll, für alle Geräte ein *einheitliches* Kommando für Eingabe, wie auch für Ausgabe, zur Verfügung zu haben und die unterschiedlichen Geräte durch Nummern, die **logischen Gerätenummern** (`logical device numbers`), zu unterscheiden. Da auf einem Gerät auch mehrere **Dateien** (`files`) betroffen sein können, z.B. mehrere Fenster auf dem Bildschirm oder mehrere Dateien auf einer Diskette, ist es besser von **logischer Dateinummer** (`File number`) zu sprechen.

Mit dem BASIC-Befehl

READ # < file_number > [, < record_number >]; < variable > {,variable > }   (8.29)

kann von dem File mit Nummer < file_number > gelesen werden. Der Zusatz z.B. #5; nach dem READ unterscheidet das Statement von dem einfachen READ des internen DATA-Feldes.

Auf den File wird mit

WRITE # < file_number > [, < record_number >]; < variable > {, < variable > }

(8.30)

geschrieben.

Bis jetzt hatten wir in diesem Teilkapitel **sequentielle Files** vorausgesetzt. Diese können nur von vorne beginnend, Variable nach Variable, gelesen bzw. beschrieben werden. Ein solcher File besteht aus einer Folge von **Sätzen** (`records`). Jeder der obigen PRINT-Befehle schreibt genau einen Record. Wird später der File gelesen, so liest jede Durchführung des obigen READ-Befehls genau einen Record. Werden dabei mehr Variablen angefordert, als in dem Record vorhanden sind, so entsteht ein **Laufzeitfehler (run time error)**. Werden weniger angefordert, so werden die restlichen ignoriert: Der nächste READ-Befehl liest vom nächsten Record an weiter. Beim Drucker entspricht jedem Record eine Zeile. Bei der Tastatur ist es eine durch die ENTER-Taste abgeschlossene Informationseinheit.

In vielen Fällen möchte man auf die einzelnen Records *direkt* zugreifen. Man spricht dann von einer Datei mit wahlweiser Zugriffsmöglichkeit (`random access file`). Meist werden nur `random access files` mit einer festen (konstanten) Satzlänge (**RECL** = `record length`) realisiert.

Um dies zu ermöglichen, muß im File-Directory ein hintereinanderliegendes Verzeichnis der Anfangsadressen aller Records auf der Diskette angelegt sein. Eine solche Datei erfordert mehr Aufwand und wird nur bei Bedarf angelegt.

Man muß durch

CREATE < Filename.Fileextension > [RECL < reclength >]

eine solche Datei zuerst erzeugen. Der Filename besteht typischerweise aus dem eigentlichen Namen und einer Fileextension, z.B. spiele.bin. Wird z.B. RECL 240 angegeben so wird der File als `random access file` mit einer Satzlänge von 240 Bytes angelegt. Andernfalls wird ein leerer sequentieller File dieses Namens angelegt.

Bei `random access files` wird im READ oder WRITE-Kommando (8.29)(8.30) neben der logischen Gerätenummer die **Recordnummer** *< record_number >* angegeben.

Zugriffe auf Disketten sind im Vergleich zu einem Zugriff auf das Memory (Kernspeicher oder Halbleiterspeicher) langsam, weil der **Schreib/Lesekopf** (`Read/write head`) zuerst mechanisch auf die richtige Spur positioniert werden muß. Schließlich muß bis zu einer halben Umdrehung der Diskette gewartet werden, bis der Kopf über dem richtigen Sektor liegt. Nach dieser Positionierung können die Daten relativ schnell, mit der Umdrehungsgeschwindigkeit der Diskette, übertragen werden.

Aus diesem Grunde vermeidet man allzu häufige Zugriffe auf die Diskette. Man legt im Memory einen **Datenpuffer** (`buffer`) an. Die Daten werden zunächst in den Puffer übertragen. Erst wenn der Puffer voll ist, wird dieser auf die Diskette entleert.

Eine Datei auf Diskette überlebt in der Regel einen einzelnen Programmlauf (**Job, Run**). Man spricht dann von einer **permanenten Datei** im Unterschied zu einer **temporären Datei**.

Soll in einem Job mit einer bereits existierenden Datei, z.B. *spiele.bin*, gearbeitet werden, so muß mit

OPEN spiele.bin AS 5

die Datei dem Job bekannt gemacht werden. Es wird der Puffer angelegt und der Datei die logische Gerätenummer *<file_number>* 5 zugeordnet, unter der sie bei den folgenden READ und WRITE-Befehlen angesprochen wird.

Am Ende des Programmes (end of job) muß der Puffer mit

CLOSE 5

wieder entleert werden.

Häufig weiß man nicht mehr aus wievielen Records die ganze Datei besteht. Die Funktionen EOF liefert wahr (-1), wenn beim Lesen das Ende der Datei erreicht wurde. Die Funktion SIZE(5) liefert die Länge in Records der Datei 5.

Bei READ und WRITE werden einzelne INTEGERs, REALs oder STRINGs übertragen. Manchmal interessiert man sich nicht dafür, wie das System diese Variablen intern darstellt, und man möchte mit den einzelnen Bytes arbeiten:

Mit i% = GET(5) wird das nächste Byte der Datei 5 gelesen und der INTEGER-Variablen i% zugeordnet. GET ist gewissermaßen ein Zugriff auf der physikalischen Ebene der Bytes.

Mit PUT 5, i% wird die INTEGER-Zahl i%, deren Wert zwischen 0 und 255 liegen muß, als nächstes Byte auf die Datei 5 geschrieben.

Die peripheren Geräte haben **absolute** (physikalische) Adressen, genauso wie jedes Computerwort im Memory eine solche Adresse hat, mit der sie von der CPU angesprochen werden. Der Benutzer verwendet jedoch in seinen Programmen meist die **symbolischen "Adressen"** wie spiele.bin oder 5 in den obigen Beispielen und überläßt es dem Betriebssystem, diese in absolute Adressen zu verwandeln. Ebenso sind die Variablennamen wie i% etc. die symbolischen Adressen, denen absolute Adressen im Memory entsprechen.

So wie der Benutzer mit PEEK und POKE auf absolute Adressen des Memory zugreifen kann, so kann er mit INP und OUT auf einzelne Bytes der mit absoluten Adressen angesprochenen peripheren Geräte zugreifen. Die peripheren Geräte, oder genauer gesagt: deren interne Register, haben hardwaremäßig festgelegte Adressen <adr> im Bereich von 0 ... 65535. Mit

OUT (<adr>, <byte>)

wird das Byte <byte> in das Register mit Adresse <adr> geschrieben. <byte> ist dabei eine natürliche Zahl zwischen 0...255. Mit

i% = INP(<adr>)

wird das Register mit Adresse <adr> gelesen. Beispiele findet man in {11.3}

INP und OUT haben eine unterschiedliche Syntax, weil OUT ein Statement, INP aber eine Funktion ist, deren Argumente mit Klammern umschlossen werden.

Da man mit POKE und mit OUT das System zerstören kann, sind dies in einem **Mehrplatzsystem** (multiuser system) **privilegierte Befehle** (privileged instructions), d.h. solche, die nur das Betriebssytem oder solche Benutzer verwenden dürfen, die berechtigt sind, das Risiko einzugehen, das System zu zerstören.

Die mit den älteren Kommandos SAVE, PRINT etc. erzeugten Files haben meist eine andere interne Struktur als die mit WRITE beschriebenen. Ihre Umwandlung stellt meist ein nicht triviales und systemabhängiges Problem dar.

8.21 Grafik

Eine Figur sagt mehr als tausend Zahlen. Deshalb haben die meisten BASIC-Systeme ein einfaches Grafik-System integriert.

Der Bildschirm besteht aus einer großen Zahl von Bildpunkten (**Pixels**), die vom Grafic-System einzeln angesprochen werden können. Auf dem Bildschirm denkt man sich ein xy-Koordinatensystem, durch das die Pixels adressiert werden können.

Die Grafic-Anweisungen bewegen einen unsichtbaren Cursor, den Grafic-Cursor. Dieser entspricht bei einem Plotter dem Zeichenstift, der in gehobener oder abgesenkter Lage über die Papierfläche bewegt werden kann.

MOVE <x>, <y> bewegt den Grafic-Cursor an den Pixel mit Koordinate <x>,<y>.

PLOT <x>,<y> zeichnet von der aktuellen Position des Grafic-Cursors nach <x>,<y> eine leuchtende Linie.

Bei der Farbgrafik können die beiden Anweisungen MOVE und PLOT noch mit einem dritten Argument, der **Farbstiftnummer** <f>, verwendet werden.

Bei Farbbildschirmen (**Farbmonitoren**) können bis zu 256 oder mehr verschiedene Farbtöne dargestellt werden. Jedes Pixel braucht dann nicht nur ein Bit (hell oder dunkel) sondern ein ganzes Byte an Speicherplatz im Memory.

In vielen Fällen reicht dazu die Speicherkapazität des Systems nicht aus. Als Kompromiß läßt man z.B. nur 8 verschiedene Farbstifte zu. Jedes Pixel braucht dann nur 3 Bits an Speicherplatz. Durch den BASIC-Befehl

INK <f>,<Farbe>

kann dem Farbstift <f>, wobei <f> zwischen null und sieben liegt, eine der 256 Farben zugeordnet werden.

Wenn der Elektronenstrahl, fünfzigmal pro Sekunde, das Bild aufbaut, wird bei jedem Pixel die 3-Bit-Information <f> aus dem Memory ausgelesen. Hardwaremäßig wird <f> aus einer Zuordnungstabelle in <Farbe> übersetzt, welche schließlich dargestellt wird. Da diese Übersetzung in der Zeit erfolgen muß, während der Elektronenstrahl über einen Pixel läuft, wird die Zuordnungstabelle in einem sehr schnellen Memory (**Register**) untergebracht sein muß.

Beim INK-Befehl kann man in einigen Systemen noch eine zweite Farbe angeben: Der Pixel blinkt dann mit einer angebbaren Geschwindigkeit zwischen diesen beiden Farben.

Farbgrafik stellt hohe Anforderungen an die Qualität der Farbmonitore. Schlechte Farbmonitore zeigen eine geringe Auflösung (Linienverschmelzung) und geringe Farbtreue (Beeinflussung der Farbe durch benachbarte Linien). Eine Schwarz-Weiß-Grafik ist dann u.U. informativer als eine schlechte Farbgrafik.

8.22 Zusammenfassung

Wir stellen die wichtigsten BASIC-Befehle, nach funktionellen Gruppen geordnet, zusammen.

Warnung: Die genaue Form der Statements hängt vom verwendeten BASIC-Dialekt ab. Nicht alle der angegebenen Statements existieren in allen Systemen.

Zahldarstellungen:

```
n% = 11 = &B = &X1011                                         {Tab.8.1}
PRINT (HEX$(n%)) --> B                                        Als Hex-Zahl
PRINT (BIN$(n%)) --> 1011                                     Als Binärzahl
PRINT (DEC$(2.001E2,"###.#")) --> 200.1
                                        Als Dezimalzahl in vorgebarem Format
```


Typen von Konstanten, Variablen und ihre Deklarationen:

```
INTEGER:    -1236   n%   DEFINT x   DEFINT a-e
REAL:       -2.5E-4  x   default, DEFREAL x
STRING:     "bla-BLA"  a$   DEFSTR a,b
```

Im String wird " durch "" dargestellt

logische Variablen werden als INTEGER dargestellt: 0 = F = FALSE, jede andere Zahl bedeutet T = TRUE.

Logische Operationen werden bitweise durchgeführt.

DIM a(200)   Deklariert Feld (array) a(0)...a(200)
ERASE a   Gibt Speicherplatz von Feld wieder frei

Typumwandlungen:

$n\% = CINT(x)$ Rundet auf INTEGER (1.99 --> 2)
$n\% = FIX(x)$ Schneidet ab (1.99 --> 1, -1.99 --> -1)
$n\% = INT(x)$ Rundet auf kleinere (-1.1 --> -2)
$y = ROUND(x,2)$ Rundet REAL x auf 2 Dezimalen
$x = n\%$ Wandelt INTEGER in REAL
$a\$ = STR\$(x)$ REAL nach String, z.B. a$ = "0.1E4"
$x = VAL(a\$)$ Umkehrung zu STR$
$a\$ = CHR\$(65)$ Wandelt ASCII-Code nach ASCII-Zeichen {Tab.8.5}
$n\% = ASC("A")$ Wandelt ASCII-Zeichen nach ASCII-Code

Logische und arithmetische Operationen:

(Klammer) ^ (Potenzieren) * / (Division) + - < > = < > (ungleich)
< = (kleiner gleich) > = (größer gleich) NOT (Negation) AND OR XOR
ABS(x) (Betrag) SGN(x) (Vorzeichen) MAX(x,y) (Maximum) MIN(x,y) (Minimum) SQR(x) (Wurzel) EXP(x) (e-Funktion) LOG(x) (natürlicher Logarithmus) LOG10(x) (Zehnerlogarithmus) PI (π) SIN(x) COS(x) TAN(x) (Tangens) ATN(x) (Arcustangens) DEG (x im Gradmaß) RAD (x im Bogenmaß)

a*b/c = (a*b)/c
-a ^ -b = (-a) ^ (-b)

Stringoperationen:

LEN (a$) (Länge) LEFT$(a$,2) RIGHT$(a$,2) MID$(a$,3,2)
INSTR("Hallo!","allo") "Lieber" + a$ + "! Wir laden Dich ..."
b$ = LOWER$(a$) (verwandelt in Kleinbuchstaben, analog UPPER$)
MID$ (fügt String in die Mitte eines anderen ein)

Loops:

```
FOR i = 4 TO 20 STEP 2
< statements >
NEXT


WHILE  < logische_Aussage >
< statements >
WEND
```

Sprünge:

```
GOTO  < Zeilennummer_oder_Label >
```

```
ON i GOTO  < lab1 >, < lab2 >
```
                                                            Springt auf i. Label

```
ON ERROR GOTO  < lab >
ON BREAK GOTO  < lab >
ON BREAK STOP
```
                                            Springt im Fehlerfall
                                Springt, wenn Taste < ESC > gedrückt

```
IF < logische_Aussage > THEN < statement > ELSE < statement >
```

Unterprogramme:

```
GOSUB < Zeilennummer_oder_Label >
RETURN
```
                                                Springt in Unterprogramm
                                                            Rücksprung

```
CALL &BD19
```
                                Springt in Maschinenspracheunterprogramm

```
DEF f1(x,y)
< statements >
f1 =
FEND
```
                                                Definition der Funktion f1

```
ON i GOSUB < lab1 >, < lab2 >
```
                                                Springt in i. Unterprogramm

```
ON ERROR GOSUB < lab >
ON BREAK GOSUB < lab >
```
                                            Springt im Fehlerfall
                                Springt, wenn Taste < ESC > gedrückt

Unterbrechungen:

STOP	Beendet Programm
END	Letztes Statement im Quellprogramm, wie STOP
DI	Verbietet Interrupts
EI	Erlaubt Interrupts
Taste <ESC>	Unterbricht (Break)
CONT	Wieder fortsetzen

Fehlerbehandlung:

ON ERROR GOTO <lab>	Springt im Fehlerfall
ON ERROR GOSUB <lab>	Springt im Fehlerfall
ERL	Zeilennummer, wo Fehler auftrat
ERR	Fehlertext
RESUME	Fährt fort, wo von ON ERROR GO..unterbrochen
RESUME NEXT	Wie RESUME, aber in Zeile nach dem Fehler
RESUME <line_number>	Wie RESUME, aber bei Zeile <line_number>
TRON	Schaltet Trace zur Ausgabe der durchlaufenen Programmzeilen ein
TROFF	Schaltet TRACE wieder ab

Ein- und Ausgabe:

PRINT "bla-bla-bla",x,y,z	Ausgabe auf Standardmedium, meist Bildschirm
PRINT #9,"bla-bla-bla",x,y,z	Ausgabe auf Kanal #9, z.B. Drucker, Window
LIST 10-200,#9	Geladenes BASIC-Program auf Kanal 9 auflisten
INPUT "Prompt";n,x	Liest n,x von Tastatur bis <ENTER>, z.B. n=12
LINE INPUT "Prompt";a$	Wie INPUT aber als String, z.B. a$="12"

Bei INPUT muß das Format der Eingabe stimmen, bei LINE INPUT ist es völlig frei.

a$=INKEY$	Liest ein Zeichen von Tastatur
IF INKEY(55) THEN ..	Ist Taste Nr. 55 gedrückt?
CAT	Inhaltsverzeichnis der Diskette
DELETE "spiele"	Löscht Datei
RENAME "spielealt", "spieleneu"	Umbenennen

SAVE "spiele"	Abspeichern von Programm oder Memorybereichen
LOAD "name"	Umkehrung zu SAVE: Laden
MERGE "name1"	Wie LOAD, aber lädt *dazu*
RUN "name"	Wie LOAD, aber sofort starten

CREATE "Ergeb.neu"	Erzeuge neue Datei auf Diskette
OPEN "Ergeb.neu" AS 5	Ordne Kanalnummer zu für diesen RUN
OPENIN	Wie OPEN, aber von Kanal nur lesen erlaubt
OPENOUT	Wie OPEN, aber von Kanal nur schreiben erlaubt
WRITE #5;x,y,z	Schreibe x,y,z auf Datei, sequentiell
READ #5;x,y,z	Lese x,y,z von Datei, sequentiell
PUT 5, <byte>	Schreibe ein Byte auf Datei, sequentiell
i% = GET(5)	Lese ein Byte von Datei, sequentiell
EOF	Ist Ende der Datei erreicht?
REWIND #5	Gehe an Anfang der Datei
CLOSE #5	Datei korrekt abgeschlossen (Puffer geleert)
CLOSEIN	Wie CLOSE, Ende von OPENIN
CLOSEOUT	Wie CLOSE, Ende von OPENOUT

READ n	Liest n von BASIC-Datenliste
DATA 1987,1995,1830	Definiert BASIC-Datenliste
RESTORE	Gehe an Anfang der BASIC-Datenliste

POKE <adr>, <byte>	Schreibt auf Adresse <adr> im Memory
i% = PEEK(<adr>)	Liest von Adresse <adr> im Memory

Verschiedenes:

REM Das ist ein Kommentar	
x = SIN(y) 'Hier wird der Sinus berechnet'	
DEG	Winkelangaben in Grad interpretiert
RAD	Winkelangaben im Bogenmaß interpretiert

TIME	Gibt Zeit seit Einschalten des Computers
RND	Gibt Zufallszahl zwischen 0 und 1

RND gibt nur Pseudozufallszahlen, die sich bei neuem RUN wiederholen. Man kann aber viele solche Folgen wählen z.B. mit:

RANDOMIZE 14.5	Wählt bestimmte Folge von Pseudozufallszahlen
RANDOMIZE TIME	wählt bei neuem RUN zufällige neue Folge.

NEW	Löscht das Programm im Speicher
CLEAR	Setzt alle Variablen im Programm auf 0
ERASE a	Gibt Speicherplatz von Feld a wieder frei

Für BASIC-Programme ist im Memory ein bestimmer Bereich, der BASIC-Bereich, reserviert, der meist nicht völlig ausgenutzt wird. Manchmal möchte man den nicht ausgenutzten Teil für andere Zwecke, z.B. für Maschinenspracheprogramme benutzen.:

HIMEM	Gibt höchste benutzte Adresse im BASIC-Bereich
FRE	Soviel ist im BASIC-Bereich noch frei
MEMORY	Setzt Obergrenze für BASIC-Bereich neu fest

Buchstaben-Grafik:

CLS	Löscht Bildschirm
MODE	Definiert Schriftgröße auf Bildschirm
LOCATE x,y	Folgender PRINT soll nach x,y gehen
POS	Gibt x, wohin jetzt PRINT geht
VPOS	Gibt y, wohin jetzt PRINT geht
WINDOW	Definiere Fenster auf Bildschirm

Strich-Grafik:

MOVE x,y	Grafic-Cursor nach x,y
XPOS	Gibt aktueller Stand x des Grafic-Cursor
YPOS	Gibt aktueller Stand y des Grafic-Cursor
PLOT x,y,f	Zeichne von bisherigem Ort nach x,y mit Stift f
PLOTR x,y,f	Wie PLOT, aber relativ, x,y ist Vektor
INK f, <farbe>	Definiert für Stift f eine Farbe
ORIGIN	Definiert Nullpunkt für x,y neu

BORDER <farbe>	Farbe für Bildschirmrand
PAPER <farbe>	Farbe des Bildschirmes, wo nicht beschrieben

Editor:

EDIT 20	Hole Zeile 20 auf Bildschirm zum edieren
LIST	Auflisten des ganzen Programmes
LIST 100-	Ab Zeile 100
LIST 100-200	
LIST -100	Bis Zeile 100
LIST,#9	Wie LIST, aber Ausgabe auf Kanal 9, z.B. Drucker
DELETE 100-200	Lösche Zeilen

```
DELETE 100-                                              Ab 100
DELETE -200                                              Bis 200
DELETE                                                   Alles
RENUM <alte_Zeilennummer>,<neue_Zeilennummer>,<Schrittweite>
AUTO 100,10           Schlägt Zeilennummern vor, ab 100, Schrittweite 10
```

9. Architektur und Maschinensprache eines Mikroprozessors

9.1 Allgemeines

Wir besprechen in diesem Kapitel die innere Architektur eines Mikrocomputers am Beispiel der **Z80**. Die Beschäftigung mit wenigstens einer **Maschinensprache** ist für das tiefe Verständnis eines Computers unerläßlich. Wenn man *eine* Maschinensprache verstanden hat, ist es in der Regel eine Kleinigkeit, eine *andere* zu lernen.

Darüberhinaus kann aber auch heute noch, d.h. trotz der Existenz höherer Programmiersprachen, die Kenntnis der Maschinensprache in folgenden Fällen erforderlich sein:

-- in zeitkritischen oder speicherintensiven Problemen, bei denen der Compiler die Rechenzeit oder die Speicherausnuzung nicht genügend optimiert,
-- wenn in der höheren Programmiersprache gewisse Operationen, z.B. Byteoperationen, nicht vorgesehen sind,
-- wenn man in einem fertigen Programm (Objectcode), bei dem man keinen Zugang zur Quelle hat, kleine Änderungen, sog. **Absolutkorrekturen**, vornehmen muß,
-- weil Fehlermeldungen gewisser Compiler nur zusammen mit dem von ihm erzeugten Objectcode interpretiert werden können.

Die Verwendung der Maschinensprache hat jedoch zwei entscheidende *Nachteile*: Die Programmierung und die Fehlersuche sind wesentlich aufwendiger und die Programme sind nicht **portabel**, d.h. können nicht auf andere Computersysteme übertragen werden.

Man wird also entsprechend dem Prinzip der **Modularität** den größten Teil des Programmes in einer höheren Programmiersprache schreiben und nur einzelne kleinere, aber oft durchlaufene Routinen in Maschinensprache abfassen.

Die Z80 ist zu einem **Industriestandard** für 8 Bit-Systeme geworden und erfreut sich bei einfachen Homecomputern und bei einfachen Steuerungen im Labor einer großen Beliebtheit. Die Z80 ist ein moderner Prozessor der dritten Generation. Die meisten wesentlichen Gesichtspunkte können an ihm erläutert werden. Eine Z80 kann man als Baustein für einen geringen Geldbetrag erwerben.

9.2 Register

Die **Zentraleinheit (Prozessor, CPU**= `central processing unit`) kann an
einem **Computerwort** gewisse Operationen durchführen. Dies ist aber nur möglich, wenn dieses Wort aus dem Memory in ein spezielles **Register** der CPU geladen wird. Nach der Operation wird das Wort wieder in das Memory zurückgespeichert.

Der Zugriff auf Register ist wesentlich schneller als der Zugriff auf die Worte eines großen Speichers. Deshalb wird es sinnvoll sein, gewisse häufig verwendete
Variablen in Registern gespeichert zu halten.

Die Z80-CPU hat die folgenden 8 Bit breiten Register: A, B, C, D, E ,H, L, Bild
9.5. Das **A-Register (Akkumulator)** spielt eine Sonderrolle, weil die meisten
arithmetischen und logischen Operationen nur mit dem Inhalt des A-Registers
möglich sind. Die beiden Register H und L bilden zusammen die linke (H=`high
order byte`) und die rechte (L=`low order byte`) Hälfte eines 16 Bit brei-
ten Registers, das manchmal wie ein einheitlichen Register behandelt werden
kann.

Die grundlegendsten Befehle der Maschinensprache sind die **Ladeoperationen**
(`load commands`). Als Maschinenbefehl aufgefaßt bedeutet das Byte

$$01\ r\ r', \tag{9.1}$$

daß der Inhalt des Register r' in das Register r geladen wird. Es handelt sich also
um einen Datentransfer zwischen zwei Registern. r bzw. r' sind die Nummern des
Registers, gemäß Tab. 9.1.

Mnemonic	r, r'
A	111
B	000
C	001
D	010
E	011
H	100
L	101

Tab. 9.1: Numerierung der 8-Bit-Register der Z80-CPU

Wenn beispielsweise ein Datentransfer von Register B nach Register A stattfinden
soll, so lautet der **Maschinenbefehl** (9.1):

01 111 000

Ein Datentransfer in der umgekehrten Richtung würde durch 01 000 111 ausgelöst.

Wir hatten im letzten Kapitel von den unterschiedlichen Interpretationen eines Bytes im Falle von INTEGER, REAL, STRING (ASCII), LOGICAL etc. gesprochen. Jetzt haben wir eine weitere Interpretation, nämlich als **Maschinencode** (**Objectcode, OP-code, Binärcode,** binary code) kennengelernt.

(9.1) war ein Maschinenbefehl, der 1 Byte lang ist. Der Befehl

$$01 \ r \ 110$$
$$n \tag{9.2}$$

ist 2 Bytes lang. Er lädt die Zahl n, die **direkt** im Maschinencode angegeben wird, in das Register r. Beispielsweise würde der aus den beiden Bytes

$$01 \ 111 \ 110$$
$$00 \ 000 \ 000$$

bestehende Maschinencode die Zahl 0 in den Akkumulator laden. Die Zahl n wird also im Maschinencode in Form einer 8 Bit breiten Dualzahl angegeben.

Man beachte, daß sich die Befehle (9.1) und (9.2) nicht überschneiden. Zwar haben beide die ersten beiden Bits 01 gemeinsam, jedoch gibt es nach Tab 9.1 kein Register mit Nummer r' = 110. An dieser Bitkombination 110 erkennt die CPU auch, daß das nächste Byte n dazugehört, der Befehl also zwei Bytes lang ist.

9.3 Assembler

Das direkte Programmieren in Maschinensprache wäre sehr mühevoll, weil man die Bitkombinationen der einzelnen Befehle auswendig wissen müßte. Deshalb hat man die **Assemblersprache** geschaffen, bei der anstelle der Bitkombinationen dem Gedächtnis besser einprägsame Namen, die sog. **Mnemonics** verwendet werden können. Die Mnemonics für die Register haben wir bereits in Tab. 9.1 kennengelernt. Das Mnemonic für die Ladebefehle lautet LD, was an load = laden erinnert.

Anstelle von (9.1) und (9.2) kann man dann

$$LD \qquad r, r' \tag{9.1'}$$
$$LD \qquad r, n \tag{9.2'}$$

schreiben. In den konkreten Beispielen, die wir oben gegeben hatten, würden das

$$
\begin{aligned}
&\text{LD} &&\text{A, B}\\
&\text{LD} &&\text{B, A}\\
&\text{LD} &&\text{A, 0} &&(9.3)
\end{aligned}
$$

lauten. (9.1') und (9.2') gehören gewissermaßen zur **Metasprache**, mit der wir mehrere Assemblerbefehle zusammenfassend beschreiben. Die eigentlichen Assemblerbefehle sind dann (9.3), die wiederum vom **Assembler** in die oben gegebenen Bitkombinationen übersetzt werden.

In der Metasprache sind r und r' Variablen für Register, n ist eine Variable für eine 8-bit breite Zahl ($0 \leq n \leq 255$), die im Code direkt angegeben wird.

Der Assembler ist ein Programm, das Assemblerbefehle, wie (9.3), in den entsprechenden Maschinencode übersetzt. Typischerweise ist der Assembler ursprünglich in Maschinensprache geschrieben worden.

Die Wahl der Mnemonics ist natürlich willkürlich und hat nichts mit der Zielmaschine zu tun. Wir beschreiben hier einen Assembler, der die sog. Z80-Mnemonics der Firma ZILOG versteht. Andere **Softwarehäuser** bieten für den Z80 Assembler an, welche andere Mnemonics verarbeiten.

9.4 Adressen

Wir hatten bis jetzt nur einen Datentransfer kennengelernt zwischen Registern oder einem Byte, welches direkt im Maschinencode abgelegt ist. In den meisten Fällen braucht man viele Variablen, welche in großen **Datenfeldern** (`data fields`) an irgend einer Stelle im Memory abgelegt sind. Diese Variablen können durch ihre **Adresse**, d.h. die Stelle im Memory, wo sie sich befinden, angesprochen werden.

Bei der Z80 sind die Adressen zwei Bytes lang, d.h. es können 65536 verschiedene Stellen im Memory direkt angesprochen werden.

Die beiden Ladebefehle

Mnemonic	**OP-code**	
LD A,(nn)	00 111 010	(9.4)
LD (nn),A	00 110 010	(9.5)

bewirken einen Datentransfer zwischen dem A-Register und einem Byte im Memory mit der Adresse nn ($0 \leq nn \leq 65535$).

In der Metasprache ist nn eine Variable für eine 16-bit breite Dualzahl, meist eine Adresse. Die runden Klammern (nn) bedeuten den Inhalt des Wortes, das sich an der Adresse nn befindet.

Als konkretes Beispiel bedeutet LD A,(17), daß der Inhalt des Computerwortes mit Adresse 17 in das A-Register geladen wird. Wenn das Memory an der Stelle 17 beispielsweise das Byte 5 enthält, würde somit nach Ausführung des Befehles das A-Register die Zahl 5 enthalten.

Man mache sich sehr wohl den Unterschied zum Befehl LD A,17 klar. Hier wird die Zahl 17 in das A-Register geladen, d.h. nach Befehlsausführung enthält das A-Register die Zahl 17. Des weiteren mache man sich den Unterschied zu LD A,5 klar. Zwar würde auch hier nach Befehlsausführung das A-Register die Zahl 5 enthalten. Wird der Befehl aber in einer Schleife mehrfach durchlaufen, so würde mit LD A,5 jedesmal das A-Register mit der Zahl 5 geladen, während mit LD A,(17) der Inhalt der Adresse 17, die nicht ständig 5 enthalten muß, geladen wird.

In der zweiten Spalte OP-code (9.4)(9.5) wird der Maschinencode (code for the operation) angegeben, der dem Assemblerbefehl entspricht. Es handelt sich um drei Byte lange Befehle: Das erste Byte charakterisiert den Befehl, während die beiden folgenden Bytes die Adresse angeben.

Es besteht hier die Merkwürdigkeit, daß zuerst das LSB (least significant byte = das geringerwertige Byte) angegeben wird. Aus dem Assemblerbefehl LD A,(17) würde also der Assembler den Code

```
00 111 010
00 010 001
00 000 000
```

generieren, denn 17 lautet als 16-bit breite Dualzahl 00 000 000 00 010 001.

Die Befehl LD A,(nn) und den umgekehrten Befehl LD (nn),A gibt es nur zusammen mit dem A-Register. Wir erkennen hier die besondere Bedeutung des A-Registers, das deshalb den besonderen Namen **Akkumulator** erhalten hat.

9.5 Symbolische Adressen

Der Umgang mit den absoluten Adressen, die wir bisher besprochen hatten, wäre sehr mühsam. Man hat deshalb die Möglichkeit geschaffen, auch **symbolische Adressen**, d.h. irgend welche willkürlichen Namen, verwenden zu können. Dem Assembler wird dann die Aufgabe aufgebürdet, sich auszurechnen, welche **absoluten Adressen** sich hinter den symbolischen Namen verbergen.

Man kann links von den Assemblerbefehlen symbolische Namen, **Labels**, einführen, welche für die absoluten Adressen stehen, wo der entsprechende Code abgelegt wird. Wir betrachten das folgende Assemblerprogramm:

```
            ORG       8000H
ANF:        LD        A, 2         8000        00 111 110
                                               00 000 010

            LD        B, A         8002        01 000 111
            LD        (VAR), A     8003        00 110 010
                                               00 001 001
                                               10 000 000

            JP        ANF          8006        11 000 011
                                               00 000 000
                                               10 000 000

VAR:        DEFB      5            8009        00 000 000
                                               00 000 000
                                               00 000 000
                                               00 000 000
                                               00 000 000

VAR1:       DEFB      2            800E        00 000 000
                                               00 000 000

            END
```

Das Programm lädt zuerst den Akkumulator mit der Zahl 2. Dann wird das B-Register mit dem Inhalt des A-Registers, d.h. auch mit der Zahl 2, geladen. Im dritten Befehl LD (VAR),A wird der Inhalt des Akkumulators an die Speicherstelle VAR transportiert, so daß diese nun auch die Zahl 2 enthält. Im vierten Befehl JP ANP (jump ANF = springe an die Programmstelle mit symbolischer Adresse ANF) beginnt das Programm wieder von vorne und läuft solange immer wieder ab - bis jemand am Computer den Strom ausschaltet. Das Programm mag nicht sehr sinnvoll sein. Es steht uns aber im Moment nicht mehr zur Verfügung und reicht zur Illustration völlig aus.

Ganz rechts haben wir den Maschinencode angegeben, der vom Assembler generiert wird. Der Maschinencode befindet sich auch an einer bestimmten Stelle im Memory, in unserem Beispiel an den Adressen 8000 ... 800F. Diese Adressen, die links vom Maschinencode stehen, werden meist als Hex-Zahl angegeben. Der Maschinencode wurde als Dualzahl dargestellt.

Daß das Programm bei der Hex-Adresse 8000 beginnen soll, wurde dem Assembler durch die **Assembler-Direktive** ORG 8000H mitgeteilt (ORG = ori-gin). Assembler-Direktiven sind analog zu den Compiler-Direktiven. Sie entsprechen selbst keinem Code; die rechte Spalte ist daher leer. In den Assemblerbefehlen wird die Zahlendarstellung implizit als dezimal angenommen. Ist wie hier das 8000 als Hex-Zahl gemeint, so muß explizit das H (für Hex), dahinter angegeben werden. Es erweist sich als sehr vorteilhaft, bei Adressen stets in Hex-Zahlen zu denken.

In den meisten Fällen ist es dem Anwender gleichgültig, wo sein Programm abläuft. Mit ORG # kann er es dem Assembler überlassen, einen geeigneten Ort zu

finden. Dann läuft er auch keine Gefahr, daß er den Code vielleicht an eine ungünstige Stelle plaziert, wo es z.B. Teile des Betriebssystems überschreibt.

Wir haben im Programm die drei Adreßlabels ANF, VAR und VAR1 eingeführt.
Das sind willkürliche Namen, die der Programmierer frei wählen kann. Wir haben
beim Assembler eine Syntax vorausgesetzt, bei der symbolische Adressen mit einem Kolon (:) abgeschlossen werden müssen.

Bei anderen Assemblerdialekten beginnen die Labels stets in Spalte 1, während Befehle und Direkti-
ven, wie LD und ORG frühestens in Spalte 2 beginnen dürfen. Die Labels werden dann durch eine
Leertaste abgeschlossen.

Beim Übersetzen muß der Assembler *zweimal* durch das Assemblerprogramm
laufen (two pass assembler). Im ersten Durchlauf braucht er bei den Befehlen im wesentlichen nur zu entscheiden, ob es sich um einen 1-, 2- ,3- oder 4-
Byte Befehl handelt und dabei den **Adreßzähler** (address counter) entsprechend hochzuzählen. Dabei entsteht die **Symboltabelle** (symbol table), welche
die Zuordnung zwischen den **Adreßsymbolen** (symbolischen Adressen) und den
tatsächlichen **absoluten Adressen**, für die sie stehen, erzeugt wird. In unserem
Beispiel lautet die *Symboltabelle*:

```
ANF            8000
VAR            8009
VAR1           800E
```

Das Adreßsymbol ANF ist nichts anderes als ein vom Benutzer eingeführtes
Mnemonic für die **Adreßkonstante 8000H**. Obiges Programm würde genau gleich
ablaufen, wenn JP ANF durch JP 8000H ersetzt würde.

Die Assembler-Direktive DEFB sagt dem Assembler, eine bestimmte Zahl von
Bytes (DEFB = define bytes) im Memory zu reservieren. Der Platz wird frei
gehalten und mit 0 initialiert. Dahinein kann nun der Benutzer seine Variablen
ablegen.

Mit LD (VAR + 1),A , was gleichbedeutend mit LD (800A),A wäre, würde auf
das zweite Byte des bei der Adresse VAR beginnenden Datenfeldes geschrieben.

Auch LD (VAR + 5),A wäre ein möglicher Befehl, der mit LD (800E),A , aber
auch mit LD (VAR1),A identisch wäre.

Mit den Beispielen LD (0),A oder LD (VAR + 200),A oder auch mit LD
(VAR + VAR),A etc. würde man außerhalb des für den Code vorgesehenen Bereiches schreiben. Bei Personal-Computern wäre dies durchaus zuläßig, denn
niemand könnte dem Benutzer verbieten, u.U. sein eigenes Betriebssystem zu zerstören. Bei Betriebssystemen für **Mehrplatzcomputer** (multiuser systems)
müßte der Assembler solche Befehle zurückweisen.

9.6 Emulation ▄▄

Es kommt in der Praxis nicht selten vor, daß für einen bestimmten Computer eine
größere Menge von Software entwickelt wurde und später der Computer abge-
baut und durch einen neuen Typ ersetzt wird.

Einige Computerfirmen legen großen Wert darauf, daß ihre neuen Produkte
aufwärtskompatibel (upwards compatible) sind, d.h. daß die alten Programme unverändert auf den neuen Maschinen wieder ablaufen. Kompatibilität ist
jedoch ein Hemmschuh für Neuentwicklungen, so daß andere Firmen darauf verzichten.

Auch die Verwendung höherer Programmiersprachen erleichtert die Umstellung von Programmen auf
einen neuen Computertyp. Mit Ausnahme der Computersprache ADA sind die Computersprachen
nicht so weitgehend standardisiert, daß eine solche Umstellung für größere Programmsysteme nicht
eine horrende Aufgabe wäre.

Es stellt sich dann manchmal die Aufgabe, auf der neuen Anlage ein Programm
zu schreiben, daß sich so wie die alte Maschine benimmt, d.h. den Maschinencode
der alten Maschine versteht und ausführt. Das Programm ist dann ein **Emulator**
für die alte Maschine.

Wir wollen die Z80 durch ein BASIC-Programm emulieren. Diese Übung dient
uns dazu, durch den Vergleich mit den äquivalenten BASIC-Befehlen den Assembler der Z80 besser zu verstehen.

Wir wollen im Emulator die Register der Z80 durch die INTEGER-Variablen A,
B, C, D, E, H, L realiseren. Wir haben dann z.B. folgende Entsprechung:

Assembler   **Emulator**

LD A,5   A = 5
LD B,C   B = C

Das Memory der emulierten Z80 soll in der dimensionierten INTEGER-Variablen mem realisiert werden. Der Emulator wird also mit den folgenden Deklarationen beginnen:

     INTEGER A, B, C, D, H, L, mem
     DIM mem(65535)

Unter Voraussetzung, daß die BASIC-Variablen ANF, VAR und VAR1 die in
obiger Symboltabelle angegebenen Werte haben, haben wir die folgenden weiteren Entsprechungen:

Assembler	Emulator
LD (17),A	mem(17) = A
LD A,(17)	A = mem(17)
LD (VAR),A	mem(VAR) = A
LD A,(VAR1)	A = mem(VAR1)
LD (VAR + 7),A	mem(VAR + 7) = A

Auch das Maschinenprogramm muß sich im Feld mem befinden. Vor dem Start des Emulators wird man das Maschinenprogramm z.B. von Diskette in das Feld mem transferieren.

Der Emulator braucht eine Variable PC (PC = `program counter`), welche auf den nächsten auszuführenden Befehl deutet. Bei uns würde der Emulator mit PC = &8000 beginnen.

Das Emulatorprogramm müßte das Byte mem(PC) analysieren und erkennen, daß es sich um den 3 Byte langen Befehl LD A,2 handelt. Die 2 in unserem Beispiel würde mit mem(PC+1)+256*mem(PC+2) aus dem Maschinencode abgelesen, und der Maschinenbefehl käme durch A=mem(PC+1)+256*mem(PC+2) zur Ausführung. Schließlich müßte der Emulator wegen unseres 3 Byte langen Befehles noch PC=PC+3 durchlaufen.

Wenn der Emulator zu dem Befehl JP ANF mit der Bitkombination 11 000 011 gelangt, so käme der BASIC-Befehl PC=mem(PC+1)+256*mem(PC+2) zur Anwendung.

Wir wollen den *tatsächlichen* Aufbau des Emulators, den wir dem Leser als Übung empfehlen, jedoch nicht in allen Einzelheiten verfolgen.

9.7 Arithmetische und logische Operationen

Der komplizierteste Teil der CPU, die **ALU** (`arithmetical and logical unit`) führt am Inhalt des A-Registers (Akkumulators) arithmetische und logische Operationen durch.

Wir beschreiben die vorhandenen Operationen durch die entsprechenden BASIC-Befehle im Emulator, Tab. 9.2.

Das Ergebnis und einer der beiden Operanden ist immer der Akkumulator. Der zweite Operand kann irgend ein Register sein. Um uns zunächst auf das wesentliche zu beschränken, haben wir in Tab. 9.2 für den zweiten Operanden das B-Register angenommen.

In einigen Assemblerdialekten werden die obigen Befehle als ADD B, ADC B, SUB B, SBC B, AND B, OR B, XOR B geschrieben, da die Angabe des A-Registers überflüssig ist, da es ohnehin gewählt werden muß.

Die drei letzten logischen Operationen AND, OR und XOR werden, wie die entsprechenden BASIC-Befehle, bitweise durchgeführt, wobei allerdings beim Assembler nur 8 Bits vorliegen.

Bei den ersten vier arithmetischen Befehlen wird das Byte als eine 8-Bit breite vorzeichenlose Integerzahl interpretiert, d.h. die Zahlen in den Registern können zwischen 0 und 255 liegen. Aber auch das Ergebnis muß in diesem Bereich liegen. Wenn das Ergebnis diesen Bereich überschreitet, wird in der ALU ein bestimmtes Bit, nämlich CY (CY = carry = Übertrag) gesetzt.

Assembler	Emulator	OP-code
ADD A,B	A = A + B	10 000 000
ADC A,B	A = A + B + CY	10 001 000
SUB A,B	A = A-B	10 010 000
SBC A,B	A = A-B-CY	10 011 000
AND A,B	A = A AND B	10 100 000
OR A,B	A = A OR B	10 110 000
XOR A,B	A = A XOR B	10 101 000

Tab. 9.2: Einige arithmetische und logische Befehle der Z80

Das **Carry-Flag** CY (flag = Flagge; ein anderes Wort für ein Bit) signalisiert, daß das Ergebnis im A-Register nicht richtig ist, daß vielmehr noch ein Übertrag im 8. Bit zu berücksichtigen wäre. CY ist gewissermassen das 8. Bit des A-Registers, wobei wir die eigentlichen Bits im A-Register mit 0 ... 7 durchgezählt haben.

Die folgenden beiden Beispiele geben die (binären) Additionen $2 + 3 = 5$ und $253 + 254 = 509$:

```
  0000 0010          1111 1101
  0000 0011          1111 1110
0 0000 0101        1 1111 1011.
```

Im ersten Beispiel entsteht kein Übertrag, CY wird **zurückgesetzt (reset, CY = 0).** Im zweiten Beispiel entsteht ein Übertrag, CY wird **gesetzt (set, CY = 1),** Bild 9.1.

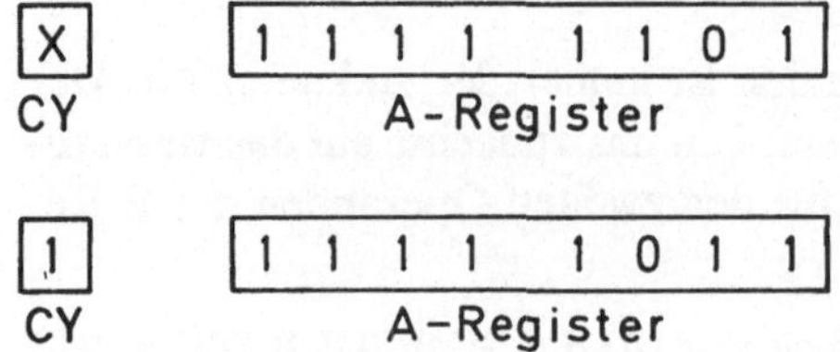

Bild 9.1 A-Register und CY-Flag vor und nach der binären Addition 253 + 254, X = don't care = Wert belanglos. Erster Operand und Ergebnis sind im A-Register.

Die Angabe $A + B$ in Tabelle 9.2 für die Emulation von ADD A,B ist also nicht ganz richtig. Eine korrekte Emulation lautete vielmehr:

```
lab0:       A = A + B
            IF A < 256 THEN GOTO lab1
            CY = 1
            A = A-256
            RETURN
lab1:       CY = 0
            RETURN.
```

Bei ADD ist der Wert von CY vor der Operation belanglos. Bei ADC (add with carry) wird sie in der Einerstelle (0. Bit von A) berücksichtigt. Das obige Statement würde bei ADC

```
lab0:       A = A + B + CY
```

lauten. Diesen Befehl benötigt man bei der softwaremäßigen Addition von IN-TEGER-Zahlen, welche aus mehreren Bytes bestehen.

Solche und andere nur in Spezialanwendungen benötigte Assemblerbefehle wollen wir in dieser Einführung nicht besprechen.

Nun geben wir noch zwei Beispiele für die (binäre) Subtraktion SUB, nämlich 2-3 = -1 und 254-253 = 1

```
 0000 0010      1111 1110
 0000 0011      1111 1101
 1 1111 1111    0 0000 0001.
```

$CY = 1$ signalisiert wieder, daß das Ergebnis im A-Register nicht richtig ist, daß hier vielmehr ein Borg (**Borrow**) im 8. Bit noch zu berücksichtigen wäre.

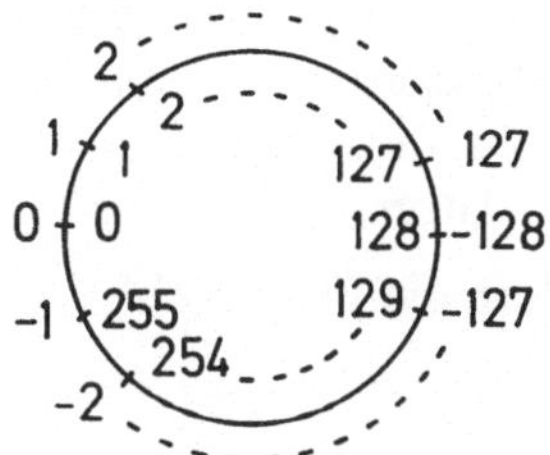

Bild 9.2 Zahlenkreis bei 8-Bit Computern. Beschriftung innen: Interpretation als unsigned integer. Beschriftung außen: Interpretation als signed integer in der Zweierkomplementdarstellung

Bei einem Computer wird gewissermaßen der Zahlenstrahl zu einem Kreis aufgewickelt, Bild 9.2. Ein 8-Bit-Computer kann die Zahlen nur modulo 256 unterscheiden. Eine Addition oder Subtraktion entspricht beim Zahlenkreis einer Rotation. 255 + 1 ergibt 0, wobei das Carry-Flag gesetzt wird. Dieses wird immer dann gesetzt, wenn die 'rotierte' Zahl, welche sich vor und nach der Operation im A-Register befindet, die Nahtstelle zwischen 0 und 255 beim Zahlenstrahl überschreitet.

Natürlich hat der Anwender auch die Freiheit, die Bits im A-Register als eine signed integer in der Zweier- Komplement-Darstellung (Two's complement representation {8.4}, Beschriftung außen) aufzufassen. Der Zahlenbereich läuft dann von -128 ... + 127. Die Bitkombination 1000 0000 würde bei der bisher betrachteten signed integer interpretation als 128, bei der signed integer interpretation als -128 aufgefaßt. Die Nahtstelle im Zahlenstrahl liegt jetzt also zwischen 127 und -128.

Die Befehle ADD, ADC, SUB, SBC funktionnieren, wie man sich durch die Vorstellung einer Rotation klar macht, auch richtig, wenn die Zahlen als signed integers interpretiert werden. Nur muß man jetzt das sog. **Overflow-Bit** P/V, welches das Überschreiten der 127/-128 Nahtstelle anzeigt, beachten:

P/V = 1 signalisiert, daß die Bitkombination im A-Register, wenn als signed integer interpretiert, nicht richtig ist. Vielmehr muß man, um zum richtigen Ergebnis zu kommen, in Gedanken 256 dazuaddieren (wegsubtrahieren) falls dieses Flag durch eine Additions- (Subtraktions-) Operation gesetzt wurde.

Auch das bereits besprochene Carry-Flag kann so erläutert werden: CY = 1 signalisiert, daß die Bitkombination im A-Register, wenn als unsigned integer interpretiert, nicht richtig ist. Vielmehr muß man in Gedanken 256 dazuaddieren bzw. wegsubtrahieren.

Das P/V-Flag hat, wie schon sein Name andeutet, eine doppelte Funktion: Bei arithmetischen Operationen dient es, wie soeben besprochen, als Overflow-Bit, während es bei den logischen Operationen wie AND, OR, XOR als Paritätsbit fungiert. Wenn nach einer solchen logischen Operation im A-Register eine Bitkombination mit einer geraden Zahl von Einsen entsteht, etwa bei A = 1100 0110, so wird P/V = 1 gesetzt. Anderenfalls, etwa bei A = 1000 0110, wird auf P/V = 0 gelöscht.

Aus Gründen der Datensicherheit werden gelegentlich nicht alle Bits zur Informationsdarstellung benutzt. Vielmehr dienen ein oder mehrere Bits in einem Computerwort als Kontrollbits. Ein Beispiel eines solchen redundanten Bits ist das **Paritätsbit** (parity bit). Es wird gesetzt oder gelöscht, so daß das Computerwort eine gerade Zahl von Einserbits enthält. Nach nicht ganz störsicheren Datenübertragungen kann wieder auf die Geradheit der Parität getestet werden.

Die CPU besitzt noch weitere Flags, so das **Zero-Flag** Z und das **Sign-Flag** S: Entsteht im Akkumulator ein Ergebnis, das null ist, so wird Z = 1 gesetzt, anderenfalls wird auf Z = 0 gelöscht. Entsteht ein Ergebnis, das negativ ist, wenn als signed integer interpretiert, so wird S = 1 gesetzt, anderenfalls wird auf S = 0 gelöscht. S ist also das Abbild des 7. Bits (MSB) des Akkumulators.

Die in {9.3} besprochenen Ladebefehle wie LD A,0 verändern die Flags nicht.

9.8 Sprungbefehle

Die Maschinencodebefehle werden in der Regel in der Reihenfolge, wie sie gemäß fortlaufenden Adressen im Memory stehen, von der CPU ausgeführt. Dazu dient ein 16-Bit Register PC, der **Program-Counter**, den wir bereits in emulierter Form kennengelernt haben. PC enthält immer die Adresse des Maschinencodes, der als nächster ausgeführt werden muß. Nach Stromeinschalten wird PC = 0 gesetzt. Nach Ausführen des Befehls wird PC automatisch um die Zahl der Bytes des OP-Codes erhöht. Das Memory ist **zyklisch**, d.h. nach Überschreiten der höchsten Adresse PC = 65535 fährt die CPU wieder mit den niederen Adressen PC = 0 etc fort.

Es gibt jedoch Sprungbefehle, welche diese normale Reihenfolge verändern.

Der absolute Sprungbefehl JP lab springt zur Adresse lab. Dieser Befehl hat einen OP-Code, der 3 Bytes lang ist. Das erste Byte ist die Bitkombination 11 000 011, welche den Befehl charakterisiert. Die folgenden beiden Bytes stellen die 16-Bit-Adresse lab dar. In emulierter Form wird also

$$PC = mem(PC + 1) + 256*mem(PC + 2)$$

ausgeführt.

JP &8000 würde beispielsweise dem Code

```
11 000 011
00 000 000
10 000 000
```

entsprechen.

Bei den **bedingten Sprüngen** (conditional jumps) wird der Sprung vom Zustand eines Flags abhängig gemacht. Ist diese Bedingung nicht erfüllt, so wird der Sprung nicht ausgeführt, sondern mit dem nächsten Befehl fortgefahren:

JP cc,lab springt zur Adresse lab, wenn die Bedingung cc erfüllt ist. Aus Anhang J ist ersichtlich, welche Bedingungen cc gewählt werden können und welchem Code diese entsprechen.

JP Z,&8000 springt beispielsweise, wenn die Bedingung $Z = 1$ erfüllt ist, d.h. wenn das letzte Ergebnis im Akkumulator null war. Der Befehl entspricht im Emulator dem BASIC-Statement

$$IF\ Z = 1\ THEN\ PC = mem(PC + 1) + mem(PC + 2)\ ELSE\ PC = PC + 3.$$

Als einfaches Beispiel besprechen wir die Programmierung einer Warteschleife:

```
warte:        LD A,130
wa1:          DEC A
              JP NZ,wa1.
```

Wir haben hier den Befehl DEC (decrement), der A = A-1 ausführt, benutzt. Es
wird von 130 bis auf 0 heruntergezählt. Der Sprung nach wa1 wird nur ausgeführt,
wenn das Ergebnis der Dekrementierung ungleich null ist (NZ = non zero d.h.
Z = 0). Die Länge der Wartezeit kann durch Verändern der 130 variiert werden.

Der letzte Befehl JP NZ,wa1 könnte durch den relativen Sprung JR NZ,wa1 ersetzt werden. Das
Sprungziel wird dabei im Code nicht durch die zwei Byte lange absolute Adresse, sondern durch eine
nur ein Byte lange relative Adresse angegeben. Man kann dann nur im Bereich -128...+127 relativ zur
aktuellen Position springen. Diese Bedingung ist für die meisten Sprünge erfüllt, so daß eine merkli-
che Reduktion des für den Code benötigten Speicherbereiches erzielt wird.

Ein weiterer Vorteil besteht darin, daß der entstandene Code verschieblich (**relozierbar**, relocatable) ist.

Für den Assemblerprogrammierer ergibt die Verwendung der relativen Sprünge keinen zusätzlichen
Aufwand: Er gibt meist die symbolische Adresse, z.B. wa1, an. Der Assembler berechnet dann selbst
die korrekte relative Adresse und kontrolliert dabei, ob das Sprungziel noch im erlaubten Bereich
liegt.

9.9 Unterprogramme

Die Unterprogrammtechnik des Z80-Assemblers ist sehr ähnlich zu der von BA-
SIC: Die Unterprogramme können irgendwo im Programmfluß eingebaut sein. Sie
haben weder erkennbaren Anfang noch Ende. Ihr dynamisches (logisches) Ende
wird durch den Befehl RET, der dem BASIC-Befehl RETURN entspricht, realisiert. Alle Programmteile haben einen unbeschränkten Zugriff auf alle Register
und auf das gesamte Memory. Es gibt also keine lokalen Variablen.

Die oben besprochene Warteschleife würde als Unterprogramm so aussehen:

```
warte:    LD      A,130      7000    00 111 110
                                     10 000 010
wa1:      DEC     A          7002    00 111 101
          JP      NZ,wa1     7003    11 000 010
                                     00 000 011
                                     01 110 000
          RET                        11 001 001
```

Ihr Aufruf lautet:

             CALL   warte   8000   11 001 101
                                                        00 000 000
                                                        10 000 000

Bei der Durchführung des Befehles RET muß die Rücksprungsadresse ins rufende Programm bekannt sein. Zur Speicherung der Rücksprungsadressen dient ein vereinbarter Bereich des Memory, der sog. **Hardware-Stack**. Ein 16-Bit Register der CPU, der sog. **Stack-Pointer** SP, weist stets auf den letzten Eintrag, den `top of the stack`.

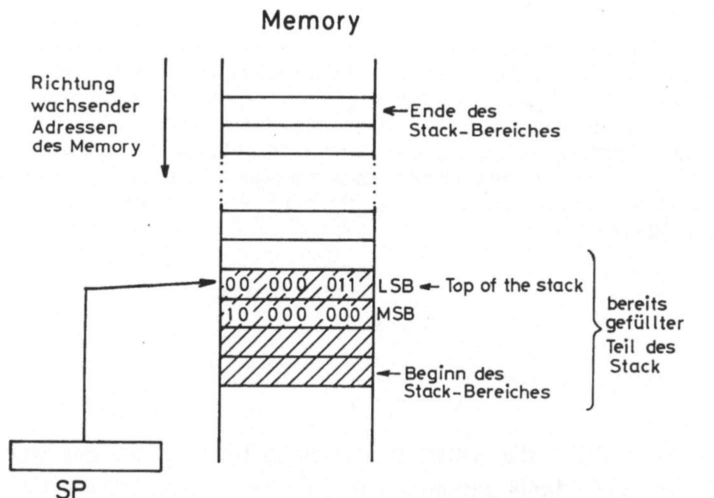

Bild 9.3 Der "Hardware-Stack" ist ein vereinbarter Teil des Memory. Der Stack-Pointer SP weist auf die aktuelle Stelle im Stack, den top of the stack.

Bild 9.3 zeigt den Stack für das obige Beispiel nachdem gerade die Rücksprungsadresse &8003 auf den Stack geladen wurde. Der Stack-Pointer SP enthält die Adresse des `top of the stack`, der das `least significant byte`, nämlich &03 = &X 00 000 011 der Rücksprungsadresse enthält.

Für RET müßte der Emulator

$$PC = mem(SP) + 256*mem(SP+1)$$
$$SP = SP+2,$$

ausführen, für CALL

$$ra = PC+3 \qquad\qquad \text{'ra = return address'}$$
$$mem(SP\text{-}1) = raH$$
$$mem(SP\text{-}2) = raL$$
$$SP = SP\text{-}2$$
$$PC = mem(PC+1) + 256*mem(PC+2).$$

Dabei haben wir - in Erweiterung der BASIC-Syntax - mit dem Index H das `high order byte` (MSB), mit raL das `low order byte` (LSB) der Rücksprungsadresse ra bezeichnet, so daß ra = raL + 256*raH.

Die Einträge in den Stack werden nach absteigenden Adressen des Memory abgelegt. Der Vorteil der Stack-Technik besteht darin, daß sich Unterprogramme (Subroutinen) auch selbst aufrufen dürfen. Man spricht dann von **Rekursivität**.

Allerdings darf die Verschachtelung der Subroutinen nur bis zu einer bestimmten Tiefe vorkommen, weil sonst die Rücksprungsadressen außerhalb des für den Stack vorgesehenen Bereiches abgelegt werden und dort evtl. andere Teile der Software überschreiben.

Es gibt Prozessoren, die in weiteren Registern Anfangs- und Endadressen des Stack gespeichert halten und automatisch einen Interrupt auslösen, wenn eine Stackoperation außerhalb des vorgesehenen Bereiches versucht wird. Die Z80 hat dieses Feature (Eigenschaft) nicht.

Bei **stand alone Computern**, z.B. Einplatinencomputern, bei denen der Anwender die gesamte Software selbst zu verantworten hat, muß zu Programmbeginn der Stack-Pointer auf einen bestimmten Wert gesetzt werden. In den meisten Fällen, z.B. bei Personal-Computern oder Home-Computern, steht dem Anwender ein Betriebssystem und damit eine umfangreiche Software zur Verfügung. Bis er in den Assembler gelangt oder ein Maschinencodeprogramm starten kann, ist SP längst vom Betriebssystem auf einen vernünftigen Wert gesetzt worden. Der Anwender hat dann lediglich noch darauf zu achten, daß durch seine Software nicht zu viel auf den Stack geschieben wird, insbesondere also seine Subroutinenverschachtelung nicht zu tief wird.

9.10 Einige 16-Bit-Operationen

Bei der Z80 sind die Daten 8 Bit, die Adressen jedoch 16 Bit lang. Da auf Maschinenspracheebene sehr viel Manipulationen mit Adressen (**Adreßarithmetik**) notwendig ist, besitzt dieser Prozessor auch eine umfangreiche Palette von 16-Bit-Operationen.

S	Z	X	H	X	P/V	N	C

Bild 9.4 Das Flag-Register [D.Z1]

Zunächst sind nicht nur H und L, sondern auch A und F, B und C, sowie D und E zu einem Paar zusammengefaßt, die von den 16-Bit-Operationen wie ein einziges 16-Bit breites Register angesprochen werden können, Bild 9.5

Das F-Register (**Flag-Register**) ist die Zusammenfassung der Flags, Bild 9.4. Wir erkennen das Sign-Flag S, das Zero-Flag Z, das Parity/Overflow-Flag P/V sowie das Carry-Flag.

Letzteres hatten wir, in Unterscheidung zum Register C, mit CY bezeichnet. Es ist jedoch in der Z80-Mnemonic üblich, das Carry-Flag mit C zu bezeichnen. Eine Verwechslung mit dem Register C ist meist durch den Zusammenhang ausgeschlossen.

Das H und N Flag werden wir unten noch kurz besprechen. Die mit X bezeichneten Bit-Positionen sind unbenützt.

Das Interrupt-Register I, das Refresh-Register R sowie den alternativen Registersatz A', F', B', C', D', E', H', L' werden wir ebenfalls später besprechen.

Neben den bereits besprochenen Registern PC und SP gibt es noch die beiden 16-Bit breiten **Indexregister** IX und IY. Sie können zur Realisierung von indizierten Variablen, wie var(d) in BASIC, benützt werden. IX speichert dann etwa die Adresse von var(0). Man sagt dann, IX sei die **Basisadresse**.

<table>
<tr><td colspan="2" align="center">MAIN REG SET</td><td colspan="2" align="center">ALTERNATE REG SET</td><td></td></tr>
<tr><td>ACCUMULATOR
A</td><td>FLAGS
F</td><td>ACCUMULATOR
A'</td><td>FLAGS
F'</td><td rowspan="4">GENERAL
PURPOSE
REGISTERS</td></tr>
<tr><td>B</td><td>C</td><td>B'</td><td>C'</td></tr>
<tr><td>D</td><td>E</td><td>D'</td><td>E'</td></tr>
<tr><td>H</td><td>L</td><td>H'</td><td>L'</td></tr>
</table>

<table>
<tr><td>INTERRUPT
VECTOR
I</td><td>MEMORY
REFRESH
R</td><td rowspan="5">SPECIAL
PURPOSE
REGISTERS</td></tr>
<tr><td colspan="2">INDEX REGISTER IX</td></tr>
<tr><td colspan="2">INDEX REGISTER IY</td></tr>
<tr><td colspan="2">STACK POINTER SP</td></tr>
<tr><td colspan="2">PROGRAM COUNTER PC</td></tr>
</table>

Bild 9.5 Der vollständige Registersatz der Z80-CPU. Nach [D.Z1]

Mit LD A,(IX + 5) wird dann beispielsweise var(5) ins A-Register geladen. Anstelle von 5 darf eine ganze Zahl zwischen 0 und 255 gewählt werden.

Die runden Klammern ( ) bedeuten: "Inhalt von". Man spricht von einer **indirekten Adressierung** (indirect addressing). Es wird also nicht der Wert IX + 5 ins A-Register geladen, was gar nicht möglich wäre, da IX + 5 eine 16-Bit breite Zahl wäre. Vielmehr wird der Inhalt der Memory-Zelle mit Adresse IX + 5, also (IX + 5), ins A-Register geladen.

Wir erwähnen als Beispiele folgende weitere Assemblerbefehle, deren Bedeutung man sich klar mache:

```
LD          B,(HL)
LD          (HL),E
LD          (IY + 7),C
LD          (HL),123
LD          A,(BC)
LD          A,(var1)
LD          A,(8000H)
LD          DE,7890H           [!]
LD          DE,(7890H)         [!]
LD          (7890H),HL         [!]
LD          SP,HL
```

Es sind jedoch nicht beliebige Kombinationen möglich. Die erlaubten Möglichkeiten ersehe man aus den Tabellen in [D.Z1][9.1][9.3].

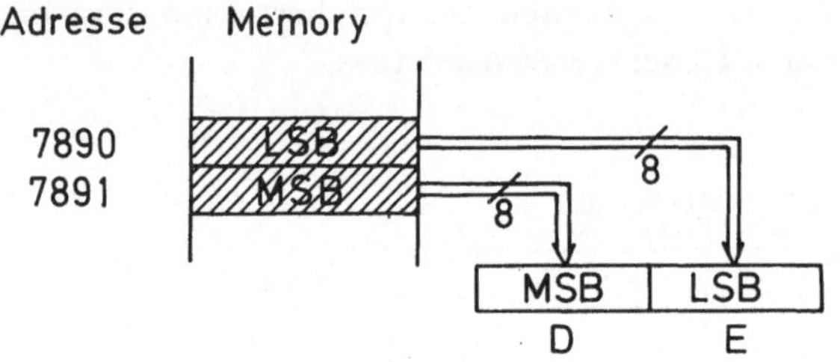

Bild 9.6 Die 16-Bit-Ladeoperation
LD DE,(7890H)

Bei den mit [!] bezeichneten Beispielen werden zwei Bytes übertragen. LD DE,(7890H), Bild 9.6, ist beispielsweise die Zusammenfassung von

        LD   E,(7890H)
        LD   D,(7891H).

Das MSB wird also bei der höheren Adresse abgespeichert.

Auch bei den arithmetischen und logischen Befehlen ist eine indirekte Adressierung möglich, wie an Hand der folgenden Beispiele ersichtlich ist:

        ADD   A,(HL)
        ADD   A,(IX + 5)
        ADD   A,(175).

Die arithmetischen Befehle können auch an 16-Bit breiten Registern ausgeführt werden:

        ADD   HL,DE   'HL = HL + DE'
        ADD   IX,SP   'IX = IX + SP'
        INC   IX   'IX = IX + 1, increment IX'.

Als Beispiel programmieren wir eine etwas längere Warteschleife:

warte: LD   HL,1300   'Zähle ab 1300'
wal: DEC   HL   'Zähle um 1 herunter'
              LD   A,H   'Teste, ob HL = 0'
              CP   0
              JR   NZ,wal
              LD   A,L
              CP   0

```
        JR              NZ,wa1                  'Zähle weiter, falls Z = 0'
        RET
```

Es wird von 1300 auf 0 heruntergezählt. Die 16-Bit-Operationen verändern die Flags nicht. Deshalb muß zuerst mit LD A,H ins A-Register geladen werden. Die Ladeoperationen verändern jedoch die Flags auch nicht. Deshalb muß noch der Befehl CP (**compare**) eingeschoben werden. Der Befehl CP r berechnet A-r, setzt entsprechend dem Ergebnis dieser Operation die Flags, läßt jedoch das A-Register unverändert.

Der Hardware-Stack ist nicht ausschließlich zur Speicherung von Rücksprungadressen vorbehalten. Mit PUSH (push unto stack = schiebe auf den Stack) und mit POP (pop off of the stack = vom Stack verschwinden), kann der Anwender den Stack auch zu anderen Zwecken benuzten.

Das obige Warteunterprogramm kann nicht an beliebigen Stellen eines Programmes eingeschoben werden. Das Unterprogramm verändert nämlich die Inhalte der Register A, F und HL.

Es ist ein guter **Programmierstil,** darauf zu achten, daß alle Unterprogramme die Register unverändert lassen. Dazu muß die Subroutine an ihrem Anfang die alten Werte der betroffenen Register retten (save registers), um sie am dynamischen Ende der Routine wiederherzustellen (restore registers). Als Speicherplatz kann auch der Hardware-Stack verwendet werden. Obiges Warteunterprogramm würde dann wie folgt aussehen:

```
warte:      PUSH    AF                              'save registers'
            PUSH    HL
            LD      HL,1300
wa1:        DEC     HL
            LD      A,H
            CP      0
            JR      NZ,wa1
            POP     HL                              'restore registers'
            POP     AF
            RET
```

Natürlich muß man im Auge behalten, daß der Stack ein **LIFO** (last in - first out) ist. Man beachte deshalb, daß POP HL und POP AF gegenüber der Reihenfolge am Anfang vertauscht sind.

Würde man das POP AF am Ende der Routine weglassen, so würde der Befehl RET die zufälligen alten Werte von AF als Rücksprungsadresse nehmen, was zu einem **Programmabsturz (crash)** führen würde.

Als weiteres Beispiel betrachten wir ein Programm, das in einem Feld alle geraden Zahlen von 0 bis 2000 gespeichert hält:

```
        ORG     #                       'Programmlage belanglos'
        LD      BC,2000                 'letzte gerade Zahl'
```

```
         LD      HL,feld         'Anfangsadresse des Feldes'
         LD      DE,0            'erste gerade Zahl ist 0'
anf:     LD      (HL),E          'schreibe gerade Zahl ins Feld'
         INC     HL              'die gerade Zahl braucht 2 Bytes'
         LD      (HL),D          'MSB auf höhere Adresse'
         INC     HL              'nächste Feldposition'
         LD      A,D             'Test, ob letzte Zahl erreicht'
         CP      B               'berechne D-B und setze Flags'
         JR      NZ,weiter       'falls D-B ungleich 0, weiter'
         LD      A,E
         CP      C               'berechne E-C und setze Flags'
         JP      Z,ende          'falls auch E-C=0, fertig'
weiter:  INC     DE              'nächste gerade Zahl'
         INC     DE
         JP      anf
feld:    DEFS    2002            'reserviert 2*1001 Bytes'
ende:    JR      ende            'unendliche Warteschleife'
         END                     'syntaktisches Ende'
```

9.11 Betriebssystem und Dienstprogramme

Es gibt Standardprobleme, wie die Ausgabe eines Zeichens auf dem Bildschirm,
Einlesen des nächsten auf der Tastatur eingetippten Zeichens etc, die mit großer
Regelmäßigkeit auf den Assembler-Programmierer zukommen. Es ist sehr bequem, wenn dazu dem Anwender ein Betriebssystem zur Verfügung steht, das ihm
diese Aufgaben erleichtert. Dazu braucht er eine Beschreibung des Betriebssytem,
die ihm angeben, wie er dessen Dienstprogramme anspringen kann.

Wir wollen annehmen, daß bei der Adresse &BD2B eine Routine beginnt, welche
das im A-Register enthaltene ASCII-Zeichen an einen angeschlossenen Drucker
schickt. In der Beschreibung stehe ferner, daß die Register H und L und die Flags
von der Routine zerstört werden.

Die Routine befolgt also den oben empfohlenen guten Programmierstil nicht, alle veränderten Register selbst zu retten und vor dem Aussprung wieder zu restaurieren.

Deshalb muß man diese Aufgabe im rufenden Programm selbst erledigen.

Mit

```
         LD      A,41H           '41H ist der ASCII-Code für A'
         CALL    0BD2BH          'drucke ASCII-Zeichen im A-Register
```

wird der Buchstabe A gedruckt. Allerdings darf dieser Programmteil nicht an beliebiger Stelle eines fertigen Programmes eingefügt werden, da die Register H, L und die Flags zerstört werden.

Man wird sich selbst eine Drucksubroutine z.B. in der Form

```
druck:    PUSH      AF                        'save registers'
          PUSH      HL
          CALL      0BD2BH
          POP       HL                        'restore registers'
          POP       AF
          RET
```

die den guten Programmierstil realisiert, schreiben.

Da das Programmieren im Assembler sehr aufwendig ist, wird man meist den größten Teil eines Programmes in einer höheren Programmiersprache erstellen und nur einige zeitkritische Routinen im Assembler schreiben.

Mit dem BASIC-Befehl CALL &8000 wird auf eine Maschinenspracheroutine, die an der Adresse &8000 beginnt, gesprungen. Meistens müssen mit dem BASIC-Programm auch irgendwelche Daten ausgetauscht werden. Dazu können hinter dem CALL-Befehl noch eine Reihe von BASIC-Variablen angegeben werden. Wie das im einzelnen realisiert ist, hängt stark von dem verwendeten BASIC-System ab.

Als Beispiel soll etwa die Parität der BASIC-Variablen i untersucht werden und in der Variablen p zurückgeliefert werden. i soll im Intervall 0 ... 255 liegen. Die Assemblerroutine soll etwa $p=0$ zurückmelden, wenn die Parität von i gerade ist, etwa im Falle von i = &X 0011 1010, jedoch $p=1$, falls die Parität von i ungerade ist, etwa im Falle von i = &X 1000 0000. Falls ein syntaktischer Fehler vorliegt, soll $p=2$ zurückgemeldet werden.

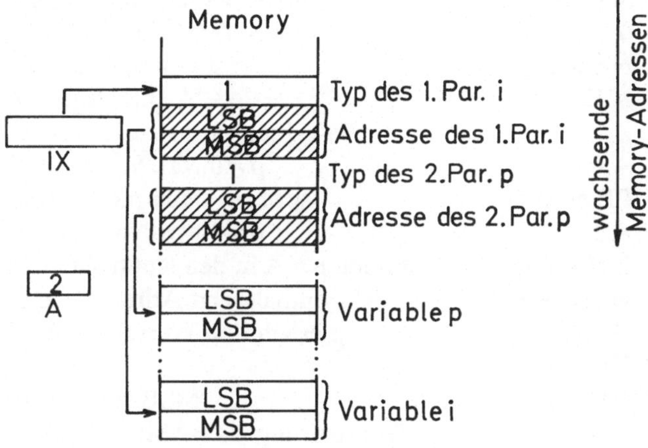

Bild 9.7 Kontrollblock eines möglichen BASIC-Assembler-Interface

Das BASIC-Programm wird die Deklarationen INTEGER i,p und einen Aufruf CALL &8000,i,p enthalten.

Wir wollen etwa annehmen, daß das BASIC-System die Anzahl der Parameter - in unserem Falle sind es die beiden Parameter i und p - im Akkumulator der Assemblerroutine mitteilt.

Bevor das BASIC-System die Kontrolle mit dem Maschinensprachebefehl CALL 8000H an die Assemblerroutine übergibt, legt es irgendwo im Memory einen Kontrollblock, Bild 9.7, an. Die Anfangsadresse des Kontrollblocks werde der Assemblerroutine im Indexregister IX mitgeteilt.

Für jeden Parameter werden im Kontrollblock 3 Bytes angelegt: Das erste Byte gibt den Typ des Parameters und die beiden nächsten die Anfangsadresse des Paramters. Für INTEGER-Variablen soll der Typ mit der Nummer 1 bezeichnet werden.

Die Assemblerroutine, die der Benutzer zu schreiben hat, könnte dann etwa wie folgt aussehen:

```
       ORG      8000H           'Routine soll bei 8000H beginnen'
       CP       2               'hat Routine 2 Parameter ?'
       JR       NZ,fehl         'sonst melde Fehler p=2'
       LD       A,(IX)
       CP       1               '1. Parameter vom Typ INTEGER ?'
       JR       NZ,fehl
       LD       A,(IX+3)
       CP       1               '2. Parameter vom Typ INTEGER ?'
       JR       NZ,fehl
       LD       L,(IX+1)
       LD       H,(IX+2)        'HL enthält jetzt Adresse von i'
       LD       B,(HL)          'B enthält jetzt LSB von i'
       INC      HL
       LD       A,(HL)          'A enthält jetzt MSB von i'
       CP       0               'MSB von i muß 0 sein'
       JR       NZ,fehl         'sonst i nicht in 0...255'
       LD       A,B             'A enthält jetzt i'
       AND      A               'P/V-Flag wird richtig gesetzt'
       LD       A,0             'p=0 wird vorbereitet'
       JR       PE,even         'springe, wenn parity even'
       LD       A,1             'p=1 wird vorbereitet'
even:  LD       L,(IX+4)        'Schreibe p=A in den Kontrollblock'
       LD       H,(IX+5)        'HL enthält jetzt Adresse von p'
       LD       (HL),A          'p erhält den Wert 0,1 oder 2'
       INC      HL
       LD       (HL),0          'MSB von p ist 0'
       RET                      'Rücksprung ins BASIC mit RET'
fehl:  LD       A,2             'p=2 wird vorbereitet'
```

```
        JR          even
        END                                    'syntaktisches Ende'
```

Auf das Restaurieren der Register am Ende der Assemblerroutine konnten wir verzichten, weil das BASIC-System nach Rücksprung, wie wir annehmen wollen, keine definierten Werte in den Registern erwartet.

Das Beispiel demonstriert auch die Verwendung der Indexregister, welche in unserem Beispiel die **Basisadresse** (= Anfangsadresse) des Kontrollblockes enthält.

9.12 Shift- und Rotationsbefehle

Es handelt sich in diesem Abschnitt um Befehle, welche die Bitkombination in einem Register nach links oder nach rechts verschieben. Da solche Operationen in vielen höheren Programmiersprachen nicht vorgesehen sind, bzw. nur mit großem Aufwand simuliert werden können, sind solche Befehle der häufigste Grund, warum Assemblerroutinen bemüht werden.

Bei der Z80 kann mit einem Befehl nur um eine Bitstelle nach links oder nach rechts verschoben werden.

Bei den **Shiftbefehlen** gehen die herausgeschobenen Bits schließlich verloren und die neu hereinkommenden Bits werden zu 0 angenommen. Bei den **Rotationsbefehlen** gehen die herausgeschobenen Bits auf der anderen Seite wieder herein.

Bild 9.8 Der Befehl SRL (shift right logical)

Der Befehl SRL A (`shift right logical`) schiebt den Inhalt des Akkumulators um eine Stelle nach rechts, Bild 9.8. Das herausgeschobene Bit wird zunächst ins Carry-Flag geschoben. Mit den bedingten Sprungbefehlen kann dann dieses Bit abgefragt werden.

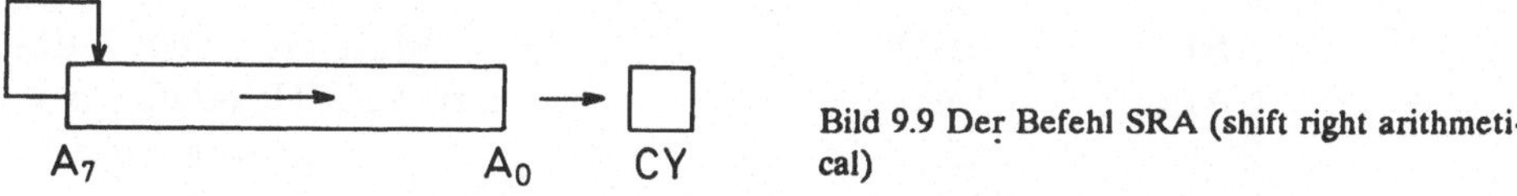

Bild 9.9 Der Befehl SRA (shift right arithmetical)

Wir haben den Befehl auf den Akkumulator angewandt. Sie sind jedoch auch auf andere Register und auf durch Register adressierte Memoryzellen anwendbar.

Der Befehl SRL kann zur Division durch 2 verwendet werden. So ist beispielsweise $13 = \&X\ 0000\ 1101$ und $6 = \&X\ 0000\ 0110$ und in der Tat ist $13/2 = 6$ Rest 1. Der Rest steht im Carry-Flag zur Verfügung.

Zur Division einer `signed integer` eignet sich der Befehl SRL nicht. Beispielsweise entspricht -13 der Bitkombination 1111 0011, -7 jedoch der Bitkombination 1111 1001, und in der Tat ist $-13/2 = -7$ Rest 1, denn die Probe $2*(-7) + 1 = -13$ ist erfüllt.

Wir brauchen also einen Shiftbefehl, der von links nicht Nullen hereinholt, sondern das MSB A7 wiederholt, also Nullen hereinzieht, wenn $A7 = 0$, aber Einsen hereinzieht, wenn $A7 = 1$. Dies geschieht bei dem Befehl SRA (`shift right arithmetical`), Bild 9.9. Der Name 'arithmetical' rührt von seiner Anwendbarkeit bei den mit Vorzeichen behafteten Zahlen. Im Unterschied dazu bezeichnet man die anderen Shiftbefehle als '`logical`'.

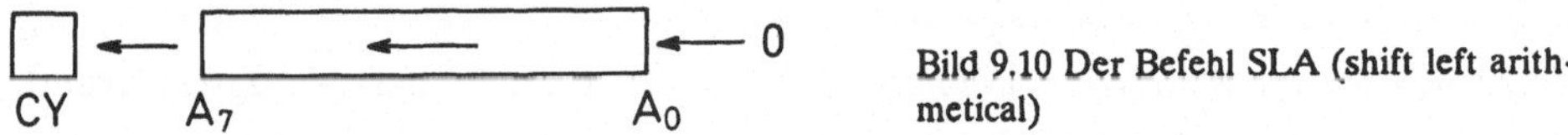

Bild 9.10 Der Befehl SLA (shift left arithmetical)

Bild 9.10 zeigt den Befehl SLA (shift left arithmetical). Eine Unterscheidung zwischen 'arithmetical' und 'logical' ist hier nicht notwendig.

Die Z80 besitzt keine Befehle zur Multiplikation und Division. Dazu müssen vielmehr Dienstprogramme, welche von den genannten arithmetischen Shiftoperationen Gebrauch machen, angesprungen werden.

Als Beispiel schreiben wir ein Programm, welches den Inhalt des Akkumulators als eine zweiziffrige Hexadezimalzahl herausdruckt.

```
dzahl:    PUSH    BC                          'save register'
          PUSH    AF                            'save flags'
          LD      B,A                        'Rette Zahl in B'
          SRL     A                 'Verschiebe Akkumulator um'
          SRL     A              '4 Binärstellen nach rechts'
          SRL     A
          SRL     A           'A enthält jetzt erste Hex-Ziffer'
          CALL    druc1           'Drucke 1. Hex-Ziffer in A'
          LD      A,B               'Restauriere Hex-Zahl'
          AND     A,0FH             'Maskiere 1 Hex-Ziffer'
          CALL    druc1           'Drucke 2. Hex-Ziffer in A'
          POP     AF                        'restore registers'
          POP     BC
          RET
druc1:    ADD     A,48             'A als ASCII-Code, Tab.8.6'
          CP      58                     '0...9 oder A...F ?'
```

```
           JP          M,druc2              'Springe, wenn negativ (M)'
           ADD         A,7                  'Für A...F'
druc2:     CALL druck                       {9.11}
           RET
```

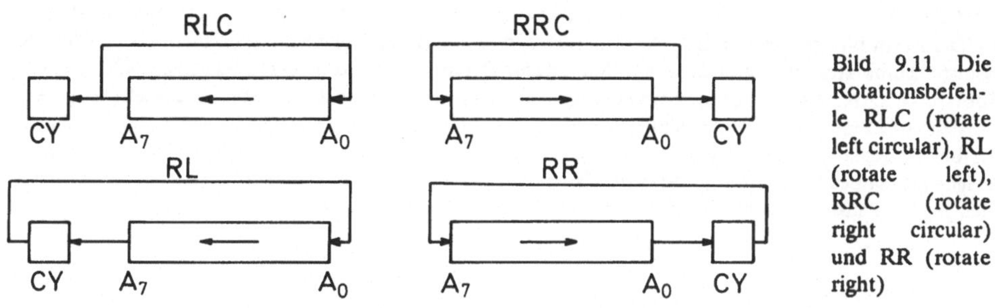

Bild 9.11 Die Rotationsbefehle RLC (rotate left circular), RL (rotate left), RRC (rotate right circular) und RR (rotate right)

Nun kommen wir zu den Rotationsbefehlen, Bild 9.11, bei denen das herausgeschobene Bit auf der anderen Seite wieder hereinkommt. Diese Befehle können noch die zusätzliche Qualifikation 'circular' erhalten. Diese Charakterisierung fehlt, wenn das Carry-Flag zusammen mit dem zu verarbeitenden Register gewissermaßen ein 9-Bit breites Register bildet, dessen Inhalt rotiert wird.

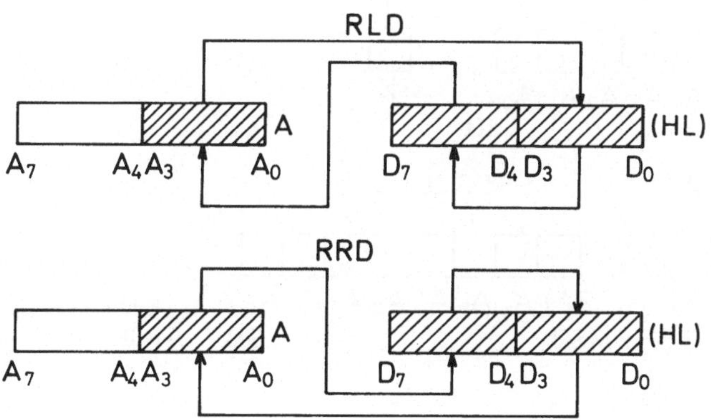

Bild 9.12 Die für die BCD-Arithmetik nützlichen Befehle RLD (rotate left digit) und RRD (rotate right digit), welche ganze Nibbles als Einheit nehmen

Wir erwähnen an dieser Stelle die **BCD-Arithmetik** (BCD = `binary coded decimal`). Für den menschlichen Betrachter ist die Darstellung von Zahlen in der Binärform oder Hexadezimalform sehr ungewohnt. Für die Anzeige werden deshalb die Zahlen in dezimaler Form angegeben. Als Kompromiß bei maschinennahen Anzeigen werden lediglich die einzelnen Ziffern (`decimal` = Dezimalziffer) in binärer Form kodiert. Damit haben wir die BCD-Darstellung einer Zahl, z.B.

Dezimalzahl   BCD-Darstellung

0 2 4   0000 0010 0100

9 9 8   1001 1001 1000

1 3 5   0001 0011 0101

In einem Byte haben nur zwei BCD-kodierte Dezimalziffern Platz. Die arithmetischen Befehle ADD, ADC, SUB und SBC funktionieren auch, wenn man die Bitkombination im Akkumulator als zwei BCD-Ziffern interpretiert (BCD- Arithmetik). Jedoch muß zur Korrektur der Befehl DAA (decimal adjust accumulator) nachgeschaltet werden. Dieser Befehl braucht die beiden Flags Half-Carry H und Subtract-Flag N, welche von der vorausgegangenen arithmetischen Operation entsprechend gesetzt werden. Auf eine genaue Besprechung wollen wir nicht eingehen. Für die BCD-Arithmetik sind auch die beiden Rotationsbefehle RLD (rotate left digit) und RRD (rotate right digit), Bild 9.12, nützlich, welche ein halbes Byte, ein sog. **Nibble** als Einheit nehmen und mit der Memoryzelle (HL) rotieren. Das 'most significant nibble' des Akkumulators bleibt dabei unverrückt.

9.13 Bitbefehle

Mit den Bitbefehlen kann auf einzelne Bits von Registern zugegriffen werden.

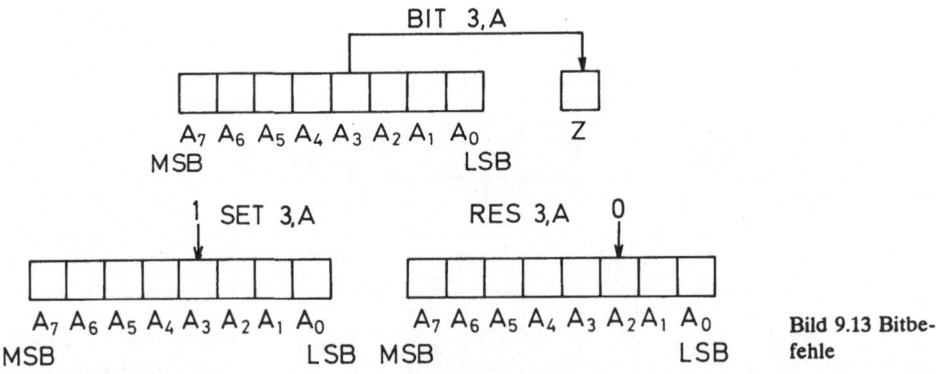

Bild 9.13 Bitbefehle

BIT 3,A kopiert das 3. Bit des Registers A invertiert in das Zero-Flag Z. Danach kann es durch die bedingten Sprünge abgefragt werden. Das 0. Bit ist das LSB, das 7. Bit ist das MSB des Registers, Bild 9.13.

SET 3,A setzt das 3. Bit des Registers A auf 1. RES 3,A löscht das 3. Bit des Registers A auf 0.

Als Beispiel schreiben wir eine Routine, welche den Wert des b. Bits des Akkumulators im Akkumulator zurückmeldet. Die Zahl b wird im B-Register der Routine mitgeteilt. Wenn beispielsweise vor Aufruf der Routine A = (0000 1000) und b = B = 3, so ist nachher A = 1.

Wir wollen an dem Beispiel auch demonstrieren, daß ein Maschinencodeprogramm sich selbst dynamisch verändern kann. Diese Möglichkeit, daß sich Programme während der Laufzeit selbst verändern können, findet man sonst nur in wenigen höheren Programmiersprachen wie etwa in LISP.

Da wir den Akkumulator im Programm noch zu anderen Zwecken benötigen, werden wir ihn nach C kopieren. Wir werden den Befehl BIT b,A, der in den zwei Byte langen OP-Code

```
11 001 011
01 bbb 111
```

übersetzt wird, jeweils so abändern, daß b den im B-Register angelieferten Wert hat. bbb im 2. Byte des OP-Codes an der Memoryadresse bef + 1, ist dabei die Zahl b als 3-Bit breite Dualzahl. Dieses 2. Byte werden wir im Akkumulator vorbereiten:

```
bit:     PUSH      BC                      'save registers'
         PUSH      AF                      'save flags'
         LD        C,A                     'Kopiere A nach C'
         LD        A,B                     'Bereite 2. Byte von OP-code in A vor'
         AND       A,00000111B             'Maskiere A, falls b > 7'
         SLA       A
         SLA       A
         SLA       A                       'bbb nun an der richtigen Stelle'
         OR        A,01 000 111B           'A enthält nun 2. Byte'
         LD        (bef + 1),A             'Setze 2. Byte an seinen Platz'
         LD        A,C                     'Kopiere C nach A zurück'
bef:     BIT       0,A                     'Teste das b. Bit'
         LD        C,0                     'Bereite Ergebnis in C-Reg. vor'
         JR        Z,bit0                  'BIT kopierte invertiert'
         LD        C,1                     'Das b. Bit ist 1'
bit0:    POP       AF                      'restore flags'
         LD        A,C                     'Gib in A zurück, bevor C kaputt'
         POP       BC                      'restore register'
         RET
```

Am Ende der Routine erkennen wir eine Subtilität: Wir können das Ergebnis nicht einfach in A vorbereiten, weil POP AF das vorbereitete A wieder zerstören würde. Deshalb haben wir das Ergebnis in C vorbereitet.

9.14 Periphere Geräte

Die Programmierung der peripheren Geräte, die aus einem Datentransfer mit den Registern der peripheren Geräte besteht, hatten wir bereits in {8.20} an Hand der BASIC-Befehle OUT adr,byte und INP(adr) erläutert..

Diese BASIC-Befehle werden mit den Assembler-Befehlen

$$
\begin{array}{ll}
\text{IN} & \text{r,(C)} \\
\text{OUT} & \text{(C),r}
\end{array}
$$

realisiert. Die Adresse adr des angesprochenen Gerätes wird dabei im Registerpaar BC angegeben: adr = C + 256*B, d.h. C muß das LSB, B das MSB der Adresse adr enthalten. Das r gibt, gemäß Tabelle 9.1, eines der Register A, B, C, D, E, H, L der CPU mit dem das Register des peripheren Gerätes ein Byte austauscht.

Obwohl das B auch ein Bestandteil der Adresse des peripheren Registers ist, wird es in den obigen Assemblerbefehlen nicht explizit angegeben.

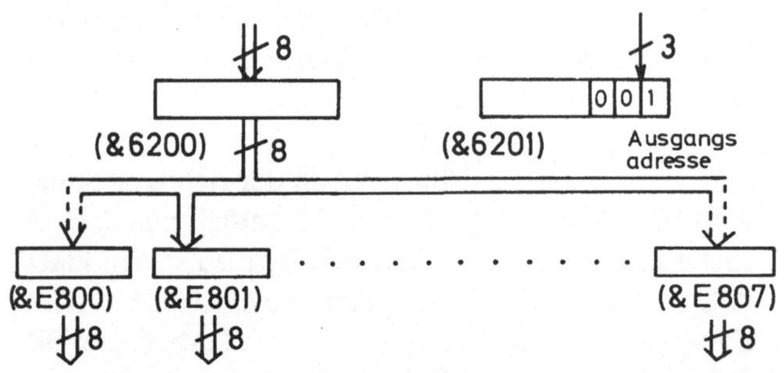

Bild 9.14
Datendemultiplexer unter Kontrolle eines Prozessors

Als Beispiel wollen wir einen Datendemultiplexer, Bild 9.14, betrachten, der unter Kontrolle eines Prozessors arbeitet: Ins periphere Register mit Adresse &6200 möge ein 8-Bit breiter Datenstrom einlaufen. Dieser soll in eines der 8 peripheren Ausgangsregister (&E800) ... (&E807) weitergeleitet werden. Um welches Ausgangsregister es sich dabei handelt, soll durch die 3-Bit breite Dualzahl, die Ausgangsadresse, die ins periphere Register (&6201) einströmt, entschieden werden.

```
anf:      LD       BC,6200H
          IN       D,(C)          'Ankommender Datenstrom nach D'
          LD       C,1
          IN       A,(C)                'Ausgangsadresse nach A'
          ADD      A,00000111B      'Ausgangsadresse maskieren'
          LD       B,0E8H         'Konstruiere Ausgangsadresse'
          LD       C,A
```

```
OUT        (C),D              'Datenstrom richtig umgeleitet'
JR         anf
```

9.15 Interrupts

Ein **Interrupt** ist wie das Klingeln an der Haustüre. Es unterbricht unsere gewohnte Tätigkeit und wir bedienen den Gast, d.h. in der Sprache der CPU, wir springen in eine `interrupt service routine`. Ist der Gast abgefertigt, fahren wir mit der unterbrochenen Tätigkeit fort.

Die CPU braucht entweder mehrere Klingeln, damit sie unter verschiedenen von ihr vorrangig zu erledigenden Aufgaben unterscheiden kann, oder sie braucht sonstwie weitere Information, die ihr diese Unterscheidung ermöglicht.

Beispiele solcher vorrangiger Aufgaben sind folgende:

-- Auf der Tastatur wurde eine Taste gedrückt,

-- ein peripheres Gerät, welches eine Temperatur überwacht, meldet eine bedrohliche Situation,

-- ein neuer Benutzer möchte sich mit einem weiteren Terminal an den Computer anschließen,

-- ein Schreib/Lesekopf eines Diskettenlaufwerkes hat die geforderte Position erreicht.

Es ist klar, daß dies Aufgaben verschiedener Dringlichkeit (**Priorität**) sind. Auch muß die CPU, d.h. das Anwenderprogramm, selbst entscheiden können, ob es auf den Interrupt reagieren will, oder ob es selbst gerade mit wichtigeren Dingen beschäftigt ist.

Es gibt einige Prozessoren, so die 6065 von Rockwell, welche gerade deshalb der Z80 vorgezogen werden, weil sie einige Pins haben, die gewissermaßen den verschiedenen Klingeln für die unterschiedlichen Aufgaben entsprechen. Dadurch können einfache Systeme leicht aufgebaut werden. Jede Klingel bewirkt einen CALL an eine definierte Stelle des Memory, wo die entsprechende Service-Routine beginnt.

Die Z80 besitzt nur eine einzige Klingel, der Pin <u>INT</u>, der ihr das Vorliegen einer Interruptanforderung anzeigt.

Die CPU besitzt ein Flag, das `interrupt enable flip/flop` IFF: Ist IFF = 1, so sind Interrupts erlaubt (`enabled`), ist IFF = 0, so sind Interrupts `disabled`, d.h. die CPU reagiert nicht auf den Interrupt. Der Befehl DI (`disable interrupt`) setzt IFF = 0, der Befehl EI (`enable interrupt`) setzt IFF = 1.

Wenn die CPU auf den Interrupt reagieren will, so teilt sie dies allen angeschlossenen peripheren Geräten auf bestimmten Leitungen mit. Diese Mitteilung nennt man **interrupt acknowledge**. Das Gerät, das den Interrupt angefordert hat, das **requesting device**, muß nun auf dem Datenbus, d.h. auf den 8-Bit breiten Datenleitungen, seine Identität der CPU mitteilen, damit diese weiß, welche Service-Routine sie anspringen muß [welchen Gast sie bedienen muß].

Bei der Z80 besteht die Angabe der Identität des Gerätes aus der Angabe der Anfangsadresse seiner Service-Routine. Hier entsteht jedoch ein Problem, weil die Identität, welche auf den 8 Bit breiten Datenleitungen übertragen wird, nur aus 8 Bits bestehen kann, während eine Adresse aus 16 Bits besteht.

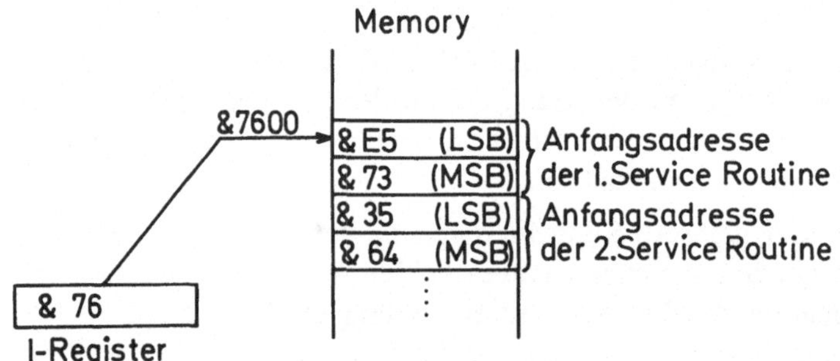

Bild 9. 15 Tabelle der Anfangsadressen der Service-Routinen

Man schaltet deshalb eine Adreßtabelle, die 'interrupt service routine starting address table', Bild 9.15, dazwischen. Diese Tabelle steht im Memory und beginnt an einer Adresse, die durch 256 teilbar ist, an einer sog. **Seitengrenze** (page boundary). Diese Seite wird durch das 8-Bit breite interrupt page address register, kurz **I-Register**, Bild 9.5, festgelegt.

Im Beispiel der Bild 9.15 beginnt diese Tabelle bei der Adresse &7600. Es wurde angenommen, daß die erste Service-Routine bei der Adresse &73E5, die zweite bei &6435 beginnt.

Die Identität, mit der das requesting device sich meldet, besteht nun nur noch aus dem **Verschiebungsvektor** (displacement vector) innerhalb der Tabelle. Man spricht deshalb von einem **Vektorinterrupt** (vectorial interrupt). Dieses System hat den Vorteil, daß bis zu 128 verschiedene Interrupts unterschieden werden können und die verschiedenen Service-Routinen irgendwo im Memory stehen können.

Der hiermit beschriebene interrupt response, d.h. die Reaktion der CPU auf eine Interruptanforderung, erscheint ziemlich kompliziert. Der Anwender hat sich jedoch darum nicht zu kümmern, da alles vollautomatisch abläuft.

Der Assemblerprogrammierer hat nur folgendes zu tun:
-- Erstellen der Service-Routinen.
-- Ihre Anfangsadressen werden in der Adreßtabelle vermerkt.
-- Das I-Register muß auf den Beginn der Adreßtabelle weisen.
-- Mit dem Befehl IM2 muß der bisher beschriebene Interrupt-Mode 2 gewählt werden. (Die beiden anderen Interrupt-Modes stehen aus Gründen der Aufwärtskompatibilität zu älteren Maschinen bei der Z80 noch zur Verfügung.)
-- Das periphere Gerät muß, wie in Kap. 11 beschrieben, ermächtigt werden, In-

terrupts anzufordern. Sein Interruptvektor, d.h. seine Identität, muß ihm in ein
spezielles peripheres Interruptvektorregister geschrieben werden.
-- Mit dem Befehl EI muß der Programmierer die CPU ermächtigen, auf Interrupts zu reagieren.

Tritt ein Interrupt auf, so wird sie vollautomatisch, d.h. für den Programmierer
unsichtbar (**transparent**), die Interrupt-Service-Routine anspringen.

Die Interrupt-Service-Routine muß so programmiert werden, daß sie dynamisch
mit dem Befehl RETI (`return from interrupt`), welcher die Program-
mausführung wieder an die unterbrochene Stelle des Hintergundprogrammes zurückführt, endet.

Es kann der Fall auftreten, daß gleichzeitig mehrere periphere Geräte einen Interrupt auslösen. Die Geräte sind hardewaremäßig durch eine Kette, die sog. `in-
terrupt priority daisy chain`, {11.6}, fest in der Reihenfolge abneh-
mender Priorität miteinander verknüpft. Ein peripheres Gerät kann seine Identität (seinen Interruptvektor) nur dann der CPU mitteilen, wenn es auf der Kette
ein Signal erhält, welches ihm sagt, daß kein Gerät höherer Priorität seinerseits
eine Interruptanforderung tätigen möchte.

Die peripheren Geräte, die alle am Bus hängen, hören die von der CPU ausge-
führten Befehle mit. Aus diesem Grunde muß die Service-Routine mit RETI, anstatt RET, beendet werden. Beide Befehle sind für die CPU gleich. Das bediente
periphere Gerät erkennt jedoch an RETI, daß seine Bedienung beendet ist und es
nun seinerseits auf der Kette den Geräten niedriger Priorität die Möglichkeit zur
Interruptanforderung freigeben kann.

Die Service-Routine muß die benutzten Register selbst retten und am Ende wieder restaurieren, damit das unterbrochene Programm fehlerfrei fortgesetzt wird.

Da dies Rechenzeit verbraucht und die Service-Routinen manchmal sehr zeitkri-
tisch sind, wurde die Z80 mit einem zweiten Registersatz (`alternate regi-
ster set`), Bild 9.5, ausgestattet. Mit den sehr schnellen Befehlen EX und EXX
kann auf den alternativen Registersatz, A', F', B', C', D', E', H', L' umgeschaltet
werden. Genauer gesagt, wird der gewöhnliche Registersatz mit diesen Befehlen
im alternativen Registersatz zwischengespeichert (**geswapped**). Am Ende der Service-Routine müssen diese Befehle nochmals ausgeführt werden, so daß die alten
Werte in den Registern wieder zur Verfügung stehen.

Natürlich funktioniert diese Methode nur bis zur Verschachtelungstiefe eins. Die
Service-Routine wird also am Anfang mit DI (`disable interrupts`) weitere
Interrupts verbieten, um sie am Ende mit EI (`enable interrupts`) wieder
freizuschalten. Wenn allerdings die betrachtete Service-Routine langwierig ist und
zeitkritische Geräte möglicherweise vorrangig bedient werden müssen, so wird sie
auch zwischendurch die Interrupts freischalten und somit verschachtelte Interrupts zulassen. Die Register müssen dann von der langwierigen Service-Routine
auf konventionelle Weise mit PUSH und POP gerettet werden.

9.16 Verschiedene Befehle

Wir haben nur die typischen Befehle der Z80 besprochen. Über die Vielzahl der vorhandenen Befehle möge sich der Leser an Hand der Datenbücher [D.Z1][9.1][9.3] ein Bild verschaffen.

Hier soll jedoch noch auf einige Besonderheiten hingewiesen werden.

Der Befehl NOP (no operation), dessen OP-Code das Byte 0 ist, führt zu keiner Aktion der CPU; es wird lediglich der Program-Counter PC um 1 erhöht. Dieser OP-Code wird jedoch als Füllsel (filler) gelegentlich verwendet.

Dieses Füllsel ist z.B. von Nutzen, wenn direkt im Maschinencode, d.h. ohne daß die Assemblerprogrammquelle zur Verfügung steht, eine Änderung, eine sog. **Absolutkorrektur,** vorgenommen werden soll: mit NOPs können ein oder mehrere Befehle ausgeblendet werden.

Der Befehl HALT ist gleichbedeutend mit

```
lab:          JR          lab
```

d.h. die CPU tritt solange an der Stelle, bis ein Interrupt auftritt - oder bis der Strom abgeschaltet wird.

Wir weisen noch auf den Befehl CALL (HL) hin. Hier ruft die CPU ein Unterprogramm auf, dessen Adresse durch den Inhalt eines Registers, d.h. durch das Ergebnis einer Rechnung bestimmt wird. Man spricht hier von einem **dynamischen Aufruf,** im Gegensatz zu den **statischen Aufrufen** CALL adr, bei denen das Sprungziel adr fest im Code einprogrammiert wurde. Allerdings könnte man auf Maschinenspracheebene auch diesen Code dynamisch verändern.

Die Z80 verfügt über eine Vielzahl von Wiederholungsbefehlen, die bei der Programmierung von Schleifen optimal eingesetzt werden können.

Wir erwähnen z.B. den Befehl LDDR (load decrementing repeatively), der bei der Verschiebung von ganzen Bereichen im Memory von Nutzen ist. Vor dem Befehl lädt man in das BC-Register (byte counter) die Anzahl der zu verschiebenden Bytes, d.h. die Länge des Bereichs. HL wird mit der Adresse des letzten zu verschiebenden Bytes, DE mit der Adresse seines Zielortes geladen. Der Befehl entspricht im Emulator:

```
lab:          mem(DE) = mem(HL)
              DE = DE-1
              HL = HL-1
              BC = BC-1
              IF BC>0 THEN GOTO lab.
```

Die Verwendung dieser Folge durch den einzigen Befehl LDDR erleichtert nicht nur die Programmierung, sondern verkürzt auch die Rechenzeit ganz erheblich, da nicht jedesmal erneut Befehle aus dem Memory geholt und analysiert werden müssen.

9.17 Assembler und Disassembler

Der **Assembler** ist ein Programm, welches die **Assemblersprache** in die Maschinensprache (OP-Code) übersetzt. Während die Maschinensprache durch den Hersteller des Prozessors, in unserem Falle eine Z80-CPU, eindeutig festgelegt ist, kann die Assemblersprache weitgehend frei gewählt werden, denn die Mnemonics und andere Details sind natürlich willkürlich.

Der erste Assembler mußte selbst in Maschinensprache geschrieben werden. Wenn schon andere Computer zur Verfügung stehen, kann der Assembler in irgend einer Sprache, z.B. in FORTRAN, geschrieben werden. Man spricht dann von einem **Cross-Assembler**. Dieser Computer dient dann als **Entwicklungsssytem** (development system) für die **Zielmaschine** (target machine). Der auf dem Entwicklungssystem vom Cross-Assembler erzeugte Objectcode muß auf die Zielmaschine übertragen (geladen) und dort durchgeführt werden.

Nachdem ein Assembler für die Zielmaschine zur Verfügung steht, kann nunmehr ein Assembler in Assemblersprache formuliert werden. Dieser Assembler ruht dann ausschließlich in der Zielmaschine (**native assembler**).

Wir haben damit die typische Situation, daß ein Computer den nächsten entwickelt. Computer einer bestimmten **Generation** konnten sowohl softwaremäßig als auch hardwaremäßig nur entwickelt werden, weil bereits Computer einer früheren Generation zur Verfügung standen. Bei den heutigen Computern spricht man, je nach Fall, von solchen der vierten oder fünften Generation.

Der Assembler übersetzt im wesentlichen die **symbolische Maschinensprache** (Assemblersprache) eins zu eins in die entsprechende **binäre Maschinensprache**. Es werden lediglich die symbolischen Mnemonics und symbolischen Adressen gesammelt (**assembliert**) und in den entsprechenden OP-Code und in die entsprechenden **absoluten Adressen** verwandelt.

Es gibt jedoch auch Assembler, sog. **Macro-Assembler**, welche für immer wiederkehrende ähnliche Sequenzen im symbolischen Code Abkürzungen (**Macros**) zu definieren gestatten. Wenn beispielsweise in einem größeren Programm immer wieder die Sequenz

```
        LD              (buff),A
        LD              (buff + 1),B
        LD              (buff + 2),F
```

welche drei Register an eine bestimmte Stelle buff des Memory rettet, auftritt, kann dafür das Macro

        RETTE   buff

definiert werden. In diesem Beispiel ist buff das Argument des Macros RETTE. Der Makroassembler fügt anstelle des Macros die entsprechende Sequenz in den Code ein. Das Argument kann von Fall zu Fall variieren.

Anstelle von Macros können manchmal Unterprogramme verwendet werden. Weil aber die Argumentsübergabe an die Maschinenspracheunterprogramme sehr aufwendig ist und selbst Register belegt, sind Macros unverzichtbar.

Die definierten Macros können in einer sog. **Makrobibliothek** (macro library) abgelegt sein. Dem Assembler müssen dann nur die zu verwendenden Makrobibliotheken mitgeteilt werden.

Bei größeren Programmsystemen mit vielen Unterprogrammen lohnt es sich, die einzelnen Unterprogramme oder zumindestens ganze **Segmente**, welche aus mehreren zusammengehörigen Unterprogrammen bestehen, einzeln zu assemblieren. Bei Änderungen an einzelnen Segmenten müssen dann nur diese und nicht das ganze System neu assembliert werden.

Der Assembler kann dann noch nicht die absoluten Adressen erzeugen sondern nur solche relativ zum Segmentanfang. Der zunächst von einem solchen relocatable assembler erzeugte **Zwischencode** (intermediate code) ist länger, denn an gewissen Stellen des Codes muß eine Information eingefügt werden, welche besagt, daß die **Basisadresse** (= Anfangsadresse) des Segmentes daraufaddiert werden muß, um die absolute Adresse zu erhalten. Die im Zwischencode vorliegenden Segmente heißen auch **Module** (modules, relocatables) und werden in einer **Modulbibliothek** (relocatable library) abgelegt.

Die endgültige Arbeit, absolute Adressen zu erzeugen, wird dann vom **Binder** (linker = linkage editor) erledigt. Der Linker sucht sich aus der Modulbibliothek die aufgerufenen Module zusammen und erzeugt den absoluten Code, den die einfachen Assembler direkt erzeugen. Die absoluten Programme, welche man manchmal auch **Phasen** nennt, können natürlich auch in Bibliotheken für eine spätere Ausführung aufbewahrt werden.

Der Zwischencode ist selbst noch nicht ausführbar. Man sollte ihn deshalb streng von einem **relozierbaren Code** (relocatable code) unterscheiden, welcher auch als absoluter Code noch verschieblich ist. Einen relozierbaren Code erreicht man durch Verwendung von JR lab und CALL (IH) anstatt JP lab und CALL lab. Echt relozierbarer Code ist nur in seltenen Fällen erforderlich und stellt sehr hohe Anforderungen an den Programmierer.

Aus Gründen des Urheberrechtes erhält der Anwender bei gekauften Programmen meist nur den Binärcode ausgehändigt. Anderenfalls könnte er das Programm verstehen, auf andere Computertypen anpassen oder gewisse Änderungen vornehmen, um es daraufhin als sein eigenes Produkt zu vermarkten.

Um auch beim Binärcode wenigstens kleinere Änderungen vorzunehmen, gewisse Teile in eigene Programme einzubauen oder um die Funktionsweise des Programmes besser zu verstehen, dienen die **Disassembler**. Sie machen die Übersetzung des Assemblers wieder rückgängig. Sie können diese Aufgabe jedoch nur sehr unvollkommen erledigen, weil die Rückübersetzung nicht eindeutig ist. Der Disassembler kann die meist mnemotechnisch sinnvollen symbolischen Adressen des Quellprogrammes sowie die für das Verständnis des Programmes unerläßlichen Kommentare natürlich nicht mehr reproduzieren.

Die Disassemblierung kann aber auch schlicht falsch werden, weil der Disassembler nicht weiß, ob nach einem unbedingten Sprungbefehl weiterer Code oder nur Daten folgen. Durch die Möglichkeit von Programmen, sich selbst zu verändern, können die möglichen Einsprungsstellen im Programm nicht sicher ausgemacht werden.

9.18 Monitor

Ein Assembler ist nur so gut wie sein Monitor. Assemblerprogramme neigen dazu, sich zu verflüchtigen: Bei einem Fehler zerstört sich das Programm meist selbst oder es läuft in eine sinnlose Schleife. Dem Benutzer bleibt nur übrig, durch Stromausschalten einen Neubeginn zu versuchen, ohne daß er irgendwelche Information über die letzten sinnvollen Aktionen oder über die Art des Fehlers erfahren konnte.

Deshalb werden in der Testphase Maschinenprogramme meist unter Aufsicht eines **Monitors (Überwachsers)** laufen gelassen. Der Monitor gestattet es, sog. **Kontrollereignisse** (check points) zu definieren. Bei Erreichen dieser Kontrollpunkte hält das Maschinenprogramm an und springt in den Monitor. Der Anwender kann sich den Inhalt der Register und des Memory anschauen und verändern. Bei Bedarf läßt er das Programm bis zum nächsten Kontrollpunkt fortfahren.

Am besten ist jedoch die single step execution. Hier nimmt sich der Überwacher den nächsten auszuführenden Befehl vor, emuliert ihn, druckt dabei alle Register heraus. Durch Betätigen bestimmter Tasten wird der nächste Befehl ausgeführt, oder aber abgebrochen und in den Assembler zurückgekehrt. Indem sich der Monitor weigert, das Betriebssystem zu überschreiben, ist der erwähnte **Systemzusammenbruch** (system crash) ausgeschlossen.

9.19 Mikroprogramm

Der Prozessor ist eine elektronische Schaltung, welche das sich im Memory befindliche Maschinenprogramm ausführt. Bei den sog. **mikroprogrammierten Prozessoren**, zu denen heute die meisten Prozessoren und insbesondere alle Mikroprozessoren gehören, steckt in dem Prozessor ein einfacherer Prozessor, welcher eine sehr einfache interne Maschinensprache, die **Mikroprogrammsprache** versteht. Das **Mikroprogramm** (`micro code`) emuliert den aus dem Memory eingelesenen Maschinencode. Der Prozessor besitzt also in seinem Inneren eine einfache CPU, welche den Mikrocode ausführt, und ein kleineres Memory, welches das Mikroprogramm beherbergt. Das Bild 8.1, welches für den ganzen Mikrocomputer gültig ist, wiederholt sich für den Mikroprozessor.

Ein *Vorteil* der Mikroprogrammierung ist ein niedrigerer Preis, weil der interne Prozessor relativ einfach ist. Ein weiterer Vorteil ist Flexibilität: lediglich durch Änderung des Mikroprogrammes können verschiedene Prozessoren realisert werden.

Nachteil der Mikroprogrammierung ist ein Geschwindigkeitsverlust. Die schnellsten und teuersten Prozessoren sind nicht mikroprogrammiert sondern in reiner Hardware aufgebaut.

Das interne Memory eines mikroprogrammierten Mikroprozessors, welches das Mikroprogramm beherbergt, muß ein ROM (`read only memory`) sein, damit bei Stromausschalten sein Inhalt nicht verloren geht. Sein Inhalt kann jedoch dann nicht verändert werden, d.h. dieser Prozessor ist nicht **mikroprogrammierbar**: Das Mikroprogramm ist durch den Anwender nicht veränderbar.

Bei sehr raffinierten Prozessoren, zu denen die Z80 nicht gehört, ist ein Teil des internen Memory als RAM (`random access memory`) realisiert, in welches der Anwender seinen eigenen Mikrocode ablegen kann. Bei solchen **mikroprogrammierbaren Mikroprozessoren** kann der Anwender die Maschinensprache nach seinen eigenen Wünschen erweitern.

Wenn in einer speziellen Anwendung häufig der Sinus berechnet wird, kann es sich z.B.lohnen, den Algorithmus zur Berechnung des Sinus ins Mikroprogramm zu übernehmen. Die Maschinensprache wird dann einen Befehl enthalten, welcher von einer Zahl in einem Register den Sinus berechnet und das Ergebnis in einem Register speichert. Die Rechenzeit bei einer solchen Mikroprogrammierung ist dabei erheblich geringer.

10. Die TTL-Bausteine der Digitalelektronik

10.1 Die TTL-Logik

Zur Realisierung einfacher logischer und arithmetischer Grundaufgaben stehen sogenannte **Logikbausteine** zur Verfügung. Die **Transistor-Transistor-Logik** (**TTL**) -Familie ist die erfolgreichste aller **Logikfamilien**. Auch andere Technologien, so die ultraschnelle ECL-Technik, die billige und hochintegrierbare NMOS-Technik, sowie die CMOS-Technik mit ihrer geringen Leistungsaufnahme sind meist mit **TTL-kompatiblen** Ein- und Ausgängen ausgestattet.

Trotz der Verfügbarkeit von Mikroprozessoren sind TTL-Bausteine unverzichtbar in folgenden Fällen:

-- bei einfachen Problemen, bei denen der Einsatz von Mikroprozessoren *zu aufwendig* wäre,

-- bei **zeitkritschen** Problemen, bei denen Mikroprozessoren *zu langsam* wären,

-- beim Zusammenbau von Mikroprozessoren mit verschiedenen peripheren Anwenderbausteinen, sowie bei der Anpassung an konkrete Anwendungsfälle, wo stets ein gewisses Maß an **diskreter** (sogenannter **externer**) TTL-Logik erforderlich ist.

Die **TTL-Technik** arbeitet mit einer **Versorgungsspannung** von *5V*.

Logisch wahr (**T = true**, **H = high**, arithmetisch 1) wird (*idealerweise*) durch die Spannung *5V* realisiert, während **logisch falsch** (**F = false**, **L = low**, arithmetisch 0) durch die Spannung *0V* dargestellt wird. *Realerweise* gilt eine Spannung größer als *2V* bereits als H, eine Spannung kleiner als *0,8V* noch als L. Der **Störabstand** ist also *2V-0,8V = 1,2V*

$$1 = T = TRUE = H = HIGH > 2V$$
$$0 = F = FALSE = L = LOW < 0,8V$$

10.2 Logische Gatter

Die einfachsten **logischen Funktionen** werden durch die in Bild 10.1 bis 10.4 gezeigten **Gatter** (`gates`) realisiert.

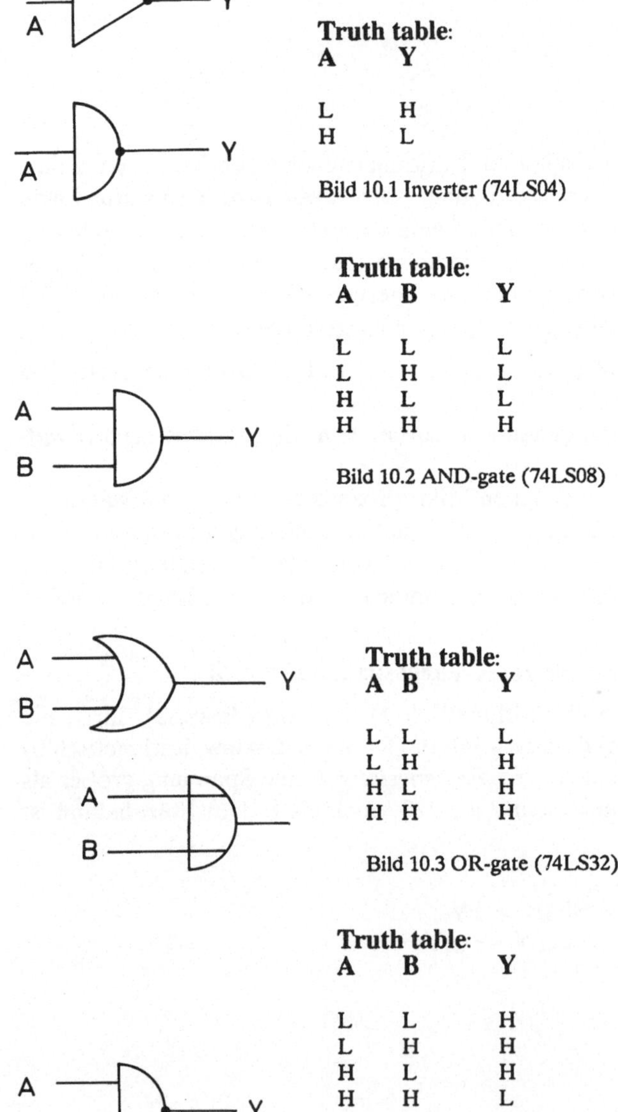

Truth table:
A   Y

L   H
H   L

Bild 10.1 Inverter (74LS04)

Truth table:
A   B   Y

L   L   L
L   H   L
H   L   L
H   H   H

Bild 10.2 AND-gate (74LS08)

Truth table:
A B   Y

L L   L
L H   H
H L   H
H H   H

Bild 10.3 OR-gate (74LS32)

Truth table:
A   B   Y

L   L   H
L   H   H
H   L   H
H   H   L

Bild 10.4 NAND-gate (74LS00)

Die Bilder zeigen das **logische Symbol** und die **Wahrheitstabelle (Funktionstabelle, `truth table`)**. Die Informationseingänge sind mit A und B, der Informa-
tionsausgang mit Y bezeichnet.

Der **Ausgang** (Y) des AND-Gates ist *nur* wahr (H), wenn *beide* **Eingänge** (A und B) wahr sind. Es wird also die logische Funktion UND realisiert. Das OR-Glied realisiert die logische Funktion ODER.

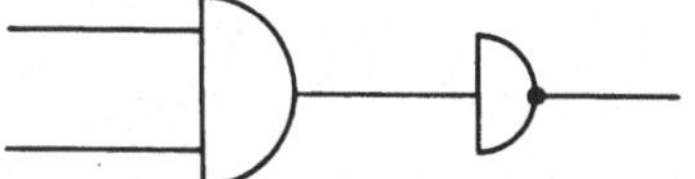

Bild 10.5 Aufbau eines NAND aus AND und NOT (Inverter)

Das NAND-Glied läßt sich aus AND und NOT (Inverter) aufbauen, Bild 10.5.

Da bei der Realisierung durch Transistoren stets eine **Inversion** auftritt, ist jedoch vielmehr umgekehrt das AND-Glied intern durch ein NAND und NOT-Glied aufgebaut. Beim Entwurf von logischen Schaltungen ist die Verwendung von invertierenden Gattern (z.B. NAND anstatt AND) zu bevorzugen, weil sie
-- geringere Signallaufzeiten durch das Gatter haben,
-- billiger sind,
-- eher verfügbar sind.

So existiert z.B. ein eight-input NAND-gate (74 LS 30), während das entsprechende AND-gate nicht realisiert wurde.

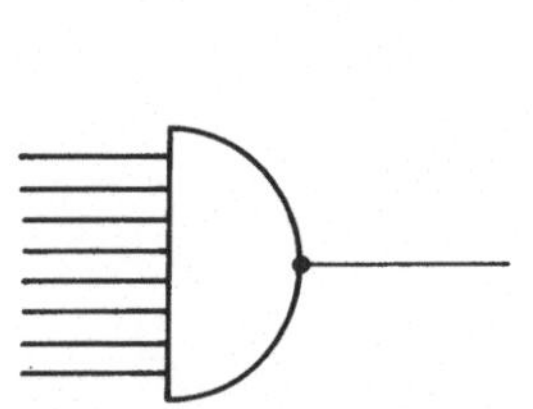

Bild 10.6 Das 8-Input NAND-Gate 74LS30

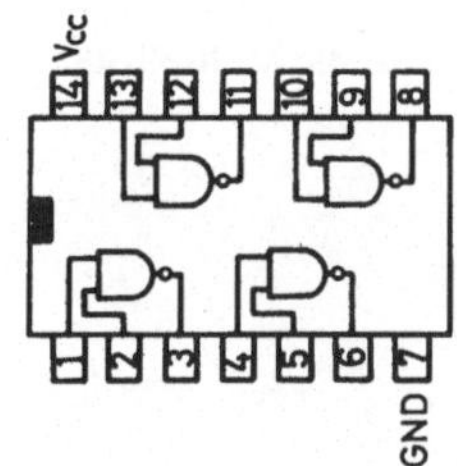

Bild 10.7 Der Baustein 74LS00 (top view)

Die meisten TTL-chips besitzen 14, 16 oder 20 Pins und sind als **DIP** (= dual inline package, **DIL** = dual inline = Zweierkolonne) realisiert. Es lassen sich somit meist mehrere logische Funktionen auf einem Chip unterbringen, Bild 10.7 bis 10.9.

So ist also der 74LS00 ein Quad 2-Input NAND-Gate, der 74LS04 ist ein Hex Inverter, der 74LS21 ist ein Dual 4-Input AND-Gate; die Multiplizität des logischen Gatters wird dabei mit griechischen Zahlen nach Tab. 10.1 angegeben.

Die Chips haben eine äußerliche Ähnlichkeit mit einem Käfer, Bild 10.10. An der Frontfläche befindet sich meist eine Markierung, welche **Nase** genannt wird. Steht der Käfer auf seinen Beinen und betrachtet man ihn von oben - auf seinen Rücken blickend (**top view**) - so numeriert man die Pins bei der Nase beginnend *gegen den Uhrzeigersinn*.

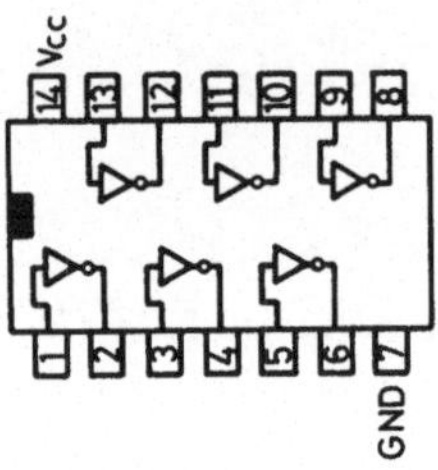

Bild 10.8 Der Baustein 74LS04 (top view)

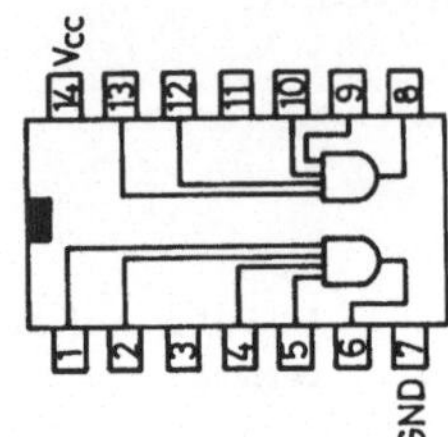

Bild 10.9 Der Baustein 74LS21 (top view)

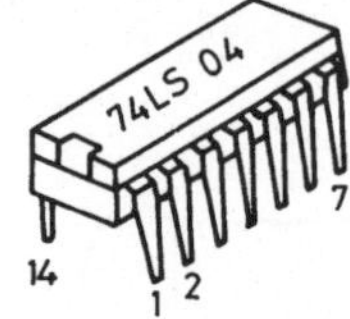

Bild 10.10 Äußere Bauform des 74LS04. Pin 1 ist links von der Nase

Dual	2
Triple	3
Quad	4
Hex	6
Octal	8
Deka	10

Tab. 10.1 Griechische Bezeichnungen für die Multiplizität von Einheiten innerhalb eines Bauteiles

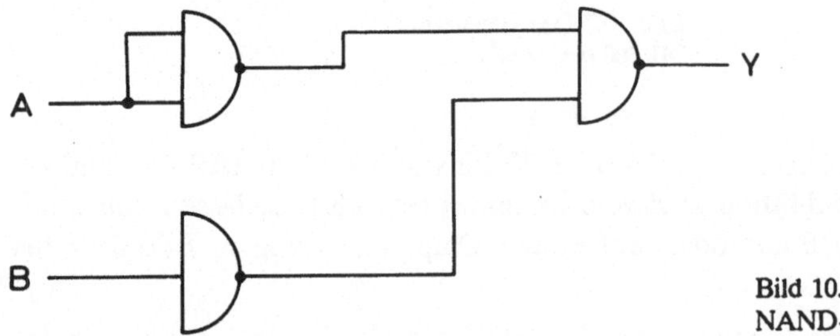

Bild 10.11 OR-Gatter aufgebaut aus NAND-Gater und Inverter

Bei integrierten Schaltungen verwendet man stets die Ansicht von oben, während bei diskreten Transistoren stets die Ansicht von unten (**bottom view**) verwendet wird.

Integrierte Schaltungen: Top View
Pin 1 links von Nase

Diagonal liegende Pins dienen der Stromversorgung. GRD = ground = Erde wird als *0V* definiert. V_{cc} muß dann auf *5V* liegen.

Um Chips einzusparen (meist geht es nicht um die Kosten, sondern um den Platz auf der Platine, den board space) kann beispielsweise der Wunsch auftreten, ein OR-Glied aus NAND-Gliedern aufzubauen. Sind etwa gerade noch zwei 2-Input NANDs und ein Inverter auf den Chips frei und benötigt man ein einziges OR-gate, so wird man dies nach Bild 10.11 realisieren.

Offensichtlich ist Y genau dann L, wenn A und B beide L sind.

10.3 Flip-Flops

Als einfachsten realistischen Anwendungsfall betrachten wir eine Rufanlage von einem Krankenzimmer aus. Die Krankenschwester soll an einem Lämpchen erkennen können, ob gerufen wurde. Nach Kenntnisnahme soll die Krankenschwester das Lämpchen wieder zurücksetzen können (**reset**).

Schaltungstechnisch wird diese Aufgabe durch ein **Flip/Flop (FF)** realisiert, Bild 10.12.

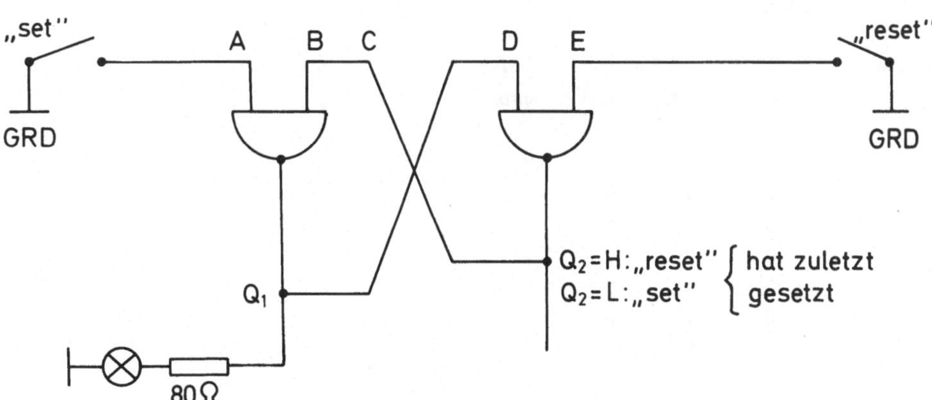

Bild 10. 12 Flip-Flop aufgebaut aus zwei NANDs

Bei TTL-Bausteinen gelten offene (unbeschaltete) Pins als H.

Diese Regel gilt nur für die LS-Familie, z.B. 74LS04. Aber auch hier ist es aus verschiedenen Gründen vorteilhafter, die Pins wirklich an H oder L zu legen.

Bei offenen Tastern verhalten sich also die beiden NANDs wie Inverter. So überzeugt man sich, daß $Q_1 = H$, $Q_2 = L$, aber auch $Q_1 = L$, $Q_2 = H$ mögliche Zustände sind. Das sind die beiden **stabilen** Zustände des Flip/Flop.

Wird nun eine Taste, etwa `set`, geschlossen, so ist $A = L$, und unabhängig vom bisherigen Zustand wird $Q_1 = H$, $Q_2 = L$. Wird hingegen der Taster `reset` zuletzt losgelassen (geöffnet), so verbleibt das FF in seinem anderen stabilen Zustand.

Die Lampe (LED = `light emitting diode`) wird über einen **Vorwiderstand** (*80Ω* bei rotleuchtenden LEDs) an die Ausgangsspannung von Q_1 angeschlossen.

Das oben beschriebene FF ist das am häufigsten verwendete. Dennoch ist es nicht unter den speziellen FF-Bausteinen zu finden, da es leicht aus zwei NANDs aufgebaut werden kann.

Mit dem FF haben wir zum ersten Mal ein Memory kennengelernt: Das momentane Verhalten der Gesamtschaltung hängt nun nicht nur von ihren Eingängen sondern auch von ihrer Vorgeschichte ab. Das bedingt eine wesentlich höhere Anforudrung an die **Störsicherheit**. Wenn etwa bei einem Radio eine Störung auftritt, so macht sich diese nur während der Dauer der Störung bemerkbar. Bei einer digitalen Schaltung kann jedoch dadurch das Verhalten in aller Zukunft beeinträchtigt sein.

10.4 Encoder und Demultiplexer

Als nächstes betrachten wir eine **Zifferntastatur** mit optischer Ausgabe als Dualzahl: Bei Drücken der Tasten 0 ... 9 soll die entsprechende Dualzahl nach Tab.10.2 erscheinen.

Taste	MSB	**Dualzahl**		LSB
	bit3	bit2	bit1	bit0
0	0	0	0	0
1	0	0	0	1
2	0	0	1	0
3	0	0	1	1
4	0	1	0	0
5	0	1	0	1
6	0	1	1	0
7	0	1	1	1
8	1	0	0	0
9	1	0	0	1

Tab.10.2 Die Ziffern von 0 bis 9 als Dualzahl

Am übersichtlichsten ist die Schaltung nach Bild 10.13. (Die Zahlen in den logischen Symbolen verweisen auf die Bausteinnummern, die in Frage kommen, z.B. 74 LS 20.)

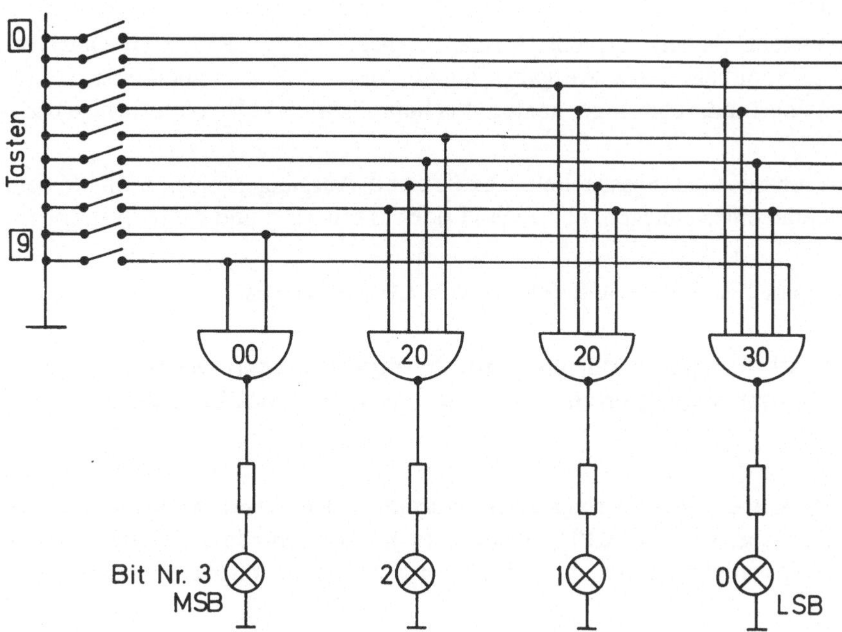

Bild 10.13 Zifferntastatur mit dualer Anzeige

Anstatt die eingetippte Zahl optisch anzuzeigen, könnte sie auch z.B. auf 4 langen Leitungen übertragen werden. Es handelt sich dann um eine **bit-parallele** Übertragung. Die angegebene Schaltung stellt einen **Encoder** dar: Anstatt 10 Leitungen zur Übertragung zu benutzen, wird die Information auf 4 Leitungen komprimiert. Am anderen Ende der Leitung kann die Information z.B. dazu benützt werden, um einen von 10 Apparaten auszuwählen (z.B. einzuschalten). Dort ist deshalb ein **Decoder/Demultiplexer** erforderlich. Dazu gibt es auch fertige Bausteine.

10.5 Tristate und Open Collector Ausgänge

Die Eingänge eines Bausteins können *direkt* an die Ausgänge eines anderen Bausteins gehängt werden, wobei ein Ausgang typischerweise 10 Eingänge treiben kann. Man sagt, der Baustein habe einen `fan out` von 10.

Bei **gewöhnlichen** TTL-Ausgängen (sogenannten `totem-pole outputs`) dürfen verschiedene Ausgänge nicht zusammengeschlossen werden, da sonst die beiden Bausteine gegeneinander arbeiten könnten. Zwar werden die Chips dadurch nicht zerstört, jedoch wird das Ergebnis ein undefinierter mittlerer Pegel zwischen H und L sein.

Einige Bausteine haben spezielle Ausgänge (sogenannte **TRISTATE Outputs**), welche dies erlauben. Diese Ausgänge haben außer H und L noch einen *dritten* möglichen Zustand, den sogenannten **hochohmigen** (`high-impedance`) Zustand Z.

Bei mehreren zusammengeschalteten `tristate` Ausgängen müssen alle Z sein, mit Ausnahme eines einzigen, der auch H oder L sein darf und somit bestimmend ist.

Sind alle Ausgänge Z, so wird ein mittlerer Pegel von ca. 1,5V angenommen.

Tristate-Ausgänge dürfen zusammengeschlossen werden. Es muß aber sichergestellt sein, daß alle Z (tristate) sind bis auf einen.

Dies ermöglicht die Realisierung eines **bidirektionalen Buses.** Mehrere Teilnehmer z.B. Drucker, Tastatur, CPU, Bandgeräte etc. werden alle durch einen z.B. 8-Bit breiten (parallelen) Bus, d.h. einfach durch 8 Drähte, direkt verbunden, Bild 10.14

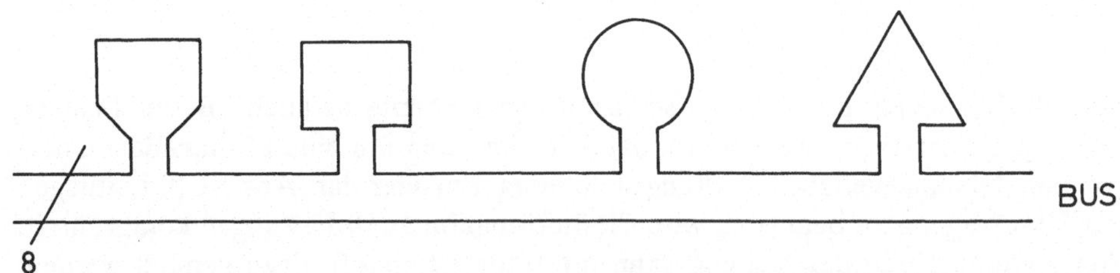

Bild 10.14 Ein bidirektionaler Bus ist eine direkte Verbindung mehrerer Geräte durch Drähte

Jedes Gerät kann hören, was auf dem **Bus** (den Drähten) gesprochen wird, indem es auch Eingänge am Bus angeschlossen hat, aber *nur ein Gerät darf sprechen.* Welches das ist, entscheidet der **Busschiedsrichter** (`bus-arbitrer`, meist die CPU) z.B. durch zusätzliche Leitungen, die **Adreßleitungen** (`address-lines`), welche an die Geräte führen und ihnen mitteilen, ob sie sprechen dürfen.

Einen Tristate-Ausgang Y kann man sich qualitativ etwa so vorstellen, Bild 10.15: Sperrt der obere Transistor und leitet der untere, so ist $Y = 0{,}2V = L$ ($GRD = 0V$). Leitet der obere und sperrt der untere, so ist $Y = 4{,}8V = H$ ($V_{cc} = 5V$). Sperren beide Transistoren, so ist $Y = Z$ (`tristate`).

Größere Lasten können nicht direkt mit gewöhnlichen TTL-Ausgängen (auch nicht mit Tristate-Ausgängen) angesteuert werden. Dazu dienen TTL-Chips mit **Open-Collector (OC)** Ausgängen, Bild 10.16.

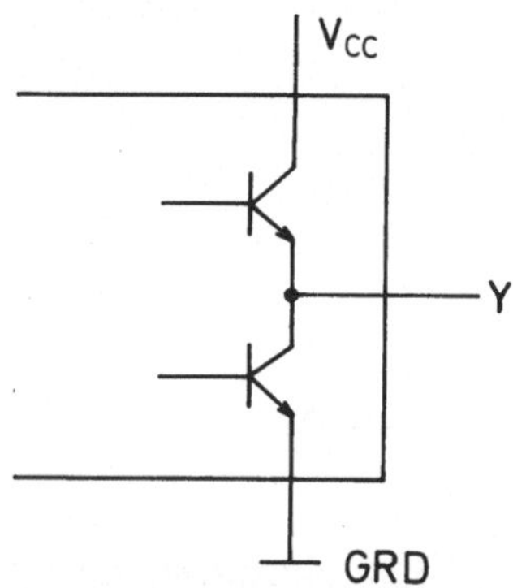

Bild 10.15 Innerer Aufbau der Tristate-Ausgänge

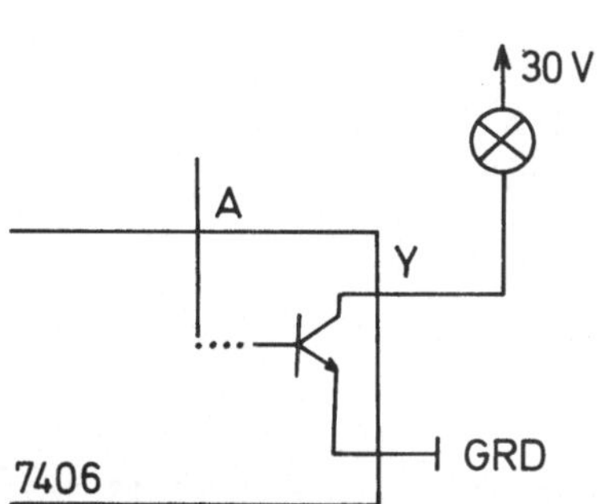

Bild 10.16 Innerer Aufbau der Open Collector (OC) Ausgänge

So ist beispielsweise der 7406 ein Hex Inverter mit OC Ausgängen. Er ist **pin-kompatibel** mit dem 74LS04.

Ist ein Eingang A (etwa Pin 1) H, so leitet der Ausgangstransistor: Der Ausgang Y (etwa Pin 2) ist L, die Lampe leuchtet.

Ist andererseits A = L, so sperrt der Tansistor: Es ist Y = H = *30V*, die Lampe ist erloschen.

> **Bei TTL-OC:**
> **H = Der Ausgang sperrt**
> **L = Der Ausgang leitet**

Die Ausgänge Y des 7406, wenn H, können 30V sperren, bzw. wenn L, 40mA aufnehmen (sink). Beim gebräuchlichen 74LS05 liegen diese Werte nur bei 5V bzw. 4mA.

Die **gewöhnlichen (totem-pole)** TTL-Ausgänge sind innerlich genauso aufgebaut, nur daß der Kollektorwiderstand, in Bild 10.16 die Lampe, im Chip integiert ist.

Mehrere OC-Ausgänge dürfen zusammengeschlossen werden und einen gemeinsamen Kollektorwiderstand R_c haben. Bei geeignetem Wert von R_c kann jedes Bauteil den gemeinsamen Ausgang Y nach unten ziehen. Damit ist das **verdrahtete UND (wired AND)** realisiert.

Es können Tristate-Busse aber auch OC-Busse realisiert werden. OC ist langsamer, weil sie keinen aktiven pull-up-Transistor wie in Bild 10.15 haben. Die OC benötigen keinen Busschiedsrichter: Auf dem Bus wird lediglich festgestellt, ob wenigstens einer L gesagt hat.

Ein OC-Bus verhält sich logisch genau wie ein Tristate-Bus, wenn der Busschiedsrichter alle Chips, die nicht sprechen dürfen, auf H zwingt.

10.6 Latches

Der Interface der oben besprochenen Zifferntastatur mit dem Bus kann z.B. mit
dem 8-bit transparent latch (octal D flip/flop) 74LS373, Bild
10.17, realisiert werden.

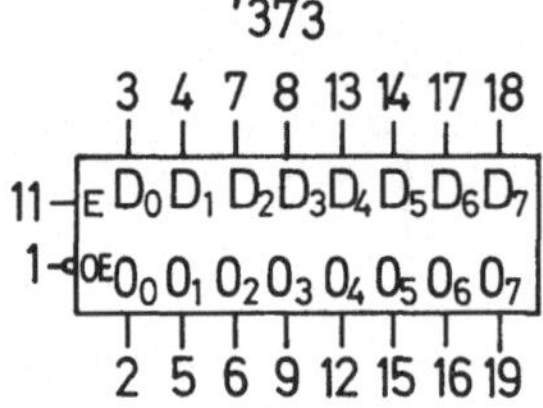

Bild 10.17 Octal Transparent D-Latch 74LS373

O_0 ... O_7 (auf den Pins 2, 5, 6, 9, 12, 15, 16, 19) sind die *Tristate-Ausgänge*, die am
Bus liegen können. Ist $\underline{OE}$ (pin 1) = H, so sind die Ausgänge O_0 ... O_7 tristate
(Z).

Ist $\underline{OE}$ = L, so liegen an den Ausgängen die in dem Chip gespeicherten Werte (H
oder L). (OE bedeutet output-enable: die Ausgänge sind **ermächtigt (enabled)**, wenn sie H oder L, d.h. nicht tristate (Z) sind.

Der Strich bei $\underline{OE}$ bedeutet **Negation (Inversion)**, realisiert durch einen Inverter
im Innern des Chip. Die angegebene Funktion, den Ausgang zu ermächtigen, wird
nämlich ausgeführt, wenn der Pin = L, also logisch falsch ist.

Aus typographischen Gründen benutzen wir für die Negation im Text eine **Unter**streichung, während
in den Figuren, wie üblich, eine **Über**streichung verwendet wurde.

Zusätzlich zum Strich erinnert man gelegentlich an die Negation nochmals durch
die Angabe **active L** : Die angegebene Funktion wird bei Anliegen des Pegels L
durchgeführt.

Eine andere Bezeichnung für den Pin 1 wäre OD (active H): Der Output ist disabled (tristate, Z),
wenn am Pin 1 der Pegel H anliegt.

Die Ausgänge des 74LS373 können 30 Eingänge treiben, also mehr als üblich.
Deshalb kann man den Chip auch als 3-state output buffer (buffer =
Treiber) ansprechen.

Die *Eingänge* des Chips sind mit D_0 ... D_7 bezeichnet. Ist E (pin 11) = H, so sind
die Eingänge **enabled**, d.h. in dem internen Register (realisiert durch 8 Flip-
Flops) stehen genau die Werte (H oder L), die an den Eingängen (D_0 ... D_7) anliegen.

Ist außerdem $\underline{OE}$ = L, so liegen diese Werte auch an den Ausgängen. Der Chip
ist dann **transparent** (= durchsichtig, unsichtbar).

Sobald E = L geht, sind die Eingänge gesperrt (disabled). Die Werte, die zuvor
anlagen, bleiben im Register gespeichert. Deshalb bezeichnet man den '373 auch
als **Latch** (latch = einklinken, einrasten).

Man kann auch die Eingänge (D) und die Ausgänge (O) verbinden und zusammen an den Bus anschließen. Unter Verwendung der Signale $\overline{OE}$ und E kann dann der 373 das auf dem Bus Gesprochene
aufnehmen und zu gegebener Zeit wieder abgeben.

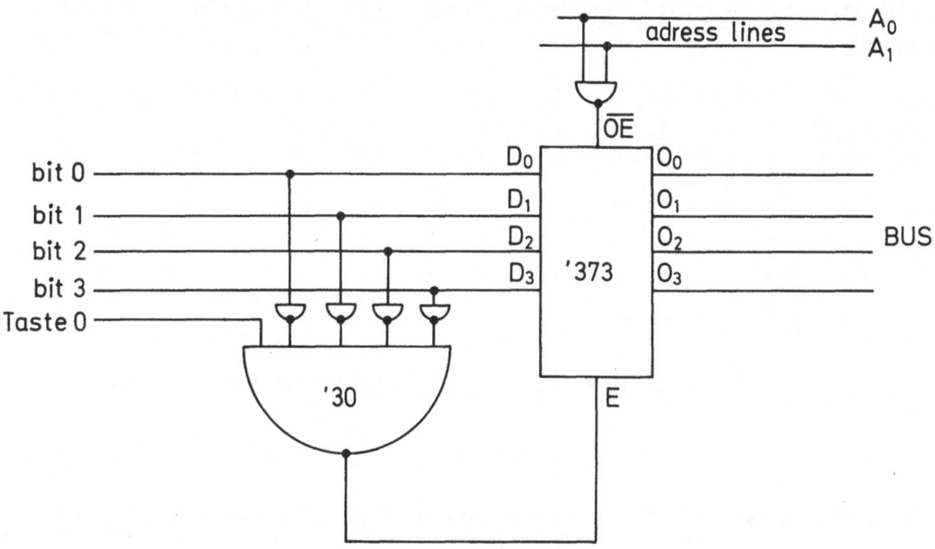

Bild 10.18 Anschluß der Tastatur nach Bild 10.13 an einen Bus

Mit der Schaltung nach Bild 10.18 kann man erreichen, daß im Latch '373 stets
der Wert der zuletzt gedrückten Taste gespeichert ist. Bei Bedarf kann die CPU
diesen Wert über den Bus abfragen, indem sie auf den Adreßlinien $A_0 = 1$, $A_1 = 1$
(d.h. $A_0 = A_1 = H$) ausgibt.

10.7 Zähler

Eine wichtige Gruppe von TTL-Bausteinen sind die **Zähler**. Wir besprechen hier
den 4-bit binary counter 74LS161, Bild 10.19.

Der gezählte Wert liegt an den Ausgängen $Q_0 \dots Q_3$. Es handelt sich um gewöhnliche TTL-Ausgänge (nicht tristate). Q_0 ist das **LSB** (= least significant
bit = niederwertiges Bit), Q_3 ist das **MSB** (= most significant bit). Es
ist allgemein üblich, das LSB als das Bit 0 zu bezeichnen.

Das LSB wird meist als Bit 0 bezeichnet.

Die Zahl 1 wird also durch $Q_3 = Q_2 = Q_1 = L$, $Q_0 = H$ dargestellt. Es wird um 1 weitergezählt, wenn der Pin **CP** (`clock pin`) einen Übergang von L nach H macht. Einen solchen Übergang bezeichnet man als **positive Flanke** (`positive edge`), auch mit ⌐ bezeichnet. Beim Übergang H nach L geschieht nichts, Bild 10.20. Man sagt, der '161 ist **positiv-flankengetriggert** (`positive edge-trig-gered`).

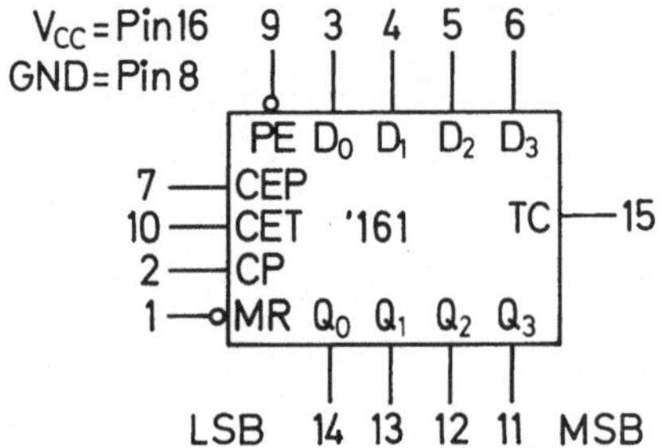

Bild 10.19 Der 4-Bit Binärzähler 74LS161

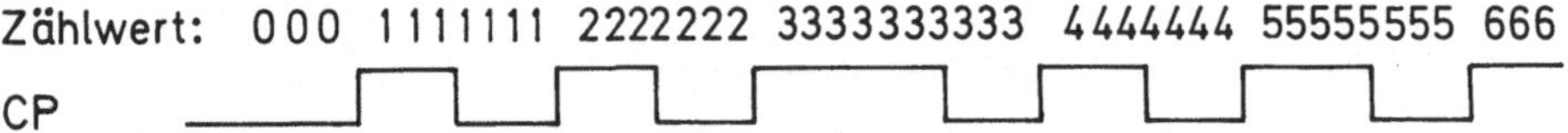

Bild 10.20 Ein positiv flankengetriggerter Zähler zählt nur bei positiven Flanken weiter.

Der höchste Zählwert ist $15 = \&F = HHHH$. Dann wird - **zyklisch** -auf 0 weiter-gezählt.

Durch $\underline{MR}$ = L (MR = `master reset`) kann der Zähler zu irgend einer Zeit auf 0 zurückgesetzt werden. (Der Zähler bleibt auf 0 solange $\underline{MR}$ = L.)

Herausgeführt ist der Pin $\underline{MR}$, in der Figur angegeben ist jedoch das interne Signal MR. Der kleine Kreis in der Figur bedeutet, wie das _ , eine Inversion.

Der '161 ist **programmierbar** (`presetable`): Durch $\underline{PE}$ = L (PE = `parallel enable`) wird die an den Dateneingängen D_3 ... D_0 anliegende Zahl geladen und anschließend von dort weitergezählt.

Soll höher als 15 gezählt werden, so kann man mehrere '161 aneinanderreihen: Der '161 ist **kaskadierbar**. Jeder '161 wird ein `4-bit slice` (**slice** = Scheibe) eines größeren Zählers.

Der '161 zählt nur, wenn CEP = CET = H (CE = `count enable`). Hat ein '161 den Zählwert 15 (und ist außerdem CET = H), so geht der output TC (`terminal count`) auf H. Alle `Slices` werden an CP gehängt, Bild 10.21B, aber nur der LS-slice (LS = `least significant`) hat CEP = CET = H, d.h. kann zählen. Der nächste `slice` erhält seine CEP = CET-Information aus dem TC-output des LS-slice . Der nächste `slice` kann also nur zählen, wenn der `LS-slice` auf 15 ist. Bei der nächsten positiven Flanke geht dann der `LS-slice` auf 0, während der nächste `slice` um 1 weiterzählt.

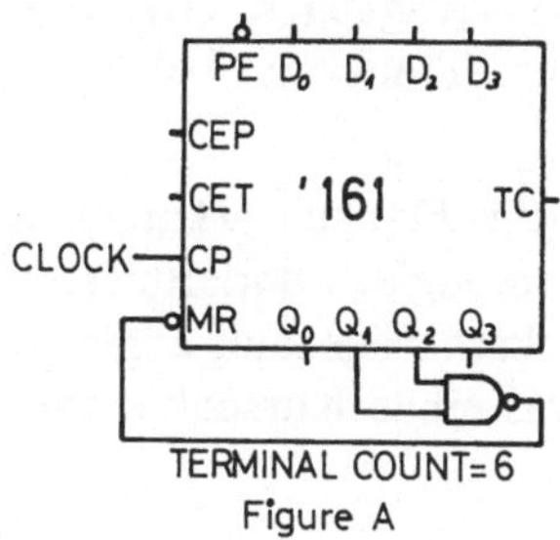

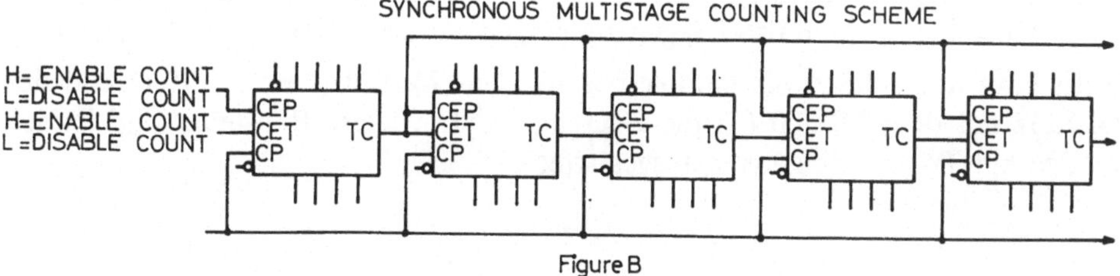

Bild 10.21 Figure A: Zähler mit max count = 6, Figure B: Ein 16-Bit Zähler aufgebaut aus vier 4-Bit Zählern

Zähler sind auch wichtig, um **Clocks** (= digitale Oszillatoren) zur Taktung langsamerer Geräte **herunterzuteilen**. Eine Teilung um den Faktor 6 ist in Bild 10.21A gezeigt. Ein möglicher Zählvorgang ist in Bild 10.22 zu sehen.

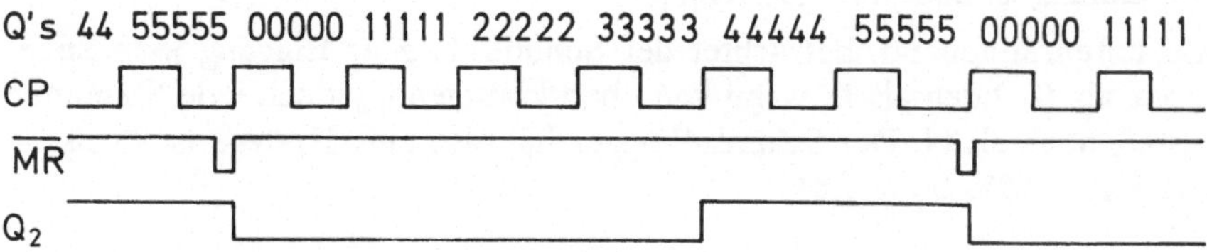

Bild 10.22 Zählvorgang eines divide by 6 counter

10.8 Schmitt-Trigger Eingänge

Betrachten wir nochmals den inneren Aufbau eines TTL-Ausganges, etwa den Tristate-Ausgang nach Bild 10.15: Bei $Y = H$ leitet der obere Transistor, bei $Y = L$ leitet der untere und bei $Y = Z$ leitet keiner.

Diese Realisierung der Ausgangsstufe setzt voraus, daß die Flanken (H nach L und L nach H) **steil** sind. Befindet sich Y nämlich lange im logisch undefinierten Bereich zwischen H und L (z.B. weil man am Eingang einen Sägezahn angelegt hat), so leiten während dieser Zeit beide Transistoren, was einen Kurschluß zwischen V_{cc} und GRD darstellen würde.

Es ist also i.A. nicht erlaubt an TTL-Eingängen langsame Flanken anzulegen. Soll dies trotzdem geschehen (z.B. aus Gründen der Impulsverzögerung), so sind spezielle Bausteine mit **Schmitt-Trigger Eingängen** zu verwenden.

So ist etwa der 74LS14 pin-kompatibel mit dem 74LS04 (Hex Inverter) und der 74LS132 mit dem 74LS00 (Triple 2-Input NAND). Diese Bausteine sind jedoch mit Schmitt-Trigger Eingängen ausgestattet.

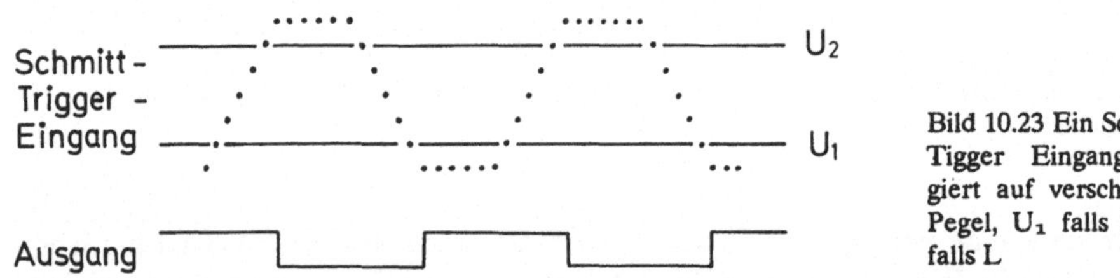

Bild 10.23 Ein Schmitt-Tigger Eingang reagiert auf verschiedene Pegel, U_1 falls H, U_2 falls L

Bild 10.23 zeigt das Input/Output Transfer Verhalten des Hex-Inverters '14. (Die Eingangsspannung ist überhöht gezeichnet.)

Wenn von unten kommend, betrachtet der Schmitt-Trigger Eingang jede Spannung kleiner als U_2 noch als L, wenn von oben kommend, jedoch jede Spannung größer als U_1 noch als H. Der Schmitt-Trigger hat also eine **Hysteresis**. Typische Werte sind $U_1 = 0{,}8V$, $U_2 = 1{,}6V$.

10.9 Pulse und Oszillatoren

Gelegentlich stellt sich die Aufgabe, aus einer Flanke einen Puls zu machen, etwa um ein Flip-Flop oder einen Zähler zurückzusetzen (**Digitales Differenzierglied**). Eine Pulsform am Eingang A soll also in die Pulsform am Ausgang Y, Bild 10.24, verwandelt werden. Dies kann durch die Schaltung nach Bild 10.25 realisiert werden.

Zunächst ist A = L, der Ausgang des NAND ist also H. Der Ausgang des Inverters ist H, der Kondensator C ist geladen, der untere Eingang des NAND ist H.

Nun möge der Eingang A auf H gehen. Damit sind beide Eingänge des NAND gleich H, d.h. der Ausgang Y geht auf L. Gleichzeitig geht der Ausgang des Inverters auf L.

Dies überträgt sich aber nicht sofort auf den unteren Eingang des NAND. Zuerst muß der Kondensator über den Widerstand R entladen werden. (Dabei fließt der technisch positive Strom in den Ausgang des Inverters; sein unterer Ausgangstransistor leitet und führt den Strom auf GRD ab.)

Erst wenn der Kondensator entladen ist, wird der untere Eingang des NAND gleich L und der Puls Y ist beendet. Ein Zahlenbeispiel ist *R = 100Ω, C = 150pF, T = 100ns*.

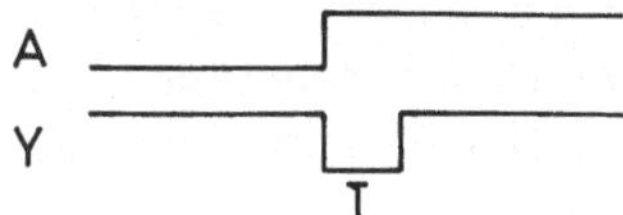

Bild 10.24 Eine positive Flanke am Eingang A wird zu einem kurzen Puls am Ausgang Y

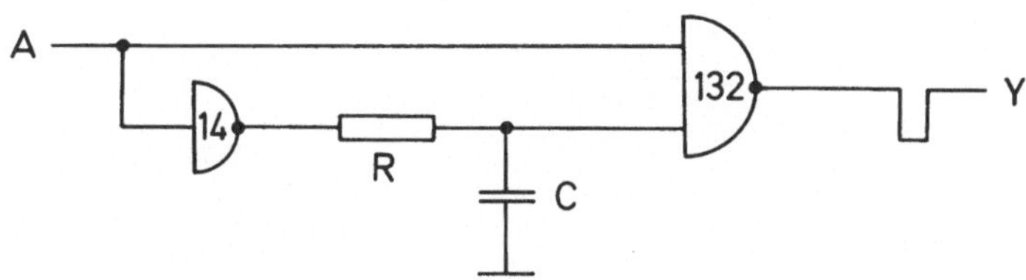

Bild 10.25 Digitales Differenzierglied zur Erledigung der Aufgabe Bild 10.24

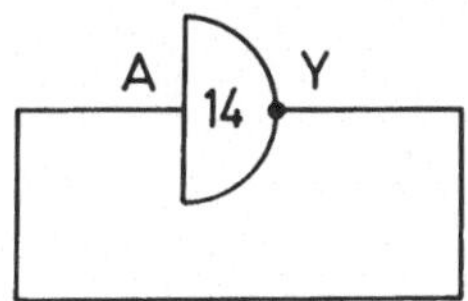

Bild 10.26 Einfachster TTL-Oszillator

Häufig braucht man TTL-Oszillatoren (Clocks). Die einfachste Realisierung ist durch Bild 10.26 gegeben: Ist Y = H, so muß nach der Signallaufzeit des Inverters wieder Y = L werden, etc. Man erhält einen Oszillator mit der doppelten Signallaufzeit als Periode.

Ersetzt man den einen Inverter durch eine ungerade Zahl von Invertern, so erhöht sich die Periode des Oszillators entsprechend.

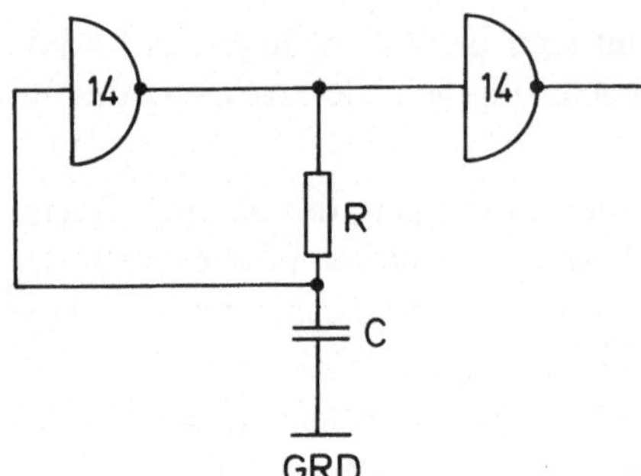

Bild 10.27 TTL-Oszillator für längere Perioden

Das RC-Glied in der Schaltung, Bild 10.27, erhöht die Signallaufzeit für einen vollen Umlauf auf einen einstellbaren Wert. Am Kondensator ergibt sich eine langsam anwachsende Spannung. Deshalb sind Inverter mit Schmitt-Trigger-Eingängen, 74LS14 erforderlich. Der zweite '14 dient zur Pufferung, damit das Zeitverhalten der Schaltung nicht von der angelegten Last abhängig ist. Ein Zahlenbeispiel ist $R = 330\,\Omega$, $C = 10nF$, $T = 4000ns$.

11. Das Z80-PIO als Kontakt zur Außenwelt

Die meisten komplexeren Aufgaben, für die früher komplizierte TTL-Schaltungen aufgebaut werden mußten, können heute mit Mikroprozessoren auf elegante, flexible und letztlich preisgünstige Weise gelöst werden. Dazu brauchen diese Computer **Schnittstellen** (`interfaces`), meist **TTL- kompatible** Ein- und Ausgänge. Solche Schnittstellen heißen **I/O-Ports** (`port` = Hafen, Umschlagstelle der Datenströme zwischen Computer und Außenwelt.) Andere Bezeichnungen sind **PIO** (`parallel I/O`) oder **PIA** (`peripheral interface adapter`). Da der in diesem Buch zugrunde gelegte Computer eine Z80-CPU besitzt, werden wir in diesem Kapitel die Z80-PIO besprechen.

11.1 Anschluß des PIO an die CPU

Der Computer besitzt selbst einen **internen Bus (Systembus)**, an dem die Z80-CPU, das Memory, die peripheren Geräte, wie Bildschirm und Tastatur, aber auch die PIOs hängen, Bild 11.1.

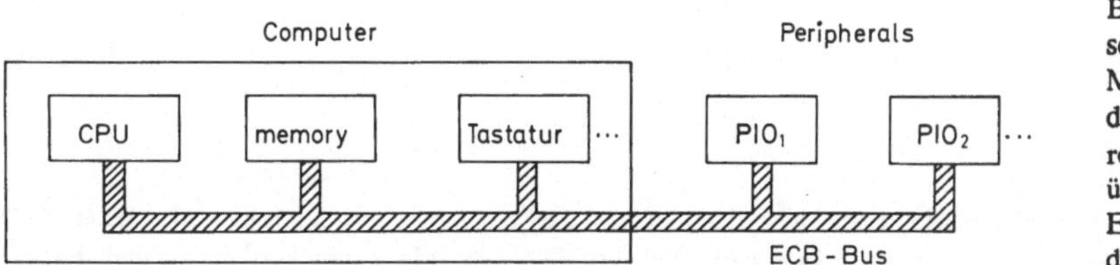

Bild 11.1 Anschluß des Memory und der peripheren Geräte über den ECB-Bus an die CPU

Der Systembus der Z80 heißt **ECB-Bus**. Er besteht aus einem 8-bit breiten **bidirektionalen Datenbus** (realisiert durch Tristate-Ausgänge), einem 16-bit breiten **Adreßbus** und einem **Steuerbus** (`control bus`) bestehend aus den **Linien** (Drähten) M1, IORQ, RD, ϕ, INT, IEI, IEO, Bild 11.2.

Mit der Steuerleitung RD teilt die CPU allen Geräten mit, ob sie selbst (RD = H) oder eines der Geräte (RD = L, RD = read, von der CPU aus betrachtet) **Sprecher** des Datenbuses ist. Mit RD = H müssen alle Geräte ihre am Systembus hängenden Ausgänge auf Z (tristate) schalten.

Der Datenverkehr ist stets von der CPU zu einem bestimmten Gerät oder von einem bestimmten Gerät zur CPU. Welches Gerät gemeint ist, teilt die CPU den Geräten durch die 16 Adreßleitungen und durch die Steuerleitung IORQ mit.

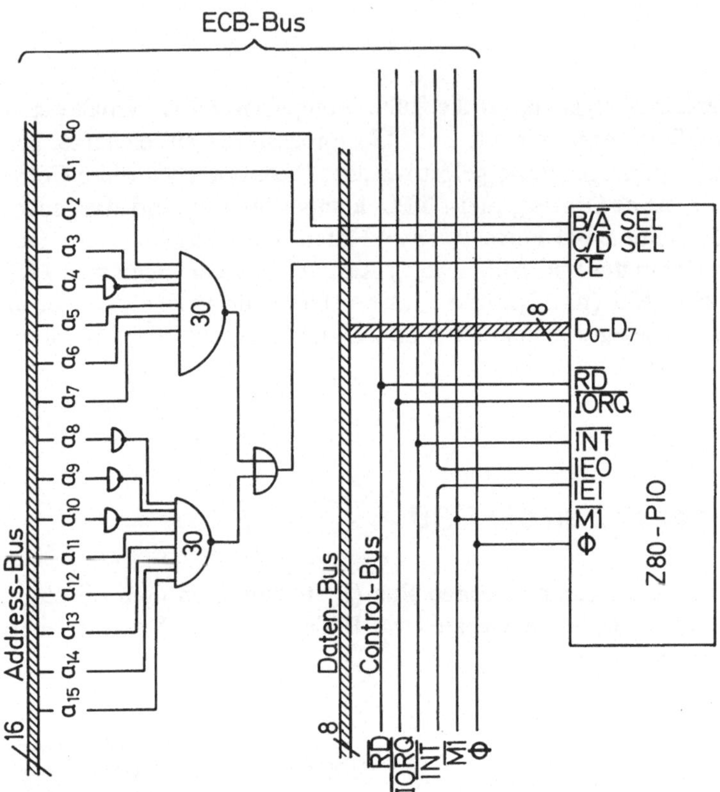

Bild 11.2
ECB-
Bus/PIO-
Interfacing

$\underline{IORQ}$ = H besagt, daß das Memory das angesprochene Gerät ist, und die Adreßleitungen bestimmen eine der 2^{16} = 65536 im Memory befindlichen Byte-Positionen. $\underline{IORQ}$ = L ($IORQ$ = I/0-request, das Memory zählt hierbei nicht als I/O-Gerät) besagt, daß ein **peripheres Gerät** gemeint ist, und die Adreßleitungen bestimmen welches. Die Adreßierungslogik läßt also 65536 verschiedene periphere Geräte zu.

Das PIO selbst hat keine Eingänge für die Adreßleitungen, Bild 11.3, stattdessen lediglich die Eingänge $\underline{CE}$ (Pin 4, chip enable), B/$\underline{A}$ SEL (Pin 6, port B/$\underline{A}$ select), C/$\underline{D}$ SEL (Pin 5, Control/Data select).

Wie üblich bedeutet der Strich z.B. bei B/$\underline{A}$ SEL, daß mit Pin 6 = H der Port B, mit Pin 6 = L der Port A selektiert ist. Ebenso wird mit Pin 4 = L der Chip enabled. Der Pin 4 aktiviert die Funktion CE bei L (**active Low**).

Es ist also eine externe Logik erforderlich, um die Adreßleitungen zu dekodieren und dem PIO auf seinen genannten Eingängen mitzuteilen, ob es bzw. welches seiner internen Register gemeint ist. Auch wenn das Gerät nur **Hörer** ist, muß es wissen, ob es gemeint ist, weil es dann das von der CPU auf den Bus gesprochene Byte **latchen** (einlesen) muß.

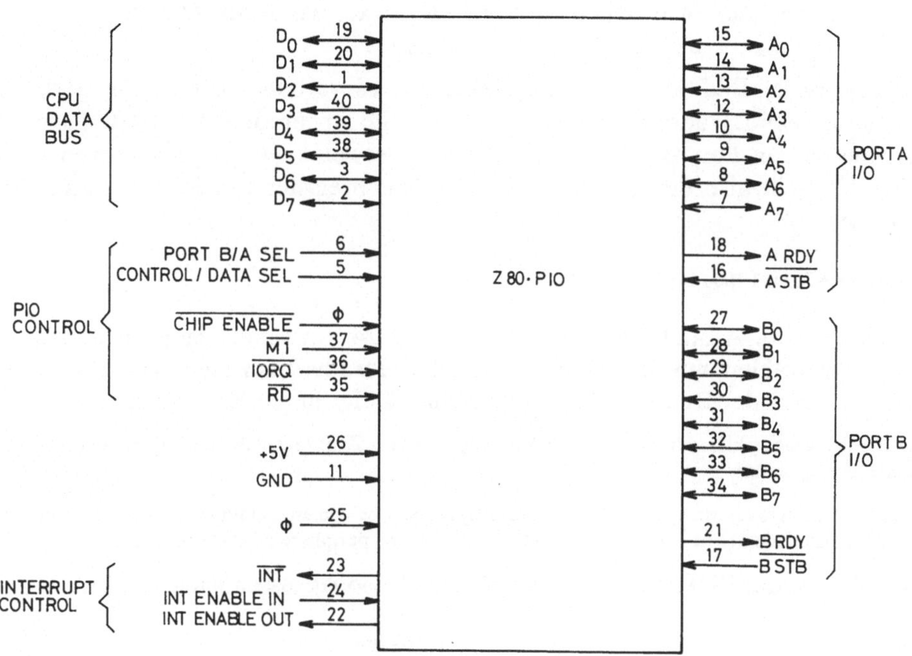

Bild 11.3 Z80-PIO Pin Configuration [D.Z5]

11.2 Die internen Register des PIO

Das PIO selbst, Bild 11.4, besteht aus zwei identischen Teilen: **Port A** und **Port B**.
Jeder Port hat zwei **Register**: das eigentliche **Datenregister** und das **Steuerregister**
(`control register`). In letzterem wird beispielsweise gespeichert, welche
Pins des Port TTL-*Eingänge* und welche TTL-*Ausgänge* sein sollen.

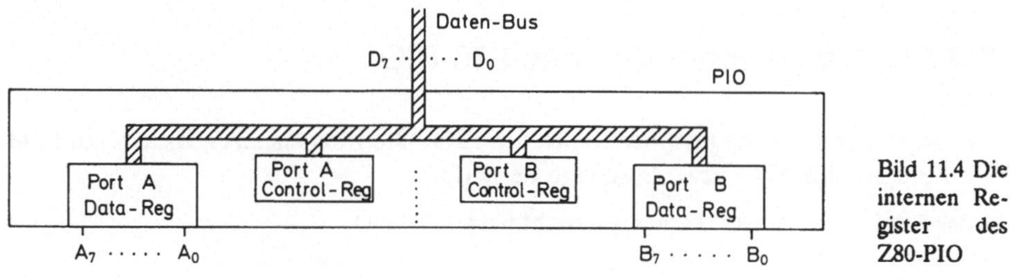

Bild 11.4 Die internen Register des Z80-PIO

Die von der CPU ausgehenden 16 Adreßleitungen haben wir in Bild 11.2 mit $a_0,...a_{16}$ bezeichnet. Wie üblich ist a_0 das LSB, a_{16} das MSB, Die Pegel $a_0 = H$, $a_1 = a_2 = ... = a_{15} = L$ bezeichnen z.B. die Adresse 1

Üblicherweise, Bild 11.2, wird B/$\underline{A}$ SEL mit a_0 verbunden, d.h. alle geraden Adressen ($a_0 = L$) adressieren den Port A, alle ungeraden Adressen ($a_0 = H$) adressieren den Port B. Ebenso wird a_1 üblicherweise mit C/$\underline{D}$ SEL verbunden. Bild 11.3 stellt also den Fall dar, daß das Datenregister des Port A durch die Adresse

&F8EC = &X 1111 1000 1110 1100 = 63724

adressiert wird. Anstatt Dezimalzahlen, wie 63724, verwendet man für Adressen besser Dualzahlen, mit dem Praefix &X, oder Hexadezimalzahlen, mit dem Praefix &. Je 4 Bits der Dualzahl entsprechen einer Ziffer in der Hexadezimalzahl.

Die Blanks, welche hier der Übersichtlichkeit wegen in die Zahl eingestreut wurden, sind im Programm nicht gestattet.

Solch hohe Adressen, wie etwa in diesem Beispiel, müssen bei vielen Computern verwendet werden, weil die meisten einfachen Adressen bereits für seine eigenen peripheren Geräte verbraucht sind.

Die Register des PIO haben in diesem Beispiel also Adressen nach Tab.11.1.

Register		**Adresse**
Datenregister	Port A	&F8EC
Datenregister	Port B	&F8ED
Control-Register	Port A	&F8EE
Control-Register	Port B	&F8EF

Tab.11.1 Adressen der internen Register des Z80-PIO für den Anschluß nach Bild 11.2

Ein PIO verbraucht also 4 Adressen.

Die beiden Linien ϕ und $\underline{M1}$ des Controlbus dienen der zeitlichen Synchronisation des PIO mit der CPU. Die Linien $\underline{INT}$, IEI, IEO dienen der Interrupt-Steuerung und werden weiter unten erklärt.

11.3 Die Programmierung des Z80-PIO

Nun besprechen wir die *periphere* Seite des PIO. Die Pins $A_0,...A_7$, $B_0...B_7$ sind die TTL-kompatiblen Ein- bzw. Ausgänge des PIO.

Die Regel, daß offene Pins als H gelten, gilt **nicht** für das Z80-PIO.

Das PIO kann in 4 verschiedenen **Modi** betrieben werden, Tab.11.2

Mode-Nr.	Bedeutung	M_1	M_0	Control-Byte
0	Output	0	0	&0F
1	Input	0	1	&4F
2	Bidirektional	1	0	&8F
3	Bitmode	1	1	&CF

Tab.11.2 Die 4 Modes des Z80-PIO und die zugehörigen Control-Bytes

Man beachte die mnemotechnische Wahl der Mode-Nummern: 0 erinnert an output, 1 an input, 2 an bidirektional.

In welchem Mode ein bestimmter Port des PIO arbeitet wird dadurch festgelegt, daß man das in Tab.11.2 angegebene Control-Byte in das Control-Register dieses Ports lädt. (Bei power on ist Mode 1 selektiert.)

Zum Lesen oder Schreiben von oder in die Register des PIO dienen die Basic-Befehle

```
byte = INP (adr)
OUT adr, byte.
```

OUT &F8EE, &0F in obigem Beispiel selektiert z.B. den Output-Mode bei Port A. PRINT INP (&F8EC) druckt das im Datenregister des Port A stehende Byte.

Zum Vergleich mit anderen Control-Bytes, die später besprochen werden, soll noch erläutert werden, wie dasjenige in Tab.11.2 zustande kommt. Es setzt sich folgendermaßen aus Bits zusammen:

D_7	D_6	D_5	D_4	D_3	D_2	D_1	D_0
M_1	M_0	X	X	1	1	1	1

Wie üblich bedeutet X = don't care, d.h. das Bit ist belanglos. In Tab. 11.2 haben wir X = 0 angenommen.

Der Port besitzt in Wirklichkeit noch weitere Register. Das in Bild 11.4 angegebene Control-Register ist sozusagen nur die *Eingangspforte* zu diesen weiteren Registern.

Wenn ein Control-Wort (Byte) mit $D_3 = D_2 = D_1 = D_0 = 1$ ankommt, so wird es in ein 2-bit breites **Mode-Register** weitergeleitet, in dem die Information M_1, M_0 gespeichert ist und das den Port auf diesem Mode (z.B. Output) hält.

Nach diesen Vorbemerkungen, wie ein Port auf einen gewünschten Mode programmiert werden kann, kommen wir nun dazu, die Bedeutung der einzelnen Modes zu erklären.

11.4 Bitmode

Wir beginnen mit Mode 3, da er am leichtesten zu verstehen ist. Außerdem wird er in einfachen Anwendungen wohl am ehesten in Frage kommen. Dieser Mode heißt **Bitmode** (Bitweise selektiver Input/Output Mode), weil jeder Pin $A_0,...A_7$, $B_0,...B_7$ wahlweise zu einem TTL-Input oder TTL-Output gemacht werden kann.

Auch der Name **Control-Mode** ist üblich, weil dieser Mode für einfache Steueranwendungen geeignet ist.

Nachdem der Port auf Mode 3 programmiert wurde, indem das Byte &CF gemäß Tab.11.2 in sein Control-Register geschrieben wurde, muß das nächste Control-Wort, das in das Control-Register geschrieben wird, in der entsprechenden Bit-Position eine 1 haben, wenn der Pin zum *Input* werden soll, bzw. eine 0, wenn er zum *Output* werden soll.

Man beachte wiederum die mnemotechnisch günstige Wahl von 1 und 0.

Sollen beispielsweise die Pins A_0, A_3, A_5 zum TTL-Input, die restlichen zum TTL-Output gemacht werden, so ist entsprechend der Zuordnung

A_7	A_6	A_5	A_4	A_3	A_2	A_1	A_0
0	0	1	0	1	0	0	1

das Byte &29 = &X 0010 1001 in das Controlregister von Port A zu schreiben.

Nun kann in das *Datenregister* von Port A geschrieben werden, und die zum Output erklärten Pins nehmen dementsprechend H oder L an.

Besser tut man dies vorher, damit die Pins, wenn sie zum Output werden, sogleich die richtigen und nicht irgendwelche zufälligen (durch power up bedingte) Pegel haben.

Ebenso kann das Datenregister *gelesen* werden. Das gelesene Byte spiegelt in den entsprechenden Bitpositionen die Pegel wieder, die an den zu Eingängen gemachten Pins tatsächlich anliegen.

Auch die anderen Bits, die den Ausgängen entsprechen, sind die Pegel, die man dort angelegt hat.

Das soll an folgendem *Programmbeispiel* nochmals erläutert werden.

Nach Stromeinschalten ist Mode 1 selektiert: Alle Pins des Port sind noch Inputs. Nun sollen einige Pins von Port A zum Output werden und dabei folgende Pegel annehmen:

$A_7 = H$, $A_6 = H$, $A_4 = H$, $A_2 = L$, $A_1 = L$.

Die restlichen Pins, also A_5, A_3, A_0 sollen Inputs bleiben. Anschließend soll der an Pin A_5 anliegende Pegel ausgedruckt werden:

```
OUT &F8EC, &X11010000          'Lade Datenregister mit Pegeln'
OUT &F8EE, &CF                        'Port A Control-Mode'
OUT &F8EE, &X00101001             'A7,A6,A4,A2,A1 Outputs'
                                       'Die gewünschten Pegel liegen nun an'
```

'Liegt an A_5 H oder L ?'

```
a% = INP (&F8EC)                                'Lies Datenregister'
a% = a% AND &X00100000                          'Blende alles außer A₅ aus'
PRINT "An A5 liegt der Pegel";
IF (a%=&X00100000) THEN PRINT "H" ELSE PRINT "L"        'Drucke A₅'
```

11.5 Handshake Modes

Der Nachteil von Mode 3 ist, daß seine Ausgänge nicht Z (tristate) sein können. Der Port kann also im Mode 3 nicht Ausgang eines weiteren, **externen** Buses sein. Ein weiterer Nachteil ist, daß im Mode 3 die Außenwelt dem Port nicht mitteilen kann, wenn neue Daten anliegen, oder wann sie die anliegenden Daten abgenommen hat und zur Aufnahme weiterer Daten bereit ist.

Dazu dienen in den anderen Modes die sog. **handshake-lines.** (handshake = Hände schütteln, handshake-mode = **Quittungsverkehr.**) Ist etwa die Außenwelt eine Tastatur, so kann die CPU über das PIO jederzeit feststellen, welche Taste gedrückt ist, jedoch bereitet es im Mode 3 Schwierigkeiten zu unterscheiden, ob die gleiche Taste *immer noch* oder *schon wieder* gedrückt ist.

Diese anderen Modes (handshake-modes) werden meist zusammen mit der Interrupt-Möglichkeit der CPU verwendet: Die CPU kann sich mit anderen Aufgaben beschäftigen. In den seltenen Fällen, wo eine Taste gedrückt wird, erfährt dies das PIO über eine Handshake-Linie und unterbricht die CPU bei ihrer bisherigen Arbeit. Wenn die CPU die Taste eingelesen hat, kann sie mit der unterbrochenen Arbeit wieder fortfahren.

Der Interrupt kann mit einer Haustürklingel verglichen werden. An sich könnte man alle 2 Minuten nachsehen, ob ein Besucher gekommen ist (**polling mode** = Abfrage-Modus). Dies wäre jedoch ein großer Verwaltungsaufwand (overhead).

Wie besprechen zuerst den Output-Mode (mode 0), dann den Input-Mode (mode 1) und schließlich den bidirektionalen Mode (mode 2). Da letzterer lediglich eine zeitliche Aufeinanderfolge von Output- und Input-Mode ist, bedarf dieser keiner eigenen Besprechung; die dennoch existierenden kleinen Unterschiede werden in [ ] angegeben. Die Bemerkungen in [ ] gelten also nur in Mode 2.

Im **Output-Mode** bleibt das von der CPU ausgegebene Datenbyte im Datenregister des Port gespeichert und die Ausgänge (A_7,...A_0 bei Port A) nehmen die entsprechenden Pegel an. [Die Ausgänge A_7...A_0 bleiben Z (tristate).]

Durch A RDY = H (Port A ready), Bild 11.5, teilt der Port der Außenwelt (**peripheral** = peripheres Gerät) mit, daß die Daten am Port anliegen [im Datenregister zur Verfügung stehen].

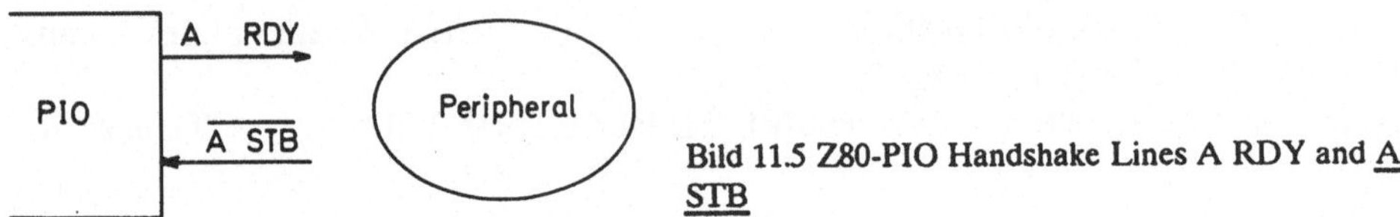

Bild 11.5 Z80-PIO Handshake Lines A RDY and A̲ S̲T̲B̲

Mit A STB = L (STB = strobe = auslösen) teilt das Peripheral dem PIO mit, daß es die Daten abnimmt [abnehmen möchte, d.h. der Port den Zustand Z (triste) verlassen soll und die richtigen Pegel H oder L anlegen soll].

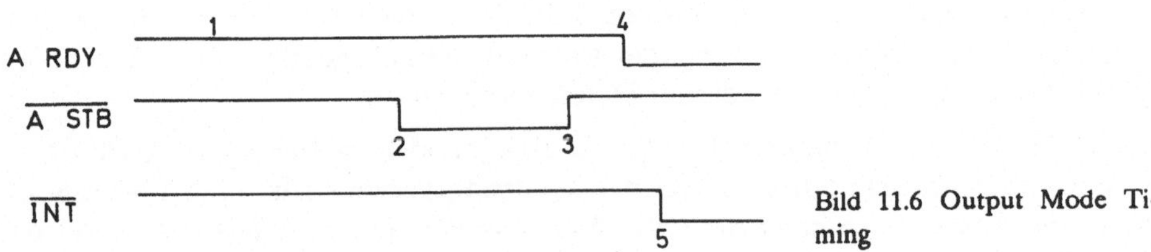

Bild 11.6 Output Mode Timing

Diese Verhältnisse können etwas genauer in einem zeitlichen Diagramm (waveform diagram), Bild 11.6, dargestellt werden:
1) Durch A RDY = H teilt der Port dem Peripheral mit, daß im Datenregister ein Byte zur Verfügung steht.
2) Das Peripheral fragt die Daten ab, indem es A STB = L setzt. [Die Ausgänge des Port gehen auf H oder L.]
3) Durch die steigende Flanke von A STB teilt das Peripheral dem PIO mit, daß es die Daten abgenommen hat. [Die Ausgänge des Port gehen wieder auf Z.]
4) Die Daten stehen jetzt dem Peripheral nicht mehr zur Verfügung.
5) Falls dazu ermächtigt, erzeugt das PIO auf der Interruptlinie durch INT = L bei der CPU eine Interruptanforderung, was diese z.B. veranlaßt, ein weiteres Datenbyte in das Datenregister des Port zu schreiben.

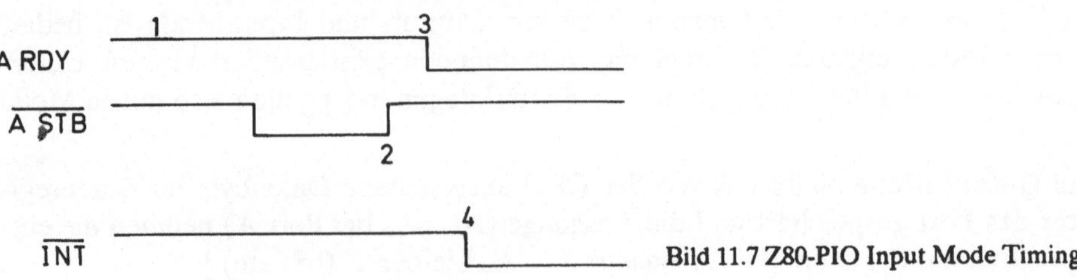

Bild 11.7 Z80-PIO Input Mode Timing

Im Input-Mode ergeben sich die zeitlichen Abläufe nach Bild 11.7
1) Durch A RDY = H teilt das PIO dem Peripheral mit, daß das Datenregister
des Port A leer ist, d.h. zur Aufnahme eines Bytes bereit ist, weil die CPU zuvor
das Datenregister gelesen hat.
2) Durch die steigende Flanke von A STB teilt das Peripheral dem Port mit, daß
die an $A_0,...A_7$ anliegenden Pegel gültig und stabil sind. Das PIO lädt diese Werte
in das Datenregister.

Eine kurze Zeit vor der steigenden Flanke von A STB (**set-up time**) und eine kurze Zeit danach
(**hold-time**), jeweils etwa 250ns, muß das Peripheral für die Pegel am Port konstante Werte garantieren.

3) Wenig später geht A RDY = L, weil das Datenregister nun voll ist.
4) Falls ermächtigt, erzeugt das PIO durch <u>INT</u> = L bei der CPU eine Interruptanforderung, welche diese z.B. veranlaßt, das Datenbyte aus dem PIO auszulesen.

Alles Gesagte gilt sinngemäß auch für Port B: Die Daten werden auf $B_7...B_0$
übertragen und die Handshake-Lines sind nun B RDY und <u>B STB</u>.

Bei der Konfiguration des Port zum Input-Mode (mode 1) geht leider nicht automatisch A RDY = H,
so daß anfangs ein **dummy-read**, eine Pseudo-Leseoperation, erforderlich ist, um dem Peripheral
das Datenregister als leer anzuzeigen.

Beim **bidirektionalen Modus** (mode 2) ist der Port Umschlagstelle zu einem **externen bidirektionalen Bus**. Der Port A, gesteuert vom Peripheral (d.h. vom externen Bus), ist bald Input bald Output. Und zwar werden die Handshake-Linien
A RDY und A STB für den Output-Verkehr, die Hand-Shake Linien B RDY und
<u>B STB</u> für den Input-Verkehr benutzt.

Es liegt in der Verantwortung des Peripherals (des externen Buses) dafür zu sorgen, daß der Datentransport (Output bzw. Input) gleichzeitig nur in einer Richtung erfolgt, d.h. daß die Daten nur entweder aus dem Port abgefragt, bzw. in diesen eingeschoben werden.

Der bidirektionale Mode steht nur bei Port A zur Verfügung. Aus Pinmangel an dem 40-poligen Z80-
PIO wurden für die Handshake-Linien beim Output im bidirektionalen Mode die des Port B benutzt.
Falls Port A im bidirektionalen Mode (mode 2) arbeitet, muß Port B im Bitmode (mode 3) arbeiten,
welcher keine Handshake-Linien benötigt.

Der zeitliche Verlauf erfolgt genau gleich wie in Bild 11.6 für den Output und in
Bild 11.7 für den Input beschrieben. Ein Unterschied besteht nur darin, wie oben
bereits in [ ] beschrieben, daß der Port immer Z (tristate) bleibt, außer wenn
durch <u>A STB</u> = L die Daten vom Peripheral wirklich angefordert werden.

11.6 Interrupts

Wir kommen jetzt zur Besprechung des Interrupt. Das PIO ist konzipiert für den
vektoriellen Interrupt-Mode der CPU. Hier weiß das PIO selbst die Adresse, wo
seine **Service-Routine** im Memory beginnt.

Falls das Peripheral z.B. eine Tastatur ist, muß die Service-Routine das Datenregister des Port lesen. Dieses Datenbyte, das gleich dem ASCII-Wert der gedrückten Taste ist, muß an einen bereits eingelesenen String angehängt werden.

Die Einsprungadresse (Beginn) der Service-Routine ist ein 16 Bit = 2 Byte breiter Wert. Das MS-Byte ist durch das I-Register der CPU gegeben, während das LS-Byte durch den **Interrupt-Vektor**, der im PIO gespeichert ist, gegeben ist.

Wenn ein PIO einen Interrupt anfordert, indem es die INT-Linie des ECB-Bus auf L zieht, so kann die CPU selbst entscheiden, ob sie auf diese Anforderung reagieren will, oder ob sie mit etwas dringenderem beschäftigt ist. Wenn sie die Interrupt-Anforderung akzeptiert (`interrupt acknowledge`), so teilt sie dies dem PIO auf den M1, IORQ Linien des ECB-Bus mit. Das PIO legt daraufhin den Interrupt-Vektor auf den ECB-Datenbus und teilt damit der CPU seine Identität mit. Zusammen mit seinem I-Register bildet nun die CPU die Startadresse der Service-Routine und beginnt mit deren Durchführung.

Der Interrupt-Vektor ist nichts anderes als die Visitenkarte, die der CPU mitteilt, welches PIO den Interrupt angefordert hat. Auf der Visitenkarte steht allerdings nicht der Name der PIO, sondern die Anfangsadresse ihrer Service-Routine (relativ zu einer Basisadresse, welche im I-Register steht).

Genauer: Der Interruptvektor gibt die Adresse in einer Tabelle, welche die Anfangsadresse der Service-Routinen enthält.

■■ Es kann vorkommen, daß mehrere PIOs gleichzeitig einen Interrupt anfordern, oder daß ein weiteres PIO einen Interrupt anfordert, während die Service-Routine des ersten noch läuft (verschachtelter = `nested interrupt`). Es muß festliegen, welches PIO die höchste Priorität besitzt.

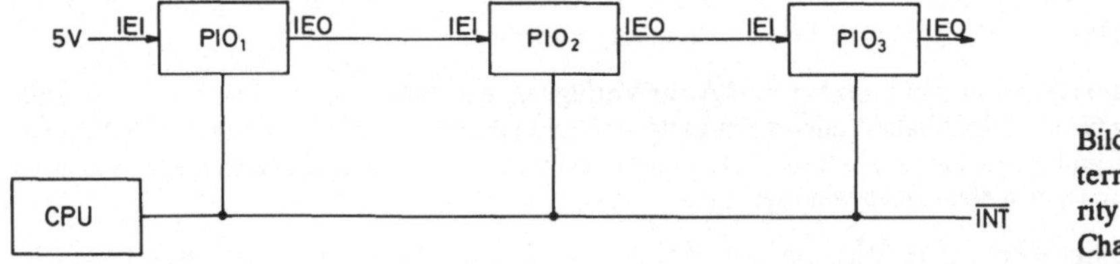

Bild 11.8 Interrupt Priority Daisy Chain [D.Z5]

Dies geschieht in **statischer**, d.h. fest verdrahteter Weise durch die `priority daisy chain`, Bild 11.8 (`daisy chain` = Gänseblümchenkette, Gänsemarsch).

Ein PIO kann nur dann einen Interrupt anfordern (durch INT = L), wenn sein IEI (`interrupt enable in`) H ist. Es hat dann die höchste Priorität.

Wenn ein PIO sein IEI = H hat, jedoch selbst keinen Interrupt anfordern will, so setzt es seinen IEO (`interrupt enable out`) = H. Ein im `daisy chain` später liegendes PIO kann also einen Interrupt nur dann anfordern, wenn alle früher liegenden PIOs dies nicht tun wollen.

Da der Signallauf durch die daisy chain seine Zeit verbraucht, können höchstens 4 PIOs auf diese Weise zusammengeschlossen werden. Anderenfalls muß durch eine externe Hardware dem PIO mit höchster Priorität dies als IEI = H mitgeteilt werden. PIOs die überhaupt keinen Interrupt anfordern sollen, brauchen nicht an der Kette zu liegen.

Nun besprechen wir die Programmierung des PIO auf ein bestimmtes Interruptverhalten. Der Interrupt-Vektor (die Visitenkarte) wird in den Port geladen, indem der Interrupt-Vektor in das Control-Register des Port geschrieben wird. Ein Interrupt-Vektor ist stets eine gerade Zahl:

D_7	D_6	D_5	D_4	D_3	D_2	D_1	D_0
V_7	V_6	V_5	V_4	V_3	V_2	V_1	0

An $D_0 = 0$ erkennt das Control-Register, daß es sich um einen Interrupt-Vektor handelt, welcher in das Interrupt-Vektor-Register des PIO weitergeleitet werden soll.

Der Port kann softwaremäßig ermächtigt werden, einen Interrupt anzufordern, indem folgendes Byte in das Control-Register geschrieben wird:

D_7	D_6	D_5	D_4	D_3	D_2	D_1	D_0
EI	AO	HL	MF	0	1	1	1.

An $D_3 = L$, $D_2 = D_1 = D_0 = H$ erkennt das Control-Register, daß dies eine Mitteilung über die Ermächtigung zum Interrupt ist.
Es bedeuten:
EI = H: Der Port wird zum Interrupt ermächtigt (`enable interrupt`).
EI = L widerruft diese Ermächtigung wieder (`disable interrupt`). Nach power on ist der Interrupt `disabled`.

AO, HL, MF haben nur Bedeutung, wenn der Port im Bitmode (`mode 3`) arbeitet. In diesem Mode wird nämlich ein Interrupt ausgelöst, wenn bestimmte Pegel an den Portlinien ($A_0,...A_7$) anliegen.
HL = H bedeutet, daß ein H-Pegel den Interrupt auslösen, HL = L bedeutet, daß ein L-Pegel den Interrupt auslösen soll.
AO = H (AO = AND/OR) bedeutet, daß *alle* Pegel den durch HL gewählten Wert haben müssen,
AO = L bedeutet, daß es für die Erzeugung des Interrupt ausreicht, wenn *ein* Pegel diesen Wert hat.

Es können auch einige der `Port-Lines` von der Entscheidung ausgeschlossen werden. Dann muß MF = H (mask follows) gesetzt werden. Das nächste Byte, das in das Control-Register geschrieben wird, muß dann die **Maske**

D_7	D_6	D_5	D_4	D_3	D_2	D_1	D_0
M_7	M_6	M_5	M_4	M_3	M_2	M_1	M_0

sein. $M_4 = H$ bedeutet z.B., daß die Port-Linie A_4 auf die Interruptanforderung keinen Einfluß hat.

12. Datenerfassung und Prozeßsteuerung

12.1 Bauteile zur Datenerfassung

Bei der Steuerung von Experimenten mit Computern ist es nötig, ein analoges Signal (z.B. eine Spannung) in ein digitales Signal (ein Wort bestehend aus einem oder mehreren Bytes) zu verwandeln. Diese Aufgabe wird von den sogenannten **AD-Wandlern** (ADC = `analog/digital converter`) erledigt, während für die umgekehrte Aufgabe **DA-Wandler** (DAC) zur Verfügung stehen.

Wichtige Parameter, welche diese Geräte charakterisiern, sind **Genauigkeit** (ausgedrückt durch die Zahl der Bits des digitalen Wortes) und die **Wandlungszeit**.

Beim ADC ist es außerdem von Vorteil, wenn sein Eingang hochohmig ist, (ein geringer Eingangstrom fließt,) so daß das analoge Signal nicht belastet wird. Beim Ausgang des DAC wünscht man sich Niederohmigkeit, so daß hohe Lasten direkt angesteuert werden können.

Auf der digitalen Seite sind Register von Vorteil, so daß der digitale Wert auch noch anliegt, wenn das analoge Signal bereits vergangen ist. Ein weiterer Vorteil ist es, wenn die digitale Seite an den Systembus eines bestimmten Computertyps (z.B. an den ECB-Bus der Z80) direkt angeschlossen werden kann. Man spricht dann von **mikroprozessor-kompatiblen** ADC, bzw. DAC.

Meist ist der Bereich des analogen Signals genormt, z.B. auf *0...5V*. Es sind also Operationsverstärker, bzw. Spannungsteiler, erforderlich, um das tatsächlich vorliegende analoge Signal auf den genormten Bereich abzubilden.

Die Wandler beziehen das analoge Signal auf Erde (GRD), während in vielen Anwendungen ein **Differenzsignal** (eine Spannungsdifferenz) gemessen werden soll. Im Prinzip könnte man die beiden Spannungen einzeln wandeln und anschließend die Differenz des digitalen Wertes bilden. Besonders wenn das Differenzignal klein ist, würde dabei die Genauigkeit erheblich leiden. Man braucht deshalb **Differenzverstärker**, welche ein *genau definiertes* Vielfaches k der Differenzspannung als eine absolute (d.h. relativ zur Erde gemessene) Spannung ausgeben:

$$U_{\wedge} = k(U_1 - U_2). \tag{12.1}$$

Ist der Eingang des Differenzverstärkers besonders hochohmig, so spricht man auch von einem **Instrumentenverstärker** (`instrumentation amplifier`).

Von einem Instrumentenverstärker wünscht man sich auch eine hohe **Gleichtakt-unterdrückung** (common mode rejection), was bedeutet, daß der Term $k_\odot(U_1 + U_2)$, welcher auf der rechten Seite von (12.1) *realerweise* noch dazukommt, klein ist.

Ebenso sollte die **Offsetspannung** U_{off}, welche ebenfalls als ein Term zu (12.1) dazukommt, möglichst klein sein.

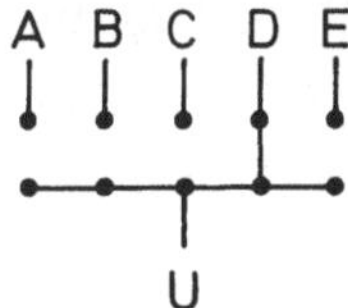

Bild 12.1 Ersatzschaltbild für einen Analog-Multiplexer

Oft sind analoge Signale auf mehreren verschiedenen Kanälen zu überwachen. Da die oben genannten Geräte teuer sind, ist es von Vorteil in umschaltbarer Weise eine von mehreren Eingangspannungen (A, B, C, D, E) auf den Ausgang U zu übertragen. Die elektronische Ausführung eines solchen Schalters nennt man **Analog-Multiplexer (Analog-Schalter,** analog switch, Bild 12.1).

Seine Qualität ist durch einen niedrigen **on-Widerstand** (Widerstand zwischen D und U in Bild 12.1), aber einen hohen **off-Widerstand** (Widerstand z.B. zwischen A und U) charakterisiert.

Fließen kleine Ströme, was vor hochohmigen Instrumentenverstärkern oder AD-Wandlern der Fall ist, so ist der Spannungsabfall zwischen D und U klein (typischerweise wenige mV).

In obiger Anordnung würde dann ein ADC bei U ausreichen, um alle Eingangskanäle A...E zu überwachen. Die Kanäle werden also zeitlich hintereinander gemessen.

Aus diesem (und aus anderen Gründen) kann es erforderlich sein, eine Spannung zu einem bestimmten Zeitmoment **abzugreifen** und an einem Kondensator als analoges Signal zu **speichern.** Solche Vorrichtungen nennt man **sample & hold** (S&H).

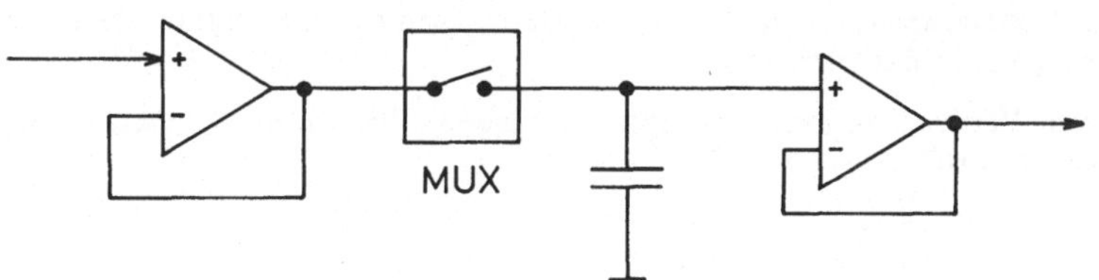

Bild 12.2
Sample and
Hold Circuit

Sie werden gemäß Bild 12.2 realisiert. Der sample & hold-Kondensator muß einen geringen **Leckstrom** (leakage current) aufweisen. Aus dem gleichen Grund muß der OP rechts mit sehr geringen Eingangsströmen auskommen (FET-Typen). Der OP links ist erforderlich, um den Kondensator genügend schnell umzuladen, ohne den Eingang zu belasten.

Wenn der Meßwert abgenommen werden soll, wird der analoge Schalter (MUX) geschlossen. Er muß solange geschlossen bleiben, bis der Kondensator über den on-Widerstand umgeladen ist.

Beiträge zum Meßfehler sind die Offset-Spannungen der beiden OPs und das unvollständige Umladen über den on-Widerstand in endlicher Zeit.

In willkürlicher Auswahl besprechen wir 2 Chips, welche für oben genannten Aufgaben in Frage kommen.

Der CD4051B ist ein **8-Kanal Analog-Multiplexer** hergestellt in CMOS-Technik. Pins 13, 14, 15, 12, 1, 5, 2, 4 sind die Kanäle 0, 1, 2, 3, 4, 5, 6, 7 (in Bild 12.1 mit A, B, C, D,... bezeichnet). Pin 3 ist der gemeinsame Anschluß (U in Bild 12.1). Der Schalter ist symmetrisch, d.h. es ist belanglos, ob der Strom z.B. von A nach U oder von U nach A fließt.

Die Nummer des eingeschalteten Kanals kann über die Pins 9, 10, 11 (Pin 11 ist das LSB) durch TTL-Pegel ausgewählt werden. Ein H-Pegel am Inhibit-Eingang (Pin 6) sperrt alle Kanäle.

Der Chips arbeitet mit 3 Versorgungsspannungen V_{SS} (Pin 8), V_{EE} (Pin 7) und V_{DD} (Pin 16). Die Wahl der Versorgungsspannungen ist in weiten Grenzen möglich. Eine extreme Wahl ist $V_{DD} = 10V$, $V_{SS} = 0V$, $V_{EE} = -10V$. Die Signalspannungen müssen zwischen V_{DD} und V_{EE} liegen, da sonst der Chip zerstört wird.

Der on-Widerstand liegt bei einigen 100Ω.

Der ZN427E-8 von Ferranti ist ein 8-Bit ADC. Die Umwandlungszeit ist $15\mu s$. Pin 6 ist der (analoge) Eingang, Pins 11,...18 (Pin 11 = MSB) ist der (digitale) Ausgang. Diese Ausgänge sind tristate. Pin 2 ist der output-enable für diese Ausgänge . Pin 4 ($\underline{SC}$ = start conversion) beginnt die Umwandlung durch einen L-Puls. Das Ende der Konversion, d.h. wenn der Ausgang gültig ist, wird durch H-Pegel an Pin 1 (EOC = end of conversion) angezeigt.

Während der Umwandlungszeit muß das Eingangssignal (innerhalb der Genauigkeitsgrenzen) konstant sein.

Pin 10 ist die Versorgungsspannung V_{CC}, z.B. 5V. Pin 9 ist GRD.

Der Chip erfordert noch die Beschaltung mit einigen passiven Elementen (R und C) aber auch noch mit einer Clock von 600kHz.

Der Wandler hat eine interne Referenzspannung von 2,5V, welche stark mit der Temperatur variiert. Für Messungen bei stark schwankenden Umgebungstemperaturen kann eine temperaturstabilisierte externe Referenzspannung V_{Ref} substituiert werden.

Das Eingangssignal (ohne Verwendung von Spannungsteilern) muß im Bereich von $0,...V_{Ref}$ liegen. Der Eingangswiderstand ist $100k\Omega$.

12.2 Innerer Aufbau von DA- und AD-Wandlern

Zur Auswahl eines geeigneten AD- oder DA-Wandlers ist die Kenntnis seiner prinzipiellen Arbeitsweise manchmal von Vorteil.

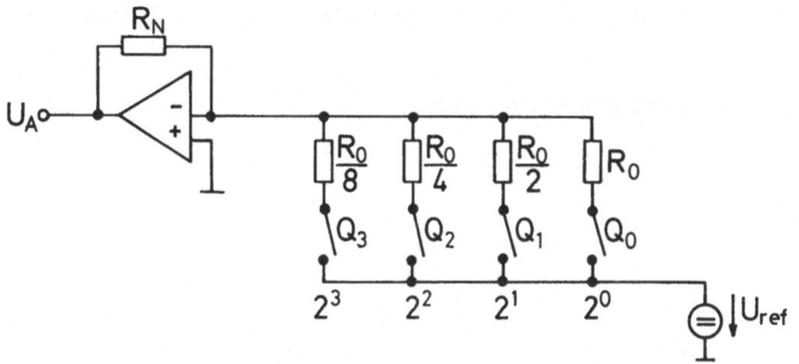

Bild 12.3 Principle of a DA-converter

Bild 12.3 zeigt das Prinzip eines 4-Bit DA-Wandlers. In Abhängigkeit von den 4 Eingangsbits werden die 4 analogen Schalter $Q_0,...Q_3$ betätigt. Es wird also ein geeignetes **Widerstandsnetzwerk** (resistor network) eingeschaltet. Es hat einen Widerstand R, gegeben durch

$$1/R = (8Q_3 + 4Q_2 + 2Q_1 + Q_0)/R_0 = n/R_0 \qquad (12.2)$$

Dabei ist n die am Eingang anliegende Dualzahl. Der Eingang (-) des OP liegt auf $0V$. Durch das Netzwerk fließt also der Strom $I = U_{Ref}/R = U_{Ref} \cdot n/R_0$. Da in den Eingang (-) kein Strom fließt, muß I durch R_N fließen. Es gilt also

$$U_A = -U_{Ref} \cdot R_N \cdot n/R_0, \qquad (12.3)$$

d.h. die Ausgangsspannung ist der Digitalzahl n proportional.

Die Technik der AD-Wandler ist wesentlich aufwendiger. Wir besprechen hier 3 Typen und geben ihre Vor- und Nachteile an.

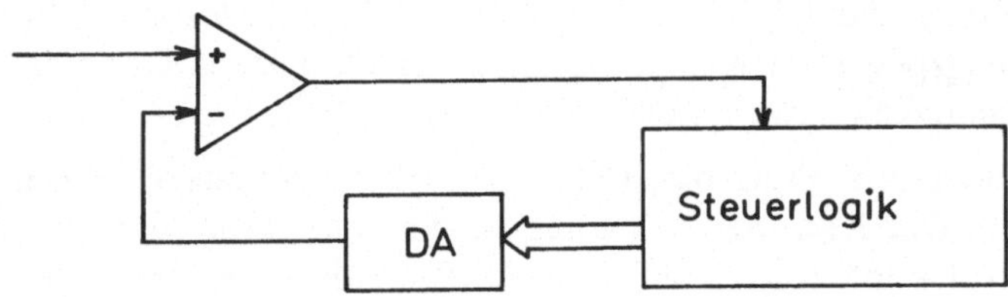

Bild 12.4 Successive Approximation ADC

Bei der Methode der **sukzessiven Approximation** (auch **Kompensationsverfahren** genannt, Bild 12.4) versucht eine digitale Steuerlogik einen mittleren digitalen Wert, indem sie diesen durch einen DAC in ein Analog-Signal verwandelt. Der OP (**Komparator**) vergleicht diesen Versuchswert mit dem tatsächlichen Eingangssignal. Daraufhin versucht die Steuerlogik eine neue Digitalzahl. Die Methode braucht für jedes Bit nur einen Versuch, sie ist also ziemlich schnell. Da sehr genaue DAC teuer sind, steigt der Preis bei diesem Verfahren mit der Genauigkeit beträchtlich.

Der oben besprochene ZN427 arbeitet nach diesem Verfahren.

Extrem hohe Geschwindigkeit bietet das **Parallelverfahren**, Bild 12.5.

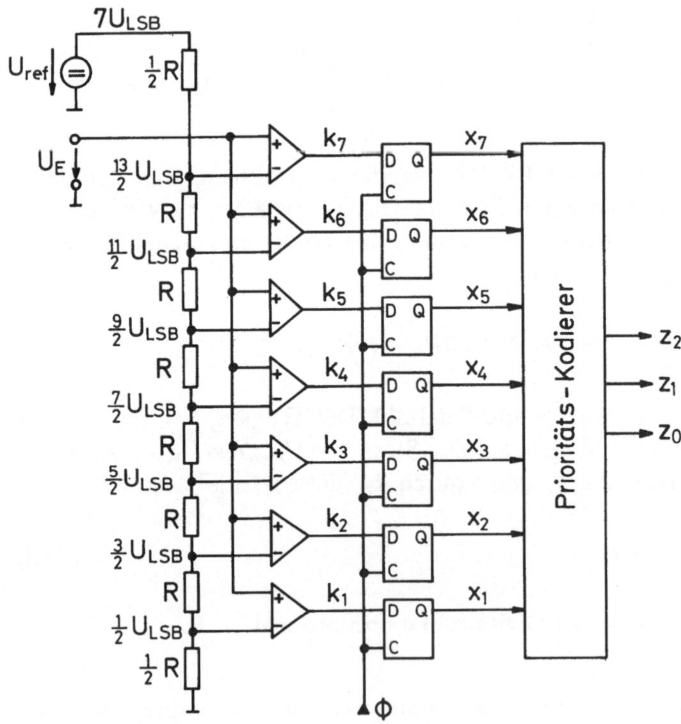

Bild 12.5 ADC nach dem Parallel-Verfahren (flashing-converter). Nach [0.12]

Hier wird das Eingangssignal gleichzeitig mit allen möglichen Meßwerten verglichen. Eine logische Schaltung, ähnlich der in {10.4} besprochenen Dezimaltastatur, verwandelt die Ausgangspegel der Komparatoren in eine Dualzahl. Das Verfahren ist auf geringe Genauigkeit, etwa maximal 6 Bits, beschränkt.

Hohe Genauigkeit bei niedrigem Preis bietet das **Doppelintegrationsverfahren** (dual-slope, Bild 12.6). Der Kern der Schaltung ist der Integrator (der linke OP). Da der Eingang (−) des Integrators auf 0V liegt, fließt durch R der Strom $I = U_x/R$. Da der Eingang (−) keinen Strom aufnimmt, fließt der konstante Strom

I in den Kondensator. (Die Meßspannung U_x wird während der Meßzeit als konstant vorausgesetzt.) Zu Beginn der Messung wird der Kondensator durch den Schalter S_2 entladen. Durch entsprechende Stellung des Schalters S_1 integriert der Integrator die Meßspannung U_x. Nach einer festen Zeit T_o (gegeben durch eine feste Zahl von Clock-Pulsen) hat der Kondensator eine Ladung Q_x, die dem Meßwert U_x proportional ist.

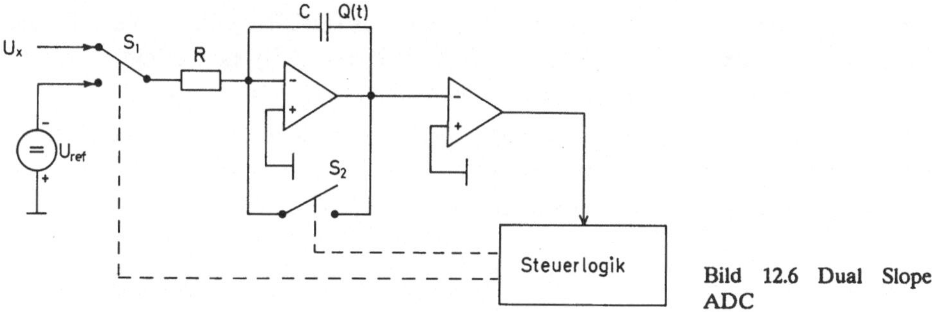

Bild 12.6 Dual Slope ADC

Nun schaltet S_1 um, und der Integrator integriert die negative Referenzspannung U_{Ref}. Der Ladungsverlauf *Q(t)* am Kondensator C ist in Bild 12.7 dargestellt (`slope = Abhang`).

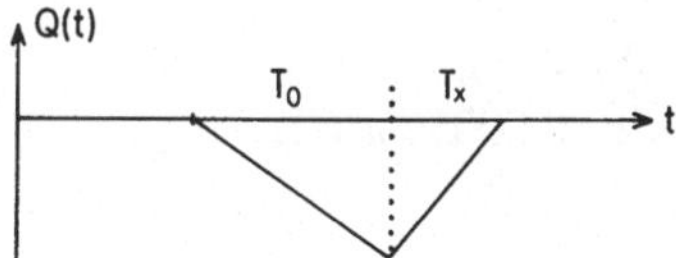

Bild 12.7 Charge Q(t) of C has the form a slope

Der Komparator (rechter OP) stellt den Nulldurchgang von *Q(t)* fest. Die Zeit T_x ist der Meßspannung U_x proportional. Die Zahl der Clock-Pulse während der Zeit T_x ist das digitale Ergebnis. Es sind bis zu zweimal soviele Integrationsschritte nötig, wie der maximale digitale Meßwert. Bei hoher Genauigkeit ist das Verfahren somit extrem langsam.

12.3 Lektüre von Datenblättern: UAIO ■■

Wir besprechen nun an Hand des Datenblattes eine universelle analoge Input/Output-Platine **UAIO** (`Universal Analog Input/Output Board`), welche speziell für **Experimentierzwecke** entwickelt wurde [12.8].

Durch die Verwendung von Analog-Multiplexern können 15 Eingangskanäle und zwar 8 Kanäle bis $\pm 70V$ und 7 Differenzeingangskanäle bis $\pm 7V$ überwacht werden. Die Eingänge sind gegen eine 5-fache Überspannung geschützt. Durch eine automatische Bereichsumschaltung wird das Eingangssignal mit einem geeigneten Faktor 1, 10 oder 100 verstärkt. In der Version A sind 10'000 Messungen pro Sekunde, in der Version B sind 5 Messungen pro Sekunde möglich. Die Meßgenauigkeit sind 12 Bits plus Vorzeichen.

Die Platine wird über einen speziellen externen Bus (DE-Bus) angesteuert. Dieser Bus kann von jedem Computer, der über TTL-Ports (2 Bytes) verfügt, realisiert werden. Die Platine ist somit prozessorunabhängig.

Zu jedem System gehört eine *individuelle Software*, welche die Exemplarstreuungen der Bauteile rechnerisch kompensiert.

Das System wird durch folgende Kurzdaten charakterisiert:

Features

-- Processor independent, requires 2 byte port,
-- Suitable for remote operation,
-- 8 analog inputs, $\pm 70V$,
-- 7 differential analog inputs, $\pm 7V$,
-- Input overvoltage protection,
-- Input instrumentation amplification by software controlled factor 1, 10, 100,
-- Auto-calibration,
-- 12 bit AD-converter with polarity and overvoltage indication,
-- Auto-gauging at ultra-temperature-stable Zener diode (0,0005%/°C),
-- 15 analog output channels (20mA),
-- Self-testing of output voltage,
-- Adjustment of output range by amplification and translation,
-- 16 TTL-outputs (8 with open collector),
-- 16 TTL inputs (8 capable of requesting an interrupt),
-- Shipped with BASIC-software, including test program,
-- Complete system on 3 Euro-format boards.

1. Überblick und Standardsoftware

Die **UAIO** (Universal Analog Input/Output Board) besteht aus 8 Teilsystemen, Bild 12.8, die durch 8 Register mit Adressen $E = 0$ bis $E = 7$ angesprochen werden.

Die Leistungen der UAIO können jedoch am einfachsten über die **Standardsoftware** in Anspruch genommen werden. Zuvor muß das System - einmal bei jedem RUN - initiiert werden mit:

```
GOSUB 14000                                     'Initialisiert das System
```

Diese Subroutine initialisiert das PIO, das über den DE-Bus die Verbindung zur UAIO vermittelt. Des weiteren wird eine Selbsteichung an einem auf der UAIO eingebauten Präzisionsreferenzspannungsquelle vorgenommen. Dann wird das manuell eingestellte Spannungsintervall für die 16 analogen Ausgangskanäle mit der Meldung "adjustment of channel n" bestimmt. Schließlich wird jeder der 16 Ausgangskanäle auf seinen minimalen Pegel eingestellt.

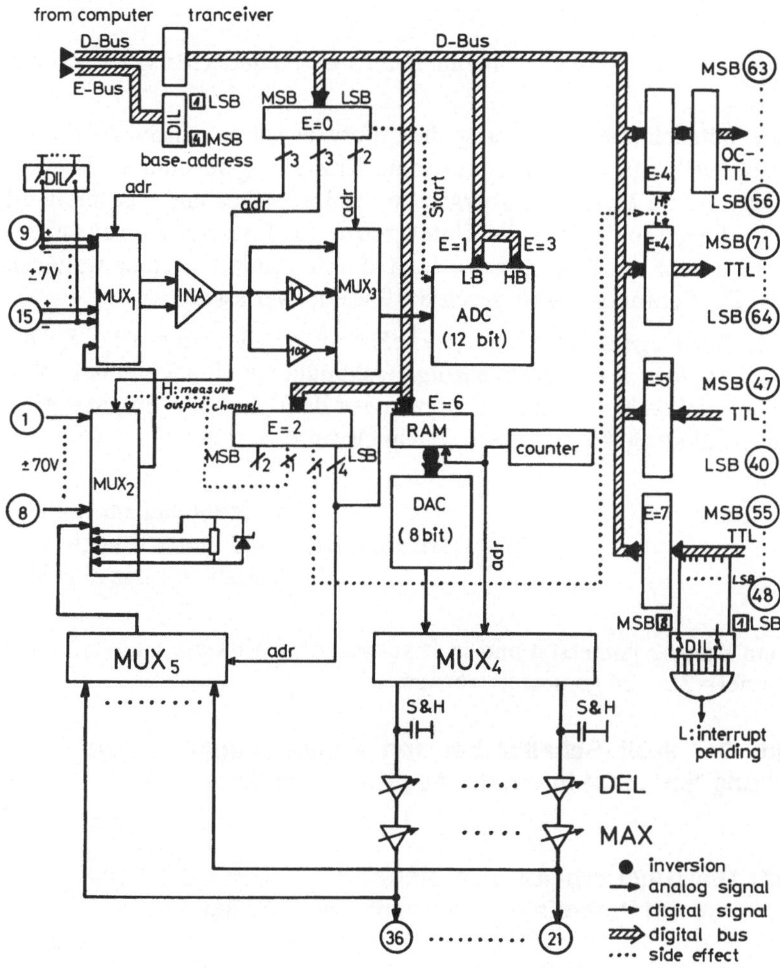

Bild 12.8 UAIO Analog Input/Output Board General Schematic

Die UAIO besitzt 16 analoge Ausgangskanäle mit Kanalnummern 21 ... 36. Beispielsweise wird mit

```
value = 3.5              'Es sollen 3,5V
channel = 21             'auf Kanal 21
GOSUB 21000              'ausgegeben werden
```

am Kanal #21 eine Spannung von *3,5V* angelegt. Das setzt natürlich voraus, daß die *3,5V* innerhalb des für diesen Kanal manuell eingestellten Spannungsintervalles liegt.

Dieses Intervall kann für einen Kanal im Bereich von ± *6,5V* mit den Trimmern DEL und MAX eingestellt werden (adjustment of channel n). Dazu ist der Aufruf

```
GOSUB 20000              'Hilfe zur manuellen Einstellung der Ausgangskanäle
```

einer Subroutine nützlich, welche ständig die Intervallgrenzen ausmißt und am Bildschirm anzeigt, während der Anwender seine Einstellung vornimmt. Es empfielt sich zunächst am Poti MAX die Obergrenze des Intervalles und anschließend am Poti DEL die Länge und damit die Untergrenze des Intervalles einzustellen. Der Übergang zu einem anderen Kanal erfolgt durch Eintippen einer weiteren Kanalnummer n. Die Subroutine wird durch n = 0 wieder verlassen.

Die UAIO besitzt **8 analoge ± 70V Eingangskanäle** mit Kanalnummern 1 ... 8. Des weiteren gibt es **7 analoge ± 7V Differenzeingangskanäle** mit Kanalnummern 9 ... 15. Dabei wird beispielsweise die Spannung *zwischen* dem positiven Eingang #9+ und dem negativen Eingang #9− gemessen. Beispielsweise wird mit

```
channel = 3                     'Die Spannung am Kanal 3
GOSUB 17000                     'wird gemessen und in der Einheit Volt
PRINT value                     'in der Variablen value abgelegt
```

die Spannung am Kanal 3 gemessen und in *V* ausgedruckt. Es kann auch ein Ausgangskanal channel = 21 ... 36 gemessen werden.

Vorsicht: Der 8-DIL-Schalter bei den Analog-Eingängen auf der Stellung "on" erdet intern die negativen Eingänge.

Vorsicht: Die UAIO arbeitet nur einwandfrei, wenn die Differenzeingänge auf Potentialen innerhalb von ± 7V liegen.

Das bedeutet in der Regel, daß das Experiment, das von der UAIO gesteuert wird, zusammen mit der UAIO geerdet werden muß.

In die Register E = 0, E = 2, E = 4, E = 6 der UAIO kann direkt geschrieben werden und von den Registern E = 1, E = 3, E = 5, E = 7 kann gelesen werden:

```
o0e% = 4                        'In das Register E = 4
o0d% = 212                      'wird die Zahl 212
GOSUB 1200                      'geschrieben
```

```
o0e% = 5              'Der Inhalt des Registers E = 5
GOSUB 11000           'wird gelesen und in der Variablen
PRINT o0d%            'o0d% abgelegt und ausgedruckt
```

Um mit Variablennamen des Benutzers möglichst wenig in Konflikt zu geraten, beginnen alle internen Variablen der Standardsoftware mit o0. Die Endung % deklariert die Variable als vom Typ INTE-GER.

Der direkte Zugriff auf diese Register ist jedoch nur bei einer genauen Kenntnis der inneren Struktur der UAIO sinnvoll, welche im folgenden erläutert wird.

16 TTL-Eingänge (t_{40} ... t_{55})

Das Register $E = 5$ gehört zu den 8 TTL-Eingängen mit Kanalnummern 40 ... 47. Jederzeit kann der Computer die logischen Pegel dieser 8 Eingänge bestimmen, indem er das Register $E = 5$ einliest.

Das gleiche gilt für das Register $E = 7$, welches zu weiteren 8 TTL-Eingängen mit Kanalnummern 48 ... 55 gehört.

Diese haben die zusätzliche Eigenschaft, daß sie durch L-Pegel einen Interrupt auslösen können. Dazu muß der DIL-Schalter für diesen Kanal auf der Stellung on stehen. Jedes Lesen des Registers $E = 7$ löscht die anstehende Interruptanforderung.

$E = 5$:	t_{47}	t_{46}	t_{45}	t_{44}	t_{43}	t_{42}	t_{41}	t_{40}
$E = 7$:	t_{55}	t_{54}	t_{53}	t_{52}	t_{51}	t_{50}	t_{49}	t_{48}

(t_n bedeutet den logischen Pegel, der am Kanal n anliegt. In dem obigen Programmbeispiel enthält o0d% gerade die 8 Bits t_{47} ... t_{40}. Wären alle Pegel L außer $t_{40} = t_{41} = H$, so wäre o0d% = 3)

16 TTL-Ausgänge (t_{56} ... t_{71})

Das Register $E = 4$ gehört zu den 16 TTL-Ausgängen. Die Pegel dieser 16 Ausgänge wird unter Mitwirkung eines weiteren Registers ($E = 2$) festgelegt: Schreibt man in das Register $E = 4$, während das 4. Bit des Registers $E = 2$ low ($D_{2.4} = L$) ist, gehen diese Werte auf die gewöhnlichen TTL-Ausgänge mit Kanalnummern 64 ... 71. Tut man dasselbe, während das 4. Bit von Register $E = 2$ high ($D_{2.4} = H$) ist, so gehen diese Werte auf die 8 open-collector TTL-Ausgänge mit Kanalnummern 56 ... 63. Die OC-Ausgänge sind mit Invertern realisiert, welche in Bild 12.8 durch einen schwarzen Kreis angedeutet sind:

$E = 4$:	$\bar{t}_{63}$	$\bar{t}_{62}$	$\bar{t}_{61}$	$\bar{t}_{60}$	$\bar{t}_{59}$	$\bar{t}_{58}$	$\bar{t}_{57}$	$\bar{t}_{56}$	(OC, falls $D_{2.4} = H$)
$E = 4$:	t_{71}	t_{70}	t_{69}	t_{68}	t_{67}	t_{66}	t_{65}	t_{64}	(falls $D_{2.4} = L$)

($\bar{t}_n$ bedeutet die Negation des logischen Pegels t_n.)

Die einzelnen Bits des Registers $E = 2$ haben unterschiedliche Bedeutungen. Da einzelne Bits geändert werden müssen, während andere unverändert bleiben sollen, besitzt die Standardsoftware in der Variablen o0d2% eine Kopie des Inhaltes dieses Registers. Alle Änderungen des Registers E = 2 sollen über diese Variable vollzogen werden.

Sollen beispielsweise auf die TTL-Ausgänge t_{64} ... t_{71} lauter L-Pegel, außer $t_{64} = t_{65} = H$ gelegt werden, so wäre dies wie folgt zu programmieren:

```
o0d2% = o0d2% AND &X11101111     '4. Bit von o0d2% einzeln auf 0 gesetzt
o0e% = 2                                         'Auf Register E = 2
o0d% = o0d2%                                   'übertragen: D_{2.4} = L.
GOSUB 12000                         'E = 4 geht jetzt auf Kanäle t_{64} ... t_{71}
o0e% = 4                                              'Auf E = 4 wird
o0d% = &X00000011                                    't_{65} = t_{64} = 1
GOSUB 12000                                             'ausgegeben
```

Die weiteren Teile der UAIO werden von der Standardsoftware automatisch bedient, so daß wir uns im folgenden auf eine qualitative Beschreibung beschränken können.

15 analoge Eingangskanäle (a_1 ... a_{15})

Die Auswahl der 7 analogen Differenzeingänge mit Kanalnummern 9 ... 15 erfolgt durch die drei höchstwertigen Bits des Registers E = 0, welche den Analog-Multiplexer MUX_1 steuern.

Die Differenzspannung wird durch den Instrumentenverstärker INA in eine Spannung relativ zu GRND verwandelt und anschließend mit den Faktoren 1, 10 und 100 verstärkt. MUX_3, gesteuert von den zwei niederwertigen Bits des Registers E = 0, wählt eine dieser 3 Verstärkungsfaktoren aus und leitet sie an den 12-Bit-ADC.

Durch Lesen auf der Adresse E = 1 werden die 8 niederwertigen Bits (LB, Bits 0 ...7) des 12-Bit Ergebnisses bestimmt. Auf der Adresse E = 3 sind die höherwertigen Bits des Ergebnisses (Bits 8 ... 11, Sign-Bit S und Overflow-Bit O) abrufbar.

E = 3:	X	X	S	O	a_{11}	a_{10}	a_9	a_8
E = 1:	a_7	a_6	a_5	a_4	a_3	a_2	a_1	a_0

(X = Don't care, O = 1: Messwert ungültig, weil zulässiger Bereich überschritten, S = 1: Vorzeichen des Ergerbnisses ist negativ, a_{11} ... a_0 ist das 12-Bit Ergebnis, a_0 = LSB)

Durch weitere 3 Bits des Registers E = 0 kann aber auch einer der 8 *einfachen* analogen ± *70V* Kanäle mit Kanalnummern 1 ... 8 ausgewählt werden.

Des weiteren können die Pegel der analogen Ausgangskanäle 21 ... 36 via MUX_3, MUX_2, MUX_1 gemessen werden. Die 4 niederwertigen Bits des Registers E = 2 bestimmen den Ausgangskanal.

Außerdem muß das 5. Bit des Registers E = 2 high sein ($D_{2,5}$ = H), damit MUX_5 die Ausgangskanäle weiterleitet.

Zur Selbsteichung (auto-gauging) kann der MUX_2 hochpräzise interne Referenzspannungen 2V; 0,2V; 0,02V und 0V anlegen.

Durch Beschreiben des Registers E = 0 wird der ADC gestartet. Nach der Wandlungszeit stehen die Ergebnisse in den Registern E = 1 und E = 3 zur Verfügung.

16 analoge Ausgangskanäle (a_{21} ... a_{36})

Um auf einem der **16 analogen Ausgangskanälen** mit Kanalnummern 21 ... 36 einen Spannungspegel auszugeben, muß die gewünschte Kanalnummer zunächst auf den 4 niederwertigen Bits des Registers E = 2 (über die Variable o0d2%) festgelegt werden. Der 8-Bit breite digitale Wert w (0 $\leq$ w $\leq$ 255) für diesen Kanal muß dann in das Register E = 6 geschrieben werden, was in Wirklichkeit in das 16 Byte RAM gelangt. Durch den `counter` werden die 16 digitalen Werte w periodisch ausgelesen, invertiert, durch den DAC gewandelt und durch die richtige Steuerung des MUX_4 zur Auffrischung eines `sample&hold`-Kondensators benutzt.

Bei Ändern eines Ausgangskanals wird die Refresh-Reihenfolge geändert, so daß der geänderte Wert sofort am Ausgang erscheint.

Wie oben beschrieben werden die Spannungen an den `sample & hold` - Kondensatoren durch Additionsverstärker mittels der Potis MAX und DEL auf ein beliebiges Intervall zwischen ±6,5V abgebildet (gestreckt, gestaucht, verschoben). Die Ausgangskanäle können 20mA treiben.

Der DE-Bus

Die UAIO kann über den DE-Bus an einen beliebigen Computer angeschlossen werden, der über ein PIO mit 2 Bytes Port verfügt.

Der DE-Bus besteht aus den 8 TTL-kompatiblen, bidirektionalen Datenleitungen D_7 ... D_0, den 7 vom Computer (PIO) ausgehenden Adreßleitungen E_6 ... E_0 und der Interrupt-Linie E_7, welche von open-collector TTL-Ausgängen der Geräte, z.B. von der UAIO, getrieben wird.

Die am DE-Bus angeschlossenen Geräte besitzen interne Register, welche mit den Adressen E = 1 bis E = 127 angesprochen werden. Der Computer kommuniziert über den DE-Bus mit den Geräten nur über diese Register. In die Register mit geraden Adressen E kann der Computer nur schreiben, von solchen mit ungeraden Adressen E nur lesen.

E_0 gibt also die Richtung des Datenflusses auf den D-Leitungen an. Ein und dasselbe Register eines Gerätes kann eine gerade *und* eine ungerade Adresse besitzen, so daß auch bidirektionale Register auf den Geräten möglich sind.

Die Adresse $E = 0$ kennzeichnet den Ruhezustand des Bus und ist deshalb keine sinnvolle Adresse für ein Register.

Die Geräte haben in der Regel mehrere Register mit aufeinanderfolgenden Adressen. Ein Gerät besitzt deshalb eine **Basisadresse**, welche auf einem DIL-Schalter eingestellt werden kann.

Die UAIO hat z.B. 8 Register, welche durch die 3 niederwertigen Adreßleitungen E_2, E_1, E_0 selektiert werden. Die UAIO ist nur angesprochen, wenn die Pegel auf den 4 Adreßleitungen E_6, E_5, E_4, E_3 mit der Stellung des DIL-Schalters für die Basisadresse übereinstimmt.

Eine Schalterstellung on bedeutet dabei 0. Da die Adresse $E = 0$ nicht zulässig ist, darf die Basisadresse mit DIL-Schalterstellung on on on on nicht gewählt werden.

Der DE-Bus hat folgendes **Schreibprotokoll** ($E = \text{gerade}$):
-- Setze den Port des PIO, an dem die D-Linien angeschlossen sind, auf `output`,
-- Setze das zu übertragende Byte auf die D-Linien,
-- Setze die Adresse E auf die E-Linien (E_6 ... E_0),
-- Setze $E = 0$ auf die E-Linien, wodurch das Byte vom angesprochenen Register eingelatched wird.

Analog hat der DE-Bus das folgende **Leseprotokoll** ($E = \text{ungerade}$):
-- Setze den Port des PIO, an dem die D-Linien angeschlossen sind, auf `input`,
-- Setze die Adresse E auf die E-Linien (E_6 ... E_0),
-- Das angesprochene Register wird jetzt seinen Inhalt auf die D-Linien geben,
-- Lese die D-Linien in den Computer ein,
-- Setze $E = 0$ auf die E-Linien.

13. Der IEC-Bus als genormte Schnittstelle zur Steuerung von Experimenten

Der **IEC-Bus** wurde von der Firma Hewlett-Packard (HP) entwickelt und ist nachträglich zu einem internationalen Standard erklärt worden (IEC= International Electrotechnical Commission). Er ist in der Meß- und Steuerungstechnik weit verbreitet, wo er auch unter dem Namen **GPIB** (general purpose interface bus), **IEEE-488** Bus (*gesprochen:* "ai tripple i", Institute of Electronic and Electrical Engineers, USA) oder **HP-IB** (Hewlett-Packard Interface Bus) bekannt ist.

   IEC-Bus = GPIB = HP-IB = IEEE-488

13.1 Gerätenachrichten

Beim IEC-Bus werden die Daten zwischen den **Teilnehmern** (Computer, Meßgeräte, Plotter, Drucker, etc.) über einen bidirektionalen, TTL-kompatiblen, 8-Bit breiten **Datenbus** übermittelt. Die Daten können auch Befehle sein, z.B. an den Plotter, den Zeichenstift an eine bestimmte Koordinatenposition zu fahren. Typischerweise handelt es sich aber um Meßdaten (Zahlen), die ein Meßgerät ermittelt hat. In jedem Fall werden diese Daten als ASCII-Zeichen auf dem Bus übermittelt.

Beim Plotter HP9872B bedeutet z.B. der String

PU,PA50,10,PD,PA60,-20,   (13.1)

den Schreibstift vom Papier abzuheben (PU=pen up), an die Koordinaten (50,10) zu fahren (PA=plot absolute), dort den Schreibstift aufs Papier abzusenken (PD=pen down) und mit gesenktem Stift bis zur Koordinate (60,-20) zu zeichnen.

Ein anderes Beispiel ist das digitale Voltmeter HP3455A. Wenn dieses Gerät die Spannung *-143,5V* gemessen hat, so übermittelt es, falls dazu aufgefordert, den String

-1.435000E+02   (13.2)

über den Bus an den Computer.

Die genaue Form dieser Mitteilung ist *nicht* genormt, d.h. kann bei jedem Gerätetyp anders sein. Diese geräteabhängigen Befehle nennt man **Gerätenachrichten**.

Offensichtlich muß jedes IEC-Bus-Gerät "intelligent" sein, da es z.B. ASCII-Zeichen interpretieren können muß. Es enthält in der Regel einen Mikroprozessor.

13.2 Schnittstellenbefehle: Talker und Listener ■■

Es gibt aber auch *genormte* Befehle, etwa GET (`group execute trigger`), welcher alle Geräte veranlaßt, zur selben Zeit mit der Messung zu beginnen. Man denkt sich das IEC-Gerät, Bild 13.1, aufgebaut aus dem eigentlichen Gerät (**Device**) und einer **Schnittstelle** (`Interface`), welche an den eigentlichen Bus anpaßt. Wir besprechen hier nur die *genormten* Befehle, sozusagen die Befehle an die Schnittstelle (**Schnittstellenbefehle**).

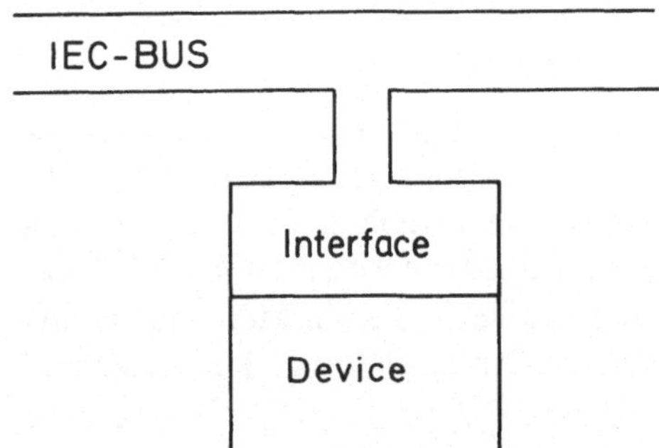

Bild 13.1 IEC-Bus Gerät aufgebaut aus eigentlichem Gerät (device) und einer Schnittstelle (interface) zum Bus

Wie bei jedem Bus kann nur *ein* Gerät **Sprecher (Talker)**, jedoch mehrere Geräte **Hörer (Listener)** sein. *Eines* der Gerät ist der **Controler** (meist der Computer). *Alle Schnittstellenbefehle* gehen von ihm aus: Wenn ein Schnittstellenbefehl auf dem Bus übertragen wird, ist stets der Controler der Talker und alle anderen Geräte sind die Listener.

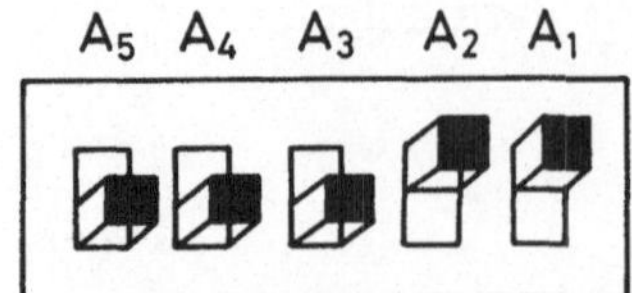

Bild 13.2 Instrument address switch, located on the rear panel of the device

| Listener | | Talker | | Address | | | | | |
ASCII	dez	ASCII	dez	A5	A4	A3	A2	A1	dez
	32	§	64	0	0	0	0	0	0
!	33	A	65	0	0	0	0	1	1
"	34	B	66	0	0	0	1	0	2
#	35	C	67	0	0	0	1	1	3
$	36	D	68	0	0	1	0	0	4
%	37	E	69	0	0	1	0	1	5
&	38	F	70	0	0	1	1	0	6
,	39	G	71	0	0	1	1	1	7
(	40	H	72	0	1	0	0	0	8
)	41	I	73	0	1	0	0	1	9
-	42	J	74	0	1	0	1	0	10
+	43	K	75	0	1	0	1	1	11
,	44	L	76	0	1	1	0	0	12
-	45	M	77	0	1	1	0	1	13
.	46	N	78	0	1	1	1	0	14
/	47	O	79	0	1	1	1	1	15
0	48	P	80	1	0	0	0	0	16
1	49	Q	81	1	0	0	0	1	17
2	50	R	82	1	0	0	1	0	18
3	51	S	83	1	0	0	1	1	19
4	52	T	84	1	0	1	0	0	20
5	53	U	85	1	0	1	0	1	21
6	54	V	86	1	0	1	1	0	22
7	55	W	87	1	0	1	1	1	23
8	56	X	88	1	1	0	0	0	24
9	57	Y	89	1	1	0	0	1	25
:	58	Z	90	1	1	0	1	0	26
;	59	[	91	1	1	0	1	1	27
<	60	\	92	1	1	1	0	0	28
=	61	]	93	1	1	1	0	1	29
>	62	^	94	1	1	1	1	0	30

Tab.13.1 Listener and Talker Address Command Group. Durch den Schnittstellenbefehl "E" wird Gerät 5 zum Sprecher, durch den Schnittstellenbefehl "%" wird Gerät 5 zum Hörer.

Controler (CPU) = Talker für Schnittstellenbefehle
Ein Talker = Talker für Gerätenachrichten
Einige Listener = Listener für Gerätenachrichten

Command-Mnemonic	dez	Bedeutung
UNL (unlisten)	63	Meldet alle Hörer ab
UNT (untalk)	95	Meldet alle Sprecher ab
LLO (local lockout)	17	Setzt den on-line/off-line Switch an allen Geräten außer Kraft
DCL (device clear)	20	Bringt alle Geräte in einen definierten Anfangszustand
PPU (parallel poll unconfigured)	21	Kein Gerät antwortet auf Parallelabfrage
SPE (serial poll enable)	24	Talker geben von nun an Statusbyte aus
SPD (serial poll disable)	25	Macht den Befehl SPE rückgängig
SDC (selected device clear)	4	Wie DCL für alle Hörer
GTL (go to local)	1	Setzt die Hörer auf off-line
GET (group execute trigger)	8	Löst bei allen Hörern einen Meßvorgang aus
PPC (parallel poll configure)	5	Nächstes Byte gibt Antwortsweise des Hörers auf Parallelabfrage
TCT (take control)	9	Sprecher wird zum Controler

Tab.13.2 Special Interface Commands Emitted by Controler, Erklärung in {13.4}

Wenn jedoch eine Gerätenachricht über den Bus geht, kann irgend ein Gerät Sprecher sein. Welche der beiden Fälle vorliegt entscheidet der Controler. Er teilt dies auf der ATN-Linie (ATN = attention) allen Geräten mit:

ATN = 1: Schnittstellenbefehl (genormt)
ATN = 0: Gerätenachricht (geräteabhängig)

Die grundlegenden Schnittstellenbefehle sind die Anweisungen an die Geräte, wer Sprecher und wer Hörer (der Gerätenachrichten) ist.

Es können maximal 31 Geräte an den IEC-Bus angeschlossen werden. Jedes hat eine Adresse, die man durch einen 5-bit Binärschalter auf der Rückseite des Gerätes wählen kann. Durch die Schalterstellung in Bild 13.2 hat das Gerät beispielsweise die Adresse 3 erhalten.

Jedem Gerät am IEC-Bus muß manuell eine Adresse zwischen 0 und 30 gegeben werden.

Tab.13.1 gibt den Schnittstellenbefehl bestehend aus einem einzigen ASCII-Zeichen, das der Controler ausgeben muß, um ein Gerät mit einer bestimmten Adresse zum Talker bzw. zum Listener zu erklären.

Nehmen wir an, der oben erwähnte Plotter sei manuell auf die Adresse 3 eingestellt worden. Bevor der Controler Gerätenachrichten, z.B. den String (13.1), an den Plotter übermitteln kann, muß der Plotter zum Hörer erklärt werden.

Dazu muß der Controler die Leitung ATN = 1 setzen, um anzuzeigen, daß jetzt ein Schnittstellenbefehl folgt. Nach Tab.13.1 besteht diese aus dem ASCII-Zeichen # (d.h. der Zahl 35). Der Controler muß dieses auf den Datenbus legen und schließlich wieder ATN = 0 setzen.

Im anderen Beispiel von (13.2) kann das Digitalvoltmeter, dessen Adresse wir zu 5 annehmen, durch ATN = 1, "E", ATN = 0 zum Sprecher erklärt werden. Das Gerät beginnt nun fortwährend seine Meßwerte in der Form von Strings auf den Datenbus zu geben.

Die meisten Schnittstellenbefehle, wie die soeben besprochenen aus Tab.13.1, bestehen aus einem *einzigen* ASCII-Zeichen.

Wenn ein Gerät zum Sprecher erklärt wird, verliert der bisherige Sprecher sein Rederecht. Es gibt auch die **Universalbefehle** UNL (unlisten) und UNT (untalk), welche *alle* Hörer bzw. *alle* Sprecher abmelden. Diese sowie weitere Schnittstellenbefehle sind in Tab.13.2 aufgeführt.

In den meisten Fällen entspricht der ASCII-Code keinem druckbaren Zeichen. Deshalb ist in Tab.13.2 nur die Dezimaldarstellung (dez.) des Codes angegeben worden.

In der oberen Hälfte von Tab.13.2 sind die **Universalbefehle** angeben, die sich an *alle* Teilnehmer des Buses richten. In der unteren Hälfte sind die sog. **adressierten Befehle** aufgeführt, die sich nur an die gerade als Talker und/oder Listener eingestellten Geräte wenden.

13.3 Die einzelnen Buslinien

Der IEC-Bus besteht aus 16 Linien (Drähten), Tab.13.3, nämlich 8 bidirektionalen **Datenleitungen, 3 Handshake-Leitungen** und **5 Steuerleitungen** (bus management lines).

Gewisse Schnittstellenbefehle werden vom Controler hardwaremäßig durch Aktivieren einer der 5 Steuerleitungen ausgegeben (**Eindrahtnachrichten**), andere werden "softwaremäßgig" durch den in Tab.13.1 oder Tab.13.2 angegebenen ASCII-Code auf den Datenleitungen übermittelt (**Mehrdrahtnachrichten**).

> **Nachrichten auf dem IEC-Bus:**
> **Gerätenachrichten (geräteabhängig, ATN = 0)**
> **Schnittstellenbefehle (genormt, ATN = 1):**
> **Eindrahtnachrichten: {13.4}**
> **Mehrdrahtnachrichten: Tab.13.1, 13.2**

8 bidirektionale Datenleitungen:

DIO1   (LSB)

DIO2

DIO3

DIO4

DIO5

DIO6

DIO7

DIO8   (MSB)

3 Handshake-Leitungen:

DAV   (data valid)

NRFD   (not ready for data)

NDAC   (data not yet accepted)

5 Steuerleitungen (bus management lines):

REN   (remote enable)

EOI   (end or identify)

IFC   (interface clear)

SRQ   (service request)

ATN   (attention)

Tab.13.3 Die einzelnen Leitungen des IEC-Bus

Wir erwähnen hier *ein für alle mal*, daß die Beschreibung des IEC-Buses (gemäß
der Norm und in diesem Kapitel) die sog. **negative Logik** verwendet: Wie bisher
bedeutet $1 = T$ (true), $0 = F$ (false), jedoch wird 1 durch einen L-Pegel, 0 durch
einen H-Pegel realisiert.

> **Negative Logik:**
> 0 = F = FALSE = H
> 1 = T = TRUE = L

Wenn in den Beschreibungen z.B. gesagt wird, daß ATN aktiv (d.h. wahr) sei, so
bedeutet dies $ATN = 1$ realisiert durch $ATN = L$ (active Low). Desgleichen wird
z.B. die Zahl 2 auf dem Datenbus durch $DIO2 = L$, die anderen $DIOn = H$ ausgegeben. Bei ASCII-Zeichen wird also der logisch inverse ASCII-Code ausgegeben.

Die 8 Bits der Datenleitung werden mit 1...8, nicht wie sonst üblich mit 0...7 durchnumeriert.

Dies alles kann man z.B. dadurch erreichen, daß vor dem Ausgeben auf den Bus
(bzw. Lesen vom Bus) eine logische Inversion durchgeführt wird.

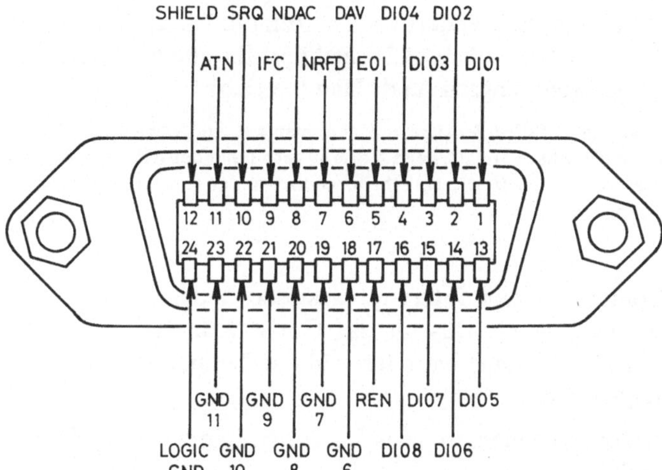

Bild 13.3 24-Pin IEEE-488 Amphenol Plug for HP-IB

Beim IEC-Bus sind auch die **Gerätestecker**, Bild 13.3, genormt. Da die Firma
Amphenol in der Herstellung dieser Stecker (`plugs`) führend war, bezeichnet
man diese auch als **Amphenolstecker**.

Die Pins 18, 19, 20, 21, 22, 23 sind individuelle Rückführungen (GRNDs) für die Linien DAV, NRFD,
NDAC,IFC, SRQ, ATN. Idealerweise sollen diese direkt an die Erde (Emitter) des Leistungstransi-
tors des Bustreibers zurückgeführt werden. Dies verringert das Übersprechen zwischen den Leitungen.
Einfachheitshalber werden diese Pins jedoch einfach mit LOGIC GND, d.h. mit der logischen Erde
der TTL-Schaltung verbunden. SHIELD wird mit der Abschirmung des Gerätes verbunden.

Leider gibt es noch eine andere Norm für den Stecker, den 25-poligen Cannon-Stecker nach der Norm
DIN DKE 66.22. Diese hat noch eine weitere individuelle Rückführung.

13.4 Spezielle Schnittstellenbefehle

Wir fahren mit der Besprechung der in Tab.13.2 aufgeführten Schnittstellenbefehle fort.

Die meisten IEC-Bus Geräte können auch manuell durch Tasten und Knöpfe am
Gehäuse bedient werden. Diese Bedienungsart heißt **local** oder **off-line**. Wenn die
Bedienung über den IEC-Bus erfolgt heißt die Bedienungsart **remote** oder **on-
line**:

local = off-line = Handbetrieb = Eigensteuerung
remote = on-line = computergesteuert.

Damit die Geräte `remote` arbeiten ist REN = 1 (`remote enable`) eine *notwendige* Voraussetzung. Die Bedienungsart kann softwaremäßig, d.h. vom Bus aus, gewählt werden: Wird ein Bus zum Hörer erklärt, während REN = 1 ist, so wird für dieses Gerät automatisch die Remote-Bedienungsart selektiert. Ein nachfolgender UNL (Entadressierung) ändert an der Remote-Einstellung nichts. Nur der Befehl GTL (`go to local`, Tab.13.2) selektiert für alle z.Z. als Hörer adressierten Geräte den Eigensteuerungszustand (Handbetrieb).

An den Geräten gibt es einen on-line / off-line Schalter, mit dem man z.B. zu Testzwecken die Betriebsart umstellen kann. Dieser Schalter hat normalerweise Vorrang gegenüber der REN-Information vom Bus. Der Befehl LLO (local lock out) setzt diesen Schalter jedoch außer Kraft, so daß nun die REN-Information vom Bus Vorrang hat.

Ein Gerät kann beim Controler einen **Interrupt** auslösen, indem es die Linie SRQ = 1 setzt (`service request`). Das tut das Gerät, z.B. weil es für den Controler einen Meßwert zur Verfügung hat oder weil die Temperatur einen kritischen Wert überschritten hat, etc.

Daraufhin muß der Controler feststellen, welches Gerät den Interrupt angefordert hat und was dem Gerät fehlt.

Das kann der Controler durch eine **serielle Abfrage** (`serial polling`) herausfinden. Er benützt zunächst den Universalbefehl SPE (`serial poll enable`), welcher sich an alle am Bus angeschlossenen (und sich im Remote-Zustand befindlichen) Geräte wendet. Dann erklärt er ein Gerät nach dem anderen zum Talker (serielle Abfrage). Dieses reagiert darauf, indem es sein **Status-Byte** auf den Datenbus ausgibt. DIO7 = 1 bedeutet dabei, daß dieses Gerät den Interrupt angefordert hat.

Die anderen Bits haben gerätespezifische Bedeutung und geben meist weitere Information, warum das Gerät den Interrupt angefordert hat.

Durch SPD (`serial poll disable`) wird die Serienabfrage beendet.

Beim seriellen Polling muß der Controler unter Umständen 31 Geräte abfragen, bis er dasjenige herausgefunden hat, welches den Interrupt ausgelöst hat. Bei der **Parallelabfrage** (`parallel polling`), an dem maximal 8 Geräte teilnehmen können, findet der Controler das `requesting device` sofort. Jedes der 8 Geräte antwortet dabei nämlich auf einer der 8 Datenleitungen mit `ja` oder `nein`.

Die Mitteilung an ein Gerät, wie es auf die Parallelabfrage antworten soll, ist ein 2 Byte langer Schnittstellenbefehl. Das erste Byte ist der Befehl PPC (`parallel poll configure`). Es wendet sich an den gerade eingestellten Hörer (sinnvollerweise ist es nur einer). Das zweite Byte, die sog. **Sekundärnachricht**, hat folgende Struktur:

DIO8	DIO7	DIO6	DIO5	DIO4	DIO3	DIO2	DIO1
X	1	1	0	S	P_3	P_2	P_1.

Dabei bedeutet X, daß dieses Bit ignoriert wird (X = Don't care). P_3, P_2, P_1 gibt die Leitung, auf der das Gerät antworten soll, gemäß Tab.13.4. S = 0 bedeutet, daß das Gerät antwortet, indem es die ihm zugeteilte Leitung auf 0, bei $S = 1$ auf 1 setzt.

P_3	P_2	P_1	Leitung
0	0	0	DIO1
0	0	1	DIO2
0	1	0	DIO3
0	1	1	DIO4
1	0	0	DIO5
1	0	1	DIO6
1	1	0	DIO7
1	1	1	DIO8

Tab.13.4 Sekundärnachricht beim Befehl PPC zur Angabe auf welcher Leitung das Gerät beim parallel polling antworten soll

Der Universalbefehl PPU (`parallel poll unconfigure`) löscht bei allen Geräten die so eingestellte Antwortsweise, so daß kein Gerät auf die Parallelabfrage antwortet.

Durch den 2 Byte Befehl PPC, 112 (d.h. nach Tab. 13.2 wird zuerst 5, dann 112 auf den Datenbus gelegt, während ATN = 1 ist), wird die Antwortsweise nur bei dem gerade als Hörer eingestellten Gerät gelöscht.

Die Parallelabfrage wird vom Controler durch die Eindrahtnachricht ATN = EOI = 1 ausgelöst (EOI = `End Or Identify!`, *hier*: `Identify!`).

Der Universalbefehl DCL (`device clear`) bringt alle Geräte (inkl. Schnittstelle) in einen *definierten* Anfangszustand. Der adressierte Befehl SDC (`selective device clear`) tut dasselbe nur für die Hörer.

Gewisse Geräte, etwa Vielkanalspektrometer, bestehen aus mehreren identischen Teilen. Es ist bequem, diese Teile durch eine sekundäre Adresse ansprechen zu können. Bei diesen Geräten besteht die Adresse aus 2 Bytes. Das zweite Byte muß im Bereich 96...126 liegen und selektiert in geräteabhängiger Weise ein Teilgerät. Hat das Gesamtgerät z.B. die Adresse 5, so wird der Teil 113 zum Sprecher, siehe Tab.13.1, durch den Schnittstellenbefehl 69, 113. Das Gerät weiß, daß auf die Primäradresse noch eine Sekundäradresse zu folgen hat.

Es können mehrere Computer (*allgemeiner*: Geräte mit Control-Funktion) am IEC-Bus angeschlossen sein. Durch TCT (`take control`) wird der gerade eingestellte Sprecher von nun an zum Controler.

Während Schnittstellenbefehle 1 oder 2 Bytes lang sind oder im Falle von Eindrahtnachrichten auf den bus management lines übertragen werden, können Gerätenachrichten, etwa die in {13.1} besprochenen Strings für Plotter und Digitalvoltmeter, von unterschiedlicher Länge sein. Es ist manchmal nötig, das Ende einer Gerätenachricht zu erkennen.

Dazu kann entweder in geräteabhängiger Weise ein oder mehrere ASCII-Zeichen vereinbart werden. Bei Hewlett-Packard werden die beiden ASCII-Zeichen CR (carriage return, ASCII-Code = 13) und LF (line feed, ASCII-Code = 10) am Ende eines Strings als Endeerkennung ausgegeben.

Bei Systemen ohne Controler, mit Meßgerät als Sprecher und Drucker als Hörer, bewirkt so jeder neue Meßwert einen Wagenrücklauf und Beginn einer neuen Zeile.

Eine andere Methode besteht darin, mit dem letzten Datenbyte der Gerätenachricht die Eindrahtnachricht EOI = 1 (EOI = End Or Identify!, *hier*: End) zu übermitteln.

Da die Linie EOI zwei Funktionen hat, soll deren Wirkungsweise in Tab. 13.5 nochmals zusammengestellt werden.

ATN	EOI	Name	Bedeutung
0	1	END	Letztes Byte einer Gerätenachricht
1	1	IDY	Geräte werden zur Parallelantwort veranlaßt
1	0		Sonstige Schnittstellenbefehle
0	0		Nicht letztes Byte einer Gerätenachricht

Tab.13.5 Die verschiedenen Bedeutungen der Eindrahtnachricht EOI

13.5 Handshaking

Nun besprechen wir die 3 Handshake-Linien des IEC-Bus. Der Bus ist so ausgelegt, daß beliebig langsame Geräte mit beliebig schnellen Geräten kommunizieren können. Das langsamste Gerät (unter allen gerade aktivierten Hörern und Sprechern) bestimmt die Übertragungsrate. Eine solche Datenübertragung kann nur **asynchron**, d.h. im **Quittungsverkehr** (handshake-mode) von statten gehen.

Es gilt folgendes **Talker Bus-Protokoll**, welches abläuft, wenn der Talker ein Datenbyte auf den Bus legen will:

1) Der Talker wartet bis NRFD = 0 wird, d.h. bis alle Geräte zur Datenaufnahme bereit sind. (NRFD = not ready for data)

2) Nun gibt der Talker das Byte auf den Bus aus.

Falls es sich um das letzte Byte einer Gerätenachricht handelt, setzt er auch EOI = 1.

3) Der Talker setzt DAV = 1 (data valid), so daß alle Hörer wissen, daß die Pegel auf dem Datenbus nun stabil und gültig sind.

4) Alle Geräte setzen nun *sofort* (dieser Teil des Interface muß bei allen Geräten schnell sein) NDAC = 1 (not data accepted). Der Talker wartet bis wieder NDAC = 0 wird.

5) Nun setzt der Talker wieder DAV = 0 (und evtl. EOI = 0).

6) Der Talker kann das Datenbyte vom Bus nehmen und wieder bei 1) beginnen.

Bei den Hörern gilt folgendes **Listener Bus-Protokoll**:

1) Der Listener wartet bis DAV = 1 ist.

2) Er setzt sofort NDAC = 1, NRFD = 1.

3) Er ließt die Daten vom Bus.

4) Er setzt NDAC = 0.

5) Wenn er die Daten weiterverarbeitet hat und zur Aufnahme eines neuen Datenbytes bereit ist, setzt er NRFD = 0. (Bei einem Drucker ohne Zwischenspeicher ist das z.B. der Fall, wenn er das Zeichen gedruckt hat.)

6) Nun beginnt es wieder bei 1).

13.6 Tristate oder Open-Collector

Da auch mehrere Geräte *gleichzeitig* einen Interrupt auslösen können, müssen die Geräte über OC-Treiber (open collector TTL-Ausgänge), Bild 13.4, an die SRQ-Linie (service request line = Interrupt-Linie) des IEC-Bus angeschlossen werden: Ob ein oder mehrere Ausgangstransistoren dieser Treiber leitend werden, hat denselben Effekt, die SRQ-Linie wird auf L gezogen.

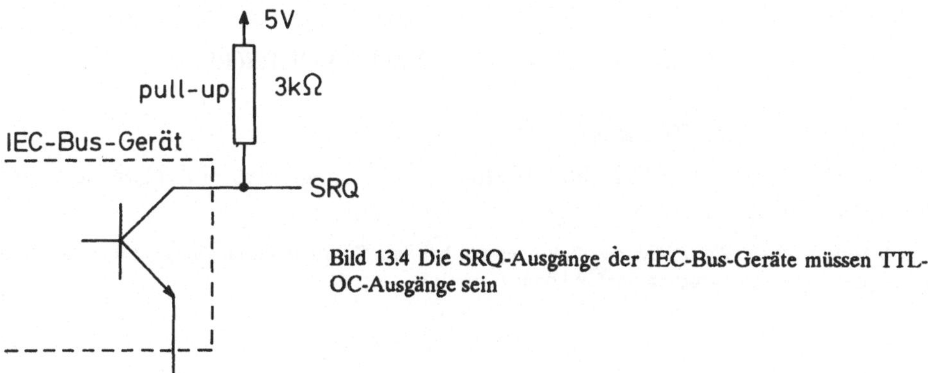

Bild 13.4 Die SRQ-Ausgänge der IEC-Bus-Geräte müssen TTL-OC-Ausgänge sein

Wenn alle Ausgangstransistoren sperren, d.h. kein Gerät einen Interrupt anfordert, ist SRQ = H. Der Pull-up-Widerstand muß so dimensioniert sein, daß SRQ < *0,8V* (d.h. L) ist, sobald auch nur ein einziges Gerät seinen Ausgangstransistor leitend macht (**wired-OR**).

Aus demselben Grunde müssen auch die NRFD und die NDAC handshake-lines mit OC-Treibern realisiert sein.

Die Linien DIO1,...DIO8, DAV, IFC, ATN, REN und EOI können durch OC-Treiber aber auch durch Tristate-Treiber angeschlossen sein, da jedes Gerät weiß, ob es diese Linien aktivieren darf.

Tristate Treiber sind sinnvoll, wenn es auf maximale Geschwindigkeit ankommt und wenn ausgeschlossen ist, daß durch einen Software-Fehler bei der Parallel-Antwort eine Leitung von mehreren Geräten gleichzeitig aktiviert wird.

13.7 Programmierung des IEC-Bus

Die Programmierung der am IEC-Bus angeschlossenen Geräte wurde im Prinzip bereits durch Tab.13.1 und 13.2 angegeben. Damit ein Computer zu einem Controler für den IEC-Bus wird, müssen Bustreiber vorhanden sein. Dazu kann man etwa ein Z80-PIO verwenden, welches mit Port A und Port B im Bitmode an die 16 Leitungen des IEC-Bus angeschlossen wird.

Bei fertigen Geräten mit IEC-Bus-Treibern kann dabei der IEC-Bus unter einer logischen Gerätenummer, etwa #7, angesprochen werden. Die Gerätenachricht (13.1) kann dann einfach als

```
PRINT #7,"PU,PA50,10,PD,PA60.-20"
```

auf den Bus gesprochen werden.

Soll ein Byte auf den Bus gesprochen werden, das keinem druckbaren Zeichen entspricht, etwa CR (ASCII-Code = 13), so kann dazu die BASIC-Funktion CHR$ verwendet werden, z.B.

```
PRINT #7,"PU,PA50,10,PD,PA60.-20" + CHR$(13) + CHR$(10)
```

Die Software für den IEC-Bus ist nicht standardisiert.

Wir beschreiben in Tab.13.6 die Oberfläche einer möglichen einfachen Software für den IEC-Bus.

Wir haben dabei ein BASIC-System vorausgesetzt, bei dem Subroutinen nur in der Form GOSUB <line_number> angesprochen werden können.

Syntax   **Bedeutung**

GOSUB 10000   Initialisiert den Bus (IFC, PPU, UNL, UNT, REN, LLO)

a$ = ...
GOSUB 12000   Gibt den String a$ als Gerätenachricht auf den Bus

GOSUB 11000   Ließt eine Gerätenachricht vom Bus in den String a$
... = a$

dev% = ...
GOSUB 13000   Macht dev% zum Listener, falls dev% = 31 UNL

dev% = ...
GOSUB 14000   Macht dev% zum Talker, falls dev% = 31 UNT

dev% = ...
GOSUB 15000   Gibt das Statusbyte vom Gerät dev% in der Variable stat%
... = stat%

Tab.13.6 Leistungen einer Minimalsoftware für den IEC-Bus

Unter einem Treiber versteht man meist auch eine zugehörige Software (**Software-Treiber**). Das
in {13.5} besprochene Bus-Protokoll muß dabei richtig programmiert werden.

14. Die IEC-Symbolik für digitale Bauteile

In diesem Kapitel soll aus den wichtigsten **funktionellen Gruppen** von TTL-Bausteinen je ein typischer Vertreter besprochen werden. Gleichzeitig soll dabei die **IEC-Symbolik** (IEC = `International Electrotechnical Society`) zur Darstellung des logischen Verhaltens dieser Schaltkreise eingeführt werden.

Die Bilder zu diesem Kapitel sind aus [D.V3] und [D.T9] entnommen.

14.1 Logische Gatter

Wir beginnen mit den bereits in Kap.10 besprochenen Bauteilen. Bild 14.1 zeigt das **Quad Two-Input NAND Gate 7400**. Das linke Bild zeigt die ältere Symbolik, die nur für die einfachsten Schaltkreise zur Verfügung steht. Das rechte Bild ist die systematische IEC-Symbolik.

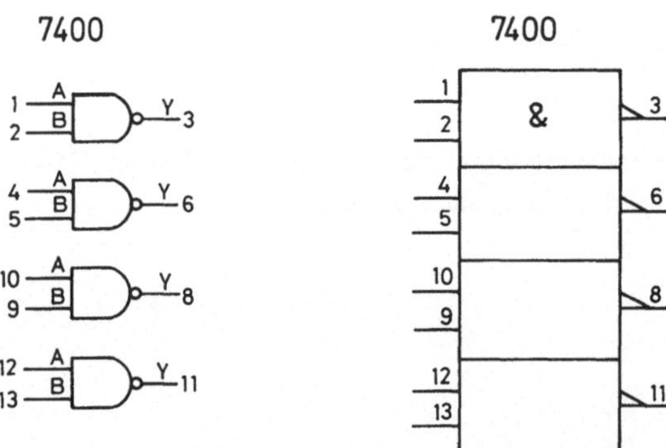

Bild 14.1 Quad Two-Input NAND Gate 7400

Bei der IEC-Symbolik werden die logischen Bauteile durch Rechtecke (**outlines**) dargestellt. Logisch unabhängige Teile sind durch horizontale Linien abgegrenzt.

Die **Funktion** des Bauteiles wird durch ein Symbol z.B. & (für AND), **MUX** (für Multiplexer), **CTR** (für counter) etc. im Inneren der `Outline` angegeben.

Der **Signalfluß** ist grundsätzlich von links nach rechts, so daß die Pins am linken Rand Inputs, am rechten Rand Outputs sind.

Die logische **Inversion** kann durch einen kleinen Ring, oder durch ein oberes Dreieck, welches auch an den Signalfluß erinnert, dargestellt werden.

Bei mehreren identischen Teilen wird aus Einfachheitsgründen nur das obere Rechteck ausgefüllt.

Die Ziffern außerhalb des Kastens geben die **Pin-Nummern** an.

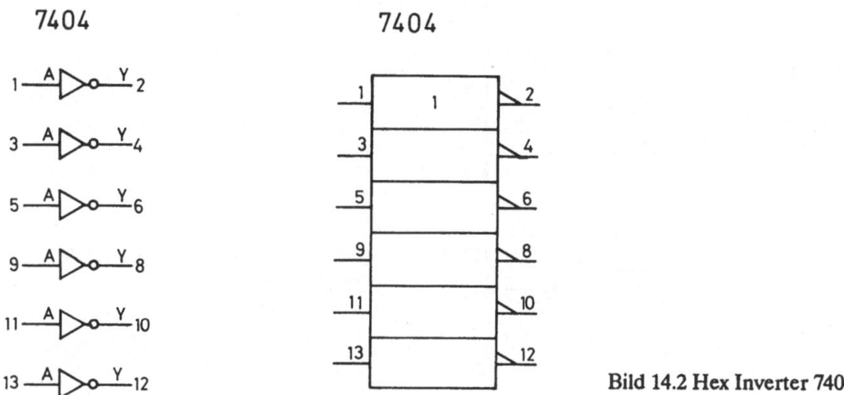

Bild 14.2 Hex Inverter 7404

Bild 14.2 zeigt den **Hex Inverter '04**. Die Funktion des Kastens ist durch "1" symbolisiert: Der Ausgang des Kastens ist *genau dann* H, wenn 1 Eingang H ist. Die Inversion ist außerhalb des Kastens dargestellt. Weitere Beispiele findet man in Bild 14.3.

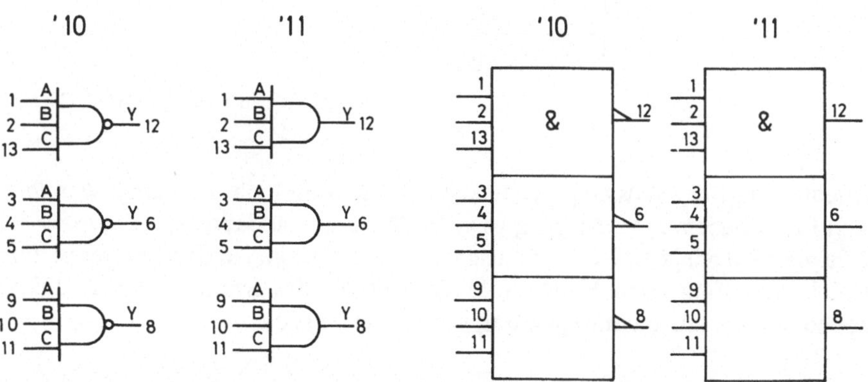

Bild 14.3 Triple Three-Input NAND ('10), AND ('11) Gate

Bild 14.4 zeigt das **Quad Two-Input NOR Gate '2**. Die Symbolik "≥ m" bedeutet, daß der Ausgang genau dann H ist, wenn *mindestens* m Eingänge H sind. "≥ 1" stellt also die logische Funktion **ODER** dar.

Wir erwähnen gerade noch folgende seltener verwendete Symbole: "= m" bedeutet, daß der Ausgang *genau dann* H ist, wenn *genau* m Eingänge H sind. "= 1" stellt also das **EXCLUSIVE-OR (XOR)** dar, Bild 14.5.

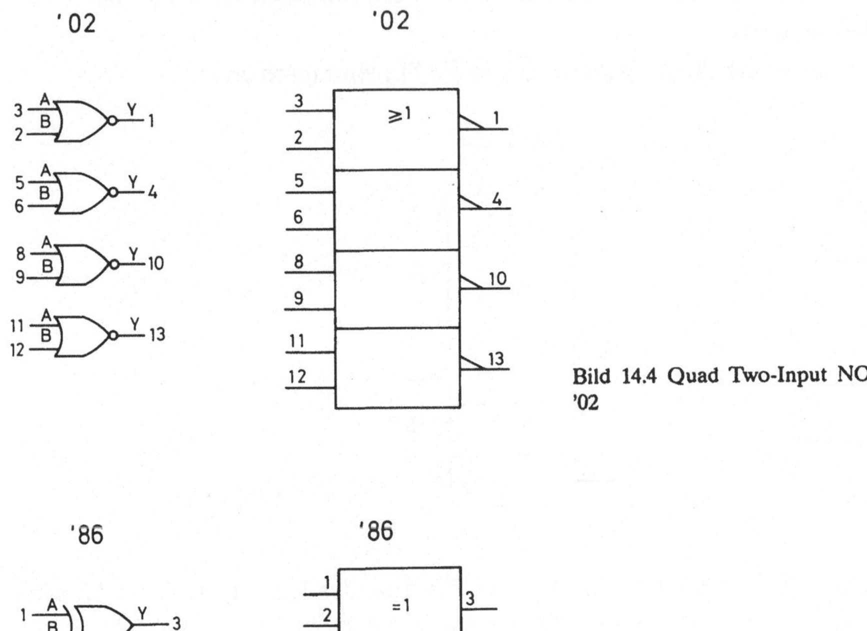

Bild 14.4 Quad Two-Input NOR Gate '02

Bild 14.5 Quad Two-Input XOR Gate '86

"=" bedeutet, daß der Ausgang genau dann H ist, wenn alle Eingänge *dieselben* logischen Pegel haben. Der Ausgang von "> n/2" ist genau dann H, wenn *mehr als die Hälfte* aller Eingänge H ist. Der Ausgang von "2k" ist genau dann H, wenn eine *gerade* Zahl von Eingängen H ist. Analoges gilt für das Symbol "2k + 1". Diese Funktionen können zur **Paritätsprüfung** verwendet werden.

14.2 Spezielle Ein- und Ausgänge

Bild 14.6 zeigt den **Hex Inverter '14**. Das Symbol für **Schmitt-Trigger** ist bei den Eingängen angebracht.

Bild 14.7 zeigt den **Hex-Inverter '05**. Das Symbol für open-collector ist bei den Ausgängen angebracht. Der '06 ist identisch, hat aber eine höhere

Treiberleistung an den Ausgängen, was durch das gleichseitige Dreieck dargestellt ist.

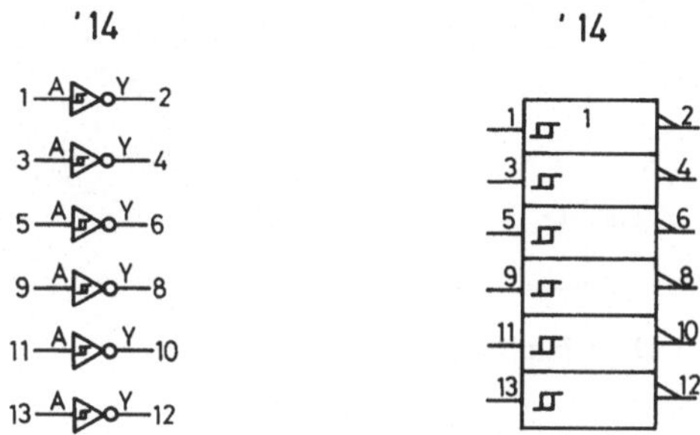

Bild 14.6 Hex Inverter Schmitt Trigger '14

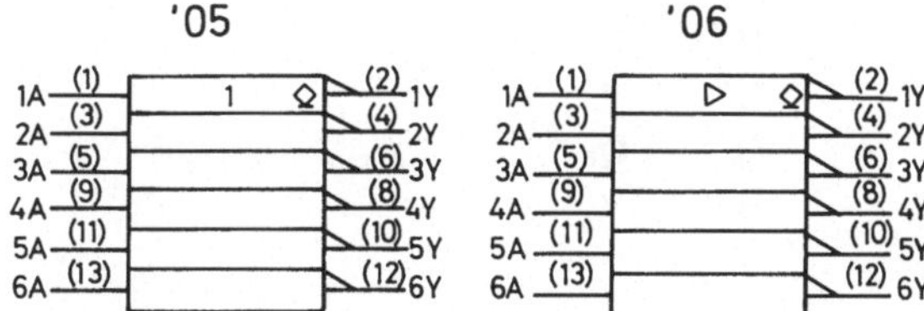

Bild 14.7 Hex Inverter with Open-
Collector '05, '06

Die Symbolik für **Tristate**-Ausgänge findet man in Bild 14.18.

14.3 Bistabile Kippglieder

Eine wichtige funktionelle Gruppe sind die **bistabilen Kippglieder** (Flip-Flops,
FFs), da sie Speicheraufgaben erfüllen. Sie gehören damit zur Klasse der
sequentiellen Schaltwerke, da das logische Verhalten nun auch von der *Vorgeschichte* abhängig wird.

Das grundlegende Kippglied ist das **RS-Flip-Flop**. Es besitzt einen **Set** (S) und
einen **Reset** (R) Eingang. Das Kippglied ist symmetrisch in R und S. Dennoch
zeichnet man willkürlicherweise einen der beiden Eingänge als S aus.

Das IEC-Symbol, Bild 14.8, ist ein einfacher Kasten. Die Symbole R, S und die sogleich zu besprechenden Symbole J, K, D, C an den Eingängen kennzeichnen den
Kasten als **Kippglied**.

In Bild 14.8 sind **komplementäre** Ausgänge angenommen worden. Es gilt die
Funktionstabelle Tab.14.1. Q_o bedeutet das der vorherige Zustand erhalten bleibt
(**hold**). Nach Verlassen der Eingangskombination $S = R = H$ ist der Zustand *un-*

definiert: Das FF springt entweder in den Zustand set oder reset. Diese Eingangskombination ist also nicht sinnvoll.

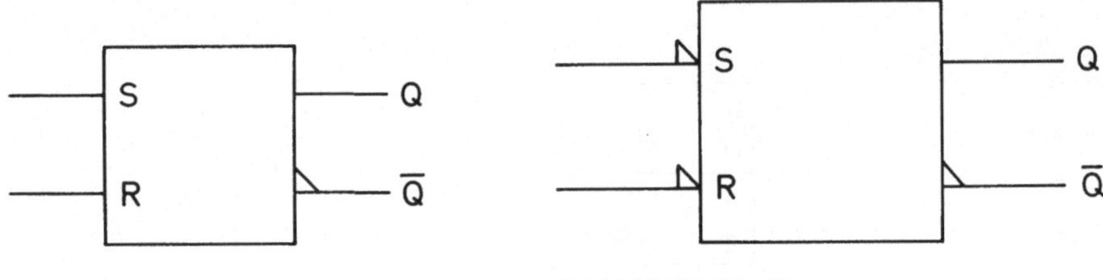

Bild 14.8 RS-Flip-Flop   Bild 14.9 $\overline{\text{RS}}$-Flip-Flop

Operating Mode	Inputs		Outputs	
	S	R	Q	$\overline{Q}$
Set	H	L	H	L
Reset	L	H	L	H
Hold	L	L	Q_0	$\overline{Q}_0$
Not allowed	H	H	H	H

Tab.14.1 Function Table of RS-Flip-Flop

Das in {10.3} besprochene Flip-Flop ist ein $\overline{\text{RS}}$-Flip-Flop und wird durch das Symbol in Bild 14.9 dargestellt.

Alle anderen Kippglieder sind aus RS-Gliedern aufgebaut und sind mit zusätzlichen externen Beschaltungen ausgestattet. Das **D-Flip-Flop (Latch, D-latch)**, Bild 14.10, besitzt einen **Dateneingang D** und einen **Input-Enable-Eingang C** (C=control).

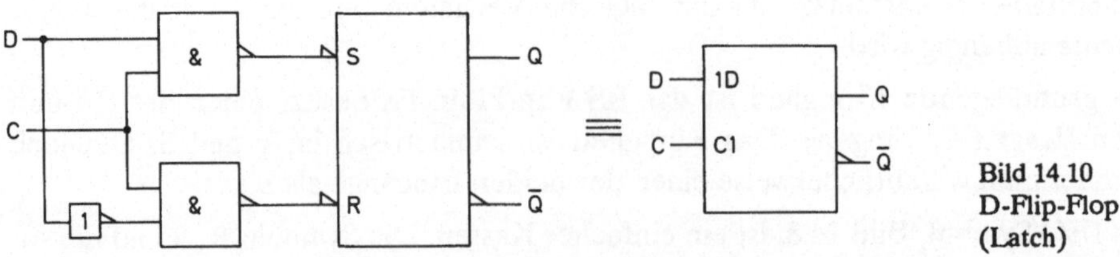

Bild 14.10
D-Flip-Flop
(Latch)

Solange C=L, ist S=R=L, das FF also im Hold-Zustand. Der D-Eingang ist enabled, wenn C=H: der D-Pegel erscheint am Ausgang Q (transparent). Dieser Zustand wird gelatched, wenn wieder C=L geht. Dies wird durch die Funktionstabelle, Tab.14.2, widergegeben. X bedeutet, daß der Eingangspegel irrelevant ist ($X = \text{Don't care}$).

C	D	Q
L	X	Q_o
H	H	H
H	L	L

Tab.14.2 D-Flip-Flop Function Table

Beim IEC-Symbol für das D-Flip-Flop, rechte Seite von Bild 14.10, wird der Input-Enable-Eingang mit C bezeichnet. Der Buchstabe gibt eine Information über die Funktion dieses Einganges.

Des weiteren kann jeder Buchstabe **rechts** noch weitere **Labels**, in diesem Falle die **Ziffer** 1, bekommen. Für dieses Diagramm, besitzt also der C-Eingang die Nummer 1 (#1).

Jeder Eingang oder Ausgang, der vom Eingang #1 **abhängig** ist, erhält diese Nummer **links** vom Buchstaben vermerkt. In diesem Falle ist der D-Eingang vom C-Eingang abhängig: Der D-Eingang kann seinen Pegel nur dann in das FF schreiben, wenn $C = H$ ist, Tab. 14.2. Ein weiteres Beispiel ist Bild 14.11, welches zwei alternative Symbole zeigt.

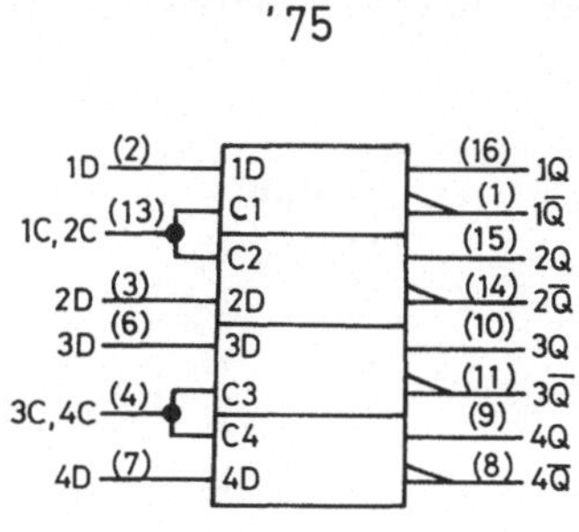
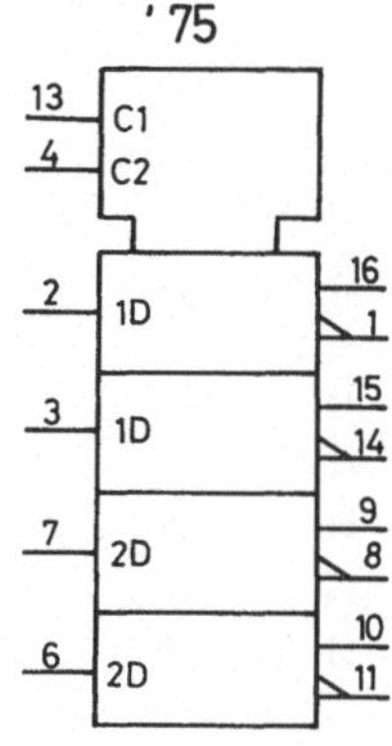

Bild 14.11 Dual 2-Bit D-Latch '75

Auf der rechten Seite ist ein **Control-Block** verwendet: ein aufgesetzter Kasten, der allen eigentlichen Kästchen gemeinsam ist. (Eine *nicht* eingerückte horizontale Linie andererseits würde logische Verbindungen ausschließen.)

Bei mehrstufigen logischen Gattern, wie etwa schon bei Bild 14.12, haben die verschiedenen Eingänge unterschiedliche Signaldurchlaufzeiten. Beim Umschalten

der Eingänge nimmt deshalb der Ausgang kurzzeitig einen unrichtigen Pegel an.
In diesem Moment können bereits Zähler hochzählen, FFs umschalten, etc.

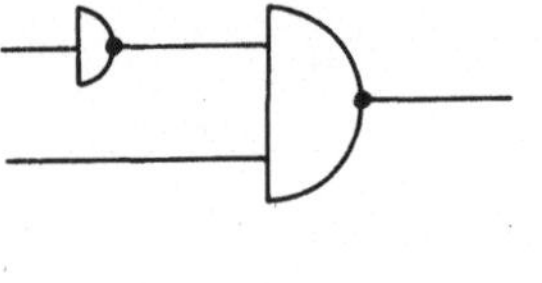

Bild 14.12 Example for Individual Propagation Delays

Bild 14.13 Clock

Bei den meisten komplexen logischen Schaltungen verwendet man deshalb einen
Takt (clock), Bild 14.13. Man richtet es dann so ein, daß die Pegel während der
positiven Flanke (*genauer*: eine set-up time davor und eine hold-time danach) stabil und gültig sind. Die übrige Zeit steht dann zum Umschalten zur Verfügung.

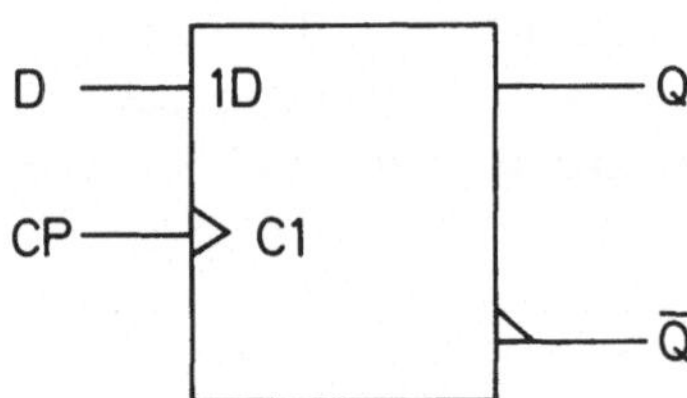

Bild 14.14 Positive Edge-Triggered D-Flip-Flop

Operating Mode	Inputs				Outputs	
	$\underline{S}$	$\underline{R}$	C	D	Q	$\underline{Q}$
Asynchronous Set	L	H	X	X	H	L
Asynchronous Reset (Clear)	H	L	X	X	L	H
Not allowed	L	L	X	X	H	H
Load H	H	H	⌐	h	H	L
Load L	H	H	⌐	l	L	H
Hold	H	H	⌐	X	Q_o	$\underline{Q}_o$

Tab.14.3 Function Table for Edge-Triggered D-Flip-Flop '74

Aus diesem Grunde möchte man FFs mit **dynamischen Eingängen**, welche die
Daten bei der positiven Flanke aufnehmen (**positive edge-triggered D-type flip-
flop**).

Dazu muß nur die Flanke in einen kurzen H-Puls verwandelt werden, wie das schon in {10.9} besprochen wurde. Diese Umwandlung, wird durch ein längliches gleichschenkliges Dreieck symbolisiert, Bild 14.14.

Ein Beispiel ist der '74, Bild 14.15. Zusätzlich sind auch noch RS-Eingänge vorhanden. Diese sind **asynchron**, d.h. sind unabhängig vom Taktsignal C. Das erkennt man daran, daß vor dem R und S die Ziffer 1 fehlt. Beim asynchronen R wird dieser Reset jederzeit sofort ausgeführt, beim synchronen R nur, falls auch C = H.

Es ist üblich bei **statischen Eingängen** (z.B. beim '75) von **D-Latch**, bei **dynamischen Eingängen** (z.B. beim '74) von **D-Flip-Flop** zu sprechen.

Die Funktionsweise des '74 ist in Tab.14.3 dargestellt. Es bedeuten ⌐ positive edge, ⌐ no positive edge, h, l = H,L one set-up time prior to the positive edge.

In der älteren Terminologie werden dynamische Eingänge mit CP, statische Eingänge mit EN oder E bezeichnet.

Beim RS-FF tritt die unnütze, weil unerlaubte Eingangskombination R = S = H auf. Das **JK-Flip-Flop** ist identisch mit dem RS-FF jedoch mit dem Unterschied, daß die unerlaubte Kombination für die Funktion **Toggle** (= Umkippen in den jeweils anderen Zustand) verwendet wird. Im Übrigen entspricht das J, K dem S, R; die Buchstaben J, K sind willkürlich gewählt worden. Ein Beispiel ist der '109, Bild 14.16.

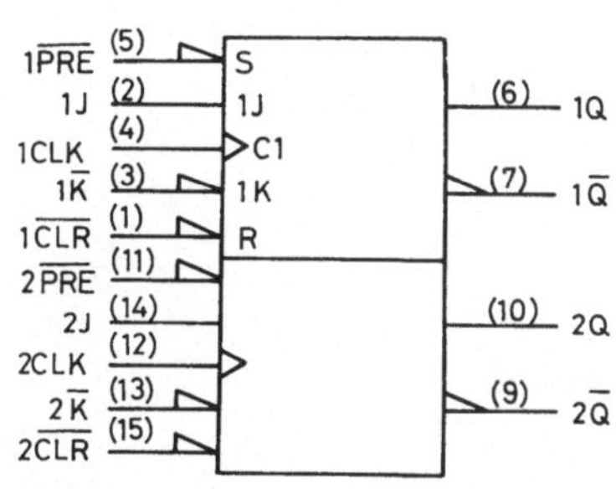

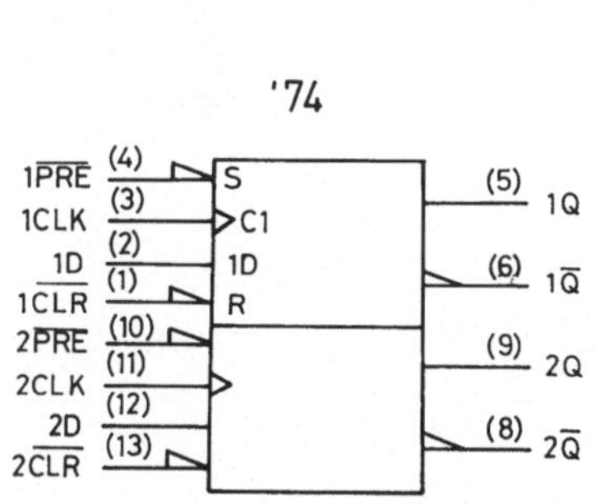

Bild 14.15 Dual Edge-Triggered D-Type Flip-Flop '74

Bild 14.16 Dual Positive Edge-Triggered JK-Flip-Flop with Asynchronous Preset and Clear '109

Aus Kompatibilitätsgründen werden die Eingänge RS noch zusätzlich angeboten. In Bild 14.16 haben wir die RS-Eingänge als asynchron angenommen. Die JK-Eingänge sind immer synchron.

Die Funktion des JK-FF ist in Tab.14.4 dargestellt.

Wir weisen darauf hin, daß die Pin-Nummern und die in der älteren Terminologie verwendeten Namen für die Pins, z.B. 1PRE in Bild 14.16, *nicht* zum IEC-Symbol gehören. Wir geben sie nur an, um einen Vergleich mit der älteren Literatur zu erleichtern.

Operating Mode	Inputs					Outputs	
	S	R	C	J	K	Q	$\overline{Q}$
Asynchronous Set	H	L	X	X	X	H	L
Asynchronous Reset	L	H	X	X	X	L	H
Not allowed	H	H	X	X	X	H	H
Load H	L	L	⌐	h	l	H	L
Load L	L	L	⌐	l	h	L	H
Hold	L	L	X	l	l	Q_0	$\overline{Q}_0$
Toggle	L	L	⌐	h	h	Q_0	$\overline{Q}_0$

Tab.14.4 Functional Table of JK-Flip-Flop with Asynchronous Preset and Clear

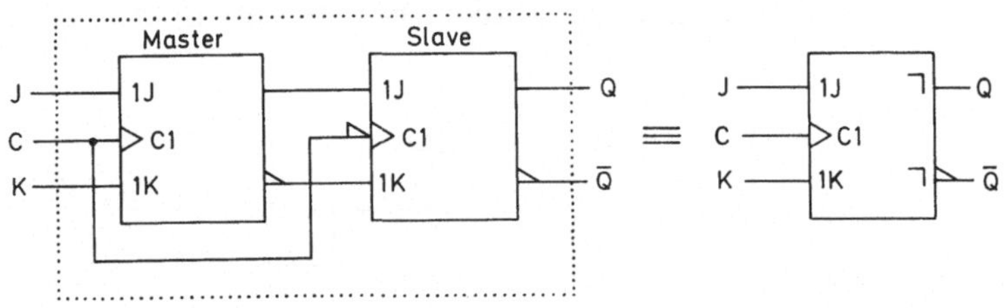

Bild 14.17 Principle of a Master-Slave JK-Flip-Flop and Corresponding IEC-Symbol

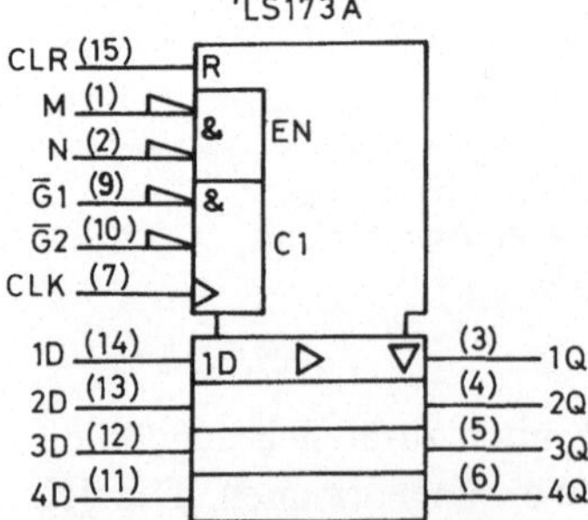

Bild 14.18 Quad D-Flip-Flop '173A, Positive-Edge Triggered, Tristate with Common Enable

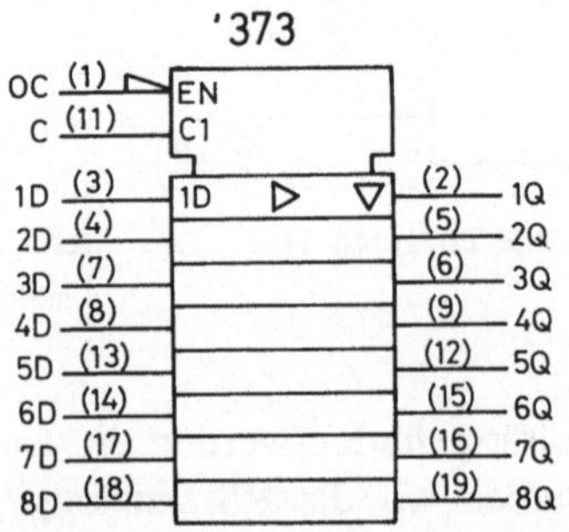

Bild 14.19 Octal D-Latch '373, Tristate with Common Enable

Aus den im Zusammenhang mit der Clock erklärten Gründen ist es oft wünschenswert, daß ein Flip-Flop die eingespeisten Werte *nicht sofort*, sondern erst bei der nächsten **negativen Flanke** an den Ausgängen erscheinen läßt. Dazu braucht man zwei hintereinandergeschaltete Kippglieder, Bild 14.17. Das erste (**Master**) ist positiv flankengetriggert und überträgt die Pegel sofort an seine Ausgänge. Das zweite (**Slave** = Sklave) ist negativ-flankengetriggert und überträgt die Daten bei der negativen Flanke an seinen Ausgang.

Beim IEC-Symbol, Bild 14.17 rechts, wird am Ausgang ein Symbol für den **delayed output** verwendet, das an die negative Flanke erinnert.

Als nächstes betrachten wir den '173A, Bild 14.18. Wir erkennen, daß der Control C zuerst mit einem AND-Gate, dargestellt durch einen Unterkasten, erzeugt wird. In das 4-Bit-Register kann also nur geschrieben werden, wenn $\underline{G1} = \underline{G2} = L$, $CLK = \ulcorner$. Da C1 im Control-Block liegt wirkt es auf alle 4 D-Eingänge gleichzeitig. Auch R und EN ist gemeinsam.

Wir erkennen die Symbole für **Tristate-Ausgänge** und für hohen **Fan-Out** (Ausgangsbelastbarkeit). Für EN = H sind die Ausgänge enabled (H oder L), für EN = L sind sie Z (tristate).

In Bild 14.19 erkennen wir den bereits in {10.6} besprochenen '373.

14.4 Monoflops ■■

Nach den bistabilen Kippgliedern besprechen wir nun die **monostabilen Kippglieder** (Monoflops). Sie haben nur *eine* stabile Stellung Q = L. Den anderen Zustand (Q = H) nehmen sie auf Grund eines Triggerpulses nur für kurze Zeit ein und fallen danach von selbst wieder in den stabilen Zustand zurück.

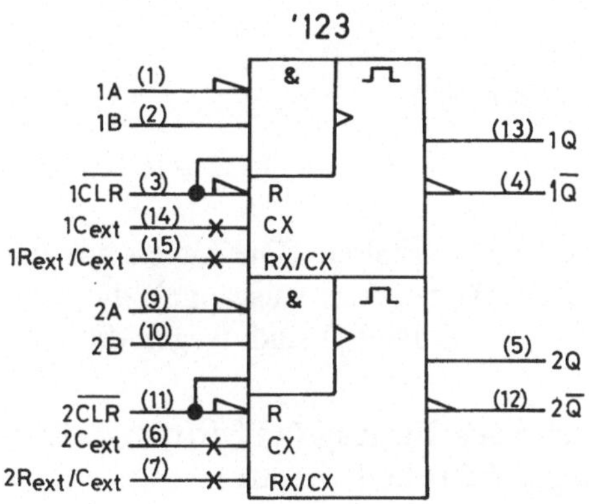

Bild 14.20 Dual Retriggerable Monostable Multivibrator With Reset '123

Ein Beispiel ist der '123, Bild 14.20. Die Zeit im instabilen Zustand wird durch ein externes RC-Glied (R = Widerstand, C = Kondensator) bestimmt, das an den Pins RX und CX angeschlossen werden muß.

Ein Kreuz an einem Pin bedeutet, daß es sich um einen analogen (keinen TTL) Anschluß handelt.

Das Monoflop ist **retriggerbar**, d.h. die Zeit beginnt erneut zu zählen, wenn ein weiterer Triggerimpuls erfolgt, auch bevor das Glied zurückgefallen ist.

Das IEC-Symbol für das retriggerbare Monoflop ist in Bild 14.20 zu erkennen.

Der '123 (oder der '221) kann dazu verwendet werden, Oszillatoren mit praktisch bliebig niedrigen Frequenzen (z.B. zu Testzwecken) aufzubauen.

Am A-Eingang triggert das Monoflop bei negativen, am B-Eingang bei positiven Flanken.

14.5 Logische Abhängigkeiten

Beim '123, Bild 14,20, triggern die B-Eingänge (bei positiven Flanken) nur, wenn auch A = CLR = L. Diese **Abhängigkeit** des B-Eingangs vom A und vom CLR-Eingang wurde in Bild 14.20 durch einen **Unterkasten** dargestellt.

Diese Darstellung ist oft schwerfällig, vorallem wenn diese Abhängigkeit nur eine untergeordnete Rolle für die *Hauptfunktion* des Bausteins spielt. In der IEC-Symbolik sind deshalb Buchstaben, Tab.14.5, eingeführt worden, um einfache logische Abhängigkeiten auszudrücken.

G   für AND-Abhängigkeit (erinnert an &)
V   für OR-Abhängigkeit (V = vel, lat. oder)
N   für XOR-Abhängigkeit (N = Negation)
Z   für direkte Verbindung

Tab.14.5 Bezeichnung logischer Abhängigkeiten in der IEC-Symbolik

In Bild 14.21 hat der Eingang a die Nummer 1 (#1) erhalten. (Die Labels a,b gehören nicht zum IEC-Symbol.) Alle anderen Eingänge (oder Ausgänge), die vom Eingang #1 G-abhängig (d.h. über ein AND-Gate abhängig) sind, tragen die Ziffer 1 links vom Buchstaben.

Der Eingang a ist der eine *Abhängigkeit erzeugende* Eingang (affecting input), der Eingang b ist der *abhängige Eingang* (affected input).

Der Eingang a hat keine Funktion für den großen Kasten (deshalb die Funktionsangabe G) außer der, andere Eingänge über eine AND-Verknüpfung abhängig zu machen. Die Wahl von a (anstatt b) als der affecting input in Bild 14.21 ist willkürlich.

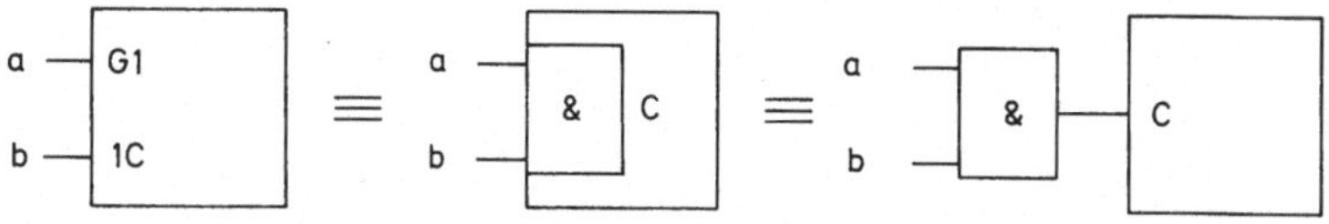

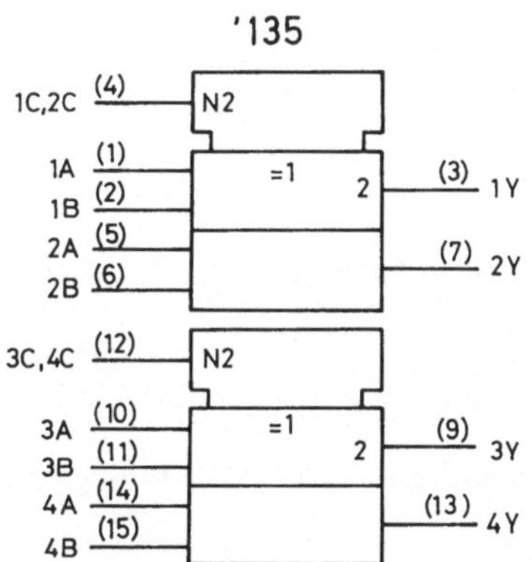

Bild 14.21 Example of a G-dependency

Ein Beispiel einer N-Abhängigkeit ist beim '135, Bild 14.22, gegeben.

Ein XOR-Glied (symbolisiert durch "=1") kann man als einen abschaltbaren Inverter auffassen (N= Negation=Inversion): Ist B=L in Bild 14.5, so gilt Y=A, ist jedoch B=H, so gilt Y=$\underline{A}$. Betrachtet man also nur den Eingang A und den Ausgang Y, so ist das XOR-Glied ein Inverter falls B=H, jedoch kein Inverter falls B=L.

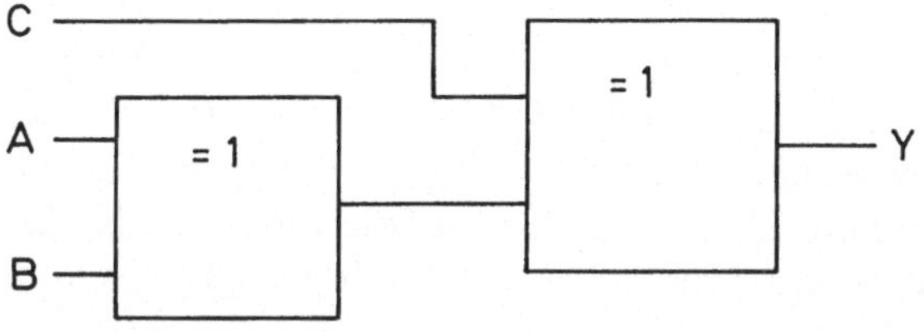

Bild 14.22 Quad Two-Input XOR/NXOR-Gate '135

Bild 14.23 Equivalent for One Slice in '135

Beim '135 sind die Ausgänge N-abhängig (XOR-abhängig) vom Eingang C, Bild 14.23. Falls C=L, so ist der rechte Kasten in Bild 14.23 die Identität. Falls C=H ist er ein Inverter.

Betrachten wir nur die Pins A, B, Y, so ist Bild 14.23 ein XOR oder ein NXOR, je nach dem C-Pegel.

14.6 Zähler

Bild 14.24 zeigt den bereits in {10.7} besprochenen 4-Bit **Binärzähler** '161A. Die 4 Bits, in denen der gezählte Wert steht, ist durch die 4 unteren Kästchen, selbst D-Flip-Flops, symbolisiert.

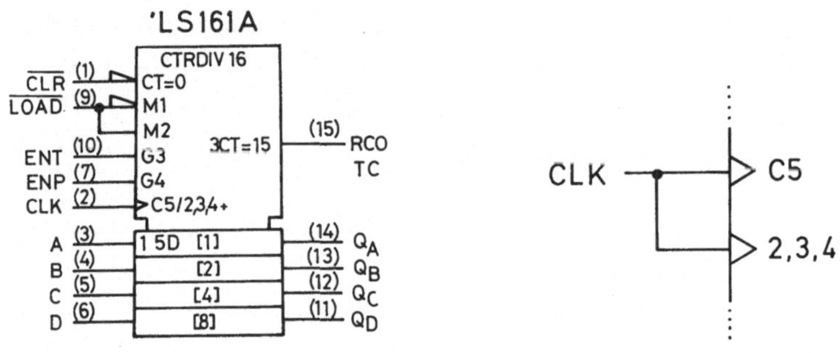

Bild 14.24 Presettable 4-Bit Binary Counter '161A with Asynchronous Clear

Bild 14.25 Andere Bezeichnung für C5/2,3,4+ in Bild 14.24

Die Zahlen in den eckigen Klammern geben den gezählten Wert, wenn eines dieser D-FFs gesetzt ist; Q_A ist also das LSB.

Der eigentliche Zähler ist im Control-Block angesiedelt. Seine Funktion wird mit **CTRm** oder **CTRDIV** 2^m angegeben, wobei m die Zahl der Bits des **Dualzählers** ist. Ein **Dezimalzähler**, der nach 9 wieder auf 0 zählt, wird z.B. CTRDIV10 genannt.

CT bezieht sich auf den Inhalt (content) des Zählers. Bei Inputs bedeutet z.B. CT=0, daß der Zähler auf 0 gesetzt wird, wenn dieser Input aktiviert (H) ist. Da vor dem Input noch eine Inversion vorliegt, wird der Zähler durch CLR = L (active L) zurückgesetzt. Da vor CT=0 die Ziffer 5, die sich auf die Clock (CLK) bezieht, fehlt, handelt es sich um einen asynchronen Clear. (Der Input CLR ist vom CLK Input nicht abhängig.)

Bei Outputs bedeutet z.B. CT=15, daß dieser Output nur aktiv (d.h. H) ist, wenn der Zählwert 15 ist. Da noch eine 3 davor steht, ist dieser Output noch vom Input #3, d.h. von ENT abhängig. Es handelt sich, wenn nichts gesagt, um eine G-Abhängigkeit. RCO (TC) ist also nur H, wenn CT=15 *und* ENT=H ist.

Der dynamische Input CLK hat zwei Funktionen, welche durch einen **Slash** (so-lidus, /) getrennt sind, nämlich die Funktion C5 und die Funktion 2,3,4+, d.h., wenn von allem Beiwerk befreit, die beiden Funktionen C und +.

Die C-Funktion haben wir schon kennengelernt: Sie dient dazu, die D-Inputs der FFs zu aktivieren, so daß die D-Pegel in die FFs eingespeist werden. Der C-Input hat die #5 erhalten.

Die D-Inputs sind aber nicht nur von der #5, sondern auch von der #1 abhängig. Der #1 (M1) hat die Funktion **M**. Von der Bedeutung her ist M identisch mit G. Man wählt die Bezeichnung M anstatt G, wenn dieser Input (z.B. M1) tiefgreifen-dere Unterschiede in der Funktionsweise (M=mode) des Bauteiles bewirkt. In unserem Falle hat der Bauteil die folgenden beiden Modes:

Mode 1 (LOAD = L, M2 = L, M1 = H):   laden
Mode 2 (LOAD = H, M2 = H, M1 = L):   zählen.

Die durch Komma abgetrennten mehreren Bedingungen an einen Input oder Output (z.B. 1,5D) müssen alle einzeln erfüllt sein, damit dieser Input oder Out-put aktiv ist. Das **Komma** kann demnach als logisches AND interpretiert werden. Der D-Eingang ist also nur aktiv (enabled, d.h. sein Pegel wird in das FF einge-speist), wenn M1 = H *und* C5 = H. Wir erinnern daran, daß eine positive Flanke an CLK einen kurzen H-Puls bei C5 bewirkt. Die an den Pins A, B, C, D anliegen-den Pegel werden also im Mode 1 *synchron* geladen. (Die Angabe 1,5D ist, wie wir wissen, auch bei den drei unteren FFs dazuzudenken.)

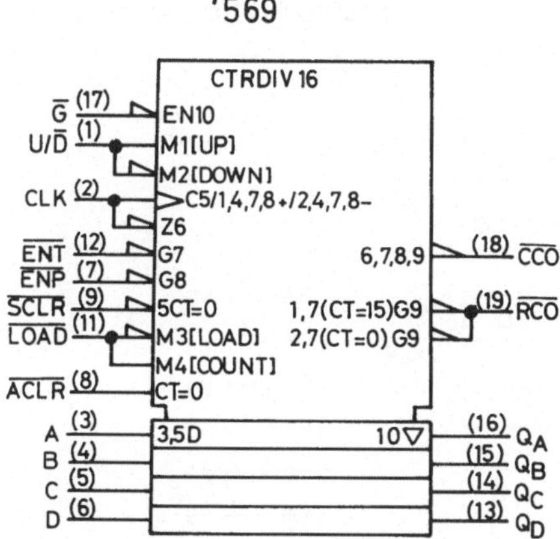

Bild 14.26 4-Bit Up/Down Binary Counter '569 with Tristate Outputs.

Die Funktion + bedeutet, daß der Zähler um 1 hochgezählt wird. Allgemein be-deutet +m (-m), daß der Zähler um m hoch (runter) gezählt wird. In unserem Beispiel wird die Funktion + nur ausgeführt, wenn die Bedingungen 2,3,4 alle einzeln erfüllt sind, d.h. nur wenn M2 = G3 = G4 = H.

Man hätte im IEC-Symbol den Eingang M2 auch weglassen können. Anstatt 2 hätte man dann überall $\underline{1}$ (NOT 1) zu schreiben. Andererseits hätte man den CLK-Pin auch zweimal einführen können, Bild 14.25.

Bild 14.26 zeigt den **4-Bit Vorwärts/Rückwärts-Zähler '569** mit Tristate-Ausgängen. Sein Ausgang G9 ist zweimal dargestellt. Im Vorwärtsmode (M1 = H) ist G9 = H, falls CT = 15, im Rückwärtsmode (M2 = H) ist G9 = H, falls CT = 0. In beiden Fällen stellt also G9 ein TC (`terminal count`) dar.

Die externe Verbindung bei G9 ist als OR-Verknüpfung zu interpretieren: Der Output $\underline{RCO}$ ist nur H, wenn

$$((M1 = H) \text{ AND } (\underline{ENT} = L) \text{ AND } (CT = 15)) \qquad OR$$
$$((M2 = H) \text{ AND } (\underline{ENT} = L) \text{ AND } (CT = 0)).$$

Wir sehen auch ein Beispiel einer Z-Abhängigkeit (direkte Verbindung): Der Output $\underline{CCO}$ ist nur H, wenn

$$(CLK = L) \text{ AND } (\underline{ENT} = L) \text{ AND } (\underline{ENP} = L) \text{ AND } (\underline{RCO} = H).$$

14.7 Dekoder/Demultiplexer

Als nächstes betrachten wir die funktionelle Gruppe der Dekoder/Demultiplexer. Als Beispiel wählen wir den '131, Bild 14.27. Die linke Hälfte der Figur zeigt den Baustein, wenn er als Dekoder (IEC-Symbol: **X/Y**), die rechte Hälfte, wenn er als Demultiplexer (IEC-Symbol: **DMUX**) aufgefaßt wird.

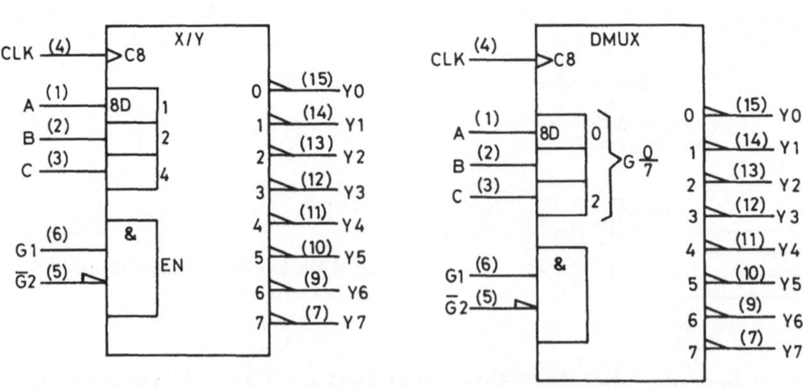

Bild 14.27 3-to-8 Line Decoder/Demultiplexer '131 with Address Latch

Beim **Dekoder** (Coder) steht im Vordergrund, daß Zahlen von einer Darstellung in eine andere umgewandelt werden. Auf der linken Seite kommt die Zahl auf den Eingängen A, B, C als Binärzahl an und wird auf der rechten Seite als einzifferige Oktalzahl auf den Ausgängen $Y_0,...Y_7$ ausgegeben.

Man stelle sich etwa vor, daß diese Ausgänge direkt hintereinander liegende Glühwendel ansteuern, welche die Form der entsprechenden Ziffern 0,...7 haben.

Lassen wir zunächst alle unwesentlichen Teile, die Clock C8, die 3 Unterkästchen 8D, und den optionalen Eingang EN mit seinem Unterkästchen weg!

Dann bleiben die 3 Eingänge, die im IEC-Symbol mit 1, 2, 4 bezeichnet sind, und die 8 Ausgänge, die mit 0,...7 bezeichnet sind.

Bei der allgemeinen Angabe X/Y muß man erraten, um welchen Code (X) es sich beim Eingang und um welchen (Y) es sich beim Ausgang handelt. Eine genauere Kennzeichnung wäre BIN/OCT.

Beim Code BIN werden die Potenzen von 2 angegeben, die bei Vorliegen eines H-Pegel an diesem Ein-/ Ausgang additiv vorhanden sind. A = B = H, C = L bedeutet z.B., daß die kodierte Zahl $1 + 2 = 3$ ist. A ist also das LSB.

Beim Code OCT werden die Oktalziffern 0,...7 angegeben. Im Falle der Zahl 3 wäre also genau der Ausgang 3 auf H, alle anderen auf L. (3 ist ein Ausgang des Dekoders, bis zum Ausgang Y3 des Bausteins wird noch eine Inversion durchlaufen.)

Nun kommen wir zu den Zusätzen dieses Dekoders. Zunächst besitzt er ein **Adreßlatch**, nämlich die 3 D-Latches 8D, vor den Eingängen des Dekoders. Die Adresse, die an A, B, C anliegt - es wird einer der Ausgänge "adressiert" - wird eingespeist, wenn CLK eine positive Flanke macht.

Die Eingänge 1, 2, 4 des *eigentlichen* Dekoders, d.h. des Hauptkastens, sind die Q-Ausgänge dieser drei D-Latches.

Das C8 gehörte eigentlich in einen Control-Block oberhalb der drei 8Ds.

Ferner besitzt der Dekoder den optionalen Eingang EN, der aus einem Unterkästchen & abgeleitet ist. (Es ist EN = H falls G1 = H *und* $\underline{G2}$ = L.)

Bei der Angabe EN sind alle Ausgänge von EN abhängig. Der Ausgang 3 ist also nur H falls die Zahl 3 dekodiert wird *und* EN = H ist.

Die Angabe EN wirkt auf *alle* Ausgänge, siehe z.B. '373 (Bild 14.19), '173A (Bild 14.18). Die Angabe ENm wirkt auf alle Eingänge und Ausgänge, welche links vom Funktionsbuchstaben die Ziffer m haben, siehe z.B. '569 (Bild 14.26).

Bei tristate Ausgängen bedeutet "wirken", daß bei EN = L der Ausgang Z (tristate) ist, jedoch bei EN = H den Pegel H oder L hat. Bei nicht-tristate Ausgängen (`totem-pole oder open-collector`) bedeutet "wirken" eine AND-Verknüpfung, siehe '131 (Bild 14.27).

Bei D-Eingängen bedeutet "wirken" dasselbe wie C = H, d.h. bei EN = H wird der am D-Eingang liegende Pegel in das FF geschrieben, bei EN = L bleibt der Inhalt des FF unverändert. Bei anderen Eingängen bedeutet "**wirken**" wieder eine AND-Verknüpfung.

Nun fassen wir den '131 als **Demultiplexer** auf (rechte Hälfte von Bild 14.27). Beim Demultiplexer steht im Vordergrund, daß eine Eingangsleitung (erzeugt durch den unteren & Kasten) auf eine von mehreren Ausgangsleitungen (in unserem Falle 0,.. 7) durchgeschaltet wird. Welche das ist, entscheidet die Adresse an den Adreßeingängen A, B, C.

Als Anwendungsbeispiel denke man etwa an eine lange Telefonleitung, welche mehrere lokale Teilnehmer versorgt.

Damit die richtige Ausgangsleitung verbunden werden kann, ist intern ein *Dekoder* erforderlich. Dieser wird durch das **bit-grouping symbol** (die geschweifte Klammer) symbolisiert. Die geschweifte Klammer verwandelt die links ankommende 3-Bit breite Dualzahl (Bit 0,...,Bit 2) in eine der Zahlen 0...7 (als 0/7 bezeichnet).

Die geschweifte Klammer erzeugt für den Hauptkasten DMUX die Eingänge G0,...G7, was durch das Symbol G an der geschweiften Klammer angedeutet wird.

Die geschweifte Klammer bedeutet gleichviel wie der ganze Kasten X/Y in der linken Hälfte von Bild 14.27.

Steht z.B. die Adresse 3 binär im Adreßlatch, so wird gerade die Linie G3 = H gesetzt, während die anderen Linien L bleiben. Die Ziffer 3 beim Ausgang 3 kann dann als Abhängigkeit dieses Ausgangs von der Linie G3 aufgefaßt werden, d.h. gerade der Ausgang 3 ist H, während die anderen L bleiben.

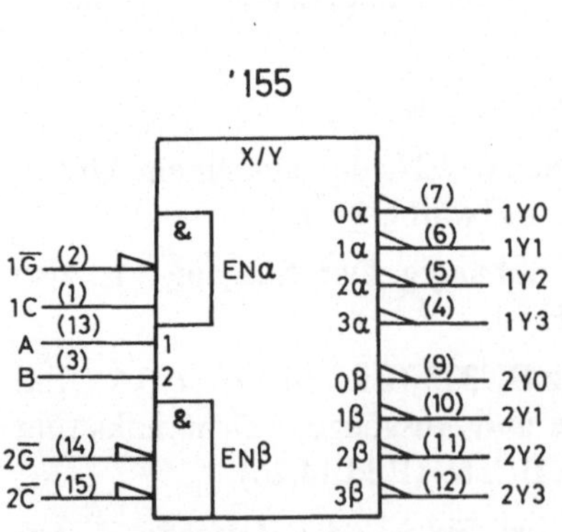

Bild 14.28 Dual 2-to-4 Lines Decoder/
Demultiplexer

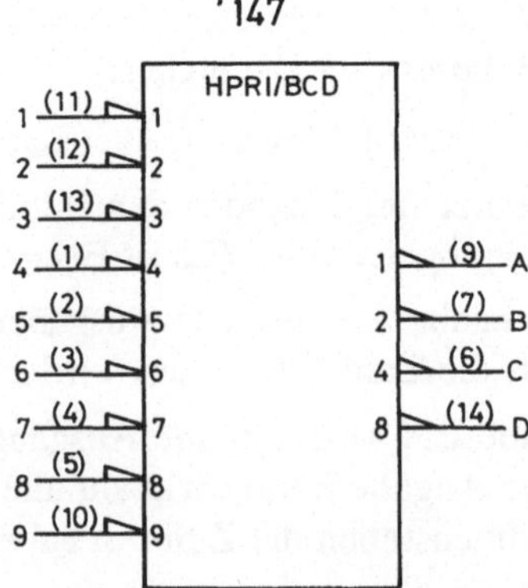

Bild 14.29 10-to-4 Line Priority Encoder '147

In Bild 14.28 betrachten wir den **Demultiplexer** '155, der eine 2-bit-breite Eingangsleitung (1G, 2G) auf eine von vier 2-Bit breiten Ausgangsleitungen umschaltet. Der eigentliche Dekoder (Hauptkasten) dekodiert die an A, B anliegende

Adresse in eine der Zahlen 0, 1, 2, 3. Nun besitzt der Hauptkasten aber noch zwei optionale Enable-Eingänge.

Diese könnte man auch mit EN 4 und EN 5 bezeichnen. Die Ausgänge würde man dann von oben nach unten mit 4,0 4,1 4,2 4,3 5,0 5,1 5,2 5,3 bezeichnen. Anstatt der Label 4 und 5 wurden jedoch aus Übersichtlichkeitsgründen griechische Buchstaben verwendet. In jedem Fall ist nur dann $3\alpha = H$, wenn $EN\alpha = H$ *und* die Adresse 3 an A,B anliegt.

14.8 Enkoder/Multiplexer

Bild 14.29 zeigt den **Prioritäts-Encoder '147**. Er löst die umgekehrte Aufgabe vom '131: Wenn die Eingangslinie m H-Pegel hat, so erscheint m als Binärzahl an den Ausgängen. Falls mehrere Eingangslinien H sind, so wird das höchste m genommen. (Deshalb die Bezeichnung "Prioritäts...".) Falls keine Eingangslinie H ist, so wird die Zahl 0 ausgegeben. All dies ist in der Bezeichnung **HPRI/BCD** impliziert. (BCD anstatt BIN wird verwendet, weil die Ausgangszahl bis höchstens 10 nicht bis 16 geht.)

Die **Multiplexer** schalten eine von mehreren Eingangslinien auf eine Ausgangslinie.

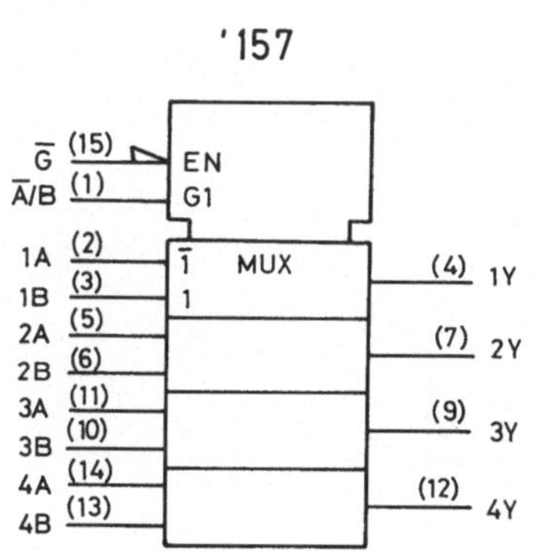

Bild 14.30 Quad 2-Input Multiplexer '157

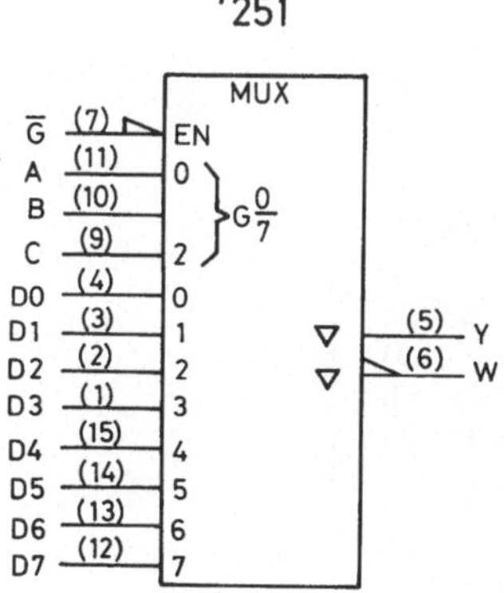

Bild 14.31 8-Input Multiplexer '251 with Tristate Outputs

Beim '157 sind die Eingänge von G1 abhängig. Falls G1 = H, ist jeweils der untere der beiden Eingänge enabled, d.h. der B-Pegel gelangt zum Ausgang, wo er mit EN AND-verknüpft wird. Falls G1 = L, ist $\underline{1}$ = H, d.h. jeweils der obere der beiden Eingänge ist enabled. Dies wird in einer Funktionstabelle, Tab.14.6, zusammengefaßt.

EN	G1	A	B	Y
L	X	X	X	L
H	H	X	H	H
H	H	X	L	L
H	L	H	X	H
H	L	L	X	L

Tab.14.6 Fuction Table for '157

Beim '251, Bild 4.31, aktiviert die geschweifte Klammer eine von 8 internen Signalen G0,...G7: Wenn die Adresse m an A, B, C anliegt, so wird $Gm = H$ gesetzt. Dies enabled die Eingangslinie Dm, d.h. verbindet sie mit dem Ausgang. Es sind **komplementäre** Ausgänge vorhanden. EN entscheidet, ob die Ausgänge Z (tristate) sind (falls $EN = L$) oder nicht (falls $EN = H$).

14.9 Schieberegister

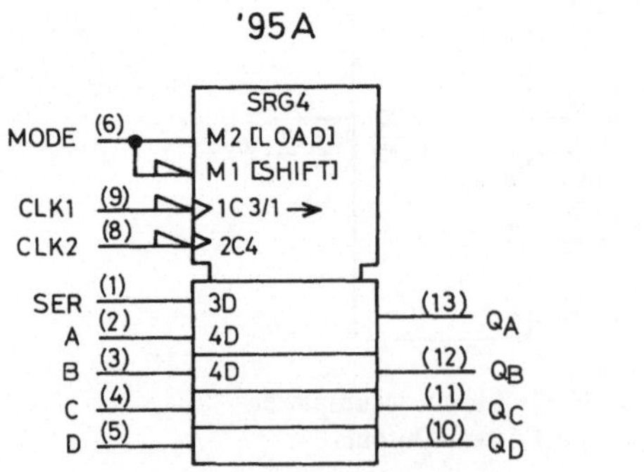

Bild 14.32 4-Bit Shift Register '95A with Parallel Load

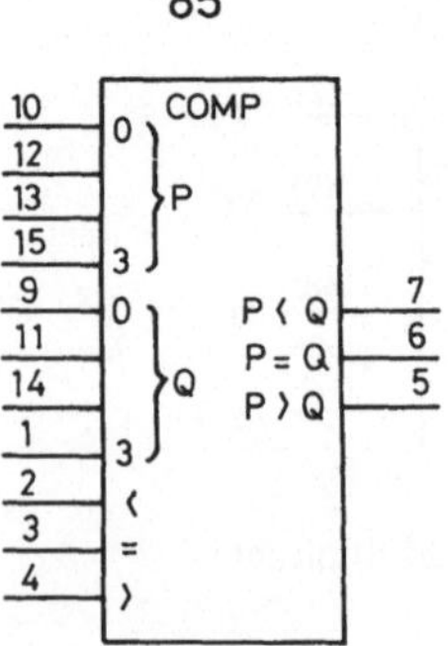

Bild 14.33 4-Bit Magnitude Comparator '85

Eine weitere Gruppe sind die **Schieberegister** (shift register). Beim '95A, Bild 14.32, handelt es sich um ein 4-Bit Schieberegister. Die 4 Bits, die im IEC-

Symbol von oben nach unten dargestellt sind, stellt man sich gewöhnlich von links nach rechts angeordnet vor.

Diese 4 Bits können parallel geladen werden (im Modus M2 = H, "Load", über die Eingänge A, B, C, D) oder aber nach rechts verschoben werden (im Modus M1 = H, "Shift", durch den Pfeil dargestellt).

Beim Shiften geht das rechteste (unterste) Bit verloren. Gleichzeitig wird das linkeste Bit über den Eingang SER (seriell) neu eingelesen.

Die negative Flanke an CLK1 lädt von SER und schiebt. Die negative Flanke von CLK2 lädt über die Eingänge A, B, C, D.

14.10 Arithmetische Bauteile

Wir kommen nun zu den arithmetischen Bauteilen. Der **Komparator '85**, Bild 14.33, vergleicht die Zahl P mit der Zahl Q. Aus Gründen der Kaskadierbarkeit sind auch entsprechende Eingänge $<, =, >$ vorhanden, die das Ergebnis von einem höherwertigen Slice mitteilen.

Es gibt **Addierer, Subtrahierer** und wie der '274, Bild 14.34, **Multiplizierer**. Eine **ALU** (`Arithmetic & Logic Unit`) vereinigt mehrere Funktionen, die in Abhängigkeit von Mode-Eingängen ausgewählt werden können.

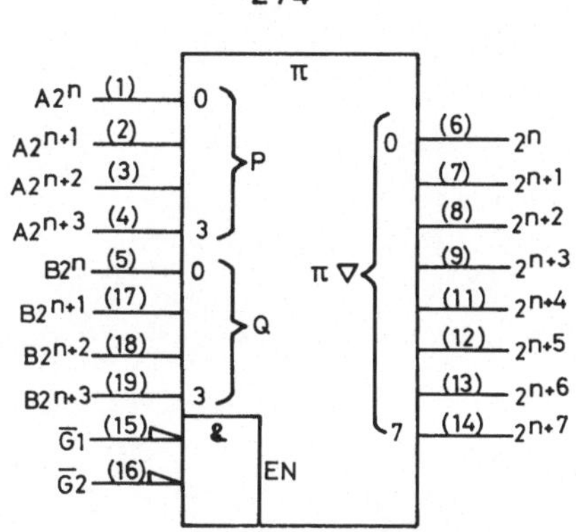

Bild 14.34 4-Bit x 4-Bit Multiplier '274 with Tristate Outputs

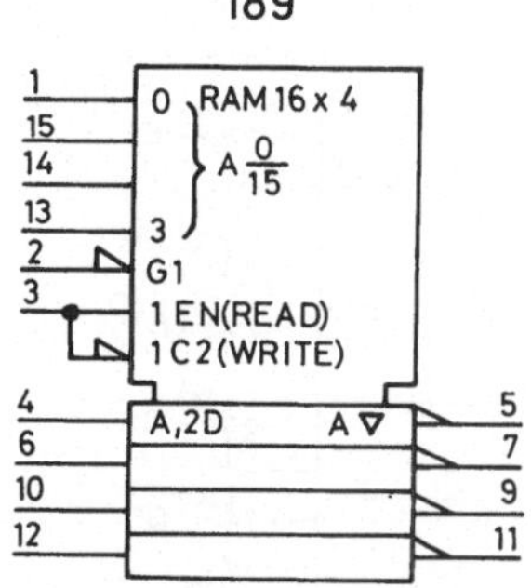

Bild 14.35 16 x 4 Bit RAM '189 with Tristate Outputs

14.11 Memories

Es gibt unter den TTL-Bausteinen auch Memories: RAMs, ROMs, PROMs, EPROMs, etc. Wir betrachten den '189, Bild 14.35. Er besteht aus 16 Worten zu 4 Bits. Im IEC-Symbol wird nur ein Wort (in unserem Falle also 4 Bits gezeigt). Das Auftauchen des Funktionsbuchstabens A (`address`) zeigt jedoch an, daß dieses Wort mehrmals, nämlich für jeden Wert von A, vorhanden ist.

Die geschweifte Klammer (Dekoder) verwandelt die Adresse in die internen Signale A0,...A15. Liegt die Adresse m an, so ist Am = H.

Das Symbol A,2D bedeutet, daß dieser Eingang enabled ist für ein bestimmtes Wort, wenn seine Adresse A stimmt *und* wenn C2 = H (dazu muß auch G1 = H sein). Dann wird in dieses Bit geschrieben, und dies gleichzeitig für alle 4 Bits.

Die Ausgänge sind tristate. Sie sind enabled (d.h. nehmen die Pegel H oder L an), wenn A *und* EN wahr sind. Es ist EN = H, falls Pin 3 = H *und* G1 = H. A ist wahr, für ein bestimmtes Wort, wenn seine Adreßlinie Am = H ist.

14.12 Transceiver

Schließlich erwähnen wir noch die **Transceiver** (transmitter/receiver). Sie erfüllen keine logischen Funktionen, sondern dienen nur der Verstärkung.

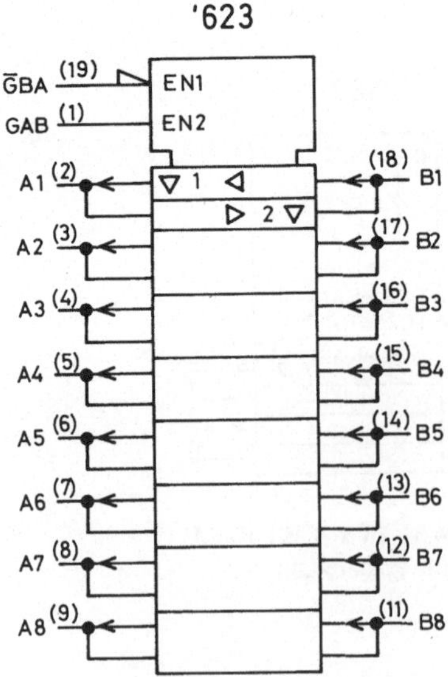

Bild 14.36 Octal Bidirectional Transceiver '623, Tristate

Der '623, Bild 14.36, ist ein bidirektionaler Transceiver. Hier ist die Signalrichtung manchmal von rechts nach links, was durch einen Pfeil angedeutet ist. Das Tristate-Symbol an den Ausgängen, links wie rechts, ist zu erkennen. Die Funktion der Kästchen ist durch das Treibersymbol, das auch die Signalrichtung angibt, gekennzeichnet.

Wenn der Datenfluß von links nach rechts geht, muß eine externe Logik dafür sorgen, daß EN2 = H. Wenn der Datenfluß von rechts nach links geht, muß EN1 = H sein.

Man beachte, daß das Abhängigkeitsymbol (die Ziffer 1) der linken Ausgänge von EN1 rechts vom Tristate-Symbol angebracht ist.

15. Digitale Spezialbauteile ■

Während die meisten Kapitel dieses Buches grundlegende Prinzipien an augewählten Beispielen ausführlich besprechen, sollen hier - ähnlich wie in Kap.6 - möglichst viele Themen der Digitalelektronik im Überblick behandelt werden.

Es gibt eine schier unübersehbar große Zahl von nützlichen und genialen Digitalbausteinen, die von vielen Firmen angeboten werden. Wir müssen hier eine willkürliche und enge Auswahl treffen, um wenigstens die wichtigsten Ideen zu veranschaulichen.

15.1 Logikfamilien

Die in Kap. 10 und 14 besprochenen TTL Bausteine werden in mehreren Versionen, den sog. **Familien** (Serien), angeboten. Allerdings sind nicht alle logische Typen in allen Familien verfügbar.

Zunächst gibt es die grobe Einteilung in die 74- und die 54- Serie, z.B. 74LS04 bzw. 54LS04. Die 54-Typen, die auch als `military` (MIL, **Industrietypen**) bezeichnet werden, funktionieren im Temperaturbereich (`operating free-air temperature`) $T_A = -55°C$ bis $+125°C$. Die 74-Typen, die auch als `commercial` (Com'l, **Standardtypen**) bezeichnet werden, funktionnieren im Temperaturbereich $T_A = 0°C$ bis $70°C$. Da die 54-Typen wesentlich teurer sind, wird man sie nur einsetzen, wenn dies erforderlich ist.

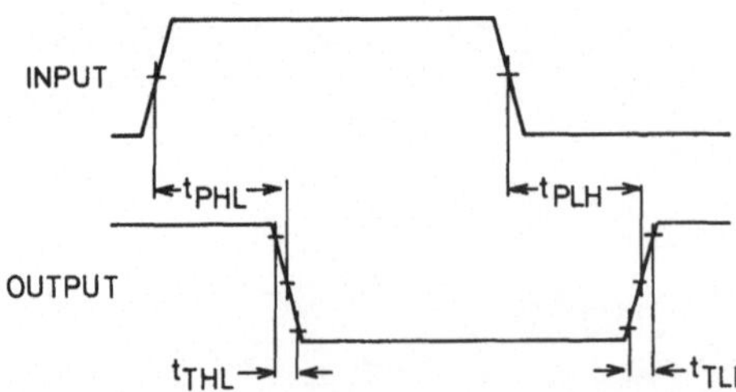

Bild 15.1 Waveform for Inverter 74LS04. t_P = propagation delay, t_T = transition time [D.V0]

Eine weitere Einteilung bezieht sich auf Geschwindigkeit und Stromverbrauch. Generell erfordert eine höhere Geschwindigkeit auch einen höheren Stromverbrauch, da zum Umladen der inneren Kapazitäten in kürzerer Zeit ein höherer Strom gebraucht wird. Die Qualität einer Technologie (Fabrikationsprozeß, **pro-**

cess), welche mit der Kleinheit der inneren Kapazitäten zunimmt, kann daher durch das **speed-power-product** charakterisiert werden.

Die Geschwindigkeit wird durch die **Impulsverzögerung** (`propagation delay`) zwischen Eingang und Ausgang, Bild 15.1, angegeben.

Dabei ist t_{PHL} die Impulsverzögerung, bis der Ausgang von H auf L umgeschaltet hat. Diese Werte hängen von der Last am Ausgang ab.

Eine höhere Geschwindigkeit erfordert auch eine höhere **Flankensteilheit** (`edge rate`), charakterisiert durch die Zeiten (`transition times`) t_{THL} und t_{TLH}. Steilere Flanken enthalten Fourierkomponenten höherer Frequenzen. Damit ist die Gefahr des **Übersprechens** (`cross talk`) von Teilen einer Schaltung auf andere erhöht. Auch aus diesem Grunde wird man eine schnellere Familie nur verwenden, wenn dies wirklich erforderlich ist.

Die **Normalserie (Standard-Serie**, z.B. 7404) kann heute als veraltet gelten. Die LS-Serie (**LS** = `low power Schottky`, z.B. 74LS04) wird am häufigsten verwendet. Sie ist am billigsten und hat das breiteste Spektrum von verfügbaren Bauteilen.

Die LS-Serie dürfte demnächst von der HC-Serie (**HC** = `high speed CMOS`, z.B. 74HC04) abgelöst werden. Diese Typen sind etwa gleich schnell wie die LS-Typen, erfordern jedoch nur den millionsten Teil an Leistungsaufnahme. Weitere Vorteile sind: großer Versorgungsspannungsbereich von *2V* bis *6V*, hohe Störsicherheit, großer Temperaturbereich und hoher **Fan-out** (Ein Ausgang kann bis zu 4000 Eingänge treiben).

Die geringe Stromaufnahme bezieht sich jedoch nur auf den Fall, daß der Bauteil seine logischen Zustände nicht umschaltet (**Ruhestrom** = stand-by current, quiescent current). Bei hohen Schaltfrequenzen von einigen MHz wird der Stromverbrauch der HC-Typen gleich demjenigen der LS-Typen. Erfahrungsgemäß schalten jedoch nur die wenigsten Gatter. Bei den LS-Typen ist der Ruhestrom schon so hoch, daß eine Erhöhung des Stromverbrauches bei hoher Schaltfrequenz nicht auffällt.

Bei dem großen Versorgungsspannungsbereich der HC-Typen von 2V bis 6V kann man natürlich nicht erwarten, daß die Pegel für L und H gleich denjenigen sind, wie es für die anderen TTL-Familien bekannt ist. Auch bei einer Versorgungsspannung von 5V ist dies bei der HC-Serie nicht der Fall. Solange man die Familien auf einer Schaltung nicht mischt ist dies belanglos. Anderenfalls muß man die HCT-Serie (**HCT** = high speed CMOS, TTL-kompatibel, z.B. 74HCT04) verwenden. Diese benötigen eine Versorgungsspannung von 5V und erkennen bzw. erzeugen die üblichen Pegel. Ein Bauteil der anderen Familien kann auf einer Platine durch einen HCT-Typ ersetzt werden.

Wenn es auf große Schnelligkeit ankommt, verwendet man die F-Serie (F = FAST, z.B. 74F04). Diese Bauteile sind etwa 3 mal so schnell wie die LS-Typen und brauchen etwa doppelt so viel Strom.

Die F-Familie verwendet im Inneren die ECL-Technik (**ECL** = `emitter coupled logic`). Auf jedem Chip ist ein Spannungswandler, der die für die ECL-Technik notwendigen Spannungen aus der 5V Versorgungsspannung erzeugt. An jedem Ausgang und Eingang sind Pegelwandler, welche die ECL-Pegel in die TTL-Pegel verwandeln.

Von den weiteren Familien erwähnen wir noch die veraltete S-Serie (**S** = **Schottky** oder speed, z.B. 74S04). Sie wurde früher im Computerbau verwendet. Sie ist so schnell wie die F-Serie, braucht aber nochmals dreimal so viel Strom.

Die ALS-Serie (**ALS** = advanced low power Schottky, z.B. 74ALS04) ist etwas schneller als die LS-Serie, benötigt aber nur den halben Strom.

Es ist durchaus vorgesehen, daß der Anwender die einzelnen Familien auf einer Platine mischt. Außer wie bei den HC-Typen besprochen, sind die Pegel für L und H bei allen Familien dieselben. Jedoch sind die Ströme, welche die Eingänge ziehen bzw. die Ausgänge liefern können, unterschiedlich. Der Anwender hat also auf den zuläßigen **Fan-out** zu achten.

Deshalb hat man den Begriff der **Einheitslast** (**UL** = unit load) eingeführt, welcher sich an der Belastung durch einen LS-Eingang orientiert: 40μA bei H und 1,6mA bei L. Man gibt dann etwa an, daß ein F-Eingang eine Last von 0,5UL darstellt, während ein F-Ausgang 12 UL treiben kann. (Da die Ströme für L und H verschieden sind, nimmt man hierbei den ungünstigeren Fall an. So kann etwa ein F-Ausgang in Wirklichkeit 25 UL treiben, wenn diese H sind.) Ein F-Ausgang kann demnach 12 LS-Eingänge oder 24 F-Eingänge, oder aber 10 LS-Eingänge und gleichzeitig 4 F-Eingänge treiben.

Bei *nicht*-professioneller Anwendung ist es bei der LS-Serie zuläßig, unbenutzte Pins offen zu lassen, welche dann als H gelten. Bei den anderen Familien gilt diese Regel nicht. Auch bei völlig unbenutzten Gattern sollten die unbenutzten Pins nicht offen (floating) sein, da dies auf benachbarte Gatter störend einwirkt. Unbenutzte Pins können direkt an GRND oder aber über einen *1 bis 3kΩ* Widerstand an die Versorgungsspannung (V_{cc}) von *5V* gelegt werden. Dieser Schutzwiderstand, der gegen eventuelle kurze Spannungsspitzen (Peaks) schützt, ist bei der F-Serie nicht erforderlich.

Die LS-Eingänge, vorallem aber die hochohmigen HC- und HCT-Eingänge, reagieren auch auf kurze Spannungsspitzen. Andererseits erzeugen die schnellen F- und S-Typen beträchtiche Einbrüche auf der Versorgungsleitung. Eine Mischung von LS mit F kann Probleme bringen. Der empfindliche Eingang muß evtl. mit einem Kondensator gegen Erde unempfindlich gemacht werden, der schnelle Bauteil muß zwischen V_{cc} und GRND einen eigenen Stützkondensator haben, oder beide Familien müssen eine eigene Stromversorgung haben.

Schließlich erwähnen wir die **CMOS-** und die **ECL**-Logikfamilien. Diese hatten wir in einem TTL-komaptiblen Gewand oben als HC-, HCT- und F-Typen bereits kennengelernt. Es gibt jedoch auch Logikbausteine in diesen beiden Technologien, welche sich in Typenbezeichnung, Versorgungsspannung, Pegel und Pinbelegung in keiner Weise nach den TTL-Typen richten.

Die CMOS-Typen, etwa die sog. 4000-Serie, z.B. der beliebte Zähler mit Oszillator 4060, zeichnen sich durch sehr geringe Ruhestromaufnahme auf. Sie eignen sich vorallem für batteriegespeiste Geräte.

Schnelle Großcomputer sind ausschließlich in ECL-Technik aufgebaut. Die sog. 100k ECL-Familie erreicht z.B. eine Impulsverzögerung von nur *0,75ns*. Nachteilig ist die hohe Störempfindlichkeit. Verbindungen von *2cm* Länge gelten bereits als lang. Die Systeme müssen gekühlt oder klimatisert werden. Die Versorgungsspannung beträgt *-5,2V*. Die Benützung dieser Bauteile bleibt den gutausgestatteten und professionellen Anwendern vorbehalten. Diese Warnungen beziehen sich nicht auf die oben erwähnen F-Typen.

15.2 Field-Programmable Logic Array (FPAL)

Ein Logic Array, Bild 15.2, ist ein Bauteil mit einigen logischen TTL-Gattern (AND, OR etc.), wobei jedes mit jedem über durchbrennbare Verbindungen verknüpft ist. Der Anwender wird die meisten dieser Verknüpfung, durch eine sog. Programmierung mit Überspannungen, durchbrennen.

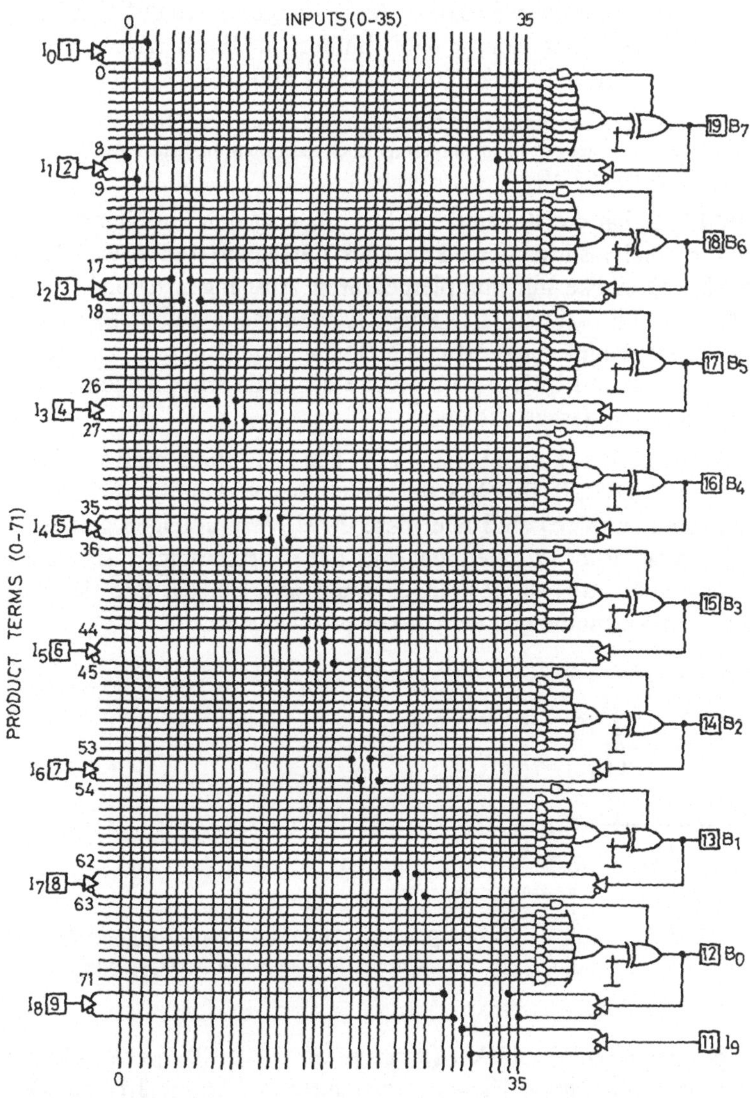

Bild 15.2 Logic Diagram of the Field Programmable Logic Array FPAL PLHS18P8
[D.V0]

Die aufwendige Entwicklung von Leiterbahnen (time-consuming layout) auf einer gedruckten Platine (**PC** = printed card) wird damit vermieden, d.h. wird auf Halbleiterbaumaterial (Silizium) realisert (transferred from PC to silicon).

Die Zahl der Chips (chip count) kann dabei etwa im Verhältnis 4:1 reduziert werden, jedenfalls wenn **SSI/MSI**-Chips (small scale integrated/medium scale integrated chips) ersetzt werden. **LSI**-Chips (large scale integrated chips) und **VLSI**-Chips (very large scale integrated chips) können weniger leicht durch FPALs ersetzt werden.

Die mit Dioden realisierten, durchbrennbaren Verbindungen (fusible link, diode-fuse) werden der Übersichtlichkeit halber in Form einer Matrix (single array of fusible links) angeordnet, Bild 15.2.

Der in Bild 15.2 gezeigte PLHS18P8 der Firma Signetics, welche nun zur Firma Valvo gehört, ist 100% funktions-kompatibel, jedoch nicht pin-kompatibel, zum ursprünglichen AmPAL18P8 der Firma Monolithic Memories.

Der PLHS18P8, Bild 15.2, hat die 10 Eingänge I_0, ... ,I_9 (mit den Pin-Nummern 1, ... ,9, 11), welche intern auch als invertierte Pegel zur Verfügung stehen, was durch die kleinen Verstärker-Dreiecke mit komplementären Ausgängen erreicht wird. Die Pins B_0, ... ,B_7 sind bidirektional (I/O-Pins). Als Eingänge aufgefaßt, stehen auch diese als invertierte Pegel zur Verfügung. Damit ergeben sich 36 interne Eingänge (input lines, INPUTS 0-35), welche als senkrechte Linien in der **Matrix**, dem logic array, dargestellt sind.

Diese 36 senkrechten Linien können nun mit den 72 horizontalen Linien (product lines, PRODUCT TERMS 0-71) beliebig verknüpft werden. Im neuen Zustand (virgin state) sind alle diese 36·72 Verbindungen geknüpft. In den Logikdiagrammen, Bild 15.2, jedoch sind alle Verbindungen als gelöst (durchgebrannt, blown fuses) dargestellt. Das hat den Vorteil, daß der Anwender die gewünschten Verbindungen als Punkte einzeichnen kann.

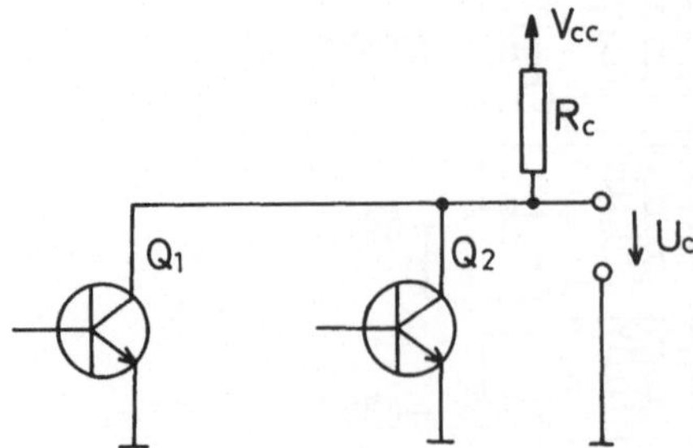

Bild 15.3 The open collector outputs Q_1 and Q_2 are AND-tied (wired AND) [D.V0]

Jeder der 72 klein gezeichneten Verstärker (array of 72 AND gates) bildet das *logische Produkt* der mit seinem Eingang verbundenen input lines. Der Ausgang eines solchen AND gate ergibt also das logische Produkt der angeschlossenen input lines, beispielsweise

$$P_n = I_o \cdot \overline{I_6} \cdot B_4 = I_o \text{ AND (NOT } I_6) \text{ AND } B_4 \,,$$

daher der Name product line.

Die input lines stammen aus open collector Ausgängen Q_1, Q_2, Bild 15.3, welche den Pegel (level) U_o an einem Kollektorwiderstand R_o herunterziehen, falls einer der beiden Transistoren leitend wird. Wenn ein leitender Transistor F (false) bedeutet, wurde somit durch das direkte Zusammenschließen der beiden Eingänge Q_1, Q_2 ein AND-Gatter realisiert (**wired AND = AND-tie**). Falls ein leitender Transistor T (true) bedeutet und noch ein Inverter bei U_o nachgeschaltet wird, haben wir ein OR-Gate (**wired-OR, OR-tie**).

Jeder Produktterm ist nun einer von 8 Eingängen eines OR-Gates, welches in Bild 15.2 in der amerikanischen Symbolik erscheint. Damit alle 8 Eingänge Platz finden, wurde das Symbol, wie üblich, durch eine geschweifte Klammer verbreitert. Der Ausgang des OR-Gates stellt also eine Summe (logisches ODER, logical OR) der oben angegebenen Produkterme P_n dar.

Dieser Ausgang kann nun noch wahlweise invertiert werden, jenachdem ob die am Eingang des XOR-Gates vorgesehene Erdverbindung durchgebrannt wird oder nicht. Der Ausgang des XOR-Gates ist tristate; er wird durch eine product line enabled.

Zur Programmierung stehen Programmiergeräte zur Verfügung, welche an gewissen Pins Überspannungen, die Programmierspannung HH, z.B. *12V*, oder einen Programmierpuls, d.h. eine kurzzeitige Überspannung HH anlegen. Um eine bestimmte Verbindung durchzubrennen, etwa die Verbindung zwischen der input line 2 und der product line 5, sind diese Spannungen an vorgeschriebenen Pinkombinationen anzulegen.

Nach der Programmierung kann der Chip geprüft werden (verifying). Danach kann eine weitere Diode, die lock verify fuse, durchgebrannt werden, was eine nochmalige Prüfung verhindert. Dadurch bleibt die Schaltung Eigentum ihres Erzeugers (propriety circuit).

Da der Anwender die Bausteine selbst programmieren kann, heißen sie fieldprogrammable (FPALs), denn der Bereich außerhalb der Farbrik (factory) wird als Feld (field) bezeichnet. Der Gegensatz sind die **maskenprogrammierbaren** Bauteile (mask programmable devices), wie etwa ein **ROM**, welches während des Fabrikationsprozeßes festgelegt wird. Diese werden erst bei hoher Stückzahl, etwa ab 10'000 rentabel.

Die feste Schaltung bei den Eingängen bzw. bei den Ausgängen, beim PLHS18P8 ein Inverter bzw. ein XOR-Glied, heißen input macro bzw. output macro. Die Familie der **PAL** wächst ständig, wobei sich die einzelnen Familienmitglieder vorallem in der Wahl der Macros unterscheiden: Flip/Flops, Register, Multiplexer etc.

Bei einem PAL (oder FPAL) sind die Eingänge der AND-Gatter programmierbar, die Eingänge des OR-Gatters jedoch festgelegt. Bei einem **PLA** (oder **FPLA**, field programmable logic array, oder **MPLA**, mask programmable logic array) sind die Eingänge der AND-Gatter *und* die Eingänge der OR-Gatter programmierbar. Es befindet sich dort eine zweite Verbindungsmatrix (two level array). Die doppelte Programmierbarkeit macht Probleme, die einer großen Verbreitung der PLA im Wege stehen. Bei einem ROM (oder PROM, EPROM) sind die Eingänge der AND-Gatter fest - sie bilden dort den Adreßdekoder -, während die Eingänge der OR-Gatter programmierbar sind, nämlich den Inhalt einer Speicherzelle festlegen. Ein zusammenfassender Name für alle Bauteile dieser Art ist **PLD** (`programmable logic device`).

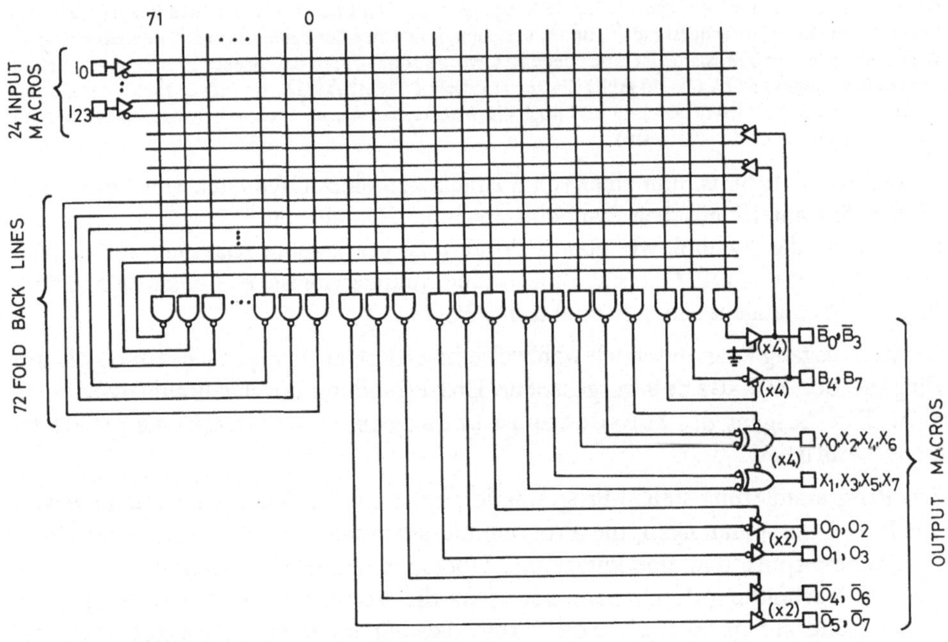

Bild 15.4 Programmable Macro Logic PLHS501 von Valvo [D.V0]

Eine neue Variante ist die Familie der **PML** (`programmable macro logic`), z.B. der PLHS501, Bild 15.4. Diese Bauteile enthalten verschiedenartige `output macros` auf demselben Chip, die in programmierbarer Weise von den `input macros` getrieben werden, woraus sich der Name der Familie ableitet. Die programmierbare logische Verknüpfung ist nicht eine AND-OR-Stufe, wie bei den PLAs und PALs, sondern eine einfache rückkoppelbare NAND-Stufe. Die logischen Funktionen müssen also auf NANDs zurückgeführt werden, was immer möglich ist. Der große Vorteil dieser Familie ist die Rückkoppelbarkeit (72 `foldback lines`). Dadurch können viele Gatter hintereinander geschaltet werden.

15.3 Die Z80-CPU

Wir hatten in Kap. 9 ausführlich die logischen Eigenschaften der Z80 kennengelernt. Es mag lehrreich sein, hier die Pinbelegung der Z80 im einzelnen zu studieren.

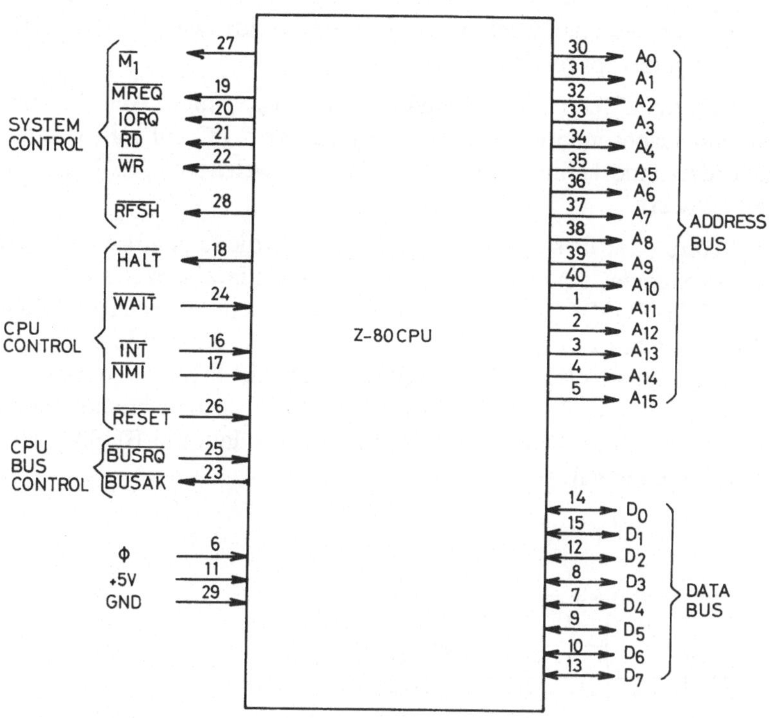

Bild 15.5 Z80-CPU Pin Configuration [D.Z1]

Auf der rechten Seite von Bild 15.5 erkennen wir den 16-Bit breiten Adreßbus und den 8-Bit breiten bidirektionalen Datenbus. Der Pin $\underline{RD}$ (RD = read, Pin 22) gibt die Richtung der Daten, von der CPU aus betrachtet, an: $\underline{RD}$ = H bedeutet, daß die CPU die Daten schreibt, d.h. daß die Tristate-Treiber der Pins D_0, ... ,D_7 der CPU aktiv sind. Der Pin $\underline{IORQ}$ ist gewissermaßen ein weiterer Adreßpin, welcher angibt, ob die auf A_0, ... ,A_{15} ausgegebene Adresse sich auf das Memory oder auf die peripheren Geräte bezieht.

Links unten sind die Pins für die Stromversorgung (+5V und GRND) sowie den Eingang für den Systemtakt (Clock ϕ) zu erkennen.

$\underline{INT}$ ist das Ende der in Kap.11 besprochenen Interruptlinie, welche die peripheren Geräte nach L ziehen können, um der CPU mitzuteilen, daß sie von ihr eine Beachtung wünschen (service request). Während sich bei $\underline{INT}$ die CPU, d.h. das Benutzerprogramm, vorbehält, ob und wann sie auf den Interrupt-Request reagieren will, sind Interruptanforderungen durch das Pin $\underline{NMI}$ (non-maskable interrupt) für die CPU unaufschiebbar: Die CPU führt sofort einen **Restart** (Sprung) auf Adresse 0066H aus.

Dieser Pin wird meist nur für sehr wichtige Dinge wie z.B. zur Mitteilung eines drohenden Versorgungsspannungszusammenbruches oder für den Takt einer externen Quarzuhr, welche den genauen zeitlichen Ablauf eines Programmes ermöglicht, verwendet.

Die Information <u>HALT</u> ist für einige Systeme relevant. Es wird mitgeteilt, daß im Benutzerprogramm der Assemblerbefehl HALT ausgeführt wurde. Die CPU kann nur durch einen Interrupt fortfahren.

Der Pin <u>RESET</u> setzt die CPU in einen definierten Anfangszustand: Alle Register werden gelöscht und insbesondere der Programcounter PC auf null gesetzt. Jedes System erfordert eine kleine Schaltung, Bild 15.7, welche diesen Pin beim Stromeinschalten aktiviert.

Die Pins <u>BUSRQ</u> (bus request) und <u>BUSAK</u> (bus acknowledge) werden bei **Multiprozessorsystemen**, d.h. etwa bei mehreren Z80s in einem System, verwendet. Auf der Linie <u>BUSRQ</u> teilen die anderen Systemteile, meist ein **Busschiedsrichter** (Bus arbitrer), der Z80 mit, daß sie die Kontrolle über den Bus erhalten wollen. Die betroffene Z80 reagiert damit, die Tristate-Treiber der Adreßleitungen A_0, ... ,A_{15} und anderer Ausgabeleitungen in den hochohmigen Zustand (Z, tristate) zu setzen. Daraufhin teilt die Z80 auf dem Pin <u>BUSAK</u> mit, daß sie den Bus freigegeben hat.

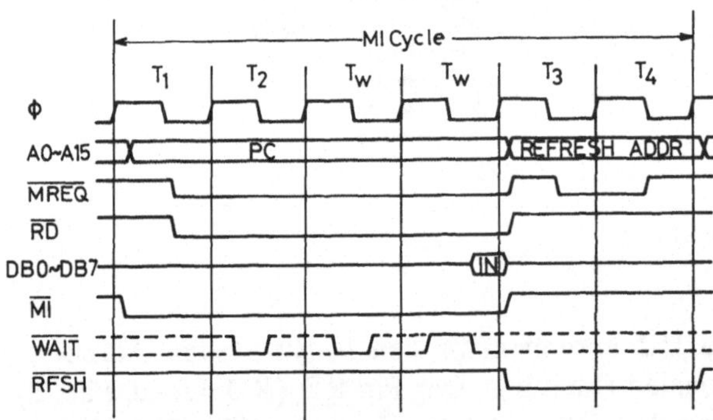

Bild 15.6 Instruction OP-Code Fetch with Wait States [D.Z1]

Die restlichen Signale erläutern wir am besten an dem **Zeitdiagramm** (waveform diagram, time diagram), Bild 15.6, für das Auslesen des nächsten Maschinenbefehles (instruction fetch) aus dem Memory.

Diesen Zyklus nennt man im Z80-Jargon einen M1-Cycle (Machine cycle one). Das Vorliegen dieses Zyklus wird auf der Linie <u>M1</u> mitgeteilt, was die peripheren Geräte zum Erkennnen des RETI-Assembler-Befehles {9.15} benötigen. Der M1-Cycle besteht mindestens aus 4 vollen Clock-Cycles φ: T_1, T_2, T_3, T_4.

Im T_1-Cycle setzt die Z80 zunächst den Inhalt des Programcounters PC auf den Adreßbus. Nach einer gewissen Zeit, d.h. wenn die Daten auf den Adreßleitungen gültig und stabil sind, teilt die Z80 durch <u>MREQ</u>=L (memory request) dies dem Memory mit.

<u>MREQ</u> kann z.B. direkt mit dem <u>CE</u>-Pin (chip enable) des Memory verbunden werden, Bild 15.7. Das Memory beginnt nun mit der Adreßdekodierung und dem Auslesen des Speicherinhaltes.

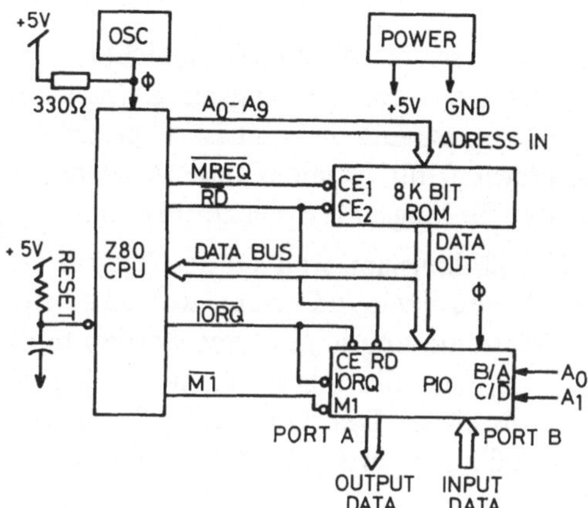

Bild 15.7 Minimum Z80 Computer System [D.Z1]

Gleichzeitig wird durch $\underline{RD}$ = L mitgeteilt, daß die Informationsrichtung auf dem Datenbus in Richtung auf die CPU sein wird. Dieses Wissen benötigen die allfälligen bidirektionalen Bustreiber, welche aus Verstärkungsgründen im Datenbus zwischengeschaltet sind.

Das Memory muß nun spätestens bis zum Ende des T_2-Zyklus in stabiler Weise die ausgelesenen Daten auf den Datenbus gelegt haben. Falls das Memory langsam ist, kann es stattdessen rechtzeitig, etwa mittels einer externen TTL-Logik, die Z80 durch $\underline{WAIT}$ = L um Aufschub bitten. Die Z80 fügt nun beliebig viele **Wartezyklen** (wait cycles, wait states) ein.

Die sog. **dynamischen RAMs**, welche die Information als Ladung auf Kondensatoren mit geringem Leckstrom gespeichert halten, erfordern, daß jede Memoryzelle spätestens alle *2ms* adressenmäßig angesprochen wird, wodurch automatisch eine Auffrischung (**refresh**) der gespeicherten Ladung erfolgt. Die Z80 übernimmt diese Aufgabe, indem es in den T_3- und T_4-Zyklen den Inhalt des R-Registers (refresh register) auf den Teil $A_8, ... , A_{15}$ des Adreßbus legt und danach das R-Register inkrementiert. Es werden jeweils 256 verschiedene Memoryzellen gleichzeitig aufgefrischt.

Dieser Refresh ist für den Anwender unsichtbar (transparent). Es findet auch kein Verlust von Zyklen (kein cycle stealing) statt, weil in den T_3- und T_4-Zyklen die Z80 mit der Auswertung des soeben eingelesenen Maschinencodes (instruction decoding) beschäftigt ist und kein anderweitiger Zugriff auf das Memory möglich wäre.

Oben hatten wir das timing eines memory read besprochen. Das memory write verläuft ähnlich: Sobald die Daten auf dem Datenbus stabil und gültig sind, erhält das Memory durch eine negative Flanke auf der Leitung $\underline{WR}$ den Impuls dieses Byte in die dekodierte Adresse zu latchen.

15.4 Memories

Unter **Memory** verstehen wir in diesem Buch einen schnellen Datenspeicher, während wir das deutsche Wort **Speicher** verwenden, wenn ein langsames Speichermedium, z.B. ein Plattenspeicher oder ein Magnetband, gemeint ist. Eine andere Bezeichnung wäre **Hauptspeicher (main storage)** für Memory und **Massenspeicher (Hilfsspeicher, auxilliary memory)** für langsame Speichermedien.

Die Massenspeicher sind hauptsächlich deshalb langsam, weil sie den Zugriff auf das gewünschte Wort nicht direkt ermöglichen (kein direct access memory), sondern meist eine mechanische Positionierung abgewartet werden muß. Wenn das gewünschte Wort gefunden wurde, sind die folgenden Worte jedoch meist genauso schnell wie bei Memories abrufbar. Der Unterschied zwischen Hauptspeicher und Massenspeicher hat deshalb auch große Implikationen für die Softwareentwicklung.

Die langsamen Speicher werden hauptsächlich aus Billigkeitsgründen eingesetzt. Mit dem dramatischen Preisverfall der Halbleiterspeicher könnte die Bedeutung der Massenspeicher zurückgehen. Die Eigenschaft der Nichtflüchtigkeit (**non-volatility**) mit der Möglichkeit des mehrmaligen Schreibens haben jedoch die billigen Halbleiterspeicher nicht.

Man kann Memories mit vielen Methoden realisieren: mechanische Speicher (Musikdose, Türschloß, Buch für Blinde), optische Speicher (photographische Platte, optische Platte), Relaisspeicher, Röhrenspeicher, etc.

Unter diesen historischen Memories wollen wir nur den **Kernspeicher (core memory, core storage, core)** etwas genauer besprechen, weil sie lange Zeit im Computerbau eine dominierende Rolle gespielt hatten. Ein großer Kernspeicher war sehr teuer, teurer als eine gute CPU. Das hatte auch bedeutende Implikationen für die Softwareentwicklung, deren Spuren heute noch deutlich zu sehen sind, galt es doch, um jeden Preis meist auf Kosten der Rechenzeit, sparsam mit dem Memory umzugehen.

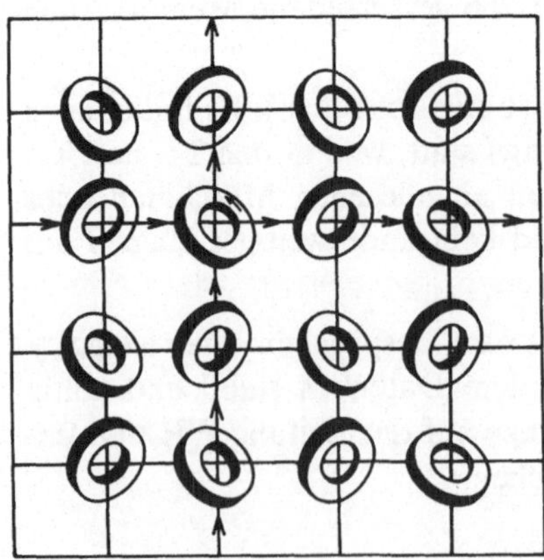

Bild 15.8 Kernspeicher [15.8]

Beim Kernspeicher werden die einzelnen Bits der Information in kleinen Eisenringen (oder Ferritkernen), Bild. 15.8, gespeichert, die in Form einer Matrix angeordnet sind. Durch jeden Ring gehen drei Drähte, ein **Zeilendraht** (`row wire`), ein **Spaltendraht** (`column wire`) und ein **Fühldraht** (`sensing wire`), der allen Ringen gemeinsam ist. Diese komplizierte Verdrahtung machte die Kernspeicher sehr teuer. Ein bestimmtes Bit in der Matrix wird durch eine **Zeilenadresse** (`row address`) und eine **Spaltenadresse** (`column address`) festgelegt. Falls die Ströme im Zeilendraht und im Spaltendraht beide positiv sind, wird der Kern in einer bestimmten Richtung magnetisiert: Der Kern speichert eine 1. Sind beide Ströme negativ, wird eine 0 gespeichert. Die Ströme sind so dimensioniert, daß die Bits, durch welche nur ein Strom fließt, gerade noch nicht umklappen.

Der Vorteil der Kernspeicher, wie aller magnetischer Speicher, liegt darin, daß sie beim Stromabschalten ihre Information nicht verlieren, d.h. sie sind nicht**flüchtig** (`non-volatile`). Sie haben jedoch den Nachteil, daß sie kein zerstörungsfreies Lesen (kein `non-destructive read`) ermöglichen. Nach dem zerstörenden Lesen muß vielmehr in einem erneuten Schreibvorgang, der Zeit in Anspruch nimmt, die Information wiederhergestellt werden.

Ein Bit des Kernspeichers wird nämlich gelesen, indem es irgendwie beschrieben wird. Falls dabei der Kern seine Polarität wechselt, bewirkt die Änderung des Magnetfeldes im Fühldraht eine kleine induzierte Spannung {1.10}, welche einen Rückschluß auf das ursprünglich vorhandene Bit gestattet.

Wir wenden uns nun den modernen **Halbleiterspeichern** zu. Die Entwicklung der Memories großer Packungsdichte stellt technologisch eine der größten Herausforderungen der Elektronik dar.

Beim **ROM** (`read only memory`) wird während der Herstellung mit einer Maske die gespeicherte Information festgelegt. Man kann es daher auch ma s k ROM oder MROM nennen. Sie sind z.B. als 32k x 8 Bit organisiert, d.h. sie haben 15 Adreßpins, welche eines der 32k = 32768 Worte zu 8 Bits selektieren. Dieses wird dann auf den 8 Datenpins ausgegeben.

Die Herstellung eines ROM mit einer bestimmten Information lohnt sich erst ab ca. 10'000 Exemplaren. Sie haben den Vorteil, daß sie nicht-flüchtig sind.

Sie eignen sich deshalb für feste Information etwa für Programme zur Steuerung eines Kaffeeautomaten oder aber auch etwa für Betriebssysteme und Compiler von einfachen Computern (Homecomputer). Bei größeren Systemen unterliegen diese Programme einer ständigen Entwicklung und Pflege (**software maintenance**), so daß eine Unterbringung im ROM, auch wegen des Umfanges, nicht in Frage kommt.

Jeder Computer braucht ein kleines ROM, welches die **Laderoutine (Urlader,** `bootstrap-routine`) enthält. Diese steuert ein Plattenlaufwerk und liest, etwa nach Stromausfall, das Betriebssystem erneut von Platte ein, eine Arbeit, die auch **urladen** (`booten`) genannt wird.

Das Wort booten kommt von Graf von Münchhausen, der sich bekanntlich an seinem eigenen Schopfe
aus dem Sumpfe zog, ein Märchen, das in den USA im Zusammenhang mit den Siebenmeilenstiefeln
(boots) erzählt wird.

Bei kleineren Stückzahlen werden die **PROMs** (`programmable ROMs`) einge-
setzt. Sie sind wie die ROMs nicht-flüchtig. Sie werden in einem einheitlichen
Anfangszustand mit lauter Einsen, d.h. wieder in großer Stückzahl, gefertigt. Der
Anwender kann mit Hilfe von Überspannungen gewisse Dioden auf dem Chip
durchbrennen und damit, allerdings in unwiederrufbarer Weise, einige Einsen in
Nullen verwandeln.

Da jedes Exemplar in dieser Weise programmiert werden muß, eignen sie sich für hohe Stückzahlen
gerade nicht. Zur Programmierung werden fertige Geräte, die PROMer, inklusive zugehöriger Software angeboten.

Bei Entwicklungsarbeiten würden in der Testphase sehr viele PROMs totgeschos-
sen. Da eignen sich die **EPROM** (`erasable PROM`), welche etwa bis zu 100 mal
gelöscht und erneut programmiert werden können. Sie haben ein Fenster, durch
das sie mit Hilfe von UV (ultraviolettem Licht) wieder gelöscht, d.h. auf lauter
Einsen zurückgesetzt werden können.

Die EPROMs sind teurer als die ROMs und PROMs, und sie können nicht so groß hergestellt werden.
Das EPROM 27128 hat beispielsweise eine Speicherkapazität von 128kBit in einer Organisation von
16k x 8Bits, in dem also nur Programme mit einer Länge von maximal 16k Byte untergebracht werden
können.

Wir erwähnen noch die **EEPROMs** (`electrically erasable ROM`), welche
nicht mit Licht sondern elektrisch gelöscht werden können.

Wir wenden uns nun den **RAMs** (`random access memory`) zu, welche meist
den Hauptanteil an einem Memorysystem eines Computers stellen. Sie erlauben
beliebig oft lesen und schreiben.

Ihr großer Nachteil ist ihre **Flüchtigkeit** (`volatility`). In einigen Memorysy-
stemen verwendet man Ca-Ni-Aku's (Cadmium-Nickel-Akkumulatoren), welche
die Stromversorgung für einige Stunden überbrücken können.

Man unterscheidet die **statischen RAMs (SRAM)**, welche wesentlich teurer sind,
von den **dynamischen RAMs (DRAM)**, welche einen regelmäßigen Refresh {15.3}
benötigen. Für kleinere Systeme, bei denen sich eine Refresh-Logik nicht lohnt
oder wenn eine Unterbrechung für den Refresh nicht toleriert werden kann, müssen die statischen RAMs eingesetzt werden. Eine Zwischenstufe bilden die
pseudostatischen RAMs, welche die Refresh-Logik auf dem Chip integriert haben.

Wir erwähnen noch die Einteilung in **bipolare Memories**, welche in TTL oder
ECL-Technik {15.1} realisiert sind, und in die **MOS-Memories**. Die ersteren sind
sehr schnell, die letzteren billig und hochintegrierbar.

Wir besprechen exemplarisch den Industriestandard eines 256k x 1 Bit RAM,
etwa den HM50256 der Firma Hitachi. Bild 15.9 zeigt den Chip als 16-pin **DIP**
(`dual inline package` = Zweierkolonnengehäuse) und als 18-pin **PLCC**,

welcher sich für neuere **Bestückungsautomaten** besser eignet. Die zwei überflüssigen Pins in der PLCC-Version sind als NC (not connected) ausgewiesen.

V_{ss} (S = substrate) ist GRND, an V_{cc} wird die einzige Versorgungsspannung von 5V (± 10%) angelegt. Die power dissipation ist 250mW active bzw. 20mW standby.

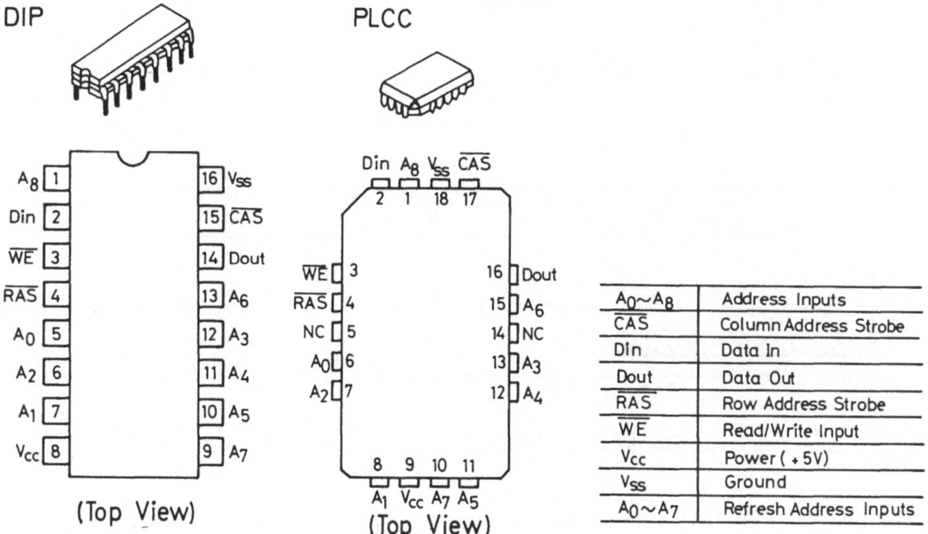

$A_0 \sim A_8$	Address Inputs
$\overline{CAS}$	Column Address Strobe
Din	Data In
Dout	Data Out
$\overline{RAS}$	Row Address Strobe
$\overline{WE}$	Read/Write Input
V_{cc}	Power (+ 5V)
V_{ss}	Ground
$A_0 \sim A_7$	Refresh Address Inputs

Bild 15.9 Ein 256k RAM als 16-Pin DIP und als 18-Pin PLCC [D.H2]

Der Chip benötigt eigentlich 18 Adreßeingänge zur Adressierung eines der 256k = 262144 Bits. Die 18-Bit Adresse gelangt jedoch nacheinander über die Pins A_0, ... ,A_8 in den Chip. Falls RAS (row address strobe) aktiv, d.h. falls RAS = L, werden die Pegel an A_0, ... ,A_8 als die sog. **Zeilenadresse** (row address), d.h. als die 9 höherwertigen Bits der 18-Bit-Adresse, interpretiert. Falls CAS (column address strobe) aktiv, werden diese Pegel als die sog. **Spaltenadresse** (column address), d.h. als die 9 niederwertigen Bits der 18-Bit Adresse, interpretiert. Zur Ansteuerung des Chips ist also eine externe Logik entweder in Form einer TTL-Schaltung oder in Form eines speziellen **dynamic memory controllers** notwendig. Ein Multiplexer muß dabei zunächst die 9 höherwertigen Bits und nach einer bestimmten Zeit die 9 niederwertigen Bits des Adreßbus auf die Pins A_0, ... ,A_8 des Memory-Chips leiten, Fig. 15.10

Diese Komplizierung wurde in Kauf genommen, um die Pinzahl niedrig und damit den Chip klein zu halten.

WE = L (WE = write enable) bedeutet, daß in das adressierte Bit des Memory geschrieben wird: Der Pegel am Pin D_{in} muß dann zu einer bestimmten Zeit gültig und stabil sein. Falls andererseits WE = H wird vom Memory gelesen, Fig. 15.10. Zu einer bestimmten Zeit verläßt dann der Pin D_{out} seinen hochohmigen Zustand Z und gibt den Wert des gelesenen Bits wieder.

In der Regel werden D_{in} und D_{out} zusammengeschlossen und an eine Leitung des Datenbus gehängt. Bei einem 8-Bit Prozessor arbeiten 8 gleiche Memory-Chips, welche an demselben Adreßbus hängen, parallel.

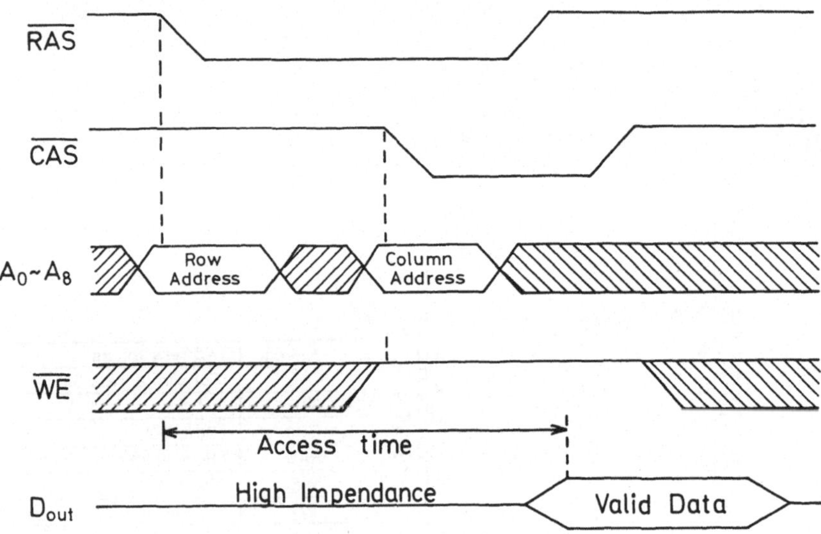

Bild 15.10 Memory Read Cycle Wave Form

Es gibt den Chip in drei Qualitätsstufen, die sich in der **access time**, Bild 15.10, unterscheiden, nämlich mit **Zugriffszeiten** von 120ns, 150ns, bzw. 200ns.

Jedesmal wenn RAS auf L geht (negative Flanke), wird ein Refresh durchgeführt und zwar nicht nur für das eine angesprochene Bit, sondern für alle Bits, die zu einer bestimmten `row address` gehören.

Für einen ordnungsgemäßen Refresh müssen nach spätestens *4ms* alle 256 möglichen Kombinationen an den Pins A_0, ... ,A_7 angelegen haben, während RAS auf L geht. Falls dies durch die gewöhnlichen Schreib- und Lesevorgänge bereits sichergestellt ist, etwa bei einem Bildwiederholungsspeicher eines Sichtgerätes, ist ein expliziter Refresh nicht erforderlich. In der Regel wird jedoch entweder der `memory controller` nach Ablauf einer bestimmten Zeit alle diese Adressen nacheinander auffrischen (**burst refresh**), oder, falls etwa eine Z80 die Aufgaben eines `dynamic memory controllers` übernimmt, nach jeder Instruktion jeweils eine.

Um zu vermeiden, daß während des reinen Refresh nichts ins Memory geschrieben wird und auch D_{out} seinen hochohmigen Zustand Z nicht verläßt, muß im Unterschied zu Bild 15.10 CAS = H bleiben.

In Ergänzung zum einfachen **read cycle**, Bild 15.10, und dem analogen einfachen **write cycle**, gibt es noch den **read modify write cycle**. Bei diesem wird ein bestimmtes Bit gelesen und anschließend neu beschrieben. Dabei ist keine erneute Adreßdekodierung erforderlich: Während

$\underline{CAS} = L$ ist, Bild 15.10, ist zuerst $\underline{WE} = H$, dann $\underline{WE} = L$. Dabei wird zuerst D_{out} ausgegeben und dann D_{in} eingelesen.

Des weiteren gibt es den **page mode read cycle**, den **page mode write cycle** und den **page mode read modify write cycle**. Hier wird auf mehrere Bits einer **Seite (page)** zugegriffen, welche alle dieselbe row address haben. Die rwo address muß dann nur einmal eingegeben und vom Chip dekodiert werden: Während $\underline{RAS} = L$ bleibt, Bild 15.10, macht $\underline{CAS}$ mehrere negative Pulse, zu denen die unterschiedlichen Spaltenadressen an die Pins $A_0, ... , A_8$ angelegt werden.

15.5 SIO Serielle Datenübertragung und die Z80-SIO

Die parallele Datenübertragung mit einem Z80-PIO wurde in Kap. 11 ausführlich besprochen. Bei der seriellen Datenübertragung werden die einzelnen Bits, meist das LSB zuerst, auf einer einzigen Leitung nacheinander übertragen. **Empfänger (receiver)** und **Sender (transmitter)** müssen sich dabei über die **Übertragungsrate (Baud-Rate)**, d.h. die Zahl der pro Sekunde übertragenen Bits, geeinigt haben. Tyische Baudraten sind 110, 150, 300, 1200, 2400, 9600 und 19'200 Bits pro Sekunde.

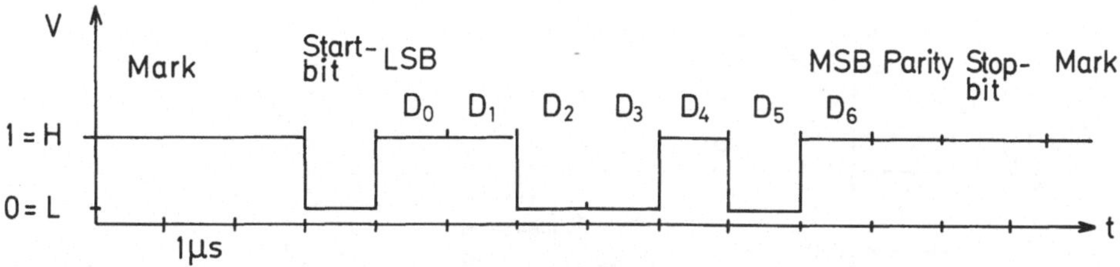

Bild 15.11 Serielle Datenübertragung des 7-Bit ASCII-Codes 1010011 für den Buchstaben S, inklusive einem Paritätsbit (odd parity), und 1½ stop bits

In Bild 15.11 haben wir für 1 Bit eine Zeit von *1µs*, entsprechend einer Baudrate von *1MHz*, angenommen. Wenn nichts übertragen wird, so wird der Pegel H gesendet. Dies nennt man **Markierung (marking)**. Die Datenübertragung ist **asynchron**, weil sie zu irgend einer Zeit beginnen kann. Die einzelnen Bits innerhalb des Datenwortes werden dann allerdings **synchron**, d.h. mit der verabredeten Baudrate übertragen.

Es beginnt mit dem **Startbit**, welches stets L ist. Die dadurch erzeugte fallende Flanke aktiviert den Empfänger, welcher nun gemäß der Baudrate jeweils in der Mitte eines Bits den Pegel auf der Leitung abtastet. Auch die pro Zeichen übertragene Zahl von eigentlichen Informationsbits - in Bild 15.11 sind dies 7 - müssen zwischen Sender und Empfänger abgesprochen sein. Der Empfänger weiß also, wann die Übertragung der eigentlichen Information, mit dem MSB D_6, beendet ist.

Aus Prüfgründen wird evtl. noch ein **Paritätsbit** (`parity bit`) übertragen, welches die Zahl der bis jetzt übertragenen H-Bits gerade (`even parity`) bzw. ungerade (`odd parity`) macht.

Schließlich werden einige sog. **Stopbits**, meist 1, 1½ oder 2, verabredet. Diese Zeit wird vom Empfänger meist zur Weiterleitung der Daten benötigt. Nun ist die Leitung wieder im Zustand der Markierung und irgendwann - d.h. asynchron - ist die Übertragung des nächsten Datenwortes zu erwarten.

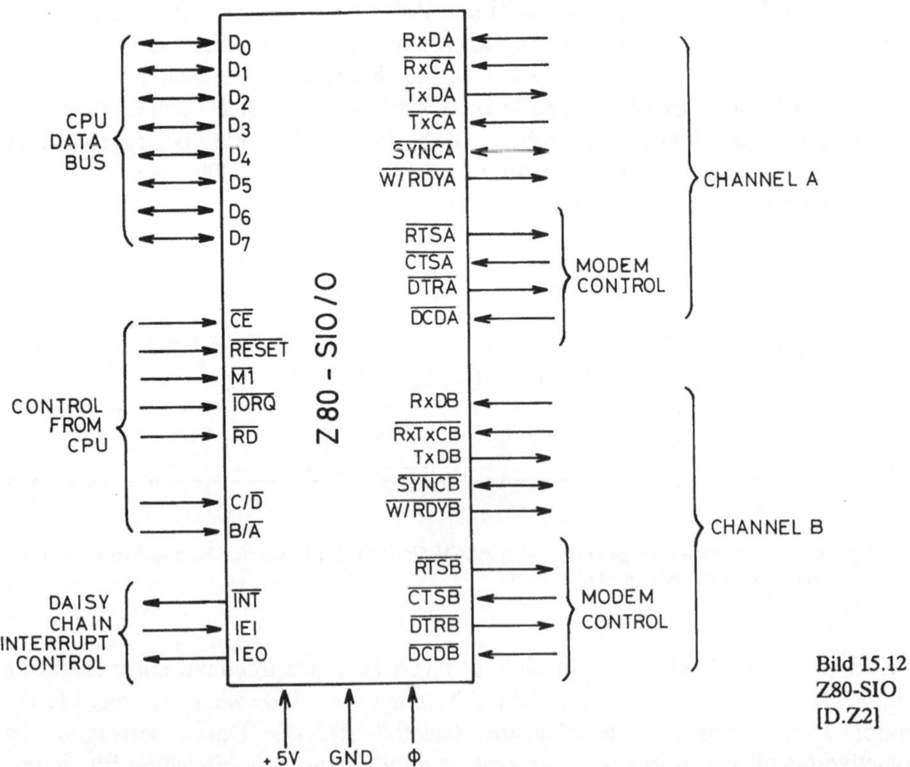

Bild 15.12
Z80-SIO
[D.Z2]

Das **Z80-SIO** (`serial in out`), Bild 15.12, ist ein Baustein, der ähnlich wie das Z80-PIO direkt an den ECB-Bus eines Z80-Systems {11.1} angeschlossen werden kann. Die linke Seite von Bild 15.12 erfordert daher keine weitere Besprechung.

In dem Baustein sind zwei identische, unabhängige **UART**s (`universal asynchronous receiver/transmitter`), Channel A und Channel B, enthalten, wovon wir nur den Kanal A besprechen. Das UART kann entweder das auf dem D-Datenbus ankommende Datenbyte seriell auf dem Pin TxDA (`transmitted data channel A`) ausgeben, oder den am Pin RxDA (`received data,` channel A) seriell ankommende Bitstrom parallel auf den Datenbus an die CPU weiterleiten.

Beides kann also *gleichzeitig* stattfinden (duplex operation, full duplex operation), da zur Übertragung zwei Datenleitungen verwendet werden. Dies steht im Gegensatz zur half duplex operation auf einer Leitung, wobei Empfänger und Sender ihre Rollen in verabredeter Weise austauschen.

Die Baudrate wird als clock für den Empfänger auf dem Pin RxCA (receiver clock A) bzw. auf dem Pin TxCA (transmitter clock A) eingegeben.

Im Kanal B sind aus Pinmangel in dem 40-Pin-Gehäuse beide Eingänge gemeinsam als RxTxCB herausgeführt. Das SIO wird in drei Versionen, z.B. Z80-SIO/0 angeboten, wobei in den verschiedenen Versionen jeweils ein anderes Pin fehlt.

In Abhängigkeit von der Programmierung eines internen Registers der SIO kann dabei diese Clock ein Rechtecksignal sein, welches das 1-, 16-, 32- oder 64- fache der Frequenz der gewünschten Baudrate besitzt.

Damit haben wir die wesentlichen Pins besprochen. Das SIO ist ein sehr komplizierter Baustein, der auch zur seriellen, **synchronen Datenübertragung** verwendet werden kann, bei welcher aus Effizienzgründen eine größere Anzahl von Bits direkt hintereinander übertragen wird. Jeder Kanal stellt also ein **USART** (universal synchronous/asynchronous receiver/transmitter) dar. Für weitere Einzelheiten muß auf das Manual [D.Z2] verwiesen werden. Vier Pins können zur **Modem**steuerung verwendet werden. Es sollen nur qualitativ noch einige Dinge erwähnt werden

Das SIO besitzt in jedem Kanal eine beträchtliche Zahl von inneren Control-Registern, von welchen gelesen (RR_0, ... ,RR_2), bzw. in die geschrieben (WR_0, ... ,WR_7) werden kann. Dazu ist ein zweimaliger Zugriff auf das Control-Register (C-Register) erforderlich, welches wir schon bei der Z80-PIO kennengelernt hatten. Das C-Register ist gewissermaßen die Eingangspforte zu den inneren Registern. Der erste Zugriff wird stets nach WR_0 weitergeleitet und legt fest, auf welches der nächste Zugriff weitergeleitet wird.

Das Register RR_0 gibt den Status wieder, etwa
-- ob ein Byte seriell empfangen wurde und zum Lesen durch die CPU bereitsteht,
-- ob der Ausgabepuffer leer ist, weil ein Byte gesendet wurde, die CPU also ein nächstes bereitstellen kann,
-- ob ein Paritätsfehler entdeckt wurde oder
-- ob ein overrun error stattgefunden hat, der dann entsteht, wenn mehr Bytes empfangen wurden als ein im SIO eingebauter **FIFO** (first in first out Zwischenspeicher) aufnehmen kann, bevor diese von der CPU gelesen werden, was also einem Datenverlust gleichkommt.

Beim polling mode fragt die CPU ständig den Status ab, bevor sie das Datenregister und damit die empfangenen Daten einliest. Beim interrupt mode {11.6} ist die CPU mit anderen Aufgaben beschäftigt. Durch Programmierung des inneren Registers WR_1 kann das SIO zur Interruptanforderung ermächtigt werden, in den folgenden Fällen:
-- special receive condition, d.h. wenn ein Fehler, etwa ein parity

error oder ein overrun error, aufgetreten ist.

-- receive character available, d.h. wenn ein empfangenes Zeichen zum Lesen durch die CPU bereitsteht.

-- transmitter buffer empty, d.h. wenn die CPU ein nächstes Zeichen zur Übertragung bereitstellen soll.

-- external status change, d.h. wenn die Pegel auf den Pins $\underline{DCDA}$, $\underline{CTSA}$, $\underline{SYNC}$, Bild 15.12, sich geändert haben, was etwa bedeutet, daß vom Modem keine Trägerfrequenz mehr empfangen wird, der Sender also seine Tätigkeit eingestellt hat.

Wenn die CPU eine dieser Interrupt-Anforderungen akzeptiert (interrupt acknowledge), springt sie in eine interrupt service routine, deren Anfangsadresse durch den in WR_2 stehenden interrupt vector bestimmt wird. Dieser Interruptvektor kann noch durch WR_1 modifiziert werden, so daß in den oben genannten vier Interruptfällen vier verschiedene Serviceroutinen zur Verfügung stehen: Die eine liest etwa das empfangene Byte ein, während eine andere dem Sender eine Mitteilung zukommen läßt, dieser möge die Datenübertragung wiederholen.

WR_4 legt die Zahl der Stopbits, even or odd parity sowie das auf $\underline{RxCA}$ und TxCA eingespeiste Vielfache der Baudrate fest. WR_3 legt die Anzahl der eigentlichen Informationsbits - in Bild 15.11 waren es 7 - fest.

15.6 Der Zähler-Zeitgeber-Baustein Z80-CTC

Bei der Prozeßsteuerung kommt es oft vor, daß gewisse Schalter für eine bestimmte Zeit geöffnet werden müssen (**Zeitgeber, timer**) oder aber das n-malige Eintreten eines Ereignisses abgewartet werden muß (**Zähler**, counter, Ereigniszähler, event counter).

Unter der Kontrolle einer Z80-CPU eignet sich dazu der Baustein **Z80-CTC** (counter/timer chip). Er kann wie das Z80-PIO, Kap. 11, an den ECB-Bus eines Z80-Systems angeschlossen werden. Er besteht aus 4 identischen Countern/Timern, welche durch zwei Pins (CS_0 und CS_1, channel select), die dem C/$\underline{D}$ und dem B/$\underline{A}$ des Z80-PIO entsprechen, selektiert werden. Wir werden im folgenden nur den Kanal 0 besprechen.

Die Genauigkeit der Zeitgebung wird von dem Systemtakt ϕ, der auf dem ECB zur Verfügung steht und als Zeiteinheit für den CTC dient, bestimmt.

Jeder Kanal besitzt zur Außenwelt
-- den Eingang CLK/TRG (clock/trigger) zur Zählung der Ereignisse und
-- den Ausgang ZC/TO (zero count/time out) zum Wiederschließen des Schalters.

Infolge der Begrenzung durch das 28-polige DIP-Gehäuse besitzt der Kanal 3 nur den Eingang CLK/TRG.

Ein Kanal ist entweder im Counter-Mode oder im Timer-Mode. In jedem Fall enthält das Datenregister dieses Kanals eine Zahl zwischen 255 und 0, welche auf 0 heruntergezählt wird. Dieses kann von der CPU gesetzt werden, indem die time constant in den Kanal geschrieben wird. Es kann aber auch jederzeit von der CPU durch eine Leseoperation abgefragt werden.

Es bedeutet:

-- im Counter-Mode, wieviel Ereignisse noch maximal gezählt werden, bis das Pin ZC/TO auf H gesetzt wird, wodurch zero count angezeigt wird, und evtl. ein Interrupt ausgelöst wird,

-- im Timer-Mode, wieviel Zeiteinheiten noch zur Verfügung stehen, bis das Pin ZC/TO auf H gesetzt wird, wodurch time out angezeigt wird und evtl. ein Interrupt ausgelöst wird.

Die zero count condition unterbricht den Zählvorgang nicht. Es wird automatisch die bisherige time constant erneut geladen. Im Timer-Mode bleibt ZC/TO = H während eines Systemtaktes (clock pulse), im Counter-Mode bis das nächste Ereignis gezählt wird.

Der Kanal wird programmiert, indem die CPU ein Datenwort in den Kanal schreibt. Dieses wird je nach Umstände vom Kanal interpretiert als

-- Interrupt-Vektor {11.6},

-- Kontrollwort oder

-- Anfangswert des Zählers (time constant).

Die einzelnen Bits des Datenwortes

$(D_7, D_6, D_5, D_4, D_3, D_2, D_1, D_0)$

haben dabei folgende Bedeutung:

$D_0 = 0$: Dieses Datenwort ist ein Interrupt-Vektor, dessen LSB bekanntlich {11.6} immer gleich null ist ($D_0 = 0$).

Dieser Interruptvektor gilt dann für alle 4 Kanäle. Die geschriebenen Bits D_1 und D_2 sind belanglos, denn diese werden von jedem Kanal automatisch auf die Kanalnummer gesetzt.

$D_0 = 1$: Dieses Datenwort ist ein Kontrollwort, d.h. die anderen Bits $D_1, \dots, D_7$ haben die nun folgende Bedeutung:

$D_6 = 0$: selects timer mode,
$D_6 = 1$: selects counter mode.

$D_7 = 0$: disables interrupt,
$D_7 = 1$: enables interrupt, d.h. wenn der Zähler (auch im timer mode) auf 0 gezählt hat, wird nicht nur ZC/TO = H gesetzt, sondern vom CTC eine Interruptanforderung an die CPU erzeugt. Wenn die CPU den Interrupt anerkennt (interrupt acknowledge), springt sie auf eine interrupt service routine, welche an einer vom Interruptvektor bestimmten Adresse beginnt.

$D_2 = 0$: no time constant follows. Falls früher bereits eine timer constant geladen wurde, behält diese Gültigkeit.
$D_2 = 1$: time constant follows. Das nächste Datenwort, welches in den Kanal geschrieben wird, soll als time constant interpretiert werden. Im

Counter-Mode bedeutet diese "time constant" den Anfangswert, von dem an heruntergezählt wird. Eine time constant 0 wird als 256 interpretiert.

Nach einem Reset, also auch nach Stromeinschalten, wird das Datenwort als Kontrollwort oder Interruptvektor (je nach D_0) interpretiert. Falls der Programmierer nicht mehr weiß, in welcher Phase er sich befindet, braucht er nur zweimal ein Datenwort mit $D_2 = 0$ abzusetzen, um sicher zu sein, daß das nächste Datenwort als Kontrollwort interpretiert wird.

D_3 = 0 : triggers automatically when time constant is loaded. Das Zeitintervall beginnt sofort, nachdem die time constant in den Kanal geschrieben wurde.

D_3 = 1 : CLK/TRG pulse starts timer. Das auszugebende Zeitintervall beginnt erst, nachdem am Pin CLK/TRG eine Flanke erkannt wird. (Die Information D_3 wird nur im Timer-Mode ausgewertet.)

D_4 = 0 : selects falling (negative) edge.

D_4 = 1 : selects rising (positive) edge.

Eine Flanke am Pin CLK/TRG wird im Counter-Mode als ein zu zählendes Ereignis, im Timer-Mode, falls $D_3 = 1$, als ein Trigger-Impuls, d.h. als den Beginn des auszugebenden Zeitintervalles, interpretiert. Das Bit D_4 legt fest, ob fallende oder steigende Flanken erkannt werden.

D_5 = 0 : prescaler value of 16.

D_5 = 1 : prescaler value of 256.

(Die Information $D_5 = 0$ wird nur im Timer-Mode ausgewertet.) Ein prescaler value von 256 gibt z.B. an, daß die Zeiteinheit für den Timer 256 clock pulses ϕ sind.

Bei einer Taktrate (clock rate) von $\phi = 4$MHz, ist die Dauer einer clock pulse (Periode) 0,25µs, die Zeiteinheit also 64µs. Bei einer time constant 100, würde dann während der Zeit 6,4ms am Pin ZC/TO = L anliegen. Dies wird hardewaremäßig realisert durch einen Zähler (**Vorteiler** = prescaler), welcher auf 16 bzw. 256 eingestellt ist.

D_1 = 0 : channel continues current operation. Die laufende Operation bleibt unbeeinflußt, d.h. deren Ende wird abgewartet. Es werden lediglich neue Werte, gültig ab dem nächsten Zählernulldurchgang, festgelegt.

D_1 = 1 : counting and/or timing operation is terminated, and the channel is reset. Die laufende Operation wird gestoppt. Es geht weiter, nachdem eine neue Zeitkonstante geladen wurde (falls $D_2 = 1$) oder nachdem an CLK/TRG eine Flanke erkannt wurde (falls $D_3 = 1$ oder $D_6 = 1$).

15.7 Eine moderne Z80: der HD 64180

Nach dem großen Erfolg der Z80 kündigte die Firma Zilog als Nachfolger den Z800 an. Im Laufe der Zeit erschienen Datenbücher mit genauer Beschreibung der CPU. Doch niemand hat den Chip bislang gesehen, und die Z800 wurde zur Legende. Inzwischen hat die japanische Firma Hitachi den HD 64180 herausgebracht - mit einer verblüffenden Ähnlichkeit zur Z800.

Zunächst ist der größte Nachteil der Z80, die Beschränkung auf ein Memory von maximal 64 kByte, beseitigt oder doch abgemildert, indem nun 512 kByte Memory angeschlossen werden können. Wie das genau funktioniert, wird in {15.8} erörtert.

Es soll hier nur soviel gesagt werden, daß dabei die zusätzlichen Adreßpins A16, A17, A18 verwendet werden, so daß der Datenbus nun 19-Bit breit ist. Der ganze Chip ist in einem 64-poligen Gehäuse untergebracht, das kaum größer ist als das 40-polige Gehäuse der Z80. Das wurde durch einen geringeren Pinabstand erreicht, was allerdings für den Anwender wieder erhebliche Probleme mit sich bringt.

Der HD 64180 ist **aufwärtskompatibel** zur Z80, denn er hat denselben Befehlsvorrat. Das hat den Vorteil, daß bestehende Software übernommen werden kann; sie muß jedoch angepaßt werden - was ein nicht-triviales Problem sein kann - wenn die erweiterten Möglichkeiten des neuen Rechners, wie etwa das größere Memory, wirklich genutzt werden sollen.

Es kamen 7 neue Instruktionen dazu. Es wurden dabei OP-Codes benutzt, welche bei der Z80 keine Bedeutung hatten, d.h. nonsense operations waren. Wir erwähnen davon nur die Multiplikation, welche bei der Z80 völlig fehlte und per Benutzerprogramm auf Additionen und Shiftbefehle zurückgeführt werden mußte. Es handelt sich nun um eine 8-Bit Multiplikation mit 16-Bit Ergebnis, welche in einem der Register BC, DE, HL oder SP ausgeführt wird. Die beiden 8-Bit Operanden (Faktoren) müssen vor der Operation etwa in B und in C stehen. Nach Ausführung der Instruktion steht dann das 16-Bit Ergebnis in BC.

Der HD 64180 ist **hochintegriert**, enthält er doch zusätzlich zur Z80, zwei DMAs und eine MMU, welche in den nächsten beiden Teilkapiteln besprochen werden, sowie zwei Timer {15.6} und zwei SIOs {15.5}. Natürlich können auch noch die besprochenen Peripheriechips Z80-SIO, Z80-PIO und Z80-CTC zusätzlich angeschlossen werden. Auf der HD 64180 befindet sich auch ein Oszillator für den Systemtakt φ mit zwei Anschlüssen XTAL und EXTAL für einen Schwingquarz.

Zusätzlich zu den beiden Interruptlinien <u>NMI</u> und <u>INT</u> der Z80 sind noch zwei weitere Linien <u>INT1</u> und <u>INT2</u> dazugekommen. In einfachen Systemen können an diesen Pins durch L-Pegel Interrupts mit Sprung auf zwei bestimmte Adressen ausgelöst werden, ohne die Notwendigkeit von aufwendigen Peripheriebausteinen mit vektorieller Interruptanforderungsmöglichkeit wie dem Z80-PIO.

Der HD 64180 ist in CMOS-Technologie {15.1} aufgebaut. Der spezielle Befehl SLEEP ist ähnlich dem Z80-Befehl HALT. Die CPU kann jedoch aus diesem Schlafmodus nur noch durch spezielle Interrupts aufgeweckt werden. Die Stromverbrach des Chip in diesem Modus sinkt nahezu auf null.

Der HD 64180 hat seine Existenzberechtigung nur durch seine Kompatibilität mit der Z80: Bestehende Software - nach gehöriger Anpassung - sowie bestehende Peripheriegeräte können weiter verwendet werden. Bei Neuentwicklungen ist es für jede Firma eine schwere Entscheidung, ob völlig neue Ideen verwirklicht werden sollen, mit der Gefahr, Kunden zu verlieren, welche an ihren alten Systemen und an ihrer alten Software hängen, oder ob stets das Prinzip der Aufwärtskompatibilität, der als schwerer Hemmschuh wirkt, gewahrt bleiben soll.

Wir haben den HD 64180 nur besprochen, um die allgemeinen Probleme der Kompatibilität und in den nächsten Teilkapiteln eine MMU und eine DMA zu besprechen mit der Möglichkeit, an bekanntes anzuknüpfen.

15.8 Memory Management Unit (MMU)

Beim HD 64180 {15.7} muß ein **physikalischer Adreßraum** von 512 kByte (d.h. ein tatsächlich existierendes Memory von 512 kByte Größe) durch einen **logischen Adressenraum** von nur 64 kByte (nämlich durch die Z80-Instruktionen, welche für ein Memory von maximal 64 kByte konzipiert wurden) angesprochen werden.

Es herrscht gewissermassen Speichermangel in jedem Befehlswort, denn in diesen wurden nur 16-Bit für die Adressen vorgesehen, während nun 19 Bits für die physikalische Adresse benötigt werden.

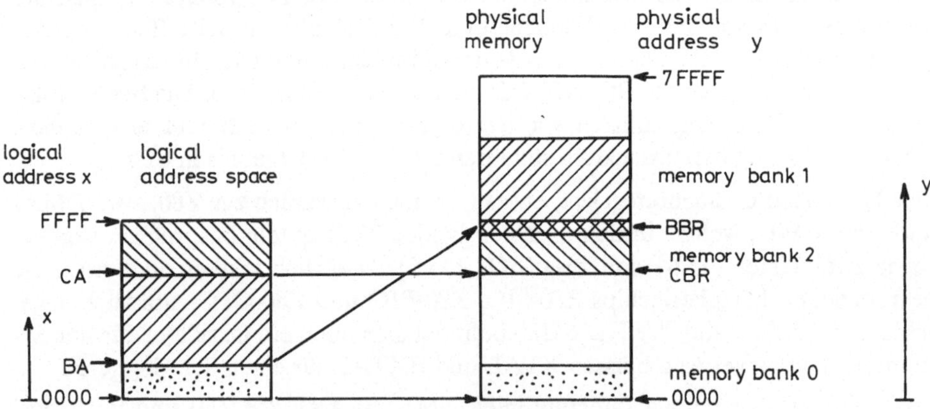

Bild 15.13 Memory management unit (MMU) translates logical address x into physical address y = x + base_address. Memory banks may overlap.

Softwaremäßig löst man das Problem durch das **Multibanking**, indem das Memory logisch (d.h. in Gedanken) in mehrere Bereiche, die memory banks, Bild 15.13, eingeteilt wird. Eine memory bank ist definiert durch ihre Länge, ihre logische und ihre physikalische Anfangsadresse.

Diese Information wird in den Registern eines eigenen Bausteines, einer memory management unit (MMU), gespeichert, welche von der CPU beschrieben werden können, wie wir das schon bei den Kontrollregistern des Z80-PIO, Kap.11, kennengelernt hatten.

Die MMU enthält auf der einen Seite die Pins A_0', ... ,A_{15}' für die *logischen* Adressen, auf der anderen Seite die Pins A_0, ... ,A_{18} für die *physikalischen* Adressen. Die MMU bewerkstelligt also eine sog. address translation, nämlich eine Umwandlung einer logischen Adresse in eine physikalische Adresse.

Die HD 64180 hat eine sehr einfache MMU, welche in dem Chip integriert ist. Es können höchstens 3 banks definiert werden: memory bank 0, memory bank 1, memory bank 2. Die logischen und die physikalischen Anfangsadressen einer bank dürfen nur auf einer 4k-Seitengrenze (page boundary) liegen, d.h. die 12 niederwertigsten Bits dieser Adressen sind 0. Die 12 niederwertigsten Bits einer beliebigen Adresse brauchen also von der MMU nicht verändert zu werden.

Die Bankstruktur wird auf der logischen Seite durch die noch fehlenden beiden 4 höchstwertigen Bits CA und BA, Bild 15.13, der logischen Anfangsadressen, definiert. Die Information CA und BA werden als MSB und LSB des 8-Bit breiten Registers CBAR in der MMU des HD 64180 gehalten. Dieses Register kann unter der Adresse 3AH durch die Z80-I/O-Befehle OUT bzw. IN beschrieben bzw. gelesen werden.

Auf der physikalischen Seite wird die Bankstruktur durch die beiden 7-Bit breiten Register BBR und CBR festgelegt. Die memory bank 0 wird nämlich obligatorisch mit der physikalischen Anfangsadresse 0 abgbildet. BBR und CBR enthalten die 7 höchstwertigsten Bits der Basisadresse der Bank. Die Basisadresse einer Bank ist i.A. nicht ihre Anfangsadresse, sondern diejenige Zahl, welche zur logischen Adresse x dazuaddiert werden muß, um die physikalische Adresse y zu erhalten, Bild 15.13. BBR und CBR sind unter den I/O-Adressen 39H bzw. 38H ansprechbar.

Die bisherigen (d.h. logischen) 16-Bit-Adressen x in den Z80-Instruktionen sind nun nur noch Relativadressen. Wenn der MMU eine logische Adresse x zugeleitet wird, entscheidet ihre interne Logik, zu welcher Bank diese gehört, addiert die entsprechende Basisadresse dazu und gibt das Ergebnis als physikalische Adresse auf den Pins A_0, ... ,A_{18} aus.

Die Benutzersoftware muß die Register der MMU an geeigneten Stellen im Programm neu beschreiben. Dies bedeutet für den Programmierer eine erhebliche Last. Besonders schwierig ist es, diese Befehle in bestehende oder gar fremde Software nachträglich einzubauen.

15.9 Direct Memory Access (DMA)

Computer haben meist einen großen Datentransfer mit peripheren Geräten, z.B. Plattenspeichereinheiten, der möglichst schnell erfolgen muß. Diesen könnte man, gesteuert von der CPU, etwa über ein PIO ablaufen lassen. Für jedes Byte müßte dabei eine ganze Anzahl von Assemblerbefehlen ablaufen, was für schnelle Peripheriegeräte zu langsam wäre.

Deshalb wurde ein spezieller **I/O-Prozessor**, ein direct memory access controller (DMAC), etwa die Z80-DMA, geschaffen, welcher einen direct memory access (DMA) realisert. Hierbei findet ein Datentransport zwischen Memory oder peripherem Gerät *direkt*, d.h. ohne Intervention der CPU, statt. Die CPU teilt vorher dem DMAC **Quelladresse** (memory oder I/O, etwa die Adresse eines PIO), **Zieladresse** (ebenfalls memory oder I/O), ferner die Zahl der zu übertragenden Bytes mit. Der DMAC führt daraufhin seine Aufgabe selbstständig durch. Die CPU kann jederzeit, indem sie gewisse Statusregister des DMAC liest, sich über den Fortgang der Arbeit informieren, bzw. deren Ende erkennen. Der DMAC kann auch ermächtigt werden, nach Erledigung seiner Aufgabe einen Interrupt auszulösen.

Wenn Ziel und/oder Quelle memory ist, kann gewählt werden, ob der Adreßzähler von Ziel und/oder Quelle inkrementiert oder dekrementiert wird oder ob er fest bleibt. Dadurch können Blöcke im Memory verschoben oder in umgekehrter Reihenfolge angeordnet werden oder ein Bereich des Memory kann mit einem konstanten Wert beschrieben werden.

Der Auftrag ist beendet, wenn die angegebene Zahl von Bytes übertragen wurde, d.h. wenn der byte counter auf null gezählt hat. Es kann aber auch **search mode** vereinbart werden, bei dem die Übertragung beendet ist, wenn ein festgelegtes Byte erkannt und übertragen wurde. Dadurch können Datenblöcke unbekannter Länge übertragen werden, die mit einem festgelegten **EOR** (end of record), **EOD** (end of data), **EOF** (end of file), **EOT** (end of transmission), **EOM** (end of message) oder einem anderen als Endekriterium dienenden Byte abgeschlossen sind. Bei dieser Mustererkennung (pattern matching) können einzelne Bits als irrelevant erklärt, d.h. maskiert werden.

Der search mode kann auch dazu dienen, ein sog. **content addressable memory** zu simulieren.

Der DMAC ist selbst kein Kanal (Port) wie das PIO oder SIO, an dem Datenströme ein- bzw. ausfließen. *Er erzeugt lediglich Adressen*, welche solche Kanäle ansprechen. Er braucht jedoch in der Regel Informationen, ob das periphere Gerät ein neues Byte bereitgestellt hat, bzw. ob es zur Aufnahme eines weiteren Bytes bereit ist. Dem Z80-PIO wird diese Information auf dem Pin A STB (für Port A) mitgeteilt. Stattdessen hat der DMAC ein Eingangspin, das mit RDY (ready) oder **DREQ** (data request, DMA request) bezeichnet wird und mit dem Peripheriegerät fest verbunden werden muß. Die freie Wahl einer I/O-Adresse als Quelle und/oder Ziel eines DMA-Transfer erweist sich also in der Regel als illusorisch: Die DMA ist hardewaremäßig einem festen Kanal zugeordnet.

Es gibt DMACs, welche mehrere Kanäle bedienen können und daher mehrere DREQ-Pins besitzen. Man sagt dann, daß dieser DMA-Chip mehrere DMA-Kanäle besitze.

Entsprechend der Handshake-Leitung A RDY des PIO muß der DMA-Chip dem peripheren Gerät mitteilen, daß es das Byte auf dem Datenbus abnehmen soll, weil die Pegel auf dem Datenbus stabil und gültig sind. Dazu dient beim Z80-DMA der Pin WR, wie wir es schon bei dem memory write der Z80-CPU {15.3} kennengelernt hatten. Da durch seine Adreßdekodierung jeder Kanal weiß, ob er gemeint ist, braucht dieses Signal nicht für jeden DMA-Kanal einzeln zur Verfügung gestellt zu werden.

Die DMA konkurriert mit der CPU wegen der Buszugriffe. Die Z80-DMA beispielsweise kann sich darüber mit der Z80-CPU mittels der Pins BUSRQ, BUSAK {15.3} einigen. Die DMA hat immer die höhere Priorität, wobei noch die folgenden drei Varianten möglich sind:

-- **Blockmodus** (burst mode, continuous mode): Der DMAC erhält den Bus ununterbrochen während der ganzen Übertragung. Die CPU bleibt unbeschäftigt (idle). Diese Variante wird für schnelle Peripheriegeräte benötigt. Der DMAC erledigt seine Aufgabe schneller, als dies bei programmierter I/O durch die CPU möglich wäre.

-- **Vorrangmodus** (demand mode, cycle stealing mode): Der DMAC hat Priorität gegenüber der CPU, dieser werden also cycles gestohlen. Der DMAC gibt den Bus jedoch jedesmal wieder an die CPU zurück, wenn die von ihm angesprochenen Peripheriegeräte noch keinen weiteren Datentransport gestatten. Der DMAC kann den Bus erst wieder erhalten, d.h. er wird erst wieder **Bus Master**, nachdem die laufende Instruktion der CPU beendet und ein Übergabeprotokoll auf den Leitungen BUSRQ und BUSAK abgelaufen ist.

-- **Transparent mode** (bei der Z80-DMA nicht realisiert): Die DMA benutzt die Zyklen, in denen die CPU den Bus nicht benützt, was allerdings ein schnelles Memory voraussetzt.

15.10 Bit-Slice-Mikroprozessoren

Die konventionellen Mikroprozessoren, wie die Z80, sind auf eine bestimmte Maschinensprache und damit auf eine bestimmte Wortlänge festgelegt. In speziellen Anwendungen ist die Wortlänge oder die zur Verfügung stehende Maschinensprache ungeeignet. Dies kann in zeitkritischen Anwendung zu einem Problem werden. Es gibt deshalb einfachere, dafür aber schnellere Prozessoren, die man, allerdings mit einem beträchtlichen Aufwand, auf einen bestimmten Anwendungsfall zuschneiden kann (**spezielle Rechnerarchitekturen**).

Die Prozessoren, oder besser: **Prozessorelemente**, realisieren dabei eine bestimmte Zahl von Bits, etwa 4, und können in beliebiger Zahl nebeneinander geschaltet werden, um einen Prozessor beliebiger Wortlänge, in Vielfachen von 4, aufzubauen. Solche Prozessorelemente nennt man daher **Bit-Slice-Prozessoren**, was man frei als Bit-Schnitte übersetzen könnte.

Dieses Verfahren des Bit-Slicing haben wir bereits in {10.7} als Kaskadierung des 4-Bit-Zählers 74LS161A kennengelernt.

Auch die konventionellen Mikroprozessoren sind im Inneren aus solchen einfachen Prozessorelementen aufgebaut. Sie werden von einem Mikroprogramm gesteuert, welches in einem inneren ROM residiert. Das Mikroprogramm liest nun ein in einem äußeren Memory liegendes Anwenderprogramm, Instruktion für Instruktion, ein, analysiert sie und führt sie aus (**emuliert** sie). Dadurch wird viel Zeit verbraucht.

Bei der Verwendung von Bit-Slice-Mikroprozessoren kann der Anwender die Lösung seines Problemes direkt als Mikroprogramm formulieren. Die ständige Analyse eines Assemblerbefehles (Maschinencodes) und vieles andere mehr entfällt dabei, wodurch eine wesentlich höhere Geschwindigkeit zustande kommt.

Ein aus Bit-Slice-Prozessoren aufgebauter Computer ist also **mikroprogrammierbar**. Mit Bit-Slice-Prozessoren kann der Anwender seine von ihm selbst konzipierte Maschinensprache ausführen lassen. Insbesondere eignen sich diese Prozessorelemente auch vorzüglich dazu, andere bestehende Computer, etwa eine IBM-370, eine PDP-11 oder eine Nova, aufzubauen bzw. nachzubauen.

Bei der Ausführung eines Mikrobefehles, d.h. einer Instruktion des Prozessorelementes, laufen auch nacheinander elektrische Einzelvorgänge ab: Laden, Shiften, Inkrementieren, Vergleichen, etc. Man sagt manchmal, es laufe ein **Nanoprogramm** ab, welches durch die integrierte Verdrahtung im Prozessorelement festgelegt ist.

Wir besprechen hier das Bit-Slice-Prozessorelement AMD 2903, Bild 15.14, der Firma `Advanced Micro Devices`, welches als ein Industriestandard bezeichnet werden kann.

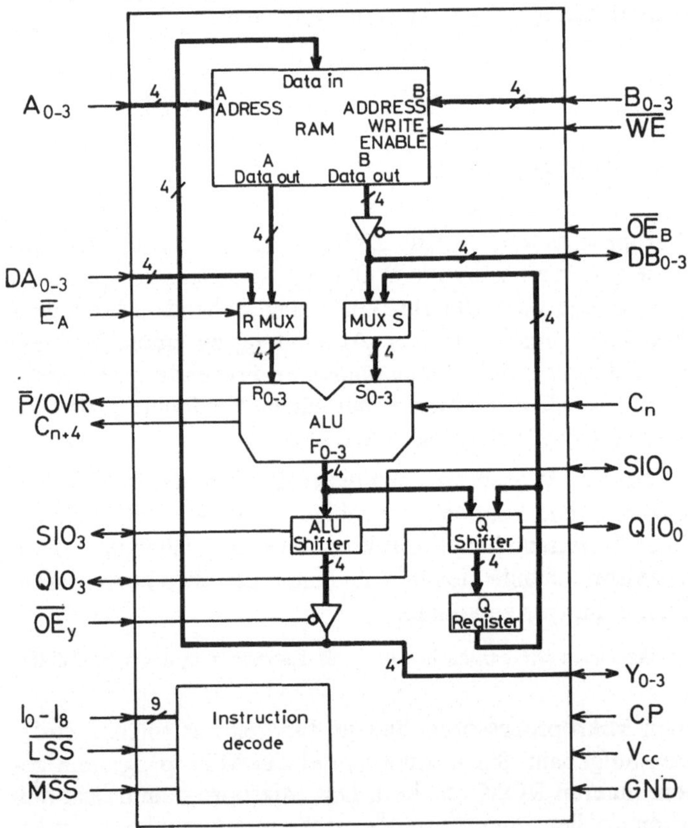

Bild 15.14 Architecture of the AMD2903 Processing Element [15.2]

Der wesentlichste Teil ist die **ALU** (`arithmetical and logical unit`), welche aus zwei Eingangsströmen R und S ein Ergebnis F produziert in Abhängigkeit von den Instruktionseingängen I_0-I_8 , so wie wir dies teilweise in Tab. 15.1 angeben.

Weitere Instruktionen beinhalten eine 4-Bit breite Multiplikation und Division.

Der Übertrag C_n (`carry`) von einem niederwertigen Slice gelangt über das Pin C_n in das Prozessorelement, während der Übertrag aus dem betrachteten Element aus dem Pin $C_n + 4$ in das benachbarte höherwertige Slice fließt. Die beiden Pins LSS und MSS, welche fest verdrahtet sein können, legen fest, ob das Prozessorelement das LSS (`least significant slice`), ein IS (`intermediate slice`) oder das MSS (`most significant slice`) ist.

Der horizontale Datenaustausch zwischen benachbarten Slices erfolgt über die beiden Schiebregister ALU-shifter und Q-shifter. Ob eine Shiftoperation stattfindet und welche (Q oder ALU, shift down oder shift up) wird ebenfalls durch die 9 Instruktionsbits I_0-I_8 festgelegt. Bei einem shift-up beispielsweise ist SIO_3 ein Output, SIO_0 ein Input.

OP-Code				Function
I_4	I_3	I_2	I_1	
H	H	H	H	$F = R\,OR\,S$
H	H	H	L	$F = R\,NAND\,S$
H	H	L	L	$F = R\,AND\,S$
H	L	L	L	$F = L$
L	H	L	H	$F = R + S$
L	L	H	H	$F = R + S + C_n$

Tab.15.1 Some ALU Functions of the AMD2903

Das Ergebnis F der ALU kann in den 16 Registern des RAM zwischengespeichert werden, um von dort erneut bei der nächsten Operation auf die Eingänge R und S der ALU geleitet zu werden. Welches der 16 Register auf die Eingänge R bzw. S geleitet werden soll, wird durch die 4 Adressen A_0-A_3 bzw. B_0-B_3 festgelegt. Die B-Adresse legt auch fest, in welches Register das Ergebnis F eingelatcht werden soll, falls dies durch Aktivieren des Pins $\overline{WE}$ gewünscht wird.

Man kann sich vorstellen, daß die 16 Register in zwei Exemplaren vorliegen, die jedoch stets dieselben Inhalte tragen.

Die Daten können auch über die Eingänge DA_0-DA_3, DB_0-DB_3 oder Y_0-Y_3 in das Prozessorelement gelangen bzw. dieses verlassen. Ob diese Wege beschritten werden, hängt von den Pegeln an den Pins $\overline{EA}$, $\overline{OEB}$, I_0 und $\overline{OEY}$ ab, welche die Datenmultiplexer steuern, bzw. die Tristatetreiber aktivieren.

Die ganzen Vorgänge werden von CP (clock pin) getaktet. Die Spannungsversorgung gelangt über V_{CC} und GND in das System. Die restlichen Pins wollen wir nicht besprechen.

Es muß der Phantasie des Lesers überlassen bleiben, sich vorzustellen, wie solche Prozessorelemente zusammengeschaltet werden können, um eine ganze CPU aufzubauen. Hauptsächlich ist dazu ein schneller **Mikroprogrammspeicher** (control store) notwendig. Bei jedem Zyklus wird daraus ein Wort (microcode) ausgelesen. Die einzelnen Bits dieses Wortes gehen an die Pins der Prozessorelemente und steuern damit deren Ablauf. Da die verschiedenen Slices stets dieselbe Funktion ausführen, können diese von denselben Bits gesteuert werden.

Dennoch sind Wortlängen von über 100 Bits bei Mikroprogrammen keine Seltenheit, da oft auch periphere Geräte oder komplizierte Memorysysteme gesteuert werden. Auch bezüglich der Länge des Mikroprogrammes sind meist viele Kiloworte notwenig, um komplizierte Maschinensprachen zu emulieren.

Auch ist meist eine komplizierte TTL-Logik erforderlich, um die Systemteile elektrisch zu steuern. Mindestens ist ein Zähler notwenig, der den Microprogram-counter μPC realisert. Nach jedem Takt muß dieser inkrementiert werden. Der Zählwert muß dem Mikroprogrammspeicher als Adresse zugeleitet werden.

Da im Mikroprogramm auch Sprünge, abhängig von gewissen elektrischen Bit-kombinationen des Systems, vorkommen, muß der μPC vom Microcode auch ge-laden werden können. Die Entscheidung, ob der Sprung stattfindet, etwa weil das Carry des MSS gesetzt wurde, erfolgt in der sog. **Testphase**, dem letzten Teil des Nanoprogrammes, das für jede einzelne Mikroinstruktion elektrisch abläuft.

In komplizierteren Systemen möchte man auch eine **Unterprogrammtechnik** für die Mikroprogrammierung zur Verfügung haben. Dann integriert man in das Sy-stem ein LIFO (`last in - first out`), d.h. einen Stackspeicher, welches die Rücksprungadressen bis zu einer festen Tiefe speichern und den μPC laden kann. Diese komplizierten Aufgaben werden von einem sog. `microprogram sequencer (control sequencer)`, etwa dem Baustein AMD2910, abge-nommen.

Eine Mikroinstruktion gliedert sich, was den zeitlichen elektrischen Ablauf (Na-noprogramm) anbelangt, in folgende drei großen Phasen:
-- `microinstruction fetch`, bei welchem der `control store` ausgelesen wird,
-- `instruction execute`, bei welchem das Processorelement arbeitet,
-- `test`, bei welchem der `control sequencer` die nächste Mikropro-grammadresse ermittelt.

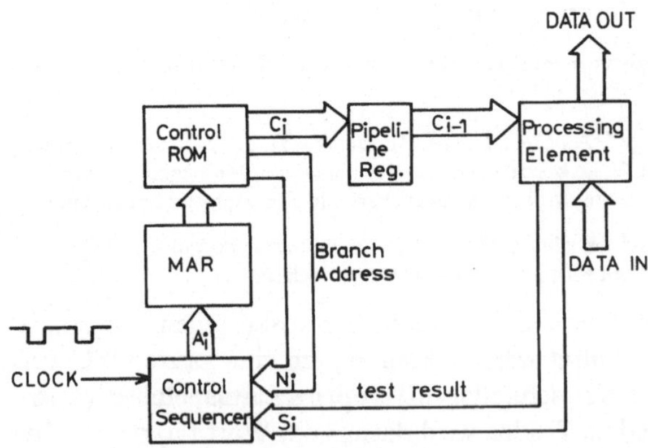

Bild 15.15 Pipeline Architecture
[15.2]

Diese Phasen, welche typischerweise jede *20ns* in Anspruch nehmen, können zeit-lich überlappt werden. Man spricht dann von **Pipelining**. Dazu schaltet man ein `pipeline register`, Bild 15.15, zwischen `control store` und `proces-sor element` und evtl. ein `memory address register` (**MAR**) zwischen `control sequencer` und `control store` (`control ROM`). Während in der ALU eine logische oder arithmetische Operation C_{i-1} abläuft, nimmt der `control sequencer` an, daß kein Sprung stattfindet und inkrementiert den µPC. Gleichzeitig dekodiert der control store die im MAR gespeicherte Mikroprogrammadresse und speichert deren Inhalt, die Mikroinstruktion C_i, in das Pipelineregister. Fall es sich in der Testphase herausstellt, daß doch ein Sprung im Mikroprogramm erfolgen muß, müssen **Wartezyklen** einschaltet werden, die dem control sequencer und dem control store Zeit geben, die richtige nächste Mikroinstruktion zu bestimmen.

Durch die Pipelinetechnik kann die Geschwindikeit der CPU um den Faktor 2-3 erhöht werden. Der größte Aufwand besteht darin, im Mikroprogramm Sprünge möglichst zu vermeiden, bzw. deren Entscheidung um 1-2 Instruktionen zu verschieben. Trotz dieser Komplizierung sind alle Großcomputer (main frames) heute gepipelined.

Unter den weiteren Techniken zur Erhöhung der Geschwindigkeit erwähnen wir folgende:

-- **Interleaved Memory**: Dabei werden die Daten und die Programme des Benutzers, z.B. eines Assemblerprogrammes, in verschiedenen äußeren Memories abgelegt. Der Zugriff auf die Daten (Operanden) für den laufenden Maschinenbefehl und auf die nächste Maschinenbefehlsinstruktion (OP code) kann dann gleichzeitig erfolgen.

-- **Cache Memory**: Die Portionen der Daten und Befehle des Benutzerprogrammes, an denen gerade gearbeitet wird, werden von einem großen, meist billigeren und langsameren, äußeren Memory in ein sehr schnelles sog. cache memory geladen. Das Laden und Zurückladen des cache memory wird von einem Hilfsprozessor automatisch vorgenommen, wenn die Zugriffswünsche des Benutzers im äußeren Memory herumspringen.

Obwohl meist mehrere Caches vorhanden sind, welche mehrere Portionen (patches) des äußeren Memorys, d.h. des Hauptspeichers, halten können, wird die Cache-Technik nur effektiv, wenn der Benutzer eine Zerstückelung seines Programmes vermeidet.

Für Anwender, denen der Aufbau aus Bitslice-Prozessorelementen zu aufwendig ist, stehen fertige sog. **RISC-Mikroprozessoren** (RISC = reduced instruction set computer) zur Verfügung. Sie haben ebenfalls einen einfachen Befehlssatz, der auf eine bestimmte Anwendung hin optimiert ist, etwa zur Implementation der Sprache C, zum Einsatz als sog. **Mikrocontroller** für eine bestimmte einfache Steuerungsaufgabe, etc.

Die Sprache C wurde von den Bell Laboratories entwickelt und ist eine Art universelle Assemblersprache, welche sich relativ leicht auf verschiedenen Computern realisieren läßt. Das weit verbreitete Betriebssytem **UNIX** ist in C geschrieben und ist damit transportabel. Auch Compiler für verschiedene Sprachen wie FORTRAN, COBOL, PASCAL, LISP etc. stehen in C zur Verfügung.

Im Gegensatz zur RISC-Architektur spricht man bei den komfortableren Mikroprozessoren, wie der Z80, von einer **CISC-Architektur** (CISC = complex instruction set computer). Diese komfortablen Maschinenbefehle erleichtern die Softwaretechnologie, etwa den Compilerbau. Der Vorteil der RISC-Maschinen andererseits liegt in ihrer Schnelligkeit, allerdings für den Preis einer aufwendigeren Software.

Kennzeichen einer RISC-Architektur sind folgende:
-- Jeder Maschinenbefehl wird in einem Takt (clock cycle) ausgeführt,
-- alle Befehle haben dasselbe Format, d.h. sind etwa 2 Byte lang.

Bedeutende RISC-Mikroprozessoren sind der 32-Bit Clipper der Firma Fairchild und der AMD29000 der Firma Advanced Micro Devices. Letzterer ist mit seinen 17 **mips** (million instructions per second) z.Z. der schnellste Mikroprozessor.

Zu erwähnen wäre noch der IBM RT PC (**RT** = reduced instruction technology), ein PC (personal computer), der auf einem RISC-Prozessor aufgebaut ist.

RISC-Architektur und CISC-Architektur müssen keine Gegensätze sein. So ist ein Prozessor denkbar mit einem sehr konfortablen Befehlssatz, der eine Untermenge aus einfachen, sehr schnellen Befehlen besitzt. Jeder mikroprogrammierbare Prozessor erfüllt im Prinzip diese Forderungen.

15.11 Einige 8- und 16-Bit Mikroprozessoren

Wir hatten zur Erläuterung meist eine Z80 vorausgesetzt, weil dies ein moderner Prozessor ist, an dem fast alle wesentlichen Eigenschaften von Mikroprozessoren studiert werden können. Die Z80 kann, neben der INTEL8085 und der IN-TEL8088, als Industriestandard für 8-Bit-Systeme bezeichnet werden.

Wir wollen in diesem Teilkapitel einige andere Typen kennenlernen. Es geht dabei nicht darum, diesen eine gerechte Beurteilung zukommen zu lassen, sondern lediglich um die Besprechung weiterer Gesichtspunkte. Außerdem sollen einige historisch wichtige Typen, die immer noch in "aller Leute Mund" sind, dem Namen nach erwähnt werden.

Ein Meilenstein war der erste 8-Bit Mikroprozessor 8080, der von der amerikanischen Firma Intel im Jahre 1973 eingeführt wurde. Dieser wurde bald durch die bereits erwähnte 8085 verbessert. Unter den unzähligen Typen, welche von vielen Firmen kurz hintereinander herausgebracht wurden, haben nur die Zilog Z80, die Motorola 6800, die Rockwell 6500 - letztere z.B. durch die Commodore Homecomputer - eine beträchtliche Verbreitung gefunden.

Der größte Mangel dieser 8-Bit-Systeme war die Beschränkung auf einen 64 kByte Adressenraum - und selbst dies nur unter Benutzung von Doppelregistern für die Adressenrechnung. Es ist immer wieder erstaunlich, wie auf den ersten Blick triviale Aufgaben riesige Programme von mehreren hundert kByte Code erfordern. Durch die stürmische Entwicklung der Memories, wobei der erste 16 kBit Chip der Firma Mostek als Meilenstein erwähnt werden muß, konnten solche Anwendungen realisiert werden.

Zur Adressierung großer Memories wurden die 16-Bit Mikroprozessoren entwikkelt. Dabei konnten nur die drei Firmen Motorola mit ihrer **MC68000**, Zilog mit ihrer **Z8000** und Intel mit ihrer **8086** auf diesem Gebiet Bedeutung erlangen.

Obwohl dies nicht auf den ersten Blick zu erkennen war, erwies sich der MC68000 als der Überlegene. Dieser Typ wurde deshalb von den meisten Anwendern (system designers, system integrators), welche anspruchsvolle Systeme oder Software entwickelten, bevorzugt. Eine große Menge interessanter Software läuft auf einer 68000. Der externe Bus der 68000, der dem ECB-Bus bei der Z80 entspricht, ist unter dem Namen **VME-Bus** zu einem Industriestandard geworden. Viele bedeutende Peripheriegeräte wie auch Meßgeräte lassen sich direkt an den VME-Bus anschließen.

Der 8086 andererseits hatte den großen Vorteil der vollen **Kompatibilität** mit dem weit verbreiteten 8085, ja sogar mit dem alten 8080, während Motorola und Zilog eine radikal neue Entwicklung (radical design) wagten. Die Mehrzahl der Ingenieure, die an den fortgeschrittenen Eigenschaften (sophisticated features) des 68000 nicht interessiert waren, entschieden sich daher für den 8086. Damit konnten sie ihre alte Software und die **Entwicklungssyteme** (development systems), welche große Investitionen waren, zunächst noch weiter benutzen.

Dieses Wettrennen ist wesentlich beinflußt worden durch die Entscheidung der Firma IBM, welche die Firma Intel teilweise aufkaufte, in ihrem Einperson-Arbeitsplatzrechner (personal computer) **IBM-PC** den Prozessor 8086 zu verwenden. IBM, als der Marktführer (industry leader) auf dem Gebiete der Großrechner (main frames), hatte einen gewaltigen Vertrauensvorsprung gegenüber kleineren Firmen, welche gelegentlich trotz erfolgreicher und exzellenter Produkte bei zu harter Konkurrenz in Konkurs gingen.

Der IBM-PC, kurz **PC**, ist durch seine weite Verbreitung zu einem de facto Standard für Personal Computer geworden. Dies bezieht sich nicht nur auf die dabei verwendete Software, wie das Betriebssystem **MS-DOS** und dem 8086 Assembler, sondern auch auf die Hardware, nämlich auf den externen Bus des 8086, dem sog. **Unibus**.

Inzwischen hat auch Intel die Entwicklung seiner Prozessoren vorangetrieben mit seinem 80286, der in dem fortgeschrittenen Personal Computer **IBM-AT** (AT=advanced technology) eingesetzt wird. Der INTEL 80386, das neueste Mitglied der sog. iAPX-Familie von INTEL, ist ein voller 32-Bit Rechner. Er gewahrt immer noch die Kompatibilität zum Unibus, sowie zu den Prozessoren 8086, 8085 und 8088, indem umschaltbarerweise deren Code verstanden wird.

15.12 Der 32-Bit Prozessor MC68020

Der im letzten Teilkapitel erwähnte MC68000 war intern bereits ein 32-Bit Prozessor, weil die meisten seiner Register 32-Bit breit waren und als Doppelregister oder als zwei einfache Register angesprochen werden konnten. Da jedoch der Datenbus nur 16-Bit breit war und der Prozessor intern nur 16 Bits parallel verarbeiten konnte, mußte der 68000 als ein 16-Bit Prozessor bezeichnet werden.

Die Breite des Datenbus ist kein sehr wichtiges Charakteristikum eines Prozessors. So ist der MC68008 im wesentlichen mit dem MC68000 identisch, hat jedoch

einen nur 8-Bit breiten Datenbus. Das **Programmiermodell** (`program model`),
d.h. die Art und Weise wie der Prozessor dem Programmierer erscheint, ändert
sich dadurch nicht. Für einen Datenzugriff auf ein 16-Bit Wort sind nun lediglich
zwei Einzelzugriffe erforderlich, was für den Anwender sich höchstens in der Ge-
samtgeschwindigkeit bemerkbar macht. Der MC68008 wurde geschaffen, um bestehende 8-Bit Peripherie besser nutzen zu können.

Der 68020 ist ein voller 32-Bit Prozessor, indem alle Register, die interne parallele
Verarbeitung und der Datenbus eine Breite von 32-Bit haben. Er ist aufwärtskompatibel zu dem 68000.

Wir können hier keine allgemeine Einführung geben [15.9] sondern wollen nur einige bemerkenswerte Eigenschaften dieses gewaltigen Prozessors vorstellen. Viele
der zu besprechenden Eigenschaften sind bereits in den früheren Familienmit-
gliedern, dem 68000, 68008, 68010 und dem 68012 vorhanden.

Unter den speziellen Befehlen erwähnen wir den 32-Bit `Barel-Shifter`, der ein 32-Bit breites
Wort um eine beliebige Zahl (0 ... 31) von Bits auf einen Schlag zu shiften gestattet.

Der MC68020 ist eine **Zweiadressenmaschine**, da die meisten Operationen, z.B.
ADD, mit *zwei beliebigen* Operanden ausführbar sind. Dies steht im Gegensatz zu
den üblichen Einadressenmaschinen (Z80, INTEL 80286), wo ein Operand stets
das A-Register sein muß, oder zu den **Stackmaschinen**, wo die Operanden stets
auf dem Stack liegen.

Der MC68020 zeichnet sich durch eine Vielfalt von **Adressierungsarten** aus: Die
Operanden können
-- direkt im Code abgelegt sein (**immediate addressing**) und zwar als Byte
(`short`), als Wort (16 Bits) oder als `long word` (32 Bits),
-- in Registern liegen (**register direct**),
-- im Memory liegen an einer Adresse, die im Register abgelegt ist (**register indirect**),
-- im Memory liegen an einer Adresse, die relativ zum Program-Counter angegeben wird (**PC relative**),
-- im Memory liegen an einer Adresse, die direkt im Code angegeben wird
(**absolute addressing**),
-- im Memory liegen an einer Adresse, die im Memory abgelegt ist an einer
Adresse, die direkt im Code angegeben wird (**memory indirect**, für Adreßtabel-
len), etc.

Zu der somit festgelegten Adresse (**effective address**, EA), wo sich der Operand
befindet, kann noch zusätzlich eine Adreßdistanz (**address displacement**) dazuaddiert werden. Die Adreßdistanz kann direkt im Code angegeben sein
und/oder als Inhalt eines Registers, welches dann **Indexregister** heißt, spezifiziert
sein.

Zusätzlich kann ein Skalierungsfaktor (1, 2, 4, 8) angegeben werden, mit dem der Inhalt des Indexregi-
sters zuvor zu multiplizieren ist.

Falls die Adressierung in einem Loop läuft (loop mode) kann noch postinkrement, preinkrement,
postdekrement, predekrement verlangt werden.

Die peripheren Geräte sind **memory-mapped**, d.h. ihre Register werden angesprochen, als ob sie Worte des Memorys mit einer bestimmten Adresse wären, so
daß keine eigenen I/O-Befehle notwendig sind.

Dies erfordert einen **asynchronen Bus**, d.h die CPU beginnt einen **Buszyklus**,
während Memory und die peripheren Geräte mit der Leitung DSACK0/1 den
Buszyklus so lange verlängern können, bis sie den Datenverkehr erledigt haben.
Auf zwei Leitungen SIZE0/1 kann die CPU die Länge des Datenwortes(8, 16 oder
32 Bit) für jeden Buszyklus individuell festlegen.

Adreß- und Datenbus sind im Interesse maximaler Geschwindigkeit nicht gemultiplext. Vielmehr
sind 32 Datenleitungen D_0 ... D_{31} und 32 Adreßleitungen A_0 ... A_{31} vorhanden, womit 4GByte (1
Gigabyte = 10^9 Byte) direkt adressiert werden können.

Der MC68020 hat ein **virtuelles Memory**, d.h. es erscheint dem Anwender
(user), als ob das gesamte Memory von 4GByte vorhanden wäre (es ist virtuell
vorhanden).

Falls der Anwender auf eine Adresse im virtuellen Memory zugreift, welche physikalisch (d.h. in Wirklichkeit) nicht vorhanden ist, so entsteht ein **Busfehler**. Dieser erzeugt einen Interrupt und die entsprechende Service-Routine lädt die fehlende Information von der Platte ins physikalische Memory (**demand paging**). In
der memory management unit (MMU) muß daraufhin die Adreßtranslation
so eingestellt werden, daß die Information an der angeforderten virtuellen
Adresse zu stehen scheint.

Der Assemblerbefehl, welcher den Interrupt auslöste (faulted operation),
wurde unterbrochen (aborted) und kann jetzt fortgesetzt werden
(instruction continuation).

Der MC68020 ist eine **virtuelle Maschine**, d.h es können mehrere Benutzer
gleichzeitig darauf arbeiten und jeder hat den Eindruck, die Maschine für sich allein zur Verfügung zu haben (abgesehen von einer reduzierten Rechenleistung).
Die einzelnen Benutzer können dabei auch verschiedene Betriebssysteme fahren.

Auch wenn nur ein Benutzer auf der Maschine arbeitet, kann er sein Problem in
mehrere unabhängige **Tasks** zerlegen: Ein Task ist z.B. damit beschäftigt, eine
längere Rechnung durchzuführen, ein anderer compiliert, ein dritter überwacht
einen Ofen. Dieser letzte Task ist meist **suspendiert** und wird nur aktiviert, wenn
ein Interrupt vom Ofen dies erfordert. Die anderen Tasks erhalten vom Betriebssystem abwechselnd bestimmte **Zeitscheiben** (time slices) zugeteilt.

Die virtuellen Machinen (für die einzelnen Tasks) werden dadurch ermöglicht,
daß der MC68020 in zwei Zuständen (processor states) arbeiten kann:
supervisory mode und user mode.

Gewisse Operationen sind **privilegiert** und können nur im supervisoy mode
ausgeführt werden. Auch der Zugriff auf gewisse Adressen kann von der MMU
privilegiert werden. Dadurch sind die Memorybereiche der einzelnen Tasks gegeneinander geschützt. Das Verändern der Register der MMU ist privilegiert,
ebenso der Zugriff auf periphere Geräte, welche auf gewissen privilegierten

Adressen liegen. Dadurch sind auch die Plattenbereiche der einzelnen Tasks gegeneinander geschützt.

Die Benutzertasks laufen alle im `user` mode (jeweils einer aufs mal). Wenn diese auf ihre Files (Dateien im Plattenbereich) zugreifen, begehen sie eine `privilege violation` (Privilegierungsverletzung), was die Kontrolle dem einen im `supervisory` mode arbeitenden Task, meist der **Betriebssystemkern (kernel)**, übergibt. Der Kern überprüft, ob die Zugriffswünsche des Benutzers legitim waren und führt sie gegebenenfalls selbst aus. Anschließend suspendiert der Kern sich selbst und reaktiviert den unterbrochenen `user task`.

Meist wird der user task den Zugriff gar nicht selbst versuchen sondern in symbolischer Weise die Leistung des Betriebssystemkerns anfordern. Dazu wird ein nonsense OP-code verabredet, auf den die symbolischen Zugriffswünsche im Code folgen. Die nonsense Operation ist ein **Trap** (ein software induzierter Interrupt), welcher wieder die Kontrolle dem supervisory task übergibt.

Wenn mehrere Benutzer verschiedene Betriebssysteme fahren, sind diese als Tasks im user mode formuliert. Der eigentliche Anwendertask fordert Leistungen dieser Betriebssystemtasks an, welche ihrerseits einen Zugriff vom supervisory task, d.h dem allen Betriebsystemen gemeinsamen **Betriebsystemkern**, ausführen lassen.

Die Maschine heißt virtuell, weil sie dem Anwender den Eindruck vermittelt, daß gewisse Geräte, etwa ein Plotter, vorhanden seien, die physikalisch gar nicht existieren (virtueller Plotter, **virtuelle Geräte**). Der `supervisory task` emuliert den Plotter, indem er etwa die Daten lediglich auf einen File schreibt, welcher anderswo ausgeplottet wird.

Jedem einen **Interrupt** erzeugenden Gerät kann eine **Prioritätsebene** (`priority level`) zugeordnet werden (`seven level processor priority scheme`): Wenn eine Service-Routine einer bestimmten Prioritätsebene abläuft, so kann diese nur von einem Gerät höherer Priorität unterbrochen werden.

Das Prioritätsschema der Z80 und der INTEL 80286 bezieht sich nur auf das Auslösen des Interrupt. Wenn eine Service-Routine läuft, können nur generell entweder alle Interrupts verboten werden (DI, disable interrupts) oder alle ermächtigt werden (EN, enable interrupts).

Der MC68020 erlaubt die Zusammenarbeit mit bis zu 8 **Coprocessoren**. Der Floating-Point Coprocessor MC68881 führt z.B. arithmetische Operationen an REAL-Zahlen mit einer 64-Bit Mantisse und einem 15-Bit Exponenten aus. Die Register der Coprocessoren sind **memory-mapped**, d.h die CPU kann Aufträge für diese Coprocessoren vergeben mit den üblichen Schreibbefehlen auf Memoryadressen. Während ein Task auf das Ergebnis eines Coprocessors wartet, wird ein anderer Task aktiviert.

Es gibt eine wohldefinierte **Coprocessorschnittstelle**. Dazu gehören spezielle Assemblerbefehle, welche in Abhängigkeit von gewissen Flags der Register des Coprocessors Sprünge ausführen. Auf diese Weise kann der Status des Coprocessors abgefragt werden.

15.13 Microprocessor Support Chips

Zu einem Computer gehört eine CPU, ein Memory und eine Reihe von peripheren Geräten wie Drucker, Platteneinheiten, Sichtgeräte etc., welche mittels PIOs, SIOs etc. an den Systembus angeschlossen sind. Daneben benötigt ein Computersystem meist noch eine Reihe von **Hilfsbausteinen**, die. microprocessor support chips, welche zwar im Prinzip in den bereits genannten Bauteilen untergebracht werden könnten, jedoch aus verschiedenen Gründen als separate Bauteile realisiert wurden.

Zunächst wären hier die **Bustreiber (bus transceiver, bus driver)** zu erwähnen. Sie werden benötigt, wenn mehr Bausteine an den Bus angehängt werden, als diese treiben können. Dann muß jeder Bauteil über einen Bustreiber an den Bus angeschlossen werden.

Von den memory support chips hatten wir bereits die dynamic memory controller erwähnt, welche den Refresh besorgen, falls dies nicht von der CPU selbst, wie etwa bei der Z80, besorgt wird.

Durch geringe Beimengungen von radioaktivem U (Uran) und Th (Thorium) in dem Material, aus denen die dynamischen RAMs gefertigt werden, entstehen **Alphateilchen** (alpha particles). Diese können das gespeicherte Bit umkippen (**soft error**) oder in seltenen Fällen zerstören (**hard error**).

Durch geschickten Schaltungsaufbau konnten diese Probleme zwar bereits weitgehend eliminiert werden. In Computern großer Zuverläßigkeit (high reliability systems) wird jedoch zu jedem Computerwort noch ein oder mehrere **Paritätsbits** gespeichert.

Bei einem 16-Bit Computer sind dann die Worte im Memory in Wirklichkeit z.B. 17-Bit lang. Das Paritätsbit wird so gesetzt, daß die Anzahl der im Gesamtwort gesetzten Bits etwa gerade wird. Dadurch kann jeder einzelne soft error als Paritätsfehler erkannt werden. Der Anwender erhält dann die Mitteilung, daß die Ergebnisse der Rechnung nicht mehr zuverlässig sind.

Es gibt Paritätssysteme mit mehreren Paritätsbits pro Computerwort, bei denen das gekippte Bit identifiziert und damit korrigiert werden kann. Single soft errors können korrigiert werden, double soft errors können noch erkannt werden. Multiple soft errors in ein und demselben Computerwort, die allerdings mit einer tolerierbar geringen Wahrscheinlichkeit vorkommen, bleiben unerkannt.

Das Memory wird dann über einen parity generator/ error corrector an den Systembus angeschlossen. Dieser support chip, der natürlich hinreichend schnell arbeiten muß, erzeugt beim Schreiben die erforderlichen Paritätsbits, und kontrolliert beim Lesen die Parität (parity checker). Im Fehlerfall führt er eine automatische Korrektur (bei single soft errors) durch oder er löst einen Interrupt aus (bei double soft errors).

Die clock generators und die baud rate generators erzeugen den Systemtakt.

In einigen Rechnerfamilien ist der Bus zu einem Standard geworden, etwa der VME-Bus für den 68000. Spätere Mitglieder der Familie erhielten dann einen umfangreicheren Bus. Diesen bezeichnete man als **internen Bus**, während der einfachere, standardisierte Bus weiterhin als **externer Bus** angeboten wurde. Die Vermittlung geschieht durch einen **Bus-Controller**.

Weitere spezielle support chips sind zur Steuerung der peripheren Geräte notwenig. Wir erwähnen die floppy disc controller, die CRT-controller (CRT = cathode ray tube) zur Steuerung eines Sichtgerätes, etc.

15.14 Die Centronics-Schnittstelle

Die Centronics-Schnittstelle wurde von der Firma Centronics als Druckerschnittstelle entwickelt und hat sich für diese Anwendung weitgehend durchgesetzt. Die meisten Computer, Drucker, Plotter etc. sind mit dieser Schnittstelle ausgestattet.

Es handelt sich um eine parallele Schnittstelle - allerdings mit dem Nachteil, daß der Datenfluß nur in einer Richtung (Computer zu Drucker) vonstatten gehen kann.

Die elektrischen Pegel sind TTL-kompatibel. Das Verbindungskabel ist daher auf eine Länge von ca. 2m beschränkt.

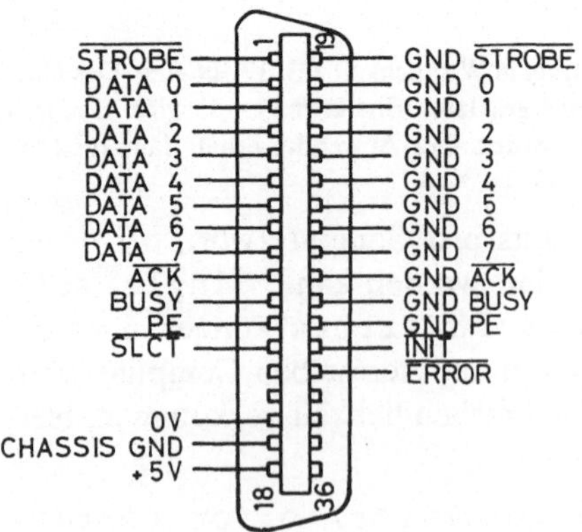

Bild 15.16 Der 36-polige Centronics Stecker [15.12]

Bild 15.16 zeigt die Pinbelegung für einen 36-poligen Stecker. Die Schnittstelle ist nur sehr unvollkommen genormt. So verwendet z.B. der IBM-PC einen 25-poligen Stecker. Auch sind meist nicht alle Pins belegt.

Mit einem L-Puls auf <u>DS</u> (Data Strobe) teilt der Computer mit, daß die Pegel auf
den Datenleitungen DATA0 ... DATA7 stabil und gültig sind. Mit <u>ACK</u> teilt der
Drucker mit, daß er zur Aufnahme eines weiteren Datenbytes bereit ist.

Auf der rechten Seite von Bild 15.16 erkennen wir die individuellen Erdrückleitungen zu den entsprechenden Signalen auf der linken Seite. Sie verringern das Übersprechen zwischen den verschiedenen
Signalleitungen. Idealerweise bilden je zwei ein twisted pair {7.16} oder sind im Flachbandkabel be-
nachbart.

CHASSIS GND (protective ground) ist mit dem Metallgehäuse des Druckers und damit mit dem
Schutzleiter des Netzes verbunden.

Meist liefert der Drucker noch eine +5V Spannung mit einer eigenen Erdrückleitung 0V (Pin 16).

Gelegentlich sind noch Meldeleitungen angeschlossen: Mit PE (paper end) und <u>ERROR</u> kann der
Drucker spezielle Fehlersituationen (Verklemmter Schreibkopf, off line switch) anzeigen.

Mit INIT kann der Computer den Drucker zurücksetzen (Druckerpuffer löschen, Zurücksetzen von
durch speziellen ASCII-Code erzeugten Sondereinstellungen wie Schriftart etc.).

Der Drucker arbeitet nur, wenn er selektiert ist (<u>SLCT</u> = L); meist wird jedoch dieser Pin vom Druk-
ker selbst auf L gehalten.

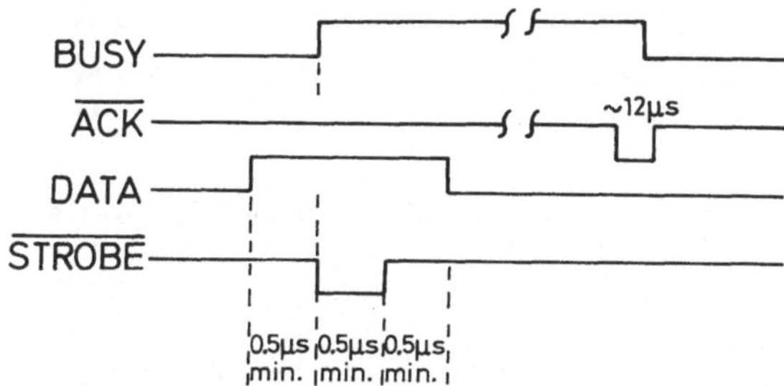

Bild 15.17 Signalflußplan des Cen-
tronics-Handshake [15.12]

Die Centronics-Schnittstelle arbeitet nach folgendem Handshaking, Bild 15.17:
Der Computer stellt die Daten auf den Leitungen DATA0 ... DATA7 bereit. Mit
<u>STROBE</u> = L teilt der Computer mit, daß die Daten stabil und gültig sind. Mit
der steigenden Flanke dieses L-Pulses werden die Daten von einem Register im
Drucker eingelatched. Der Drucker teilt mit BUSY = H mit, daß er noch nicht
zur Aufnahme eines weiteren Zeichens bereit ist und/ oder durch einen <u>ACK</u> = L
Puls, daß er zur Aufnahme eines weiteren Zeichens bereit ist.

Falls der Drucker nur den <u>ACK</u>-Puls liefert, der Computer aber ein BUSY-Signal erwartet, kann ein
einfaches Flip-Flop, welches durch <u>STROBE</u> gesetzt und durch <u>ACK</u> zurückgesetzt wird, das fehlende
BUSY-Signal liefern.

15.15 Die RS-232-C und V.24-Schnittstelle

Die amerikanische Norm RS-232-C und die französische Norm CCITT V.24, welche im wesentlichen identisch sind, bezeichnen eine **serielle Schnittstelle**. Die Pinbelegung auf dem genormten 25-poligen Stecker ist in Tab.15.2 gegeben.

Pin	Abk.	Name	Bedeutung	Richtung
1		Protective Ground	Schutzleiter	
2	TxD	Transmit Data	Daten zum Modem	T -> M
3	RxD	Receive Data	Daten vom Modem	T <- M
4	RTS	Request to Send	Modem einschalten	T -> M
5	CTS	Clear to Send	Modem hat Verbindung zu Partner	T <- M
6	DSR	Data Set Ready	Modem ist eingeschaltet	T <- M
7		Signal Ground	logische Erde	
8	DCD	Data Carrier Detect	Partner sendet	T <- M
15	TC	Transmitter Clock	Takt für TxD	T <- M
17	RC	Receiver Clock	Takt für RxD	T <- M
20	DTR	Data Terminal Ready	Terminal ist bereit	T -> M
22	RI	Ring Indicator	Partner ruft an	T <- M
24	DTE	Clock from Data Terminal Equipment (T)		T -> M

Tab.15.2 Pin Belegung (Auswahl) der V.24-Schnittstelle zur Steuerung eines Modems (M) durch ein Terminal (T)

Es handelt sich um eine `full duplex` Übertragung, d.h. für die beiden Übertragungsrichtungen sind eigene Leitungen **TxD** (`Transmit Data`) und **RxD** (`Receive Data`) vorhanden.

Das Übertragungsprotokoll erfolgt meist, wie bereits in {15.5} erläutert mit Startbit, Stopbits und evtl. Paritätsbits bei einer verabredeten Baudrate.

Die elektrischen Pegel sind wie folgt festgelegt:

1	= MARK	3V ... 15V
0	= SPACE	-15V ... -3V

Meist werden ± 12V für die beiden logischen Pegel verwendet.

Häufig erfolgt die Datenübertragung vielmehr mit einer *20mA*-Stromschleife (`20mA current loop`):

1	= MARK	20mA
0	= SPACE	0mA

Bei den früheren Fernschreibern (TTY = teletype) konnten damit direkt Hubmagnete angesteuert werden. Man schricht deshalb von einer **TTY-Schnittstelle**. Stromschleifen sind auch weitgehend unempfindlich gegen Störungen und eignen sich zur Datenübertragung auf langen Leitungen. Allerdings werden keine hohen Übertragungsraten erzielt.

In der Regel wird die **Datenendeinrichtung** (**DEE** = **DTE** = data terminal equipment, z.B. ein Sichtgerät, **Terminal**, T) nicht direkt sondern über eine **Datenübertragungseinrichtung** (**DÜE** = **DCE** = data communication equipment, z.B. ein **Modem**, M) an die Datenübertragungsleitung angeschlossen.

Werden zwei DDEs (2 Terminals) direkt verbunden, so ist ein **gekreuztes Kabel** erforderlich, weil TxD des einen DEE mit dem RxD des anderen DEE verbunden werden muß. Wird die DEE (Terminal) mit einem DTE (Modem) verbunden, so ist ein **Geradeauskabel** erforderlich.

Ein **Modem** (Modulator-Demodulator) überträgt die digitale Information in Form verschiedener Frequenzen. Bei den langsamen Modems bis 300 Bit/s (300 Bauds) nach der CCITT-Norm V.21 sind dies die folgenden:

Teilnehmer   1 = MARK   0 = SPACE

Anrufer   980Hz   1180Hz
Gerufener   1650Hz   1850Hz

Die Information TxD und RxD kann damit auf *einer* Leitung, etwa einer Telefonleitung, übertragen werden.

Die drei Leitungen TxD, RxD und GND (signal ground) sind die minimalen Verbindunge, die für eine V.24-Schnittstelle erforderlich sind. Die weiteren Signale dienen der Modemsteuerung.

Wenn das Terminal Daten senden will, läuft folgendes *Übertragungsprotokoll* ab:

Dit **DSR** (Data Set Ready) teilt das Modem mit, daß es betriebsbereit ist (power on).

Mit **RTS** (Request To Send) wird das Modem A aufgefordert, die Verbindung zum Partnermodem B aufzubauen und mit dem Senden von MARK zu beginnen

Bei entsprechend ausgestattetem Modem A wird ein Anruf beim Partner B getätigt. Falls dessen Modem B eingeschaltet ist, zeigt dieses auf der Linie **RI** (Ring Indicator) seinem Terminal B den angekommenen Ruf mit. Falls dieses Terminal B auf **DTR** (Data Terminal Ready) seinem Modem B Betriebsbereitschaft mitteilt, wird es den Ruf annehmen (abheben).

Mit **CTS** (Clear To Send) teilt das Modem mit, daß es den Befehl RTS ausgeführt hat.

Die eigentliche Datenübertragung auf TxD kann nun ablaufen. Meist wird der Partner die empfangenen Daten zur Kontrolle zurücksenden (**Echo**).

Auf er Leitung **DCD** (`Data Carrier Detect`) teilt das Modem A mit, daß es vom Partner B einen gültigen Frequenzträger (SPACE oder MARK) empfängt, die Daten auf RxD also gültig sind.

Nach Beendigung der Übertragung kann wieder RTS = L gehen, womit die Telefonverbindung zum Partner unterbrochen wird.

Der Takt (Clock), welcher die Baudrate bestimmt, kann im Modem erzeugt werden. Dieser wird dann auf **TC** (`Transmitter Clock`) und auf **RC** (`Receiver Clock`) dem Terminal mitgeteilt. Falls das Terminal den Takt erzeugt, kann es diesen dem Modem auf **DTE** (transmitter signal element timing DTE) mitteilen.

Die Schutzerde (protective GRD) verbindet die metallische Abschirmung von Modem und Terminal und ist mit dem Schutzleiter des 220V-Netzes verbunden.

Es gibt fertige Bauteile, z.B. der MAX232, welche die elektrischen Pegel für die V.24-Schnittstelle bereitstellen und insbesondere die ±12V aus einer +5V Versorgungsspannung erzeugen.

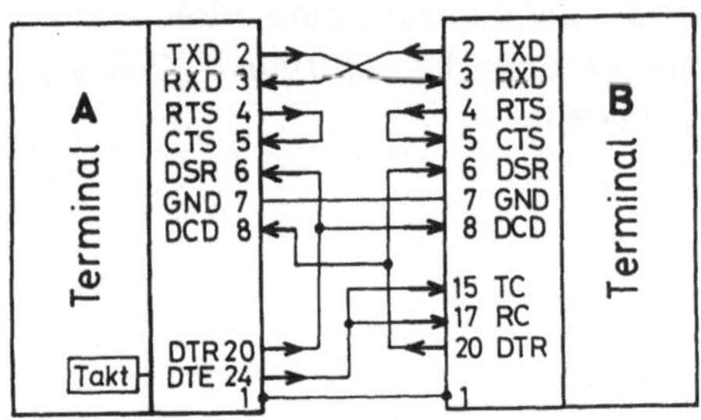

Bild 15.18 Verbindung zweier Terminals über eine V.24-Schnittstelle. Terminal A ist der Taktgeber

Eine direkte Verbindung zweier Terminals über eine V.24-Schnittstelle, wenn Terminal A der Taktgeber ist, wird in Bild 15.18 gezeigt.

Bild 15.19 Pulsdauermodulation (PDM)

Anstelle der asynchronen Übertragung nach Bild 15.11 mit einer verabredeten Baudrate kann auf der seriellen Leitung die Information auch mit der **Pulsdauermodulation (PDM, Pulsbreitenmodulation,** `pulse width modulation, PWM`), Bild 15.19, übertragen werden. Die steigende Flanke definiert den Beginn eines Bits. Der Takt ist also gewissermassen in jedem Bit enthalten. Die Länge des H-Pulses entscheidet über den Wert des Bits: 0 falls der Puls kurz, 1 falls der Puls lang ist.

15.16 Weitere Schnittstellen

Unter den genormten Schnittstellen hatten wir solche für den (internen) **Systembus** (ECB-Bus für die Z80, VME-Multibus für den MC68000, Unibus für IN-TEL8086), für **externe Bussysteme** (IEC-Bus), für spezielle Peripheriegeräte (Centronics-Druckerschnittstelle) und solche für Datenfernübertragung (V.24, RS-232-C) besprochen. Hier sollen noch weitere Schnittstellen kurz erwähnt werden.

Das **CAMAC**-System (Computer Aided Measurement And Control) ist durch die Zusammenarbeit europäischer Kernforschungszentren noch vor dem IEC-Bus genormt worden. Es dient wie dieser der Steuerung von Experimenten, ist jedoch wesentlich komplexer. Die Daten werden auf 111 Leitungen mit einer Geschwindigkeit von bis zu $6 \cdot 10^6$ Worte/s übertragen bei einer Wortlänge von 24 Bit. Die Standardisierung ist außerordentlich konsequent durchgeführt.

Die Firma Tektronix hat ein neues Bussystem entwickelt, welches die Unzulänglichkeiten und Beschränkungen des IEC-Bus beseitigt. Es bleibt abzuwarten, ob er sich gegenüber diesem durchsetzen kann.

Am anderen Extrem steht der **I²C-Bus** der Firma Valvo. Er zeichnet sich vor allem durch seine Einfachheit aus, kommt er doch lediglich mit 2 Signalleitungen aus..

Unter den internen Bussystemen dürfte der **Micro Channel** in der nächsten Zeit eine große Bedeutung erlangen, da er von IBM für sein **PS/2** (Personal System/2, Nachfolger von IBM-AT) festgelegt wurde. Er eignet sich auch für Multiprozessorsysteme. Diese Schnittstelle steht unter Lizenz von IBM (proprietary to IBM). Sie besitzt viele Erweiterungsmöglichkeiten, welche z.Z. noch undefiniert sind bzw. von IBM geheimgehalten werden.

15.17 Lokale Netze (LAN)

Während früher eine Institution meist *einen* einzigen Großcomputer (main frame) mit vielen Terminals besaß, kann heute jedem Mitarbeiter ein *eigener* Rechner (Personal Computer, PC) zur Verfügung gestellt werden. Damit entstand das Problem der Vernetzung von **verteilten Systemen**, um einen Datenaustausch zu ermöglichen.

Idealerweise würde sich dazu das bereits bestehende oder ein erweitertes Haustelefonnetz anbieten, weil dieses Verbindungen zwischen je zwei beliebigen Teilnehmern herstellt, ohne daß sich die einzelnen Paare gegenseitig beeinträchtigen.

Aus verschiedenen Gründen (geringe Datenrate, Störsicherheit, mangelnde Automatisierung, zu wenig Anschlüsse) reicht jedoch das bestehende Telefonnetz nicht aus. Vorallem bei einer geringen Zahl von zu vernetzenden Teilnehmern erscheint dann die **Ringtopologie** und die **Bustopologie**, Bild 15.20, kostengünstiger zur Realisierung eines **lokalen Netzes** (**LAN**, `Local Area Network`).

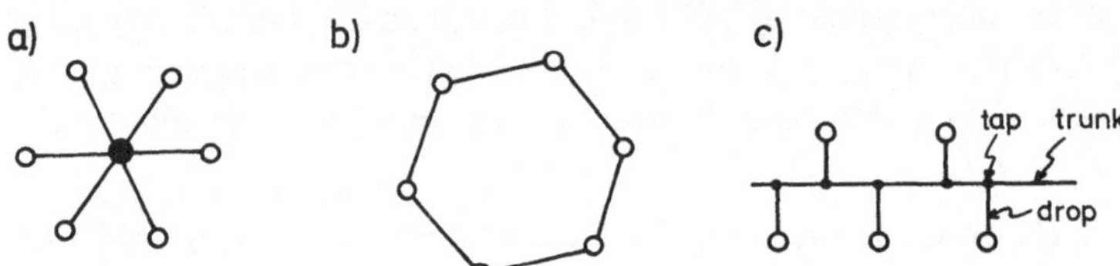

Bild 15.20 Verschiedene Topologien lokaler Netze: a) star topology, b) ring topology, c) bus topology

Die Telefonvernetzung entspricht der **Sterntopologie**. Die Zentrale spielt dabei eine ausgezeichnete Rolle. Es sind auch Kombinationen dieser Topologien möglich, z.B. zwei Ringe, welche durch eine **Brücke** (`bridge`) verbunden sind.

Die Ring- und Bustopologie ist vorteilhaft, wenn eine Mitteilung in der Regel an alle angeschlossenen Teilnehmer ergeht.

Die Ringtopologie hat den Vorteil, daß jeder Teilnehmer als Verstärker wirkt und die Leitungslängen meist kurz bleiben können. Der Ring kann beliebig erweitert werden, ohne daß hardewaremäßig Änderungen an den bestehenden Teilen erforderlich wären.

Besondere Vorkehrungen sind bei der Ringtopologie notwendig, damit das ganze Netz nicht zusammenbricht, wenn ein Teilnehmer versagt. So geht der Informationsfluß bei der Ringtopologie in Wirklichkeit nur durch den Interface, an den sich der Teilnehmer seitlich anschließt. Spezielle Steckverbinder können die Unterbrechung im Ring automatisch überbrücken, wenn ein Interface physikalisch vom Ring entfernt wird. Dennoch bereitet das ordnungsgemäße Zu- und Wegschalten von Teilnehmern besondere Schwierigkeiten.

Der große Nachteil der Ring- und Bustopologie gegenüber der Sterntopologie besteht darin, daß stets nur *ein* Teilnehmer *Sprecher* eines Informationsflusses sein kann. Es ist ein spezielles `network access protocol` erforderlich, um dies sicherzustellen:

-- Beim `master-slave polling` fragt ein ausgezeichneter Teilnehmer (`master`) alle anderen (die Sklaven) der Reihe nach ab, ob sie sprechen wollen und erteilt ihnen gegebenenfalls das Rederecht.

-- Beim `token passing` wird ein festgelegtes Informationsmuster als **Token** (Stafettenstab) interpretiert. Wer das Token hat, darf sprechen, d.h. seine Information dem Token anhängen. Wenn niemand sprechen will, läuft das Token ständig im Kreis herum (**token ring**).

Bei der Bustopologie muß im Token die Adresse des Teilnehmers enthalten sein, welcher als nächstes den Token erhalten soll. Die Teilnehmer sind adressenmäßig in einem Ring angeordnet (**logical ring**). Will der Teilnehmer nicht wirklich sprechen, verändert er das Token auf die Adresse des nächsten Teilnehmers und gibt es erneut auf den Bus.

-- Beim `contention protocol` (contention = Wortgefecht) beginnt ein Teilnehmer nur zu reden, wenn gerade niemand spricht. Falls zwei gleichzeitig mit sprechen beginnen, können dies die Teilnehmer erkennen. Sie halten sich sofort zurück und versuchen erneut zu sprechen nach einer durch Zufall bestimmten Zeit (**CSMA/CD** = `carrier sense, multiple access with colli-sion detection`). Netzwerke nach diesem Verfahren werden von der Firma `Ethernet` propagiert, weshalb sie als **Ethernet LANs** bezeichnet werden.

Das contention protocol ist für zeitkritische Prozeßsteuerung ungeeignet, da wegen des Zufallsele-mentes keine obere Schranke angegeben werden kann, wann eine Information spätestens übermittelt wird. Auch ist es schwierig, ein Prioritätsschema vorzusehen.

Beim Token darf die angehängte Information nur eine gewisse maximale Länge besitzen. Gegebenen-falls muß der Teilnehmer warten, bis er das Token erneut bekommt.

Das `Institute of Electrical and Electronic Engineers Project 802` hat 3 verschiedene lokale Netzwerke standardisiert:

IEEE 802.3   CSMA/CD (Ethernet)

IEEE.802.4   Token Bus

IEEE 802.5   Token Ring

Die Datenübertragung zwischen den Teilnehmern wird durch umfangreiche Soft-ware unterstützt. Wir erwähnen diesbezüglich das `Manufacturing Automa-tion Protocol` (**MAP**) der Firma `General Motors` (GM) [D.i1].

Literaturverzeichnis

Firmen und ihre Datenbücher

[I.1]   **EIA** and **JEDEC** Standards: Electronic Industries Association
           (2001 Eye St. N.W., Washington, D.C. 20006)

[I.2]   **IEC** Standards: American National Standards Institute, Inc.
           (1430 Broadway New York, N.Y. 10018)

[D.V0]   **Valvo**
           (Burchardstraße 19, Postfach 106323, D-2000 Hamburg 1)
[D.V1]   Integrierte Logikschaltungen, High Speed CMOS
[D.V2]   Integrierte FAST-Schaltungen
[D.V3]   Integrierte Logikschaltungen
[D.V4]   Passive und Elektromechanische Bauelemente, Vorzugsprogramm
[D.V5]   Professionelle Integrierte Spezialschaltungen
[D.V6]   Piezoxide
[D.V7]   SC 68000-System, Mikroprozessoren, Peripherie und CRT-Schaltungen

[D.S0]   **Siemens**
           (Balanstraße 73, D-8000 München 80)
[D.S1]   Lineare Schaltungen
[D.S2]   Schaltbeispiele
[D.S3]   Einzelhalbleiter, Standard-Typen
[D.S4]   Einzelhalbleiter, Industrie-Typen
[D.S5]   Opto-Halbleiter
[D.S6]   Z-Dioden, Referenzdioden
[D.S7]   Spulen und Übertrager
[D.S8]   SIOV-Varistoren

[D.N0]   **National Semiconductors** (NS)
           (2900 Semiconductor Drive Santa Clara, California 95051)
           (Elsenheimerstraße, 61 D-8000 München 21)
[D.N1]   Linear Databook
[D.N2]   Interface Databook
[D.N3]   Linear Applications Handbook
[D.N4]   Data Conversion/Acquisition Databook
[D.N5]   CMOS Databook
[D.N6]   Memory Databook
[D.N7]   Memory Applications Handbook

[D.A0]   **Analog Devices** (AD)
           (Box 280, Norwood, MA 02062, U.S.A.)
[D.A1]   Nonlinear Circuit Handbook
[D.A2]   Transducer Interfacing Handbook

[D.A3]   Data-Acquisition Databook, Volume I and II.

[D.T0]   **Texas Instruments** (TI)
          (Haggertystr. 1, D-8050 Freising)
[D.T1]   Das TTL- Kochbuch
[D.T2]   Transistor Circuit Design
[D.T3]   L.J. Sevin: Field-Effect Transistors
[D.T4]   Louis Delholm: Design and Application of Transistor Switching Circuits
[D.T5]   Design with TTL Integrated Circuits
[D.T6]   The Integrated Circuits Catalog
[D.T7]   The TTL Data Book
[D.T8]   The Optoelectronics Data Book
[D.T9]   Pocket-Guide, Integrierte Digital-Schaltungen
[D.T10]   Applikationsbuch

[D.F0]   **Fairchild** Camera and Instruments Corporation
          (464 Ellis Street, Mountain View, California 94042)
          (Daimlerstraße 15, D-8046 Garching bei München)
          (Positron, Benzstraße 1, D-7016 Gerlingen)
[D.F1]   ECL Data Book
[D.F2]   Collection of Applications (te-wi Verlag, München)
[D.F3]   Digital 1 Applikationsbuch
[D.F4]   Bipolar Memory Data Book
[D.F5]   CMOS Data Book
[D.F6]   Microprocessor Products Data Book
[D.F7]   FAST, Fairchild Advanced Schottky TTL

[D.I0]   **Intel** Semiconductor GmbH
          (Seidlstraße 27, D-8000 München 2)
[D.I1]   Microsystem Components Handbook, Microprocessors

[D.Z0]   **Zilog**, Inc
          (Eschenstraße 8, D-8028 Taufkirchen)
[D.Z1]   Z80-CPU Technical Manual
[D.Z2]   Z80-SIO Technical Manual
[D.Z3]   Z80-CTC Counter/Timer Circuit Technical Manual
[D.Z4]   Z80-DMA Technical Manual
[D.Z5]   Z80-PIO Technical Manual

[D.H0]   **Hitachi**, Ltd.
          (Hans-Pinsel-Straße 10a, D-8013 Haar bei München)
[D.H1]   HD 64180, 8 Bit CMOS Microprocessor, User's manual
[D.H2]   Hitachi IC memory data book

[D.i0]   **Industrial Networking** Inc.
          (3990 Freedom Circle Santa Clara, CA 95052-8030)
[D.i1]   The MAP book: An Introduction to Industrial Networking, 1987

Bauteile-Vergleichstabellen

[V.0]   **ECA**, Electronic & Acustic GmbH Gerhard Ruder, Postfach 400505, D-8000 München 40
[V.E1]   ddv2 dioden

[V.E2]   cmos1 digital
[V.E3]   tvt transistoren
[V.E4]   tht thyristoren
[V.1]   C.F. Coombs: Printed Circuits Handbook, McGraw-Hill, New York, 1979

Allgemeine Literatur

[0.1]   U. Tietze und Ch. Schenk: Halbleiterschaltungstechnik, Springer Verlag, Berlin, 1983
[0.2]   P. Horowitz and W. Hill: The Art of Electronics, Cambridge University Press, London New
           York, 1983
[0.3]   O. Neufang (Hrsg.): Lexikon der Elektronik, Vieweg-Verlag, Braunschweig Wiesbaden,
           1983
[0.4]   Christian Weddigen und Wolfgang Jüngst: Elektronik Einführung für Naturwissenschaftler
           und Ingenieure, Springer-Verlag, Berlin, 1986
[0.5]   H. Völz: Elektronik - Grundlagen, Prinzipien, Zusammenhänge, Akademie-Verlag, Berlin,
           1979
[0.6]   Dieter Stoll: Einführung in die Nachrichtentechnik, AEG-Telefunken, Berlin, 1979
[0.7]   T. Adamowicz (Hrsg.): Handbuch der Elektronik, Franzis-Verlag, München, 1979
[0.8]   A.E. Fitzgerald et al.: Basic Electrical Engineering, McGraw-Hill, New York, 1981
[0.9]   W. Hasel: Allgemeine Elektrotechnik und Elektronik für naturwissenschaftliche und techni-
           sche Berufe, Franzis-Verlag, München, 1971
[0.10]   J.Reth et al.: Grundlagen der Elektrotechnik, Vieweg-Verlag, Braunschweig, 1980
[0.11]   Helmut Röder et al.: Elektronik (Industrie-, Rundfunk- und Fernsehelektronik), Verlag
           Europa-Lehrmittel, Wuppertal, 1969
[0.12]   Wolfgang Oberthür: Elektronik, Pflaum-Verlag, München, 1980
[0.13]   Valerie Illingworth [Ed.]: Dictionary of Computing, Oxford University Press, 1983
[0.14]   Lexikon der Mikroelektronik, IWT-Verlag, München, 1978

Spezielle Literatur

[S.1]   E. Kowalski: Nuclear Electronics, Springer-Verlag, Berlin, 1970
[S.2]   P. Weinzierl und M. Drosg: Lehrbuch der Nuklear-Elektronik, Springer-Verlag, Wien, 1970

Literatur zu den einzelnen Kapiteln

Kapitel 1 (Physik)

[1.1]   Georg Joos: Lehrbuch der theoretischen Physik, Akademische Verlagsgesellschaft, Berlin,
           1977
[1.2]   B.M. Jaworski, A.A. Detlaf: Physik griffbereit, Vieweg-Verlag, Braunschweig, 1972
[1.3]   L.Bergmann, Cl. Schäfer: Lehrbuch der Experimentalphysik, de Gruyter, Berlin, 1978
[1.4]   H.-D. Baehr: Physikalische Größen und ihre Einheiten, Vieweg-Verlag, Braunschweig, 1974

[1.5]   P. Dobrinski et al.: Physik für Ingenieure, Teubner-Verlag, Stuttgart, 1976
[1.6]   K. Kupfmüller: Einführung in die theoretische Elektrotechnik, Springer-Verlag, Berlin, 1973
[1.7]   Dorn: Physik, Hermann Schroedel-Verlag, Dortmund, 1975

Kapitel 2 (Dioden)

siehe Literatur zu Kapitel 4

Kapitel 3 (Geräte)

[3.1]   Rainer Gölz: Mehr über das Telefon, Frech-Verlag, Stuttgart, 1984
[3.2]   Hütte: Des Ingenieurs Taschenbuch, Fernmeldetechnik, Verlag Wilhelm Ernst, Berlin, 1962
[3.3]   Karl Bergmann: Lehrbuch der Fernmeldetechnik, Schiele & Schön, Berlin, 1986
[3.4]   Martin Klein: Einführung in die DIN-Normen, B.G. Teubner, Stuttgart, 1985

Kapitel 4 (Transistoren)

[4.1]   F. Bergtold: Schalten mit Transistoren, Pflaum-Verlag, München, 1975
[4.2]   L.G. Cowles: A Sourcebook of Modern Transistor Circuits, Prentice-Hall, Englewood Cliffs, 1976
[4.3]   A.Evans et al.: Designing with Field Effect Transistors, McGraw-Hill, New York, 1981
[4.4]   H. Gad: Feldeffektelektronik, Teubner, Stuttgart, 1976
[4.5]   M.Yunik: Design of Modern Transistor Circuits, Prentice-Hall, New York, 1973

Kapitel 5 (Operationsverstärker)

[5.1]   Walter Jung: IC Op-Amp Cookbook down-to-earth and practical paperback, Howard Sams & Co, 1980
[5.2]   George B. Clayton: Linear Integrated Circuit Applications, The Macmillan Press Ltd., London, 1975
[5.3]   J.I. Smith: Modern Operational Circuit Design, John Wiley & Sons, Inc., 1971
[5.4]   R.F. Coughlin and F.F. Driscoll: Operational Amplifiers and Linear IC's Practical Textbook, Prentice-Hall, 1982
[5.5]   J.K. Roberge: Operational Amplifiers, Theory and Practice, J. Wiley & Sons, 1975
[5.6]   Jerald G. Graeme, Gene E. Tobey, Lawrence P. Huelsman: Operational Amplifiers, Design and Applications, McGraw-Hill Book Company, New York, 1971
[5.7]   P. Baumann: Halbleiter-Praxis, VEB-Technik, Berlin, 1978
[5.8]   G. Czmock: Operationsverstärker - kurz und bündig, Vogel-Verlag, Würzburg, 1976
[5.9]   M.Zirpel: Operationsverstärker, Franzis, München, 1976
[5.10]   Jürgen Hübner: Moderne Analog-Schaltungen, Markt & Technik, Haar bei München, 1986

Kapitel 6 (Spezielle analoge Bauteile)

[6.1]   Klaus Beuth: Bauelemente der Elektronik, Vogel-Verlag, Würzburg, 1986.
[6.2]   Peter Zastrow: Fernsehempfangstechnik, Frankfurter Fachverlag Michael Kohl KG, Frankfurt am Main, 1977
[6.3]   Max Schneider: Einführung in die Physiologie des Menschen, Springer-Verlag, Berlin, 1971
[6.4]   H.N.Norton: Sensor and Analyzer Handbook, Prentice Hall, 1982
[6.5]   S. Dewan, A.Straughen: Power Semiconductor Circuits: An Introduction to the Operation and Design of Power Converters Employing Thyristors, Wiley, New York, 1975
[6.6]   M.Herpy, J.-C. Berka: Aktive RC-Filter, Franzis, München, 1976
[6.7]   P.E.Klein: Das Oszilloskop, Franzis, München,1981

[6.8]   Manfred Reuter: Regelungstechnik für Ingenieure, Vieweg, Braunschweig, 1983
[6.9]   Jack Smith: Modern Communication Circuits, McGraw-Hill, NewYork, 1986

Kapitel 7 (EMC)

[7.1]   Ralph Morrison: Grounding and Shielding Techniques in Instrumentation, John Wiley & Sons, New York, 1977
[7.2]   Dieter Stoll (Hsg.): EMC, Elektromagnetische Verträglichkeit Elitrea-Verlag, Berlin-33, 1976
[7.3]   Rocco F. Ficchi: Electrical Interference Hayden Book Company, New York, 1964
[7.4]   Henry W Ott: Noise Reduction Technique in Electronic Systems, John Wiley, New York, 1976
[7.5]   R. Müller: Rauschen, Springer-Verlag, Berlin, 1979
[7.6]   J.F. Keithley, J.R Yeager, R.J. Erdman: Low Level Measurements For Effective Low Current, Low Voltage and High Impedance Measurements, Keithley Instruments, D-8000 München 70, Heigelhofstr. 5, 1984
[7.7]   F. Tornau: Elektrische Störbeeinflußung in Automatisierungs- und Datenverarbeitungsanlagen, VEB-Verlag, Berlin, 1973
[7.8]   Bernhard E. Keiser: Principles of Electromagnetic Compatibility, Artech Book Company, London, 1987

Kapitel 8 (BASIC)

[8.1]   F.L. Nicolet: Informatik für Ingenieure, Springer-Verlag, Berlin Heidelberg, 1980
[8.2]   Klaus Menzel: Basic in 100 Beispielen, B.G. Teubner, Stuttgart, 1983
[8.3]   Herbert Löthe, Werner Quehl: Systematisches Arbeiten mit Basic, B.G. Teubner, Stuttgart, 1982
[8.4]   Hans Lorenz Schneider: Basic ohne Probleme, Verlag Markt & Technik, Haar bei München, 1983
[8.5]   J. Kwiatkowski, B. Arndt: Basic, Springer-Verlag, Berlin, 1983
[8.6]   Edgar Kaucher et al: Einstieg in Basic, BI-Mannheim, 1984
[8.7]   Edgar Kaucher et al: Übungen und Tests in Basic, BI-Mannheim, 1985
[8.8]   Rudolf Busch: Basic für Aufsteiger, Franzis-Verlag, München, 1983

Kapitel 9 (Assembler)

siehe auch [D.Z1]

[9.1]   Rodnay Zaks: Programmierung des Z80, Sybex, Düsseldorf, 1985
[9.2]   Rolf-Dieter Klein: Mikrocomputer, Hard- und Softwarepraxis, Franzis, München, 1981
[9.3]   Hausbacher, Das Prozessor Buch zum Z80, Data Becker, Düsseldorf, 1985

Kpitel 10 (TTL)

[10.1]   Jan Hendrik Jansen: Handbuch der digitalen Elektronik, Franzis, 1987
[10.2]   P. Misiurewicz, M. Grzybek: TTL-Halbleiterschaltungen, Franzis, München
[10.3]   E.A. Zuiderveen: Handbuch der digitalen Schaltungen, Franzis, München, 1983
[10.4]   H. Ritz: digi-buch, Elektor-Verlag, Gangelt, 1976
[10.5]   Georg Durcansky: Digitaltechnik, Physik-Verlag, Weinheim, 1983

Kapitel 11 (PIO)

siehe auch [D.Z5]

[11.1]   James W. Coffron: Z80 Anwendungen, Sybex-Verlag, Düsseldorf, 1984
[11.2]   G. Schnell, K. Hoyer: Mikrocomputer-Interfacefibel, Vieweg, Braunschweig, 1984

Kapitel 12 (A/D, D/A)

[12.1]   E.R. Hnatek: A User's Handbook of D/A and A/D Converters, Wiley, New York, 1976
[12.2]   J.Osinga, J.W. Maaskant: Handbuch der elektronischen Meßgeräte, Franzis, München
[12.3]   Wolfgang Link: Messen, Steuern und Regeln mit Basic, Franzis, München, 1984
[12.4]   W. Oberthür et al.: Elektronik IV D, Digitale Steuerungstechnik, Richard Pflaum, München, 1980
[12.5]   Walter Kaspers, Hans Jürgen Küfner: Messen, Steuern, Regeln, Vieweg-Verlag, 1982
[12.6]   Herwig Feichtinger: Mit Computern steuern, Franzis-Verlag, München, 1983
[12.7]   Christian Blume, Wilfried Jakob: Programmiersprachen für Industrieroboter, Vogel-Verlag, Würzburg, 1983
[12.8]   UAIO, Universal Analog Input Output Board, Datenblatt
           (Elektronik Obser, D-775 Konstanz, Gartenstr. 27)

Kapitel 13 (IEC-Bus)

[13.1]   A. Piotrowski, IEC-Bus, Franzis, München, 1984
[13.2]   G.Schnell, K.Hoyer: Mikrocomputer-Interface Fibel, Vieweg, Braunschweig

Kapitel 14 (TTL IEC-Symbolik)

siehe Literatur zu Kap. 10

Kapitel 15 (Spezielle Digitalbauteile)

[15.1]   Ivan Flores: Peripheral Devices, Prentice-Hall, Englewood Cliffs, New Jersey, 1973
[15.2]   Edwin E. Klingman: Microprocessor Systems Design, Prentice-Hall, Englewood Cliffs, New Jersey, 1982
[15.3]   Michael Troitzsch: Mikrocomputer-Schaltungstechnik, Franzis-Verlag, München, 1984
[15.4]   Ulrich Rembold et al. : Interface-Technologie für Prozeß- und Mikrorechner, Oldenbourg Verlag, München Wien, 1981
[15.5]   James W. Coffron: Z80 Anwendungen, Sybex-Verlag, Düsseldorf, 1984
[15.6]   David J. Comer: Microprocessor based system design, CBS College Publishing, New York, 1986
[15.7]   Th. Flik, H.Liebig: 16-Bit-Mikroprozessorsysteme, Springer, Berlin, 1982
[15.8]   Clarence B. Germain: Das Programmier-Handbuch der IBM360, Carl Hanser-Verlag, München, 1969
[15.9]   Werner Hilf, Anton Nausch: MC68000 Familie, te-wi-Verlag, 1984
[15.10]   Franz-Joachim Kauffels: Lokale Netze, Verlagsgesellschaft Rudolf Müller, Köln, 1984
[15.11]   Klaus Fellbaum, Rainer Hartlep: Lexikon der Telekommunikation, VDE-Verlag, Berlin, 1983
[15.12]   J. Elsing, A. Wiencek: Schnittstellen-Handbuch, IWT-Verlag, Vaterstetten bei München, 1986
[15.13]   U. Rembold, K. Armbruster, W. Ülzmann: Interface-Technologie für Prozeß- und Mikrorechner, Oldenbourg-Verlag, München, 1981
[15.14]   Das Modem-Sonderheft, Zeitschrift mc, Franzis-Verlag, München, 1984

Sachverzeichnis

Halbleiter-Elektronik

Herausgeber: W. Heywang, R. Müller

1. Band: **R. Müller**
Grundlagen der Halbleiter-Elektronik
5., durchgesehene Auflage. 1987. DM 64,-.
ISBN 3-540-18041-9

2. Band: **R. Müller**
Bauelemente der Halbleiter-Elektronik
3., völlig neubearbeitete und erweiterte
Auflage. 1986. ISBN 3-540-16638-6

3. Band: **W. Heywang, H. W. Pötzl**
Bänderstruktur und Stromtransport
1976. DM 78,-. ISBN 3-540-07565-8

4. Band: **I. Ruge**
Halbleiter-Technologie
2., überarbeitete und erweiterte Auflage von
H. Mader. 1984. DM 88,-. ISBN 3-540-12661-9

5. Band: **E. Spenke**
pn-Übergänge
**Ihre Physik in Leistungsgleichrichtern und
Thyristoren**
1979. DM 78,-. ISBN 3-540-09270-6

6. Band: **H. Schrenk**
Bipolare Transistoren
1978. DM 78,-. ISBN 3-540-08491-6

8. Band: **G. Kesel, J. Hammerschmitt, E. Lange**
Signalverarbeitende Dioden
1982. DM 88,-. ISBN 3-540-11144-1

9. Band: **W. Harth, M. Claassen**
Aktive Mikrowellendioden
1981. DM 84,-. ISBN 3-540-10203-5

10. Band: **G. Winstel, C. Weyrich**
Optoelektronik I
Lumineszenz- und Laserdioden
Berichtigter Nachdruck 1981. DM 84,-.
ISBN 3-540-09598-5

Springer-Verlag
Berlin Heidelberg New York
London Paris Tokyo

11. Band: **G. Winstel, C. Weyrich**
Optoelektronik II
**Photodioden, Phototransistoren, Photoleiter,
Bildsensoren**
1986. DM 78,-. ISBN 3-540-16019-1

12. Band: **W. Gerlach**
Thyristoren
Berichtigter Nachdruck 1981. DM 84,-.
ISBN 3-540-09438-5

13. Band: **H.-M. Rein, R. Ranfft**
Integrierte Bipolarschaltungen
1980. Broschiert DM 84,-. ISBN 3-540-09607-8

14. Band: **K. Horninger**
Integrierte MOS-Schaltungen
2., überarbeitete und erweiterte Auflage. 1986.
DM 88,-. ISBN 3-540-17035-9

16. Band: **W. Kellner, H. Kniepkamp**
GaAs-Feldeffekttransistoren
1985. DM 84,-. ISBN 3-540-13763-7

17. Band: **W. Heywang**
Sensorik
2., überarbeitete Auflage. 1986. DM 78,-.
ISBN 3-540-16029-9

18. Band: **W. Heywang**
Amorphe und polykristalline Halbleiter
1984. DM 78,-. ISBN 3-540-12981-2

19. Band: **D. Widmann, H. Mader,
H. Friedrich**
**Technologie hochintegrierter
Schaltungen**
ISBN 3-540-18439-2. In Vorbereitung

20. Band: **M. Zerbst**
Meß- und Prüftechnik
1986. DM 88,-. ISBN 3-540-15878-2

21. Band: **R. Paul**
MOS-Transistoren
(Ersatz für den früheren Band 7: Feldeffekt-
transistoren)

U. Tietze, Ch. Schenk

Halbleiter-Schaltungstechnik

8., überarbeitete Auflage. 1986. 1017 Abbildungen. XII, 860 Seiten. Gebunden DM 128,-.
ISBN 3-540-16720-X

Inhaltsübersicht: Grundlagen: Erklärung der verwendeten Größen. Passive RC- and LRC-Netzwerke. Dioden. Bipolartransistoren. Feldeffekttransistoren. Optoelektronische Bauelemente. Operationsverstärker. Kippschaltungen. Logische Grundschaltungen. Schaltwerke (Sequentielle Logik). Halbleiterspeicher. – Anwendungen: Lineare und nichtlineare Analogrechenschaltungen. Gesteurte Quellen und Impedanzkonverter. Aktive Filter. Signalgeneratoren. Breitbandverstärker. Leistungsverstärker. Stromversorgung. Digitale Rechenschaltungen. Mikrocomputer-Grundlagen. Modularer Aufbau von Mikrocomputern. Digitale Filter. Analogschalter und Abtast-Halte-Glieder. DA- und AD-Umsetzer. Meßschaltungen. Elektronische Regler. Anhang. – Literatur. – Verzeichnis der Tabellen über integrierte Schaltungen. – Sachverzeichnis.

Aus den Besprechungen: „...Angesichts der Aufzählung dieser heute zunehmend an Bedeutung gewinnenden Teilgebiete der Elektronik sei dem Besitzer einer früheren Auflage zur Anschaffung des Werkes auch deshalb geraten, weil der Vergleich mit der neuen Fassung die rasante Entwicklung – besonders auf dem Gebiet der digitalen Schaltungstechnik und Großintegration – anschaulich darstellt..."

Elektrotechnik und Maschinenbau

Springer-Verlag
Berlin Heidelberg New York
London Paris Tokyo